KB085241

《 이 책을 검토해 주신 선생님 》

경기

김영숙 다산더원수학학원	**신연호** 비상매쓰캔수신학원	
김용길 잇츠엠수학학원	**유헌근** 수학의 고백학원	
김지실 백마분석수학학원	**유현종** SMT수학학원	
김지현 GMT수학과학학원	**임해욱** SMT수학학원	
김현호 미친수학학원	**조누리** 지트에듀케이션	
박주형 지트에듀케이션	**조성준** 인스카이학원	
송기철 지트에듀케이션	**황주영** 인스카이학원	

인천

박호근 박호근수학교실

대전

류세정 피톤치드수학학원
송민수 일등급수학학원
한미임 더수학학원

울산

곽석환 곽쌤수학학원
김미정 생수학원
성수경 위룰수학영어학원
우상혁 우수학원
이동훈 정훈영수학원

세상이 변해도
배움의 즐거움은
변함없도록

시대는 빠르게 변해도
배움의 즐거움은
변함없어야 하기에

어제의 비상은
남다른 교재부터
결이 다른 콘텐츠
전에 없던 교육 플랫폼까지

변함없는 혁신으로
교육 문화 환경의 새로운 전형을
실현해왔습니다.

비상은 오늘, 다시 한번
새로운 교육 문화 환경을 실현하기 위한
또 하나의 혁신을 시작합니다.

오늘의 내가 어제의 나를 초월하고
오늘의 교육이 어제의 교육을 초월하여
배움의 즐거움을 지속하는 혁신,

바로, 메타인지 기반 완전 학습을.

상상을 실현하는 교육 문화 기업 비상

메타인지 기반 완전 학습
초월을 뜻하는 meta와 생각을 뜻하는 인지가 결합한 메타인지는
자신이 알고 모르는 것을 스스로 구분하고 학습계획을 세우도록 하는
궁극의 학습 능력입니다. 비상의 메타인지 기반 완전 학습 시스템은
잠들어 있는 메타인지를 깨워 공부를 100% 내 것으로 만들도록 합니다.

개념+유형

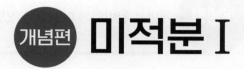

개념편 미적분 I

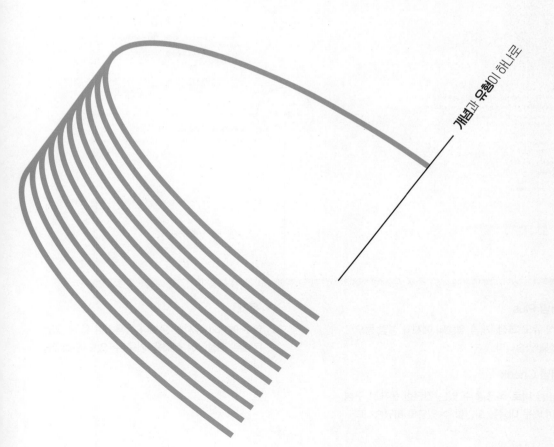

개념과 유형이 하나로

STRUCTURE 구성과 특징

개념편 개념을 완벽하게 이해할 수 있습니다!

개념 정리
한 번에 학습할 수 있는 효과적인 분량으로 구성하여 중요한 개념을 보다 쉽게 이해할 수 있도록 하였습니다.

필수 예제
시험에 출제되는 꼭 필요한 문제를 풀이 방법과 함께 제시하여 학교 내신에 대비할 수 있도록 하였습니다.

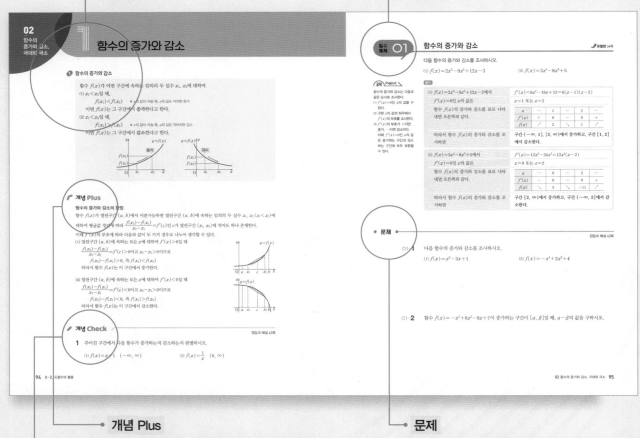

개념 Plus
공식 유도 과정, 개념 적용의 예시와 설명 등으로 구성하였습니다.

개념 Check
개념을 바로 적용할 수 있는 간단한 문제로 구성하여 배운 내용을 확인할 수 있도록 하였습니다.

문제
필수 예제와 유사한 문제나 응용하여 풀 수 있는 문제로 구성하여 실력을 키울 수 있도록 하였습니다.

유형편 실전 문제를 유형별로 풀어볼 수 있습니다!

• 연습문제

각 소단원을 정리할 수 있는 기본 문제와
실력 문제로 구성하였습니다.

• 유형별 문제

개념편의 필수 예제를 보충하고 더 많은 유형의
문제를 풀어볼 수 있습니다.

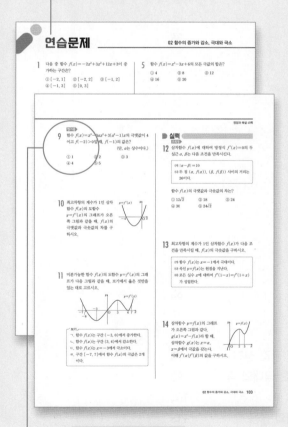

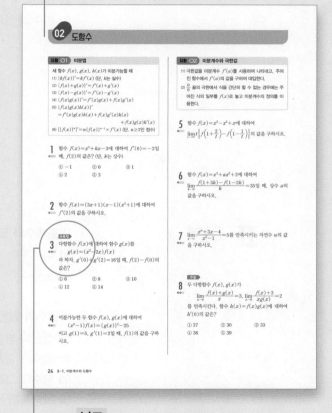

• 수능, 평가원, 교육청

수능, 평가원, 교육청 기출 문제로 수능에
대한 감각을 익힐 수 있도록 하였습니다.

• 난도

문항마다 ○○○ , ●○○ , ●●○ , ●●● 의 4단계로 난도
를 표시하였습니다.

• 수능, 평가원, 교육청

수능, 평가원, 교육청 기출 문제로 수능에 대한
감각을 익힐 수 있도록 하였습니다.

CONTENTS 차례

Ⅲ. 적분

개념과 유형이 하나로!
가장 효과적인 수학 공부 방법을 제시합니다.

I. 함수의 극한과 연속

1 함수의 극한

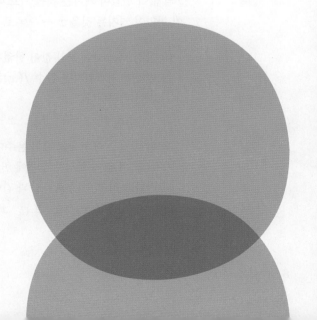

함수의 수렴과 발산

1 $x \to a$일 때의 함수의 수렴

(1) 함수 $f(x)$에서 x의 값이 a가 아니면서 a에 한없이 가까워질 때, $f(x)$의 값이 일정한 값 α에 한없이 가까워지면 함수 $f(x)$는 α에 **수렴**한다고 한다. 이때 α를 $x=a$에서 함수 $f(x)$의 **극한값** 또는 **극한**이라 하고, 기호로 다음과 같이 나타낸다.

$$\lim_{x \to a} f(x) = \alpha \quad 또는 \quad x \to a일 때 f(x) \to \alpha$$

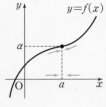

(2) 상수함수 $f(x) = c$ (c는 상수)는 모든 실수 x에서 함숫값이 항상 c이므로 a의 값에 관계없이 다음이 성립한다.

$$\lim_{x \to a} f(x) = \lim_{x \to a} c = c$$

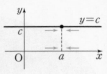

예 함수 $f(x) = \dfrac{x^2-1}{x-1}$은 $x=1$에서 정의되지 않으므로 $f(1)$의 값이 존재하지 않는다.

그러나 $x \neq 1$일 때,

$$f(x) = \frac{x^2-1}{x-1} = \frac{(x+1)(x-1)}{x-1} = x+1$$

이므로 함수 $y=f(x)$의 그래프는 오른쪽 그림과 같다.

따라서 x의 값이 1에 한없이 가까워질 때, <u>$f(x)$의 값은 2에 한없이 가까워지므로</u>

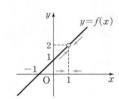

$$\lim_{x \to 1} \frac{x^2-1}{x-1} = ② \quad ◀ 극한값$$

$f(x)$는 2에 수렴

이와 같이 $x=a$에서 $f(a)$의 값이 존재하지 않더라도 $\lim\limits_{x \to a} f(x)$의 값은 존재할 수 있다.

참고 • $x \to a$는 x의 값이 a가 아니면서 a에 한없이 가까워짐을 뜻한다.

• 기호 $\lim$는 극한을 뜻하는 limit의 약자로 '리미트'라 읽는다.

2 $x \to \infty$, $x \to -\infty$일 때의 함수의 수렴

x의 값이 한없이 커지는 것을 기호 ∞를 사용하여 $x \to \infty$로 나타내고, x의 값이 음수이면서 그 절댓값이 한없이 커지는 것을 $x \to -\infty$로 나타낸다. 이때 기호 ∞는 **무한대**라 읽는다.

(1) 함수 $f(x)$에서 x의 값이 한없이 커질 때, $f(x)$의 값이 일정한 값 α에 한없이 가까워지면 함수 $f(x)$는 α에 수렴한다고 하고, 기호로 다음과 같이 나타낸다.

$$\lim_{x \to \infty} f(x) = \alpha \quad 또는 \quad x \to \infty일 때 f(x) \to \alpha$$

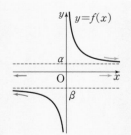

(2) 함수 $f(x)$에서 x의 값이 음수이면서 그 절댓값이 한없이 커질 때, $f(x)$의 값이 일정한 값 β에 한없이 가까워지면 함수 $f(x)$는 β에 수렴한다고 하고, 기호로 다음과 같이 나타낸다.

$$\lim_{x \to -\infty} f(x) = \beta \quad 또는 \quad x \to -\infty일 때 f(x) \to \beta$$

예 오른쪽 그림과 같이 함수 $f(x)=\dfrac{1}{x}$의 그래프에서 x의 값이 한없이 커질 때, $f(x)$의

값은 0에 한없이 가까워지므로 $\displaystyle\lim_{x\to\infty}\dfrac{1}{x}=0$ ◀ 극한값

또 x의 값이 음수이면서 그 절댓값이 한없이 커질 때, $f(x)$의 값은 0에 한없이 가까워

지므로 $\displaystyle\lim_{x\to-\infty}\dfrac{1}{x}=0$ ◀ 극한값

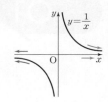

참고 ∞는 수가 아닌 한없이 커지는 상태를 나타내는 기호이다.

③ $x\to a$일 때의 함수의 발산

함수 $f(x)$에서 x의 값이 a가 아니면서 a에 한없이 가까워질 때, $f(x)$가 어느 값으로도 수렴하지 않으면 함수 $f(x)$는 **발산**한다고 한다.

(1) 함수 $f(x)$에서 x의 값이 a가 아니면서 a에 한없이 가까워질 때, $f(x)$의
값이 한없이 커지면 함수 $f(x)$는 양의 무한대로 발산한다고 하고, 기호
로 다음과 같이 나타낸다.
$$\lim_{x\to a}f(x)=\infty \quad \text{또는} \quad x\to a\text{일 때 } f(x)\to\infty$$

(2) 함수 $f(x)$에서 x의 값이 a가 아니면서 a에 한없이 가까워질 때, $f(x)$의
값이 음수이면서 그 절댓값이 한없이 커지면 함수 $f(x)$는 음의 무한대로
발산한다고 하고, 기호로 다음과 같이 나타낸다.
$$\lim_{x\to a}f(x)=-\infty \quad \text{또는} \quad x\to a\text{일 때 } f(x)\to-\infty$$

예 오른쪽 그림과 같이 함수 $f(x)=\dfrac{1}{x^2}$, $g(x)=-\dfrac{1}{x^2}$의 그래

프에서 x의 값이 0에 한없이 가까워질 때, $f(x)$의 값은 한없

이 커지므로 $\displaystyle\lim_{x\to0}\dfrac{1}{x^2}=\infty$, $g(x)$의 값은 음수이면서 그 절

댓값이 한없이 커지므로 $\displaystyle\lim_{x\to0}\left(-\dfrac{1}{x^2}\right)=-\infty$

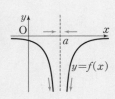

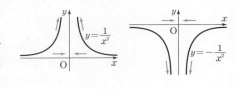

④ $x\to\infty$, $x\to-\infty$일 때의 함수의 발산

함수 $f(x)$에서 $x\to\infty$ 또는 $x\to-\infty$일 때, $f(x)$의 값이 양의 무한대나 음의 무한대로 발산하
는 것을 기호로 다음과 같이 나타낸다.
$$\lim_{x\to\infty}f(x)=\infty, \quad \lim_{x\to\infty}f(x)=-\infty, \quad \lim_{x\to-\infty}f(x)=\infty, \quad \lim_{x\to-\infty}f(x)=-\infty$$

예 오른쪽 그림과 같이 함수 $f(x)=x^2$, $g(x)=-x^2$의 그래프에서
x의 값이 한없이 커지거나 x의 값이 음수이면서 그 절댓값이 한
없이 커지면 $f(x)$의 값은 한없이 커지므로
$$\lim_{x\to\infty}x^2=\infty, \ \lim_{x\to-\infty}x^2=\infty$$
$g(x)$의 값은 음수이면서 그 절댓값이 한없이 커지므로
$$\lim_{x\to\infty}(-x^2)=-\infty, \ \lim_{x\to-\infty}(-x^2)=-\infty$$

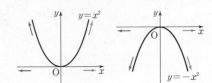

$x \to a$일 때의 함수의 수렴과 발산

유형편 4쪽

다음 극한을 함수의 그래프를 이용하여 조사하시오.

(1) $\lim_{x \to -2} \sqrt{-x+2}$ (2) $\lim_{x \to 3} \dfrac{x^2-4x+3}{x-3}$ (3) $\lim_{x \to 0} \left(1-\dfrac{1}{x^2}\right)$ (4) $\lim_{x \to 0} \dfrac{1}{|x|}$

공략 Point

함수 $y=f(x)$의 그래프를 그려서 $x \to a$일 때의 $f(x)$의 값의 변화를 조사한다.

풀이

(1) $f(x)=\sqrt{-x+2}$라 하면 함수 $y=f(x)$의 그래프는 오른쪽 그림과 같고, x의 값이 -2에 한없이 가까워질 때, $f(x)$의 값은 2에 한없이 가까워지므로

$$\lim_{x \to -2}\sqrt{-x+2}=2$$

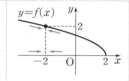

(2) $f(x)=\dfrac{x^2-4x+3}{x-3}$이라 하면 $x \neq 3$일 때

$$f(x)=\dfrac{(x-1)(x-3)}{x-3}=x-1$$

따라서 함수 $y=f(x)$의 그래프는 오른쪽 그림과 같고, x의 값이 3에 한없이 가까워질 때, $f(x)$의 값은 2에 한없이 가까워지므로

$$\lim_{x \to 3}\dfrac{x^2-4x+3}{x-3}=2$$

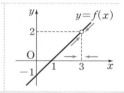

(3) $f(x)=1-\dfrac{1}{x^2}$이라 하면 함수 $y=f(x)$의 그래프는 오른쪽 그림과 같고, x의 값이 0에 한없이 가까워질 때, $f(x)$의 값은 음수이면서 그 절댓값이 한없이 커지므로

$$\lim_{x \to 0}\left(1-\dfrac{1}{x^2}\right)=-\infty$$

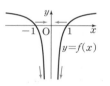

(4) $f(x)=\dfrac{1}{|x|}$이라 하면 함수 $y=f(x)$의 그래프는 오른쪽 그림과 같고, x의 값이 0에 한없이 가까워질 때, $f(x)$의 값은 한없이 커지므로

$$\lim_{x \to 0}\dfrac{1}{|x|}=\infty$$

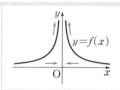

● **문제** ●

정답과 해설 2쪽

01-1 다음 극한을 함수의 그래프를 이용하여 조사하시오.

(1) $\lim_{x \to 3}(x^2-2x)$ (2) $\lim_{x \to 1}\sqrt{2x+6}$ (3) $\lim_{x \to 2}\dfrac{x}{x-1}$

(4) $\lim_{x \to -1}\dfrac{x^2+5x+4}{x+1}$ (5) $\lim_{x \to 2}\dfrac{1}{(x-2)^2}$ (6) $\lim_{x \to -1}\left(-\dfrac{1}{|x+1|}\right)$

$x \to \infty$, $x \to -\infty$일 때의 함수의 수렴과 발산

유형편 4쪽

다음 극한을 함수의 그래프를 이용하여 조사하시오.

(1) $\lim\limits_{x \to \infty} (x^2 - 2)$

(2) $\lim\limits_{x \to \infty} \dfrac{2}{x+3}$

(3) $\lim\limits_{x \to -\infty} (-\sqrt{1-x})$

(4) $\lim\limits_{x \to -\infty} \left(2 + \dfrac{1}{x^2}\right)$

공략 Point

함수 $y=f(x)$의 그래프를 그려서 $x \to \infty$ 또는 $x \to -\infty$일 때의 $f(x)$의 값의 변화를 조사한다.

풀이

(1) $f(x) = x^2 - 2$라 하면 함수 $y=f(x)$의 그래프는 오른쪽 그림과 같고, x의 값이 한없이 커질 때, $f(x)$의 값도 한없이 커지므로

$$\lim_{x \to \infty} (x^2 - 2) = \infty$$

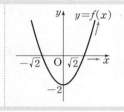

(2) $f(x) = \dfrac{2}{x+3}$라 하면 함수 $y=f(x)$의 그래프는 오른쪽 그림과 같고, x의 값이 한없이 커질 때, $f(x)$의 값은 0에 한없이 가까워지므로

$$\lim_{x \to \infty} \frac{2}{x+3} = 0$$

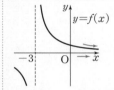

(3) $f(x) = -\sqrt{1-x}$라 하면 함수 $y=f(x)$의 그래프는 오른쪽 그림과 같고, x의 값이 음수이면서 그 절댓값이 한없이 커질 때, $f(x)$의 값도 음수이면서 그 절댓값이 한없이 커지므로

$$\lim_{x \to -\infty} (-\sqrt{1-x}) = -\infty$$

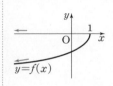

(4) $f(x) = 2 + \dfrac{1}{x^2}$이라 하면 함수 $y=f(x)$의 그래프는 오른쪽 그림과 같고, x의 값이 음수이면서 그 절댓값이 한없이 커질 때, $f(x)$의 값은 2에 한없이 가까워지므로

$$\lim_{x \to -\infty} \left(2 + \frac{1}{x^2}\right) = 2$$

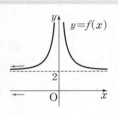

● **문제** ●

정답과 해설 2쪽

○2-1 다음 극한을 함수의 그래프를 이용하여 조사하시오.

(1) $\lim\limits_{x \to \infty} (-x^2 + 4x)$

(2) $\lim\limits_{x \to \infty} \dfrac{1}{(x-1)^2}$

(3) $\lim\limits_{x \to \infty} \sqrt{2x-1}$

(4) $\lim\limits_{x \to -\infty} (2x+4)$

(5) $\lim\limits_{x \to -\infty} \left(\dfrac{1}{x} + 2\right)$

(6) $\lim\limits_{x \to -\infty} \dfrac{1}{|x+1|}$

우극한과 좌극한

❶ $x \to a+$, $x \to a-$**의 표현**

x의 값이 a보다 크면서 a에 한없이 가까워지는 것을 기호로 $x \to a+$와 같이 나타낸다. 또 x의 값이 a보다 작으면서 a에 한없이 가까워지는 것을 기호로 $x \to a-$와 같이 나타낸다.

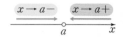

❷ 우극한과 좌극한

(1) 우극한

> 함수 $f(x)$에서 $x \to a+$일 때, $f(x)$의 값이 일정한 값 α에 한없이 가까워지면 α를 $x=a$에서 함수 $f(x)$의 **우극한**이라 하고, 기호로 다음과 같이 나타낸다.
>
> $$\lim_{x \to a+} f(x) = \alpha \quad \text{또는} \quad x \to a+ \text{일 때 } f(x) \to \alpha$$

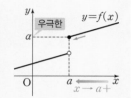

(2) 좌극한

> 함수 $f(x)$에서 $x \to a-$일 때, $f(x)$의 값이 일정한 값 β에 한없이 가까워지면 β를 $x=a$에서 함수 $f(x)$의 **좌극한**이라 하고, 기호로 다음과 같이 나타낸다.
>
> $$\lim_{x \to a-} f(x) = \beta \quad \text{또는} \quad x \to a- \text{일 때 } f(x) \to \beta$$

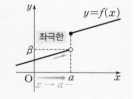

예 함수 $f(x) = \begin{cases} x-2 & (x \geq 1) \\ -x+2 & (x < 1) \end{cases}$의 $x=1$에서 우극한과 좌극한을 구해 보자.

x의 값이 1보다 크면서 1에 한없이 가까워질 때, $f(x)$의 값은 -1에 한없이 가까워지므로

$$\lim_{x \to 1+} f(x) = -1 \quad \blacktriangleleft \ x=1\text{에서 우극한}$$

또 x의 값이 1보다 작으면서 1에 한없이 가까워질 때, $f(x)$의 값은 1에 한없이 가까워지므로

$$\lim_{x \to 1-} f(x) = 1 \quad \blacktriangleleft \ x=1\text{에서 좌극한}$$

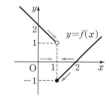

❸ 극한값의 존재

함수 $f(x)$에 대하여 $\lim\limits_{x \to a} f(x) = \alpha (\alpha$는 실수)이면 $x=a$에서 $f(x)$의 우극한과 좌극한이 모두 존재하고 그 값은 α로 같다. 역으로 $x=a$에서 함수 $f(x)$의 우극한과 좌극한이 모두 존재하고 그 값이 α로 같으면 $\lim\limits_{x \to a} f(x) = \alpha$이다. 즉, 다음이 성립한다.

> $$\lim_{x \to a} f(x) = \alpha \iff \lim_{x \to a+} f(x) = \lim_{x \to a-} f(x) = \alpha$$

주의 $x=a$에서 함수 $f(x)$의 우극한과 좌극한이 모두 존재하더라도 그 값이 서로 다르면 $\lim\limits_{x \to a} f(x)$의 값은 존재하지 않는다.

예 함수 $f(x)=\dfrac{1}{x-2}$에 대하여 $x=1$에서 극한을 조사해 보자.

함수 $y=f(x)$의 그래프가 오른쪽 그림과 같으므로

$$\lim_{x \to 1+} \frac{1}{x-2}=-1$$

$$\lim_{x \to 1-} \frac{1}{x-2}=-1$$

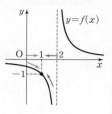

따라서 $x=1$에서 함수 $f(x)$의 우극한과 좌극한이 모두 존재하고 그 값이 -1로 같으므로

$$\lim_{x \to 1} \frac{1}{x-2}=-1 \qquad \blacktriangleleft \text{극한값}$$

개념 Plus

우극한과 좌극한이 다른 경우

다음과 같은 함수는 특정한 x의 값에서 우극한과 좌극한이 다를 수 있으므로 주의한다.

(1) 구간에 따라 다르게 정의된 함수

구간의 경계가 되는 x의 값에서 우극한과 좌극한이 다를 수 있다.

예를 들어 함수 $f(x)=\begin{cases} 1 & (x \geq 0) \\ x & (x < 0) \end{cases}$에 대하여 $x=0$에서 우극한과 좌극한을 구하면

$$\lim_{x \to 0+} f(x)=1$$

$$\lim_{x \to 0-} f(x)=0$$

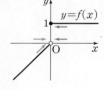

따라서 $x=0$에서 함수 $f(x)$의 우극한과 좌극한이 서로 다르므로 $\lim_{x \to 0} f(x)$의 값은 존재하지 않는다.

(2) 절댓값 기호를 포함한 함수

절댓값 기호 안의 식의 값이 0이 되게 하는 x의 값에서 우극한과 좌극한이 다를 수 있다.

예를 들어 함수 $f(x)=\dfrac{x}{|x|}$에 대하여 $x=0$에서 우극한과 좌극한을 구하면

$$\lim_{x \to 0+} f(x)=1$$

$$\lim_{x \to 0-} f(x)=-1$$

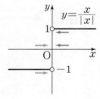

따라서 $x=0$에서 함수 $f(x)$의 우극한과 좌극한이 서로 다르므로 $\lim_{x \to 0} f(x)$의 값은 존재하지 않는다.

(3) 가우스 기호 [ ]를 포함한 함수 (단, $[x]$는 x보다 크지 않은 최대의 정수)

가우스 기호 안의 식의 값이 정수가 되게 하는 x의 값에서 우극한과 좌극한이 다를 수 있다.

예를 들어 함수 $f(x)=[x]$에 대하여 $x=1$에서 우극한과 좌극한을 구하면

$$\lim_{x \to 1+} f(x)=1$$

$$\lim_{x \to 1-} f(x)=0$$

따라서 $x=1$에서 함수 $f(x)$의 우극한과 좌극한이 서로 다르므로 $\lim_{x \to 1} f(x)$의 값은 존재하지 않는다.

필수예제 03 그래프가 주어진 함수의 극한

✎ 유형편 5쪽

함수 $y=f(x)$의 그래프가 오른쪽 그림과 같을 때, 다음 극한을 조사하시오.

(1) $\lim\limits_{x \to -1+} f(x)$　　　　　(2) $\lim\limits_{x \to 4-} f(x)$

(3) $\lim\limits_{x \to 1} f(x)$　　　　　(4) $\lim\limits_{x \to 2} f(x)$

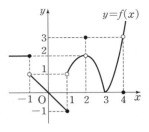

공략 Point

$x=a$에서 함수 $f(x)$의 우극한과 좌극한이 모두 존재하고 그 값이 α로 같으면 $\lim\limits_{x \to a} f(x)$의 값이 존재한다.

➡ $\lim\limits_{x \to a+} f(x) = \lim\limits_{x \to a-} f(x)$
　　$= \alpha$
⇔ $\lim\limits_{x \to a} f(x) = \alpha$

풀이

(1) x의 값이 -1보다 크면서 -1에 한없이 가까워질 때, $f(x)$의 값은 1에 한없이 가까워지므로 　　　　　$\lim\limits_{x \to -1+} f(x) = \mathbf{1}$

(2) x의 값이 4보다 작으면서 4에 한없이 가까워질 때, $f(x)$의 값은 3에 한없이 가까워지므로 　　　　　$\lim\limits_{x \to 4-} f(x) = \mathbf{3}$

(3) x의 값이 1보다 크면서 1에 한없이 가까워질 때, $f(x)$의 값은 1에 한없이 가까워지므로 　　　　　$\lim\limits_{x \to 1+} f(x) = 1$ ⋯⋯ ㉠

x의 값이 1보다 작으면서 1에 한없이 가까워질 때, $f(x)$의 값은 -1에 한없이 가까워지므로 　　　$\lim\limits_{x \to 1-} f(x) = -1$ ⋯⋯ ㉡

㉠, ㉡에서 $\lim\limits_{x \to 1+} f(x) \neq \lim\limits_{x \to 1-} f(x)$이므로 　$\lim\limits_{x \to 1} f(x)$의 값은 **존재하지 않는다.**

(4) x의 값이 2보다 크면서 2에 한없이 가까워질 때, $f(x)$의 값은 2에 한없이 가까워지므로 　　　　　$\lim\limits_{x \to 2+} f(x) = 2$ ⋯⋯ ㉠

x의 값이 2보다 작으면서 2에 한없이 가까워질 때, $f(x)$의 값은 2에 한없이 가까워지므로 　　　　　$\lim\limits_{x \to 2-} f(x) = 2$ ⋯⋯ ㉡

㉠, ㉡에서 $\lim\limits_{x \to 2+} f(x) = \lim\limits_{x \to 2-} f(x) = 2$이므로 　$\lim\limits_{x \to 2} f(x) = \mathbf{2}$

● 문제 ●

정답과 해설 3쪽

 03-1 함수 $y=f(x)$의 그래프가 오른쪽 그림과 같을 때, 다음 극한을 조사하시오.

(1) $\lim\limits_{x \to 0+} f(x)$　　　　　(2) $\lim\limits_{x \to -2-} f(x)$

(3) $\lim\limits_{x \to -1+} f(x)$　　　　　(4) $\lim\limits_{x \to 2-} f(x)$

(5) $\lim\limits_{x \to 1} f(x)$　　　　　(6) $\lim\limits_{x \to 3} f(x)$

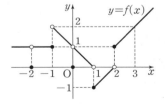

함수의 극한값의 존재

유형편 5쪽

다음 극한을 조사하시오. (단, $[x]$는 x보다 크지 않은 최대의 정수)

(1) $\displaystyle\lim_{x \to 1} \frac{x^2-1}{|x-1|}$

(2) $\displaystyle\lim_{x \to 2} [x-1]$

공략 Point

함수의 극한을 조사하려면 우극한과 좌극한을 각각 구하여 그 값이 서로 같은지 확인한다.

풀이

(1) $f(x) = \dfrac{x^2-1}{|x-1|}$이라 하면	$f(x) = \begin{cases} \dfrac{(x-1)(x+1)}{x-1} & (x>1) \\ \dfrac{(x-1)(x+1)}{-(x-1)} & (x<1) \end{cases} = \begin{cases} x+1 & (x>1) \\ -x-1 & (x<1) \end{cases}$
함수 $y=f(x)$의 그래프는 오른쪽 그림과 같고, x의 값이 1보다 크면서 1에 한없이 가까워질 때, $f(x)$의 값은 2에 한없이 가까워지므로	$\displaystyle\lim_{x \to 1+} f(x) = 2$ 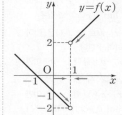
x의 값이 1보다 작으면서 1에 한없이 가까워질 때, $f(x)$의 값은 -2에 한없이 가까워지므로	$\displaystyle\lim_{x \to 1-} f(x) = -2$
$\displaystyle\lim_{x \to 1+} \frac{x^2-1}{|x-1|} \neq \lim_{x \to 1-} \frac{x^2-1}{|x-1|}$이므로	$\displaystyle\lim_{x \to 1} \frac{x^2-1}{|x-1|}$의 값은 **존재하지 않는다.**
(2) $2 \leq x < 3$일 때, $1 \leq x-1 < 2$이므로	$[x-1]=1$
$1 \leq x < 2$일 때, $0 \leq x-1 < 1$이므로	$[x-1]=0$
$f(x)=[x-1]$이라 하면 함수 $y=f(x)$의 그래프는 오른쪽 그림과 같고, x의 값이 2보다 크면서 2에 한없이 가까워질 때, $f(x)$의 값은 1에 한없이 가까워지므로	$\displaystyle\lim_{x \to 2+} f(x) = 1$ 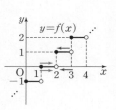
x의 값이 2보다 작으면서 2에 한없이 가까워질 때, $f(x)$의 값은 0에 한없이 가까워지므로	$\displaystyle\lim_{x \to 2-} f(x) = 0$
$\displaystyle\lim_{x \to 2+} [x-1] \neq \lim_{x \to 2-} [x-1]$이므로	$\displaystyle\lim_{x \to 2} [x-1]$의 값은 **존재하지 않는다.**

● **문제** ●

정답과 해설 3쪽

O4-1 다음 극한을 조사하시오. (단, $[x]$는 x보다 크지 않은 최대의 정수)

(1) $\displaystyle\lim_{x \to 3} \frac{x^2-3x}{|x-3|}$

(2) $\displaystyle\lim_{x \to 0} [x+1]$

합성함수의 극한

유형편 6쪽

두 함수 $y=f(x)$, $y=g(x)$의 그래프가 오른쪽 그림과 같을 때, 다음 극한값을 구하시오.

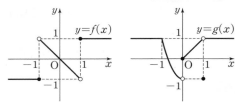

(1) $\lim\limits_{x \to -1+} f(g(x))$

(2) $\lim\limits_{x \to 0-} f(g(x))$

(3) $\lim\limits_{x \to 1+} g(f(x))$

공략 Point

두 함수 $f(x)$, $g(x)$에 대하여 $\lim\limits_{x \to a+} f(g(x))$의 값은 $g(x)=t$로 놓고 다음을 이용하여 구한다.

· $x \to a+$일 때 $t \to b+$이면
$\lim\limits_{x \to a+} f(g(x)) = \lim\limits_{t \to b+} f(t)$

· $x \to a+$일 때 $t \to b-$이면
$\lim\limits_{x \to a+} f(g(x)) = \lim\limits_{t \to b-} f(t)$

· $x \to a+$일 때 $t=b$이면
$\lim\limits_{x \to a+} f(g(x)) = f(b)$

풀이

(1) $g(x)=t$로 놓으면 $x \to -1+$일 때 $t \to 1-$이므로

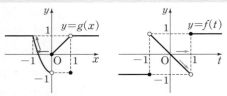

$$\lim\limits_{x \to -1+} f(g(x)) = \lim\limits_{t \to 1-} f(t) = -1$$

(2) $g(x)=t$로 놓으면 $x \to 0-$일 때 $t \to -1+$이므로

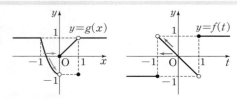

$$\lim\limits_{x \to 0-} f(g(x)) = \lim\limits_{t \to -1+} f(t) = 1$$

(3) $f(x)=s$로 놓으면 $x \to 1+$일 때 $s=1$이므로

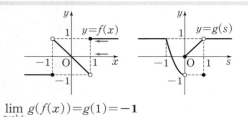

$$\lim\limits_{x \to 1+} g(f(x)) = g(1) = -1$$

● **문제** ●

정답과 해설 3쪽

05-1 두 함수 $y=f(x)$, $y=g(x)$의 그래프가 오른쪽 그림과 같을 때, 다음 극한값을 구하시오.

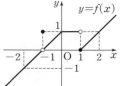
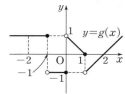

(1) $\lim\limits_{x \to -1-} f(g(x))$

(2) $\lim\limits_{x \to 0+} f(g(x))$

(3) $\lim\limits_{x \to 2+} g(f(x))$

연습문제

1 다음 중 극한값이 존재하는 것은?

① $\lim\limits_{x \to \infty} (x^2 - x - 2)$ ② $\lim\limits_{x \to \infty} (8 - x)$

③ $\lim\limits_{x \to -\infty} \sqrt{1 - x}$ ④ $\lim\limits_{x \to \infty} \dfrac{2x + 5}{x + 2}$

⑤ $\lim\limits_{x \to 3} \dfrac{1}{|x - 3|}$

2 함수 $y = f(x)$의 그래프가 다음 그림과 같다. $\lim\limits_{x \to -1-} f(x) = a$일 때, $a + \lim\limits_{x \to a-} f(x)$의 값은?

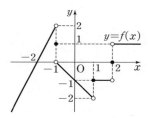

① -2 ② -1 ③ 0

④ 1 ⑤ 2

3 함수 $y = f(x)$의 그래프가 오른쪽 그림과 같을 때, 보기에서 옳은 것만을 있는 대로 고르시오.

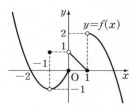

보기

ㄱ. $\lim\limits_{x \to -2-} f(x) = 0$

ㄴ. $\lim\limits_{x \to -1+} f(x) = 1$

ㄷ. $\lim\limits_{x \to 1} f(x)$의 값은 존재하지 않는다.

4 함수 $y = f(x)$의 그래프가 다음 그림과 같을 때, $\lim\limits_{x \to -2} f(x) + \lim\limits_{x \to 0} f(x) + \lim\limits_{x \to 1+} f(x)$의 값을 구하시오.

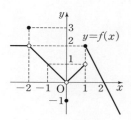

5 함수 $f(x) = \begin{cases} (x - 5)^2 & (x \geq 2) \\ x^2 & (x < 2) \end{cases}$에 대하여 $\lim\limits_{x \to 2+} f(x) - \lim\limits_{x \to 2-} f(x)$의 값은?

① -5 ② 4 ③ 5

④ 9 ⑤ 13

6 보기에서 극한값이 존재하는 것만을 있는 대로 고른 것은? (단, $[x]$는 x보다 크지 않은 최대의 정수)

보기

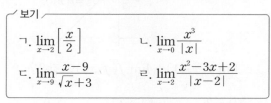

ㄱ. $\lim\limits_{x \to 2} \left[\dfrac{x}{2} \right]$ ㄴ. $\lim\limits_{x \to 0} \dfrac{x^3}{|x|}$

ㄷ. $\lim\limits_{x \to 9} \dfrac{x - 9}{\sqrt{x} + 3}$ ㄹ. $\lim\limits_{x \to 2} \dfrac{x^2 - 3x + 2}{|x - 2|}$

① ㄱ, ㄷ   ② ㄱ, ㄹ   ③ ㄴ, ㄷ

④ ㄱ, ㄴ, ㄹ   ⑤ ㄴ, ㄷ, ㄹ

정답과 해설 5쪽

7 함수 $f(x)=\begin{cases} x^2-4x+3 & (x\geq 2) \\ x+k & (x<2) \end{cases}$에 대하여

$\displaystyle\lim_{x\to 2} f(x)$의 값이 존재하도록 하는 상수 k의 값을 구하시오.

8 함수 $f(x)=\begin{cases} -x^2+ax+b & (|x|\geq 1) \\ x(x-2) & (|x|<1) \end{cases}$가 모든 실

수 x에서 극한값이 존재하도록 하는 상수 a, b에 대하여 ab의 값은?

① -6 ② -4 ③ -2
④ 2 ⑤ 4

교육청

9 함수 $y=f(x)$의 그래프가 그림과 같다.

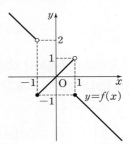

$\displaystyle\lim_{x\to 0+} f(x-1)+\lim_{x\to 1+} f(f(x))$의 값은?

① -2 ② -1 ③ 0
④ 1 ⑤ 2

실력

10 정의역이 $\{x\,|\,-2\leq x\leq 2\}$인 함수 $y=f(x)$의 그래프가 $0\leq x\leq 2$에서 다음 그림과 같고, 정의역에 속하는 모든 실수 x에 대하여 $f(-x)=-f(x)$이다. $\displaystyle\lim_{x\to -1+} f(x)+\lim_{x\to 2-} f(x)$의 값을 구하시오.

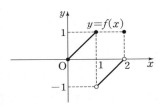

11 함수 $y=f(x)$의 그래프가 다음 그림과 같다.

$\displaystyle\lim_{t\to -\infty} f\!\left(\frac{t}{t-1}\right)-2\lim_{t\to\infty} f\!\left(\frac{2t+1}{t}\right)$의 값은?

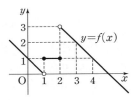

① -6 ② 0 ③ 3
④ 6 ⑤ 9

함수의 극한에 대한 성질

① 함수의 극한에 대한 성질

두 함수 $f(x)$, $g(x)$에 대하여 $\displaystyle\lim_{x \to a} f(x) = \alpha$, $\displaystyle\lim_{x \to a} g(x) = \beta$ (α, β는 실수)일 때

(1) $\displaystyle\lim_{x \to a} kf(x) = k\lim_{x \to a} f(x) = k\alpha$ (단, k는 상수)

(2) $\displaystyle\lim_{x \to a} \{f(x) + g(x)\} = \lim_{x \to a} f(x) + \lim_{x \to a} g(x) = \alpha + \beta$

(3) $\displaystyle\lim_{x \to a} \{f(x) - g(x)\} = \lim_{x \to a} f(x) - \lim_{x \to a} g(x) = \alpha - \beta$

(4) $\displaystyle\lim_{x \to a} f(x)g(x) = \lim_{x \to a} f(x) \times \lim_{x \to a} g(x) = \alpha\beta$

(5) $\displaystyle\lim_{x \to a} \frac{f(x)}{g(x)} = \frac{\displaystyle\lim_{x \to a} f(x)}{\displaystyle\lim_{x \to a} g(x)} = \frac{\alpha}{\beta}$ (단, $\beta \neq 0$)

예 • $\displaystyle\lim_{x \to 2} 3x^2 = 3\lim_{x \to 2} x^2 = 3 \times 4 = 12$

  • $\displaystyle\lim_{x \to 1} (2x^2 - x + 1) = 2\lim_{x \to 1} x^2 - \lim_{x \to 1} x + \lim_{x \to 1} 1 = 2 \times 1 - 1 + 1 = 2$

  • $\displaystyle\lim_{x \to 1} (x+2)(2x-1) = \lim_{x \to 1} (x+2) \times \lim_{x \to 1} (2x-1)$

$$= (\lim_{x \to 1} x + \lim_{x \to 1} 2)(2\lim_{x \to 1} x - \lim_{x \to 1} 1)$$
$$= (1+2)(2 \times 1 - 1) = 3$$

  • $\displaystyle\lim_{x \to -1} \frac{x-1}{x+2} = \frac{\displaystyle\lim_{x \to -1} (x-1)}{\displaystyle\lim_{x \to -1} (x+2)} = \frac{\displaystyle\lim_{x \to -1} x - \lim_{x \to -1} 1}{\displaystyle\lim_{x \to -1} x + \lim_{x \to -1} 2} = \frac{-1-1}{-1+2} = -2$

참고 함수의 극한에 대한 성질은 $x \to a+$, $x \to a-$, $x \to \infty$, $x \to -\infty$인 경우에도 모두 성립한다.

주의 함수의 극한에 대한 성질은 함수의 극한값이 존재하는 경우에만 성립한다.

② 함수의 극한값의 계산

(1) 다항함수의 극한값

$f(x)$가 다항함수일 때, $\displaystyle\lim_{x \to a} f(x) = f(a)$

예 $\displaystyle\lim_{x \to 1} (x^2 - 2x + 3) = 1 - 2 + 3 = 2$

(2) $\dfrac{0}{0}$ 꼴의 함수의 극한   ◀ $\dfrac{0}{0}$ 꼴에서 0은 0에 한없이 가까워지는 것을 의미한다.

① 분모, 분자가 모두 다항식인 경우 ➡ 분모, 분자를 각각 인수분해한 후 약분한다.
② 분모 또는 분자가 무리식인 경우 ➡ 근호가 있는 쪽을 유리화한 후 약분한다.

예 ① $\displaystyle\lim_{x \to 1} \frac{x^2 - 1}{x - 1} = \lim_{x \to 1} \frac{(x+1)(x-1)}{x-1} = \lim_{x \to 1} (x+1) = 1 + 1 = 2$

  ② $\displaystyle\lim_{x \to 1} \frac{\sqrt{x+3}-2}{x-1} = \lim_{x \to 1} \frac{(\sqrt{x+3}-2)(\sqrt{x+3}+2)}{(x-1)(\sqrt{x+3}+2)} = \lim_{x \to 1} \frac{x-1}{(x-1)(\sqrt{x+3}+2)} = \lim_{x \to 1} \frac{1}{\sqrt{x+3}+2} = \frac{1}{4}$

(3) $\dfrac{\infty}{\infty}$ 꼴의 함수의 극한

분모의 최고차항으로 분모, 분자를 각각 나눈 후 $\displaystyle\lim_{x\to\infty}\dfrac{c}{x^p}=0\,(c$는 상수, p는 양수)임을 이용한다.

① (분자의 차수)<(분모의 차수) ➡ 극한값은 0이다.

② (분자의 차수)=(분모의 차수) ➡ 극한값은 분모, 분자의 최고차항의 계수의 비이다.

③ (분자의 차수)>(분모의 차수) ➡ 발산한다.

예 $\displaystyle\lim_{x\to\infty}\dfrac{x^2+x-1}{2x^2-1}=\lim_{x\to\infty}\dfrac{1+\dfrac{1}{x}-\dfrac{1}{x^2}}{2-\dfrac{1}{x^2}}=\dfrac{\displaystyle\lim_{x\to\infty}1+\lim_{x\to\infty}\dfrac{1}{x}-\lim_{x\to\infty}\dfrac{1}{x^2}}{\displaystyle\lim_{x\to\infty}2-\lim_{x\to\infty}\dfrac{1}{x^2}}=\dfrac{1+0-0}{2-0}=\dfrac{1}{2}$

(4) $\infty-\infty$ 꼴의 함수의 극한

① 다항식인 경우 ➡ 최고차항으로 묶는다.

② 무리식인 경우 ➡ 분모를 1로 보고 분자를 유리화한다.

예 ① $\displaystyle\lim_{x\to\infty}(x^2-3x+2)=\lim_{x\to\infty}x^2\Big(1-\dfrac{3}{x}+\dfrac{2}{x^2}\Big)=\infty$

② $\displaystyle\lim_{x\to\infty}(\sqrt{x+1}-\sqrt{x})=\lim_{x\to\infty}\dfrac{(\sqrt{x+1}-\sqrt{x})(\sqrt{x+1}+\sqrt{x})}{\sqrt{x+1}+\sqrt{x}}$

$=\displaystyle\lim_{x\to\infty}\dfrac{1}{\sqrt{x+1}+\sqrt{x}}=0$ ◀ $\displaystyle\lim_{x\to\infty}\sqrt{x+1}=\infty,\ \lim_{x\to\infty}\sqrt{x}=\infty$

(5) $\infty\times0$ 꼴의 함수의 극한

① (유리식)×(유리식)인 경우 ➡ 통분하거나 인수분해한다.

② 무리식을 포함하는 경우 ➡ 근호가 있는 쪽을 유리화한다.

예 ① $\displaystyle\lim_{x\to0}\dfrac{1}{x}\Big(1-\dfrac{1}{x+1}\Big)=\lim_{x\to0}\Big(\dfrac{1}{x}\times\dfrac{x+1-1}{x+1}\Big)=\lim_{x\to0}\dfrac{1}{x+1}=1$

② $\displaystyle\lim_{x\to\infty}x\Big(\dfrac{\sqrt{x}}{\sqrt{x+1}}-1\Big)=\lim_{x\to\infty}\dfrac{x(\sqrt{x}-\sqrt{x+1})}{\sqrt{x+1}}=\lim_{x\to\infty}\dfrac{x(\sqrt{x}-\sqrt{x+1})(\sqrt{x}+\sqrt{x+1})}{\sqrt{x+1}(\sqrt{x}+\sqrt{x+1})}$

$=\displaystyle\lim_{x\to\infty}\dfrac{-x}{\sqrt{x^2+x}+x+1}=\lim_{x\to\infty}\dfrac{-1}{\sqrt{1+\dfrac{1}{x}}+1+\dfrac{1}{x}}=-\dfrac{1}{2}$

✏ **개념 Check**

정답과 해설 6쪽

1 $\displaystyle\lim_{x\to2}f(x)=5,\ \lim_{x\to2}g(x)=3$일 때, 다음 극한값을 구하시오.

(1) $\displaystyle\lim_{x\to2}\{f(x)+2g(x)\}$

(2) $\displaystyle\lim_{x\to2}f(x)g(x)$

(3) $\displaystyle\lim_{x\to2}\dfrac{3f(x)}{g(x)}$

(4) $\displaystyle\lim_{x\to2}\dfrac{2f(x)-g(x)}{\{f(x)\}^2}$

함수의 극한에 대한 성질

📝유형편 7쪽

다음 물음에 답하시오.

(1) 함수 $f(x)$에 대하여 $\lim\limits_{x \to 1} \dfrac{f(x-1)}{x-1} = 4$일 때, $\lim\limits_{x \to 0} \dfrac{x^2 - 5f(x)}{x + f(x)}$의 값을 구하시오.

(2) 두 함수 $f(x)$, $g(x)$에 대하여 $\lim\limits_{x \to 1} \{f(x) + 2g(x)\} = 6$, $\lim\limits_{x \to 1} g(x) = 3$일 때,
$\lim\limits_{x \to 1} \{2f(x) - g(x)\}$의 값을 구하시오.

(3) 두 함수 $f(x)$, $g(x)$에 대하여 $\lim\limits_{x \to \infty} f(x) = \infty$, $\lim\limits_{x \to \infty} \{f(x) - g(x)\} = 1$일 때,
$\lim\limits_{x \to \infty} \dfrac{f(x) + g(x)}{f(x)}$의 값을 구하시오.

공략 Point

(1) $\lim\limits_{x \to a} f(x-a) = a$가 주어
지면 $x - a = t$로 놓고
$\lim\limits_{t \to 0} f(t) = a$임을 이용한
다.

(2) $\lim\limits_{x \to a} \{f(x) + g(x)\} = \beta$가
주어지면
$f(x) + g(x) = h(x)$로
놓고 $\lim\limits_{x \to a} h(x) = \beta$임을
이용한다.

(3) $\lim\limits_{x \to \infty} f(x) = \infty$,
$\lim\limits_{x \to \infty} \{f(x) + g(x)\} = \beta$가
주어지면
$f(x) + g(x) = h(x)$로
놓고 $\lim\limits_{x \to \infty} \dfrac{1}{f(x)} = 0$,
$\lim\limits_{x \to \infty} h(x) = \beta$임을 이용
한다.

풀이

(1) $x - 1 = t$로 놓으면 $x \to 1$일 때 $t \to 0$이므로

$$\lim_{x \to 1} \frac{f(x-1)}{x-1} = \lim_{t \to 0} \frac{f(t)}{t} = 4$$

$\lim\limits_{x \to 0} \dfrac{f(x)}{x} = 4$이므로

$$\lim_{x \to 0} \frac{x^2 - 5f(x)}{x + f(x)} = \lim_{x \to 0} \frac{x - \dfrac{5f(x)}{x}}{1 + \dfrac{f(x)}{x}} = \frac{\lim\limits_{x \to 0} x - 5\lim\limits_{x \to 0} \dfrac{f(x)}{x}}{\lim\limits_{x \to 0} 1 + \lim\limits_{x \to 0} \dfrac{f(x)}{x}}$$

$$= \frac{0 - 5 \times 4}{1 + 4} = -4$$

(2) $f(x) + 2g(x) = h(x)$로 놓으면

$\lim\limits_{x \to 1} h(x) = 6$

$f(x) = h(x) - 2g(x)$이므로

$$\lim_{x \to 1} \{2f(x) - g(x)\} = \lim_{x \to 1} [2\{h(x) - 2g(x)\} - g(x)]$$

$$= \lim_{x \to 1} \{2h(x) - 5g(x)\}$$

$\lim\limits_{x \to 1} h(x) = 6$, $\lim\limits_{x \to 1} g(x) = 3$이므로

$$= 2\lim_{x \to 1} h(x) - 5\lim_{x \to 1} g(x)$$

$$= 2 \times 6 - 5 \times 3$$

$$= -3$$

(3) $f(x) - g(x) = h(x)$로 놓으면

$\lim\limits_{x \to \infty} h(x) = 1$

$\lim\limits_{x \to \infty} f(x) = \infty$이므로

$\lim\limits_{x \to \infty} \dfrac{1}{f(x)} = 0$

$g(x) = f(x) - h(x)$이므로

$$\lim_{x \to \infty} \frac{f(x) + g(x)}{f(x)} = \lim_{x \to \infty} \frac{f(x) + f(x) - h(x)}{f(x)}$$

$$= \lim_{x \to \infty} \frac{2f(x) - h(x)}{f(x)}$$

$$= \lim_{x \to \infty} \left\{ 2 - \frac{h(x)}{f(x)} \right\}$$

$\lim\limits_{x \to \infty} h(x) = 1$, $\lim\limits_{x \to \infty} \dfrac{1}{f(x)} = 0$이므로

$$= \lim_{x \to \infty} 2 - \lim_{x \to \infty} h(x) \times \lim_{x \to \infty} \frac{1}{f(x)}$$

$$= 2 - 1 \times 0 = 2$$

01-**1** 함수 $f(x)$에 대하여 $\lim_{x \to 0} \dfrac{f(x)}{x} = 3$일 때, $\lim_{x \to 0} \dfrac{2x + f(x)}{x - f(x)}$의 값을 구하시오.

01-**2** 함수 $f(x)$에 대하여 $\lim_{x \to 2} \dfrac{f(x)}{x+2} = \dfrac{1}{5}$일 때, $\lim_{x \to 2} (x^2 + 1) f(x)$의 값을 구하시오.

01-**3** 함수 $f(x)$에 대하여 $\lim_{x \to 3} \dfrac{f(x-3)}{x-3} = 2$일 때, $\lim_{x \to 0} \dfrac{x - 2f(x)}{x + f(x)}$의 값을 구하시오.

01-**4** 두 함수 $f(x)$, $g(x)$에 대하여 $\lim_{x \to 2} f(x) = 3$, $\lim_{x \to 2} \{2f(x) - g(x)\} = 8$일 때,

$\lim_{x \to 2} \dfrac{3f(x) - 4g(x)}{f(x) + 2g(x)}$의 값을 구하시오.

01-**5** 두 함수 $f(x)$, $g(x)$에 대하여 $\lim_{x \to \infty} f(x) = \infty$, $\lim_{x \to \infty} \{3f(x) - g(x)\} = 2$일 때,

$\lim_{x \to \infty} \dfrac{f(x) - 2g(x)}{3f(x) + g(x)}$의 값을 구하시오.

$\dfrac{0}{0}$ 꼴의 함수의 극한

✐ 유형편 8쪽

다음 극한값을 구하시오.

(1) $\displaystyle\lim_{x \to 1}\dfrac{x^3-x}{x^2+3x-4}$

(2) $\displaystyle\lim_{x \to 2}\dfrac{\sqrt{x^2+5}-3}{x-2}$

공략 Point

(1) 분모, 분자가 모두 다항식
   인 경우
   ➡ 분모, 분자를 각각 인
      수분해한 후 약분한다.
(2) 분모 또는 분자가 무리식
   인 경우
   ➡ 근호가 있는 쪽을 유리
      화한 후 약분한다.

풀이

(1) 분모, 분자를 각각 인수분해하면	$\displaystyle\lim_{x \to 1}\dfrac{x^3-x}{x^2+3x-4}=\lim_{x \to 1}\dfrac{x(x+1)(x-1)}{(x+4)(x-1)}$
약분하여 극한값을 구하면	$=\displaystyle\lim_{x \to 1}\dfrac{x(x+1)}{x+4}$ $=\dfrac{1\times2}{5}=\dfrac{2}{5}$
(2) 분자를 유리화한 후 인수분해하면	$\displaystyle\lim_{x \to 2}\dfrac{\sqrt{x^2+5}-3}{x-2}=\lim_{x \to 2}\dfrac{(\sqrt{x^2+5}-3)(\sqrt{x^2+5}+3)}{(x-2)(\sqrt{x^2+5}+3)}$ $=\displaystyle\lim_{x \to 2}\dfrac{x^2-4}{(x-2)(\sqrt{x^2+5}+3)}$ $=\displaystyle\lim_{x \to 2}\dfrac{(x+2)(x-2)}{(x-2)(\sqrt{x^2+5}+3)}$
약분하여 극한값을 구하면	$=\displaystyle\lim_{x \to 2}\dfrac{x+2}{\sqrt{x^2+5}+3}$ $=\dfrac{4}{3+3}=\dfrac{2}{3}$

● **문제** ●

정답과 해설 6쪽

02-1 다음 극한값을 구하시오.

(1) $\displaystyle\lim_{x \to 2}\dfrac{x^2+x-6}{x-2}$

(2) $\displaystyle\lim_{x \to -1}\dfrac{2x^3+x^2+1}{x^2-1}$

(3) $\displaystyle\lim_{x \to 3}\dfrac{\sqrt{x+1}-2}{x-3}$

(4) $\displaystyle\lim_{x \to 2}\dfrac{x^2-4}{\sqrt{x+2}-2}$

02-2 다항함수 $f(x)$에 대하여 $\displaystyle\lim_{x \to -2}\dfrac{(x+2)f(x)}{x^2-4}=-1$일 때, $f(-2)$의 값을 구하시오.

필수 예제 03 $\frac{\infty}{\infty}$ 꼴의 함수의 극한

다음 극한을 조사하시오.

(1) $\lim\limits_{x \to \infty} \dfrac{6x^2+7x-5}{x^2+1}$

(2) $\lim\limits_{x \to \infty} \dfrac{x-2}{x^2-x+1}$

(3) $\lim\limits_{x \to \infty} \dfrac{2x^2}{\sqrt{x^2+3}-4}$

(4) $\lim\limits_{x \to -\infty} \dfrac{x}{\sqrt{4x^2+1}-x}$

공략 Point

· 분모의 최고차항으로 분모, 분자를 각각 나눈 후
$\lim\limits_{x \to \infty} \dfrac{c}{x^p}=0$ (c는 상수, p는 양수)임을 이용한다.
· $x \to -\infty$일 때의 극한은 $x=-t$로 놓고 $t \to \infty$임을 이용한다.

풀이

(1) 분모, 분자를 분모의 최고차항인 x^2으로 각각 나누어 극한값을 구하면

$$\lim_{x \to \infty} \frac{6x^2+7x-5}{x^2+1}=\lim_{x \to \infty} \frac{6+\dfrac{7}{x}-\dfrac{5}{x^2}}{1+\dfrac{1}{x^2}}=\mathbf{6}$$

(2) 분모, 분자를 분모의 최고차항인 x^2으로 각각 나누어 극한값을 구하면

$$\lim_{x \to \infty} \frac{x-2}{x^2-x+1}=\lim_{x \to \infty} \frac{\dfrac{1}{x}-\dfrac{2}{x^2}}{1-\dfrac{1}{x}+\dfrac{1}{x^2}}=\mathbf{0}$$

(3) 분모, 분자를 분모의 최고차항인 x로 각각 나누어 극한을 조사하면

$$\lim_{x \to \infty} \frac{2x^2}{\sqrt{x^2+3}-4}=\lim_{x \to \infty} \frac{2x}{\sqrt{1+\dfrac{3}{x^2}}-\dfrac{4}{x}}=\infty$$

(4) $x=-t$로 놓으면 $x \to -\infty$일 때 $t \to \infty$이므로

분모, 분자를 분모의 최고차항인 t로 각각 나누어 극한값을 구하면

$$\lim_{x \to -\infty} \frac{x}{\sqrt{4x^2+1}-x}=\lim_{t \to \infty} \frac{-t}{\sqrt{4t^2+1}+t}$$

$$=\lim_{t \to \infty} \frac{-1}{\sqrt{4+\dfrac{1}{t^2}}+1}=-\frac{1}{3}$$

● **문제** ●

정답과 해설 7쪽

03-**1** 다음 극한을 조사하시오.

(1) $\lim\limits_{x \to \infty} \dfrac{4x^2-3x}{x^2-1}$

(2) $\lim\limits_{x \to \infty} \dfrac{x+3}{2x^2+x+5}$

(3) $\lim\limits_{x \to \infty} \dfrac{x+1}{\sqrt{x^2+2x+3}}$

(4) $\lim\limits_{x \to \infty} \dfrac{x^2}{\sqrt{x^2+1}-1}$

03-**2** $\lim\limits_{x \to -\infty} \dfrac{2x}{\sqrt{x^2+1}-4x}$의 값을 구하시오.

필수 예제 04 ∞−∞ 꼴의 함수의 극한

다음 극한을 조사하시오.

(1) $\lim\limits_{x \to \infty} (2x^2 - x + 3)$
(2) $\lim\limits_{x \to \infty} (\sqrt{x^2 + 6x} - x)$

공략 Point

(1) 최고차항으로 묶어
$\infty \times c$ (c는 0이 아닌 상수)
꼴로 변형한다.

(2) 분모를 1로 보고 분자를
유리화한다.

풀이

(1) 최고차항인 x^2으로 묶어 극한을 조사하면

$$\lim_{x \to \infty} (2x^2 - x + 3)$$
$$= \lim_{x \to \infty} x^2 \left(2 - \frac{1}{x} + \frac{3}{x^2}\right)$$
$$= \infty$$

(2) 분모를 1로 보고 분자를 유리화하면

$$\lim_{x \to \infty} (\sqrt{x^2 + 6x} - x)$$
$$= \lim_{x \to \infty} \frac{(\sqrt{x^2 + 6x} - x)(\sqrt{x^2 + 6x} + x)}{\sqrt{x^2 + 6x} + x}$$
$$= \lim_{x \to \infty} \frac{6x}{\sqrt{x^2 + 6x} + x}$$

분모, 분자를 분모의 최고차항인 x로 각각 나누어 극한값을 구하면

$$= \lim_{x \to \infty} \frac{6}{\sqrt{1 + \frac{6}{x}} + 1} = 3$$

● **문제** ●

정답과 해설 7쪽

04-1 다음 극한을 조사하시오.

(1) $\lim\limits_{x \to \infty} (-x^2 + 4x - 5)$
(2) $\lim\limits_{x \to \infty} (2x - \sqrt{4x^2 + x})$

(3) $\lim\limits_{x \to \infty} (\sqrt{x^2 + 3x} - \sqrt{x^2 - 3x})$
(4) $\lim\limits_{x \to \infty} \dfrac{1}{\sqrt{4x^2 - 3x} - 2x}$

04-2 $\lim\limits_{x \to -\infty} (\sqrt{x^2 - 2x + 2} + x)$의 값을 구하시오.

필수
예제 **05** ∞×0 꼴의 함수의 극한

✏ 유형편 9쪽

다음 극한값을 구하시오.

(1) $\lim_{x \to 0} \dfrac{1}{x}\left(\dfrac{1}{3x+1}-\dfrac{1}{x+1}\right)$

(2) $\lim_{x \to \infty} 2x\left(1-\dfrac{\sqrt{x+2}}{\sqrt{x+1}}\right)$

공략 Point

(1) (유리식)×(유리식)인 경우
➡ 통분하거나 인수분해한다.
(2) 무리식을 포함하는 경우
➡ 근호가 있는 쪽을 유리화한다.

풀이

(1) $\dfrac{1}{3x+1}-\dfrac{1}{x+1}$ 을 통분하면

$$\lim_{x \to 0} \dfrac{1}{x}\left(\dfrac{1}{3x+1}-\dfrac{1}{x+1}\right)$$
$$=\lim_{x \to 0}\left\{\dfrac{1}{x}\times\dfrac{x+1-(3x+1)}{(3x+1)(x+1)}\right\}$$
$$=\lim_{x \to 0}\left\{\dfrac{1}{x}\times\dfrac{-2x}{(3x+1)(x+1)}\right\}$$

약분하여 극한값을 구하면

$$=\lim_{x \to 0}\dfrac{-2}{(3x+1)(x+1)}$$
$$=\dfrac{-2}{1\times1}=-2$$

(2) $1-\dfrac{\sqrt{x+2}}{\sqrt{x+1}}$ 를 통분한 후 분자를 유리화하면

$$\lim_{x \to \infty} 2x\left(1-\dfrac{\sqrt{x+2}}{\sqrt{x+1}}\right)$$
$$=\lim_{x \to \infty}\left(2x\times\dfrac{\sqrt{x+1}-\sqrt{x+2}}{\sqrt{x+1}}\right)$$
$$=\lim_{x \to \infty}\left\{2x\times\dfrac{(\sqrt{x+1}-\sqrt{x+2})(\sqrt{x+1}+\sqrt{x+2})}{\sqrt{x+1}(\sqrt{x+1}+\sqrt{x+2})}\right\}$$
$$=\lim_{x \to \infty}\dfrac{-2x}{x+1+\sqrt{x^2+3x+2}}$$

분모, 분자를 분모의 최고차항인 x로 각각 나누어 극한값을 구하면

$$=\lim_{x \to \infty}\dfrac{-2}{1+\dfrac{1}{x}+\sqrt{1+\dfrac{3}{x}+\dfrac{2}{x^2}}}=-1$$

● **문제** ●

정답과 해설 7쪽

05-1 다음 극한값을 구하시오.

(1) $\lim_{x \to 1} \dfrac{1}{x-1}\left(\dfrac{x^2}{x+2}-\dfrac{1}{3}\right)$

(2) $\lim_{x \to 0} \dfrac{1}{x^2-x}\left(\dfrac{1}{\sqrt{x+1}}-1\right)$

05-2 $\lim_{x \to -\infty} x^2\left(\dfrac{1}{3}+\dfrac{x}{\sqrt{9x^2+3}}\right)$의 값을 구하시오.

2 함수의 극한의 응용

❶ 함수의 극한의 응용

두 함수 $f(x)$, $g(x)$에 대하여

(1) $\lim\limits_{x \to a} \dfrac{f(x)}{g(x)} = \alpha$ (α는 실수)이고 $\lim\limits_{x \to a} g(x) = 0$이면 $\lim\limits_{x \to a} f(x) = 0$

(2) $\lim\limits_{x \to a} \dfrac{f(x)}{g(x)} = \alpha$ (α는 0이 아닌 실수)이고 $\lim\limits_{x \to a} f(x) = 0$이면 $\lim\limits_{x \to a} g(x) = 0$

예 $\lim\limits_{x \to 2} \dfrac{x^2 - a}{x - 2} = 4$일 때, 상수 a의 값을 구해 보자.

$x \to 2$일 때 (분모)$\to 0$이고, 극한값이 존재하므로 (분자)$\to 0$이어야 한다.

즉, $\lim\limits_{x \to 2} (x^2 - a) = 0$이므로 $4 - a = 0$ $\therefore a = 4$

❷ 함수의 극한의 대소 관계

두 함수 $f(x)$, $g(x)$에 대하여 $\lim\limits_{x \to a} f(x) = \alpha$, $\lim\limits_{x \to a} g(x) = \beta$ (α, β는 실수)일 때, a가 아니면서 a에 가까운 모든 실수 x에 대하여

(1) $f(x) \le g(x)$이면 $\alpha \le \beta$

(2) 함수 $h(x)$에 대하여 $f(x) \le h(x) \le g(x)$이고 $\alpha = \beta$이면

$\lim\limits_{x \to a} h(x) = \alpha$

예 함수 $f(x)$가 모든 실수 x에 대하여 $-x^2 + 2x \le f(x) \le x^2 - 2x + 2$를 만족시키면

$\lim\limits_{x \to 1} (-x^2 + 2x) = 1$, $\lim\limits_{x \to 1} (x^2 - 2x + 2) = 1$이므로 $\lim\limits_{x \to 1} f(x) = 1$

참고 함수의 극한의 대소 관계는 $x \to a+$, $x \to a-$, $x \to \infty$, $x \to -\infty$인 경우에도 모두 성립한다.

주의 $f(x) < g(x)$인 경우에 반드시 $\lim\limits_{x \to a} f(x) < \lim\limits_{x \to a} g(x)$인 것은 아니다.

예를 들어 $x \neq 0$일 때, $x^2 < 3x^2$이지만 $\lim\limits_{x \to 0} x^2 = \lim\limits_{x \to 0} 3x^2 = 0$이다.

개념 Plus

함수의 극한의 응용

(1) $\lim\limits_{x \to a} \dfrac{f(x)}{g(x)} = \alpha$ (α는 실수)이고 $\lim\limits_{x \to a} g(x) = 0$이면 함수의 극한에 대한 성질에 의하여

$\lim\limits_{x \to a} f(x) = \lim\limits_{x \to a} \left\{ \dfrac{f(x)}{g(x)} \times g(x) \right\} = \lim\limits_{x \to a} \dfrac{f(x)}{g(x)} \times \lim\limits_{x \to a} g(x) = \alpha \times 0 = 0$

(2) $\lim\limits_{x \to a} \dfrac{f(x)}{g(x)} = \alpha$ (α는 0이 아닌 실수)이고 $\lim\limits_{x \to a} f(x) = 0$이면 함수의 극한에 대한 성질에 의하여

$\lim\limits_{x \to a} g(x) = \lim\limits_{x \to a} \left\{ f(x) \div \dfrac{f(x)}{g(x)} \right\} = \lim\limits_{x \to a} f(x) \div \lim\limits_{x \to a} \dfrac{f(x)}{g(x)} = \dfrac{0}{\alpha} = 0$

극한값을 이용하여 미정계수 구하기

유형편 10쪽

다음 등식이 성립하도록 하는 상수 a, b의 값을 구하시오.

(1) $\lim\limits_{x \to 1} \dfrac{x^2 + ax + b}{x - 1} = 3$

(2) $\lim\limits_{x \to 2} \dfrac{x - 2}{\sqrt{x + a} - b} = 6$

 Point

(1) 극한값이 존재하고
  (분모) → 0이면
  ➡ (분자) → 0

(2) 0이 아닌 극한값이 존재하고 (분자) → 0이면
  ➡ (분모) → 0

풀이

(1) $x \to 1$일 때 (분모) → 0이고, 극한값이 존재하므로 (분자) → 0에서	$\lim\limits_{x \to 1}(x^2 + ax + b) = 0$ $1 + a + b = 0$ ∴ $b = -a - 1$ ······ ㉠
㉠을 주어진 식의 좌변에 대입하면	$\lim\limits_{x \to 1}\dfrac{x^2 + ax - a - 1}{x - 1}$ $= \lim\limits_{x \to 1}\dfrac{(x-1)(x+a+1)}{x-1}$ $= \lim\limits_{x \to 1}(x + a + 1) = a + 2$
즉, $a + 2 = 3$이므로	$a = 1$
$a = 1$을 ㉠에 대입하면	$b = -2$

(2) $x \to 2$일 때 (분자) → 0이고, 0이 아닌 극한값이 존재하므로 (분모) → 0에서	$\lim\limits_{x \to 2}(\sqrt{x+a} - b) = 0$ $\sqrt{2+a} - b = 0$ ∴ $b = \sqrt{a+2}$ ······ ㉠
㉠을 주어진 식의 좌변에 대입하면	$\lim\limits_{x \to 2}\dfrac{x-2}{\sqrt{x+a} - \sqrt{a+2}}$ $= \lim\limits_{x \to 2}\dfrac{(x-2)(\sqrt{x+a} + \sqrt{a+2})}{(\sqrt{x+a} - \sqrt{a+2})(\sqrt{x+a} + \sqrt{a+2})}$ $= \lim\limits_{x \to 2}\dfrac{(x-2)(\sqrt{x+a} + \sqrt{a+2})}{x-2}$ $= \lim\limits_{x \to 2}(\sqrt{x+a} + \sqrt{a+2}) = 2\sqrt{a+2}$
즉, $2\sqrt{a+2} = 6$이므로	$a = 7$
$a = 7$을 ㉠에 대입하면	$b = 3$

● **문제** ●

정답과 해설 8쪽

06-1 다음 등식이 성립하도록 하는 상수 a, b의 값을 구하시오.

(1) $\lim\limits_{x \to -1} \dfrac{x^2 + a}{x + 1} = b$

(2) $\lim\limits_{x \to 2} \dfrac{x^2 + ax + b}{x^2 - 4} = -2$

(3) $\lim\limits_{x \to -1} \dfrac{x^2 - 1}{\sqrt{x + a} + b} = -8$

(4) $\lim\limits_{x \to 1} \dfrac{\sqrt{x + a} - 3}{x - 1} = b$

필수 예제 07 극한값을 이용하여 함수의 식 구하기

다항함수 $f(x)$가 다음 조건을 만족시킬 때, $f(0)$의 값을 구하시오.

(가) $\lim\limits_{x\to\infty}\dfrac{f(x)}{x^2-2x-3}=2$ (나) $\lim\limits_{x\to3}\dfrac{f(x)}{x^2-2x-3}=1$

공략 Point

두 다항함수 $f(x)$, $g(x)$에 대하여

(1) $\lim\limits_{x\to\infty}\dfrac{f(x)}{g(x)}=\alpha$ (α는 0이 아닌 실수)이면 $f(x)$와 $g(x)$의 차수는 같고, $f(x)$와 $g(x)$의 최고차항의 계수의 비는 α이다.

(2) $\lim\limits_{x\to a}\dfrac{f(x)}{g(x)}=\beta$ (β는 실수) 일 때, $\lim\limits_{x\to a}g(x)=0$이면 ➡ $\lim\limits_{x\to a}f(x)=0$

풀이

(가)에서 $\lim\limits_{x\to\infty}\dfrac{f(x)}{x^2-2x-3}=2$이므로	$f(x)$는 최고차항의 계수가 2인 이차함수이다. …… ㉠
(나)에서 $x\to3$일 때 (분모)$\to0$이고, 극한값이 존재하므로 (분자)$\to0$에서	$\lim\limits_{x\to3}f(x)=0$ $\therefore f(3)=0$ …… ㉡
㉠, ㉡에서 $f(x)=2(x-3)(x+a)$ (a는 상수)라 하면	$\lim\limits_{x\to3}\dfrac{f(x)}{x^2-2x-3}=\lim\limits_{x\to3}\dfrac{2(x-3)(x+a)}{(x+1)(x-3)}$ $=\lim\limits_{x\to3}\dfrac{2(x+a)}{x+1}=\dfrac{a+3}{2}$
즉, $\dfrac{a+3}{2}=1$이므로	$a=-1$
따라서 $f(x)=2(x-3)(x-1)$이므로	$f(0)=2\times(-3)\times(-1)=\mathbf{6}$

문제

07-1 다항함수 $f(x)$가 다음 조건을 만족시킬 때, $f(1)$의 값을 구하시오.

(가) $\lim\limits_{x\to\infty}\dfrac{f(x)}{x^2+4x+3}=3$ (나) $\lim\limits_{x\to4}\dfrac{f(x)}{x^2-3x-4}=2$

07-2 다항함수 $f(x)$가 다음 조건을 만족시킬 때, $f(2)$의 값을 구하시오.

(가) $\lim\limits_{x\to\infty}\dfrac{f(x)-2x^3}{x^2}=1$ (나) $\lim\limits_{x\to0}\dfrac{f(x)}{x}=-3$

필수예제 08 함수의 극한의 대소 관계

📝 유형편 12쪽

다음 물음에 답하시오.

(1) 함수 $f(x)$가 음이 아닌 모든 실수 x에 대하여 $3x^2-x \le (x^2+2)f(x) \le 3x^2+x$를 만족시킬 때, $\lim\limits_{x \to \infty} f(x)$의 값을 구하시오.

(2) 함수 $f(x)$가 모든 양의 실수 x에 대하여 $2x+1 < f(x) < 2x+4$를 만족시킬 때, $\lim\limits_{x \to \infty} \dfrac{\{f(x)\}^2}{x^2+1}$의 값을 구하시오.

공략 Point

$f(x) \le h(x) \le g(x)$이고
$\lim\limits_{x \to \infty} f(x) = \lim\limits_{x \to \infty} g(x) = \alpha$
(α는 실수)이면
$$\lim\limits_{x \to \infty} h(x) = \alpha$$

풀이

(1) $x^2+2 > 0$이므로 주어진 부등식의 각 변을 x^2+2로 나누면

$$\dfrac{3x^2-x}{x^2+2} \le f(x) \le \dfrac{3x^2+x}{x^2+2}$$

이때 $\lim\limits_{x \to \infty} \dfrac{3x^2-x}{x^2+2} = 3$, $\lim\limits_{x \to \infty} \dfrac{3x^2+x}{x^2+2} = 3$이므로 함수의 극한의 대소 관계에 의하여

$$\lim\limits_{x \to \infty} f(x) = \mathbf{3}$$

(2) $x>0$일 때, $2x+1>0$이므로 주어진 부등식의 각 변을 제곱하면

$$(2x+1)^2 < \{f(x)\}^2 < (2x+4)^2$$

$x^2+1>0$이므로 각 변을 x^2+1로 나누면

$$\dfrac{(2x+1)^2}{x^2+1} < \dfrac{\{f(x)\}^2}{x^2+1} < \dfrac{(2x+4)^2}{x^2+1}$$

이때 $\lim\limits_{x \to \infty} \dfrac{(2x+1)^2}{x^2+1} = 4$, $\lim\limits_{x \to \infty} \dfrac{(2x+4)^2}{x^2+1} = 4$ 이므로 함수의 극한의 대소 관계에 의하여

$$\lim\limits_{x \to \infty} \dfrac{\{f(x)\}^2}{x^2+1} = \mathbf{4}$$

● **문제** ●

정답과 해설 9쪽

08-1 함수 $f(x)$가 모든 양의 실수 x에 대하여 $3x+1 < f(x) < 3x+4$를 만족시킬 때, $\lim\limits_{x \to \infty} \dfrac{f(x)}{x}$의 값을 구하시오.

08-2 함수 $f(x)$가 모든 양의 실수 x에 대하여 $2x^2-5x-3 < x^2 f(x) < 2x^2+2x-1$을 만족시킬 때, $\lim\limits_{x \to \infty} f(x)$의 값을 구하시오.

08-3 함수 $f(x)$가 음이 아닌 모든 실수 x에 대하여 $\sqrt{4x+1} < f(x) < \sqrt{4x+3}$을 만족시킬 때, $\lim\limits_{x \to \infty} \dfrac{\{f(x)\}^2}{3x+2}$의 값을 구하시오.

함수의 극한의 활용

유형편 12쪽

오른쪽 그림과 같이 함수 $y=\sqrt{x}$의 그래프 위의 한 점 $P(t, \sqrt{t})$에서 y축에 내린 수선의 발을 H라 할 때, x축 위의 점 $A(2, 0)$에 대하여 $\lim\limits_{t\to\infty}(\overline{PH}-\overline{PA})$의 값을 구하시오.

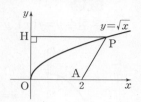

공략 Point

점 $P(t, \sqrt{t})$를 이용하여 선분의 길이를 t에 대한 식으로 나타낸 후 극한의 성질을 이용하여 극한값을 구한다.

풀이

$P(t, \sqrt{t})$, $H(0, \sqrt{t})$, $A(2, 0)$이므로

따라서 구하는 극한값은

$\overline{PH}=t$

$\overline{PA}=\sqrt{(t-2)^2+(\sqrt{t}-0)^2}=\sqrt{t^2-3t+4}$

$\lim\limits_{t\to\infty}(\overline{PH}-\overline{PA})$

$=\lim\limits_{t\to\infty}(t-\sqrt{t^2-3t+4})$

$=\lim\limits_{t\to\infty}\dfrac{(t-\sqrt{t^2-3t+4})(t+\sqrt{t^2-3t+4})}{t+\sqrt{t^2-3t+4}}$

$=\lim\limits_{t\to\infty}\dfrac{3t-4}{t+\sqrt{t^2-3t+4}}$

$=\lim\limits_{t\to\infty}\dfrac{3-\dfrac{4}{t}}{1+\sqrt{1-\dfrac{3}{t}+\dfrac{4}{t^2}}}=\dfrac{3}{2}$

● **문제** ●

정답과 해설 9쪽

09-1 오른쪽 그림과 같이 함수 $y=\sqrt{x}$의 그래프 위에 두 점 $P(t, \sqrt{t})$, $Q(t+2, \sqrt{t+2})$가 있다. 점 P에서 y축에 내린 수선의 발을 R라 하고, 삼각형 PQR의 넓이를 $S(t)$라 할 때, $\lim\limits_{t\to\infty}\dfrac{\sqrt{t}}{S(t)}$의 값을 구하시오.

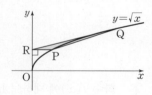

09-2 오른쪽 그림과 같이 x축 위의 점 $P(a, 0)$을 지나고 y축에 평행한 직선이 곡선 $y=\dfrac{1}{8}x^2$과 만나는 점을 A라 하고, 원 $x^2+(y-1)^2=1$과 만나는 점을 x축에 가까운 것부터 차례대로 B, C라 하자. 이때 $\lim\limits_{a\to0+}\dfrac{\overline{PA}\times\overline{PC}}{\overline{PB}}$의 값을 구하시오.

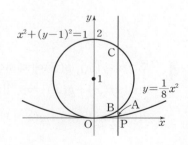

연습문제

교육청

1 두 함수 $y=f(x)$, $y=g(x)$의 그래프가 그림과 같다.

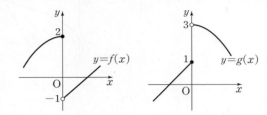

$\lim\limits_{x \to 0}\{f(x)+kg(x)\}$의 값이 존재할 때, 상수 k의 값은?

① $\dfrac{1}{2}$ ② 1 ③ $\dfrac{3}{2}$

④ 2 ⑤ $\dfrac{5}{2}$

2 함수 $f(x)$에 대하여 $\lim\limits_{x \to \infty}\dfrac{f(x)}{x}$의 값이 존재할 때, $\lim\limits_{x \to \infty}\dfrac{x^2+f(x)}{2x^2-3f(x)}$의 값을 구하시오.

3 함수 $f(x)$에 대하여 $\lim\limits_{x \to 1}\dfrac{f(x-1)}{x-1}=3$일 때, $\lim\limits_{x \to 0}\dfrac{x+3f(x)}{3x^2+4f(x)}$의 값을 구하시오.

4 두 함수 $f(x)$, $g(x)$에 대하여 $\lim\limits_{x \to 1}\{3f(x)+g(x)\}=8$, $\lim\limits_{x \to 1}\{f(x)-g(x)\}=2$ 일 때, $\lim\limits_{x \to 1}\{f(x)+g(x)\}$의 값을 구하시오.

5 두 함수 $f(x)$, $g(x)$에 대하여 보기에서 옳은 것만을 있는 대로 고르시오.

> **보기**
>
> ㄱ. $\lim\limits_{x \to a}f(x)$와 $\lim\limits_{x \to a}\{f(x)+g(x)\}$의 값이 존재 하면 $\lim\limits_{x \to a}g(x)$의 값도 존재한다.
>
> ㄴ. $\lim\limits_{x \to a}f(x)$와 $\lim\limits_{x \to a}f(x)g(x)$의 값이 존재하면 $\lim\limits_{x \to a}g(x)$의 값도 존재한다.
>
> ㄷ. $\lim\limits_{x \to a}g(x)$와 $\lim\limits_{x \to a}\dfrac{f(x)}{g(x)}$의 값이 존재하면 $\lim\limits_{x \to a}f(x)$의 값도 존재한다. (단, $g(x) \neq 0$)
>
> ㄹ. $\lim\limits_{x \to a}\{f(x)-g(x)\}=0$이면 $\lim\limits_{x \to a}f(x)=\lim\limits_{x \to a}g(x)$이다.

6 함수 $f(x)=\begin{cases} -x^2-2x \ (x \geq -2) \\ x^2+x-2 \ (x < -2) \end{cases}$에 대하여

$\lim\limits_{x \to -2-}\dfrac{f(x)}{x+2}+\lim\limits_{x \to -2+}\dfrac{f(x)}{x+2}$의 값을 구하시오.

7 다음 중 옳지 <u>않은</u> 것은?

① $\lim\limits_{x \to 1}\dfrac{x^3-4x+3}{x^2-1}=-\dfrac{1}{2}$

② $\lim\limits_{x \to 0}\dfrac{\sqrt{x+1}-1}{x}=\dfrac{1}{2}$

③ $\lim\limits_{x \to 4}\dfrac{\sqrt{x}-2}{x-4}=\dfrac{1}{4}$

④ $\lim\limits_{x \to \infty}\dfrac{(2x+1)(x-1)}{3x^2+2}=\dfrac{2}{3}$

⑤ $\lim\limits_{x \to \infty}\dfrac{4x}{\sqrt{x^2+1}-2}=-4$

8 $\lim\limits_{x \to -\infty} \dfrac{\sqrt{x^2-x}-2x}{x-\sqrt{x^2+1}}$의 값을 구하시오.

12 $\lim\limits_{x \to 3} \dfrac{x-3}{x^3+ax^2+bx}=\dfrac{1}{12}$일 때, 상수 a, b에 대하여 a^2+b^2의 값을 구하시오.

9 $\lim\limits_{x \to -\infty} (\sqrt{x^2-ax+3}-\sqrt{x^2+2x-3})=2$일 때, 상수 a의 값은?

① -1 ② 0 ③ 1
④ 2 ⑤ 3

13 이차함수 $f(x)$에 대하여 $\lim\limits_{x \to 2} \dfrac{f(x)}{x-2}=6$이고 $\lim\limits_{x \to -1} \dfrac{f(x)}{x+1}$의 값이 존재할 때, $\lim\limits_{x \to \infty} \dfrac{f(x)}{x^2}$의 값은?

① $\dfrac{1}{2}$ ② 1 ③ $\dfrac{3}{2}$
④ 2 ⑤ $\dfrac{5}{2}$

10 $\lim\limits_{x \to \infty} (\sqrt{x^2+2x}-x)=a$,
$\lim\limits_{x \to 1} \dfrac{1}{x-1}\left(\dfrac{1}{3-x}-\dfrac{1}{2}\right)=b$일 때, $a+b$의 값을 구하시오.

14 다항함수 $f(x)$가
$$\lim\limits_{x \to \infty} \dfrac{f(x)-2x^3}{3x^2}=0, \quad \lim\limits_{x \to -1} \dfrac{f(x)-1}{x+1}=7$$
을 만족시킬 때, $f(1)$의 값은?

① 6 ② 7 ③ 8
④ 9 ⑤ 10

11 $\lim\limits_{x \to 1} \dfrac{\sqrt{x^2+3}+a}{x-1}=b$일 때, 상수 a, b에 대하여 ab의 값을 구하시오.

15 함수 $f(x)$가 모든 실수 x에 대하여
$|f(x)-3x|<3$을 만족시킬 때, $\lim\limits_{x \to \infty} \dfrac{\{f(x)\}^3}{x^3+1}$의 값을 구하시오.

정답과 해설 12쪽

16 함수 $f(x)$가 모든 양의 실수 x에 대하여

$$\frac{1}{\sqrt{4x^2+2}} < xf(x) < \frac{1}{2x}$$

을 만족시킬 때, $\lim_{x\to\infty}(3x-2)^2 f(x)$의 값을 구하시오.

17 오른쪽 그림과 같이 원 $x^2+y^2=4$ 위의 제1사분면 위에 있는 점 $P(a, b)$와 점 $A(2, 0)$을 지나는 직선이 y축과 만나는 점을 B라 하자. 점 P에서 x축에 내린 수선의 발을 H라 할 때, $\lim_{a\to2-}(\overline{BO}\times\overline{PH})$의 값을 구하시오.

(단, O는 원점)

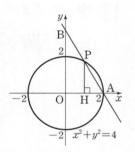

▶ 실력

18 $\lim_{x\to-\infty}(\sqrt{x^2+ax}+bx)=1$일 때, 상수 a, b에 대하여 $a+b$의 값을 구하시오. (단, $b>0$)

수능

19 상수항과 계수가 모두 정수인 두 다항함수 $f(x)$, $g(x)$가 다음 조건을 만족시킬 때, $f(2)$의 최댓값은?

> (가) $\lim_{x\to\infty}\dfrac{f(x)g(x)}{x^3}=2$
>
> (나) $\lim_{x\to0}\dfrac{f(x)g(x)}{x^2}=-4$

① 4   ② 6   ③ 8
④ 10   ⑤ 12

20 두 다항함수 $f(x)$, $g(x)$에 대하여

$$\lim_{x\to\infty}\frac{f(x)}{g(x)}=2, \quad \lim_{x\to\infty}\frac{f(x)-g(x)}{x-2}=3$$

이고 $\lim_{x\to-1}\dfrac{f(x)+g(x)}{x+1}$의 값이 존재할 때, 그 값을 구하시오.

21 함수 $f(x)$가 모든 실수 x에 대하여

$$x^2-4 \le f(x) \le 2x^2-4x$$

를 만족시킬 때, $\lim_{x\to2}\dfrac{f(x)}{x-2}$의 값을 구하시오.

교육청

22 그림과 같이 실수 $t\,(0<t<1)$에 대하여 직선 $y=2t$가 두 곡선 $y=x^2$, $y=tx^2$과 제1사분면에서 만나는 점을 각각 A, B라 하고, 직선 $y=t+1$이 두 곡선 $y=x^2$, $y=tx^2$과 제1사분면에서 만나는 점을 각각 C, D라 하자. 사각형 ABDC의 넓이를 $S(t)$라 할 때, $\lim_{t\to1-}\dfrac{S(t)}{(1-t)^2}$의 값은?

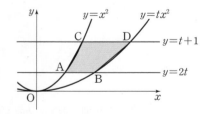

① $\dfrac{1}{4}$ ② $\dfrac{\sqrt{2}}{4}$ ③ $\dfrac{1}{2}$

④ $\dfrac{\sqrt{2}}{2}$ ⑤ 1

2 함수의 연속

01 함수의 연속

함수의 연속

❶ 함수의 연속과 불연속

(1) 함수의 연속

함수 $f(x)$와 실수 a에 대하여 다음 조건을 만족시킬 때, 함수 $f(x)$는 $x=a$에서 **연속**이라 한다.

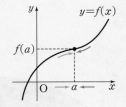

(ⅰ) 함수 $f(x)$가 $x=a$에서 정의되어 있다. ◀ 함숫값 존재

(ⅱ) 극한값 $\lim_{x \to a} f(x)$가 존재한다. ◀ 극한값 존재

(ⅲ) $\lim_{x \to a} f(x) = f(a)$ ◀ 함숫값과 극한값 일치

예 함수 $f(x)=x+1$이 $x=1$에서 연속인지 판정해 보자.

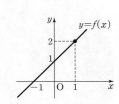

(ⅰ) $f(1)=2$이므로 함수 $f(x)$는 $x=1$에서 정의되어 있다.

(ⅱ) $\lim_{x \to 1+} f(x) = \lim_{x \to 1-} f(x) = 2$이므로 극한값 $\lim_{x \to 1} f(x)$가 존재한다.

(ⅲ) $\lim_{x \to 1} f(x) = f(1) = 2$

따라서 함수 $f(x)$는 $x=1$에서 연속이다.

(2) 함수의 불연속

함수 $f(x)$가 $x=a$에서 연속이 아닐 때, 함수 $f(x)$는 $x=a$에서 **불연속**이라 한다. 즉, 함수 $f(x)$가 함수가 연속일 조건 (ⅰ), (ⅱ), (ⅲ) 중 어느 하나라도 만족시키지 않으면 함수 $f(x)$는 $x=a$에서 불연속이다.

참고 함수 $f(x)$가 $x=a$에서 불연속인 경우는 다음과 같다.

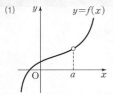 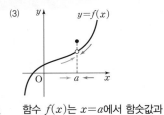 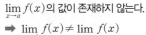

(1) 함수 $f(x)$는 $x=a$에서 정의되지 않는다.
➡ $f(a)$의 값이 존재하지 않는다.

(2) $\lim_{x \to a} f(x)$의 값이 존재하지 않는다.
➡ $\lim_{x \to a+} f(x) \neq \lim_{x \to a-} f(x)$

(3) 함수 $f(x)$는 $x=a$에서 함숫값과 극한값이 같지 않다.
➡ $\lim_{x \to a} f(x) \neq f(a)$

❷ 구간

두 실수 a, b $(a<b)$에 대하여 집합

$$\{x | a<x<b\}, \ \{x | a \leq x \leq b\}, \ \{x | a<x \leq b\}, \ \{x | a \leq x<b\}$$

를 **구간**이라 하고, 기호로 각각

$$(a, b), \ [a, b], \ (a, b], \ [a, b)$$

와 같이 나타낸다.

이때 (a, b)를 **열린구간**, $[a, b]$를 **닫힌구간**이라 하고, $(a, b]$와 $[a, b)$를 **반열린구간** 또는 **반닫힌구간**이라 한다.

(a, b)

$[a, b]$

$(a, b]$

$[a, b)$

또 실수 a에 대하여 집합

$$\{x|x>a\}, \{x|x\geq a\}, \{x|x<a\}, \{x|x\leq a\}$$

도 구간이라 하고, 기호로 각각

$$(a, \infty), [a, \infty), (-\infty, a), (-\infty, a]$$

와 같이 나타낸다.

특히 실수 전체의 집합은 기호로 $(-\infty, \infty)$와 같이 나타낸다.

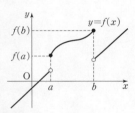

③ 연속함수

함수 $f(x)$가 어떤 열린구간에 속하는 모든 실수 x에서 연속일 때, 함수 $f(x)$는 그 구간에서 연속이라 한다.

또 닫힌구간 $[a, b]$에서 정의된 함수 $f(x)$가

(i) 열린구간 (a, b)에서 연속이고

(ii) $\lim\limits_{x\to a+} f(x)=f(a)$, $\lim\limits_{x\to b-} f(x)=f(b)$

일 때, 함수 $f(x)$는 닫힌구간 $[a, b]$에서 연속이라 한다.

일반적으로 어떤 구간에서 연속인 함수를 그 구간에서 **연속함수**라 한다.

[예] 오른쪽 그림과 같은 함수 $f(x)$는 $x=a$, $x=b$에서 불연속이지만, 열린구간 (a, b)에서 연속이고 $\lim\limits_{x\to a+} f(x)=f(a)$, $\lim\limits_{x\to b-} f(x)=f(b)$이므로 닫힌구간 $[a, b]$에서 연속이다.

[참고] 함수의 그래프가 주어진 구간에서 끊어지지 않고 이어져 있으면 연속이고, 끊어져 있으면 불연속이다.

(1)
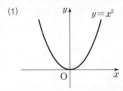
➡ 구간 $(-\infty, \infty)$에서 연속

(2)
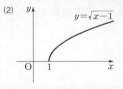
➡ 구간 $[1, \infty)$에서 연속

(3)
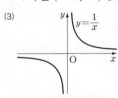
➡ $x=0$에서 불연속

(4)
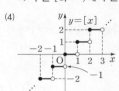
➡ $x=n$(n은 정수)에서 불연속

개념 Check

정답과 해설 14쪽

1 다음 함수의 정의역을 구간의 기호로 나타내시오.

(1) $f(x)=x+1$ (2) $f(x)=x^2-2x+3$

(3) $f(x)=\sqrt{3-x}$ (4) $f(x)=\dfrac{1}{x-2}$

함수의 연속과 불연속

유형편 14쪽

다음 함수가 $x=0$에서 연속인지 불연속인지 판정하시오.

(1) $f(x)=\begin{cases} x^2+x+1 & (x\geq0) \\ -x+1 & (x<0) \end{cases}$

(2) $f(x)=\begin{cases} \dfrac{x^2+2x}{x} & (x\neq0) \\ 1 & (x=0) \end{cases}$

공략 Point

함수 $f(x)$가 $x=a$에서 연속이려면 다음 조건을 만족시켜야 한다.
(i) $f(a)$의 값이 존재
(ii) $\lim\limits_{x\to a} f(x)$의 값이 존재
(iii) $\lim\limits_{x\to a} f(x)=f(a)$

풀이

(1) $x=0$에서의 함숫값은

$\qquad f(0)=1$

$x\to0$일 때의 극한값은

$$\lim_{x\to0+}f(x)=\lim_{x\to0+}(x^2+x+1)$$
$$=1$$
$$\lim_{x\to0-}f(x)=\lim_{x\to0-}(-x+1)$$
$$=1$$
$$\therefore \lim_{x\to0}f(x)=1$$

따라서 $\lim\limits_{x\to0}f(x)=f(0)$이므로 함수 $f(x)$는 $x=0$에서 **연속**이다.

(2) $x=0$에서의 함숫값은

$\qquad f(0)=1$

$x\to0$일 때의 극한값은

$$\lim_{x\to0}f(x)=\lim_{x\to0}\frac{x^2+2x}{x}$$
$$=\lim_{x\to0}\frac{x(x+2)}{x}$$
$$=\lim_{x\to0}(x+2)$$
$$=2$$

따라서 $\lim\limits_{x\to0}f(x)\neq f(0)$이므로 함수 $f(x)$는 $x=0$에서 **불연속**이다.

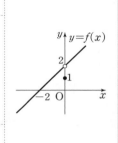

문제

정답과 해설 14쪽

01-1 다음 함수가 $x=1$에서 연속인지 불연속인지 판정하시오.

(단, $[x]$는 x보다 크지 않은 최대의 정수)

(1) $f(x)=\begin{cases} 2x-1 & (x\geq1) \\ -x+2 & (x<1) \end{cases}$

(2) $f(x)=\begin{cases} \dfrac{x^2+x-2}{x-1} & (x\neq1) \\ 1 & (x=1) \end{cases}$

(3) $f(x)=\dfrac{x^2-1}{|x-1|}$

(4) $f(x)=x-[x]$

**필수
예제 02** | **함수의 그래프와 연속 (1)**

유형편 15쪽

열린구간 $(0, 4)$에서 정의된 함수 $y=f(x)$의 그래프가 오른쪽 그림과 같다. 함수 $f(x)$에 대하여 극한값이 존재하지 않는 x의 값의 개수를 a, 불연속인 x의 값의 개수를 b라 할 때, $a+b$의 값을 구하시오.

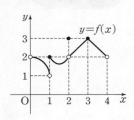

공략 Point

주어진 그래프에서 함숫값, 우극한, 좌극한을 구하여 극한값의 존재와 함수의 연속성을 조사한다.

풀이

(i) $x=1$에서의 함숫값은	$f(1)=2$
$x \to 1$일 때의 극한을 조사하면	$\lim\limits_{x\to 1+} f(x)=2$, $\lim\limits_{x\to 1-} f(x)=1$ $\therefore \lim\limits_{x\to 1+} f(x) \neq \lim\limits_{x\to 1-} f(x)$
$\lim\limits_{x\to 1} f(x)$의 값이 존재하지 않으므로	함수 $f(x)$는 $x=1$에서 불연속이다.
(ii) $x=2$에서의 함숫값은	$f(2)=3$
$x \to 2$일 때의 극한값은	$\lim\limits_{x\to 2+} f(x)=2$, $\lim\limits_{x\to 2-} f(x)=2$ $\therefore \lim\limits_{x\to 2} f(x)=2$
$\lim\limits_{x\to 2} f(x) \neq f(2)$이므로	함수 $f(x)$는 $x=2$에서 불연속이다.
(iii) $x=3$에서의 함숫값은	$f(3)=3$
$x \to 3$일 때의 극한값은	$\lim\limits_{x\to 3+} f(x)=3$, $\lim\limits_{x\to 3-} f(x)=3$ $\therefore \lim\limits_{x\to 3} f(x)=3$
$\lim\limits_{x\to 3} f(x)=f(3)$이므로	함수 $f(x)$는 $x=3$에서 연속이다.
(i)~(iii)에서 함수 $f(x)$는 $x=1$에서 극한값이 존재하지 않고, $x=1$, $x=2$에서 불연속이므로	$a=1$, $b=2$
따라서 구하는 값은	$a+b=\mathbf{3}$

문제

정답과 해설 14쪽

02-1 열린구간 $(0, 4)$에서 정의된 함수 $y=f(x)$의 그래프가 오른쪽 그림과 같을 때, 함수 $f(x)$에 대하여 보기에서 옳은 것만을 있는 대로 고르시오.

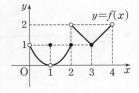

> **보기**
> ㄱ. $\lim\limits_{x\to 1} f(x)=0$
> ㄴ. $\lim\limits_{x\to 2} f(x)$의 값이 존재한다.
> ㄷ. 불연속인 x의 값은 2개이다.

함수의 그래프와 연속 (2)

🖉 유형편 15쪽

두 함수 $y=f(x)$, $y=g(x)$의 그래프가 오른쪽 그림
과 같을 때, 보기의 함수에서 $x=1$에서 연속인 것만
을 있는 대로 고르시오.

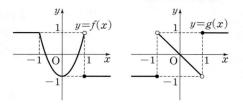

┌ 보기 ─────────────────────
│ ㄱ. $f(x)+g(x)$ ㄴ. $g(f(x))$ ㄷ. $f(g(x))$
└──────────────────────────

공략 ▶Point ◁

주어진 그래프를 이용하여 각
함수의 연속성을 조사한다.
이때 두 함수 $f(x)$, $g(x)$에
대하여 합성함수 $f(g(x))$가
$x=a$에서 연속이면
$\lim\limits_{x \to a+} f(g(x)) = \lim\limits_{x \to a-} f(g(x))$
$\qquad = f(g(a))$

풀이

ㄱ. $x=1$에서의 함숫값은	$f(1)+g(1) = -1+1 = 0$
$x \to 1$일 때의 극한값은	$\lim\limits_{x \to 1+}\{f(x)+g(x)\} = \lim\limits_{x \to 1+}f(x) + \lim\limits_{x \to 1+}g(x)$ $= -1+1 = 0$ $\lim\limits_{x \to 1-}\{f(x)+g(x)\} = \lim\limits_{x \to 1-}f(x) + \lim\limits_{x \to 1-}g(x)$ $= 1+(-1) = 0$ $\therefore \lim\limits_{x \to 1}\{f(x)+g(x)\} = 0$
$\lim\limits_{x \to 1}\{f(x)+g(x)\} = f(1)+g(1)$이므로	함수 $f(x)+g(x)$는 $x=1$에서 연속이다.
ㄴ. $x=1$에서의 함숫값은	$g(f(1)) = g(-1) = -1$
$f(x)=t$로 놓으면 $x \to 1+$일 때 $t=-1$이고, $x \to 1-$일 때 $t \to 1-$이므로 $x \to 1$일 때의 극한값은	$\lim\limits_{x \to 1+}g(f(x)) = g(-1) = -1$ $\lim\limits_{x \to 1-}g(f(x)) = \lim\limits_{t \to 1-}g(t) = -1$ $\therefore \lim\limits_{x \to 1}g(f(x)) = -1$
$\lim\limits_{x \to 1}g(f(x)) = g(f(1))$이므로	함수 $g(f(x))$는 $x=1$에서 연속이다.
ㄷ. $x=1$에서의 함숫값은	$f(g(1)) = f(1) = -1$
$g(x)=t$로 놓으면 $x \to 1+$일 때 $t=1$이고, $x \to 1-$일 때 $t \to -1+$이므로 $x \to 1$일 때의 극한을 조사하면	$\lim\limits_{x \to 1+}f(g(x)) = f(1) = -1$ $\lim\limits_{x \to 1-}f(g(x)) = \lim\limits_{t \to -1+}f(t) = 1$ $\therefore \lim\limits_{x \to 1+}f(g(x)) \neq \lim\limits_{x \to 1-}f(g(x))$
$\lim\limits_{x \to 1}f(g(x))$의 값이 존재하지 않으므로	함수 $f(g(x))$는 $x=1$에서 불연속이다.
따라서 보기의 함수에서 $x=1$에서 연속인 것은	ㄱ, ㄴ

● 문제 ●

정답과 해설 14쪽

O3-**1** 두 함수 $y=f(x)$, $y=g(x)$의 그래프가 오른쪽 그림과
같을 때, 보기에서 옳은 것만을 있는 대로 고르시오.

┌ 보기 ─────────────────────
│ ㄱ. $\lim\limits_{x \to -1}f(x)g(x) = 0$
│ ㄴ. 함수 $f(g(x))$는 $x=0$에서 연속이다.
│ ㄷ. 함수 $g(f(x))$는 $x=1$에서 불연속이다.
└──────────────────────────

함수가 연속일 조건

함수 $f(x)=\begin{cases} \dfrac{x^2+ax-4}{x-2} & (x\ne2) \\ b & (x=2) \end{cases}$ 가 $x=2$에서 연속일 때, 상수 a, b의 값을 구하시오.

공략 Point

함수 $f(x)=\begin{cases} g(x) & (x\ne a) \\ b & (x=a) \end{cases}$
가 $x=a$에서 연속이면
$\Rightarrow \lim\limits_{x\to a}g(x)=b$

풀이

함수 $f(x)$가 $x=2$에서 연속이면 $\lim\limits_{x\to2}f(x)=f(2)$ 이므로	$\lim\limits_{x\to2}\dfrac{x^2+ax-4}{x-2}=b$ ····· ㉠
$x\to2$일 때 (분모)$\to0$이고, 극한값이 존재하므로 (분자)$\to0$에서	$\lim\limits_{x\to2}(x^2+ax-4)=0$ $4+2a-4=0$ $\therefore$ **$a=0$**
$a=0$을 ㉠의 좌변에 대입하면	$\lim\limits_{x\to2}\dfrac{x^2-4}{x-2}=\lim\limits_{x\to2}\dfrac{(x+2)(x-2)}{x-2}$ $=\lim\limits_{x\to2}(x+2)=4$ $\therefore$ **$b=4$**

문제

정답과 해설 15쪽

04-1 함수 $f(x)=\begin{cases} \dfrac{\sqrt{x+6}-3}{x-3} & (x\ne3) \\ a & (x=3) \end{cases}$ 가 $x=3$에서 연속일 때, 상수 a의 값을 구하시오.

04-2 함수 $f(x)=\begin{cases} \dfrac{x^2+x+a}{x-1} & (x\ne1) \\ b & (x=1) \end{cases}$ 가 $x=1$에서 연속일 때, 상수 a, b에 대하여 $a+b$의 값을 구하시오.

04-3 함수 $f(x)=\begin{cases} x(x-2) & (x\ge1) \\ -x^2+ax+b & (x<1) \end{cases}$ 가 모든 실수 x에서 연속이고 $f(-2)=5$일 때, 상수 a, b에 대하여 ab의 값을 구하시오.

$(x-a)f(x)=g(x)$ 꼴의 함수의 연속　　　　　　　$\mathcal{J}$ 유형편 16쪽

모든 실수 x에서 연속인 함수 $f(x)$가
$$(x-2)f(x)=x^2+x+a$$
를 만족시킬 때, $f(2)$의 값을 구하시오. (단, a는 상수)

공략 Point

모든 실수 x에서 연속인 두 함수 $f(x)$, $g(x)$가 $(x-a)f(x)=g(x)$를 만족시키면

➡ $f(a)=\lim\limits_{x\to a}\dfrac{g(x)}{x-a}$

풀이

$x\neq 2$일 때, 함수 $f(x)$를 구하면	$f(x)=\dfrac{x^2+x+a}{x-2}$
함수 $f(x)$가 모든 실수 x에서 연속이면 $x=2$에서 연속이므로 $f(2)=\lim\limits_{x\to 2}f(x)$에서	$f(2)=\lim\limits_{x\to 2}\dfrac{x^2+x+a}{x-2}$　　……　㉠
$x\to 2$일 때 (분모)$\to 0$이고, 극한값이 존재하므로 (분자)$\to 0$에서	$\lim\limits_{x\to 2}(x^2+x+a)=0$ $4+2+a=0$　　$\therefore a=-6$
$a=-6$을 ㉠에 대입하면	$f(2)=\lim\limits_{x\to 2}\dfrac{x^2+x-6}{x-2}=\lim\limits_{x\to 2}\dfrac{(x+3)(x-2)}{x-2}$ 　　$=\lim\limits_{x\to 2}(x+3)=\mathbf{5}$

● **문제** ●

정답과 해설 15쪽

O5-**1**　모든 실수 x에서 연속인 함수 $f(x)$가
$$(x-3)f(x)=x^2+ax-6$$
을 만족시킬 때, $a+f(3)$의 값을 구하시오. (단, a는 상수)

O5-**2**　$x\geq 3$인 모든 실수 x에서 연속인 함수 $f(x)$가
$$(x-4)f(x)=\sqrt{x+a}-1$$
을 만족시킬 때, $f(4)$의 값을 구하시오. (단, a는 상수)

O5-**3**　모든 실수 x에서 연속인 함수 $f(x)$가
$$(x^2-1)f(x)=x^4+ax^3+b$$
를 만족시킬 때, $f(-1)+f(1)$의 값을 구하시오. (단, a, b는 상수)

2 연속함수의 성질

① 연속함수의 성질

두 함수 $f(x)$, $g(x)$가 $x=a$에서 연속이면 다음 함수도 $x=a$에서 연속이다.
(1) $kf(x)$ (단, k는 상수)　　　　　　　(2) $f(x)+g(x)$, $f(x)-g(x)$

(3) $f(x)g(x)$　　　　　　　　　　　　　(4) $\dfrac{f(x)}{g(x)}$ (단, $g(a)\neq0$)

참고 ・함수 $y=x$는 모든 실수 x에서 연속이므로 연속함수의 성질 (3)에 의하여 함수
　　　$y=x^2$, $y=x^3$, $\cdots$, $y=x^n$ (n은 자연수)
　　은 모든 실수 x에서 연속이다.
　　또 상수함수는 모든 실수 x에서 연속이므로 연속함수의 성질 (1)~(3)에 의하여 다항함수
　　　$f(x)=a_nx^n+a_{n-1}x^{n-1}+\cdots+a_1x+a_0$ (a_0, a_1, $\cdots$, a_n은 상수)
　　은 모든 실수 x에서 연속이다.

・두 다항함수 $f(x)$, $g(x)$에 대하여 유리함수 $\dfrac{f(x)}{g(x)}$는 연속함수의 성질 (4)에 의하여 $g(x)\neq0$인 모든 실수 x에서 연속이다.

예 함수 $f(x)=x^4+2x^2+3x-1$은 모든 실수 x에서 연속이고, 함수 $g(x)=\dfrac{x^2+x}{x-1}$는 $x\neq1$인 모든 실수 x에서 연속이다.

② 최대·최소 정리

닫힌구간에서 연속인 함수에 대하여 다음이 성립하고, 이를 **최대·최소 정리**라 한다.

함수 $f(x)$가 닫힌구간 $[a, b]$에서 연속이면 함수 $f(x)$는 이 구간에서 반드시 최댓값과 최솟값을 갖는다.

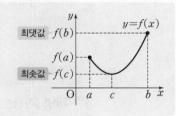

예 함수 $f(x)=\dfrac{1}{x-1}$은 닫힌구간 $[2, 3]$에서 연속이므로 이 구간에서 최댓값과 최솟값을 갖는다. 이때 함수 $f(x)$는 $x=2$에서 최댓값 $f(2)=1$, $x=3$에서 최솟값 $f(3)=\dfrac{1}{2}$을 갖는다.

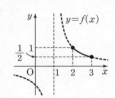

참고 닫힌구간이 아니거나 불연속인 함수에서는 최댓값 또는 최솟값이 존재하지 않을 수도 있다.
(1) 구간 $[a, b]$　　　　(2) 구간 $(a, b]$　　　　(3) 구간 (a, b)　　　　(4) 구간 $[a, b]$에서 불연속

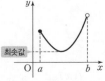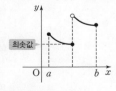

➡ 최댓값이 없다.　　　➡ 최솟값이 없다.　　　➡ 최댓값과 최솟값이 없다.　　　➡ 최댓값이 없다.

③ 사잇값 정리

(1) 사잇값 정리

닫힌구간에서 연속인 함수에 대하여 다음이 성립하고, 이를 **사잇값 정리**라 한다.

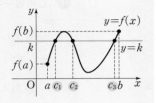

> 함수 $f(x)$가 닫힌구간 $[a, b]$에서 연속이고 $f(a) \neq f(b)$일 때,
> $f(a)$와 $f(b)$ 사이의 임의의 값 k에 대하여
> $$f(c) = k$$
> 인 c가 열린구간 (a, b)에 적어도 하나 존재한다.

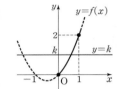

예 함수 $f(x) = x^2 + x$는 닫힌구간 $[0, 1]$에서 연속이고 $f(0) = 0$, $f(1) = 2$이므로 $f(0) \neq f(1)$이다.

즉, 오른쪽 그림과 같이 $0 < k < 2$인 임의의 값 k에 대하여 직선 $y = k$와 함수 $y = f(x)$의 그래프는 적어도 한 점에서 만난다.

따라서 $f(c) = k$인 c가 열린구간 $(0, 1)$에 적어도 하나 존재한다.

(2) 사잇값 정리의 응용

함수 $f(x)$가 닫힌구간 $[a, b]$에서 연속이고 $f(a)$와 $f(b)$의 부호가 서로 다를 때, 즉 $f(a)f(b) < 0$일 때, $f(c) = 0$인 c가 열린구간 (a, b)에 적어도 하나 존재한다.

따라서 방정식 $f(x) = 0$은 열린구간 (a, b)에서 적어도 하나의 실근을 갖는다.

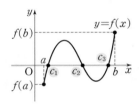

예 방정식 $x^3 + x - 2 = 0$은 열린구간 $(-1, 2)$에서 적어도 하나의 실근을 가짐을 확인해 보자.

$f(x) = x^3 + x - 2$라 하면 함수 $f(x)$는 닫힌구간 $[-1, 2]$에서 연속이고 $f(-1) = -4 < 0$, $f(2) = 8 > 0$이므로 사잇값 정리에 의하여 $f(c) = 0$인 c가 열린구간 $(-1, 2)$에 적어도 하나 존재한다.

따라서 방정식 $x^3 + x - 2 = 0$은 열린구간 $(-1, 2)$에서 적어도 하나의 실근을 갖는다.

개념 Plus

연속함수의 성질

두 함수 $f(x)$, $g(x)$가 $x = a$에서 연속이면 $\lim_{x \to a} f(x) = f(a)$, $\lim_{x \to a} g(x) = g(a)$이므로 함수의 극한에 대한 성질에 의하여 다음이 성립한다.

(1) $\lim_{x \to a} kf(x) = k \lim_{x \to a} f(x) = kf(a)$ (단, k는 상수)

(2) $\lim_{x \to a} \{f(x) + g(x)\} = \lim_{x \to a} f(x) + \lim_{x \to a} g(x) = f(a) + g(a)$

$\lim_{x \to a} \{f(x) - g(x)\} = \lim_{x \to a} f(x) - \lim_{x \to a} g(x) = f(a) - g(a)$

(3) $\lim_{x \to a} f(x)g(x) = \lim_{x \to a} f(x) \times \lim_{x \to a} g(x) = f(a)g(a)$

(4) $\lim_{x \to a} \dfrac{f(x)}{g(x)} = \dfrac{\lim_{x \to a} f(x)}{\lim_{x \to a} g(x)} = \dfrac{f(a)}{g(a)}$ (단, $g(a) \neq 0$)

따라서 함수 $kf(x)$, $f(x) + g(x)$, $f(x) - g(x)$, $f(x)g(x)$, $\dfrac{f(x)}{g(x)}$도 $x = a$에서 연속이다.

연속함수의 성질

유형편 17쪽

두 함수 $f(x)=x-2$, $g(x)=x^2+1$에 대하여 보기의 함수에서 모든 실수 x에서 연속인 것만을 있는 대로 고르시오.

보기
ㄱ. $3f(x)-g(x)$ ㄴ. $f(x)g(x)$ ㄷ. $\dfrac{f(x)}{g(x)}$ ㄹ. $\dfrac{g(x)}{f(x)}$

공략 Point

두 함수 $f(x)$, $g(x)$가 $x=a$에서 연속이면 다음 함수도 $x=a$에서 연속이다.
(1) $kf(x)$ (단, k는 상수)
(2) $f(x)+g(x)$, $f(x)-g(x)$
(3) $f(x)g(x)$
(4) $\dfrac{f(x)}{g(x)}$ (단, $g(a)\neq0$)

풀이

두 함수 $f(x)=x-2$, $g(x)=x^2+1$은 다항함수이므로 모든 실수 x에서 연속이다.

ㄱ. 두 함수 $3f(x)$, $g(x)$는 모든 실수 x에서 연속이므로	함수 $3f(x)-g(x)$도 모든 실수 x에서 연속이다.
ㄴ. 두 함수 $f(x)$, $g(x)$는 모든 실수 x에서 연속이므로	함수 $f(x)g(x)$도 모든 실수 x에서 연속이다.
ㄷ. $\dfrac{f(x)}{g(x)}=\dfrac{x-2}{x^2+1}$에서 $x^2+1>0$이므로	함수 $\dfrac{f(x)}{g(x)}$는 모든 실수 x에서 연속이다.
ㄹ. $\dfrac{g(x)}{f(x)}=\dfrac{x^2+1}{x-2}$은 $x-2=0$, 즉 $x=2$에서 정의되지 않으므로	함수 $\dfrac{g(x)}{f(x)}$는 $x=2$에서 불연속이다.

따라서 보기의 함수에서 모든 실수 x에서 연속인 것은 | ㄱ, ㄴ, ㄷ

문제

정답과 해설 16쪽

06-1 두 함수 $f(x)=x^2-5x$, $g(x)=x^2-3$에 대하여 보기의 함수에서 모든 실수 x에서 연속인 것만을 있는 대로 고르시오.

보기
ㄱ. $f(x)+2g(x)$ ㄴ. $\{f(x)\}^2$ ㄷ. $\dfrac{g(x)}{f(x)}$ ㄹ. $\dfrac{1}{f(x)-g(x)}$

06-2 두 함수 $f(x)$, $g(x)$가 $x=a$에서 연속일 때, 보기의 함수에서 $x=a$에서 항상 연속인 것만을 있는 대로 고르시오.

보기
ㄱ. $3f(x)-5g(x)$ ㄴ. $2f(x)g(x)$ ㄷ. $\{g(x)\}^2$ ㄹ. $\dfrac{g(x)}{f(x)}$

주어진 구간에서 다음 함수의 최댓값과 최솟값을 구하시오.

(1) $f(x)=-x^2+2x+1$ $[-1, 2]$

(2) $f(x)=\dfrac{x+1}{x-1}$ $[2, 4]$

공략 Point

최대·최소 정리를 이용하여 주어진 구간에서 함수가 최댓값과 최솟값을 갖는지 확인한 후 그래프를 이용하여 최댓값과 최솟값을 구한다.

풀이

(1) 함수 $f(x)=-x^2+2x+1$은 닫힌구간 $[-1, 2]$에서 연속이므로 이 구간에서 최댓값과 최솟값을 갖고, 함수 $y=f(x)$의 그래프는 오른쪽 그림과 같으므로 함수 $f(x)$의 최댓값과 최솟값을 구하면

$x=1$일 때, **최댓값은 2**
$x=-1$일 때, **최솟값은 -2**

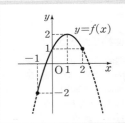

(2) 함수 $f(x)=\dfrac{x+1}{x-1}=\dfrac{2}{x-1}+1$은 닫힌구간 $[2, 4]$에서 연속이므로 이 구간에서 최댓값과 최솟값을 갖고, 함수 $y=f(x)$의 그래프는 오른쪽 그림과 같으므로 함수 $f(x)$의 최댓값과 최솟값을 구하면

$x=2$일 때, **최댓값은 3**
$x=4$일 때, **최솟값은 $\dfrac{5}{3}$**

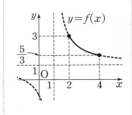

● **문제** ●

정답과 해설 16쪽

07-1 주어진 구간에서 다음 함수의 최댓값과 최솟값을 구하시오.

(1) $f(x)=x^2-3x-2$ $[-1, 3]$

(2) $f(x)=\sqrt{2x+1}$ $[0, 4]$

(3) $f(x)=|x-3|$ $[1, 4]$

(4) $f(x)=\dfrac{2x-1}{x}$ $[-3, -1]$

07-2 함수 $f(x)=\dfrac{4x+1}{x-1}$에 대하여 보기의 구간에서 최솟값이 존재하지 <u>않는</u> 것만을 있는 대로 고르시오.

┌ **보기** ┐

ㄱ. $[-2, 2]$ ㄴ. $[-1, 0]$ ㄷ. $[0, 1]$ ㄹ. $[1, 2]$

사잇값 정리

유형편 18쪽

다음 물음에 답하시오.

(1) 방정식 $x^3+2x^2+x-1=0$이 오직 하나의 실근을 가질 때, 보기의 구간에서 이 방정식의 실근이 존재하는 것을 고르시오.

┌ 보기 ┐

ㄱ. $(-2, -1)$ ㄴ. $(-1, 0)$ ㄷ. $(0, 1)$ ㄹ. $(1, 2)$

(2) 모든 실수 x에서 연속인 함수 $f(x)$에 대하여 $f(-2)=2$, $f(-1)=3$, $f(0)=-2$, $f(1)=-1$, $f(2)=2$일 때, 방정식 $f(x)=0$은 열린구간 $(-2, 2)$에서 적어도 몇 개의 실근을 갖는지 구하시오.

공략 Point

함수 $f(x)$가 닫힌구간 $[a, b]$에서 연속이고 $f(a)f(b)<0$일 때, 방정식 $f(x)=0$은 열린구간 (a, b)에서 적어도 하나의 실근을 갖는다.

풀이

(1) $f(x)=x^3+2x^2+x-1$이라 하면	함수 $f(x)$는 모든 실수 x에서 연속이다.
ㄱ. $f(-2)=-3$, $f(-1)=-1$이므로	$f(-2)f(-1)>0$
ㄴ. $f(-1)=-1$, $f(0)=-1$이므로	$f(-1)f(0)>0$
ㄷ. $f(0)=-1$, $f(1)=3$이므로	$f(0)f(1)<0$
ㄹ. $f(1)=3$, $f(2)=17$이므로	$f(1)f(2)>0$
따라서 사잇값 정리에 의하여 보기의 구간에서 주어진 방정식의 실근이 존재하는 것은	ㄷ

(2) 함수 $f(x)$는 닫힌구간 $[-2, 2]$에서 연속이고 $f(-2)=2$, $f(-1)=3$, $f(0)=-2$, $f(1)=-1$, $f(2)=2$이므로	$f(-2)f(-1)>0$, $f(-1)f(0)<0$, $f(0)f(1)>0$, $f(1)f(2)<0$
사잇값 정리에 의하여 방정식 $f(x)=0$이 적어도 하나의 실근을 갖는 구간은	$(-1, 0)$, $(1, 2)$
따라서 사잇값 정리에 의하여 방정식 $f(x)=0$은 열린구간 $(-2, 2)$에서	적어도 **2개**의 실근을 갖는다.

● **문제** ●

정답과 해설 17쪽

08-1 모든 실수 x에서 연속인 함수 $f(x)$에 대하여 $f(-1)=-1$, $f(0)=-3$, $f(1)=1$, $f(2)=4$, $f(3)=-2$, $f(4)=5$일 때, 방정식 $f(x)=0$은 열린구간 $(-1, 4)$에서 적어도 몇 개의 실근을 갖는지 구하시오.

08-2 방정식 $x^2+2x+a=0$이 열린구간 $(0, 1)$에서 적어도 하나의 실근을 갖도록 하는 정수 a의 값을 모두 구하시오.

연습문제

1 다음 중 $x=1$에서 연속인 함수는?

① $f(x)=\dfrac{1}{x-1}$

② $f(x)=\sqrt{x-3}$

③ $f(x)=\dfrac{x^2+2x-3}{x-1}$

④ $f(x)=\begin{cases} x+2 & (x\geq1) \\ 3 & (x<1) \end{cases}$

⑤ $f(x)=\begin{cases} \dfrac{|x-1|}{x-1} & (x\neq1) \\ 1 & (x=1) \end{cases}$

2 함수 $f(x)=\dfrac{1}{x-\dfrac{16}{x}}$ 이 불연속인 x의 값의 개수를 구하시오.

3 $-1<x<3$에서 정의된 함수 $y=f(x)$의 그래프가 오른쪽 그림과 같을 때, 함수 $f(x)$에 대하여 보기에서 옳은 것만을 있는 대로 고르시오.

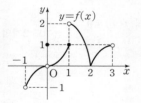

┌ 보기 ┐
ㄱ. $\lim\limits_{x\to1} f(x)$의 값이 존재한다.

ㄴ. $1<a<3$인 실수 a에 대하여 $\lim\limits_{x\to a} f(x)=f(a)$이다.

ㄷ. 불연속인 x의 값은 2개이다.
└────┘

4 두 함수 $y=f(x)$, $y=g(x)$의 그래프가 다음 그림과 같을 때, 보기에서 옳은 것만을 있는 대로 고르시오.

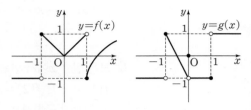

┌ 보기 ┐
ㄱ. $\lim\limits_{x\to-1} \{f(x)-g(x)\}=-2$

ㄴ. 함수 $f(x)g(x)$는 $x=0$에서 연속이다.

ㄷ. 함수 $(g\circ f)(x)$는 $x=1$에서 연속이다.
└────┘

5 함수 $f(x)=\begin{cases} \dfrac{a\sqrt{x-1}+b}{x-2} & (x\neq2) \\ 2 & (x=2) \end{cases}$ 가 $x=2$에서 연속일 때, 상수 a, b에 대하여 ab의 값을 구하시오.

평가원

6 두 양수 a, b에 대하여 함수 $f(x)$가

$$f(x)=\begin{cases} x+a & (x<-1) \\ x & (-1\leq x<3) \\ bx-2 & (x\geq3) \end{cases}$$

이다. 함수 $|f(x)|$가 실수 전체의 집합에서 연속일 때, $a+b$의 값은?

① $\dfrac{7}{3}$ ② $\dfrac{8}{3}$ ③ 3

④ $\dfrac{10}{3}$ ⑤ $\dfrac{11}{3}$

7 함수 $y=f(x)$의 그래프가 오른쪽 그림과 같다. 함수 $(x-a)f(x)$가 $x=1$에서 연속일 때, 상수 a에 대하여 $a+f(a)$의 값을 구하시오.

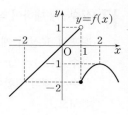

8 모든 실수 x에서 연속인 함수 $f(x)$가
$$(x-a)f(x)=x^2+8x+16$$
을 만족시킬 때, $f(a)$의 값을 구하시오.
(단, a는 상수)

9 두 함수 $f(x)=x^2+9$, $g(x)=-6x$에 대하여 다음 중 함수 $\dfrac{f(x)}{f(x)+g(x)}$가 연속인 구간은?

① $(-\infty, \infty)$
② $(-\infty, -3)$, $(-3, \infty)$
③ $(-\infty, 0)$, $(0, \infty)$
④ $(-\infty, 3)$, $(3, \infty)$
⑤ $(-\infty, -3)$, $(-3, 0)$, $(0, \infty)$

10 두 함수 $f(x)=x^2-3x+1$, $g(x)=x^2-2ax+3a$에 대하여 함수 $\dfrac{f(x)}{g(x)}$가 모든 실수 x에서 연속일 때, 실수 a의 값의 범위를 구하시오.

11 실수 전체의 집합에서 정의된 두 함수 $f(x)$, $g(x)$에 대하여 보기에서 옳은 것만을 있는 대로 고르시오.

┌ 보기 ─────────────────────
ㄱ. 두 함수 $f(x)$, $g(x)$가 모든 실수 x에서 연속이면 함수 $f(g(x))$도 모든 실수 x에서 연속이다.
ㄴ. 두 함수 $f(x)$, $f(x)+g(x)$가 $x=a$에서 연속이면 함수 $g(x)$도 $x=a$에서 연속이다.
ㄷ. 두 함수 $f(x)$, $f(x)g(x)$가 $x=a$에서 연속이면 함수 $g(x)$도 $x=a$에서 연속이다.
└─────────────────────────

12 함수 $f(x)=\dfrac{x+1}{2x-4}$에 대하여 다음 중 최댓값이 존재하지 <u>않는</u> 구간은?

① $[-1, 0]$ ② $[0, 1]$ ③ $[1, 2]$
④ $[2, 3]$ ⑤ $[3, 4]$

13 모든 실수 x에서 연속인 함수 $f(x)$가 모든 실수 x에 대하여 $f(x)=f(-x)$를 만족시키고
$$f(1)f(2)<0, \ f(4)f(5)<0$$
일 때, 방정식 $f(x)=0$은 적어도 몇 개의 실근을 갖는지 구하시오.

14 모든 실수 x에서 연속인 함수 $f(x)$에 대하여
$$f(0)=1, \; f(1)=a^2-a-5$$
이다. 방정식 $f(x)-x^2=0$이 중근이 아닌 오직 하나의 실근을 가질 때, 이 방정식의 실근이 열린구간 $(0, 1)$에 존재하도록 하는 모든 정수 a의 값의 합은?

① 0 ② 2 ③ 4
④ 6 ⑤ 8

▶ **실력**

15 실수 a에 대하여 집합
$$\{x \,|\, x^2+2(a+2)x+4a+13=0, \; x\text{는 실수}\}$$
의 원소의 개수를 $f(a)$라 할 때, 함수 $f(a)$가 불연속인 a의 값을 모두 구하시오.

16 함수 $y=f(x)$의 그래프가 오른쪽 그림과 같을 때, 보기의 함수에서 $x=0$에서 연속인 것만을 있는 대로 고르시오.

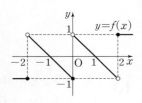

보기
ㄱ. $f(x)+f(-x)$ ㄴ. $\{f(x)\}^2$
ㄷ. $f(f(x))$

17 실수 t에 대하여 직선 $y=t$와 함수 $y=\dfrac{2x+1}{x+1}$의 그래프의 교점의 개수를 $f(t)$라 하자. 함수 $f(x)$와 함수 $g(x)=2x+a$에 대하여 함수 $f(x)g(x)$가 실수 전체의 집합에서 연속일 때, 상수 a의 값을 구하시오.

평가원

18 최고차항의 계수가 1인 삼차함수 $f(x)$에 대하여 함수 $g(x)$를
$$g(x)=\begin{cases} \dfrac{f(x+3)\{f(x)+1\}}{f(x)} & (f(x)\neq 0) \\ 3 & (f(x)=0) \end{cases}$$
이라 하자. $\displaystyle\lim_{x\to 3} g(x)=g(3)-1$일 때, $g(5)$의 값은?

① 14 ② 16 ③ 18
④ 20 ⑤ 22

19 다항함수 $f(x)$에 대하여
$$\lim_{x\to -1}\frac{f(x)}{x+1}=5, \; \lim_{x\to 1}\frac{f(x)}{x-1}=2$$
일 때, 방정식 $f(x)=0$은 닫힌구간 $[-1, 1]$에서 적어도 몇 개의 실근을 갖는지 구하시오.

II. 미분

1 미분계수와 도함수

미분계수

❶ 평균변화율

(1) 증분

함수 $y=f(x)$에서 x의 값이 a에서 b까지 변할 때, y의 값은 $f(a)$에서 $f(b)$까지 변한다.

이때 x의 값의 변화량 $b-a$를 x의 **증분**, y의 값의 변화량 $f(b)-f(a)$를 y의 **증분**이라 하고, 기호로 각각

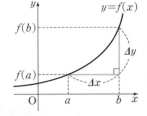

$$\Delta x,\ \Delta y$$

와 같이 나타낸다. 즉,

$$\Delta x=b-a$$
$$\Delta y=f(b)-f(a)=f(a+\Delta x)-f(a)$$

참고 Δ는 차를 뜻하는 Difference의 첫 글자 D에 해당하는 그리스 문자로 '델타(delta)'라 읽는다.

(2) 평균변화율

함수 $y=f(x)$에서 x의 값이 a에서 b까지 변할 때, x의 증분 Δx에 대한 y의 증분 Δy의 비율은 다음과 같다.

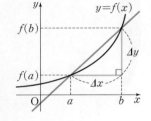

$$\frac{\Delta y}{\Delta x}=\frac{f(b)-f(a)}{b-a}$$
$$=\frac{f(a+\Delta x)-f(a)}{\Delta x}$$

이를 x의 값이 a에서 b까지 변할 때, 함수 $y=f(x)$의 **평균변화율**이라 한다.

이때 평균변화율은 함수 $y=f(x)$의 그래프 위의 두 점 $(a, f(a))$, $(b, f(b))$를 지나는 직선의 기울기와 같다.

예 함수 $f(x)=x^2$에서 x의 값이 -1에서 2까지 변할 때의 평균변화율은

$$\frac{\Delta y}{\Delta x}=\frac{f(2)-f(-1)}{2-(-1)}=\frac{4-1}{3}=1$$

❷ 미분계수(순간변화율)

함수 $y=f(x)$에서 x의 값이 a에서 $a+\Delta x$까지 변할 때, 평균변화율은

$$\frac{\Delta y}{\Delta x}=\frac{f(a+\Delta x)-f(a)}{\Delta x}$$

이다. 여기서 $\Delta x \to 0$일 때, 평균변화율의 극한값

$$\lim_{\Delta x \to 0}\frac{\Delta y}{\Delta x}=\lim_{\Delta x \to 0}\frac{f(a+\Delta x)-f(a)}{\Delta x}$$

가 존재하면 함수 $y=f(x)$는 $x=a$에서 **미분가능**하다고 한다.

이때 이 극한값을 함수 $y=f(x)$의 $x=a$에서의 **순간변화율** 또는 **미분계수**라 하고, 기호로

$$f'(a)$$ ◀ 미분계수 $f'(a)$는 'f 프라임(prime) a'라 읽는다.

와 같이 나타낸다.

한편 $f'(a) = \lim\limits_{\Delta x \to 0} \dfrac{f(a+\Delta x)-f(a)}{\Delta x}$에서 $a+\Delta x = x$라 하면 $\Delta x = x-a$이고, $\Delta x \to 0$일 때

$x \to a$이므로 미분계수 $f'(a)$는 $f'(a) = \lim\limits_{x \to a} \dfrac{f(x)-f(a)}{x-a}$와 같이 나타낼 수 있다.

> 함수 $y=f(x)$의 $x=a$에서의 미분계수는
> $$f'(a) = \lim_{\Delta x \to 0} \frac{\Delta y}{\Delta x} = \lim_{\Delta x \to 0} \frac{f(a+\Delta x)-f(a)}{\Delta x} = \lim_{x \to a} \frac{f(x)-f(a)}{x-a}$$

예 함수 $f(x) = x^2$의 $x=3$에서의 미분계수를 구해 보자.

[방법 1] $f'(3) = \lim\limits_{\Delta x \to 0} \dfrac{f(3+\Delta x)-f(3)}{\Delta x}$ ◀ $f'(a) = \lim\limits_{\Delta x \to 0} \dfrac{f(a+\Delta x)-f(a)}{\Delta x}$ 이용

$\qquad = \lim\limits_{\Delta x \to 0} \dfrac{(3+\Delta x)^2 - 9}{\Delta x}$

$\qquad = \lim\limits_{\Delta x \to 0} \dfrac{(\Delta x)^2 + 6\Delta x}{\Delta x}$

$\qquad = \lim\limits_{\Delta x \to 0} (\Delta x + 6) = 6$

[방법 2] $f'(3) = \lim\limits_{x \to 3} \dfrac{f(x)-f(3)}{x-3}$ ◀ $f'(a) = \lim\limits_{x \to a} \dfrac{f(x)-f(a)}{x-a}$ 이용

$\qquad = \lim\limits_{x \to 3} \dfrac{x^2 - 9}{x-3}$

$\qquad = \lim\limits_{x \to 3} \dfrac{(x+3)(x-3)}{x-3}$

$\qquad = \lim\limits_{x \to 3} (x+3) = 6$

참고 • 평균변화율의 극한값이 존재하지 않을 때, 함수 $y=f(x)$는 $x=a$에서 미분가능하지 않다고 한다.
- 함수 $y=f(x)$가 어떤 열린구간에 속하는 모든 x에서 미분가능하면 함수 $y=f(x)$는 그 구간에서 미분가능하다고 한다. 특히 함수 $y=f(x)$가 정의역에 속하는 모든 x에서 미분가능하면 함수 $y=f(x)$는 미분가능한 함수라 한다.
- $f'(a) = \lim\limits_{\Delta x \to 0} \dfrac{f(a+\Delta x)-f(a)}{\Delta x}$에서 Δx 대신 h를 사용하여 $f'(a) = \lim\limits_{h \to 0} \dfrac{f(a+h)-f(a)}{h}$와 같이 나타낼 수도 있다.

③ 미분계수의 기하적 의미

> 함수 $f(x)$의 $x=a$에서의 미분계수 $f'(a)$는 곡선 $y=f(x)$ 위의 점 $(a, f(a))$에서의 접선의 기울기와 같다.

예 곡선 $y=2x^2$ 위의 점 $(1, 2)$에서의 접선의 기울기를 구해 보자.

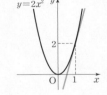

$f(x)=2x^2$이라 하면 곡선 $y=2x^2$ 위의 점 $(1, 2)$에서의 접선의 기울기는 함수 $y=f(x)$의 $x=1$에서의 미분계수 $f'(1)$과 같으므로

$f'(1) = \lim\limits_{\Delta x \to 0} \dfrac{f(1+\Delta x)-f(1)}{\Delta x}$

$\qquad = \lim\limits_{\Delta x \to 0} \dfrac{2(1+\Delta x)^2 - 2}{\Delta x}$

$\qquad = \lim\limits_{\Delta x \to 0} \dfrac{2(\Delta x)^2 + 4\Delta x}{\Delta x}$

$\qquad = \lim\limits_{\Delta x \to 0} (2\Delta x + 4) = 4$

따라서 곡선 $y=2x^2$ 위의 점 $(1, 2)$에서의 접선의 기울기는 4이다.

개념 Plus

미분계수의 기하적 의미

$x=a$에서 미분가능한 함수 $y=f(x)$에서 x의 값이 a에서 $a+\Delta x$까지 변할 때의 평균변화율

$$\frac{\Delta y}{\Delta x}=\frac{f(a+\Delta x)-f(a)}{\Delta x}$$

는 곡선 $y=f(x)$ 위의 두 점

$$\text{P}(a,\ f(a)),\ \text{Q}(a+\Delta x,\ f(a+\Delta x))$$

를 지나는 직선 PQ의 기울기와 같다.

점 P를 고정하였을 때, $\Delta x \to 0$이면 점 Q는 곡선 $y=f(x)$를 따라 점 P에 한없이 가까워지고, 직선 PQ는 점 P를 지나면서 기울기가 $\lim\limits_{\Delta x \to 0}\dfrac{\Delta y}{\Delta x}$인 직선 l에 한없이 가까워진다.

따라서 함수 $y=f(x)$의 $x=a$에서의 미분계수

$$f'(a)=\lim_{\Delta x \to 0}\frac{\Delta y}{\Delta x}=\lim_{\Delta x \to 0}\frac{f(a+\Delta x)-f(a)}{\Delta x}$$

는 곡선 $y=f(x)$ 위의 점 $\text{P}(a,\ f(a))$에서의 접선 l의 기울기와 같다.

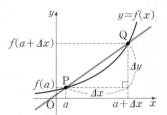

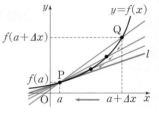

개념 Check

정답과 해설 22쪽

1 다음 함수에서 x의 값이 -1에서 1까지 변할 때의 평균변화율을 구하시오.

    (1) $f(x)=-2x+3$ (2) $f(x)=x^2-x$

2 다음 함수의 $x=2$에서의 미분계수를 구하시오.

    (1) $f(x)=-4x+1$ (2) $f(x)=x^2+3x$

3 다음 곡선 위의 주어진 점에서의 접선의 기울기를 구하시오.

    (1) $y=x^2-2x+5 \quad (-1,\ 8)$ (2) $y=x^3+x \quad (1,\ 2)$

다음 물음에 답하시오.

(1) 함수 $f(x)=x^2-x$에서 x의 값이 2에서 a까지 변할 때의 평균변화율이 4일 때, 상수 a의 값을 구하시오. (단, $a>2$)

(2) 함수 $f(x)=x^2-1$에서 x의 값이 -1에서 3까지 변할 때의 평균변화율과 $x=a$에서의 미분계수가 같을 때, 상수 a의 값을 구하시오.

공략 Point

(1) 함수 $y=f(x)$에서 x의 값이 a에서 b까지 변할 때의 평균변화율은
$$\frac{\Delta y}{\Delta x}=\frac{f(b)-f(a)}{b-a}$$

(2) 함수 $y=f(x)$의 $x=a$에서의 미분계수는
$$f'(a)$$
$$=\lim_{\Delta x\to 0}\frac{f(a+\Delta x)-f(a)}{\Delta x}$$

풀이

(1) 함수 $f(x)$에서 x의 값이 2에서 a까지 변할 때의 평균변화율은	$\dfrac{\Delta y}{\Delta x}=\dfrac{f(a)-f(2)}{a-2}=\dfrac{(a^2-a)-2}{a-2}$ $=\dfrac{a^2-a-2}{a-2}=\dfrac{(a+1)(a-2)}{a-2}=a+1$
따라서 $a+1=4$이므로	$a=3$

(2) 함수 $f(x)$에서 x의 값이 -1에서 3까지 변할 때의 평균변화율은	$\dfrac{\Delta y}{\Delta x}=\dfrac{f(3)-f(-1)}{3-(-1)}=\dfrac{8-0}{4}=2$
함수 $f(x)$의 $x=a$에서의 미분계수는	$f'(a)=\lim_{\Delta x\to 0}\dfrac{f(a+\Delta x)-f(a)}{\Delta x}$ $=\lim_{\Delta x\to 0}\dfrac{\{(a+\Delta x)^2-1\}-(a^2-1)}{\Delta x}$ $=\lim_{\Delta x\to 0}\dfrac{(\Delta x)^2+2a\Delta x}{\Delta x}=\lim_{\Delta x\to 0}(\Delta x+2a)=2a$
따라서 $2=2a$이므로	$a=1$

● **문제** ●

정답과 해설 22쪽

01-1 함수 $f(x)=x^2-5x+4$에서 x의 값이 a에서 $a+1$까지 변할 때의 평균변화율이 2일 때, 상수 a의 값을 구하시오.

01-2 함수 $f(x)=x^2-3x+2$에서 x의 값이 1에서 3까지 변할 때의 평균변화율과 $x=a$에서의 미분계수가 같을 때, 상수 a의 값을 구하시오.

01-3 함수 $f(x)=x^2+ax+4$에서 x의 값이 0에서 2까지 변할 때의 평균변화율이 -2일 때, $x=a$에서의 미분계수를 구하시오. (단, a는 상수)

미분계수를 이용한 극한값의 계산 (1)

유형편 21쪽

미분가능한 함수 $f(x)$에 대하여 $f'(a)=1$일 때, 다음 극한값을 구하시오.

(1) $\displaystyle\lim_{h \to 0} \frac{f(a+4h)-f(a)}{h}$

(2) $\displaystyle\lim_{h \to 0} \frac{f(a+h)-f(a-h)}{h}$

공략 Point

분모의 항이 1개이면
$\displaystyle\lim_{h \to 0} \frac{f(a+\text{●})-f(a)}{h}=f'(a)$
임을 이용할 수 있도록 식을 변형한다.
이때 ●이 서로 같도록 만들어 준다.

풀이

(1) 분모, 분자에 각각 4를 곱하면	$\displaystyle\lim_{h \to 0} \frac{f(a+4h)-f(a)}{h}$ $\displaystyle=\lim_{h \to 0} \frac{f(a+4h)-f(a)}{4h} \times 4$
미분계수의 정의에 의하여	$=4f'(a)$ ◀ $4h=t$로 놓으면 $h \to 0$일 때 $t \to 0$이므로 $=4 \times 1 = \mathbf{4}$ $\displaystyle\lim_{h \to 0} \frac{f(a+4h)-f(a)}{4h}=\lim_{t \to 0} \frac{f(a+t)-f(a)}{t}=f'(a)$

(2) 분자에서 $f(a)$를 빼고 더하면	$\displaystyle\lim_{h \to 0} \frac{f(a+h)-f(a-h)}{h}$ $\displaystyle=\lim_{h \to 0} \frac{f(a+h)-f(a)+f(a)-f(a-h)}{h}$ $\displaystyle=\lim_{h \to 0} \frac{f(a+h)-f(a)}{h}-\lim_{h \to 0} \frac{f(a-h)-f(a)}{h}$ $\displaystyle=\lim_{h \to 0} \frac{f(a+h)-f(a)}{h}-\lim_{h \to 0} \frac{f(a-h)-f(a)}{-h} \times (-1)$
미분계수의 정의에 의하여	$=f'(a)+f'(a)$ ◀ $-h=t$로 놓으면 $h \to 0$일 때 $t \to 0$이므로 $=2f'(a)$ $\displaystyle\lim_{h \to 0} \frac{f(a-h)-f(a)}{-h}=\lim_{t \to 0} \frac{f(a+t)-f(a)}{t}$ $=2 \times 1 = \mathbf{2}$ $=f'(a)$

● **문제** ●

정답과 해설 22쪽

O2-1 미분가능한 함수 $f(x)$에 대하여 $f'(a)=2$일 때, 다음 극한값을 구하시오.

(1) $\displaystyle\lim_{h \to 0} \frac{f(a+3h)-f(a)}{2h}$

(2) $\displaystyle\lim_{h \to 0} \frac{f(a+3h)-f(a-2h)}{h}$

O2-2 미분가능한 함수 $f(x)$에 대하여 $\displaystyle\lim_{h \to 0} \frac{f(1+2h)-f(1+h)}{4h}=\frac{3}{4}$일 때, $f'(1)$의 값을 구하시오.

미분계수를 이용한 극한값의 계산 (2)

✏️유형편 21쪽

미분가능한 함수 $f(x)$에 대하여 $f(1)=2$, $f'(1)=6$일 때, 다음 극한값을 구하시오.

(1) $\displaystyle\lim_{x\to 1}\frac{f(x)-f(1)}{x^2-1}$

(2) $\displaystyle\lim_{x\to 1}\frac{f(x^3)-f(1)}{x-1}$

(3) $\displaystyle\lim_{x\to 1}\frac{xf(1)-f(x)}{x-1}$

공략 Point

분모의 항이 2개이면
$$\lim_{x\to a}\frac{f(\textcolor{red}{x})-f(\textcolor{red}{a})}{\textcolor{blue}{x}-\textcolor{blue}{a}}=f'(a)$$
임을 이용할 수 있도록 식을 변형한다.
이때 ●은 ●끼리, ●은 ●끼리 서로 같도록 만들어 준다.

풀이

(1) $x^2-1=(x-1)(x+1)$이므로

$$\lim_{x\to 1}\frac{f(x)-f(1)}{x^2-1}=\lim_{x\to 1}\frac{f(x)-f(1)}{(x-1)(x+1)}$$

$$=\lim_{x\to 1}\left\{\frac{f(x)-f(1)}{x-1}\times\frac{1}{x+1}\right\}$$

$$=\lim_{x\to 1}\frac{f(x)-f(1)}{x-1}\times\lim_{x\to 1}\frac{1}{x+1}$$

미분계수의 정의에 의하여

$$=f'(1)\times\frac{1}{2}=6\times\frac{1}{2}=\mathbf{3}$$

(2) $x^3-1=(x-1)(x^2+x+1)$이므로 분모, 분자에 각각 x^2+x+1을 곱하여 정리하면

$$\lim_{x\to 1}\frac{f(x^3)-f(1)}{x-1}$$

$$=\lim_{x\to 1}\left\{\frac{f(x^3)-f(1)}{(x-1)(x^2+x+1)}\times(x^2+x+1)\right\}$$

$$=\lim_{x\to 1}\frac{f(x^3)-f(1)}{x^3-1}\times\lim_{x\to 1}(x^2+x+1)$$

미분계수의 정의에 의하여

$$=f'(1)\times 3=6\times 3=\mathbf{18}$$

(3) 분자에서 $f(1)$을 빼고 더하면

$$\lim_{x\to 1}\frac{xf(1)-f(x)}{x-1}$$

$$=\lim_{x\to 1}\frac{xf(1)-f(1)+f(1)-f(x)}{x-1}$$

$$=\lim_{x\to 1}\frac{(x-1)f(1)-\{f(x)-f(1)\}}{x-1}$$

$$=\lim_{x\to 1}f(1)-\lim_{x\to 1}\frac{f(x)-f(1)}{x-1}$$

미분계수의 정의에 의하여

$$=f(1)-f'(1)=2-6=\mathbf{-4}$$

● **문제** ●

정답과 해설 23쪽

O3-**1** 미분가능한 함수 $f(x)$에 대하여 $f(4)=-1$, $f'(4)=1$일 때, 다음 극한값을 구하시오.

(1) $\displaystyle\lim_{x\to 4}\frac{f(x)-f(4)}{x^2-3x-4}$

(2) $\displaystyle\lim_{x\to 2}\frac{f(x^2)-f(4)}{x-2}$

(3) $\displaystyle\lim_{x\to 4}\frac{x^2f(4)-16f(x)}{x-4}$

관계식이 주어진 경우의 미분계수

유형편 22쪽

미분가능한 함수 $f(x)$가 모든 실수 x, y에 대하여
$$f(x+y)=f(x)+f(y)+1$$
을 만족시키고 $f'(0)=4$일 때, $f'(1)$의 값을 구하시오.

공략 Point

$f(x+y)=f(x)+f(y)+k$ 꼴의 관계식이 주어진 경우의 미분계수는 다음과 같은 순서로 구한다.

(1) 주어진 식의 양변에 $x=0$, $y=0$을 대입하여 $f(0)$의 값을 구한다.

(2) $f'(a)$
$=\lim\limits_{h\to 0}\dfrac{f(a+h)-f(a)}{h}$
에서 주어진 관계식을 이용하여 $f(a+h)$를 변형한다.

(3) $f(0)$의 값을 이용하여 $f'(a)$의 값을 구한다.

풀이

$f(x+y)=f(x)+f(y)+1$의 양변에 $x=0$, $y=0$을 대입하면	$f(0)=f(0)+f(0)+1$ $\therefore f(0)=-1$
미분계수의 정의에 의하여 $f'(1)$은	$f'(1)=\lim\limits_{h\to 0}\dfrac{f(1+h)-f(1)}{h}$
$f(1+h)=f(1)+f(h)+1$이므로	$=\lim\limits_{h\to 0}\dfrac{f(1)+f(h)+1-f(1)}{h}$ $=\lim\limits_{h\to 0}\dfrac{f(h)+1}{h}$
$f(0)=-1$이므로	$=\lim\limits_{h\to 0}\dfrac{f(h)-f(0)}{h}$ $=f'(0)=\mathbf{4}$

● **문제** ●

정답과 해설 23쪽

04-1 미분가능한 함수 $f(x)$가 모든 실수 x, y에 대하여
$$f(x+y)=f(x)+f(y)-3xy$$
를 만족시키고 $f'(0)=2$일 때, $f'(2)$의 값을 구하시오.

04-2 미분가능한 함수 $f(x)$가 모든 실수 x, y에 대하여
$$f(x+y)=f(x)+f(y)+2xy-1$$
을 만족시키고 $f'(1)=1$일 때, $f'(0)$의 값을 구하시오.

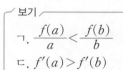
미분계수의 기하적 의미

✎유형편 22쪽

함수 $y=f(x)$의 그래프와 직선 $y=x$가 오른쪽 그림과 같다. $0<a<b$일 때, 보기에서 옳은 것만을 있는 대로 고르시오.

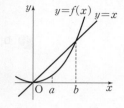

보기
ㄱ. $\dfrac{f(a)}{a}<\dfrac{f(b)}{b}$　　　　　　ㄴ. $f(b)-f(a)>b-a$
ㄷ. $f'(a)>f'(b)$

공략 Point

곡선 $y=f(x)$ 위의 점 $(a, f(a))$에서의 접선의 기울기는 함수 $y=f(x)$의 $x=a$에서의 미분계수 $f'(a)$와 같다.

풀이

함수 $y=f(x)$의 그래프 위의 $x=a$인 점을 A$(a, f(a))$, $x=b$인 점을 B$(b, f(b))$라 하자.

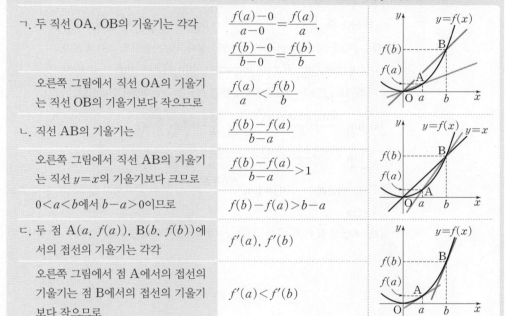

ㄱ. 두 직선 OA, OB의 기울기는 각각	$\dfrac{f(a)-0}{a-0}=\dfrac{f(a)}{a}$, $\dfrac{f(b)-0}{b-0}=\dfrac{f(b)}{b}$
오른쪽 그림에서 직선 OA의 기울기는 직선 OB의 기울기보다 작으므로	$\dfrac{f(a)}{a}<\dfrac{f(b)}{b}$
ㄴ. 직선 AB의 기울기는	$\dfrac{f(b)-f(a)}{b-a}$
오른쪽 그림에서 직선 AB의 기울기는 직선 $y=x$의 기울기보다 크므로	$\dfrac{f(b)-f(a)}{b-a}>1$
$0<a<b$에서 $b-a>0$이므로	$f(b)-f(a)>b-a$
ㄷ. 두 점 A$(a, f(a))$, B$(b, f(b))$에서의 접선의 기울기는 각각	$f'(a)$, $f'(b)$
오른쪽 그림에서 점 A에서의 접선의 기울기는 점 B에서의 접선의 기울기보다 작으므로	$f'(a)<f'(b)$

따라서 보기에서 옳은 것은 　　ㄱ, ㄴ

● **문제** ●

정답과 해설 23쪽

05-**1**　오른쪽 그림과 같이 함수 $y=f(x)$의 그래프와 직선 $y=x$가 $x=a$인 점에서 접한다. $0<a<b$일 때, 보기에서 옳은 것만을 있는 대로 고르시오.

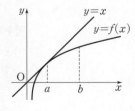

보기
ㄱ. $\dfrac{f(a)}{a}>\dfrac{f(b)}{b}$　　　　　　ㄴ. $f'(a)>1$
ㄷ. $f'(b)<\dfrac{f(b)-f(a)}{b-a}$

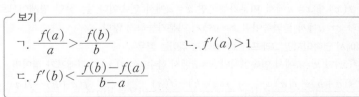

2 미분가능성과 연속성

❶ 미분가능성과 연속성

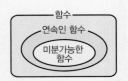

> 함수 $f(x)$가 $x=a$에서 미분가능하면 $f(x)$는 $x=a$에서 연속이다.
> <u>$x=a$에서의 미분계수 $f'(a)$가 존재</u>
> 그러나 그 역은 성립하지 않는다. 즉, $x=a$에서 연속인 함수 $f(x)$가
> $x=a$에서 반드시 미분가능한 것은 아니다.

참고 함수 $f(x)$가 $x=a$에서 미분가능함을 보이려면 $x=a$에서의 미분계수 $f'(a)=\lim\limits_{h \to 0}\dfrac{f(a+h)-f(a)}{h}$가 존재함을 보이

면 된다. 즉, $\lim\limits_{h \to 0+}\dfrac{f(a+h)-f(a)}{h}=\lim\limits_{h \to 0-}\dfrac{f(a+h)-f(a)}{h}$임을 보이면 된다.

예 함수 $f(x)=|x|$의 $x=0$에서의 연속성과 미분가능성을 조사해 보자.

(ⅰ) $f(0)=0$, $\lim\limits_{x \to 0+}f(x)=\lim\limits_{x \to 0+}x=0$, $\lim\limits_{x \to 0-}f(x)=\lim\limits_{x \to 0-}(-x)=0$

즉, $\lim\limits_{x \to 0}f(x)=f(0)$이므로 함수 $f(x)$는 $x=0$에서 연속이다.

(ⅱ) $\lim\limits_{h \to 0+}\dfrac{f(0+h)-f(0)}{h}=\lim\limits_{h \to 0+}\dfrac{|h|}{h}=\lim\limits_{h \to 0+}\dfrac{h}{h}=1$

$\lim\limits_{h \to 0-}\dfrac{f(0+h)-f(0)}{h}=\lim\limits_{h \to 0-}\dfrac{|h|}{h}=\lim\limits_{h \to 0-}\dfrac{-h}{h}=-1$

즉, 미분계수 $f'(0)=\lim\limits_{h \to 0}\dfrac{f(0+h)-f(0)}{h}$이 존재하지 않으므로 함수 $f(x)$는 $x=0$에서 미분가능하지

않다.

(ⅰ), (ⅱ)에서 함수 $f(x)=|x|$는 $x=0$에서 연속이지만 미분가능하지 않다.

⌒ 개념 Plus

미분가능성과 연속성

함수 $f(x)$가 $x=a$에서 미분가능하면 미분계수 $f'(a)=\lim\limits_{x \to a}\dfrac{f(x)-f(a)}{x-a}$가 존재하므로

$$\lim_{x \to a}\{f(x)-f(a)\}=\lim_{x \to a}\left\{\dfrac{f(x)-f(a)}{x-a}\times(x-a)\right\}=\lim_{x \to a}\dfrac{f(x)-f(a)}{x-a}\times\lim_{x \to a}(x-a)=f'(a)\times 0=0$$

따라서 $\lim\limits_{x \to a}f(x)=f(a)$이므로 함수 $f(x)$는 $x=a$에서 연속이다.

함수가 미분가능하지 않은 경우

(1) $x=a$에서 불연속인 경우

'함수 $f(x)$가 $x=a$에서 미분가능하면 $x=a$에서 연속이다.'는 참인 명제이므로 대우도 참이다. 즉, '함수 $f(x)$가 $x=a$에서 불연속이면 $x=a$에서 미분가능하지 않다.'

(2) $x=a$에서 연속이지만 그래프가 $x=a$에서 꺾이는 경우

함수 $f(x)$가 $x=a$에서 연속이지만 $x=a$에서 함수 $y=f(x)$의 그래프가 꺾이면

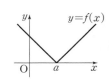

$\lim\limits_{h \to 0+}\dfrac{f(a+h)-f(a)}{h} \neq \lim\limits_{h \to 0-}\dfrac{f(a+h)-f(a)}{h}$이므로 $\lim\limits_{h \to 0}\dfrac{f(a+h)-f(a)}{h}$의 값

이 존재하지 않는다. 따라서 함수 $f(x)$는 $x=a$에서 미분가능하지 않다.

미분가능성과 연속성(1)

유형편 23쪽

다음 함수의 $x=0$에서의 연속성과 미분가능성을 조사하시오.

(1) $f(x)=x|x|$

(2) $f(x)=\begin{cases} x^2-x-1 & (x\geq 0) \\ x-1 & (x<0) \end{cases}$

공략 **Point**

함수 $f(x)$에 대하여

· $\lim\limits_{x\to a} f(x)=f(a)$이면
 ➡ $f(x)$는 $x=a$에서 연속

· $f'(a)$
 $=\lim\limits_{h\to 0}\dfrac{f(a+h)-f(a)}{h}$
가 존재하면
 ➡ $f(x)$는 $x=a$에서 미분가능

풀이

(1) (i) $x=0$에서의 함숫값은	$f(0)=0$
$x\to 0$일 때의 극한값은	$\lim\limits_{x\to 0+} f(x)=\lim\limits_{x\to 0+} x^2=0$, $\lim\limits_{x\to 0-} f(x)=\lim\limits_{x\to 0-}(-x^2)=0$ $\therefore \lim\limits_{x\to 0} f(x)=0$
$\lim\limits_{x\to 0} f(x)=f(0)$이므로	함수 $f(x)$는 $x=0$에서 연속이다.
(ii) $f'(0)=\lim\limits_{h\to 0}\dfrac{f(h)-f(0)}{h}$이므로 우극한과 좌극한은 각각	$\lim\limits_{h\to 0+}\dfrac{f(h)-f(0)}{h}=\lim\limits_{h\to 0+}\dfrac{h^2-0}{h}=\lim\limits_{h\to 0+} h=0$ $\lim\limits_{h\to 0-}\dfrac{f(h)-f(0)}{h}=\lim\limits_{h\to 0-}\dfrac{(-h^2)-0}{h}=\lim\limits_{h\to 0-}(-h)=0$
$f'(0)$의 값이 존재하므로	함수 $f(x)$는 $x=0$에서 미분가능하다.
(i), (ii)에서	함수 $f(x)$는 **$x=0$에서 연속이고 미분가능하다.**

(2) (i) $x=0$에서의 함숫값은	$f(0)=-1$
$x\to 0$일 때의 극한값은	$\lim\limits_{x\to 0+} f(x)=\lim\limits_{x\to 0+}(x^2-x-1)=-1$ $\lim\limits_{x\to 0-} f(x)=\lim\limits_{x\to 0-}(x-1)=-1$ $\therefore \lim\limits_{x\to 0} f(x)=-1$
$\lim\limits_{x\to 0} f(x)=f(0)$이므로	함수 $f(x)$는 $x=0$에서 연속이다.
(ii) $f'(0)=\lim\limits_{h\to 0}\dfrac{f(h)-f(0)}{h}$이므로 우극한과 좌극한은 각각	$\lim\limits_{h\to 0+}\dfrac{f(h)-f(0)}{h}=\lim\limits_{h\to 0+}\dfrac{(h^2-h-1)-(-1)}{h}$ $=\lim\limits_{h\to 0+}\dfrac{h^2-h}{h}=\lim\limits_{h\to 0+}(h-1)=-1$ $\lim\limits_{h\to 0-}\dfrac{f(h)-f(0)}{h}=\lim\limits_{h\to 0-}\dfrac{(h-1)-(-1)}{h}=\lim\limits_{h\to 0-}\dfrac{h}{h}=1$
$f'(0)$의 값이 존재하지 않으므로	함수 $f(x)$는 $x=0$에서 미분가능하지 않다.
(i), (ii)에서	함수 $f(x)$는 **$x=0$에서 연속이지만 미분가능하지 않다.**

● **문제** ●

정답과 해설 24쪽

06-**1** 다음 함수의 $x=1$에서의 연속성과 미분가능성을 조사하시오.

(1) $f(x)=|x^2-1|$

(2) $f(x)=\begin{cases} 3x & (x\geq 1) \\ x^2+x+1 & (x<1) \end{cases}$

필수예제 07 미분가능성과 연속성 (2)

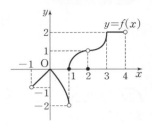

유형편 23쪽

$-1<x<4$에서 정의된 함수 $y=f(x)$의 그래프가 오른쪽 그림과 같다. 함수 $f(x)$가 불연속인 x의 값의 개수를 a, 미분가능하지 않은 x의 값의 개수를 b라 할 때, $a+b$의 값을 구하시오.

공략 Point

함수 $f(x)$가 $x=a$에서 미분가능하지 않은 경우
(1) $x=a$에서 불연속이다.
➡ $x=a$에서 함수의 그래프가 끊어져 있다.
(2) $x=a$에서 연속이지만 $f'(a)$가 존재하지 않는다.
➡ $x=a$에서 함수의 그래프가 꺾여 있다.

풀이

(i) $x=0$에서 $\lim\limits_{x \to 0} f(x)=f(0)$이므로	함수 $f(x)$는 $x=0$에서 연속이다.
$x=0$에서 함수 $y=f(x)$의 그래프가 꺾여 있으므로	함수 $f(x)$는 $x=0$에서 미분가능하지 않다.
(ii) $x=1$에서 $\lim\limits_{x \to 1} f(x)$의 값이 존재하지 않으므로	함수 $f(x)$는 $x=1$에서 불연속이다.
$x=1$에서 불연속이므로	함수 $f(x)$는 $x=1$에서 미분가능하지 않다.
(iii) $x=2$에서 $\lim\limits_{x \to 2} f(x) \neq f(2)$이므로	함수 $f(x)$는 $x=2$에서 불연속이다.
$x=2$에서 불연속이므로	함수 $f(x)$는 $x=2$에서 미분가능하지 않다.
(iv) $x=3$에서 $\lim\limits_{x \to 3} f(x)=f(3)$이므로	함수 $f(x)$는 $x=3$에서 연속이다.
$x=3$에서 함수 $y=f(x)$의 그래프가 꺾여 있으므로	함수 $f(x)$는 $x=3$에서 미분가능하지 않다.
(i)~(iv)에서 $a=2$, $b=4$이므로	$a+b=\mathbf{6}$

● 문제 ●

정답과 해설 24쪽

07-1 $-2<x<4$에서 정의된 함수 $y=f(x)$의 그래프가 오른쪽 그림과 같을 때, 함수 $f(x)$에 대하여 보기에서 옳은 것만을 있는 대로 고르시오.

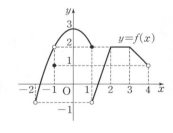

보기

ㄱ. $\lim\limits_{x \to -1} f(x)=2$

ㄴ. 불연속인 x의 값은 2개이다.

ㄷ. 미분가능하지 않은 x의 값은 3개이다.

연습문제

1 함수 $y=f(x)$의 그래프가 오른쪽 그림과 같다. 함수 $f(x)$의 역함수를 $g(x)$라 할 때, $g(x)$에서 x의 값이 3에서 9까지 변할 때의 평균변화율을 구하시오.

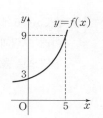

2 함수 $f(x)$에서 x의 값이 n에서 $n+1$까지 변할 때의 평균변화율이 n^2일 때, $f(x)$에서 x의 값이 1에서 4까지 변할 때의 평균변화율을 구하시오.

교육청

3 0이 아닌 모든 실수 h에 대하여 다항함수 $f(x)$에서 x의 값이 1에서 $1+h$까지 변할 때의 평균변화율이 h^2+2h+3일 때, $f'(1)$의 값은?

① 1　　　　② $\dfrac{3}{2}$　　　　③ 2

④ $\dfrac{5}{2}$　　　　⑤ 3

교육청

4 다항함수 $f(x)$가
$$\lim_{h\to 0}\frac{f(3+h)-4}{2h}=1$$
을 만족시킬 때, $f(3)+f'(3)$의 값은?

① 6　　　　② 7　　　　③ 8

④ 9　　　　⑤ 10

5 미분가능한 함수 $f(x)$에 대하여 $f'(2)=4$일 때, $\lim\limits_{t\to\infty}2t\left\{f\left(2+\dfrac{1}{t}\right)-f(2)\right\}$의 값을 구하시오.

6 미분가능한 함수 $f(x)$에 대하여 $f'(1)=-2$일 때, $\lim\limits_{x\to 1}\dfrac{x^2+x-2}{f(x)-f(1)}$의 값은?

① $-\dfrac{1}{2}$　　　② $-\dfrac{3}{2}$　　　③ $-\dfrac{5}{2}$

④ $-\dfrac{7}{2}$　　　⑤ $-\dfrac{9}{2}$

7 미분가능한 함수 $f(x)$에 대하여 $f(4)=8$, $f'(4)=5$일 때, $\lim\limits_{x\to 4}\dfrac{\sqrt{x}f(4)-2f(x)}{x-4}$의 값을 구하시오.

8 미분가능한 함수 $f(x)$가 모든 실수 x, y에 대하여
$$f(x+y)=f(x)+f(y)+xy(x+y)$$
를 만족시키고 $f'(0)=3$일 때, $f'(2)$의 값은?

① 5　　　　② 6　　　　③ 7

④ 8　　　　⑤ 9

9 곡선 $y=f(x)$ 위의 점 $(1,\ f(1))$에서의 접선의 기울기가 4일 때, $\displaystyle\lim_{h\to 0}\frac{f(1+2h)-f(1-4h)}{2h}$의 값을 구하시오.

10 보기의 함수에서 $x=0$에서 연속이지만 미분가능하지 않은 것만을 있는 대로 고른 것은?

> **보기**
>
> ㄱ. $f(x)=\sqrt{x^2}$
>
> ㄴ. $f(x)=\begin{cases} x^2-4|x|+3 & (x\neq 0) \\ 0 & (x=0) \end{cases}$
>
> ㄷ. $f(x)=\begin{cases} x^2+2x & (x\geq 0) \\ 4x & (x<0) \end{cases}$

① ㄱ   ② ㄴ   ③ ㄷ
④ ㄱ, ㄷ   ⑤ ㄴ, ㄷ

11 두 함수 $f(x)=|x-1|$, $g(x)=\begin{cases} 2x-1 & (x\geq 1) \\ -x & (x<1) \end{cases}$
에 대하여 보기의 함수에서 $x=1$에서 미분가능한 것만을 있는 대로 고르시오.

> **보기**
>
> ㄱ. $x-1+f(x)$ ㄴ. $(x-1)f(x)$
> ㄷ. $f(x)g(x)$

12 $0<x<6$에서 정의된 함수 $y=f(x)$의 그래프가 아래 그림과 같을 때, 다음 중 함수 $f(x)$에 대한 설명으로 옳지 <u>않은</u> 것은?

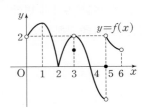

① $f'(4)<0$
② $\displaystyle\lim_{x\to 3}f(x)=2$
③ 불연속인 x의 값은 2개이다.
④ $f'(x)=0$인 x의 값은 2개이다.
⑤ 미분가능하지 않은 x의 값은 3개이다.

▶ 실력

13 미분가능한 두 함수 $f(x)$, $g(x)$에 대하여
$\displaystyle\lim_{x\to 1}\frac{f(x)-2}{x-1}=1$, $g(1)=2f(1)$, $g'(1)=2$일 때,
$\displaystyle\lim_{x\to 1}\frac{f(x)-xf(1)}{g(x)-xg(1)}$의 값을 구하시오.

14 오른쪽 그림과 같이 최고차항의 계수가 양수인 이차함수 $y=f(x)$의 그래프가 직선 $y=x$와 점 $(-1,\ -1)$에서 접할 때, 보기에서 옳은 것만을 있는 대로 고르시오.

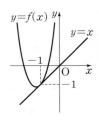

> **보기**
>
> ㄱ. $a<0$일 때, $\dfrac{f(a)}{a}\leq 1$
>
> ㄴ. $-1<a<0$일 때, $f'(a)>1$
>
> ㄷ. $a<-1$일 때, $\dfrac{f(a)+1}{a+1}<f'(a)$

도함수

① 도함수

(1) 함수 $f(x)$가 정의역 X에서 미분가능할 때, 정의역의 각 원소 x에 미분계수 $f'(x)$를 대응시키는 새로운 함수

$$f': X \longrightarrow R$$

$$f'(x) = \lim_{\Delta x \to 0} \frac{f(x+\Delta x) - f(x)}{\Delta x}$$

를 얻을 수 있다.

이때 이 함수 $f'(x)$를 함수 $f(x)$의 **도함수**라 하고, 기호로

$$f'(x),\ y',\ \frac{dy}{dx},\ \frac{d}{dx}f(x)$$

와 같이 나타낸다.

(2) 함수 $f(x)$의 도함수 $f'(x)$를 구하는 것을 함수 $f(x)$를 x에 대하여 미분한다고 한다.

또 함수 $f(x)$의 $x=a$에서의 미분계수 $f'(a)$는 도함수 $f'(x)$의 식에 $x=a$를 대입한 값과 같다.

참고 ・ $\frac{dy}{dx}$ 는 y를 x에 대하여 미분한다는 뜻으로 '디와이(dy) 디엑스(dx)'라 읽는다.

・함수 $f(x)$의 도함수 $f'(x)$는 Δx 대신 h를 사용하여 $f'(x) = \lim_{h \to 0} \dfrac{f(x+h)-f(x)}{h}$와 같이 나타낼 수도 있다.

예 함수 $f(x) = x^2$의 도함수는

$$f'(x) = \lim_{h \to 0} \frac{f(x+h) - f(x)}{h} = \lim_{h \to 0} \frac{(x+h)^2 - x^2}{h} = \lim_{h \to 0} \frac{2xh + h^2}{h} = \lim_{h \to 0} (2x+h) = 2x$$

② 함수 $f(x) = x^n$ (n은 양의 정수)과 상수함수 $f(x) = c$ (c는 상수)의 도함수

(1) $f(x) = x^n$ ($n \geq 2$인 정수)이면 $f'(x) = nx^{n-1}$

(2) $f(x) = x$이면 $f'(x) = 1$

(3) $f(x) = c$ (c는 상수)이면 $f'(x) = 0$

예 ・$y = x^5$이면 $y' = 5x^{5-1} = 5x^4$　　　　　　・$y = 10$이면 $y' = 0$

③ 함수의 실수배, 합, 차의 미분법

두 함수 $f(x)$, $g(x)$가 미분가능할 때

(1) $\{kf(x)\}' = kf'(x)$ (단, k는 실수)

(2) $\{f(x) + g(x)\}' = f'(x) + g'(x)$

(3) $\{f(x) - g(x)\}' = f'(x) - g'(x)$

참고 (2), (3)은 세 개 이상의 함수에서도 성립한다.

예 $y = 3x^3 - x^2 + 4x$이면 $y' = 3(x^3)' - (x^2)' + 4(x)' = 3 \times 3x^2 - 2x + 4 \times 1 = 9x^2 - 2x + 4$

④ 함수의 곱의 미분법

세 함수 $f(x)$, $g(x)$, $h(x)$가 미분가능할 때

(1) $\{f(x)g(x)\}' = f'(x)g(x) + f(x)g'(x)$

(2) $\{f(x)g(x)h(x)\}' = f'(x)g(x)h(x) + f(x)g'(x)h(x) + f(x)g(x)h'(x)$

(3) $[\{f(x)\}^n]' = n\{f(x)\}^{n-1} \times f'(x)$ (단, $n \geq 2$인 정수)

예 • $y = (x^2+1)(2x+3)$이면

$y' = \{(x^2+1)(2x+3)\}' = (x^2+1)'(2x+3) + (x^2+1)(2x+3)'$

$= 2x(2x+3) + (x^2+1) \times 2 = 4x^2 + 6x + 2x^2 + 2 = 6x^2 + 6x + 2$

• $y = (2x+1)^2$이면

$y' = \{(2x+1)^2\}' = 2(2x+1) \times (2x+1)' = 2(2x+1) \times 2 = 8x+4$

개념 Plus

함수 $f(x) = x^n$ (n은 양의 정수)과 상수함수 $f(x) = c$ (c는 상수)의 도함수

(1) $f(x) = x^n$ ($n \geq 2$인 정수)이면

$$f'(x) = \lim_{h \to 0} \frac{f(x+h) - f(x)}{h} = \lim_{h \to 0} \frac{(x+h)^n - x^n}{h}$$

$$= \lim_{h \to 0} \frac{\{(x+h)-x\}\{(x+h)^{n-1} + (x+h)^{n-2}x + \cdots + x^{n-1}\}}{h}$$

◀ $a^n - b^n$
$= (a-b)(a^{n-1} + a^{n-2}b$
$+ \cdots + ab^{n-2} + b^{n-1})$

$$= \lim_{h \to 0} \{(x+h)^{n-1} + (x+h)^{n-2}x + \cdots + x^{n-1}\}$$

$$= \underbrace{x^{n-1} + x^{n-1} + \cdots + x^{n-1}}_{n개} = nx^{n-1}$$

(2) $f(x) = x$이면

$$f'(x) = \lim_{h \to 0} \frac{f(x+h) - f(x)}{h} = \lim_{h \to 0} \frac{(x+h) - x}{h} = 1$$

(3) $f(x) = c$ (c는 상수)이면

$$f'(x) = \lim_{h \to 0} \frac{f(x+h) - f(x)}{h} = \lim_{h \to 0} \frac{c - c}{h} = 0$$

함수의 실수배, 합, 차의 미분법

(1) $\{kf(x)\}' = \lim_{h \to 0} \dfrac{kf(x+h) - kf(x)}{h} = \lim_{h \to 0} \dfrac{k\{f(x+h) - f(x)\}}{h}$

$= k \times \lim_{h \to 0} \dfrac{f(x+h) - f(x)}{h} = kf'(x)$ (단, k는 실수)

(2) $\{f(x) + g(x)\}' = \lim_{h \to 0} \dfrac{\{f(x+h) + g(x+h)\} - \{f(x) + g(x)\}}{h}$

$= \lim_{h \to 0} \left\{ \dfrac{f(x+h) - f(x)}{h} + \dfrac{g(x+h) - g(x)}{h} \right\}$

$= \lim_{h \to 0} \dfrac{f(x+h) - f(x)}{h} + \lim_{h \to 0} \dfrac{g(x+h) - g(x)}{h} = f'(x) + g'(x)$

(3) $\{f(x) - g(x)\}' = \lim_{h \to 0} \dfrac{\{f(x+h) - g(x+h)\} - \{f(x) - g(x)\}}{h}$

$= \lim_{h \to 0} \left\{ \dfrac{f(x+h) - f(x)}{h} - \dfrac{g(x+h) - g(x)}{h} \right\}$

$= \lim_{h \to 0} \dfrac{f(x+h) - f(x)}{h} - \lim_{h \to 0} \dfrac{g(x+h) - g(x)}{h} = f'(x) - g'(x)$

함수의 곱의 미분법

(1) $\{f(x)g(x)\}'=\lim\limits_{h\to 0}\dfrac{f(x+h)g(x+h)-f(x)g(x)}{h}$

$\qquad\qquad\quad=\lim\limits_{h\to 0}\dfrac{f(x+h)g(x+h)-f(x)g(x+h)+f(x)g(x+h)-f(x)g(x)}{h}$

$\qquad\qquad\quad=\lim\limits_{h\to 0}\dfrac{f(x+h)-f(x)}{h}\times\lim\limits_{h\to 0}g(x+h)+\lim\limits_{h\to 0}f(x)\times\lim\limits_{h\to 0}\dfrac{g(x+h)-g(x)}{h}$

$\qquad\qquad\quad=f'(x)g(x)+f(x)g'(x)$ ◀ 함수 $g(x)$가 미분가능하면 연속이므로 $\lim\limits_{h\to 0}g(x+h)=g(x)$

(2) $\{f(x)g(x)h(x)\}'=\{f(x)g(x)\}'h(x)+\{f(x)g(x)\}h'(x)$ $(\because$ (1))

$\qquad\qquad\qquad\quad=\{f'(x)g(x)+f(x)g'(x)\}h(x)+f(x)g(x)h'(x)$

$\qquad\qquad\qquad\quad=f'(x)g(x)h(x)+f(x)g'(x)h(x)+f(x)g(x)h'(x)$

(3) $y=\{f(x)\}^n$ ($n\geq 2$인 정수)이라 하자.

$n=2$이면 $y=\{f(x)\}^2$에서

$\qquad y'=\{f(x)f(x)\}'=f'(x)f(x)+f(x)f'(x)=2f(x)f'(x)$

$n=3$이면 $y=\{f(x)\}^3$에서

$\qquad y'=\{f(x)f(x)f(x)\}'=f'(x)f(x)f(x)+f(x)f'(x)f(x)+f(x)f(x)f'(x)$

$\qquad\quad=3\{f(x)\}^2\times f'(x)$

같은 방법으로

$n=4$이면 $y=\{f(x)\}^4$에서 $y'=4\{f(x)\}^3\times f'(x)$

$\qquad\vdots$

따라서 $y=\{f(x)\}^n$ ($n\geq 2$인 정수)이면 $y'=n\{f(x)\}^{n-1}\times f'(x)$

✔ 개념 Check

정답과 해설 27쪽

1 다음은 함수 $f(x)=2x^2-x$의 도함수를 구하는 과정이다. ㈎, ㈏, ㈐에 알맞은 것을 구하시오.

$$f'(x)=\lim\limits_{h\to 0}\dfrac{f(x+h)-f(x)}{h}=\lim\limits_{h\to 0}\dfrac{2h^2+\boxed{\text{㈎}}-h}{h}$$
$$=\lim\limits_{h\to 0}(2h+\boxed{\text{㈏}}-1)=\boxed{\text{㈐}}$$

2 다음 함수를 미분하시오.

(1) $y=12x^2-16x+8$ 　　　　　　　(2) $y=-2x^3+x^2-3$

(3) $y=\dfrac{1}{3}x^3-2x^2+\dfrac{3}{5}$ 　　　　　(4) $y=x^4+2x^2-2x+5$

3 다음 함수를 미분하시오.

(1) $y=(2x+1)(3x-1)$ 　　　　　　(2) $y=(x^2+3)(x-2)$

(3) $y=x(x-1)(x-2)$ 　　　　　　(4) $y=(x+3)(3x-1)^2$

필수 예제 01 미분법

다음 물음에 답하시오.

(1) 함수 $f(x)=x^4-5x^2+2x+1$에 대하여 $f'(-1)$의 값을 구하시오.

(2) 함수 $f(x)=(x^3+1)(2x-1)$에 대하여 $f'(2)$의 값을 구하시오.

공략 Point

두 함수 $f(x)$, $g(x)$가 미분 가능할 때

· $\{kf(x)\}'=kf'(x)$
  (단, k는 실수)

· $\{f(x)+g(x)\}'$
  $=f'(x)+g'(x)$

· $\{f(x)-g(x)\}'$
  $=f'(x)-g'(x)$

· $\{f(x)g(x)\}'$
  $=f'(x)g(x)$
  $\quad+f(x)g'(x)$

풀이

(1) 함수 $f(x)$를 x에 대하여 미분하면	$\begin{aligned}f'(x)&=(x^4)'-5(x^2)'+2(x)'+(1)'\\&=4x^3-5\times2x+2\times1+0\\&=4x^3-10x+2\end{aligned}$
따라서 $f'(-1)$의 값은	$f'(-1)=-4+10+2=8$
(2) 함수 $f(x)$를 x에 대하여 미분하면	$\begin{aligned}f'(x)&=(x^3+1)'(2x-1)+(x^3+1)(2x-1)'\\&=3x^2(2x-1)+(x^3+1)\times2\\&=6x^3-3x^2+2x^3+2\\&=8x^3-3x^2+2\end{aligned}$
따라서 $f'(2)$의 값은	$f'(2)=64-12+2=\mathbf{54}$

● **문제** ●

정답과 해설 28쪽

01-1 다음 물음에 답하시오.

(1) 함수 $f(x)=-4x^3+2x^2-1$에 대하여 $f'(1)$의 값을 구하시오.

(2) 함수 $f(x)=(x+1)(x^2-3x+4)$에 대하여 $f'(2)$의 값을 구하시오.

01-2 함수 $f(x)=x^3+ax^2+(a-1)x+1$에 대하여 $f'(-2)=5$일 때, 상수 a의 값을 구하시오.

01-3 미분가능한 두 함수 $f(x)$, $g(x)$에 대하여 $g(x)=(x^3+2x)f(x)$이고 $f(1)=-1$, $f'(1)=2$일 때, $g'(1)$의 값을 구하시오.

함수 $f(x)=x^3+x$에 대하여 $\lim\limits_{h\to 0}\dfrac{f(2+h)-f(2-h)}{h}$의 값을 구하시오.

공략 Point

함수 $f(x)$가 주어진 경우의 극한값은 다음과 같은 순서로 구한다.

(1) 미분계수의 정의를 이용하여 극한값을 $f'(a)$가 포함된 식으로 변형한다.

(2) 도함수 $f'(x)$를 구한 후 $f'(x)$에 $x=a$를 대입하여 $f'(a)$의 값을 구한다.

(3) (1)의 식에 $f'(a)$의 값을 대입한다.

풀이

미분계수의 정의를 이용할 수 있도록 식을 변형하면	$\lim\limits_{h\to 0}\dfrac{f(2+h)-f(2-h)}{h}$ $=\lim\limits_{h\to 0}\dfrac{f(2+h)-f(2)+f(2)-f(2-h)}{h}$ $=\lim\limits_{h\to 0}\dfrac{f(2+h)-f(2)}{h}-\lim\limits_{h\to 0}\dfrac{f(2-h)-f(2)}{-h}\times(-1)$ $=f'(2)+f'(2)$ $=2f'(2)$
함수 $f(x)=x^3+x$를 x에 대하여 미분하면	$f'(x)=3x^2+1$
따라서 구하는 값은	$2f'(2)=2(12+1)=\mathbf{26}$

● **문제** ●

정답과 해설 28쪽

02-1 함수 $f(x)=x^3+2x-1$에 대하여 $\lim\limits_{x\to 1}\dfrac{f(x^2)-2}{x-1}$의 값을 구하시오.

02-2 함수 $f(x)=-x^3+x^2-2$에 대하여 $\lim\limits_{h\to 0}\dfrac{f(1-3h)+2}{h}$의 값을 구하시오.

02-3 두 함수 $f(x)=-x^2+2x+3$, $g(x)=2x^3+x^2+x-1$에 대하여 $\lim\limits_{x\to 1}\dfrac{f(x)g(x)-f(1)g(1)}{x-1}$의 값을 구하시오.

$$\lim_{x\to 1}\frac{x^9+x^2-2}{x-1}$$ 의 값을 구하시오.

공략 Point

$\frac{0}{0}$ 꼴의 극한에서 식을 간단히 할 수 없는 경우에는 주어진 식의 일부를 $f(x)$로 놓고 $\lim_{x\to a}\frac{f(x)-f(a)}{x-a}=f'(a)$ 임을 이용한다.

풀이

$f(x)=x^9+x^2$이라 하면 $f(1)=2$ 이므로 $\quad\lim_{x\to 1}\frac{x^9+x^2-2}{x-1}=\lim_{x\to 1}\frac{f(x)-f(1)}{x-1}=f'(1)$

함수 $f(x)$를 x에 대하여 미분하면 $\quad f'(x)=9x^8+2x$

따라서 구하는 값은 $\quad f'(1)=9+2=\mathbf{11}$

● **문제** ●

정답과 해설 28쪽

O3-1 $\lim_{x\to 1}\dfrac{x^{10}+x^9+x^8+x^7+x^6-5}{x-1}$ 의 값을 구하시오.

O3-2 $\lim_{x\to 1}\dfrac{x^n+x^2+2x-4}{x-1}=9$ 를 만족시키는 자연수 n의 값을 구하시오.

O3-3 $\lim_{x\to 2}\dfrac{x^n+x-18}{x-2}=k$일 때, 자연수 n과 상수 k에 대하여 $n+k$의 값을 구하시오.

미분계수를 이용한 미정계수의 결정

유형편 25쪽

함수 $f(x)=x^3+ax^2+bx$에 대하여 $\lim\limits_{x \to 2}\dfrac{f(x)-f(2)}{x-2}=11$, $\lim\limits_{x \to 1}\dfrac{f(x)-f(1)}{x^2-1}=6$일 때, $f'(-1)$의 값을 구하시오. (단, a, b는 상수)

공략 Point

다항함수 $f(x)$에 대하여

$\lim\limits_{x \to a}\dfrac{f(x)-b}{x-a}=c\,(c$는 실수$)$

이면

$\Rightarrow f(a)=b$, $f'(a)=c$

풀이

함수 $f(x)$를 x에 대하여 미분하면	$f'(x)=3x^2+2ax+b$
$\lim\limits_{x \to 2}\dfrac{f(x)-f(2)}{x-2}=11$에서 $f'(2)=11$ 이므로	$12+4a+b=11$ $\quad\therefore 4a+b=-1$ $\quad\cdots\cdots$ ㉠
$\lim\limits_{x \to 1}\dfrac{f(x)-f(1)}{x^2-1}=6$의 좌변을 변형하면	$\lim\limits_{x \to 1}\dfrac{f(x)-f(1)}{x^2-1}=\lim\limits_{x \to 1}\left\{\dfrac{f(x)-f(1)}{x-1}\times\dfrac{1}{x+1}\right\}$ $=\lim\limits_{x \to 1}\dfrac{f(x)-f(1)}{x-1}\times\lim\limits_{x \to 1}\dfrac{1}{x+1}$ $=\dfrac{1}{2}f'(1)$
즉, $\dfrac{1}{2}f'(1)=6$에서 $f'(1)=12$이므로	$3+2a+b=12$ $\quad\therefore 2a+b=9$ $\quad\cdots\cdots$ ㉡
㉠, ㉡을 연립하여 풀면	$a=-5$, $b=19$
따라서 $f'(x)=3x^2-10x+19$이므로	$f'(-1)=3+10+19=\mathbf{32}$

● **문제** ●

정답과 해설 29쪽

$\bigcirc$4-**1** 함수 $f(x)=x^3+ax+b$에 대하여 $f(-1)=2$, $\lim\limits_{x \to 2}\dfrac{f(x)-f(2)}{x^2-4}=\dfrac{3}{4}$일 때, 상수 a, b에 대하여 ab의 값을 구하시오.

$\bigcirc$4-**2** 함수 $f(x)=x^4+ax^2+b$에 대하여 $\lim\limits_{x \to 1}\dfrac{f(x)}{x-1}=2$일 때, 상수 a, b에 대하여 $a-b$의 값을 구하시오.

$\bigcirc$4-**3** 최고차항의 계수가 1인 삼차함수 $f(x)$에 대하여 $\lim\limits_{x \to 0}\dfrac{f(x)}{x}=-2$, $\lim\limits_{x \to 1}\dfrac{f(x)+2}{x-1}=-1$일 때, $f(2)$의 값을 구하시오.

미분가능할 조건

유형편 26쪽

함수 $f(x)=\begin{cases} ax^2+bx & (x \geq 1) \\ x^3 & (x<1) \end{cases}$ 이 $x=1$에서 미분가능할 때, 상수 a, b의 값을 구하시오.

공략 Point

두 다항함수 $g(x)$, $h(x)$에 대하여 함수

$f(x)=\begin{cases} g(x) & (x \geq a) \\ h(x) & (x<a) \end{cases}$ 가

$x=a$에서 미분가능하면

(i) $x=a$에서 연속

➡ $\lim\limits_{x \to a-} f(x)=f(a)$

➡ $g(a)=h(a)$

(ii) 미분계수 $f'(a)$가 존재

➡ $\lim\limits_{h \to 0+} \dfrac{f(a+h)-f(a)}{h}$

$=\lim\limits_{h \to 0-} \dfrac{f(a+h)-f(a)}{h}$

➡ $g'(a)=h'(a)$

풀이

함수 $f(x)$가 $x=1$에서 미분가능하면 $x=1$에서 연속이고 미분계수 $f'(1)$이 존재한다.

(i) $x=1$에서 연속이므로	$\lim\limits_{x \to 1-} f(x)=f(1)$ ∴ $a+b=1$ ⋯⋯ ㉠
(ii) 미분계수 $f'(1)$이 존재하므로	$\lim\limits_{h \to 0+} \dfrac{f(1+h)-f(1)}{h}$
	$=\lim\limits_{h \to 0+} \dfrac{\{a(1+h)^2+b(1+h)\}-(a+b)}{h}$
	$=\lim\limits_{h \to 0+} \dfrac{ah^2+(2a+b)h}{h}$
	$=\lim\limits_{h \to 0+} (ah+2a+b)=2a+b$
	$\lim\limits_{h \to 0-} \dfrac{f(1+h)-f(1)}{h}=\lim\limits_{h \to 0-} \dfrac{(1+h)^3-(a+b)}{h}$
	$=\lim\limits_{h \to 0-} \dfrac{h^3+3h^2+3h}{h}$ (∵ ㉠)
	$=\lim\limits_{h \to 0-} (h^2+3h+3)=3$
	∴ $2a+b=3$ ⋯⋯ ㉡
㉠, ㉡을 연립하여 풀면	$a=2$, $b=-1$

다른 풀이

$g(x)=ax^2+bx$, $h(x)=x^3$이라 하면	$g'(x)=2ax+b$, $h'(x)=3x^2$
(i) $x=1$에서 연속이므로	$g(1)=h(1)$ ∴ $a+b=1$ ⋯⋯ ㉠
(ii) $x=1$에서의 미분계수가 존재하므로	$g'(1)=h'(1)$ ∴ $2a+b=3$ ⋯⋯ ㉡
㉠, ㉡을 연립하여 풀면	$a=2$, $b=-1$

● **문제** ●

정답과 해설 29쪽

05-1 함수 $f(x)=\begin{cases} x^3+ax^2 & (x \geq 1) \\ bx+1 & (x<1) \end{cases}$ 이 $x=1$에서 미분가능할 때, 상수 a, b에 대하여 ab의 값을 구하시오.

05-2 함수 $f(x)=\begin{cases} x^2-3x & (x \geq a) \\ 3x+b & (x<a) \end{cases}$ 가 $x=a$에서 미분가능할 때, $f(2)$의 값을 구하시오.

(단, a, b는 상수)

미분법과 다항식의 나눗셈

유형편 26쪽

다음 물음에 답하시오.

(1) 다항식 x^6+ax^3+b가 $(x-1)^2$으로 나누어떨어질 때, 상수 a, b에 대하여 $a-b$의 값을 구하시오.

(2) 다항식 $x^{10}+3x^5+1$을 $(x+1)^2$으로 나누었을 때의 나머지를 $R(x)$라 할 때, $R(1)$의 값을 구하시오.

공략 Point

다항식 $f(x)$를 $(x-a)^2$으로 나누었을 때
(1) 나누어떨어지면
➡ $f(a)=0$, $f'(a)=0$
(2) 나머지를 $R(x)$라 하면
➡ $f(a)=R(a)$,
$f'(a)=R'(a)$

풀이

(1) 다항식 x^6+ax^3+b를 $(x-1)^2$으로 나누었을 때의 몫을 $Q(x)$라 하면 나머지가 0이므로	$x^6+ax^3+b=(x-1)^2Q(x)$ $\cdots\cdots$ ㉠
양변에 $x=1$을 대입하면	$1+a+b=0$ $\therefore a+b=-1$ $\cdots\cdots$ ㉡
㉠의 양변을 x에 대하여 미분하면	$6x^5+3ax^2=2(x-1)Q(x)+(x-1)^2Q'(x)$
양변에 $x=1$을 대입하면	$6+3a=0$ $\therefore a=-2$
$a=-2$를 ㉡에 대입하면	$-2+b=-1$ $\therefore b=1$
따라서 구하는 값은	$a-b=-2-1=\boldsymbol{-3}$

(2) 다항식 $x^{10}+3x^5+1$을 $(x+1)^2$으로 나누었을 때의 몫을 $Q(x)$, 나머지를 $R(x)=ax+b$ (a, b는 상수)라 하면	$x^{10}+3x^5+1=(x+1)^2Q(x)+ax+b$ $\cdots\cdots$ ㉠
양변에 $x=-1$을 대입하면	$1-3+1=-a+b$ $\therefore a-b=1$ $\cdots\cdots$ ㉡
㉠의 양변을 x에 대하여 미분하면	$10x^9+15x^4$ $=2(x+1)Q(x)+(x+1)^2Q'(x)+a$
양변에 $x=-1$을 대입하면	$-10+15=a$ $\therefore a=5$
$a=5$를 ㉡에 대입하면	$5-b=1$ $\therefore b=4$
따라서 $R(x)=5x+4$이므로	$R(1)=5+4=\boldsymbol{9}$

● **문제** ●

정답과 해설 30쪽

06-1 다항식 $x^{100}+ax+b$가 $(x+1)^2$으로 나누어떨어질 때, 상수 a, b에 대하여 $a+b$의 값을 구하시오.

06-2 다항식 x^8-x+3을 $(x-1)^2$으로 나누었을 때의 나머지를 $R(x)$라 할 때, $R(2)$의 값을 구하시오.

06-3 다항식 $x^{10}+ax+b$를 $(x-1)^2$으로 나누었을 때의 나머지가 $2x-3$일 때, 상수 a, b에 대하여 $a+2b$의 값을 구하시오.

1 미분가능한 함수 $f(x)$가 모든 실수 x, y에 대하여
$$f(x+y)=f(x)+f(y)+3xy$$
를 만족시키고 $f'(0)=-1$일 때, $f'(x)$를 구하시오.

2 함수 $f(x)=(x^2-3x)(-2x+k)$에 대하여 $f'(1)=3$일 때, 상수 k의 값은?

① -3　　　② -1　　　③ 0
④ 1　　　⑤ 3

3 미분가능한 두 함수 $f(x)$, $g(x)$에 대하여
$$g(x)=(3x^2-12x+1)f(x)$$
이고 $g'(2)=11$일 때, $f'(2)$의 값은?

① -2　　　② -1　　　③ 0
④ 1　　　⑤ 2

4 최고차항의 계수가 1인 삼차함수 $f(x)$에 대하여
$$f(a)=f(3)=f(5),\ f'(1)=14$$
일 때, 상수 a에 대하여 $f'(a)$의 값을 구하시오.

5 두 다항함수 $f(x)$, $g(x)$가
$$\lim_{x\to 2}\frac{f(x)-4}{x^2-4}=2,\ \lim_{x\to 2}\frac{g(x)+1}{x-2}=8$$
을 만족시킨다. 함수 $h(x)=f(x)g(x)$에 대하여 $h'(2)$의 값을 구하시오.

6 두 함수 $f(x)=x^2-3x-2$, $g(x)=x^3-5$에 대하여 $\lim_{h\to 0}\dfrac{f(1+h)-g(1-h)}{h}$의 값을 구하시오.

7 $\lim_{x\to 1}\dfrac{x^{100}-x^{99}+x^{98}-1}{x-1}$의 값은?

① 98　　　② 99　　　③ 100
④ 101　　　⑤ 102

8 함수 $f(x)=x^4+ax+b$에 대하여
$$\lim_{x\to 1}\frac{f(x+1)-2}{x^3-1}=-4$$일 때, $a+b$의 값은?

(단, a, b는 상수)

① 24 ② 26 ③ 28
④ 30 ⑤ 32

9 $f(3)=2$, $f'(3)=1$인 다항함수 $f(x)$와 최고차항의 계수가 1인 이차함수 $g(x)$에 대하여
$$\lim_{x\to 3}\frac{f(x)+g(x)}{x-3}=1$$일 때, $g(1)$의 값을 구하시오.

10 다항함수 $f(x)$에 대하여
$$\lim_{x\to\infty}\frac{f(x)-x^3}{x^2}=7,\ \lim_{x\to 1}\frac{f(x)}{x-1}=18$$
일 때, $f(-1)+f'(-1)$의 값은?

① -14 ② -12 ③ -10
④ -8 ⑤ -6

11 다항함수 $f(x)$가 $f(x)=2x^3-2x^2-xf'(1)$을 만족시킬 때, $f'(-1)$의 값을 구하시오.

평가원

12 함수 $f(x)=ax^2+b$가 모든 실수 x에 대하여
$$4f(x)=\{f'(x)\}^2+x^2+4$$
를 만족시킨다. $f(2)$의 값은?

(단, a, b는 상수이다.)

① 3 ② 4 ③ 5
④ 6 ⑤ 7

13 두 일차함수 $f(x)$, $g(x)$에 대하여
$$\{f(x)+g(x)\}'=1,$$
$$\{f(x)g(x)\}'=-4x-2$$
이고 $f(0)=4$, $g(0)=1$일 때, $f(1)+g(2)$의 값은?

① 1 ② 3 ③ 5
④ 7 ⑤ 9

14 함수 $f(x)=\begin{cases} ax+b & (x\geq 0) \\ ax^2-2x+1 & (x<0) \end{cases}$이 모든 실수 x에서 미분가능할 때, 상수 a, b에 대하여 $a+b$의 값은?

① -3 ② -1 ③ 1
④ 3 ⑤ 5

교육청

15 두 함수 $f(x)=|x+3|$, $g(x)=2x+a$에 대하여 함수 $f(x)g(x)$가 실수 전체의 집합에서 미분가능할 때, 상수 a의 값은?

① 2   ② 4   ③ 6

④ 8   ⑤ 10

16 다항식 $x^6+x^5+x^2+3$을 $x^2(x-1)$로 나누었을 때의 나머지를 $R(x)$라 할 때, $R(2)$의 값을 구하시오.

🔻 실력

17 최고차항의 계수가 1인 삼차함수 $f(x)$가 모든 실수 x에 대하여 $f'(2+x)=f'(2-x)$를 만족시키고 $f(1)=f'(1)=0$일 때, $f(2)$의 값은?

① -4 ② -3 ③ -2

④ -1 ⑤ 0

교육청

18 삼차함수 $f(x)$가 다음 조건을 만족시킨다.

> (가) $\lim\limits_{x \to 1} \dfrac{f(x)}{x-1}=3$
>
> (나) 1이 아닌 상수 α에 대하여
> $$\lim\limits_{x \to 2} \dfrac{f(x)}{(x-2)f'(x)}=\alpha$$이다.

$\alpha \times f(4)$의 값을 구하시오.

19 다항함수 $f(x)$가 모든 실수 x에 대하여
$$f'(x)\{f'(x)-2\}=16f(x)-16x^2-45$$
를 만족시킬 때, $f(2)$의 값을 구하시오.

20 두 다항식 $f(x)$, $g(x)$가 다음 조건을 만족시킬 때, $f(1)$의 값을 구하시오.

> (가) 다항식 $f(x)$를 $(x-1)^2$으로 나누었을 때의 몫은 $g(x)$이다.
> (나) 다항식 $g(x)$를 $x-2$로 나누었을 때의 나머지는 5이다.
> (다) $\lim\limits_{x \to 2} \dfrac{f(x)-g(x)}{x-2}=3$

Ⅱ. 미분

2 도함수의 활용

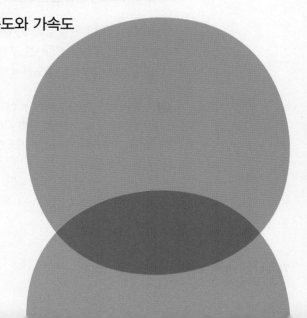

01
접선의
방정식과
평균값 정리

접선의 방정식

① 접선의 방정식

(1) 접선의 기울기

함수 $f(x)$가 $x=a$에서 미분가능할 때, 곡선 $y=f(x)$ 위의 점 $(a, f(a))$에서의 접선의 기울기는 $x=a$에서의 미분계수 $f'(a)$와 같다.

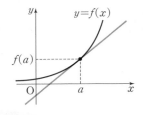

예 곡선 $y=x^2+2x$ 위의 점 $(1, 3)$에서의 접선의 기울기를 구해 보자.

$f(x)=x^2+2x$라 하면 $f'(x)=2x+2$

따라서 점 $(1, 3)$에서의 접선의 기울기는

$f'(1)=2+2=4$

(2) 접선의 방정식

> 함수 $f(x)$가 $x=a$에서 미분가능할 때, 곡선 $y=f(x)$ 위의 점 $(a, f(a))$에서의 접선의 방정식은
>
> $y-f(a)=f'(a)(x-a)$

참고 **직선의 방정식(고1)**

• 점 (x_1, y_1)을 지나고 기울기가 m인 직선의 방정식은

$y-y_1=m(x-x_1)$

• 기울기가 m인 직선에 평행하고 점 (x_1, y_1)을 지나는 직선의 방정식은

$y-y_1=m(x-x_1)$
　　　└ 서로 평행한 두 직선의 기울기는 같다.

• 기울기가 m인 직선에 수직이고 점 (x_1, y_1)을 지나는 직선의 방정식은

$y-y_1=-\dfrac{1}{m}(x-x_1)$
　　　└ 서로 수직인 두 직선의 기울기의 곱은 -1이다.

② 접선의 방정식 구하기

(1) 접점의 좌표가 주어진 접선의 방정식

> 곡선 $y=f(x)$ 위의 점 $(a, f(a))$에서의 접선의 방정식은 다음과 같은 순서로 구한다.
> ① 접선의 기울기 $f'(a)$를 구한다.
> ② 접선의 방정식 $y-f(a)=f'(a)(x-a)$를 구한다.

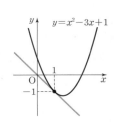

예 곡선 $y=x^2-3x+1$ 위의 점 $(1, -1)$에서의 접선의 방정식을 구해 보자.

$f(x)=x^2-3x+1$이라 하면 $f'(x)=2x-3$

점 $(1, -1)$에서의 접선의 기울기는

$f'(1)=2-3=-1$

따라서 구하는 접선의 방정식은

$y-(-1)=-(x-1)$

$\therefore y=-x$

(2) 기울기가 주어진 접선의 방정식

> 곡선 $y=f(x)$에 접하고 기울기가 m인 접선의 방정식은 다음과 같은 순서로 구한다.
> ① 접점의 좌표를 $(t, f(t))$로 놓는다.
> ② $f'(t)=m$임을 이용하여 t의 값과 접점의 좌표 $(t, f(t))$를 구한다.
> ③ 접선의 방정식 $y-f(t)=m(x-t)$를 구한다.

예 곡선 $y=x^2+3x$에 접하고 기울기가 1인 접선의 방정식을 구해 보자.

$f(x)=x^2+3x$라 하면 $f'(x)=2x+3$

접점의 좌표를 (t, t^2+3t)라 하면 이 점에서의 접선의 기울기가 1이므로

$f'(t)=1$에서 $2t+3=1$ $\therefore t=-1$

따라서 접점의 좌표가 $(-1, -2)$이므로 구하는 접선의 방정식은

$y-(-2)=x-(-1)$ $\therefore y=x-1$

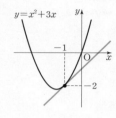

(3) 곡선 위에 있지 않은 한 점에서 그은 접선의 방정식

> 곡선 $y=f(x)$ 위에 있지 않은 한 점 (x_1, y_1)에서 곡선에 그은 접선의 방정식은 다음과 같은 순서로 구한다.
> ① 접점의 좌표를 $(t, f(t))$로 놓는다.
> ② 접선의 기울기가 $f'(t)$이므로 접선의 방정식을
> $$y-f(t)=f'(t)(x-t)   \cdots\cdots \ \text{㉠}$$
> 라 한다.
> ③ 직선 ㉠이 점 (x_1, y_1)을 지나므로 ㉠에 $x=x_1$, $y=y_1$을 대입하여 t의 값을 구한다.
> ④ ③에서 구한 t의 값을 ㉠에 대입하여 접선의 방정식을 구한다.

예 점 $(2, 5)$에서 곡선 $y=-x^2+4x$에 그은 접선의 방정식을 구해 보자.

$f(x)=-x^2+4x$라 하면 $f'(x)=-2x+4$

접점의 좌표를 $(t, -t^2+4t)$라 하면 이 점에서의 접선의 기울기는

$f'(t)=-2t+4$

점 $(t, -t^2+4t)$에서의 접선의 방정식은

$y-(-t^2+4t)=(-2t+4)(x-t)$

$\therefore y=(-2t+4)x+t^2$ $\cdots\cdots$ ㉠

이 직선이 점 $(2, 5)$를 지나므로

$5=(-2t+4)\times 2+t^2$, $t^2-4t+3=0$

$(t-1)(t-3)=0$ $\therefore t=1$ 또는 $t=3$

이를 ㉠에 대입하면 구하는 접선의 방정식은

$y=2x+1$ 또는 $y=-2x+9$

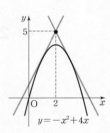

개념 Check

정답과 해설 35쪽

1 다음 곡선 위의 주어진 점에서의 접선의 기울기를 구하시오.

(1) $y=x^3-x^2+4$ $(1, 4)$

(2) $y=-2x^2+3x-1$ $(2, -3)$

접선의 기울기

유형편 28쪽

곡선 $y=-x^2+ax+b$ 위의 점 $(2, -3)$에서의 접선의 기울기가 6일 때, 상수 a, b에 대하여 $a+b$의 값을 구하시오.

공략 Point

곡선 $y=f(x)$ 위의 점 (a, b)에서의 접선의 기울기가 m이면
➡ $f(a)=b$, $f'(a)=m$

풀이

$f(x)=-x^2+ax+b$라 하면	$f'(x)=-2x+a$
점 $(2, -3)$에서의 접선의 기울기가 6이므로 $f'(2)=6$에서	$-4+a=6$ $\quad \therefore a=10$
점 $(2, -3)$은 곡선 $y=-x^2+10x+b$ 위의 점이므로	$-3=-4+20+b$ $\quad \therefore b=-19$
따라서 구하는 값은	$a+b=10+(-19)=\mathbf{-9}$

● **문제** ●

정답과 해설 35쪽

01-1 곡선 $y=x^2+ax+b$ 위의 점 $(-1, 4)$에서의 접선의 기울기가 5일 때, 상수 a, b에 대하여 ab의 값을 구하시오.

01-2 곡선 $y=2x^3+ax^2+bx+c$ 위의 두 점 $(1, 6)$, $(2, 4)$에서의 접선이 서로 평행할 때, 상수 a, b, c에 대하여 $b+ac$의 값을 구하시오.

01-3 곡선 $y=-x^3+6x^2-9x-1$의 접선 중에서 기울기가 최대인 접선의 기울기를 k, 이때의 접점의 좌표를 (a, b)라 할 때, $a+b+k$의 값을 구하시오.

접점의 좌표가 주어진 접선의 방정식

필수 예제 02

✏️ 유형편 28쪽

곡선 $y=x^3-x+5$에 대하여 다음을 구하시오.

(1) 곡선 위의 점 $(1, 5)$에서의 접선의 방정식
(2) 곡선 위의 점 $(1, 5)$를 지나고 이 점에서의 접선에 수직인 직선의 방정식

공략 Point

곡선 $y=f(x)$ 위의 점 $(a, f(a))$에서의 접선의 방정식은
$$y-f(a)=f'(a)(x-a)$$

풀이

$f(x)=x^3-x+5$라 하면	$f'(x)=3x^2-1$
(1) 점 $(1, 5)$에서의 접선의 기울기는	$f'(1)=3-1=2$
따라서 구하는 접선의 방정식은	$y-5=2(x-1)$ $\therefore y=2x+3$
(2) 점 $(1, 5)$에서의 접선의 기울기는 2이므로	이 접선에 수직인 직선의 기울기는 $-\dfrac{1}{2}$이다.
따라서 구하는 직선의 방정식은	$y-5=-\dfrac{1}{2}(x-1)$ $\therefore y=-\dfrac{1}{2}x+\dfrac{11}{2}$

● **문제** ●

정답과 해설 35쪽

02-1 곡선 $y=-x^2+x$에 대하여 다음을 구하시오.

(1) 곡선 위의 점 $(2, -2)$에서의 접선이 점 $(1, k)$를 지날 때, k의 값
(2) 곡선 위의 점 $(2, -2)$를 지나고 이 점에서의 접선에 수직인 직선의 y절편

02-2 곡선 $y=-2x^3+5x+1$ 위의 점 $(-1, a)$에서의 접선의 방정식이 $y=mx+n$일 때, amn의 값을 구하시오. (단, m, n은 상수)

02-3 다항함수 $f(x)$에 대하여 곡선 $y=f(x)$ 위의 점 $(2, 3)$에서의 접선의 기울기가 2일 때, 곡선 $y=(x^2-x)f(x)$ 위의 $x=2$인 점에서의 접선의 방정식을 구하시오.

기울기가 주어진 접선의 방정식

유형편 29쪽

다음을 구하시오.

(1) 곡선 $y=x^3-x$에 접하고 직선 $y=2x+1$에 평행한 직선의 방정식

(2) 직선 $y=5x+k$가 곡선 $y=-x^3+5x+6$에 접할 때, 상수 k의 값

공략 Point

접점의 좌표를 $(t, f(t))$로 놓고 $f'(t)$가 접선의 기울기와 같음을 이용하여 t의 값을 구한다.

풀이

(1) $f(x)=x^3-x$라 하면	$f'(x)=3x^2-1$
접점의 좌표를 (t, t^3-t)라 하면 직선 $y=2x+1$에 평행한 접선의 기울기는 2이므로 $f'(t)=2$에서	$3t^2-1=2$, $t^2=1$ $\therefore t=-1$ 또는 $t=1$
따라서 접점의 좌표는 $(-1, 0)$ 또는 $(1, 0)$이므로 구하는 직선의 방정식은	$y=2(x+1)$ 또는 $y=2(x-1)$ $\therefore \boldsymbol{y=2x+2}$ 또는 $\boldsymbol{y=2x-2}$

(2) $f(x)=-x^3+5x+6$이라 하면	$f'(x)=-3x^2+5$
접점의 좌표를 $(t, -t^3+5t+6)$이라 하면 이 점에서의 접선의 기울기는 5이므로 $f'(t)=5$에서	$-3t^2+5=5$, $t^2=0$ $\therefore t=0$
따라서 접점의 좌표는 $(0, 6)$이므로 접선의 방정식은	$y=5x+6$ $\therefore \boldsymbol{k=6}$

• 문제 •

정답과 해설 36쪽

O3-1 다음을 구하시오.

(1) 곡선 $y=x^3-5x+3$에 접하고 기울기가 7인 접선의 방정식

(2) 직선 $y=-3x+2$가 곡선 $y=\dfrac{1}{4}x^4-2x+k$에 접할 때, 상수 k의 값

O3-2 곡선 $y=-x^2+2x+5$ 위의 두 점 $(0, 5)$, $(4, -3)$을 지나는 직선과 평행하고 이 곡선에 접하는 직선의 방정식을 구하시오.

O3-3 두 곡선 $y=x^2$, $y=ax^3+bx$가 점 $(-1, 1)$에서 만나고 이 점에서의 접선이 서로 수직일 때, 상수 a, b에 대하여 $a-b$의 값을 구하시오.

필수예제 04 곡선 위에 있지 않은 한 점에서 그은 접선의 방정식

유형편 30쪽

점 $(1, -1)$에서 곡선 $y=x^2-x$에 그은 접선의 방정식을 구하시오.

공략 Point

접점의 좌표를 $(t, f(t))$로 놓고 접선의 방정식
$$y-f(t)=f'(t)(x-t)$$
에 주어진 점의 좌표를 대입하여 t의 값을 구한다.

풀이

$f(x)=x^2-x$라 하면	$f'(x)=2x-1$
접점의 좌표를 (t, t^2-t)라 하면 이 점에서의 접선의 기울기는	$f'(t)=2t-1$
점 (t, t^2-t)에서의 접선의 방정식은	$y-(t^2-t)=(2t-1)(x-t)$ $\therefore y=(2t-1)x-t^2$ ······ ㉠
이 직선이 점 $(1, -1)$을 지나므로	$-1=2t-1-t^2$ $t^2-2t=0,\ t(t-2)=0$ $\therefore t=0$ 또는 $t=2$
따라서 t의 값을 ㉠에 대입하면 구하는 접선의 방정식은	$y=-x$ 또는 $y=3x-4$

● 문제 ●

정답과 해설 36쪽

04-1 다음 주어진 점에서 곡선에 그은 접선의 방정식을 구하시오.

(1) $y=-x^2+4x-2$ $(2, 3)$

(2) $y=x^3+4$ $(0, 2)$

04-2 점 $(1, 3)$에서 곡선 $y=x^3-2x$에 그은 접선이 점 $(k, 6)$을 지날 때, k의 값을 구하시오.

04-3 원점에서 곡선 $y=x^4+12$에 그은 두 접선의 접점을 각각 A, B라 할 때, 선분 AB의 길이를 구하시오.

필수 예제 05 두 곡선에 공통인 접선

두 곡선 $y=-2x^2+2$, $y=x^3+ax+b$가 점 $(-1, 0)$에서 공통인 접선을 가질 때, 상수 a, b에 대하여 ab의 값을 구하시오.

공략 Point

두 곡선 $y=f(x)$, $y=g(x)$가 점 (a, b)에서 공통인 접선을 가지면
(i) $f(a)=g(a)=b$
(ii) $f'(a)=g'(a)$

풀이

$f(x)=-2x^2+2$, $g(x)=x^3+ax+b$라 하면	$f'(x)=-4x$, $g'(x)=3x^2+a$
곡선 $y=g(x)$가 점 $(-1, 0)$을 지나므로 $g(-1)=0$에서	$-1-a+b=0$ ⋯⋯ ㉠
점 $(-1, 0)$에서의 두 곡선의 접선의 기울기가 같으므로 $f'(-1)=g'(-1)$에서	$4=3+a$ ∴ $a=1$
$a=1$을 ㉠에 대입하면	$-1-1+b=0$ ∴ $b=2$
따라서 구하는 값은	$ab=1\times2=\mathbf{2}$

● 문제 ●

정답과 해설 37쪽

05-1 두 곡선 $y=-x^3+ax+1$, $y=bx^2+2$가 $x=1$인 점에서 공통인 접선을 가질 때, 상수 a, b에 대하여 ab의 값을 구하시오.

05-2 두 곡선 $y=x^3+ax$, $y=bx^2+cx+4$가 점 $(-1, 6)$에서 공통인 접선을 가질 때, 상수 a, b, c에 대하여 $a+b+c$의 값을 구하시오.

05-3 두 곡선 $y=x^3-4x+2$, $y=-2x^2-5x+2$가 한 점에서 공통인 접선 $y=mx+n$을 가질 때, 상수 m, n에 대하여 $m+n$의 값을 구하시오.

곡선 위의 점과 직선 사이의 거리

유형편 32쪽

곡선 $y=-x^2+1$ 위의 점과 직선 $y=2x+5$ 사이의 거리의 최솟값을 구하시오.

공략 Point

곡선 위의 점과 직선 사이의 거리의 최솟값은 다음과 같은 순서로 구한다.
(1) 주어진 직선과 평행한 접선의 접점의 좌표를 구한다.
(2) 접점과 주어진 직선 사이의 거리를 구한다.

풀이

곡선 $y=-x^2+1$에 접하고 직선 $y=2x+5$와 기울기가 같은 접선의 접점을 P라 하면 구하는 거리의 최솟값은 점 P와 직선 $y=2x+5$ 사이의 거리와 같다.	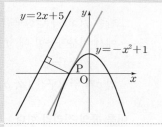
$f(x)=-x^2+1$이라 하면	$f'(x)=-2x$
접선의 기울기가 2인 접점의 좌표를 $(t,\ -t^2+1)$이라 하면 $f'(t)=2$에서	$-2t=2$ ∴ $t=-1$
따라서 접점 P의 좌표는 $(-1,\ 0)$이고, 이 점과 직선 $y=2x+5$, 즉 $2x-y+5=0$ 사이의 거리가 구하는 최솟값이므로	$\dfrac{|-2-0+5|}{\sqrt{2^2+(-1)^2}}=\dfrac{3}{\sqrt{5}}=\dfrac{3\sqrt{5}}{5}$

● **문제** ●

정답과 해설 37쪽

06-1 곡선 $y=x^2-2x-3$ 위의 점과 직선 $y=2x-10$ 사이의 거리의 최솟값을 구하시오.

06-2 오른쪽 그림과 같이 곡선 $y=-x^2+4$ 위의 두 점 A$(-2,\ 0)$, B$(1,\ 3)$에 대하여 곡선 위의 점 P가 두 점 A, B 사이를 움직일 때, 삼각형 PAB의 넓이의 최댓값을 구하시오.

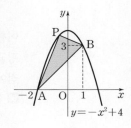

② 평균값 정리

❶ 롤의 정리

함수 $f(x)$가 닫힌구간 $[a, b]$에서 연속이고 열린구간 (a, b)
에서 미분가능할 때, $f(a)=f(b)$이면
$$f'(c)=0$$
인 c가 열린구간 (a, b)에 적어도 하나 존재한다.

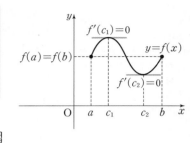

이를 **롤의 정리**라 한다.

롤의 정리는 곡선 $y=f(x)$에서 $f(a)=f(b)$이면 x축과 평행한 접
선을 갖는 점이 열린구간 (a, b)에 적어도 하나 존재함을 뜻한다.

예 함수 $f(x)=x^2+1$에 대하여 닫힌구간 $[-1, 1]$에서 롤의 정리를 만족시키는 실수 c의 값을 구해 보자.

함수 $f(x)$는 닫힌구간 $[-1, 1]$에서 연속이고 열린구간 $(-1, 1)$에서 미분가능하며
$f(-1)=f(1)=2$이므로 롤의 정리에 의하여 $f'(c)=0$인 c가 열린구간 $(-1, 1)$에
적어도 하나 존재한다.

이때 $f'(x)=2x$이므로 $f'(c)=0$에서
$2c=0$ ∴ $c=0$

주의 함수 $f(x)$가 열린구간 (a, b)에서 미분가능하지 않으면 롤의 정리가 성립하지 않는 경우가 있다.
예를 들어 함수 $f(x)=|x|$는 닫힌구간 $[-1, 1]$에서 연속이고 $f(-1)=f(1)$이지만 $x=0$에서
미분가능하지 않으므로 $f'(c)=0$인 c가 -1과 1 사이에 존재하지 않는다.

❷ 평균값 정리

함수 $f(x)$가 닫힌구간 $[a, b]$에서 연속이고 열린구간 (a, b)에서
미분가능할 때,
$$\frac{f(b)-f(a)}{b-a}=f'(c)$$
인 c가 열린구간 (a, b)에 적어도 하나 존재한다.

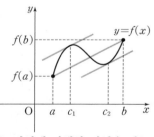

이를 **평균값 정리**라 한다.

평균값 정리는 곡선 $y=f(x)$ 위의 두 점 $(a, f(a))$, $(b, f(b))$를 지나는 직선에 평행한 접선을 갖는
점이 열린구간 (a, b)에 적어도 하나 존재함을 뜻한다.

예 함수 $f(x)=x^2-3x$에 대하여 닫힌구간 $[0, 2]$에서 평균값 정리를 만족시키는 실수 c의 값을 구해 보자.

함수 $f(x)$는 닫힌구간 $[0, 2]$에서 연속이고 열린구간 $(0, 2)$에서 미분가능하므로 평
균값 정리에 의하여 $\dfrac{f(2)-f(0)}{2-0}=f'(c)$인 c가 열린구간 $(0, 2)$에 적어도 하나 존재
한다.

이때 $\dfrac{-2-0}{2-0}=-1$이고, $f'(x)=2x-3$에서 $f'(c)=2c-3$이므로
$-1=2c-3$ ∴ $c=1$

참고 평균값 정리에서 $f(a)=f(b)$인 경우가 롤의 정리이다.

개념 Plus

롤의 정리

롤의 정리를 증명해 보자.

(1) $f(x)$가 상수함수인 경우

$f'(x)=0$이므로 열린구간 (a, b)에 속하는 모든 c에 대하여
$f'(c)=0$이다.

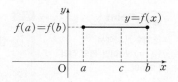

(2) $f(x)$가 상수함수가 아닌 경우

함수 $f(x)$가 닫힌구간 $[a, b]$에서 연속이고 열린구간 (a, b)에서 미분가능할 때, $f(a)=f(b)$라 하면
최대·최소 정리에 의하여 함수 $f(x)$는 이 구간에서 반드시 최댓값과 최솟값을 갖는다.
그런데 $f(a)=f(b)$이므로 열린구간 (a, b)에 속하는 $x=c$에서 최댓값 또는 최솟값을 갖는다.

(i) $x=c$에서 최댓값 $f(c)$를 가질 때

$a<c+h<b$인 임의의 h에 대하여 $f(c+h)-f(c) \leq 0$이므로

$$\lim_{h \to 0+} \frac{f(c+h)-f(c)}{h} \leq 0$$

$$\lim_{h \to 0-} \frac{f(c+h)-f(c)}{h} \geq 0$$

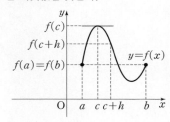

이고, 함수 $f(x)$는 $x=c$에서 미분가능하므로 우극한과 좌극한이
같다. 즉,

$$0 \leq \lim_{h \to 0-} \frac{f(c+h)-f(c)}{h} = \lim_{h \to 0+} \frac{f(c+h)-f(c)}{h} \leq 0$$

$$\therefore f'(c) = \lim_{h \to 0} \frac{f(c+h)-f(c)}{h} = 0$$

(ii) $x=c$에서 최솟값 $f(c)$를 가질 때

(i)과 같은 방법으로 $f'(c)=0$이 성립한다.

평균값 정리

함수 $f(x)$가 닫힌구간 $[a, b]$에서 연속이고 열린구간 (a, b)에서 미분가능
할 때, 함수 $y=f(x)$의 그래프 위의 서로 다른 두 점 $(a, f(a))$, $(b, f(b))$
를 지나는 직선의 방정식을 $y=g(x)$라 하면

$$g(x) = \frac{f(b)-f(a)}{b-a}(x-a)+f(a)$$

$$\therefore g'(x) = \frac{f(b)-f(a)}{b-a}$$

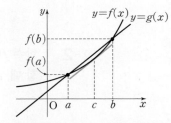

$h(x)=f(x)-g(x)$라 하면 함수 $h(x)$는 닫힌구간 $[a, b]$에서 연속이고 열린구간 (a, b)에서 미분가능하며
$h(a)=h(b)=0$이다.
즉, 롤의 정리에 의하여

$$h'(c)=0$$

인 c가 열린구간 (a, b)에 적어도 하나 존재한다.
이때 $h'(x)=f'(x)-g'(x)$이므로 $h'(c)=0$에서

$$f'(c)-g'(c)=0$$

$$f'(c) - \frac{f(b)-f(a)}{b-a} = 0 \qquad \therefore \frac{f(b)-f(a)}{b-a} = f'(c)$$

따라서 $\dfrac{f(b)-f(a)}{b-a}=f'(c)$인 c가 열린구간 (a, b)에 적어도 하나 존재한다.

롤의 정리

유형편 32쪽

다음 함수에 대하여 주어진 구간에서 롤의 정리를 만족시키는 실수 c의 값을 구하시오.

(1) $f(x)=x^2-4x$ $\quad[1, 3]$

(2) $f(x)=x^4-10x^2+4$ $\quad[-1, 1]$

공략 Point

다항함수 $f(x)$에서
$f(a)=f(b)$이면 롤의 정리에 의하여
$$f'(c)=0$$
인 c가 열린구간 (a, b)에 적어도 하나 존재한다.

풀이

(1) 함수 $f(x)=x^2-4x$는 닫힌구간 $[1, 3]$에서 연속이고 열린구간 $(1, 3)$에서 미분가능하며 $f(1)=f(3)=-3$이므로 롤의 정리에 의하여 $f'(c)=0$인 c가 열린구간 $(1, 3)$에 적어도 하나 존재한다.

$f'(x)=2x-4$이므로 $f'(c)=0$에서 $\quad$ $2c-4=0$ $\quad\therefore c=2$

(2) 함수 $f(x)=x^4-10x^2+4$는 닫힌구간 $[-1, 1]$에서 연속이고 열린구간 $(-1, 1)$에서 미분가능하며 $f(-1)=f(1)=-5$이므로 롤의 정리에 의하여 $f'(c)=0$인 c가 열린구간 $(-1, 1)$에 적어도 하나 존재한다.

$f'(x)=4x^3-20x$이므로 $f'(c)=0$에서 $\quad$ $4c^3-20c=0,\ 4c(c+\sqrt{5})(c-\sqrt{5})=0$
$\quad\therefore c=0\ (\because\ -1<c<1)$

● **문제** ●

정답과 해설 38쪽

07-1 다음 함수에 대하여 주어진 구간에서 롤의 정리를 만족시키는 실수 c의 값을 구하시오.

(1) $f(x)=2x^2-2x+1$ $\quad[-2, 3]$

(2) $f(x)=x^3+3x^2-4$ $\quad[-2, 1]$

07-2 함수 $f(x)=-x^2+ax$에 대하여 닫힌구간 $[0, 2]$에서 롤의 정리를 만족시키는 실수 c가 존재할 때, $a+c$의 값을 구하시오. (단, a는 상수)

07-3 함수 $f(x)=x^4-2x^2+3$에 대하여 닫힌구간 $[-1, a]$에서 롤의 정리를 만족시키는 실수 c의 개수를 구하시오.

평균값 정리

유형편 33쪽

다음 함수에 대하여 주어진 구간에서 평균값 정리를 만족시키는 실수 c의 값을 구하시오.

(1) $f(x)=x^2+1$ $[-1, 2]$ (2) $f(x)=-x^3+2x+9$ $[-1, 0]$

공략 Point

다항함수 $f(x)$에서 평균값 정리에 의하여
$$\frac{f(b)-f(a)}{b-a}=f'(c)$$
인 c가 열린구간 (a, b)에 적어도 하나 존재한다.

풀이

(1) 함수 $f(x)=x^2+1$은 닫힌구간 $[-1, 2]$에서 연속이고 열린구간 $(-1, 2)$에서 미분가능하므로 평균값 정리에 의하여 $\dfrac{f(2)-f(-1)}{2-(-1)}=f'(c)$인 c가 열린구간 $(-1, 2)$에 적어도 하나 존재한다.

$f'(x)=2x$이므로 $\dfrac{f(2)-f(-1)}{2-(-1)}=f'(c)$에서
$\dfrac{5-2}{3}=2c$ $\therefore c=\dfrac{1}{2}$

(2) 함수 $f(x)=-x^3+2x+9$는 닫힌구간 $[-1, 0]$에서 연속이고 열린구간 $(-1, 0)$에서 미분가능하므로 평균값 정리에 의하여 $\dfrac{f(0)-f(-1)}{0-(-1)}=f'(c)$인 c가 열린구간 $(-1, 0)$에 적어도 하나 존재한다.

$f'(x)=-3x^2+2$이므로 $\dfrac{f(0)-f(-1)}{0-(-1)}=f'(c)$에서
$\dfrac{9-8}{1}=-3c^2+2,\ c^2=\dfrac{1}{3}$
$\therefore c=-\dfrac{\sqrt{3}}{3}\ (\because\ -1<c<0)$

● **문제** ●

정답과 해설 38쪽

08-1 다음 함수에 대하여 주어진 구간에서 평균값 정리를 만족시키는 실수 c의 값을 구하시오.

(1) $f(x)=2x^2+x-3$ $[-2, 1]$ (2) $f(x)=x^3-4x$ $[0, 3]$

08-2 함수 $f(x)=x^2-3x+4$에 대하여 닫힌구간 $[a, 2]$에서 평균값 정리를 만족시키는 실수 c의 값이 $\dfrac{1}{2}$일 때, a의 값을 구하시오. $\left(\text{단, } a<\dfrac{1}{2}\right)$

08-3 다항함수 $y=f(x)$의 그래프가 오른쪽 그림과 같을 때, 닫힌구간 $[a, b]$에서 평균값 정리를 만족시키는 실수 c의 개수를 구하시오.

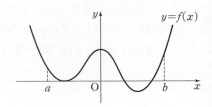

교육청

1 삼차함수 $f(x)$에 대하여 함수 $g(x)$를
$$g(x)=(x+2)f(x)$$
라 하자. 곡선 $y=f(x)$ 위의 점 $(3, 2)$에서의 접선의 기울기가 4일 때, $g'(3)$의 값을 구하시오.

2 다항함수 $f(x)$에 대하여 $\lim\limits_{x \to -1}\dfrac{f(x)-1}{x+1}=2$일 때, 곡선 $y=f(x)$ 위의 점 $(-1, f(-1))$에서의 접선의 방정식은 $y=ax+b$이다. 이때 상수 a, b에 대하여 $a-b$의 값은?

① -2 ② -1 ③ 0
④ 1 ⑤ 2

3 곡선 $y=-x^3+2x^2-1$ 위의 점 $(2, -1)$에서의 접선이 이 곡선과 만나는 점 중 접점이 아닌 점을 A라 할 때, 점 A에서의 접선의 방정식을 구하시오.

4 두 함수
$$f(x)=x^2+x-1, \ g(x)=-x^3-x^2+3$$
에 대하여 곡선 $y=f(x)g(x)$ 위의 $x=1$인 점에서의 접선이 점 $(k, 9)$를 지날 때, k의 값을 구하시오.

교육청

5 함수 $f(x)=x^3-2x^2+2x+a$에 대하여 곡선 $y=f(x)$ 위의 점 $(1, f(1))$에서의 접선이 x축, y축과 만나는 점을 각각 P, Q라 하자. $\overline{PQ}=6$일 때, 양수 a의 값은?

① $2\sqrt{2}$ ② $\dfrac{5\sqrt{2}}{2}$ ③ $3\sqrt{2}$
④ $\dfrac{7\sqrt{2}}{2}$ ⑤ $4\sqrt{2}$

6 곡선 $y=-2x^2+4x+3$에 접하고 직선 $y=\dfrac{1}{4}x-3$에 수직인 직선의 y절편은?

① -1 ② 3 ③ 7
④ 11 ⑤ 15

7 곡선 $y=x^3-3x^2+2$의 접선 중에서 기울기가 최소인 접선의 방정식을 $y=mx+n$이라 할 때, 상수 m, n에 대하여 $m+2n$의 값을 구하시오.

8 곡선 $y=-x^3+3$에 접하고 직선 $3x+y-15=0$에 평행한 두 직선 사이의 거리는?

① $\dfrac{\sqrt{10}}{10}$ ② $\dfrac{\sqrt{10}}{5}$ ③ $\dfrac{2\sqrt{10}}{5}$
④ $\dfrac{4\sqrt{10}}{5}$ ⑤ $\sqrt{10}$

9 점 $(0, -6)$에서 곡선 $y=2x^2-x+2$에 그은 두 접선의 기울기의 곱을 구하시오.

10 점 $P(3, 5)$에서 곡선 $y=-x^2+6x-5$에 그은 두 접선의 접점을 각각 A, B라 할 때, 삼각형 PAB의 넓이는?

① $\dfrac{1}{2}$ ② 1   ③ $\dfrac{3}{2}$

④ 2   ⑤ $\dfrac{5}{2}$

11 두 곡선 $y=-x^3+ax+b$, $y=x^2+2$가 점 $(-1, 3)$에서 공통인 접선을 가질 때, 상수 a, b에 대하여 ab의 값을 구하시오.

12 두 곡선 $y=x^3+ax+4$, $y=-x^2+4x+1$이 한 점에서 접할 때, 상수 a의 값을 구하시오.

13 두 곡선 $y=x^2-3$, $y=ax^2$의 한 교점에서 두 곡선에 그은 접선이 서로 수직일 때, 음수 a의 값을 구하시오.

14 오른쪽 그림과 같이 곡선 $y=-\dfrac{1}{2}x^2+2$ 위의 두 점 $A(0, 2)$, $B(2, 0)$에 대하여 곡선 위의 점 P가 두 점 A, B 사이를 움직일 때, 삼각형 PAB의 넓이의 최댓값을 구하시오.

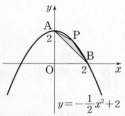

15 함수 $f(x)=x^2+ax-10$에 대하여 닫힌구간 $[-5, 2]$에서 롤의 정리를 만족시키는 실수 c_1이 존재하고, 닫힌구간 $[-3, 1]$에서 평균값 정리를 만족시키는 실수 c_2가 존재할 때, c_1+c_2의 값은? (단, a는 상수)

① $-\dfrac{5}{2}$ ② -2 ③ $-\dfrac{3}{2}$

④ -1 ⑤ $-\dfrac{1}{2}$

16 함수 $f(x)=x^2-3x+5$에 대하여 닫힌구간 $[a, b]$에서 평균값 정리를 만족시키는 실수 c의 값이 2일 때, $a+b$의 값을 구하시오.

정답과 해설 41쪽

실력

17 곡선 $y=x^2$ 위의 점 $(a,\ a^2)$에서의 접선이 곡선 $y=-x^2-6$에 접할 때, 양수 a의 값을 구하시오.

18 $a>\sqrt{2}$인 실수 a에 대하여 함수 $f(x)$를
$$f(x)=-x^3+ax^2+2x$$
라 하자. 곡선 $y=f(x)$ 위의 점 O$(0,\ 0)$에서의 접선이 곡선 $y=f(x)$와 만나는 점 중 O가 아닌 점을 A라 하고, 곡선 $y=f(x)$ 위의 점 A에서의 접선이 x축과 만나는 점을 B라 하자. 점 A가 선분 OB를 지름으로 하는 원 위의 점일 때, $\overline{\text{OA}}\times\overline{\text{AB}}$의 값을 구하시오.

19 곡선 $y=2x^2+k$의 접선 중에서 서로 수직인 두 접선의 교점이 항상 x축 위에 있도록 하는 상수 k의 값은?

① $\dfrac{1}{16}$ ② $\dfrac{1}{8}$ ③ $\dfrac{1}{4}$

④ $\dfrac{1}{2}$ ⑤ 1

20 오른쪽 그림과 같이 중심이 y축 위에 있고 반지름의 길이가 1인 원이 곡선 $y=x^2$과 서로 다른 두 점에서 접할 때, 두 접점에서의 접선의 기울기의 차를 구하시오.

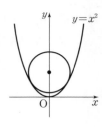

21 실수 전체의 집합에서 미분가능한 함수 $f(x)$가 $\lim\limits_{x\to\infty}f'(x)=2$를 만족시킬 때, 평균값 정리를 이용하여 $\lim\limits_{x\to\infty}\{f(x+3)-f(x-3)\}$의 값을 구하시오.

22 실수 전체의 집합에서 미분가능한 함수 $f(x)$가 다음 조건을 만족시킬 때, $f(1)$의 최댓값과 최솟값의 합은?

> (개) $f(0)=4$
> (내) 모든 실수 x에 대하여 $|f'(x)|\leq 2$이다.

① 0 ② 2 ③ 4

④ 6 ⑤ 8

함수의 증가와 감소

① 함수의 증가와 감소

함수 $f(x)$가 어떤 구간에 속하는 임의의 두 실수 x_1, x_2에 대하여

(1) $x_1 < x_2$일 때,

$$f(x_1) < f(x_2) \quad \blacktriangleleft x\text{의 값이 커질 때, } y\text{의 값도 커지면 증가}$$

이면 $f(x)$는 그 구간에서 **증가**한다고 한다.

(2) $x_1 < x_2$일 때,

$$f(x_1) > f(x_2) \quad \blacktriangleleft x\text{의 값이 커질 때, } y\text{의 값은 작아지면 감소}$$

이면 $f(x)$는 그 구간에서 **감소**한다고 한다.

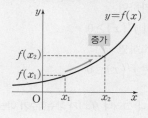
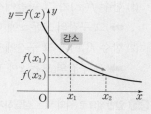

예 함수 $f(x) = x^2$의 증가와 감소를 조사해 보자.

(1) $0 \le x_1 < x_2$인 임의의 두 실수 x_1, x_2에 대하여

$$f(x_2) - f(x_1) = x_2{}^2 - x_1{}^2 = \underbrace{(x_2 - x_1)}_{+}\underbrace{(x_2 + x_1)}_{+} > 0$$

$$\therefore f(x_1) < f(x_2)$$

따라서 함수 $f(x) = x^2$은 구간 $[0, \infty)$에서 증가한다.

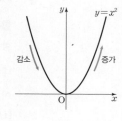

(2) $x_1 < x_2 \le 0$인 임의의 두 실수 x_1, x_2에 대하여

$$f(x_2) - f(x_1) = x_2{}^2 - x_1{}^2 = \underbrace{(x_2 - x_1)}_{+}\underbrace{(x_2 + x_1)}_{-} < 0$$

$$\therefore f(x_1) > f(x_2)$$

따라서 함수 $f(x) = x^2$은 구간 $(-\infty, 0]$에서 감소한다.

② 함수의 증가와 감소의 판정

함수 $f(x)$가 어떤 열린구간에서 미분가능할 때, 그 구간의 모든 x에 대하여

(1) $f'(x) > 0$이면 $f(x)$는 그 구간에서 증가한다.

(2) $f'(x) < 0$이면 $f(x)$는 그 구간에서 감소한다.

주의 일반적으로 위의 역은 성립하지 않는다.

예를 들어 함수 $f(x) = x^3$은 구간 $(-\infty, \infty)$에서 증가하지만
$f'(x) = 3x^2$이므로 $f'(0) = 0$이다.
또 함수 $g(x) = -x^3$은 구간 $(-\infty, \infty)$에서 감소하지만
$g'(x) = -3x^2$이므로 $g'(0) = 0$이다.

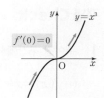
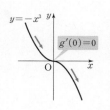

예 함수 $f(x)=x^3+3x^2-1$의 증가와 감소를 도함수의 부호를 이용하여 조사해 보자.

$f'(x)=3x^2+6x=3x(x+2)$이므로 $f'(x)=0$인 x의 값은 $x=-2$ 또는 $x=0$

도함수 $f'(x)$의 부호를 조사하여 함수 $f(x)$의 증가와 감소를 표로 나타내면 다음과 같다.

x	$\cdots$	-2	$\cdots$	0	$\cdots$
$f'(x)$	$+$	0	$-$	0	$+$
$f(x)$	↗	3	↘	-1	↗

◀ 표에서 ↗는 함수의 증가, ↘는 함수의 감소를 나타낸다.

따라서 함수 $f(x)$는 구간 $(-\infty, -2]$, $[0, \infty)$에서 증가하고, 구간 $[-2, 0]$에서 감소한다.

▲ $f'(x)=0$인 x의 값은 증가하는 구간과 감소하는 구간에 모두 포함될 수 있다.

❸ 함수가 증가 또는 감소하기 위한 조건

함수 $f(x)$가 어떤 열린구간에서 미분가능할 때

(1) 함수 $f(x)$가 그 구간에서 증가하면
　➡ 그 구간의 모든 x에 대하여 $f'(x) \geq 0$

(2) 함수 $f(x)$가 그 구간에서 감소하면
　➡ 그 구간의 모든 x에 대하여 $f'(x) \leq 0$

주의 일반적으로 위의 역은 성립하지 않는다. 그러나 $f(x)$가 상수함수가 아닌 다항함수이면 역이 성립한다.

개념 Plus

함수의 증가와 감소의 판정

함수 $f(x)$가 열린구간 (a, b)에서 미분가능하면 열린구간 (a, b)에 속하는 임의의 두 실수 x_1, x_2 $(x_1 < x_2)$에 대하여 평균값 정리에 따라 $\dfrac{f(x_2)-f(x_1)}{x_2-x_1}=f'(c)$인 c가 열린구간 (x_1, x_2)에 적어도 하나 존재한다.

이때 $f'(x)$의 부호에 따라 다음과 같이 두 가지 경우로 나누어 생각할 수 있다.

(ⅰ) 열린구간 (a, b)에 속하는 모든 x에 대하여 $f'(x) > 0$일 때

$\quad \dfrac{f(x_2)-f(x_1)}{x_2-x_1}=f'(c) > 0$이고 $x_2-x_1 > 0$이므로

$\qquad f(x_2)-f(x_1) > 0$, 즉 $f(x_1) < f(x_2)$

　따라서 함수 $f(x)$는 이 구간에서 증가한다.

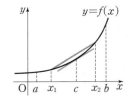

(ⅱ) 열린구간 (a, b)에 속하는 모든 x에 대하여 $f'(x) < 0$일 때

$\quad \dfrac{f(x_2)-f(x_1)}{x_2-x_1}=f'(c) < 0$이고 $x_2-x_1 > 0$이므로

$\qquad f(x_2)-f(x_1) < 0$, 즉 $f(x_1) > f(x_2)$

　따라서 함수 $f(x)$는 이 구간에서 감소한다.

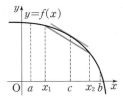

개념 Check

정답과 해설 43쪽

1 주어진 구간에서 다음 함수가 증가하는지 감소하는지 판별하시오.

(1) $f(x)=x+1 \quad (-\infty, \infty)$
　　　　　　　　　　　　(2) $f(x)=\dfrac{1}{x} \quad (0, \infty)$

함수의 증가와 감소

유형편 34쪽

다음 함수의 증가와 감소를 조사하시오.

(1) $f(x)=2x^3-9x^2+12x-3$

(2) $f(x)=3x^4-8x^3+5$

공략 Point

함수의 증가와 감소는 다음과 같은 순서로 조사한다.
(1) $f'(x)=0$인 x의 값을 구한다.
(2) 구한 x의 값의 좌우에서 $f'(x)$의 부호를 조사한다.
(3) $f'(x)$의 부호가 +이면 증가, -이면 감소이다.
이때 $f'(x)=0$인 x의 값은 증가하는 구간과 감소하는 구간에 모두 포함될 수 있다.

풀이

(1) $f(x)=2x^3-9x^2+12x-3$에서 | $f'(x)=6x^2-18x+12=6(x-1)(x-2)$

$f'(x)=0$인 x의 값은 | $x=1$ 또는 $x=2$

함수 $f(x)$의 증가와 감소를 표로 나타내면 오른쪽과 같다.

x	$\cdots$	1	$\cdots$	2	$\cdots$
$f'(x)$	+	0	-	0	+
$f(x)$	↗	2	↘	1	↗

따라서 함수 $f(x)$의 증가와 감소를 조사하면 | 구간 $(-\infty, 1]$, $[2, \infty)$에서 증가하고, 구간 $[1, 2]$에서 감소한다.

(2) $f(x)=3x^4-8x^3+5$에서 | $f'(x)=12x^3-24x^2=12x^2(x-2)$

$f'(x)=0$인 x의 값은 | $x=0$ 또는 $x=2$

함수 $f(x)$의 증가와 감소를 표로 나타내면 오른쪽과 같다.

x	$\cdots$	0	$\cdots$	2	$\cdots$
$f'(x)$	-	0	-	0	+
$f(x)$	↘	5	↘	-11	↗

따라서 함수 $f(x)$의 증가와 감소를 조사하면 | 구간 $[2, \infty)$에서 증가하고, 구간 $(-\infty, 2]$에서 감소한다.

● **문제** ●

정답과 해설 43쪽

01-1 다음 함수의 증가와 감소를 조사하시오.

(1) $f(x)=x^3-3x+1$

(2) $f(x)=-x^4+2x^2+4$

01-2 함수 $f(x)=-x^3+6x^2-9x+7$이 증가하는 구간이 $[\alpha, \beta]$일 때, $\alpha-\beta$의 값을 구하시오.

함수가 증가 또는 감소하기 위한 조건

유형편 34쪽

다음을 구하시오.

(1) 함수 $f(x)=x^3+ax^2+ax-2$가 실수 전체의 집합에서 증가하도록 하는 실수 a의 값의 범위

(2) 함수 $f(x)=x^3-x^2+ax-4$가 구간 $[-1, 1]$에서 감소하도록 하는 실수 a의 값의 범위

공략 Point

(1) 함수 $f(x)$가
증가하면 ➡ $f'(x)\geq 0$
감소하면 ➡ $f'(x)\leq 0$

(2) 함수 $f(x)$가 주어진 구간에서 증가 또는 감소할 조건은 도함수 $y=f'(x)$의 그래프의 개형을 그려 주어진 구간에서 $f'(x)\geq 0$ 또는 $f'(x)\leq 0$을 만족시켜야 한다.

풀이

(1) $f(x)=x^3+ax^2+ax-2$에서 | $f'(x)=3x^2+2ax+a$
함수 $f(x)$가 실수 전체의 집합에서 증가하려면 모든 실수 x에서 | $f'(x)\geq 0$
이차방정식 $f'(x)=0$의 판별식을 D라 하면 $D\leq 0$이어야 하므로 | $\dfrac{D}{4}=a^2-3a\leq 0$ $\therefore 0\leq a\leq 3$

(2) $f(x)=x^3-x^2+ax-4$에서 | $f'(x)=3x^2-2x+a$
함수 $f(x)$가 구간 $[-1, 1]$에서 감소하려면 $-1\leq x\leq 1$에서 $f'(x)\leq 0$이어야 하므로 | $f'(-1)\leq 0$ $f'(1)\leq 0$

$f'(-1)\leq 0$에서 | $3+2+a\leq 0$ $\therefore a\leq -5$ ……㉠
$f'(1)\leq 0$에서 | $3-2+a\leq 0$ $\therefore a\leq -1$ ……㉡
㉠, ㉡에서 | $a\leq -5$

문제

정답과 해설 43쪽

O2-1 함수 $f(x)=-x^3+ax^2-6x+5$가 구간 $(-\infty, \infty)$에서 감소하도록 하는 실수 a의 값의 범위를 구하시오.

O2-2 함수 $f(x)=2x^3+3x^2+ax+3$이 임의의 두 실수 x_1, x_2에 대하여 $x_1<x_2$이면 $f(x_1)<f(x_2)$를 만족시킬 때, 실수 a의 값의 범위를 구하시오.

O2-3 함수 $f(x)=-x^3+2ax^2-3ax+5$가 구간 $[1, 2]$에서 증가하도록 하는 실수 a의 값의 범위를 구하시오.

2 함수의 극대와 극소

① 함수의 극대와 극소

함수 $f(x)$에서 $x=a$를 포함하는 어떤 열린구간에 속하는 모든 x에 대하여

(1) $f(x) \leq f(a)$이면 함수 $f(x)$는 $x=a$에서 **극대**가 된다고 하고, $f(a)$를 **극댓값**이라 한다.

(2) $f(x) \geq f(a)$이면 함수 $f(x)$는 $x=a$에서 **극소**가 된다고 하고, $f(a)$를 **극솟값**이라 한다.

이때 극댓값과 극솟값을 통틀어 **극값**이라 한다.

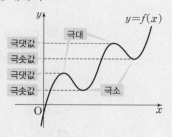

참고 ・극댓값이 극솟값보다 반드시 큰 것은 아니다.

・한 함수에서 여러 개의 극값이 존재할 수 있다.

・상수함수는 모든 실수 x에서 극댓값과 극솟값을 갖는다.

예 삼차함수 $y=f(x)$의 그래프가 오른쪽 그림과 같을 때

(1) 함수 $f(x)$는 $x=1$에서 극대이고, 극댓값 2를 갖는다.

(2) 함수 $f(x)$는 $x=3$에서 극소이고, 극솟값 -1을 갖는다.

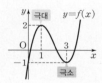

② 극값과 미분계수

미분가능한 함수 $f(x)$가 $x=a$에서 극값을 가지면

$$f'(a)=0$$

주의 ・일반적으로 위의 역은 성립하지 않는다.

예를 들어 함수 $f(x)=x^3$에서 $f'(x)=3x^2$이므로 $f'(0)=0$이지만 $x=0$에서 극값을 갖지 않는다.

・함수 $f(x)$가 $x=a$에서 극값을 갖더라도 $x=a$에서 미분가능하지 않을 수도 있다.

예를 들어 함수 $f(x)=|x|$는 오른쪽 그림과 같이 $x=0$에서 극솟값을 갖지만 $x=0$에서 미분가능하지 않다.

③ 함수의 극대와 극소의 판정

함수 $f(x)$가 $x=x_1$, $x=x_2$에서 연속이고 증가, 감소를 판정할 수 있을 때, $x=x_1$의 좌우에서 $f(x)$가 증가하다가 감소하면 $f(x)$는 $x=x_1$에서 극대이고, $x=x_2$의 좌우에서 $f(x)$가 감소하다가 증가하면 $f(x)$는 $x=x_2$에서 극소이다.

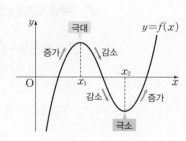

따라서 다음과 같이 함수의 극대와 극소는 도함수의 부호를 이용하여 판정할 수 있다.

미분가능한 함수 $f(x)$에 대하여 $f'(a)=0$일 때

(1) $x=a$의 좌우에서 $f'(x)$의 부호가 양$(+)$에서 음$(-)$으로
바뀌면 $f(x)$는 $x=a$에서 극대이고, 극댓값 $f(a)$를 갖는다.

(2) $x=a$의 좌우에서 $f'(x)$의 부호가 음$(-)$에서 양$(+)$으로
바뀌면 $f(x)$는 $x=a$에서 극소이고, 극솟값 $f(a)$를 갖는다.

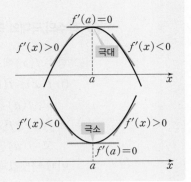

예 함수 $f(x)=x^3-6x^2+9x-2$의 극댓값과 극솟값을 구해 보자.

$f'(x)=3x^2-12x+9=3(x-1)(x-3)$이므로 $f'(x)=0$인 x의 값은 $x=1$ 또는 $x=3$

도함수 $f'(x)$의 부호를 조사하여 함수 $f(x)$의 증가와
감소를 표로 나타내면 오른쪽과 같다.

따라서 함수 $f(x)$는 $x=1$에서 극대이고 극댓값 2,
$x=3$에서 극소이고 극솟값 -2를 갖는다.

x	$\cdots$	1	$\cdots$	3	$\cdots$
$f'(x)$	+	0	$-$	0	+
$f(x)$	↗	2 극대	↘	-2 극소	↗

⌒ 개념 Plus

극값과 미분계수

미분가능한 함수 $f(x)$가 $x=a$에서 극댓값을 가지면 절댓값이 충분히 작은 실수 $h\,(h\neq0)$에 대하여
$f(a+h)\leq f(a)$이므로

$$\lim_{h\to0+}\frac{f(a+h)-f(a)}{h}\leq0,\ \lim_{h\to0-}\frac{f(a+h)-f(a)}{h}\geq0$$

이때 함수 $f(x)$는 $x=a$에서 미분가능하므로

$$0\leq\lim_{h\to0-}\frac{f(a+h)-f(a)}{h}=\lim_{h\to0+}\frac{f(a+h)-f(a)}{h}\leq0$$

$$\therefore\ f'(a)=\lim_{h\to0}\frac{f(a+h)-f(a)}{h}=0$$

같은 방법으로 함수 $f(x)$가 $x=a$에서 극솟값을 갖는 경우에도 $f'(a)=0$임을 알 수 있다.

✎ 개념 Check

정답과 해설 44쪽

1 함수 $y=f(x)$의 그래프가 오른쪽 그림과 같을 때, 구간
$[-2,\ 6]$에서 함수 $f(x)$가 극대가 되는 x의 값의 개수를
a, 극소가 되는 x의 값의 개수를 b라 하자. 이때 a, b의
값을 구하시오.

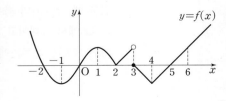

함수의 극대와 극소

유형편 35쪽

다음 함수의 극값을 구하시오.

(1) $f(x)=2x^3-3x^2+6$

(2) $f(x)=-x^4+4x^3$

공략 Point

함수의 극값은 다음과 같은 순서로 구한다.
(1) $f'(x)=0$인 x의 값을 구한다.
(2) 구한 x의 값의 좌우에서 $f'(x)$의 부호를 조사한다.
(3) $f'(x)$의 부호가 $+$에서 $-$로 바뀌면 극대, $-$에서 $+$로 바뀌면 극소이다.

풀이

(1) $f(x)=2x^3-3x^2+6$에서

$f'(x)=0$인 x의 값은

함수 $f(x)$의 증가와 감소를 표로 나타내면 오른쪽과 같다.

$f'(x)=6x^2-6x=6x(x-1)$

$x=0$ 또는 $x=1$

x	$\cdots$	0	$\cdots$	1	$\cdots$
$f'(x)$	+	0	−	0	+
$f(x)$	↗	6 극대	↘	5 극소	↗

따라서 함수 $f(x)$는 $x=0$에서 극대이고 $x=1$에서 극소이므로

극댓값: 6, 극솟값: 5

(2) $f(x)=-x^4+4x^3$에서

$f'(x)=0$인 x의 값은

함수 $f(x)$의 증가와 감소를 표로 나타내면 오른쪽과 같다.

$f'(x)=-4x^3+12x^2=-4x^2(x-3)$

$x=0$ 또는 $x=3$

x	$\cdots$	0	$\cdots$	3	$\cdots$
$f'(x)$	+	0	+	0	−
$f(x)$	↗	0	↗	27 극대	↘

$x=0$의 좌우에서 $f'(x)$의 부호가 모두 양($+$)이므로 $f(0)$은 극값이 아니다.

따라서 함수 $f(x)$는 $x=3$에서 극대이므로

극댓값: 27 ◀ 극솟값은 없다.

● **문제** ●

정답과 해설 44쪽

03-1 다음 함수의 극값을 구하시오.

(1) $f(x)=x^3-6x^2-2$

(2) $f(x)=-2x^3+9x^2-12x-1$

03-2 다음 함수의 극값을 구하시오.

(1) $f(x)=x^4+\dfrac{8}{3}x^3+2x^2+5$

(2) $f(x)=-x^4+2x^2-5$

함수의 극대와 극소를 이용하여 미정계수 구하기

유형편 35쪽

함수 $f(x)=x^3+ax^2+bx+3$이 $x=2$에서 극솟값 -1을 가질 때, $f(x)$의 극댓값을 구하시오.

(단, a, b는 상수)

공략 Point

미분가능한 함수 $f(x)$가 $x=a$에서 극값 b를 가지면 $\Rightarrow f'(a)=0$, $f(a)=b$

풀이

$f(x)=x^3+ax^2+bx+3$에서	$f'(x)=3x^2+2ax+b$
함수 $f(x)$가 $x=2$에서 극솟값 -1을 가지므로	$f'(2)=0$, $f(2)=-1$
$f'(2)=0$에서	$12+4a+b=0$ $\qquad \therefore 4a+b=-12$ ⋯⋯ ㉠
$f(2)=-1$에서	$8+4a+2b+3=-1$ $\qquad \therefore 2a+b=-6$ ⋯⋯ ㉡
㉠, ㉡을 연립하여 풀면	$a=-3$, $b=0$
즉, $f(x)=x^3-3x^2+3$이므로	$f'(x)=3x^2-6x=3x(x-2)$
$f'(x)=0$인 x의 값은	$x=0$ 또는 $x=2$
함수 $f(x)$의 증가와 감소를 표로 나타내면 오른쪽과 같다.	

x	$\cdots$	0	$\cdots$	2	$\cdots$
$f'(x)$	$+$	0	$-$	0	$+$
$f(x)$	↗	3 극대	↘	-1 극소	↗

따라서 함수 $f(x)$는 $x=0$에서 극대이므로 극댓값은	**3**

● **문제** ●

정답과 해설 44쪽

04-1 함수 $f(x)=x^3+ax^2+bx$가 $x=-1$에서 극댓값 5를 가질 때, $f(x)$의 극솟값을 m이라 하자. 상수 a, b, m에 대하여 $a+b+m$의 값을 구하시오.

04-2 함수 $f(x)=-2x^3+ax^2+bx+c$가 $x=-1$에서 극솟값 -2를 갖고 $x=1$에서 극댓값을 가질 때, $f(x)$의 극댓값을 구하시오. (단, a, b, c는 상수)

04-3 함수 $f(x)=-x^3+ax^2+bx$가 $x=-2$에서 극값을 갖고, 곡선 $y=f(x)$ 위의 $x=4$인 점에서의 접선의 기울기는 -12일 때, 상수 a, b에 대하여 $a+b$의 값을 구하시오.

도함수의 그래프와 함수의 극값

유형편 36쪽

미분가능한 함수 $f(x)$의 도함수 $y=f'(x)$의 그래프가 오른쪽 그림과 같다. 구간 $[a, e]$에서 함수 $f(x)$가 극대가 되는 x의 값의 개수를 m, 극소가 되는 x의 값의 개수를 n이라 할 때, $m-n$의 값을 구하시오.

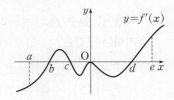

공략 Point

함수 $f(x)$에 대하여 도함수 $y=f'(x)$의 그래프가 x축과 만나는 점의 좌우에서 $f'(x)$의 부호를 조사하여 극대, 극소를 찾는다.

풀이

구간 $[a, e]$에서 도함수 $y=f'(x)$의 그래프가 x축과 만나는 점의 x좌표는	$b, c, 0, d$
(ⅰ) $x=0$의 좌우에서 $f'(x)$의 부호가 바뀌지 않으므로	함수 $f(x)$는 $x=0$에서 극값을 갖지 않는다.
(ⅱ) $x=c$의 좌우에서 $f'(x)$의 부호가 양에서 음으로 바뀌므로	함수 $f(x)$는 $x=c$에서 극대이다.
(ⅲ) $x=b$, $x=d$의 좌우에서 $f'(x)$의 부호가 음에서 양으로 바뀌므로	함수 $f(x)$는 $x=b$, $x=d$에서 극소이다.
(ⅰ)~(ⅲ)에서 $m=1$, $n=2$이므로	$m-n=-1$

● **문제** ●

정답과 해설 45쪽

05-1 미분가능한 함수 $f(x)$의 도함수 $y=f'(x)$의 그래프가 오른쪽 그림과 같을 때, 보기에서 옳은 것만을 있는 대로 고르시오.

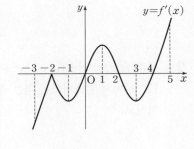

보기
ㄱ. 함수 $f(x)$는 구간 $(-1, 1)$에서 증가한다.
ㄴ. 함수 $f(x)$는 $x=-2$에서 극대이다.
ㄷ. 구간 $[-3, 5]$에서 함수 $f(x)$의 극값은 3개이다.

05-2 함수 $f(x)=x^3+ax^2+bx+c$의 도함수 $y=f'(x)$의 그래프가 오른쪽 그림과 같다. 함수 $f(x)$의 극댓값이 6일 때, $f(x)$의 극솟값을 구하시오.
(단, a, b, c는 상수)

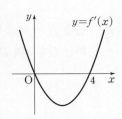

1 다음 중 함수 $f(x) = -2x^3 + 3x^2 + 12x + 3$이 증가하는 구간은?

① $[-2, 1]$ ② $[-2, 2]$ ③ $[-1, 2]$

④ $[-1, 3]$ ⑤ $[0, 3]$

2 함수 $f(x) = x^3 - 6x^2 + ax + 7$이 감소하는 x의 값의 범위가 $1 \leq x \leq b$일 때, 상수 a, b에 대하여 $a+b$의 값은?

① -20 ② -12 ③ 2

④ 12 ⑤ 20

3 함수 $f(x) = x^3 - (a+1)x^2 + ax - 4$가 구간 $[1, 2]$에서 감소하도록 하는 정수 a의 최솟값을 구하시오.

4 함수 $f(x) = x^3 + 3x^2 + ax$의 역함수가 존재하도록 하는 실수 a의 값의 범위를 구하시오.

5 함수 $f(x) = x^3 - 3x + 6$의 모든 극값의 합은?

① 4 ② 8 ③ 12

④ 16 ⑤ 20

6 미분가능한 함수 $f(x)$가 $x=2$에서 극솟값 -1을 가질 때, 곡선 $y = (x^2 - 3)f(x)$ 위의 $x=2$인 점에서의 접선의 방정식은?

① $y = -4x - 7$ ② $y = -4x + 7$

③ $y = -2x + 3$ ④ $y = -2x + 5$

⑤ $y = 4x - 9$

수능

7 함수 $f(x) = 2x^3 - 9x^2 + ax + 5$는 $x=1$에서 극대이고, $x=b$에서 극소이다. $a+b$의 값은?

(단, a, b는 상수이다.)

① 12 ② 14 ③ 16

④ 18 ⑤ 20

8 함수 $f(x) = -x^3 + 3kx^2 + 9k^2x$의 극댓값과 극솟값의 합이 22일 때, 양수 k의 값을 구하시오.

9 함수 $f(x)=x^3-3ax^2+3(a^2-1)x$의 극댓값이 4 이고 $f(-2)>0$일 때, $f(-1)$의 값은?

(단, a는 상수이다.)

① 1   ② 2   ③ 3
④ 4   ⑤ 5

10 최고차항의 계수가 1인 삼차 함수 $f(x)$의 도함수 $y=f'(x)$의 그래프가 오른쪽 그림과 같을 때, $f(x)$의 극댓값과 극솟값의 차를 구하시오.

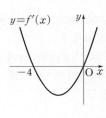

11 미분가능한 함수 $f(x)$의 도함수 $y=f'(x)$의 그래프가 다음 그림과 같을 때, 보기에서 옳은 것만을 있는 대로 고르시오.

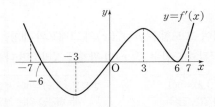

보기
ㄱ. 함수 $f(x)$는 구간 $(-3, 0)$에서 증가한다.
ㄴ. 함수 $f(x)$는 구간 $(3, 6)$에서 감소한다.
ㄷ. 함수 $f(x)$는 $x=-3$에서 극소이다.
ㄹ. 구간 $[-7, 7]$에서 함수 $f(x)$의 극값은 2개 이다.

실력

12 삼차함수 $f(x)$에 대하여 방정식 $f'(x)=0$의 두 실근 α, β는 다음 조건을 만족시킨다.

㈎ $|\alpha-\beta|=10$
㈏ 두 점 $(\alpha, f(\alpha))$, $(\beta, f(\beta))$ 사이의 거리는 26이다.

함수 $f(x)$의 극댓값과 극솟값의 차는?

① $12\sqrt{2}$ ② 18   ③ 24
④ 30   ⑤ $24\sqrt{2}$

13 최고차항의 계수가 1인 삼차함수 $f(x)$가 다음 조건을 만족시킬 때, $f(x)$의 극솟값을 구하시오.

㈎ 함수 $f(x)$는 $x=-1$에서 극대이다.
㈏ 곡선 $y=f(x)$는 원점을 지난다.
㈐ 모든 실수 x에 대하여 $f'(1-x)=f'(1+x)$ 가 성립한다.

14 삼차함수 $y=f(x)$의 그래프가 오른쪽 그림과 같다. $g(x)=x^2-f(x)$라 할 때, 삼차함수 $g(x)$는 $x=\alpha$, $x=\beta$에서 극값을 갖는다. 이때 $f'(\alpha)f'(\beta)$의 값을 구하시오.

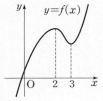

함수의 그래프

❶ 함수의 그래프

미분가능한 함수 $y=f(x)$의 그래프의 개형은 다음과 같은 순서로 그리면 편리하다.

⑴ 도함수 $f'(x)$를 구한다.

⑵ $f'(x)=0$인 x의 값을 구한다.

⑶ ⑵에서 구한 x의 값의 좌우에서 $f'(x)$의 부호를 조사하여 함수 $f(x)$의 증가와 감소를 표로 나타내고, $f(x)$의 극값을 구한다.

⑷ 함수 $y=f(x)$의 그래프와 좌표축과의 교점의 좌표를 구한다.

⑸ ⑶, ⑷를 이용하여 함수 $y=f(x)$의 그래프의 개형을 그린다.

> 참고 함수 $y=f(x)$의 그래프와 x축의 교점의 좌표를 구하기 어려운 경우에는 생략할 수 있다.

> 예 함수 $f(x)=x^3-6x^2+9x-3$의 그래프를 그려 보자.
>
> $f'(x)=3x^2-12x+9=3(x-1)(x-3)$이므로 $f'(x)=0$인 x의 값은 $x=1$ 또는 $x=3$
>
> 도함수 $f'(x)$의 부호를 조사하여 함수 $f(x)$의 증가와 감소를 표로 나타내면 다음과 같다.

x	$\cdots$	1	$\cdots$	3	$\cdots$
$f'(x)$	$+$	0	$-$	0	$+$
$f(x)$	↗	1 극대	↘	-3 극소	↗

> 또 $f(0)=-3$이므로 함수 $y=f(x)$의 그래프와 y축의 교점의 좌표는 $(0,\ -3)$
>
> 따라서 함수 $y=f(x)$의 그래프는 오른쪽 그림과 같다.

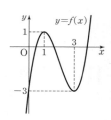

❷ 삼차함수의 그래프의 개형과 극값을 가질 조건

삼차함수 $f(x)=ax^3+bx^2+cx+d\,(a>0)$에 대하여 그 도함수 $y=f'(x)$의 그래프의 개형을 이용하여 $y=f(x)$의 그래프를 그려 보고, 삼차함수 $f(x)$의 극값과 도함수 $f'(x)$의 관계를 정리하면 다음과 같다.

방정식 $f'(x)=0$이 서로 다른 두 실근 α, β를 갖는 경우	방정식 $f'(x)=0$이 중근 α를 갖는 경우	방정식 $f'(x)=0$이 서로 다른 두 허근을 갖는 경우
(그래프)	(그래프)	(그래프)

> 참고 $a<0$인 경우도 같은 방법으로 그래프를 그려 보면 삼차함수 $f(x)$는 이차방정식 $f'(x)=0$이 서로 다른 두 실근을 가질 때만 극값을 갖는다.

(1) 삼차함수 $f(x)$가 극값을 갖는다. ◀ 극댓값과 극솟값을 모두 갖는다.

    ⟺ 이차방정식 $f'(x)=0$이 서로 다른 두 실근을 갖는다.

    ⟺ 이차방정식 $f'(x)=0$의 판별식을 D라 하면 $D>0$이다.

(2) 삼차함수 $f(x)$가 극값을 갖지 않는다. ◀ 극댓값과 극솟값을 모두 갖지 않는다.

    ⟺ 이차방정식 $f'(x)=0$이 중근을 갖거나 서로 다른 두 허근을 갖는다.

    ⟺ 이차방정식 $f'(x)=0$의 판별식을 D라 하면 $D≤0$이다.

❸ 사차함수의 그래프의 개형과 극값을 가질 조건

사차함수 $f(x)=ax^4+bx^3+cx^2+dx+e\,(a>0)$에 대하여 그 도함수 $y=f'(x)$의 그래프의 개형을 이용하여 $y=f(x)$의 그래프를 그려 보고, 사차함수 $f(x)$의 극값과 도함수 $f'(x)$의 관계를 정리하면 다음과 같다.

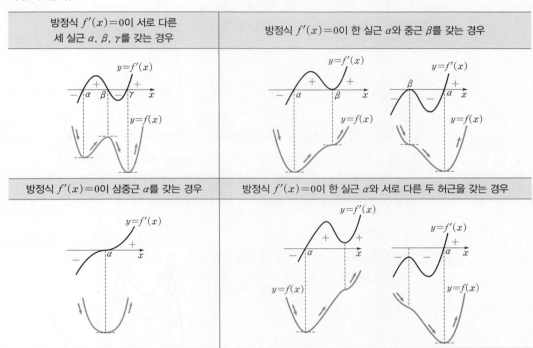

방정식 $f'(x)=0$이 서로 다른 세 실근 α, β, γ를 갖는 경우	방정식 $f'(x)=0$이 한 실근 α와 중근 β를 갖는 경우
방정식 $f'(x)=0$이 삼중근 α를 갖는 경우	방정식 $f'(x)=0$이 한 실근 α와 서로 다른 두 허근을 갖는 경우

(1) 사차함수 $f(x)$의 최고차항의 계수가 양수일 때, $f(x)$는 항상 극솟값을 갖는다.

    ① 사차함수 $f(x)$가 극댓값을 갖는다. ◀ 극댓값 1개, 극솟값 2개를 갖는다.

       ⟺ 삼차방정식 $f'(x)=0$이 서로 다른 세 실근을 갖는다.

    ② 사차함수 $f(x)$가 극댓값을 갖지 않는다. ◀ 극솟값 1개만을 갖는다.

       ⟺ 삼차방정식 $f'(x)=0$이 중근 또는 허근을 갖는다.

(2) 사차함수 $f(x)$의 최고차항의 계수가 음수일 때, $f(x)$는 항상 극댓값을 갖는다.

    ① 사차함수 $f(x)$가 극솟값을 갖는다. ◀ 극댓값 2개, 극솟값 1개를 갖는다.

       ⟺ 삼차방정식 $f'(x)=0$이 서로 다른 세 실근을 갖는다.

    ② 사차함수 $f(x)$가 극솟값을 갖지 않는다. ◀ 극댓값 1개만을 갖는다.

       ⟺ 삼차방정식 $f'(x)=0$이 중근 또는 허근을 갖는다.

함수의 그래프

📎유형편 37쪽

다음 함수의 그래프를 그리시오.

(1) $f(x)=x^3-3x^2-9x+1$

(2) $f(x)=-x^4+4x^3-4x^2+2$

공략 Point

함수의 증가와 감소, 극값, 좌표축과의 교점의 좌표를 이용한다.

풀이

(1) $f(x)=x^3-3x^2-9x+1$에서

$f'(x)=0$인 x의 값은

함수 $f(x)$의 증가와 감소를 표로 나타내면 오른쪽과 같다.

$f'(x)=3x^2-6x-9=3(x+1)(x-3)$

$x=-1$ 또는 $x=3$

x	$\cdots$	-1	$\cdots$	3	$\cdots$
$f'(x)$	$+$	0	$-$	0	$+$
$f(x)$	↗	6 극대	↘	-26 극소	↗

또 $f(0)=1$이므로 함수 $y=f(x)$의 그래프는 오른쪽 그림과 같다.

(2) $f(x)=-x^4+4x^3-4x^2+2$에서

$f'(x)=0$인 x의 값은

함수 $f(x)$의 증가와 감소를 표로 나타내면 오른쪽과 같다.

$f'(x)=-4x^3+12x^2-8x=-4x(x-1)(x-2)$

$x=0$ 또는 $x=1$ 또는 $x=2$

x	$\cdots$	0	$\cdots$	1	$\cdots$	2	$\cdots$
$f'(x)$	$+$	0	$-$	0	$+$	0	$-$
$f(x)$	↗	2 극대	↘	1 극소	↗	2 극대	↘

따라서 함수 $y=f(x)$의 그래프는 오른쪽 그림과 같다.

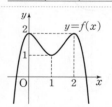

● **문제** ●

정답과 해설 48쪽

01-1 다음 함수의 그래프를 그리시오.

(1) $f(x)=-x^3+3x+1$

(2) $f(x)=\dfrac{3}{4}x^4+4x^3+6x^2+1$

함수의 그래프 – 도함수의 그래프가 주어진 경우

유형편 37쪽

다항함수 $f(x)$의 도함수 $y=f'(x)$의 그래프가 오른쪽 그림과 같을 때, 다음 중 함수 $y=f(x)$의 그래프의 개형이 될 수 있는 것은?

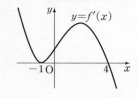

①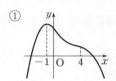

②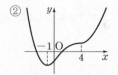

③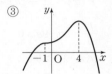

④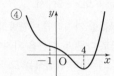

⑤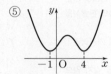

공략 Point

도함수 $y=f'(x)$의 그래프와 x축의 교점의 좌우에서 함수 $f(x)$의 증가와 감소를 표로 나타낸다.

풀이

도함수 $y=f'(x)$의 그래프와 x축의 교점의 x 좌표는

-1, 4

$f'(x)$의 부호를 조사하여 함수 $f(x)$의 증가와 감소를 표로 나타내면 오른쪽과 같다.

x	$\cdots$	-1	$\cdots$	4	$\cdots$
$f'(x)$	$+$	0	$+$	0	$-$
$f(x)$	↗		↗	극대	↘

따라서 함수 $y=f(x)$의 그래프의 개형이 될 수 있는 것은

③

● 문제 ●

정답과 해설 48쪽

02-1 다항함수 $f(x)$의 도함수 $y=f'(x)$의 그래프가 오른쪽 그림과 같을 때, 다음 중 함수 $y=f(x)$의 그래프의 개형이 될 수 있는 것은?

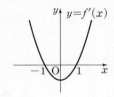

①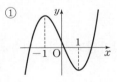

②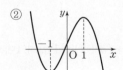

③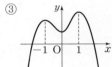

④

⑤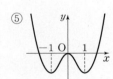

삼차함수가 극값을 가질 조건

유형편 38쪽

다음을 구하시오.

(1) 함수 $f(x)=x^3+ax^2+3ax+2$가 극값을 갖도록 하는 실수 a의 값의 범위

(2) 함수 $f(x)=-\dfrac{1}{3}x^3+ax^2+(2a-8)x+2$가 극값을 갖지 않도록 하는 실수 a의 값의 범위

공략 Point

삼차함수 $f(x)$에 대하여 이차방정식 $f'(x)=0$의 판별식을 D라 할 때

(1) $f(x)$가 극값을 가지려면
➡ $D>0$

(2) $f(x)$가 극값을 갖지 않으려면
➡ $D\leq0$

풀이

(1) $f(x)=x^3+ax^2+3ax+2$에서

함수 $f(x)$가 극값을 가지려면 이차방정식 $f'(x)=0$이 서로 다른 두 실근을 가져야 하므로 이차방정식 $f'(x)=0$의 판별식을 D라 하면 $D>0$에서

$f'(x)=3x^2+2ax+3a$

$\dfrac{D}{4}=a^2-9a>0$

$a(a-9)>0$

$\therefore \boldsymbol{a<0}$ 또는 $\boldsymbol{a>9}$

(2) $f(x)=-\dfrac{1}{3}x^3+ax^2+(2a-8)x+2$에서

함수 $f(x)$가 극값을 갖지 않으려면 이차방정식 $f'(x)=0$이 중근 또는 허근을 가져야 하므로 이차방정식 $f'(x)=0$의 판별식을 D라 하면 $D\leq0$에서

$f'(x)=-x^2+2ax+2a-8$

$\dfrac{D}{4}=a^2+2a-8\leq0$

$(a+4)(a-2)\leq0$

$\therefore \boldsymbol{-4\leq a\leq2}$

● **문제** ●

정답과 해설 48쪽

03-1 함수 $f(x)=-x^3+ax^2-12x+4$가 극값을 갖도록 하는 실수 a의 값의 범위를 구하시오.

03-2 함수 $f(x)=3x^3+(a+2)x^2+ax+1$이 극값을 갖지 않도록 하는 실수 a의 값의 범위를 구하시오.

03-3 삼차함수 $f(x)=ax^3+(a+2)x^2+(a-1)x-2$가 극댓값과 극솟값을 모두 갖도록 하는 실수 a의 값의 범위를 구하시오.

삼차함수가 주어진 구간에서 극값을 가질 조건

유형편 38쪽

함수 $f(x)=x^3+ax^2+3x-2$에 대하여 다음을 구하시오.

(1) 함수 $f(x)$가 $-2<x<1$에서 극댓값과 극솟값을 모두 갖도록 하는 실수 a의 값의 범위

(2) 함수 $f(x)$가 $x<-1$에서 극댓값을 갖고, $-1<x<1$에서 극솟값을 갖도록 하는 실수 a의 값의 범위

공략 Point

삼차함수 $f(x)$가 주어진 구간에서 극값을 가지려면 이차방정식 $f'(x)=0$이 주어진 구간에서 서로 다른 두 실근을 가져야 한다.

풀이

$f(x)=x^3+ax^2+3x-2$에서	$f'(x)=3x^2+2ax+3$

(1) 함수 $f(x)$가 $-2<x<1$에서 극댓값과 극솟값을 모두 가지려면 | 이차방정식 $f'(x)=0$이 $-2<x<1$에서 서로 다른 두 실근을 가져야 한다.

(i) 이차방정식 $f'(x)=0$의 판별식을 D라 하면 $D>0$이어야 하므로

$$\frac{D}{4}=a^2-9>0,\ (a+3)(a-3)>0$$
$$\therefore a<-3 \text{ 또는 } a>3 \quad \cdots\cdots \text{㉠}$$

(ii) $f'(-2)>0$이어야 하므로
$$12-4a+3>0 \quad \therefore a<\frac{15}{4} \quad \cdots\cdots \text{㉡}$$

$f'(1)>0$이어야 하므로
$$3+2a+3>0 \quad \therefore a>-3 \quad \cdots\cdots \text{㉢}$$

(iii) 이차함수 $y=f'(x)$의 그래프의 축의 방정식이 $x=-\dfrac{a}{3}$이므로
$$-2<-\frac{a}{3}<1 \quad \therefore -3<a<6 \quad \cdots\cdots \text{㉣}$$

㉠~㉣에서
$$3<a<\frac{15}{4}$$

(2) 함수 $f(x)$가 $x<-1$에서 극댓값을 갖고, $-1<x<1$에서 극솟값을 가지려면 | 이차방정식 $f'(x)=0$이 $x<-1$에서 한 실근을 갖고, $-1<x<1$에서 다른 한 실근을 가져야 한다.

$f'(-1)<0$이어야 하므로
$$3-2a+3<0 \quad \therefore a>3 \quad \cdots\cdots \text{㉠}$$

$f'(1)>0$이어야 하므로
$$3+2a+3>0 \quad \therefore a>-3 \quad \cdots\cdots \text{㉡}$$

㉠, ㉡에서
$$a>3$$

문제

정답과 해설 48쪽

04-1 함수 $f(x)=-x^3+3ax^2-9x-1$에 대하여 다음을 구하시오.

(1) 함수 $f(x)$가 $-1<x<3$에서 극댓값과 극솟값을 모두 갖도록 하는 실수 a의 값의 범위

(2) 함수 $f(x)$가 $-2<x<2$에서 극솟값을 갖고, $x>2$에서 극댓값을 갖도록 하는 실수 a의 값의 범위

사차함수가 극값을 가질 조건

유형편 39쪽

함수 $f(x)=x^4+4x^3+2ax^2+5$에 대하여 다음을 구하시오.

(1) 함수 $f(x)$가 극댓값과 극솟값을 모두 갖도록 하는 실수 a의 값의 범위

(2) 함수 $f(x)$가 극값을 하나만 갖도록 하는 실수 a의 값의 범위

공략 Point

(1) 사차함수 $f(x)$가 극댓값과 극솟값을 모두 가지려면 삼차방정식 $f'(x)=0$이 서로 다른 세 실근을 가져야 한다.

(2) 사차함수 $f(x)$가 극값을 하나만 가지려면 삼차방정식 $f'(x)=0$이 중근 또는 허근을 가져야 한다.

풀이

$f(x)=x^4+4x^3+2ax^2+5$에서 | $f'(x)=4x^3+12x^2+4ax=4x(x^2+3x+a)$

(1) 함수 $f(x)$가 극댓값과 극솟값을 모두 가지려면 삼차방정식 $f'(x)=0$이 서로 다른 세 실근을 가져야 하므로 | $4x(x^2+3x+a)=0$에서 이차방정식 $x^2+3x+a=0$이 0이 아닌 서로 다른 두 실근을 가져야 한다.

$x=0$이 이차방정식 $x^2+3x+a=0$의 근이 아니어야 하므로 | $a\ne 0$ ...... ㉠

이차방정식 $x^2+3x+a=0$의 판별식을 D라 하면 $D>0$이어야 하므로 | $D=9-4a>0$ ∴ $a<\dfrac{9}{4}$ ...... ㉡

㉠, ㉡에서 | $a<0$ 또는 $0<a<\dfrac{9}{4}$

(2) 함수 $f(x)$가 극값을 하나만 가지려면 삼차방정식 $f'(x)=0$이 중근 또는 허근을 가져야 하므로 | $4x(x^2+3x+a)=0$에서 이차방정식 $x^2+3x+a=0$의 한 근이 0이거나 중근 또는 허근을 가져야 한다.

(i) 이차방정식 $x^2+3x+a=0$의 한 근이 0이면 | $a=0$

(ii) 이차방정식 $x^2+3x+a=0$이 중근 또는 허근을 가지려면 판별식을 D라 할 때, $D\le 0$이어야 하므로 | $D=9-4a\le 0$ ∴ $a\ge\dfrac{9}{4}$

(i), (ii)에서 | $a=0$ 또는 $a\ge\dfrac{9}{4}$

● **문제** ●

정답과 해설 49쪽

05-1 함수 $f(x)=-3x^4-8x^3+6ax^2$이 극솟값을 갖도록 하는 실수 a의 값의 범위를 구하시오.

05-2 함수 $f(x)=x^4+2(a-1)x^2+4ax+3$이 극댓값을 갖지 않도록 하는 실수 a의 값의 범위를 구하시오.

2 함수의 최댓값과 최솟값

① 함수의 최댓값과 최솟값

닫힌구간 $[a, b]$에서 연속인 함수 $f(x)$에 대하여 주어진 구간에서의

극댓값, 극솟값, $f(a)$, $f(b)$

중에서 가장 큰 값이 최댓값이고, 가장 작은 값이 최솟값이다.

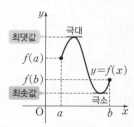 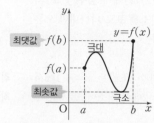 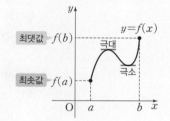

참고 극댓값과 극솟값이 반드시 최댓값과 최솟값이 되는 것은 아니다.

예 구간 $[-2, 4]$에서 함수 $f(x)=-2x^3+3x^2+12x+10$의 최댓값과 최솟값을 구해 보자.

$f(x)=-2x^3+3x^2+12x+10$에서

$f'(x)=-6x^2+6x+12=-6(x+1)(x-2)$

$f'(x)=0$인 x의 값은 $x=-1$ 또는 $x=2$

구간 $[-2, 4]$에서 함수 $f(x)$의 증가와 감소를 표로 나타내면 다음과 같다.

x	-2	$\cdots$	-1	$\cdots$	2	$\cdots$	4
$f'(x)$		$-$	0	$+$	0	$-$	
$f(x)$	14	$\searrow$	3 극소	$\nearrow$	30 극대	$\searrow$	-22

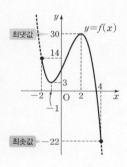

따라서 함수 $f(x)$는 $x=2$에서 최대이고 최댓값 30, $x=4$에서 최소이고 최솟값 -22를 갖는다.

개념 Plus

극값이 하나뿐일 때, 함수의 최댓값과 최솟값

닫힌구간 $[a, b]$에서 함수 $f(x)$가 연속이고 극값이 하나뿐일 때 다음이 성립한다.

(1) 하나뿐인 극값이 극댓값이면

➡ (극댓값)=(최댓값)

이때 $f(a)$와 $f(b)$ 중 작은 값이 최솟값이다.

(2) 하나뿐인 극값이 극솟값이면

➡ (극솟값)=(최솟값)

이때 $f(a)$와 $f(b)$ 중 큰 값이 최댓값이다.

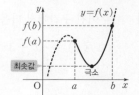

함수의 최댓값과 최솟값　　　　　　　　　　　　　　　　　　　　　　유형편 39쪽

주어진 구간에서 다음 함수의 최댓값과 최솟값을 구하시오.

(1) $f(x)=2x^3-3x^2-12x+5$　$[-2, 2]$　　　(2) $f(x)=x^4-2x^2-2$　$[-2, 1]$

공략 Point

구간 $[a, b]$에서 연속인 함수 $f(x)$의 최댓값과 최솟값은 구간 $[a, b]$에서의 극값과 $f(a)$, $f(b)$를 비교하여 구한다.

풀이

(1) $f(x)=2x^3-3x^2-12x+5$에서　　$f'(x)=6x^2-6x-12=6(x+1)(x-2)$

$f'(x)=0$인 x의 값은　　$x=-1$ 또는 $x=2$

구간 $[-2, 2]$에서 함수 $f(x)$의 증가와 감소를 표로 나타내면 오른쪽과 같다.

x	-2	$\cdots$	-1	$\cdots$	2
$f'(x)$		$+$	0	$-$	0
$f(x)$	1	$\nearrow$	12 극대	$\searrow$	-15

따라서 함수 $f(x)$는 $x=-1$에서 최대, $x=2$에서 최소이므로

최댓값: 12
최솟값: −15

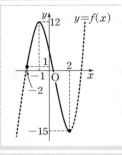

(2) $f(x)=x^4-2x^2-2$에서　　$f'(x)=4x^3-4x=4x(x+1)(x-1)$

$f'(x)=0$인 x의 값은　　$x=-1$ 또는 $x=0$ 또는 $x=1$

구간 $[-2, 1]$에서 함수 $f(x)$의 증가와 감소를 표로 나타내면 오른쪽과 같다.

x	-2	$\cdots$	-1	$\cdots$	0	$\cdots$	1
$f'(x)$		$-$	0	$+$	0	$-$	0
$f(x)$	6	$\searrow$	-3 극소	$\nearrow$	-2 극대	$\searrow$	-3

따라서 함수 $f(x)$는 $x=-2$에서 최대, $x=-1$ 또는 $x=1$에서 최소이므로

최댓값: 6
최솟값: −3

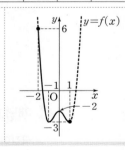

● **문제** ●

정답과 해설 49쪽

06-**1**　주어진 구간에서 다음 함수의 최댓값과 최솟값을 구하시오.

(1) $f(x)=-x^3+3x^2$　$[-2, 3]$　　　　　　(2) $f(x)=3x^4+4x^3-12x^2+7$　$[-1, 1]$

필수 예제 07 함수의 최댓값과 최솟값을 이용하여 미정계수 구하기

유형편 40쪽

구간 $[-1, 2]$에서 함수 $f(x)=ax^3-6ax^2+b$의 최댓값이 3, 최솟값이 -29일 때, 상수 a, b의 값을 구하시오. (단, $a>0$)

공략 Point

함수의 최댓값과 최솟값을 미정계수를 포함한 식으로 나타낸 후 주어진 값과 비교한다.

풀이

$f(x)=ax^3-6ax^2+b$에서	$f'(x)=3ax^2-12ax=3ax(x-4)$
$f'(x)=0$인 x의 값은	$x=0 \ (\because -1 \leq x \leq 2)$
$a>0$이므로 구간 $[-1, 2]$에서 함수 $f(x)$의 증가와 감소를 표로 나타내면 오른쪽과 같다.	

x	-1	$\cdots$	0	$\cdots$	2
$f'(x)$		$+$	0	$-$	
$f(x)$	$-7a+b$	↗	b 극대	↘	$-16a+b$

따라서 함수 $f(x)$의 최댓값은 b, 최솟값은 $-16a+b$이므로

$b=3$, $-16a+b=-29$

$\therefore a=2, \ b=3$

문제

정답과 해설 50쪽

07-1 구간 $[0, 3]$에서 함수 $f(x)=-2x^3+3x^2+a$의 최댓값이 9일 때, $f(x)$의 최솟값을 구하시오. (단, a는 상수)

07-2 구간 $[-2, 4]$에서 함수 $f(x)=x^3-3x^2-9x+a$의 최댓값을 M, 최솟값을 m이라 할 때, $M+m=-12$이다. 이때 상수 a의 값을 구하시오.

07-3 구간 $[1, 4]$에서 함수 $f(x)=ax^4-4ax^3+b$의 최댓값이 9, 최솟값이 0일 때, 상수 a, b에 대하여 ab의 값을 구하시오. (단, $a>0$)

함수의 최댓값과 최솟값의 활용 – 넓이

📙 유형편 41쪽

오른쪽 그림과 같이 곡선 $y=9-x^2$과 x축으로 둘러싸인 부분에 내접하고 한 변이 x축 위에 있는 직사각형 ABCD의 넓이의 최댓값을 구하시오.

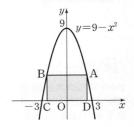

공략 Point

넓이를 한 문자에 대한 함수로 나타낸 후 조건을 만족시키는 범위에서의 최댓값을 구한다.

풀이

점 A의 x좌표를 a라 하면	A$(a, 9-a^2)$ (단, $0<a<3$)
$\overline{AB}=2a$, $\overline{AD}=9-a^2$이므로 직사각형 ABCD의 넓이를 $S(a)$라 하면	$S(a)=2a(9-a^2)=-2a^3+18a$ $\therefore S'(a)=-6a^2+18=-6(a+\sqrt{3})(a-\sqrt{3})$
$S'(a)=0$인 a의 값은	$a=\sqrt{3}$ ($\because 0<a<3$)

$0<a<3$에서 함수 $S(a)$의 증가와 감소를 표로 나타내면 오른쪽과 같다.

a	0	$\cdots$	$\sqrt{3}$	$\cdots$	3
$S'(a)$		$+$	0	$-$	
$S(a)$		↗	$12\sqrt{3}$ 극대	↘	

따라서 넓이 $S(a)$의 최댓값은 **$12\sqrt{3}$**

● **문제** ●

정답과 해설 50쪽

08-1 오른쪽 그림과 같이 두 곡선 $y=x^2-3$, $y=-x^2+3$으로 둘러싸인 부분에 내접하고 각 변이 좌표축과 평행한 직사각형의 넓이의 최댓값을 구하시오.

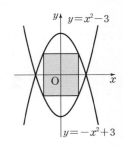

08-2 오른쪽 그림과 같이 곡선 $y=x(x-4)^2$이 x축과 만나는 점 중 원점 O가 아닌 점을 A라 하자. 곡선을 따라 두 점 O, A 사이를 움직이는 점 P에서 x축에 내린 수선의 발을 H라 할 때, 삼각형 POH의 넓이의 최댓값을 구하시오.

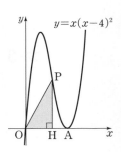

함수의 최댓값과 최솟값의 활용 − 부피

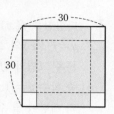

오른쪽 그림과 같이 한 변의 길이가 30인 정사각형 모양의 종이의 네 모퉁이에서 같은 크기의 정사각형을 잘라 내고 남은 부분을 접어서 뚜껑이 없는 직육면체 모양의 상자를 만들려고 한다. 이 상자의 부피의 최댓값을 구하시오.

공략 Point

부피를 한 문자에 대한 함수로 나타낸 후 조건을 만족시키는 범위에서의 최댓값을 구한다.

풀이

잘라 내는 정사각형의 한 변의 길이를 x라 하면 상자의 밑면의 한 변의 길이는 $30-2x$이므로	$x>0$, $30-2x>0$ $\therefore 0<x<15$
상자의 부피를 $V(x)$라 하면	$V(x)=x(30-2x)^2=4x^3-120x^2+900x$ $\therefore V'(x)=12x^2-240x+900=12(x-5)(x-15)$
$V'(x)=0$인 x의 값은	$x=5$ $(\because 0<x<15)$
$0<x<15$에서 함수 $V(x)$의 증가와 감소를 표로 나타내면 오른쪽과 같다.	표
따라서 부피 $V(x)$의 최댓값은	**2000**

x	0	$\cdots$	5	$\cdots$	15
$V'(x)$		$+$	0	$-$	
$V(x)$		↗	2000 극대	↘	

문제

정답과 해설 51쪽

09-1 오른쪽 그림과 같이 한 변의 길이가 12인 정삼각형 모양의 종이의 세 모퉁이에서 합동인 사각형을 잘라 내고 남은 부분을 접어서 뚜껑이 없는 삼각기둥 모양의 상자를 만들려고 한다. 이 상자의 부피의 최댓값을 구하시오.

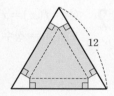

09-2 오른쪽 그림과 같이 밑면의 반지름의 길이가 6이고 높이가 12인 원뿔에 내접하는 원기둥이 있다. 이 원기둥의 부피가 최대가 되도록 할 때, 밑면의 반지름의 길이를 구하시오.

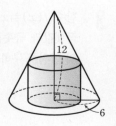

연습문제

1 다항함수 $f(x)$의 도함수 $y=f'(x)$의 그래프가 오른쪽 그림과 같을 때, 다음 중 함수 $y=f(x)$의 그래프의 개형이 될 수 있는 것은?

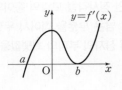

① 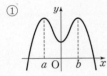 ②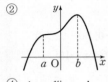

③ 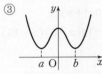 ④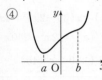

⑤

2 함수 $f(x)=x^3+ax^2+ax+1$이 극값을 갖지 않도록 하는 정수 a의 개수는?

① 2   ② 3   ③ 4
④ 5   ⑤ 6

3 함수 $f(x)=x^3+3ax^2+3x$가 구간 $(-1, 2)$에서 극댓값과 극솟값을 모두 갖도록 하는 실수 a의 값의 범위를 구하시오.

4 구간 $[0, 2]$에서 함수 $f(x)=-x^3+x^2+x+8$의 최댓값과 최솟값의 합은?

① 13   ② 15   ③ 17
④ 19   ⑤ 21

5 양수 a에 대하여 함수 $f(x)=x^3+ax^2-a^2x-2$가 구간 $[-a, a]$에서 최댓값 M, 최솟값 -7을 갖는다. $a+M$의 값을 구하시오.

6 두 점 $A(0, 2)$, $B(4, 1)$과 곡선 $y=x^2+1$ 위의 점 P에 대하여 $\overline{AP}^2+\overline{BP}^2$의 최솟값을 구하시오.

7 오른쪽 그림과 같이 곡선 $y=(x-3)^2$ 위의 $x=a(0<a<3)$인 점에서의 접선과 x축 및 y축으로 둘러싸인 삼각형의 넓이의 최댓값을 구하시오.

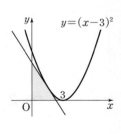

8 밑면의 반지름의 길이와 높이의 합이 9인 원기둥의 부피가 최대가 되도록 할 때, 밑면의 반지름의 길이를 구하시오.

▶ 실력

9 함수 $f(x)=2x^3-3x^2-12x+k$에 대하여 함수 $g(x)$를 $g(x)=|f(x)|$라 하자. 함수 $g(x)$가 $x=a$, $x=b\,(a<b)$에서 극댓값을 가질 때, $|g(a)-g(b)|>9$를 만족시키는 정수 k의 개수는?

① 8　　　　　② 10　　　　　③ 12
④ 14　　　　　⑤ 16

교육청 ▶

10 $0<a<6$인 실수 a에 대하여 원점에서 곡선 $y=x(x-a)(x-6)$에 그은 두 접선의 기울기의 곱의 최솟값은?

① -54　　　② -51　　　③ -48
④ -45　　　⑤ -42

평가원 ▶

11 최고차항의 계수가 1인 삼차함수 $f(x)$에 대하여 함수 $g(x)$는 $g(x)=\begin{cases} \dfrac{1}{2} & (x<0) \\ f(x) & (x\geq 0) \end{cases}$ 이다. $g(x)$가 실수 전체의 집합에서 미분가능하고 $g(x)$의 최솟값이 $\dfrac{1}{2}$보다 작을 때, 보기에서 옳은 것만을 있는 대로 고른 것은?

보기
ㄱ. $g(0)+g'(0)=\dfrac{1}{2}$
ㄴ. $g(1)<\dfrac{3}{2}$
ㄷ. 함수 $g(x)$의 최솟값이 0일 때, $g(2)=\dfrac{5}{2}$이다.

① ㄱ　　　　　② ㄱ, ㄴ　　　　③ ㄱ, ㄷ
④ ㄴ, ㄷ　　　⑤ ㄱ, ㄴ, ㄷ

12 구간 $[-1, 2]$에서 함수 $f(x)=-x^3+3x^2+2$에 대하여 합성함수 $(f\circ f)(x)$의 최댓값을 구하시오.

13 반지름의 길이가 6인 구에 내접하는 원뿔의 부피의 최댓값을 구하시오.

방정식에의 활용

① 방정식의 실근의 개수

함수의 그래프를 이용하여 방정식의 실근의 개수를 구할 수 있다.

(1) 방정식 $f(x)=0$의 실근의 개수

방정식 $f(x)=0$의 실근은 함수 $y=f(x)$의 그래프와 x축의 교점의 x좌표와 같다. 즉,

> 방정식 $f(x)=0$의 서로 다른 실근의 개수
> $\Longleftrightarrow$ 함수 $y=f(x)$의 그래프와 x축의 교점의 개수

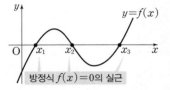

참고 방정식 $f(x)=0$이 실근을 갖지 않으면 함수 $y=f(x)$의 그래프는 x축과 만나지 않는다.

예 방정식 $x^3-6x^2+9x+3=0$의 서로 다른 실근의 개수를 구해 보자.

$f(x)=x^3-6x^2+9x+3$이라 하면
$f'(x)=3x^2-12x+9=3(x-1)(x-3)$
$f'(x)=0$인 x의 값은 $x=1$ 또는 $x=3$
함수 $f(x)$의 증가와 감소를 표로 나타내면 다음과 같다.

x	$\cdots$	1	$\cdots$	3	$\cdots$
$f'(x)$	$+$	0	$-$	0	$+$
$f(x)$	↗	7 극대	↘	3 극소	↗

또 $f(0)=3$이므로 함수 $y=f(x)$의 그래프와 y축의 교점의 좌표는 $(0, 3)$
즉, 함수 $y=f(x)$의 그래프는 오른쪽 그림과 같다.
따라서 함수 $y=f(x)$의 그래프는 x축과 한 점에서 만나므로 주어진 방정식의 서로 다른 실근의 개수는 1이다.

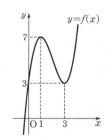

(2) 방정식 $f(x)=g(x)$의 실근의 개수

방정식 $f(x)=g(x)$의 실근은 두 함수 $y=f(x)$, $y=g(x)$의 그래프의 교점의 x좌표와 같다. 즉,

> 방정식 $f(x)=g(x)$의 서로 다른 실근의 개수
> $\Longleftrightarrow$ 두 함수 $y=f(x)$, $y=g(x)$의 그래프의 교점의 개수

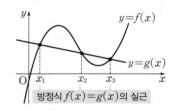

참고 방정식 $f(x)=g(x)$에서 $f(x)-g(x)=0$이므로 방정식 $f(x)=g(x)$의 실근의 개수는 함수 $y=f(x)-g(x)$의 그래프와 x축의 교점의 개수와 같다.

② 삼차방정식의 근의 판별

(1) 삼차함수 $f(x)=ax^3+bx^2+cx+d$ $(a>0)$가 극값을 가질 때, 삼차방정식 $f(x)=0$의 근은 극값을 이용하여 다음과 같이 판별할 수 있다.

> ① (극댓값)×(극솟값)<0 $\Longleftrightarrow$ 서로 다른 세 실근을 갖는다.
> ② (극댓값)×(극솟값)$=0$ $\Longleftrightarrow$ 중근과 다른 한 실근(서로 다른 두 실근)을 갖는다.
> ③ (극댓값)×(극솟값)>0 $\Longleftrightarrow$ 한 실근과 두 허근을 갖는다.
>
> ①
> ➡ 극댓값과 극솟값의 부호가 다르면 서로 다른 실근의 개수는 3이다.
>
> ②
> ➡ 극댓값 또는 극솟값이 0이면 서로 다른 실근의 개수는 2이다.
>
> ③
> ➡ 극댓값과 극솟값의 부호가 같으면 서로 다른 실근의 개수는 1이다.

참고 ・삼차함수 $f(x)=ax^3+bx^2+cx+d$ $(a<0)$인 경우도 위와 마찬가지로 근을 판별할 수 있다.
・삼차함수 $f(x)$에 대하여 이차방정식 $f'(x)=0$이 서로 다른 두 실근 α, β를 가지면 $f(x)$는 극댓값과 극솟값을 모두 갖는다. 이때 두 극값은 $f(\alpha)$, $f(\beta)$이다.

예 삼차방정식 $x^3-3x^2+3=0$의 근을 판별해 보자.
$f(x)=x^3-3x^2+3$이라 하면 $f'(x)=3x^2-6x=3x(x-2)$
$f'(x)=0$인 x의 값은 $x=0$ 또는 $x=2$
이때 극값은 $f(0)=3$, $f(2)=-1$이므로 두 극값의 곱의 부호는
$f(0)f(2)=3\times(-1)<0$
따라서 주어진 방정식은 서로 다른 세 실근을 갖는다.

(2) 삼차함수 $f(x)=ax^3+bx^2+cx+d$ $(a>0)$가 극값을 갖지 않을 때, 함수 $y=f(x)$의 그래프의 개형은 오른쪽 그림과 같다.

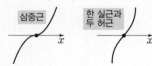

따라서 삼차방정식 $f(x)=0$은 실근인 삼중근을 갖거나 한 실근과 두 허근을 가지므로 실근은 하나뿐이다.

참고 삼차함수 $f(x)$가 극값을 갖지 않는다.
$\Longleftrightarrow$ 이차방정식 $f'(x)=0$이 중근을 갖거나 서로 다른 두 허근을 갖는다.

✎ **개념 Check**

정답과 해설 55쪽

1 이차함수 $y=f(x)$와 삼차함수 $y=g(x)$의 그래프가 오른쪽 그림과 같을 때, 다음 방정식의 서로 다른 실근의 개수를 구하시오.

(1) $f(x)=0$

(2) $g(x)=0$

(3) $f(x)=g(x)$

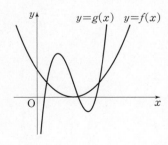

방정식 $f(x)=0$의 실근의 개수

유형편 42쪽

방정식 $x^3-12x+1=0$의 서로 다른 실근의 개수를 구하시오.

공략 Point

방정식 $f(x)=0$의 서로 다른 실근의 개수는 함수 $y=f(x)$의 그래프를 그린 후 x축과 만나는 점의 개수를 조사하여 구한다.

풀이

$f(x)=x^3-12x+1$이라 하면	$f'(x)=3x^2-12=3(x+2)(x-2)$
$f'(x)=0$인 x의 값은	$x=-2$ 또는 $x=2$

함수 $f(x)$의 증가와 감소를 표로 나타내면 오른쪽과 같다.

x	$\cdots$	-2	$\cdots$	2	$\cdots$
$f'(x)$	$+$	0	$-$	0	$+$
$f(x)$	$\nearrow$	17 극대	$\searrow$	-15 극소	$\nearrow$

또 $f(0)=1$이므로 함수 $y=f(x)$의 그래프는 오른쪽 그림과 같다.

즉, x축과 서로 다른 세 점에서 만난다.

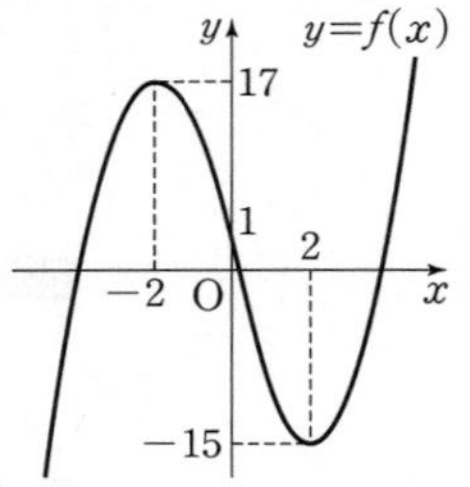

따라서 주어진 방정식의 서로 다른 실근의 개수는 **3**

문제

정답과 해설 55쪽

01-1 다음 방정식의 서로 다른 실근의 개수를 구하시오.

(1) $x^3-6x^2+9x-4=0$

(2) $x^3-3x^2+5=0$

(3) $x^4-4x^3-2x^2+12x+3=0$

(4) $x^4-2x^2-1=0$

방정식 $f(x)=k$의 실근의 개수

유형편 42쪽

방정식 $x^3-3x^2-k=0$의 근이 다음과 같도록 하는 실수 k의 값 또는 범위를 구하시오.

(1) 서로 다른 세 실근   (2) 서로 다른 두 실근   (3) 한 개의 실근

공략 Point

방정식 $f(x)=k$가 실근을 가지려면 함수 $y=f(x)$의 그래프와 직선 $y=k$의 교점이 존재해야 한다.

풀이

주어진 방정식에서 $x^3-3x^2=k$이므로 이 방정식의 서로 다른 실근의 개수는 함수 $y=x^3-3x^2$의 그래프와 직선 $y=k$의 교점의 개수와 같다.

$f(x)=x^3-3x^2$이라 하면	$f'(x)=3x^2-6x=3x(x-2)$
$f'(x)=0$인 x의 값은	$x=0$ 또는 $x=2$

함수 $f(x)$의 증가와 감소를 표로 나타내면 오른쪽과 같다.

x	$\cdots$	0	$\cdots$	2	$\cdots$
$f'(x)$	$+$	0	$-$	0	$+$
$f(x)$	↗	0 극대	↘	-4 극소	↗

함수 $y=f(x)$의 그래프는 다음 그림과 같다.

(1) 직선 $y=k$와 세 점에서 만나야 하므로	$-4<k<0$
(2) 직선 $y=k$와 두 점에서 만나야 하므로	$k=-4$ 또는 $k=0$
(3) 직선 $y=k$와 한 점에서 만나야 하므로	$k<-4$ 또는 $k>0$

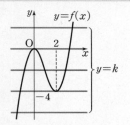

문제

정답과 해설 55쪽

02-1 방정식 $x^4+4x^3-8x^2-k=0$의 근이 다음과 같도록 하는 실수 k의 값 또는 범위를 구하시오.

(1) 서로 다른 네 실근   (2) 서로 다른 세 실근
(3) 서로 다른 두 실근   (4) 한 개의 실근

02-2 곡선 $y=2x^3+3x^2-10x$와 직선 $y=2x+k$에 대하여 다음 물음에 답하시오.

(1) 곡선과 직선이 한 점에서 만날 때, 실수 k의 값의 범위를 구하시오.
(2) 곡선과 직선이 접할 때, 실수 k의 값을 구하시오.

방정식 $f(x)=k$의 실근의 부호

유형편 44쪽

방정식 $2x^3-3x^2-12x-k=0$의 근이 다음과 같도록 하는 실수 k의 값의 범위를 구하시오.

(1) 서로 다른 두 개의 음의 실근과 한 개의 양의 실근
(2) 한 개의 음의 실근과 서로 다른 두 개의 양의 실근

공략 Point

방정식 $f(x)=k$의 양의 실근은 함수 $y=f(x)$의 그래프와 직선 $y=k$가 y축의 오른쪽에서 만나는 점의 x좌표이고, 음의 실근은 y축의 왼쪽에서 만나는 점의 x좌표임을 이용한다.

풀이

주어진 방정식에서 $2x^3-3x^2-12x=k$이므로 이 방정식의 실근은 함수 $y=2x^3-3x^2-12x$의 그래프와 직선 $y=k$의 교점의 x좌표와 같다.

$f(x)=2x^3-3x^2-12x$라 하면 $f'(x)=6x^2-6x-12=6(x+1)(x-2)$

$f'(x)=0$인 x의 값은 $x=-1$ 또는 $x=2$

함수 $f(x)$의 증가와 감소를 표로 나타내면 오른쪽과 같다.

x	$\cdots$	-1	$\cdots$	2	$\cdots$
$f'(x)$	$+$	0	$-$	0	$+$
$f(x)$	↗	7 극대	↘	-20 극소	↗

또 $f(0)=0$이므로 함수 $y=f(x)$의 그래프는 다음 그림과 같다.

(1) 직선 $y=k$와의 교점의 x좌표가 두 개는 음수, 한 개는 양수이어야 하므로 $\mathbf{0<k<7}$

(2) 직선 $y=k$와의 교점의 x좌표가 한 개는 음수, 두 개는 양수이어야 하므로 $\mathbf{-20<k<0}$

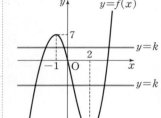

문제

정답과 해설 56쪽

○3-1 방정식 $x^3-3x^2-9x+2-k=0$의 근이 다음과 같도록 하는 실수 k의 값의 범위를 구하시오.

(1) 서로 다른 두 개의 음의 실근과 한 개의 양의 실근
(2) 한 개의 음의 실근과 서로 다른 두 개의 양의 실근

○3-2 두 함수 $f(x)=3x^3-2x^2-5x$, $g(x)=x^3-2x^2+x+k$에 대하여 방정식 $f(x)=g(x)$가 서로 다른 두 개의 양의 실근과 한 개의 음의 실근을 갖도록 하는 정수 k의 개수를 구하시오.

극값을 이용한 삼차방정식의 근의 판별

✏️ 유형편 44쪽

삼차방정식 $2x^3-9x^2+12x-k=0$의 근이 다음과 같도록 하는 실수 k의 값 또는 범위를 구하시오.

(1) 서로 다른 세 실근 　　　(2) 서로 다른 두 실근 　　　(3) 한 개의 실근

공략 **Point**

삼차방정식이 실근을 가질 조건은

(1) 서로 다른 세 실근
➡ (극댓값)×(극솟값)<0

(2) 서로 다른 두 실근
➡ (극댓값)×(극솟값)=0

(3) 한 개의 실근
➡ (극댓값)×(극솟값)>0
또는 극값이 존재하지 않는다.

풀이

$f(x)=2x^3-9x^2+12x-k$라 하면 ｜ $f'(x)=6x^2-18x+12=6(x-1)(x-2)$

$f'(x)=0$인 x의 값은 ｜ $x=1$ 또는 $x=2$

함수 $f(x)$의 증가와 감소를 표로 나타내면 오른쪽과 같다.

x	$\cdots$	1	$\cdots$	2	$\cdots$
$f'(x)$	+	0	−	0	+
$f(x)$	↗	$-k+5$ 극대	↘	$-k+4$ 극소	↗

(1) (극댓값)×(극솟값)<0이어야 하므로 ｜ $(-k+5)(-k+4)<0$　∴ $4<k<5$

(2) (극댓값)×(극솟값)=0이어야 하므로 ｜ $(-k+5)(-k+4)=0$　∴ $k=4$ 또는 $k=5$

(3) (극댓값)×(극솟값)>0이어야 하므로 ｜ $(-k+5)(-k+4)>0$　∴ $k<4$ 또는 $k>5$

다른 풀이

주어진 방정식에서 $2x^3-9x^2+12x=k$이므로 이 방정식의 서로 다른 실근의 개수는 함수 $y=2x^3-9x^2+12x$의 그래프와 직선 $y=k$의 교점의 개수와 같다.

$g(x)=2x^3-9x^2+12x$라 하면 ｜ $g'(x)=6x^2-18x+12=6(x-1)(x-2)$

$g'(x)=0$인 x의 값은 ｜ $x=1$ 또는 $x=2$

함수 $g(x)$의 증가와 감소를 표로 나타내면 오른쪽과 같다.

x	$\cdots$	1	$\cdots$	2	$\cdots$
$g'(x)$	+	0	−	0	+
$g(x)$	↗	5 극대	↘	4 극소	↗

또 $g(0)=0$이므로 함수 $y=g(x)$의 그래프는 오른쪽 그림과 같다.
따라서 주어진 근의 조건을 만족시키는 k의 값의 범위는

(1) $4<k<5$

(2) $k=4$ 또는 $k=5$

(3) $k<4$ 또는 $k>5$

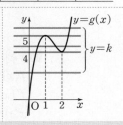

● **문제** ●

정답과 해설 56쪽

04-**1** 　삼차방정식 $x^3-6x^2+k=0$의 근이 다음과 같도록 하는 실수 k의 값 또는 범위를 구하시오.

(1) 서로 다른 세 실근 　　　(2) 서로 다른 두 실근 　　　(3) 한 개의 실근

부등식에의 활용

❶ 모든 실수 x에 대하여 부등식 $f(x) \geq 0$ 또는 $f(x) \leq 0$의 증명

(1) 모든 실수 x에 대하여 부등식 $f(x) \geq 0$이 성립한다.

➡ 함수 $f(x)$에 대하여 $(f(x)$의 최솟값$) \geq 0$임을 보인다.

(2) 모든 실수 x에 대하여 부등식 $f(x) \leq 0$이 성립한다.

➡ 함수 $f(x)$에 대하여 $(f(x)$의 최댓값$) \leq 0$임을 보인다.

예 모든 실수 x에 대하여 부등식 $3x^4 - 4x^3 + 1 \geq 0$이 성립함을 증명해 보자.

$f(x) = 3x^4 - 4x^3 + 1$이라 하면 $f'(x) = 12x^3 - 12x^2 = 12x^2(x-1)$

$f'(x) = 0$인 x의 값은 $x = 0$ 또는 $x = 1$

함수 $f(x)$의 증가와 감소를 표로 나타내면 오른쪽과 같다.

이때 함수 $f(x)$의 최솟값은 0이므로 모든 실수 x에 대하여 $f(x) \geq 0$

따라서 모든 실수 x에 대하여 부등식 $3x^4 - 4x^3 + 1 \geq 0$이 성립한다.

x	$\cdots$	0	$\cdots$	1	$\cdots$
$f'(x)$	$-$	0	$-$	0	$+$
$f(x)$	$\searrow$	1	$\searrow$	0 극소	$\nearrow$

❷ $x \geq a$에서 부등식 $f(x) \geq 0$의 증명

(1) $x \geq a$에서 부등식 $f(x) \geq 0$이 성립한다.

➡ 함수 $f(x)$에 대하여 $x \geq a$에서 $(f(x)$의 최솟값$) \geq 0$임을 보인다.

(2) $x \geq a$에서 부등식 $f(x) \geq g(x)$가 성립한다.

➡ 두 함수 $f(x)$, $g(x)$에 대하여 $F(x) = f(x) - g(x)$라 하고 $x \geq a$에서 $F(x) \geq 0$임을 보인다.

예 $x \geq 0$일 때, 부등식 $2x^4 - 4x^2 + 3 \geq 0$이 성립함을 증명해 보자.

$f(x) = 2x^4 - 4x^2 + 3$이라 하면 $f'(x) = 8x^3 - 8x = 8x(x+1)(x-1)$

$f'(x) = 0$인 x의 값은 $x = 0$ 또는 $x = 1$ ($\because x \geq 0$)

$x \geq 0$에서 함수 $f(x)$의 증가와 감소를 표로 나타내면 오른쪽과 같다.

이때 $x \geq 0$에서 함수 $f(x)$의 최솟값은 1이므로 $x \geq 0$에서 $f(x) \geq 0$

따라서 $x \geq 0$일 때, 부등식 $2x^4 - 4x^2 + 3 \geq 0$이 성립한다.

x	0	$\cdots$	1	$\cdots$
$f'(x)$	0	$-$	0	$+$
$f(x)$	3	$\searrow$	1 극소	$\nearrow$

참고 함수 $f(x)$가 극값을 갖지 않을 때, $x \geq a$에서 부등식 $f(x) \geq 0$의 증명은 미분가능한 함수 $f(x)$가 $x > a$인 모든 실수 x에 대하여 $f'(x) \geq 0$이고 $f(a) \geq 0$임을 보인다.

예를 들어 $x \geq 0$일 때, 부등식 $2x^3 - 6x^2 + 7x + 2 \geq 0$이 성립함을 증명해 보자.

$f(x) = 2x^3 - 6x^2 + 7x + 2$라 하면 $f'(x) = 6x^2 - 12x + 7 = 6(x-1)^2 + 1$

모든 실수 x에 대하여 $f'(x) > 0$이므로 $x > 0$에서 함수 $f(x)$는 증가하고 $f(0) = 2 \geq 0$이므로 $x \geq 0$에서 $f(x) \geq 0$

따라서 $x \geq 0$일 때, 부등식 $2x^3 - 6x^2 + 7x + 2 \geq 0$이 성립한다.

모든 실수 x에 대하여 성립하는 부등식 ✎ 유형편 45쪽

다음 물음에 답하시오.

(1) 모든 실수 x에 대하여 부등식 $3x^4-8x^3+k>0$이 성립하도록 하는 실수 k의 값의 범위를 구하시오.

(2) 두 함수 $f(x)=x^4+6x^3-x^2-9x$, $g(x)=2x^3-x^2+7x-k$가 있다. 모든 실수 x에 대하여 부등식 $f(x){\geq}g(x)$가 성립하도록 하는 실수 k의 값의 범위를 구하시오.

공략 Point

모든 실수 x에 대하여
(1) 부등식 $f(x)>0$이 성립하려면
($f(x)$의 최솟값)>0이어야 한다.
(2) 부등식 $f(x){\geq}g(x)$가 성립하려면
$F(x)=f(x)-g(x)$라 할 때, $F(x){\geq}0$
즉, ($F(x)$의 최솟값)≥0이어야 한다.

풀이

(1) $f(x)=3x^4-8x^3+k$라 하면

$f'(x)=12x^3-24x^2=12x^2(x-2)$

$f'(x)=0$인 x의 값은

$x=0$ 또는 $x=2$

함수 $f(x)$의 증가와 감소를 표로 나타내면 오른쪽과 같다.

x	$\cdots$	0	$\cdots$	2	$\cdots$
$f'(x)$	$-$	0	$-$	0	$+$
$f(x)$	↘	k	↘	$k-16$ 극소	↗

따라서 함수 $f(x)$의 최솟값은 $k-16$이므로 모든 실수 x에 대하여 $f(x)>0$이 성립하려면

$k-16>0$

$\therefore \boldsymbol{k>16}$

(2) 모든 실수 x에 대하여 $f(x){\geq}g(x)$가 성립하려면 $f(x)-g(x){\geq}0$이어야 한다.

$F(x)=f(x)-g(x)$라 하면

$F(x)=x^4+6x^3-x^2-9x-(2x^3-x^2+7x-k)$
$\qquad =x^4+4x^3-16x+k$

$F(x)=x^4+4x^3-16x+k$에서

$F'(x)=4x^3+12x^2-16=4(x+2)^2(x-1)$

$F'(x)=0$인 x의 값은

$x=-2$ 또는 $x=1$

함수 $F(x)$의 증가와 감소를 표로 나타내면 오른쪽과 같다.

x	$\cdots$	-2	$\cdots$	1	$\cdots$
$F'(x)$	$-$	0	$-$	0	$+$
$F(x)$	↘	$k+16$	↘	$k-11$ 극소	↗

따라서 함수 $F(x)$의 최솟값은 $k-11$이므로 모든 실수 x에 대하여 $f(x){\geq}g(x)$, 즉 $F(x){\geq}0$이 성립하려면

$k-11{\geq}0$

$\therefore \boldsymbol{k{\geq}11}$

● **문제** ●

정답과 해설 57쪽

O5-1 모든 실수 x에 대하여 부등식 $x^4-4x^3+4x^2-k{\geq}0$이 성립하도록 하는 실수 k의 값의 범위를 구하시오.

O5-2 두 함수 $f(x)=-3x^4+16x^3-14x^2-24$, $g(x)=4x^2-k$가 있다. 모든 실수 x에 대하여 부등식 $f(x){\leq}g(x)$가 성립하도록 하는 실수 k의 최댓값을 구하시오.

주어진 구간에서 성립하는 부등식

유형편 45쪽

다음 물음에 답하시오.

(1) $x>0$일 때, 부등식 $2x^3-6x^2+k>0$이 성립하도록 하는 실수 k의 값의 범위를 구하시오.

(2) $x>3$일 때, 부등식 $x^3-6x^2+9x+k>0$이 성립하도록 하는 실수 k의 값의 범위를 구하시오.

공략 Point

$x>a$에서 부등식 $f(x)>0$
이 성립하려면

(1) 함수 $f(x)$가 극값을 가질
때
➡ ($f(x)$의 최솟값)>0
이어야 한다.

(2) 함수 $f(x)$가 극값을 갖지
않을 때
➡ $x>a$에서 $f(x)$가 증
가하고 $f(a)\geq0$이어
야 한다.

풀이

(1) $f(x)=2x^3-6x^2+k$라 하면 | $f'(x)=6x^2-12x=6x(x-2)$

$f'(x)=0$인 x의 값은 | $x=2$ $(\because x>0)$

$x>0$에서 함수 $f(x)$의 증가와 감소를 표로
나타내면 오른쪽과 같다.

x	0	$\cdots$	2	$\cdots$
$f'(x)$		$-$	0	$+$
$f(x)$		$\searrow$	$k-8$ 극소	$\nearrow$

따라서 $x>0$에서 함수 $f(x)$의 최솟값은 $k-8$
이므로 $x>0$일 때, $f(x)>0$이 성립하려면 | $k-8>0$

$\therefore$ $\boldsymbol{k>8}$

(2) $f(x)=x^3-6x^2+9x+k$라 하면 | $f'(x)=3x^2-12x+9=3(x-1)(x-3)$

$x>3$일 때, $f'(x)>0$이므로 | $x>3$에서 함수 $f(x)$는 증가한다.

따라서 $x>3$일 때, $f(x)>0$이 성립하려면
$f(3)\geq0$이어야 하므로 | $27-54+27+k\geq0$

$\therefore$ $\boldsymbol{k\geq0}$

● **문제** ●

정답과 해설 57쪽

06-1 다음 물음에 답하시오.

(1) $x\geq1$일 때, 부등식 $x^3-3x^2+k\geq0$이 성립하도록 하는 실수 k의 값의 범위를 구하시오.

(2) $2<x<4$일 때, 부등식 $x^3+x^2-4x<x^2+8x-k$가 성립하도록 하는 실수 k의 값의 범위를
구하시오.

06-2 두 함수 $f(x)=-2x^2+2x+k$, $g(x)=x^3-2x^2-x+3$에 대하여 구간 $[0, 2]$에서 부등식
$f(x)<g(x)$가 성립하도록 하는 실수 k의 값의 범위를 구하시오.

연습문제

1 방정식 $3x^4+4x^3-12x^2+5=0$의 서로 다른 실근의 개수를 구하시오.

평가원

2 두 곡선 $y=2x^2-1$, $y=x^3-x^2+k$가 만나는 점의 개수가 2가 되도록 하는 양수 k의 값은?

① 1   ② 2   ③ 3
④ 4   ⑤ 5

3 삼차함수 $f(x)$의 도함수 $y=f'(x)$의 그래프가 오른쪽 그림과 같다.
$f(0)=2$일 때, 방정식 $f(x)=k$가 서로 다른 세 실근을 갖도록 하는 실수 k의 값의 범위를 구하시오.

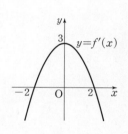

4 함수 $f(x)=3x^3-9x-1$에 대하여 방정식 $|f(x)|=k$가 서로 다른 네 실근을 갖도록 하는 정수 k의 값은?

① 3   ② 4   ③ 5
④ 6   ⑤ 7

5 방정식 $2x^4-4x^2-a=0$이 한 개의 음의 실근과 한 개의 양의 실근만 갖도록 하는 실수 a의 값의 범위를 구하시오.

6 방정식 $5x^3+2x^2-8x=3x^3-x^2+4x+k$의 세 실근을 α, β, γ라 할 때, $\alpha<\beta<0<\gamma$를 만족시키는 정수 k의 개수는?

① 13   ② 15   ③ 17
④ 19   ⑤ 21

7 모든 실수 x에 대하여 부등식
$$-x^4+3x^3+6x^2-5\le 3x^3+2x^2+a$$
가 성립하도록 하는 실수 a의 최솟값을 구하시오.

8 두 함수 $f(x)=x^4+2x^2-5x$, $g(x)=-x^2-15x+a$에 대하여 함수 $y=f(x)$의 그래프가 함수 $y=g(x)$의 그래프보다 항상 위쪽에 있도록 하는 실수 a의 값의 범위를 구하시오.

9 $-2 \leq x \leq 0$일 때, 부등식
$$|3x^4 - 4x^3 - 12x^2 + k| < 20$$
이 성립하도록 하는 정수 k의 개수를 구하시오.

▶ **실력**

10 최고차항의 계수가 1인 삼차함수 $f(x)$가 다음 조건을 만족시킬 때, $f(3)$의 값을 구하시오.

> (가) 함수 $f(x)$는 $x=0$에서 극댓값 3을 갖는다.
> (나) 방정식 $|f(x)|=1$의 서로 다른 실근의 개수는 5이다.

11 점 $(-2, k)$에서 곡선 $y = -x^3 + 2x$에 서로 다른 세 접선을 그을 수 있도록 하는 실수 k의 값의 범위를 구하시오.

교육청

12 이차함수 $y=f(x)$의 그래프와 직선 $y=2$가 그림과 같다.

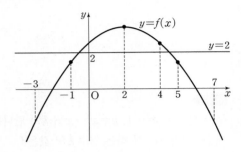

열린 구간 $(-3, 7)$에서 부등식
$f'(x)\{f(x)-2\} \leq 0$을 만족시키는 정수 x의 개수는? (단, $f'(2)=0$)

① 4   ② 5   ③ 6
④ 7   ⑤ 8

교육청

13 자연수 a에 대하여 두 함수
$$f(x) = -x^4 - 2x^3 - x^2, \ g(x) = 3x^2 + a$$
가 있다. 다음을 만족시키는 a의 값을 구하시오.

> 모든 실수 x에 대하여 부등식
> $$f(x) \leq 12x + k \leq g(x)$$
> 를 만족시키는 자연수 k의 개수는 3이다.

속도와 가속도

❶ 수직선 위를 움직이는 점의 속도와 가속도

점 P가 수직선 위를 움직일 때, 시각 t에서의 점 P의 위치를 x라 하면 x는 t에 대한 함수이므로
$x=f(t)$와 같이 나타낼 수 있다.

(1) 평균 속도

시각이 t에서 $t+\Delta t$까지 변할 때, 점 P의 평균 속도는

$$\frac{\Delta x}{\Delta t}=\frac{f(t+\Delta t)-f(t)}{\Delta t}$$ ◀ (평균 속도)$=\dfrac{\text{(위치의 변화량)}}{\text{(시간의 변화량)}}$

이고, 이는 함수 $x=f(t)$의 평균변화율이다.

(2) 속도와 속력

시각 t에서의 점 P의 위치 x의 순간변화율을 시각 t에서의 점 P의 속도라 한다.

즉, 속도 v는

$$v=\lim_{\Delta t \to 0}\frac{\Delta x}{\Delta t}=\lim_{\Delta t \to 0}\frac{f(t+\Delta t)-f(t)}{\Delta t}=\frac{dx}{dt}=f'(t)$$

이때 속도의 절댓값 $|v|$를 시각 t에서의 점 P의 속력이라 한다.

(3) 가속도

시각 t에서의 속도 v의 순간변화율을 시각 t에서의 점 P의 가속도라 한다.

즉, 가속도 a는

$$a=\lim_{\Delta t \to 0}\frac{\Delta v}{\Delta t}=\frac{dv}{dt}$$

수직선 위를 움직이는 점 P의 시각 t에서의 위치 x를 $x=f(t)$라 할 때,
시각 t에서의 점 P의 속도 v와 가속도 a는

$$v=\frac{dx}{dt}=f'(t)$$

$$a=\frac{dv}{dt}$$

예 수직선 위를 움직이는 점 P의 시각 t에서의 위치 x가 $x=t^3+2t^2-t+1$일 때, 시각 $t=1$에서의 속도와 가속도를 구해 보자.

시각 t에서의 점 P의 속도를 v, 가속도를 a라 하면

$$v=\frac{dx}{dt}=3t^2+4t-1$$

$$a=\frac{dv}{dt}=6t+4$$

이때 시각 $t=1$에서의 점 P의 속도와 가속도를 구하면

$$v=3+4-1=6$$

$$a=6+4=10$$

참고 수직선 위를 움직이는 점 P의 시각 t에서의 속도 v의 부호는 점 P의 운동 방향을 나타낸다. 즉,

(1) $v>0$이면 점 P는 양의 방향으로 움직인다.

(2) $v<0$이면 점 P는 음의 방향으로 움직인다.

(3) $v=0$이면 점 P는 운동 방향을 바꾸거나 정지한다.

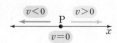

② 시각에 대한 길이, 넓이, 부피의 변화율

시각 t에서의 길이가 l, 넓이가 S, 부피가 V인 각각의 도형에서 시간이 Δt만큼 경과한 후 길이가 Δl만큼, 넓이가 ΔS만큼, 부피가 ΔV만큼 변할 때

(1) 시각 t에서의 길이 l의 변화율은

$$\lim_{\Delta t \to 0} \frac{\Delta l}{\Delta t} = \frac{dl}{dt}$$

(2) 시각 t에서의 넓이 S의 변화율은

$$\lim_{\Delta t \to 0} \frac{\Delta S}{\Delta t} = \frac{dS}{dt}$$

(3) 시각 t에서의 부피 V의 변화율은

$$\lim_{\Delta t \to 0} \frac{\Delta V}{\Delta t} = \frac{dV}{dt}$$

예 밑면이 한 변의 길이가 1인 정사각형이고 높이가 5인 직육면체의 밑면의 한 변의 길이가 매시각 2씩 늘어날 때, 시각 t에서의 밑면의 한 변의 길이의 변화율, 밑면의 넓이의 변화율, 직육면체의 부피의 변화율을 구해 보자.
시각 t에서의 직육면체의 밑면의 한 변의 길이를 l, 밑면의 넓이를 S, 직육면체의 부피를 V라 하면
$l = 1 + 2t$, $S = (1 + 2t)^2 = 4t^2 + 4t + 1$, $V = 5(4t^2 + 4t + 1) = 20t^2 + 20t + 5$

(1) 시각 t에서의 길이 l의 변화율은

$$\frac{dl}{dt} = (1 + 2t)' = 2$$

(2) 시각 t에서의 넓이 S의 변화율은

$$\frac{dS}{dt} = (4t^2 + 4t + 1)' = 8t + 4$$

(3) 시각 t에서의 부피 V의 변화율은

$$\frac{dV}{dt} = (20t^2 + 20t + 5)' = 40t + 20$$

개념 Check

정답과 해설 62쪽

1 수직선 위를 움직이는 점 P의 시각 t에서의 위치 x가 다음과 같을 때, 시각 $t = 2$에서의 점 P의 속도와 가속도를 구하시오.

(1) $x = -3t^2 + 7t$

(2) $x = t^3 - 2t^2 - 4t + 1$

2 수직선 위를 움직이는 점 P의 시각 t에서의 위치 x가 $x = -2t^2 + 4t + 6$일 때, 다음을 구하시오.

(1) 점 P의 위치가 0이 되는 시각

(2) 점 P의 속도가 0이 되는 시각

수직선 위를 움직이는 점의 속도와 가속도

필수
예제 01

유형편 46쪽

수직선 위를 움직이는 점 P의 시각 t에서의 위치 x가 $x=t^3-9t^2+18t$일 때, 다음을 구하시오.

(1) 점 P의 가속도가 6일 때, 점 P의 위치
(2) 점 P가 출발 후 처음으로 원점을 지나는 순간의 속도

공략 Point

수직선 위를 움직이는 점 P의 시각 t에서의 위치 x가 $x=f(t)$일 때, 시각 t에서의 점 P의 속도 v와 가속도 a는

$v=\dfrac{dx}{dt}, \ a=\dfrac{dv}{dt}$

풀이

시각 t에서의 점 P의 속도를 v, 가속도를 a라 하면	$v=\dfrac{dx}{dt}=3t^2-18t+18, \ a=\dfrac{dv}{dt}=6t-18$
(1) 점 P의 가속도가 6이므로	$6t-18=6, \ 6t=24 \quad \therefore t=4$
따라서 $t=4$에서의 점 P의 위치는	$x=64-144+72=-8$
(2) 점 P가 원점을 지날 때는 위치가 0이므로	$t^3-9t^2+18t=0, \ t(t-3)(t-6)=0$ $\therefore t=3$ 또는 $t=6 \ (\because t>0)$
따라서 점 P가 출발 후 처음으로 원점을 지나는 시각은 3이므로 $t=3$에서의 점 P의 속도는	$v=27-54+18=-9$

● **문제** ●

정답과 해설 62쪽

01-1 수직선 위를 움직이는 점 P의 시각 t에서의 위치 x가 $x=-t^3+20t-10$일 때, 점 P의 속도가 -28이 되는 순간의 가속도를 구하시오.

01-2 수직선 위를 움직이는 점 P의 시각 t에서의 위치 x가 $x=\dfrac{1}{3}t^3+\dfrac{3}{2}t^2+k$이다. 점 P의 가속도가 9일 때, 점 P의 위치는 40이다. 이때 상수 k의 값을 구하시오.

01-3 수직선 위를 움직이는 점 P의 시각 t에서의 위치 x가 $x=t^3-6t^2+11t-6$일 때, 점 P가 출발 후 마지막으로 원점을 지나는 순간의 속도를 구하시오.

수직선 위를 움직이는 점의 운동 방향

유형편 46쪽

다음 물음에 답하시오.

(1) 수직선 위를 움직이는 점 P의 시각 t에서의 위치 x가 $x=t^3-3t^2-9t$일 때, 점 P가 출발 후 운동 방향을 바꾸는 순간의 가속도를 구하시오.

(2) 수직선 위를 움직이는 두 점 P, Q의 시각 t에서의 위치가 각각 $f(t)=t^2-2t$, $g(t)=2t^2-12t$일 때, 두 점 P, Q가 서로 반대 방향으로 움직이는 t의 값의 범위를 구하시오.

공략 Point

(1) 운동 방향을 바꾸는 순간의 속도는 0이다.
(2) 두 점이 서로 반대 방향으로 움직이면 속도의 부호는 서로 반대이다.

풀이

(1) 시각 t에서의 점 P의 속도를 v, 가속도를 a라 하면	$v=\dfrac{dx}{dt}=3t^2-6t-9$, $a=\dfrac{dv}{dt}=6t-6$
점 P가 운동 방향을 바꾸는 순간의 속도는 0이므로 $v=0$에서	$3t^2-6t-9=0$, $t^2-2t-3=0$ $(t+1)(t-3)=0$ $\therefore t=3\ (\because t>0)$
따라서 $t=3$에서의 점 P의 가속도는	$a=18-6=\mathbf{12}$

(2) 시각 t에서의 두 점 P, Q의 속도는 각각	$f'(t)=2t-2$, $g'(t)=4t-12$
두 점이 서로 반대 방향으로 움직이면 속도의 부호는 서로 반대이므로 $f'(t)g'(t)<0$에서	$(2t-2)(4t-12)<0$, $8(t-1)(t-3)<0$ $\therefore \mathbf{1<t<3}$

● **문제** ●

정답과 해설 62쪽

02-1 수직선 위를 움직이는 점 P의 시각 t에서의 위치 x가 $x=-t^3+6t^2$일 때, 점 P가 출발 후 운동 방향을 바꾸는 순간의 위치를 구하시오.

02-2 수직선 위를 움직이는 두 점 P, Q의 시각 t에서의 위치가 각각 $f(t)=2t^3-6t^2+1$, $g(t)=t^2-8t$일 때, 두 점 P, Q가 서로 반대 방향으로 움직이는 t의 값의 범위를 구하시오.

02-3 수직선 위를 움직이는 점 P의 시각 t에서의 위치 x가 $x=\dfrac{1}{3}t^3-2t^2+3t+2$이고, 점 P는 출발 후 운동 방향을 두 번 바꾼다. 점 P가 운동 방향을 바꾸는 순간의 위치를 각각 A, B라 할 때, 두 지점 A, B 사이의 거리를 구하시오.

위로 던진 물체의 속도와 가속도

유형편 47쪽

지면에서 40 m/s의 속도로 지면과 수직으로 쏘아 올린 물체의 t초 후의 높이를 x m라 하면 $x = 40t - 5t^2$인 관계가 성립할 때, 다음을 구하시오.

(1) 2초 후의 물체의 속도와 가속도

(2) 물체의 최고 높이

(3) 물체가 지면에 떨어지는 순간의 속도

공략 Point

· 물체가 최고 높이에 도달하면 운동 방향이 바뀌므로 속도는 0이다.

· 물체가 지면에 떨어질 때의 높이는 0이다.

풀이

물체의 t초 후의 속도를 v, 가속도를 a라 하면	$v = \dfrac{dx}{dt} = 40 - 10t \,(\text{m/s}),\ a = \dfrac{dv}{dt} = -10\,(\text{m/s}^2)$
(1) 2초 후의 물체의 속도와 가속도는	$v = 40 - 20 = \mathbf{20\,(m/s)},\ a = \mathbf{-10\,(m/s^2)}$
(2) 물체가 최고 높이에 도달할 때의 속도는 0이므로 $v = 0$에서	$40 - 10t = 0 \qquad \therefore t = 4$
따라서 $t = 4$에서의 높이는	$x = 160 - 80 = \mathbf{80\,(m)}$
(3) 물체가 지면에 떨어질 때의 높이는 0이므로 $x = 0$에서	$40t - 5t^2 = 0,\ -5t(t - 8) = 0$ $\therefore t = 8\ (\because t > 0)$
따라서 $t = 8$에서의 속도는	$v = 40 - 80 = \mathbf{-40\,(m/s)}$

문제

정답과 해설 63쪽

03-1 지면으로부터 25 m의 높이에서 20 m/s의 속도로 지면과 수직으로 쏘아 올린 물 로켓의 t초 후의 높이를 x m라 하면 $x = 25 + 20t - 5t^2$인 관계가 성립할 때, 다음을 구하시오.

(1) 3초 후의 물 로켓의 속도와 가속도

(2) 물 로켓의 최고 높이

(3) 물 로켓이 지면에 떨어지는 순간의 속도

03-2 지면으로부터 30 m의 높이에서 a m/s의 속도로 지면과 수직으로 쏘아 올린 물체의 t초 후의 높이를 x m라 하면 $x = 30 + at + bt^2$인 관계가 성립할 때, 물체가 최고 높이에 도달할 때까지 걸린 시간은 3초이고 그때의 높이는 75 m이다. 이때 상수 a, b에 대하여 ab의 값을 구하시오.

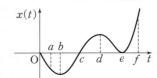

필수예제 04 위치, 속도의 그래프의 해석

수직선 위를 움직이는 점 P의 시각 t에서의 위치 $x(t)$의 그래프가 오른쪽 그림과 같을 때, 보기에서 옳은 것만을 있는 대로 고르시오.

┌─ 보기 ──────────────────────────────────┐
ㄱ. $t=a$일 때와 $t=c$일 때 점 P의 운동 방향이 서로 반대이다.
ㄴ. $t=b$에서의 점 P의 속도는 0이다.
ㄷ. $t=d$에서 점 P는 운동 방향을 바꾼다.
ㄹ. $0<t<f$에서 점 P는 원점을 한 번만 지난다.
└──────────────────────────────────────┘

공략 Point

위치 $x(t)$의 그래프에서 시각 $t=a$에서의 속도는 $t=a$인 점에서의 접선의 기울기와 같다.

풀이

ㄱ. $t=a$인 점에서의 접선의 기울기는 음수이므로	$v<0$
$t=c$인 점에서의 접선의 기울기는 양수이므로	$v>0$
$t=a$일 때와 $t=c$일 때 속도의 부호가 서로 반대이므로	점 P의 운동 방향이 서로 반대이다.
ㄴ. $t=b$인 점에서의 접선의 기울기는 0이므로	$t=b$에서의 점 P의 속도는 0이다.
ㄷ. $t=d$인 점에서의 접선의 기울기는 0이고 $t=d$의 좌우에서 접선의 기울기의 부호가 바뀌므로	$t=d$에서 점 P는 운동 방향을 바꾼다.
ㄹ. $t=c$, $t=e$에서 위치 x가 0이므로	$0<t<f$에서 점 P는 원점을 두 번 지난다.
따라서 보기에서 옳은 것은	ㄱ, ㄴ, ㄷ

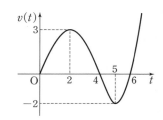

● 문제 ●

정답과 해설 63쪽

04-1 수직선 위를 움직이는 점 P의 시각 t에서의 속도 $v(t)$의 그래프가 오른쪽 그림과 같을 때, 보기에서 옳은 것만을 있는 대로 고르시오.

┌─ 보기 ──────────────────────────────────┐
ㄱ. $0<t<2$에서 점 P의 속도는 증가한다.
ㄴ. $t=2$일 때와 $t=5$일 때 점 P의 운동 방향이 서로 반대이다.
ㄷ. $t=4$에서의 점 P의 가속도는 0이다.
ㄹ. $0<t<6$에서 점 P는 운동 방향을 두 번 바꾼다.
└──────────────────────────────────────┘

시각에 대한 길이의 변화율

유형편 48쪽

오른쪽 그림과 같이 키가 $1.6\,\text{m}$인 학생이 높이가 $4.8\,\text{m}$인 가로등 바로 밑에서 출발하여 매초 $0.8\,\text{m}$의 일정한 속도로 일직선으로 걸을 때, 다음을 구하시오.

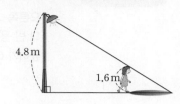

(1) 학생의 그림자 끝이 움직이는 속도
(2) 학생의 그림자의 길이의 변화율

공략 Point

길이를 시각 t에 대한 식으로 나타낸 후 미분하여 변화율을 구한다.

풀이

학생이 $0.8\,\text{m/s}$의 속도로 움직이므로 t초 동안 움직이는 거리는	$0.8t\,\text{m}$	
t초 후 가로등 바로 밑에서 학생의 그림자 끝까지의 거리를 $x\,\text{m}$라 하면 오른쪽 그림에서 $\triangle\text{ABC}\backsim\triangle\text{DEC(AA 닮음)}$이므로	$4.8 : x = 1.6 : (x-0.8t)$ $1.6x = 4.8x - 3.84t$ $3.2x = 3.84t$ $\therefore \ x = 1.2t$	

(1) 그림자 끝이 움직이는 속도를 $v\,\text{m/s}$라 하면	$v = \dfrac{dx}{dt} = \mathbf{1.2(m/s)}$
(2) 그림자의 길이를 $l\,\text{m}$라 하면 $l = \overline{\text{CE}}$이므로	$l = \overline{\text{CE}} = \overline{\text{BC}} - \overline{\text{BE}}$ $= x - 0.8t$ $= 1.2t - 0.8t = 0.4t$
따라서 그림자의 길이의 변화율은	$\dfrac{dl}{dt} = \mathbf{0.4(m/s)}$

● **문제** ●

정답과 해설 63쪽

05-1 오른쪽 그림과 같이 키가 $1.5\,\text{m}$인 민우가 높이가 $2.5\,\text{m}$인 가로등 바로 밑에서 출발하여 매초 $2\,\text{m}$의 일정한 속도로 일직선으로 걸을 때, 다음을 구하시오.

(1) 민우의 그림자 끝이 움직이는 속도
(2) 민우의 그림자의 길이의 변화율

시각에 대한 넓이, 부피의 변화율

✏️유형편 48쪽

오른쪽 그림과 같이 밑면의 반지름의 길이가 10 cm, 높이가 30 cm인 원뿔 모양의 빈 용기에 매초 1 cm의 속도로 수면이 상승하도록 물을 넣는다고 한다. 수면의 높이가 6 cm가 되었을 때, 물의 부피의 변화율을 구하시오.

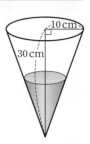

공략 Point

부피를 시각 t에 대한 식으로 나타낸 후 미분하여 변화율을 구한다.

풀이

수면이 매초 1 cm씩 상승하므로 t초 후의 수면의 높이는	t cm
t초 후의 수면의 반지름의 길이를 x cm라 하면 오른쪽 그림에서 △ABO∽△AB′O′(AA 닮음)이므로	$30:10=t:x$ $10t=30x$ ∴ $x=\dfrac{t}{3}$
수면의 높이가 6 cm가 될 때의 시각은	$t=6$
t초 후의 물의 부피를 V cm³라 하면	$V=\dfrac{1}{3}\pi x^2 t=\dfrac{1}{3}\pi\left(\dfrac{t}{3}\right)^2 t=\dfrac{\pi}{27}t^3$
물의 부피의 변화율은	$\dfrac{dV}{dt}=\dfrac{\pi}{9}t^2$
따라서 $t=6$에서의 부피의 변화율은	$\dfrac{\pi}{9}\times 6^2=\mathbf{4\pi\,(cm^3/s)}$

오른쪽 그림 옆 도형 라벨: 10 cm, O, B, x cm, O′, B′, 30 cm, t cm, A

● **문제** ●

정답과 해설 63쪽

06-1 밑면의 반지름의 길이가 10, 높이가 20인 원기둥의 밑면의 반지름의 길이가 매시각 1씩 늘어난다고 한다. 밑면의 반지름의 길이가 12가 되었을 때, 다음을 구하시오.

　(1) 원기둥의 겉넓이의 변화율　　　　　　　(2) 원기둥의 부피의 변화율

06-2 오른쪽 그림과 같이 좌표평면 위에서 점 A는 원점 O를 출발하여 x축의 양의 방향으로 매초 3의 속도로 움직이고, 점 B는 원점 O를 출발하여 y축의 양의 방향으로 매초 2의 속도로 움직인다. 두 점 A, B가 동시에 출발한 지 5초 후의 선분 AB를 한 변으로 하는 정사각형의 넓이의 변화율을 구하시오.

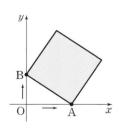

1 수직선 위를 움직이는 점 P의 시각 t에서의 위치 x가 $x=-t^3+6t^2+3t$일 때, 점 P의 속도가 최대일 때의 시각을 구하시오.

2 직선 도로를 달리고 있는 어떤 자동차가 브레이크를 밟은 후 t초 동안 움직인 거리를 x m라 하면 $x=24t-3t^2$인 관계가 성립할 때, 브레이크를 밟은 후 자동차가 정지할 때까지 움직인 거리는?

① 42 m ② 44 m ③ 46 m
④ 48 m ⑤ 50 m

3 수직선 위를 움직이는 두 점 P, Q의 시각 t에서의 위치가 각각

$$f(t)=-t^2+6t, \ g(t)=t^3+\frac{7}{2}t^2-6t+\frac{1}{2}$$

일 때, 두 점 P, Q의 속도가 같아지는 시각을 $t=a$, 그때의 두 점 P, Q 사이의 거리를 b라 하자. 이때 $a+b$의 값을 구하시오.

4 수직선 위를 움직이는 점 P의 시각 t에서의 위치 x가 $x=t^3-\frac{1}{2}t^2-2t+a$이다. 점 P가 출발 후 운동 방향을 원점에서 바꿀 때, 상수 a의 값을 구하시오.

5 수직선 위를 움직이는 두 점 P, Q의 시각 t에서의 위치 x_P, x_Q가

$$x_\mathrm{P}=2t^3-12t^2+18t, \ x_\mathrm{Q}=6t^2-18t-4$$

이다. 선분 PQ의 중점을 M이라 할 때, 출발 후 세 점 P, Q, M이 운동 방향을 바꾸는 횟수를 각각 a, b, c라 하자. 이때 $a+b+c$의 값을 구하시오.

6 지면에서 30 m/s의 속도로 지면과 수직으로 쏘아 올린 물체의 t초 후의 높이를 x m라 하면 $x=30t-5t^2$인 관계가 성립할 때, 물체가 최고 높이에 도달할 때까지 걸린 시간을 a초, 그때의 높이를 b m라 하자. 이때 $b-a$의 값은?

① 36 ② 39 ③ 42
④ 45 ⑤ 48

7 수직선 위를 움직이는 점 P의 시각 t에서의 위치 $x(t)$의 그래프가 오른쪽 그림과 같을 때, 보기에서 옳은 것만을 있는 대로 고르시오.

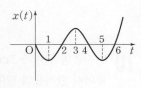

┌ 보기 ─────────────────
ㄱ. 점 P가 운동 방향을 처음으로 바꾸는 시각은 $t=2$이다.
ㄴ. $t=4$에서의 점 P의 속도는 0이다.
ㄷ. $t=6$일 때, 점 P는 원점을 지난다.
ㄹ. $0<t<6$에서 점 P가 출발할 때와 같은 방향으로 움직이는 총시간은 3이다.
└────────────────────────

연습문제

정답과 해설 65쪽

8 키가 1.6 m인 사람이 높이가 4 m인 가로등 바로 밑에서 출발하여 매초 1.5 m의 일정한 속도로 일직선으로 걸을 때, 이 사람의 그림자의 길이의 변화율을 구하시오.

9 오른쪽 그림과 같이 반지름의 길이가 10 cm인 반구 모양의 빈 용기에 수면의 높이가 매초 1 cm씩 높아지도록 물을 채울 때, 2초 후의 수면의 넓이의 변화율을 구하시오.

10 반지름의 길이가 2 cm인 구 모양의 풍선에 공기를 넣어서 반지름의 길이가 매초 2 mm씩 늘어나도록 할 때, 풍선의 반지름의 길이가 3 cm가 되는 순간의 부피의 변화율은?

① $6.8\pi \, \text{cm}^3/\text{s}$　　② $7\pi \, \text{cm}^3/\text{s}$
③ $7.2\pi \, \text{cm}^3/\text{s}$　　④ $7.4\pi \, \text{cm}^3/\text{s}$
⑤ $7.6\pi \, \text{cm}^3/\text{s}$

실력

11 수직선 위를 움직이는 두 점 P, Q의 시각 t에서의 위치 x_P, x_Q가 $x_P = t^4 - 4t^3$, $x_Q = kt^2$일 때, 출발 후 두 점 P, Q의 가속도가 같아지는 순간이 2번이 되도록 하는 정수 k의 개수를 구하시오.

평가원▶
12 수직선 위를 움직이는 점 P의 시각 $t \, (t \geq 0)$에서의 위치 x가
$$x = t^3 - 5t^2 + at + 5$$
이다. 점 P가 움직이는 방향이 바뀌지 않도록 하는 자연수 a의 최솟값은?

① 9　　② 10　　③ 11
④ 12　　⑤ 13

13 오른쪽 그림과 같이 평평한 바닥에 60°로 기울어진 경사면과 반지름의 길이가 0.5 m인 공이 있다. 이 공의 중심은 경사면과 바닥이 만나는 점에서 바닥에 수직으로 높이가 21 m인 위치에 있다. 이 공을 자유 낙하시킬 때, t초 후의 공의 중심의 높이를 $h(t)$ m라 하면 $h(t) = 21 - 5t^2$인 관계가 성립한다고 한다. 공이 경사면과 충돌하는 순간의 공의 속도를 구하시오.
（단, 경사면의 두께와 공기의 저항은 무시한다.）

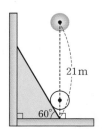

Ⅲ. 적분

1

부정적분과 정적분

부정적분

❶ 부정적분

(1) 함수 $F(x)$의 도함수가 $f(x)$일 때, 즉

$$F'(x)=f(x)$$

일 때, 함수 $F(x)$를 $f(x)$의 **부정적분**이라 한다. ◀ '부정(不定)'은 '어느 한 가지로 정할 수 없다.'는 뜻이다.

예 $(x^3)'=3x^2$, $(x^3+1)'=3x^2$, $(x^3-2)'=3x^2$이므로 x^3, x^3+1, x^3-2는 모두 $3x^2$의 부정적분이다.

(2) 함수 $f(x)$의 한 부정적분을 $F(x)$라 하면 $f(x)$의 임의의 부정적분은 $F(x)+C$ (C는 상수)와 같이 나타낼 수 있고, 기호로

$$\int f(x)\,dx$$

와 같이 나타낸다. 즉, 함수 $f(x)$의 부정적분은

$$\int f(x)\,dx=F(x)+C \ (C는 \ 상수)$$

이다. 이때 상수 C를 **적분상수**라 하고, 함수 $f(x)$의 부정적분을 구하는 것을 함수 $f(x)$를 적분한다고 한다.

> $F'(x)=f(x)$일 때,
>
> $$\int f(x)\,dx=\overset{\text{부정적분}}{F(x)}+C \ (단, \ C는 \ 적분상수)$$
>
> 도함수

예 $\cdot\,(4x)'=4$이므로 $\displaystyle\int 4\,dx=4x+C$ $\cdot\,(x^2)'=2x$이므로 $\displaystyle\int 2x\,dx=x^2+C$

참고 ・기호 $\int$은 sum의 첫 글자 s를 변형한 것으로 '적분' 또는 '인티그럴(integral)'이라 읽는다.

・$\displaystyle\int f(x)\,dx$에서 $f(x)$를 피적분함수, x를 적분변수라 한다.

・$\displaystyle\int f(x)\,dx$에서 dx는 x에 대하여 적분한다는 뜻이므로 x 이외의 문자는 모두 상수로 생각한다.

❷ 부정적분과 미분의 관계

> (1) $\dfrac{d}{dx}\left\{\displaystyle\int f(x)\,dx\right\}=f(x)$
>
> (2) $\displaystyle\int\left\{\dfrac{d}{dx}f(x)\right\}dx=f(x)+C$ (단, C는 적분상수)

예 (1) $\dfrac{d}{dx}\left\{\displaystyle\int(3x^2+2x)\,dx\right\}=3x^2+2x$ (2) $\displaystyle\int\left\{\dfrac{d}{dx}(3x^2+2x)\right\}dx=3x^2+2x+C$

참고 (1) $f(x)\xrightarrow{\text{적분}}F(x)+C\xrightarrow{\text{미분}}f(x)$ ◀ 적분한 후 미분하면 적분상수가 없어지고 원래의 식이 된다.

(2) $f(x)\xrightarrow{\text{미분}}f'(x)\xrightarrow{\text{적분}}f(x)+C$ ◀ 미분한 후 적분하면 원래의 식에 적분상수 C가 붙는다.

주의 $\dfrac{d}{dx}\left\{\displaystyle\int f(x)\,dx\right\}\neq\displaystyle\int\left\{\dfrac{d}{dx}f(x)\right\}dx$

개념 Plus

부정적분

두 함수 $F(x)$, $G(x)$가 모두 $f(x)$의 부정적분이라 하면

$$F'(x) = f(x), \ G'(x) = f(x)$$

이므로 다음이 성립한다.

$$\{G(x) - F(x)\}' = G'(x) - F'(x) = f(x) - f(x) = 0$$

이때 도함수가 0인 함수는 상수함수이므로 이 상수를 C라 하면

$$G(x) - F(x) = C, \ 즉 \ G(x) = F(x) + C$$

따라서 함수 $f(x)$의 한 부정적분을 $F(x)$라 하면 $f(x)$의 임의의 부정적분은 $F(x) + C$ (C는 상수)와 같이 나타낼 수 있다. 즉,

$$\int f(x)\,dx = F(x) + C \ (단, \ C는 \ 적분상수)$$

부정적분과 미분의 관계

(1) 함수 $f(x)$의 부정적분 중 하나를 $F(x)$라 하면

$$\int f(x)\,dx = F(x) + C \ (단, \ C는 \ 적분상수)$$

양변을 x에 대하여 미분하면

$$\frac{d}{dx}\left\{\int f(x)\,dx\right\} = \frac{d}{dx}\{F(x) + C\} = f(x)$$

(2) $\int \left\{\dfrac{d}{dx} f(x)\right\} dx = F(x)$라 하고 양변을 x에 대하여 미분하면

$$\frac{d}{dx} f(x) = \frac{d}{dx} F(x) \qquad \therefore \frac{d}{dx}\{F(x) - f(x)\} = 0$$

도함수가 0이므로 $F(x) - f(x) = C$ (C는 상수)라 하면 $F(x) = f(x) + C$

$$\therefore \int \left\{\frac{d}{dx} f(x)\right\} dx = f(x) + C \ (단, \ C는 \ 적분상수)$$

개념 Check

정답과 해설 66쪽

1 다음 부정적분을 구하시오.

(1) $\displaystyle\int 2\,dx$

(2) $\displaystyle\int 3x^2\,dx$

(3) $\displaystyle\int 4x^3\,dx$

(4) $\displaystyle\int (-6x^5)\,dx$

2 다음 등식을 만족시키는 함수 $f(x)$를 구하시오. (단, C는 적분상수)

(1) $\displaystyle\int f(x)\,dx = 5x + C$

(2) $\displaystyle\int f(x)\,dx = \frac{1}{2}x^2 - 3x + C$

(3) $\displaystyle\int f(x)\,dx = x^3 + x + C$

(4) $\displaystyle\int f(x)\,dx = 2x^5 - 3x^2 + C$

3 함수 $f(x) = x^4 - 2x^3$에 대하여 다음을 구하시오.

(1) $\dfrac{d}{dx}\left\{\displaystyle\int f(x)\,dx\right\}$

(2) $\displaystyle\int \left\{\frac{d}{dx} f(x)\right\} dx$

필수 예제 01 부정적분의 정의

유형편 50쪽

다음 물음에 답하시오.

(1) 등식 $\displaystyle\int (6x^2+ax-3)\,dx=bx^3+2x^2-cx+2$를 만족시키는 상수 a, b, c에 대하여 $a+b+c$의 값을 구하시오.

(2) 등식 $\displaystyle\int (x-2)f(x)\,dx=2x^3-6x^2+C$를 만족시키는 다항함수 $f(x)$를 구하시오.

(단, C는 적분상수)

공략 Point

다항함수 $f(x)$가

$\displaystyle\int f(x)\,dx=ax^2+bx+c$

를 만족시키면

$f(x)=(ax^2+bx+c)'$
$\quad\ =2ax+b$

풀이

(1) 부정적분의 정의에 의하여	$6x^2+ax-3=(bx^3+2x^2-cx+2)'$ $\qquad\qquad\qquad =3bx^2+4x-c$
즉, $6=3b$, $a=4$, $-3=-c$이므로	$a=4$, $b=2$, $c=3$
따라서 구하는 값은	$a+b+c=\mathbf{9}$

(2) 부정적분의 정의에 의하여	$(x-2)f(x)=(2x^3-6x^2+C)'$ $\qquad\qquad\quad =6x^2-12x$ $\qquad\qquad\quad =6x(x-2)$
따라서 함수 $f(x)$는	$f(x)=\mathbf{6x}$

● 문제 ●

정답과 해설 66쪽

01-1 다항함수 $f(x)$가 $\displaystyle\int f(x)\,dx=\dfrac{1}{3}x^3-\dfrac{1}{2}x^2+C$를 만족시킬 때, $f(1)$의 값을 구하시오.

(단, C는 적분상수)

01-2 등식 $\displaystyle\int (3x^2+4x+a)\,dx=bx^3+cx^2-x+1$을 만족시키는 상수 a, b, c에 대하여 $a+b+c$의 값을 구하시오.

01-3 등식 $\displaystyle\int (2x+1)f(x)\,dx=2x^3+\dfrac{1}{2}x^2-x+C$를 만족시키는 다항함수 $f(x)$를 구하시오.

(단, C는 적분상수)

부정적분과 미분의 관계 (1)

유형편 50쪽

다음 물음에 답하시오.

(1) 다항함수 $f(x)$에 대하여 $\dfrac{d}{dx}\left\{\displaystyle\int f(x)\,dx\right\}=3x^2-x$일 때, $f(1)$의 값을 구하시오.

(2) 함수 $f(x)=\displaystyle\int\left\{\dfrac{d}{dx}(x^3-x)\right\}dx$에 대하여 $f(2)=7$일 때, $f(-2)$의 값을 구하시오.

공략 Point

(1) $\dfrac{d}{dx}\left\{\displaystyle\int f(x)\,dx\right\}=f(x)$

(2) $\displaystyle\int\left\{\dfrac{d}{dx}f(x)\right\}dx$
$=f(x)+C$
(단, C는 적분상수)

풀이

(1) 부정적분과 미분의 관계에 의하여 $\dfrac{d}{dx}\left\{\displaystyle\int f(x)\,dx\right\}=f(x)$이므로	$f(x)=3x^2-x$
따라서 $f(1)$의 값은	$f(1)=3-1=\mathbf{2}$

(2) 부정적분과 미분의 관계에 의하여	$f(x)=\displaystyle\int\left\{\dfrac{d}{dx}(x^3-x)\right\}dx$ $=x^3-x+C$
이때 $f(2)=7$에서	$8-2+C=7$ $\therefore C=1$
따라서 $f(x)=x^3-x+1$이므로	$f(-2)=-8+2+1=\mathbf{-5}$

● **문제** ●

정답과 해설 66쪽

○2-1 다항함수 $f(x)$에 대하여 $\dfrac{d}{dx}\left\{\displaystyle\int f(x)\,dx\right\}=5x^3-2x^2$일 때, $f(2)$의 값을 구하시오.

○2-2 함수 $f(x)=\displaystyle\int\left\{\dfrac{d}{dx}(x^3-3x^2)\right\}dx$에 대하여 $f(1)=1$일 때, $f(-1)$의 값을 구하시오.

○2-3 함수 $f(x)=\displaystyle\int\left\{\dfrac{d}{dx}(x^2-4x)\right\}dx$의 최솟값이 5일 때, $f(x)$를 구하시오.

2 부정적분의 계산

① 함수 $y=x^n$ (n은 양의 정수)과 상수함수 $y=k$ (k는 상수)의 부정적분

> (1) n이 양의 정수일 때, $\displaystyle\int x^n\,dx=\dfrac{1}{n+1}x^{n+1}+C$ (단, C는 적분상수)
>
> (2) k가 상수일 때, $\displaystyle\int k\,dx=kx+C$ (단, C는 적분상수)

예 (1) $\displaystyle\int x^6\,dx=\dfrac{1}{6+1}x^{6+1}+C=\dfrac{1}{7}x^7+C$

(2) $\displaystyle\int 3\,dx=3x+C$

참고 $\displaystyle\int 1\,dx$는 간단히 $\displaystyle\int dx$로 나타내기도 한다.

② 함수의 실수배, 합, 차의 부정적분

> 두 함수 $f(x)$, $g(x)$가 부정적분을 가질 때
>
> (1) $\displaystyle\int kf(x)\,dx=k\int f(x)\,dx$ (단, k는 0이 아닌 실수)
>
> (2) $\displaystyle\int\{f(x)+g(x)\}\,dx=\int f(x)\,dx+\int g(x)\,dx$
>
> (3) $\displaystyle\int\{f(x)-g(x)\}\,dx=\int f(x)\,dx-\int g(x)\,dx$

예 (1) $\displaystyle\int 2x^2\,dx=2\int x^2\,dx=2\times\dfrac{1}{3}x^3+C=\dfrac{2}{3}x^3+C$

(2) $\displaystyle\int(x^2+1)\,dx=\int x^2\,dx+\int dx=\left(\dfrac{1}{3}x^3+C_1\right)+(x+C_2)$

$\qquad\qquad\qquad=\dfrac{1}{3}x^3+x+(C_1+C_2)$

이때 $C_1+C_2=C$라 하면　◀ 적분상수가 여러 개일 때는 이들을 묶어서 하나의 적분상수 C로 나타낸다.

$\qquad\displaystyle\int(x^2+1)\,dx=\dfrac{1}{3}x^3+x+C$

(3) $\displaystyle\int(x^3-x)\,dx=\int x^3\,dx-\int x\,dx=\left(\dfrac{1}{4}x^4+C_1\right)-\left(\dfrac{1}{2}x^2+C_2\right)$

$\qquad\qquad\qquad=\dfrac{1}{4}x^4-\dfrac{1}{2}x^2+(C_1-C_2)$

$\qquad\qquad\qquad=\dfrac{1}{4}x^4-\dfrac{1}{2}x^2+C$

참고 (2), (3)은 세 개 이상의 함수에서도 성립한다.

주의 · $\displaystyle\int f(x)g(x)\,dx\neq\int f(x)\,dx\times\int g(x)\,dx$　◀ 함수의 곱은 전개한 후 적분해야 한다.

· $\displaystyle\int\dfrac{f(x)}{g(x)}\,dx\neq\dfrac{\displaystyle\int f(x)\,dx}{\displaystyle\int g(x)\,dx}$　◀ 함수의 나눗셈은 약분한 후 적분해야 한다.

개념 **Plus**

함수 $y=x^n$ (n은 양의 정수)과 상수함수 $y=k$ (k는 상수)의 부정적분

부정적분의 정의를 이용하면 다음과 같다.

$\left(\dfrac{1}{2}x^2\right)'=x$이므로 $\displaystyle\int x\,dx=\dfrac{1}{2}x^2+C$

$\left(\dfrac{1}{3}x^3\right)'=x^2$이므로 $\displaystyle\int x^2\,dx=\dfrac{1}{3}x^3+C$

$\left(\dfrac{1}{4}x^4\right)'=x^3$이므로 $\displaystyle\int x^3\,dx=\dfrac{1}{4}x^4+C$

일반적으로 n이 양의 정수일 때, $\left(\dfrac{1}{n+1}x^{n+1}\right)'=x^n$이므로

$$\int x^n\,dx=\dfrac{1}{n+1}x^{n+1}+C \text{ (단, } C\text{는 적분상수)}$$

한편 k가 상수일 때, $(kx)'=k$이므로

$$\int k\,dx=kx+C \text{ (단, } C\text{는 적분상수)}$$

함수의 실수배, 합, 차의 부정적분

두 함수 $f(x)$, $g(x)$의 한 부정적분을 각각 $F(x)$, $G(x)$라 하면

$$\int f(x)\,dx=F(x)+C_1, \int g(x)\,dx=G(x)+C_2 \text{ (단, } C_1, C_2\text{는 적분상수)}$$

(1) $\{kF(x)\}'=kF'(x)=kf(x)$이므로

$$\int kf(x)\,dx=kF(x)+C \text{ (단, } C\text{는 적분상수)}$$

$$k\int f(x)\,dx=k\{F(x)+C_1\}=kF(x)+kC_1$$

이때 C, C_1은 임의의 상수이므로 k가 0이 아닌 실수이면

$$\int kf(x)\,dx=k\int f(x)\,dx$$

(2) $\{F(x)+G(x)\}'=F'(x)+G'(x)=f(x)+g(x)$이므로

$$\int \{f(x)+g(x)\}\,dx=F(x)+G(x)+C \text{ (단, } C\text{는 적분상수)}$$

$$\int f(x)\,dx+\int g(x)\,dx=\{F(x)+C_1\}+\{G(x)+C_2\}=F(x)+G(x)+(C_1+C_2)$$

이때 C, C_1, C_2는 임의의 상수이므로

$$\int \{f(x)+g(x)\}\,dx=\int f(x)\,dx+\int g(x)\,dx$$

(3) (2)와 같은 방법으로 하면

$$\int \{f(x)-g(x)\}\,dx=\int f(x)\,dx-\int g(x)\,dx$$

개념 **Check**

정답과 해설 66쪽

1 다음 부정적분을 구하시오.

(1) $\displaystyle\int (-3)\,dx$

(2) $\displaystyle\int 6x^2\,dx$

(3) $\displaystyle\int (x+3)\,dx$

(4) $\displaystyle\int (2x^2-4x+2)\,dx$

부정적분의 계산 ✎ 유형편 51쪽

다음 부정적분을 구하시오.

(1) $\displaystyle\int (x+1)^2(3x-1)\,dx$

(2) $\displaystyle\int (x^2+xt)\,dt$

(3) $\displaystyle\int \frac{y^3-1}{y-1}\,dy$

(4) $\displaystyle\int \frac{x^2}{x+2}\,dx - \int \frac{4}{x+2}\,dx$

공략 Point

피적분함수가 복잡한 경우에는 전개, 약분 등을 이용하여 식을 간단히 한 후 부정적분을 구한다.
이때 (2)에서 적분변수 이외의 문자는 상수로 본다.

풀이

(1) 곱셈 공식을 이용하여 전개하면

$$\int (x+1)^2(3x-1)\,dx$$
$$=\int (3x^3+5x^2+x-1)\,dx$$
$$=3\int x^3\,dx+5\int x^2\,dx+\int x\,dx-\int dx$$
$$=\frac{3}{4}x^4+\frac{5}{3}x^3+\frac{1}{2}x^2-x+C$$

(2) 적분변수가 t이므로 x를 상수로 보고 t에 대하여 적분하면

$$\int (x^2+xt)\,dt=x^2\int dt+x\int t\,dt$$
$$=x^2t+\frac{1}{2}xt^2+C$$

(3) 분자를 인수분해한 후 약분하면

$$\int \frac{y^3-1}{y-1}\,dy=\int \frac{(y-1)(y^2+y+1)}{y-1}\,dy$$
$$=\int (y^2+y+1)\,dy$$
$$=\int y^2\,dy+\int y\,dy+\int dy$$
$$=\frac{1}{3}y^3+\frac{1}{2}y^2+y+C$$

(4) $\displaystyle\int f(x)\,dx-\int g(x)\,dx$
$=\displaystyle\int \{f(x)-g(x)\}\,dx$이므로

분자를 인수분해한 후 약분하면

$$\int \frac{x^2}{x+2}\,dx-\int \frac{4}{x+2}\,dx$$
$$=\int \left(\frac{x^2}{x+2}-\frac{4}{x+2}\right)dx=\int \frac{x^2-4}{x+2}\,dx$$
$$=\int \frac{(x+2)(x-2)}{x+2}\,dx=\int (x-2)\,dx$$
$$=\int x\,dx-2\int dx=\frac{1}{2}x^2-2x+C$$

● **문제** ●

정답과 해설 66쪽

○3-**1** 다음 부정적분을 구하시오.

(1) $\displaystyle\int 3x(x-1)(2x+3)\,dx$

(2) $\displaystyle\int (1+xy+3x^2y^2)\,dy$

(3) $\displaystyle\int \frac{x^4-1}{x^2-1}\,dx$

(4) $\displaystyle\int (2+\sqrt{t})^2\,dt+\int (2-\sqrt{t})^2\,dt$

도함수가 주어질 때, 함수 구하기

유형편 51쪽

다음 물음에 답하시오.

(1) 함수 $f(x)$에 대하여 $f'(x)=3x^2+2x$이고 $f(-1)=2$일 때, $f(2)$의 값을 구하시오.

(2) 점 $(1, 3)$을 지나는 곡선 $y=f(x)$ 위의 임의의 점 $(x, f(x))$에서의 접선의 기울기가 $2x-5$일 때, 함수 $f(x)$를 구하시오.

공략 Point

함수 $f(x)$의 도함수 $f'(x)$가 주어지면 $f(x)=\displaystyle\int f'(x)\,dx$ 임을 이용하여 $f(x)$를 적분상수를 포함한 식으로 나타낸다.

풀이

(1) $f(x)=\displaystyle\int f'(x)\,dx$이므로	$\begin{aligned} f(x)&=\int (3x^2+2x)\,dx \\ &=x^3+x^2+C \end{aligned}$
이때 $f(-1)=2$에서	$-1+1+C=2$ $\therefore C=2$
따라서 $f(x)=x^3+x^2+2$이므로	$f(2)=8+4+2=\textbf{14}$

(2) 곡선 $y=f(x)$ 위의 점 $(x, f(x))$에서의 접선의 기울기가 $2x-5$이므로	$f'(x)=2x-5$
$f(x)=\displaystyle\int f'(x)\,dx$이므로	$\begin{aligned} f(x)&=\int (2x-5)\,dx \\ &=x^2-5x+C \end{aligned}$
이때 곡선 $y=f(x)$가 점 $(1, 3)$을 지나므로 $f(1)=3$에서	$1-5+C=3$ $\therefore C=7$
따라서 함수 $f(x)$는	$f(x)=x^2-5x+7$

● **문제** ●

정답과 해설 67쪽

04-**1** 함수 $f(x)$에 대하여 $f'(x)=2x+4$이고 $f(0)=1$일 때, $f(3)$의 값을 구하시오.

04-**2** 점 $(-1, 1)$을 지나는 곡선 $y=f(x)$ 위의 임의의 점 $(x, f(x))$에서의 접선의 기울기가 $3x^2-2x+1$일 때, $f(1)$의 값을 구하시오.

함수와 그 부정적분 사이의 관계식이 주어질 때, 함수 구하기

✐유형편 52쪽

다항함수 $f(x)$의 한 부정적분을 $F(x)$라 하면
$$F(x)=xf(x)+2x^3-x^2$$
이 성립한다. $f(1)=0$일 때, $f(x)$를 구하시오.

공략 Point

함수 $f(x)$와 그 부정적분 $F(x)$ 사이의 관계식이 주어지면 양변을 x에 대하여 미분한 후 $F'(x)=f(x)$임을 이용한다.

풀이

$F(x)=xf(x)+2x^3-x^2$의 양변을 x에 대하여 미분하면	$F'(x)=f(x)+xf'(x)+6x^2-2x$
$F'(x)=f(x)$이므로	$f(x)=f(x)+xf'(x)+6x^2-2x$ $xf'(x)=-6x^2+2x=x(-6x+2)$ $\therefore f'(x)=-6x+2$
$f(x)=\displaystyle\int f'(x)\,dx$이므로	$f(x)=\displaystyle\int (-6x+2)\,dx$ $=-3x^2+2x+C$
이때 $f(1)=0$에서	$-3+2+C=0 \qquad \therefore C=1$
따라서 함수 $f(x)$는	$f(x)=-3x^2+2x+1$

• **문제** •

정답과 해설 67쪽

$\bigcirc$5-**1** 다항함수 $f(x)$의 한 부정적분을 $F(x)$라 하면
$$xf(x)-F(x)=2x^3-4x^2$$
이 성립한다. $f(2)=2$일 때, $f(x)$를 구하시오.

$\bigcirc$5-**2** 다항함수 $f(x)$에 대하여
$$\int xf(x)\,dx=\{f(x)\}^2$$
이 성립하고 $f(0)=1$일 때, $f(2)$의 값을 구하시오.

$\bigcirc$5-**3** 다항함수 $f(x)$에 대하여
$$\int f(x)\,dx=(x+1)f(x)-3x^4-4x^3$$
이 성립하고 $f(1)=2$일 때, $f(-1)$의 값을 구하시오.

부정적분과 미분의 관계 (2)

유형편 53쪽

두 다항함수 $f(x)$, $g(x)$가

$$\frac{d}{dx}\{f(x)+g(x)\}=2x, \quad \frac{d}{dx}\{f(x)g(x)\}=3x^2-4x+4$$

를 만족시키고 $f(0)=-1$, $g(0)=3$일 때, $f(-1)+g(2)$의 값을 구하시오.

공략 Point

$\dfrac{d}{dx}f(x)=g(x)$ 꼴이 주어지면 양변을 x에 대하여 적분한 후 $f(x)=\displaystyle\int g(x)\,dx$임을 이용한다.

풀이

$\dfrac{d}{dx}\{f(x)+g(x)\}=2x$에서	$\displaystyle\int\left[\dfrac{d}{dx}\{f(x)+g(x)\}\right]dx=\int 2x\,dx$ $\therefore f(x)+g(x)=x^2+C_1$ $\qquad$ ······ ㉠
$\dfrac{d}{dx}\{f(x)g(x)\}=3x^2-4x+4$에서	$\displaystyle\int\left[\dfrac{d}{dx}\{f(x)g(x)\}\right]dx=\int (3x^2-4x+4)\,dx$ $\therefore f(x)g(x)=x^3-2x^2+4x+C_2$ $\qquad$ ······ ㉡
이때 $f(0)=-1$, $g(0)=3$이므로 ㉠, ㉡의 양변에 각각 $x=0$을 대입하면	$f(0)+g(0)=C_1 \quad \therefore C_1=-1+3=2$ $f(0)g(0)=C_2 \qquad \therefore C_2=-1\times 3=-3$
$C_1=2$, $C_2=-3$을 각각 ㉠, ㉡에 대입하면	$f(x)+g(x)=x^2+2$ $f(x)g(x)=x^3-2x^2+4x-3$ $\qquad\qquad =(x-1)(x^2-x+3)$
그런데 $f(0)=-1$, $g(0)=3$이므로	$f(x)=x-1$, $g(x)=x^2-x+3$
따라서 구하는 값은	$f(-1)+g(2)=(-1-1)+(4-2+3)=\mathbf{3}$

● **문제** ●

정답과 해설 67쪽

06-1 두 다항함수 $f(x)$, $g(x)$가

$$\frac{d}{dx}\{f(x)+g(x)\}=6x^2+6x-2, \quad \frac{d}{dx}\{f(x)-g(x)\}=6x^2-6x-4$$

를 만족시키고 $f(0)=0$, $g(0)=1$일 때, $f(1)+g(-1)$의 값을 구하시오.

06-2 두 다항함수 $f(x)$, $g(x)$가

$$\frac{d}{dx}\{f(x)-g(x)\}=2x-1, \quad \frac{d}{dx}\{f(x)g(x)\}=6x^2+8x-6$$

을 만족시키고 $f(1)=-2$, $g(1)=4$일 때, $f(0)+g(3)$의 값을 구하시오.

필수
예제 **07** 부정적분과 함수의 연속

유형편 53쪽

모든 실수 x에서 연속인 함수 $f(x)$에 대하여 $f'(x)=\begin{cases} 2x+1 & (x\geq1) \\ 3x^2 & (x<1) \end{cases}$ 이고 $f(0)=-2$일 때, $f(2)$의 값을 구하시오.

공략 Point

함수 $f(x)$에 대하여

$f'(x)=\begin{cases} g(x) & (x>a) \\ h(x) & (x<a) \end{cases}$

이고, $f(x)$가 $x=a$에서 연속이면

(1) $f(x)$

$=\begin{cases} \displaystyle\int g(x)\,dx & (x\geq a) \\ \displaystyle\int h(x)\,dx & (x<a) \end{cases}$

(2) $\displaystyle\lim_{x\to a+}\int g(x)\,dx$

$=\displaystyle\lim_{x\to a-}\int h(x)\,dx$

$=f(a)$

풀이

(i) $x\geq1$일 때, $f'(x)=2x+1$이므로	$f(x)=\displaystyle\int(2x+1)\,dx=x^2+x+C_1$
(ii) $x<1$일 때, $f'(x)=3x^2$이므로	$f(x)=\displaystyle\int 3x^2\,dx=x^3+C_2$
(i), (ii)에서 함수 $f(x)$는	$f(x)=\begin{cases} x^2+x+C_1 & (x\geq1) \\ x^3+C_2 & (x<1) \end{cases}$ ...... ㉠
이때 $f(0)=-2$에서	$C_2=-2$
함수 $f(x)$는 $x=1$에서 연속이므로 $\displaystyle\lim_{x\to1-}f(x)=f(1)$에서	$1+C_2=1+1+C_1$ $1+(-2)=2+C_1$ $\therefore C_1=-3$
$C_1=-3$, $C_2=-2$를 ㉠에 대입하면	$f(x)=\begin{cases} x^2+x-3 & (x\geq1) \\ x^3-2 & (x<1) \end{cases}$
따라서 $f(2)$의 값은	$f(2)=4+2-3=\mathbf{3}$

● **문제** ●

정답과 해설 68쪽

07-1 모든 실수 x에서 연속인 함수 $f(x)$에 대하여 $f'(x)=\begin{cases} 2x-2 & (x\geq0) \\ -2x-2 & (x<0) \end{cases}$ 이고 $f(-2)=1$일 때, $f(-1)+f(1)$의 값을 구하시오.

07-2 모든 실수 x에서 연속인 함수 $f(x)$에 대하여 $f'(x)=\begin{cases} -3x^2+1 & (x>1) \\ 4x-2 & (x<1) \end{cases}$ 이고 함수 $y=f(x)$의 그래프가 점 $(-1, 1)$을 지날 때, $f(2)$의 값을 구하시오.

함수 $f(x)$에 대하여 $f'(x)=3x^2-12$이고 $f(x)$의 극솟값이 -2일 때, $f(x)$의 극댓값을 구하시오.

함수 $f(x)$의 도함수 $f'(x)$가 주어지면 $f'(x)$를 적분하여 $f(x)$를 적분상수를 포함한 식으로 나타낸 후 극값을 이용하여 적분상수를 구한다.

풀이

$f(x)=\displaystyle\int f'(x)\,dx$이므로	$f(x)=\displaystyle\int (3x^2-12)\,dx$ $\qquad = x^3-12x+C$
$f'(x)=3x^2-12=3(x+2)(x-2)$에서 $f'(x)=0$인 x의 값은	$x=-2$ 또는 $x=2$
함수 $f(x)$의 증가와 감소를 표로 나타내면 오른쪽과 같다.	

x	$\cdots$	-2	$\cdots$	2	$\cdots$
$f'(x)$	$+$	0	$-$	0	$+$
$f(x)$	↗	극대	↘	극소	↗

즉, 함수 $f(x)$는 $x=2$에서 극소이므로 $f(2)=-2$에서	$8-24+C=-2$ $\therefore C=14$ $\therefore f(x)=x^3-12x+14$
따라서 함수 $f(x)$는 $x=-2$에서 극대이므로 극댓값은	$f(-2)=-8+24+14=\mathbf{30}$

● **문제** ●

정답과 해설 68쪽

08-1   함수 $f(x)$에 대하여 $f'(x)=3x^2-4x+1$이고 $f(x)$의 극댓값이 $\dfrac{1}{3}$일 때, $f(x)$의 극솟값을 구하시오.

08-2   삼차함수 $f(x)$의 도함수 $y=f'(x)$의 그래프가 오른쪽 그림과 같고 $f(x)$의 극솟값이 4일 때, $f(x)$의 극댓값을 구하시오.

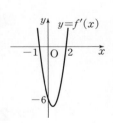

📝유형편 54쪽

필수예제 UP 09 도함수의 정의를 이용하여 함수 구하기

미분가능한 함수 $f(x)$가 모든 실수 x, y에 대하여

$$f(x+y)=f(x)+f(y)-xy$$

를 만족시키고 $f'(0)=6$일 때, $f(2)$의 값을 구하시오.

공략 Point

$f'(x)$
$=\lim\limits_{h \to 0}\dfrac{f(x+h)-f(x)}{h}$임을
이용하여 $f'(x)$를 구한다.

풀이

$f(x+y)=f(x)+f(y)-xy$의 양변에 $x=0$, $y=0$을 대입하면	$f(0)=f(0)+f(0)$ $\therefore f(0)=0$ ...... ㉠
도함수의 정의에 의하여	$f'(x)=\lim\limits_{h \to 0}\dfrac{f(x+h)-f(x)}{h}$ $=\lim\limits_{h \to 0}\dfrac{f(x)+f(h)-xh-f(x)}{h}$ $=\lim\limits_{h \to 0}\dfrac{f(h)-xh}{h}$ $=-x+\lim\limits_{h \to 0}\dfrac{f(h)}{h}$ $=-x+\lim\limits_{h \to 0}\dfrac{f(h)-f(0)}{h}$ $(\because$ ㉠$)$ $=-x+f'(0)$ $=-x+6$
$f(x)=\displaystyle\int f'(x)\,dx$이므로	$f(x)=\displaystyle\int(-x+6)\,dx=-\dfrac{1}{2}x^2+6x+C$
이때 $f(0)=0$에서	$C=0$
따라서 $f(x)=-\dfrac{1}{2}x^2+6x$이므로	$f(2)=-2+12=\mathbf{10}$

● 문제 ●

정답과 해설 69쪽

09-1 미분가능한 함수 $f(x)$가 모든 실수 x, y에 대하여

$$f(x+y)=f(x)+f(y)+3xy$$

를 만족시키고 $f'(0)=3$일 때, $f(x)$를 구하시오.

09-2 미분가능한 함수 $f(x)$가 모든 실수 x, y에 대하여

$$f(x+y)=f(x)+f(y)-4$$

를 만족시키고 $f(1)=3$일 때, $f'(0)$의 값을 구하시오.

정답과 해설 69쪽

1 함수 $f(x)$의 한 부정적분이 x^3+9x^2-6x+2일 때, $f'(-2)$의 값은?

① -2 ② 2 ③ 6

④ 10 ⑤ 14

2 두 다항함수 $f(x)$, $g(x)$가
$\int g(x)\,dx=x^4 f(x)+2$를 만족시키고
$f(1)=-1$, $f'(1)=5$일 때, $g(1)$의 값은?

① -2 ② -1 ③ 0

④ 1 ⑤ 2

3 함수 $f(x)=\int (x^2-3x+4)\,dx$에 대하여
$\displaystyle\lim_{h\to 0}\frac{f(2+h)-f(2-h)}{h}$의 값은?

① 4 ② 6 ③ 8

④ 10 ⑤ 12

4 함수 $f(x)=2x^2-x$에 대하여 두 함수 $F(x)$, $G(x)$를
$$F(x)=\frac{d}{dx}\left\{\int xf(x)dx\right\},$$
$$G(x)=\int\left\{\frac{d}{dx}\,xf(x)\right\}dx$$
라 하자. $G(1)=6$일 때, $F(2)+G(2)$의 값을 구하시오.

5 함수 $f(x)=\int\left\{\dfrac{d}{dx}(2x^4-ax^2)\right\}dx$에 대하여
$f(0)=2$, $f'(2)=4$일 때, $f(1)$의 값을 구하시오.
(단, a는 상수)

6 함수 $f(x)=\int (x-1)(x+1)(x^2+1)\,dx$에 대하여 $f(0)=1$일 때, $f(1)$의 값을 구하시오.

7 함수 $f(x)=\int\dfrac{x^2}{x-3}\,dx-\int\dfrac{x+6}{x-3}\,dx$에 대하여
$f(0)=-\dfrac{3}{2}$일 때, $f(-1)$의 값을 구하시오.

8 함수 $f(x)$를 적분해야 할 것을 잘못하여 미분하였더니 $6x+8$이었다. $f(1)=8$일 때, $f(x)$를 바르게 적분하면? (단, C는 적분상수)

① $3x^2+8x+C$ ② $6x^2+8x+C$

③ x^3+4x^2-3x+C ④ x^3+4x^2+3x+C

⑤ x^3+8x^2-3x+C

평가원

9 다항함수 $f(x)$가
$$f'(x)=6x^2-2f(1)x, \quad f(0)=4$$
를 만족시킬 때, $f(2)$의 값은?

① 5   ② 6   ③ 7

④ 8   ⑤ 9

10 다항함수 $f(x)$의 한 부정적분을 $F(x)$라 하면
$$f'(x)=6x, \quad f(0)=F(0), \quad f(1)=F(1)$$
일 때, $F(-2)$의 값을 구하시오.

11 함수 $f(x)$에 대하여
$$\lim_{h\to 0}\frac{f(x-h)-f(x+2h)}{h}=9x^2-3x+6$$
이고 $f(-2)=2$일 때, $f(2)$의 값을 구하시오.

12 점 $(0, 3)$을 지나는 곡선 $y=f(x)$ 위의 임의의 점 $(x, f(x))$에서의 접선의 기울기가 $-8x+k$이다. 방정식 $f(x)=0$의 모든 근의 합이 $\frac{3}{2}$일 때, $f(-1)$의 값은? (단, k는 상수)

① -9 ② -8 ③ -7

④ -6 ⑤ -5

13 다항함수 $f(x)$에 대하여
$$\int f(x)\,dx=(x-1)f(x)+x^3-3x$$
가 성립하고 $f(0)=1$일 때, $f(2)$의 값을 구하시오.

14 다항함수 $f(x)$의 한 부정적분을 $F(x)$라 하면
$$F(x)=xf(x)-2x^3+3x^2+5$$
가 성립한다. $f(x)$의 최솟값이 1일 때, $f(2)$의 값은?

① 3   ② 4   ③ 5

④ 6   ⑤ 7

15 두 다항함수 $f(x)$, $g(x)$가
$$\frac{d}{dx}\{f(x)+g(x)\}=2x+3,$$
$$\frac{d}{dx}\{f(x)g(x)\}=3x^2+8x-1$$
을 만족시키고 $f(0)=2$, $g(0)=-5$일 때, $f(2)+g(-1)$의 값을 구하시오.

16 모든 실수 x에서 연속인 함수 $f(x)$에 대하여
$$f'(x)=\begin{cases}3x^2-2 \ (x\geq1) \\ 2x-1 \ (x<1)\end{cases}$$
이고 $f(-3)=10$일 때, $f(3)$의 값은?

① 4   ② 8   ③ 12
④ 16   ⑤ 20

17 다항함수 $f(x)$가
$$\int\{1-f(x)\}dx=-\frac{1}{4}x^4+\frac{1}{2}x^3+3x^2+x$$
를 만족시킬 때, $f(x)$의 극댓값을 M, 극솟값을 m
이라 하자. 이때 Mm의 값을 구하시오.

18 미분가능한 함수 $f(x)$가 모든 실수 x, y에 대하여
$$f(x+y)=f(x)+f(y)-xy+1$$
을 만족시키고 $f'(0)=2$일 때, $f(1)$의 값은?

① $\dfrac{1}{4}$ ② $\dfrac{1}{2}$ ③ $\dfrac{3}{4}$
④ 1   ⑤ $\dfrac{5}{4}$

▶ 실력

19 이차함수 $f(x)$가 모든 실수 x에 대하여 다음 조건을 만족시킬 때, 함수 $F(x)=\displaystyle\int f(x)\,dx$가 감소하는 x의 값의 범위가 $a\leq x\leq b$이다. 이때 상수 a, b에 대하여 ab의 값을 구하시오.

> (가) $f(0)=-2$
> (나) $f(-x)=f(x)$
> (다) $f'(f(x))=f(f'(x))$

교육청
20 두 다항함수 $f(x)$, $g(x)$가
$$f(x)=\int xg(x)\,dx,$$
$$\frac{d}{dx}\{f(x)-g(x)\}=4x^3+2x$$
를 만족시킬 때, $g(1)$의 값은?

① 10   ② 11   ③ 12
④ 13   ⑤ 14

21 두 다항함수 $f(x)$, $g(x)$가 모든 실수 x에 대하여 다음 조건을 만족시킬 때, $g(2)$의 값을 구하시오.

> (가) $f(0)=g(0)$
> (나) $f(x)+xf'(x)=4x^3-3x^2-2x+1$
> (다) $f'(x)-g'(x)=3x^2+x$

정적분

① 정적분

(1) 정적분의 정의

닫힌구간 $[a, b]$에서 연속인 함수 $f(x)$의 정적분은 다음과 같이 정의한다.

① $f(x) \geq 0$일 때,

곡선 $y = f(x)$와 x축 및 두 직선 $x = a$, $x = b$로 둘러싸인 도형의 넓이를 함수 $f(x)$의 a에서 b까지의 **정적분**이라 하고, 기호로

$$\int_a^b f(x)\,dx$$

와 같이 나타낸다.

② $f(x) \leq 0$일 때,

곡선 $y = f(x)$와 x축 및 두 직선 $x = a$, $x = b$로 둘러싸인 도형의 넓이를 S라 하면

$$\int_a^b f(x)\,dx = -S$$

③ 함수 $f(x)$가 양의 값과 음의 값을 모두 가질 때,

$f(x) \geq 0$인 부분의 넓이를 S_1, $f(x) \leq 0$인 부분의 넓이를 S_2라 하면

$$\int_a^b f(x)\,dx = S_1 - S_2$$

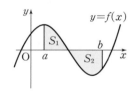

이때 정적분 $\int_a^b f(x)\,dx$의 값을 구하는 것을 함수 $f(x)$를 a에서 b까지 적분한다고 하고, a를 아래끝, b를 위끝이라 한다.

참고 정적분 $\int_a^b f(x)\,dx$에서 적분변수 x 대신 다른 문자를 사용하여도 그 값은 변하지 않는다.

➡ $\int_a^b f(x)\,dx = \int_a^b f(y)\,dy = \int_a^b f(t)\,dt$

예 $\int_1^3 (x+1)\,dx$의 값을 구해 보자.

$f(x) = x+1$이라 하고 오른쪽 그림에서 곡선 $y = f(x)$와 x축 및 두 직선 $x = 1$, $x = 3$으로 둘러싸인 도형의 넓이를 S라 하면

$$S = \int_1^3 (x+1)\,dx = \frac{1}{2} \times (2+4) \times 2 = 6$$

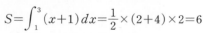

(2) $a \geq b$일 때, 정적분 $\int_a^b f(x)\,dx$의 정의

① $a = b$일 때, $\int_a^a f(x)\,dx = 0$

② $a > b$일 때, $\int_a^b f(x)\,dx = -\int_b^a f(x)\,dx$

예 ・ $\int_2^2 x^2\,dx = 0$　　　　　　　　 ・ $\int_2^1 3x^2\,dx = -\int_1^2 3x^2\,dx$

② **적분과 미분의 관계**

함수 $f(t)$가 실수 a를 포함하는 열린구간에서 연속일 때, 이 구간에 속하는 임의의 x에 대하여

$$\frac{d}{dx}\int_a^x f(t)\,dt=f(x)$$

참고 함수 $f(t)$가 실수 전체의 집합에서 연속이면 정적분 $\int_a^x f(t)\,dt$는 실수 전체의 집합에서 정의된 미분가능한 함수이다.

③ **부정적분과 정적분의 관계**

함수 $f(x)$가 닫힌구간 $[a,\,b]$를 포함하는 열린구간에서 연속일 때, $f(x)$의 한 부정적분을 $F(x)$
라 하면 $\int_a^b f(x)\,dx=F(b)-F(a)$이다. 이때 $F(b)-F(a)$를 기호로

$$\Big[\,F(x)\,\Big]_a^b$$

와 같이 나타낸다. 즉,

$$\int_a^b f(x)\,dx=\Big[\,F(x)\,\Big]_a^b=F(b)-F(a) \qquad \blacktriangleleft \text{이 관계를 '미적분의 기본정리'라 한다.}$$

한편 $a>b$이면 $\int_a^b f(x)\,dx=-\int_b^a f(x)\,dx$이므로

$$\int_a^b f(x)\,dx=-\int_b^a f(x)\,dx=-\Big[\,F(x)\,\Big]_b^a=-\{F(a)-F(b)\}=F(b)-F(a)$$

따라서 부정적분과 정적분의 관계는 $a,\,b$의 대소에 관계없이 항상 성립한다.

참고 $\Big[\,F(x)+C\,\Big]_a^b=\{F(b)+C\}-\{F(a)+C\}=F(b)-F(a)=\Big[\,F(x)\,\Big]_a^b$
이므로 정적분의 계산에서는 적분상수를 고려하지 않는다.

④ **정적분의 계산**

(1) 함수의 실수배, 합, 차의 정적분

두 함수 $f(x)$, $g(x)$가 닫힌구간 $[a,\,b]$에서 연속일 때

① $\displaystyle\int_a^b kf(x)\,dx=k\int_a^b f(x)\,dx$ (단, k는 실수)

② $\displaystyle\int_a^b \{f(x)+g(x)\}\,dx=\int_a^b f(x)\,dx+\int_a^b g(x)\,dx$

③ $\displaystyle\int_a^b \{f(x)-g(x)\}\,dx=\int_a^b f(x)\,dx-\int_a^b g(x)\,dx$

참고 ②, ③은 세 개 이상의 함수에서도 성립한다.

예 $\displaystyle\int_0^1 (x^2+2x)\,dx+\int_0^1 (-x^2+2x)\,dx=\int_0^1 \{(x^2+2x)+(-x^2+2x)\}\,dx$
$$=\int_0^1 4x\,dx=\Big[\,2x^2\,\Big]_0^1=2$$

(2) 정적분의 성질

함수 $f(x)$가 임의의 실수 a, b, c를 포함하는 구간에서 연속일 때,

$$\int_a^c f(x)\,dx + \int_c^b f(x)\,dx = \int_a^b f(x)\,dx$$

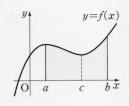

참고 정적분의 성질은 a, b, c의 대소에 관계없이 성립한다.

예 $\int_{-1}^0 (x^2+1)\,dx + \int_0^2 (x^2+1)\,dx = \int_{-1}^2 (x^2+1)\,dx = \left[\frac{1}{3}x^3+x\right]_{-1}^2 = \left(\frac{8}{3}+2\right) - \left(-\frac{1}{3}-1\right) = 6$

개념 Plus

적분과 미분의 관계

함수 $f(t)$가 연속인 구간에 속하는 임의의 $x(x \geq a)$에 대하여 곡선 $y=f(t)$와 t축 및 두 직선 $t=a$, $t=x$로 둘러싸인 부분의 넓이를 $S(x)$라 하면

$$S(x) = \int_a^x f(t)\,dt \quad \cdots\cdots \text{㉠}$$

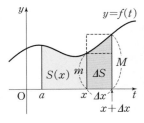

이때 $\Delta S = S(x+\Delta x) - S(x)$이고, $\Delta x > 0$일 때 $x+\Delta x$가 함수 $f(t)$가 연속인 구간에 속하면 함수 $f(t)$는 닫힌구간 $[x, x+\Delta x]$에서 연속이므로 최댓값과 최솟값을 갖는다. 최댓값을 M, 최솟값을 m이라 하면

$$m\Delta x \leq \Delta S \leq M\Delta x, \ \text{즉} \ m \leq \frac{\Delta S}{\Delta x} \leq M \qquad \blacktriangleleft \ \Delta x < 0 \text{일 때도 같은 방법으로 } m \leq \frac{\Delta S}{\Delta x} \leq M \text{이 성립한다.}$$

이때 $\Delta x \to 0$이면 $\lim\limits_{\Delta x \to 0} m \leq \lim\limits_{\Delta x \to 0} \frac{\Delta S}{\Delta x} \leq \lim\limits_{\Delta x \to 0} M$에서 $f(x) \leq \lim\limits_{\Delta x \to 0} \frac{\Delta S}{\Delta x} \leq f(x)$이므로

$$\lim_{\Delta x \to 0} \frac{\Delta S}{\Delta x} = f(x)$$

즉, $\lim\limits_{\Delta x \to 0} \frac{\Delta S}{\Delta x} = \lim\limits_{\Delta x \to 0} \frac{S(x+\Delta x) - S(x)}{\Delta x} = \frac{d}{dx}S(x) = f(x)$이므로 ㉠에 의하여

$$\frac{d}{dx}\int_a^x f(t)\,dt = f(x)$$

가 성립한다.

부정적분과 정적분의 관계

함수 $f(t)$가 닫힌구간 $[a, b]$를 포함하는 열린구간에서 연속일 때, 이 열린구간에 속하는 임의의 x에 대하여 $S(x) = \int_a^x f(t)\,dt$라 하면 적분과 미분의 관계에 의하여 $S'(x) = f(x)$이므로 $S(x)$는 $f(x)$의 한 부정적분이다.

이때 $f(x)$의 또 다른 부정적분을 $F(x)$라 하면

$$S(x) = \int_a^x f(t)\,dt = F(x) + C \ (단, C는 적분상수) \quad \cdots\cdots \text{㉠}$$

그런데 $x=a$이면 $S(a)=0$이므로 $S(a) = F(a) + C = 0$, 즉 $C = -F(a)$이고, 이를 ㉠에 대입하면

$$\int_a^x f(t)\,dt = F(x) - F(a)$$

이 식에 $x=b$를 대입하고 변수 t를 x로 바꾸면

$$\int_a^b f(x)\,dx = F(b) - F(a)$$

함수의 실수배, 합, 차의 정적분

닫힌구간 $[a, b]$에서 연속인 두 함수 $f(x)$, $g(x)$의 한 부정적분을 각각 $F(x)$, $G(x)$라 하면

(1) $\displaystyle\int_a^b kf(x)\,dx = \Big[kF(x)\Big]_a^b = kF(b) - kF(a)$

$\qquad\qquad = k\{F(b) - F(a)\} = k\Big[F(x)\Big]_a^b$

$\qquad\qquad = k\displaystyle\int_a^b f(x)\,dx$

(2) $\displaystyle\int_a^b \{f(x) + g(x)\}\,dx = \Big[F(x) + G(x)\Big]_a^b$

$\qquad\qquad = \{F(b) + G(b)\} - \{F(a) + G(a)\}$

$\qquad\qquad = \{F(b) - F(a)\} + \{G(b) - G(a)\}$

$\qquad\qquad = \Big[F(x)\Big]_a^b + \Big[G(x)\Big]_a^b$

$\qquad\qquad = \displaystyle\int_a^b f(x)\,dx + \int_a^b g(x)\,dx$

(3) $\displaystyle\int_a^b \{f(x) - g(x)\}\,dx = \Big[F(x) - G(x)\Big]_a^b$

$\qquad\qquad = \{F(b) - G(b)\} - \{F(a) - G(a)\}$

$\qquad\qquad = \{F(b) - F(a)\} - \{G(b) - G(a)\}$

$\qquad\qquad = \Big[F(x)\Big]_a^b - \Big[G(x)\Big]_a^b$

$\qquad\qquad = \displaystyle\int_a^b f(x)\,dx - \int_a^b g(x)\,dx$

정적분의 성질

임의의 실수 a, b, c를 포함하는 구간에서 연속인 함수 $f(x)$의 한 부정적분을 $F(x)$라 하면

$\displaystyle\int_a^c f(x)\,dx + \int_c^b f(x)\,dx = \Big[F(x)\Big]_a^c + \Big[F(x)\Big]_c^b$

$\qquad\qquad = \{F(c) - F(a)\} + \{F(b) - F(c)\}$

$\qquad\qquad = F(b) - F(a) = \Big[F(x)\Big]_a^b$

$\qquad\qquad = \displaystyle\int_a^b f(x)\,dx$

개념 Check

1 다음 정적분의 값을 구하시오.

(1) $\displaystyle\int_1^1 (-x^2 + 3x)\,dx$

(2) $\displaystyle\int_{-1}^0 3x^2\,dx$

(3) $\displaystyle\int_{-1}^3 (x^3 + x)\,dx$

(4) $\displaystyle\int_1^{-2} (x^2 + 1)\,dx$

부정적분과 정적분의 관계

유형편 55쪽

다음 정적분의 값을 구하시오.

(1) $\displaystyle\int_1^3 x(x+1)(x-1)\,dx$　　(2) $\displaystyle\int_1^0 (x+1)^3\,dx$　　(3) $\displaystyle\int_3^5 \frac{t^2-1}{t-1}\,dt$

공략 Point

실수 a, b를 포함하는 구간에서 연속인 함수 $f(x)$의 한 부정적분을 $F(x)$라 하면

$$\int_a^b f(x)\,dx$$
$$=\Big[F(x)\Big]_a^b$$
$$=F(b)-F(a)$$

풀이

(1) 곱셈 공식을 이용하여 전개하면

$$\int_1^3 x(x+1)(x-1)\,dx=\int_1^3 (x^3-x)\,dx$$
$$=\Big[\frac{1}{4}x^4-\frac{1}{2}x^2\Big]_1^3$$
$$=\Big(\frac{81}{4}-\frac{9}{2}\Big)-\Big(\frac{1}{4}-\frac{1}{2}\Big)=\mathbf{16}$$

(2) 곱셈 공식을 이용하여 전개하면

$$\int_1^0 (x+1)^3\,dx=\int_1^0 (x^3+3x^2+3x+1)\,dx$$
$$=\Big[\frac{1}{4}x^4+x^3+\frac{3}{2}x^2+x\Big]_1^0$$
$$=-\Big(\frac{1}{4}+1+\frac{3}{2}+1\Big)=-\mathbf{\frac{15}{4}}$$

(3) 분자를 인수분해한 후 약분하면

$$\int_3^5 \frac{t^2-1}{t-1}\,dt=\int_3^5 \frac{(t+1)(t-1)}{t-1}\,dt$$
$$=\int_3^5 (t+1)\,dt=\Big[\frac{1}{2}t^2+t\Big]_3^5$$
$$=\Big(\frac{25}{2}+5\Big)-\Big(\frac{9}{2}+3\Big)=\mathbf{10}$$

● **문제** ●

정답과 해설 73쪽

01-1 다음 정적분의 값을 구하시오.

(1) $\displaystyle\int_1^1 y(y^3+3y^2+4y)\,dy$　　　　　(2) $\displaystyle\int_{-2}^2 (x+3)(x-1)\,dx$

(3) $\displaystyle\int_2^{-1} (-x^2+3x)\,dx$　　　　　(4) $\displaystyle\int_1^3 \frac{x^3+8}{x+2}\,dx$

01-2 $\displaystyle\int_0^k (2x-1)\,dx=2$일 때, 양수 k의 값을 구하시오.

다음 정적분의 값을 구하시오.

(1) $\int_2^3 (3x^2-4x+1)\,dx + \int_2^3 (4x-1)\,dx$ (2) $\int_0^1 \dfrac{x^3}{x+1}\,dx - \int_1^0 \dfrac{1}{y+1}\,dy$

공략 Point

두 함수 $f(x)$, $g(x)$가 닫힌 구간 $[a, b]$에서 연속일 때,

$\int_a^b \{f(x) \pm g(x)\}\,dx$

$= \int_a^b f(x)\,dx$

$\qquad \pm \int_a^b g(x)\,dx$

(복부호 동순)

풀이

(1) 두 정적분의 적분 구간이 같으므로

$\int_2^3 (3x^2-4x+1)\,dx + \int_2^3 (4x-1)\,dx$

$= \int_2^3 \{(3x^2-4x+1)+(4x-1)\}\,dx$

$= \int_2^3 3x^2\,dx = \Big[x^3 \Big]_2^3$

$= 27-8 = \mathbf{19}$

(2) $\int_1^0 f(y)\,dy = \int_1^0 f(x)\,dx$이므로

$\int_0^1 \dfrac{x^3}{x+1}\,dx - \int_1^0 \dfrac{1}{y+1}\,dy$

$= \int_0^1 \dfrac{x^3}{x+1}\,dx - \int_1^0 \dfrac{1}{x+1}\,dx$

$\int_1^0 f(x)\,dx = -\int_0^1 f(x)\,dx$이므로

$= \int_0^1 \dfrac{x^3}{x+1}\,dx + \int_0^1 \dfrac{1}{x+1}\,dx$

두 정적분의 적분 구간이 같으므로

$= \int_0^1 \Big(\dfrac{x^3}{x+1} + \dfrac{1}{x+1} \Big)\,dx = \int_0^1 \dfrac{x^3+1}{x+1}\,dx$

$= \int_0^1 \dfrac{(x+1)(x^2-x+1)}{x+1}\,dx$

$= \int_0^1 (x^2-x+1)\,dx = \Big[\dfrac{1}{3}x^3 - \dfrac{1}{2}x^2 + x \Big]_0^1$

$= \dfrac{1}{3} - \dfrac{1}{2} + 1 = \dfrac{\mathbf{5}}{\mathbf{6}}$

● **문제** ●

정답과 해설 73쪽

02-1 다음 정적분의 값을 구하시오.

(1) $\int_{-1}^2 (x^2+2x+1)\,dx - \int_{-1}^2 (2t-1)\,dt$ (2) $\int_2^3 \dfrac{x^2}{x+1}\,dx + \int_3^2 \dfrac{2x+3}{x+1}\,dx$

02-2 $\int_1^3 (2x+k)^2\,dx - \int_1^3 (2x-k)^2\,dx = 32$일 때, 상수 k의 값을 구하시오.

정적분의 계산 (2)

유형편 57쪽

다음 정적분의 값을 구하시오.

(1) $\displaystyle\int_1^2 (-x^3+2x)\,dx + \int_2^3 (-x^3+2x)\,dx$

(2) $\displaystyle\int_{-2}^0 (3x^2-1)\,dx + \int_0^2 (3x^2-1)\,dx - \int_1^2 (3x^2-1)\,dx$

공략 Point

함수 $f(x)$가 실수 a, b, c를 포함하는 구간에서 연속일 때,

$\displaystyle\int_a^c f(x)\,dx + \int_c^b f(x)\,dx = \int_a^b f(x)\,dx$

풀이

(1) 피적분함수가 같으므로 정적분의 성질에 의하여	$\displaystyle\int_1^2 (-x^3+2x)\,dx + \int_2^3 (-x^3+2x)\,dx$ $\displaystyle = \int_1^3 (-x^3+2x)\,dx = \left[-\frac{1}{4}x^4 + x^2 \right]_1^3$ $\displaystyle = \left(-\frac{81}{4} + 9 \right) - \left(-\frac{1}{4} + 1 \right) = \mathbf{-12}$
(2) 피적분함수가 같으므로 정적분의 성질에 의하여	$\displaystyle\int_{-2}^0 (3x^2-1)\,dx + \int_0^2 (3x^2-1)\,dx - \int_1^2 (3x^2-1)\,dx$ $\displaystyle = \int_{-2}^2 (3x^2-1)\,dx - \int_1^2 (3x^2-1)\,dx$ $\displaystyle = \int_{-2}^2 (3x^2-1)\,dx + \int_2^1 (3x^2-1)\,dx$ $\displaystyle = \int_{-2}^1 (3x^2-1)\,dx = \left[x^3 - x \right]_{-2}^1$ $\displaystyle = (1-1) - (-8+2) = \mathbf{6}$

● **문제** ●

정답과 해설 74쪽

○3-**1** 다음 정적분의 값을 구하시오.

(1) $\displaystyle\int_{-1}^1 (3x^2+2x)\,dx - \int_2^1 (3x^2+2x)\,dx$

(2) $\displaystyle\int_2^4 (x^2-2x)\,dx - \int_3^4 (x^2-2x)\,dx + \int_1^2 (x^2-2x)\,dx$

○3-**2** 다항함수 $f(x)$에 대하여 $\displaystyle\int_1^5 f(x)\,dx=8, \int_3^5 f(x)\,dx=2$일 때, $\displaystyle\int_1^3 f(x)\,dx$의 값을 구하시오.

구간에 따라 다르게 정의된 함수의 정적분

유형편 57쪽

다음 물음에 답하시오.

(1) 함수 $f(x)=\begin{cases} x^2-2x+1 & (x\geq 0) \\ x+1 & (x\leq 0) \end{cases}$ 에 대하여 $\int_{-1}^{1} f(x)\,dx$의 값을 구하시오.

(2) 함수 $f(x)=\begin{cases} 3x-2 & (x\geq 1) \\ -x^2+2 & (x\leq 1) \end{cases}$ 에 대하여 $\int_{0}^{2} xf(x)\,dx$의 값을 구하시오.

공략 Point

구간에 따라 다르게 정의된 함수의 정적분은 적분 구간을 나누어 계산한다.

풀이

(1) $-1\leq x\leq 0$일 때 $f(x)=x+1$이고,
$0\leq x\leq 1$일 때 $f(x)=x^2-2x+1$이므로 구간을 나누어 정적분의 값을 구하면

$\int_{-1}^{1} f(x)\,dx$

$=\int_{-1}^{0} f(x)\,dx+\int_{0}^{1} f(x)\,dx$

$=\int_{-1}^{0} (x+1)\,dx+\int_{0}^{1} (x^2-2x+1)\,dx$

$=\left[\dfrac{1}{2}x^2+x\right]_{-1}^{0}+\left[\dfrac{1}{3}x^3-x^2+x\right]_{0}^{1}$

$=-\left(\dfrac{1}{2}-1\right)+\left(\dfrac{1}{3}-1+1\right)=\dfrac{5}{6}$

(2) $f(x)=\begin{cases} 3x-2 & (x\geq 1) \\ -x^2+2 & (x\leq 1) \end{cases}$ 이므로

$x\leq 1$일 때 $xf(x)=-x^3+2x$이고, $x\geq 1$일 때 $xf(x)=3x^2-2x$이므로 구간을 나누어 정적분의 값을 구하면

$xf(x)=\begin{cases} 3x^2-2x & (x\geq 1) \\ -x^3+2x & (x\leq 1) \end{cases}$

$\int_{0}^{2} xf(x)\,dx$

$=\int_{0}^{1} (-x^3+2x)\,dx+\int_{1}^{2} (3x^2-2x)\,dx$

$=\left[-\dfrac{1}{4}x^4+x^2\right]_{0}^{1}+\left[x^3-x^2\right]_{1}^{2}$

$=\left(-\dfrac{1}{4}+1\right)+(8-4)-(1-1)$

$=\dfrac{19}{4}$

문제

정답과 해설 74쪽

04-1 함수 $f(x)=\begin{cases} -x^2+2x & (x\geq 1) \\ x^2 & (x\leq 1) \end{cases}$ 에 대하여 $\int_{0}^{3} f(x)\,dx$의 값을 구하시오.

04-2 함수 $f(x)=\begin{cases} -2x-1 & (x\geq 0) \\ x^2-1 & (x\leq 0) \end{cases}$ 에 대하여 $\int_{-2}^{0} f(x+1)\,dx$의 값을 구하시오.

다음 정적분의 값을 구하시오.

(1) $\displaystyle\int_{1}^{5} |x-3|\,dx$

(2) $\displaystyle\int_{-1}^{1} |x^2+x|\,dx$

공략 Point

절댓값 기호를 포함한 함수의 정적분은 절댓값 기호 안의 식의 값이 0이 되는 x의 값을 기준으로 적분 구간을 나누어 계산한다.

풀이

(1) $|x-3| = \begin{cases} x-3 & (x \geq 3) \\ -x+3 & (x \leq 3) \end{cases}$ 이므로

$\displaystyle\int_{1}^{5} |x-3|\,dx$

$= \displaystyle\int_{1}^{3} (-x+3)\,dx + \int_{3}^{5} (x-3)\,dx$

$= \left[-\dfrac{1}{2}x^2 + 3x \right]_{1}^{3} + \left[\dfrac{1}{2}x^2 - 3x \right]_{3}^{5}$

$= \left(-\dfrac{9}{2}+9 \right) - \left(-\dfrac{1}{2}+3 \right) + \left(\dfrac{25}{2}-15 \right) - \left(\dfrac{9}{2}-9 \right)$

$= \mathbf{4}$

(2) 절댓값 기호 안의 식의 값이 0이 되는 x의 값을 구하면

$x^2+x=0$, $x(x+1)=0$

$\therefore x=-1$ 또는 $x=0$

$|x^2+x|$
$= \begin{cases} x^2+x & (x \leq -1 \text{ 또는 } x \geq 0) \\ -x^2-x & (-1 \leq x \leq 0) \end{cases}$
이므로

$\displaystyle\int_{-1}^{1} |x^2+x|\,dx$

$= \displaystyle\int_{-1}^{0} (-x^2-x)\,dx + \int_{0}^{1} (x^2+x)\,dx$

$= \left[-\dfrac{1}{3}x^3 - \dfrac{1}{2}x^2 \right]_{-1}^{0} + \left[\dfrac{1}{3}x^3 + \dfrac{1}{2}x^2 \right]_{0}^{1}$

$= -\left(\dfrac{1}{3} - \dfrac{1}{2} \right) + \left(\dfrac{1}{3} + \dfrac{1}{2} \right) = \mathbf{1}$

● **문제** ●

정답과 해설 74쪽

05-1 다음 정적분의 값을 구하시오.

(1) $\displaystyle\int_{-1}^{2} (x^2-2|x|+3)\,dx$

(2) $\displaystyle\int_{1}^{5} x|4-x|\,dx$

(3) $\displaystyle\int_{0}^{2} \dfrac{|x^2-1|}{x+1}\,dx$

2 여러 가지 정적분

❶ 정적분 $\int_{-a}^{a} x^n\,dx$의 계산

> (1) n이 짝수일 때, $\int_{-a}^{a} x^n\,dx = 2\int_{0}^{a} x^n\,dx$
>
> (2) n이 홀수일 때, $\int_{-a}^{a} x^n\,dx = 0$

참고 · k가 상수일 때, $\int_{-a}^{a} k\,dx = 2\int_{0}^{a} k\,dx$

· 다항함수 $f(x)$가 짝수 차수의 항 또는 상수항만 있으면, 즉 $f(-x)=f(x)$이면

$$\int_{-a}^{a} f(x)\,dx = 2\int_{0}^{a} f(x)\,dx$$

· 다항함수 $f(x)$가 홀수 차수의 항만 있으면, 즉 $f(-x)=-f(x)$이면

$$\int_{-a}^{a} f(x)\,dx = 0$$

❷ $f(x+p)=f(x)$를 만족시키는 함수 $f(x)$의 정적분

> 함수 $f(x)$가 모든 실수 x에 대하여 $f(x+p)=f(x)$ (p는 0이 아닌 상수)를 만족시키고 연속일 때,
>
> $$\int_{a}^{b} f(x)\,dx = \int_{a+np}^{b+np} f(x)\,dx \text{ (단, } n\text{은 정수)}$$

예 함수 $f(x)$가 모든 실수 x에 대하여 $f(x+2)=f(x)$를 만족시키면

$$\int_{0}^{2} f(x)\,dx = \int_{2}^{4} f(x)\,dx = \int_{4}^{6} f(x)\,dx = \cdots = \int_{2n}^{2+2n} f(x)\,dx \text{ (단, } n\text{은 정수)}$$

✎ 개념 Plus

정적분 $\int_{-a}^{a} x^n\,dx$의 계산

(1) n이 짝수일 때,

$$\int_{-a}^{a} x^n\,dx = \left[\frac{1}{n+1} x^{n+1}\right]_{-a}^{a} = \frac{1}{n+1}a^{n+1} - \frac{1}{n+1}(-a)^{n+1}$$

$$= \frac{1}{n+1}a^{n+1} + \frac{1}{n+1}a^{n+1} = \frac{2}{n+1}a^{n+1}$$

$$2\int_{0}^{a} x^n\,dx = 2\left[\frac{1}{n+1} x^{n+1}\right]_{0}^{a} = \frac{2}{n+1}a^{n+1}$$

$$\therefore \int_{-a}^{a} x^n\,dx = 2\int_{0}^{a} x^n\,dx$$

(2) n이 홀수일 때,

$$\int_{-a}^{a} x^n\,dx = \left[\frac{1}{n+1} x^{n+1}\right]_{-a}^{a} = \frac{1}{n+1}a^{n+1} - \frac{1}{n+1}(-a)^{n+1}$$

$$= \frac{1}{n+1}a^{n+1} - \frac{1}{n+1}a^{n+1} = 0$$

정적분 $\int_{-a}^{a} x^n \, dx$의 계산

유형편 58쪽

다음 물음에 답하시오.

(1) $\int_{-2}^{2} (x^5 + 4x^3 + 6x^2 - 1) \, dx$의 값을 구하시오.

(2) 다항함수 $f(x)$가 모든 실수 x에 대하여 $f(-x) = f(x)$를 만족시키고 $\int_{0}^{1} f(x) \, dx = 3$일 때, $\int_{-1}^{1} (x^3 + x + 1) f(x) \, dx$의 값을 구하시오.

공략 Point

(1) • n이 짝수일 때,
$$\int_{-a}^{a} x^n \, dx = 2 \int_{0}^{a} x^n \, dx$$
• n이 홀수일 때,
$$\int_{-a}^{a} x^n \, dx = 0$$

(2) • $f(-x) = f(x)$일 때,
$$\int_{-a}^{a} f(x) \, dx = 2 \int_{0}^{a} f(x) \, dx$$
• $f(-x) = -f(x)$일 때,
$$\int_{-a}^{a} f(x) \, dx = 0$$

풀이

(1) 피적분함수를 홀수 차수의 항과 짝수 차수의 항, 상수항으로 나누면

$$\int_{-2}^{2} (x^5 + 4x^3 + 6x^2 - 1) \, dx$$
$$= \int_{-2}^{2} (x^5 + 4x^3) \, dx + \int_{-2}^{2} (6x^2 - 1) \, dx$$
$$= 0 + 2 \int_{0}^{2} (6x^2 - 1) \, dx = 2 \left[2x^3 - x \right]_{0}^{2}$$
$$= 2(16 - 2) = \mathbf{28}$$

(2) $f(-x) = f(x)$이므로

$$(-x)^3 f(-x) = -x^3 f(x)$$
$$-x f(-x) = -x f(x)$$

따라서 구하는 값은

$$\int_{-1}^{1} (x^3 + x + 1) f(x) \, dx$$
$$= \int_{-1}^{1} x^3 f(x) \, dx + \int_{-1}^{1} x f(x) \, dx + \int_{-1}^{1} f(x) \, dx$$
$$= 0 + 0 + 2 \int_{0}^{1} f(x) \, dx = 2 \times 3 = \mathbf{6}$$

● **문제** ●

정답과 해설 75쪽

06-1 $\int_{-3}^{3} (4x^3 - 3x^2 + 2x + 1) \, dx$의 값을 구하시오.

06-2 다항함수 $f(x)$가 모든 실수 x에 대하여 $f(-x) = f(x)$를 만족시키고 $\int_{0}^{4} f(x) \, dx = 2$일 때, $\int_{-4}^{4} (2x^3 - 3x + 2) f(x) \, dx$의 값을 구하시오.

$f(x+p)=f(x)$를 만족시키는 함수 $f(x)$의 정적분

유형편 59쪽

함수 $f(x)$가 모든 실수 x에 대하여 $f(x+2)=f(x)$를 만족시키고

$$f(x)=\begin{cases} x^2 & (0\le x\le 1) \\ -x+2 & (1\le x\le 2) \end{cases}$$

일 때, $\displaystyle\int_0^6 f(x)\,dx$의 값을 구하시오.

공략 Point

함수 $f(x)$가 모든 실수 x에 대하여 $f(x+p)=f(x)$를 만족시키고 연속일 때,

$$\int_a^b f(x)\,dx = \int_{a+np}^{b+np} f(x)\,dx$$

(단, n은 정수)

풀이

$f(x+2)=f(x)$이므로	$\displaystyle\int_0^2 f(x)\,dx=\int_2^4 f(x)\,dx=\int_4^6 f(x)\,dx$ $\displaystyle\therefore \int_0^6 f(x)\,dx=\int_0^2 f(x)\,dx+\int_2^4 f(x)\,dx+\int_4^6 f(x)\,dx$ $\displaystyle=3\int_0^2 f(x)\,dx$
$0\le x\le 1$일 때 $f(x)=x^2$이고, $1\le x\le 2$일 때 $f(x)=-x+2$ 이므로	$\displaystyle\int_0^2 f(x)\,dx=\int_0^1 x^2\,dx+\int_1^2 (-x+2)\,dx$ $\displaystyle=\left[\frac{1}{3}x^3\right]_0^1+\left[-\frac{1}{2}x^2+2x\right]_1^2$ $\displaystyle=\frac{1}{3}+(-2+4)-\left(-\frac{1}{2}+2\right)=\frac{5}{6}$
따라서 구하는 값은	$\displaystyle\int_0^6 f(x)\,dx=3\int_0^2 f(x)\,dx=3\times\frac{5}{6}=\frac{5}{2}$

● **문제** ●

정답과 해설 75쪽

07-1 모든 실수 x에서 연속인 함수 $f(x)$가 다음 조건을 만족시킬 때, $\displaystyle\int_{-1}^{11} f(x)\,dx$의 값을 구하시오.

> (가) 모든 실수 x에 대하여 $f(x+3)=f(x)$　　(나) $\displaystyle\int_{-1}^2 f(x)\,dx=5$

07-2 함수 $f(x)$가 모든 실수 x에 대하여 $f(x+4)=f(x)$를 만족시키고

$$f(x)=\begin{cases} 3x+3 & (-1\le x\le 0) \\ -x+3 & (0\le x\le 3) \end{cases}$$

일 때, $\displaystyle\int_7^{15} f(x)\,dx$의 값을 구하시오.

1 함수 $f(x)=x^2-x+1$에 대하여
$\displaystyle\int_{-1}^{3}(x+1)f(x)\,dx$의 값은?

① 20　　　　② 21　　　　③ 22
④ 23　　　　⑤ 24

4 $\displaystyle\int_{1}^{a}(x+1)^2\,dx+\int_{a}^{1}(x-1)^2\,dx=6$일 때, 양수 a의 값을 구하시오.

2 $\displaystyle\int_{1}^{-2}4(x+3)(x-1)\,dx+\int_{3}^{3}(3y-1)(2y+5)\,dy$
의 값을 구하시오.

5 함수 $f(x)=\displaystyle\int_{1}^{3}(t-x)^2\,dt-\int_{3}^{1}(2t^2+3)\,dt$가
$x=a$에서 최솟값 b를 가질 때, 상수 a, b에 대하여 $a+b$의 값은?

① 22　　　　② 24　　　　③ 26
④ 28　　　　⑤ 30

교육청 ▶

3 최고차항의 계수가 1인 삼차함수 $f(x)$가
$$\int_{0}^{1}f'(x)\,dx=\int_{0}^{2}f'(x)\,dx=0$$
을 만족시킬 때, $f'(1)$의 값은?

① -4　　　　② -3　　　　③ -2
④ -1　　　　⑤ 0

6 다항함수 $f(x)$에 대하여
$$\int_{-1}^{1}f(x)\,dx=3,\ \int_{5}^{0}f(x)\,dx=-5,$$
$$\int_{1}^{5}f(x)\,dx=7$$
일 때, $\displaystyle\int_{-1}^{0}\{f(x)-3x^2\}\,dx$의 값을 구하시오.

7 함수 $y=f(x)$의 그래프가 오른쪽 그림과 같을 때, $\int_{-2}^{2} xf(x)\,dx$의 값을 구하시오.

$y=f(x)$

수능 ▶

10 삼차함수 $f(x)$가 모든 실수 x에 대하여
$$xf(x)-f(x)=3x^4-3x$$
를 만족시킬 때, $\int_{-2}^{2} f(x)\,dx$의 값은?

① 12　　　　② 16　　　　③ 20

④ 24　　　　⑤ 28

교육청 ▶

8 함수 $f(x)$를
$$f(x)=\begin{cases} 2x+2 & (x<0) \\ -x^2+2x+2 & (x\geq 0) \end{cases}$$
라 하자. 양의 실수 a에 대하여 $\int_{-a}^{a} f(x)\,dx$의 최댓값은?

① 5　　　　② $\dfrac{16}{3}$　　　　③ $\dfrac{17}{3}$

④ 6　　　　⑤ $\dfrac{19}{3}$

---

11 함수 $f(x)=x^2+ax+b$에 대하여
$$\int_{-1}^{1} f(x)\,dx=1,\quad \int_{-1}^{1} xf(x)\,dx=2$$
일 때, $f(-3)$의 값을 구하시오. (단, a, b는 상수)

---

9 $\int_{0}^{a} |x^2-x|\,dx=1$일 때, 상수 a의 값을 구하시오. (단, $a>1$)

---

12 함수 $f(x)$가 모든 실수 x에 대하여 $f(x+4)=f(x)$를 만족시키고
$$f(x)=\begin{cases} 2x+4 & (-2\leq x\leq 0) \\ x^2-4x+4 & (0\leq x\leq 2) \end{cases}$$
일 때, $\int_{2026}^{2030} f(x)\,dx$의 값을 구하시오.

13 모든 실수 x에서 연속인 함수 $f(x)$가 다음 조건을 만족시킬 때, $\displaystyle\int_{-1}^{7} f(x)\,dx$의 값은?

> (가) 모든 실수 x에 대하여 $f(-x)=f(x)$
> (나) 모든 실수 x에 대하여 $f(x+2)=f(x)$
> (다) $\displaystyle\int_{-1}^{1} (x+3)f(x)\,dx=9$

① 10 ② 11 ③ 12
④ 13 ⑤ 14

15 함수 $f(x)=x^3-12x$에 대하여 $-2\le x\le t$에서 $f(x)$의 최솟값을 $g(t)$라 할 때, $\displaystyle\int_{-2}^{3} g(t)\,dt$의 값을 구하시오.

수능

16 이차함수 $f(x)$가 $f(0)=0$이고 다음 조건을 만족시킨다.

> (가) $\displaystyle\int_{0}^{2} |f(x)|\,dx=-\int_{0}^{2} f(x)\,dx=4$
> (나) $\displaystyle\int_{2}^{3} |f(x)|\,dx=\int_{2}^{3} f(x)\,dx$

$f(5)$의 값을 구하시오.

▶ 실력

14 모든 실수 x에서 연속인 함수 $f(x)$가 다음 조건을 만족시킬 때, $\displaystyle\int_{5}^{6} f(x)\,dx$의 값을 구하시오.

> (가) $\displaystyle\int_{0}^{1} f(x)\,dx=2$
> (나) $\displaystyle\int_{n}^{n+2} f(x)\,dx=\int_{n}^{n+1} 2x\,dx$ (단, n은 정수)

17 연속함수 $f(x)$가 모든 실수 x, y에 대하여
$$f(x+y)=f(x)+f(y)$$
를 만족시킬 때, $\displaystyle\int_{-4}^{2} f(x)\,dx+\int_{-2}^{4} f(x)\,dx$의 값을 구하시오.

정적분으로 정의된 함수

1 정적분으로 정의된 함수의 미분

(1) $\dfrac{d}{dx}\displaystyle\int_a^x f(t)\,dt = f(x)$ (단, a는 상수)

(2) $\dfrac{d}{dx}\displaystyle\int_x^{x+a} f(t)\,dt = f(x+a) - f(x)$ (단, a는 상수)

(3) $\dfrac{d}{dx}\displaystyle\int_a^x tf(t)\,dt = xf(x)$ (단, a는 상수)

참고 $\displaystyle\int_a^x f(t)\,dt$ 에서 t는 적분변수이므로 $\displaystyle\int_a^x f(t)\,dt$ 는 t에 대한 함수가 아니라 x에 대한 함수이다.

2 정적분을 포함한 등식에서 함수 구하기

(1) $f(x) = g(x) + \displaystyle\int_a^b f(t)\,dt$ $(a, b$는 상수)와 같이 적분 구간이 상수인 경우

➡ $\displaystyle\int_a^b f(t)\,dt = k$ $(k$는 상수)로 놓으면

$$f(x) = g(x) + k \quad \cdots\cdots \ \ominus$$

즉, $f(t) = g(t) + k$이므로 이를 $\displaystyle\int_a^b f(t)\,dt = k$에 대입하면

$$\int_a^b \{g(t) + k\}\,dt = k$$

이 등식을 만족시키는 k의 값을 구한 후 이를 ㉠에 대입하여 함수 $f(x)$를 구한다.

(2) $\displaystyle\int_a^x f(t)\,dt = g(x)$ $(a$는 상수)와 같이 적분 구간에 변수가 있는 경우

➡ 주어진 등식의 양변을 x에 대하여 미분하여 함수 $f(x)$를 구한다.

이때 함수 $g(x)$에 미정계수가 있으면 주어진 등식의 양변에 $x=a$를 대입하여 $\displaystyle\int_a^a f(t)\,dt = 0$임을 이용한다.

(3) $\displaystyle\int_a^x (x-t)f(t)\,dt = g(x)$ $(a$는 상수)와 같이 적분 구간과 피적분함수에 변수가 있는 경우

➡ 주어진 등식의 좌변을 피적분함수에 변수가 있지 않도록 적분변수 이외의 문자는 상수로 생각하고 정리하면

$$x\int_a^x f(t)\,dt - \int_a^x tf(t)\,dt = g(x)$$

양변을 x에 대하여 미분하면

$$\int_a^x f(t)\,dt + xf(x) - xf(x) = g'(x)$$

$$\therefore \int_a^x f(t)\,dt = g'(x)$$

양변을 다시 x에 대하여 미분하여 함수 $f(x)$를 구한다.

(1) $\displaystyle\lim_{x \to a} \frac{1}{x-a} \int_a^x f(t)\,dt = f(a)$

(2) $\displaystyle\lim_{x \to 0} \frac{1}{x} \int_a^{x+a} f(t)\,dt = f(a)$

예 (1) $\displaystyle\lim_{x \to 1} \frac{1}{x-1} \int_1^x (2t-1)\,dt = 2-1 = 1$

(2) $\displaystyle\lim_{x \to 0} \frac{1}{x} \int_2^{x+2} (t^2-1)\,dt = 4-1 = 3$

개념 Plus

정적분으로 정의된 함수의 극한

함수 $f(t)$의 한 부정적분을 $F(t)$라 하면 $F'(t) = f(t)$이므로

(1) $\displaystyle\lim_{x \to a} \frac{1}{x-a} \int_a^x f(t)\,dt = \lim_{x \to a} \frac{1}{x-a} \Big[F(t) \Big]_a^x$

$\qquad = \displaystyle\lim_{x \to a} \frac{F(x) - F(a)}{x-a}$

$\qquad = F'(a) = f(a)$

(2) $\displaystyle\lim_{x \to 0} \frac{1}{x} \int_a^{x+a} f(t)\,dt = \lim_{x \to 0} \frac{1}{x} \Big[F(t) \Big]_a^{x+a}$

$\qquad = \displaystyle\lim_{x \to 0} \frac{F(x+a) - F(a)}{x}$

$\qquad = F'(a) = f(a)$

개념 Check

정답과 해설 79쪽

1 다음을 구하시오.

(1) $\dfrac{d}{dx} \displaystyle\int_{-1}^x (t^2 + 2t)\,dt$

(2) $\dfrac{d}{dx} \displaystyle\int_0^x (3t^2 + 2t + 1)\,dt$

2 모든 실수 x에 대하여 다음 등식을 만족시키는 다항함수 $f(x)$를 구하시오.

(1) $\displaystyle\int_0^x f(t)\,dt = x^2 + 3x$

(2) $\displaystyle\int_1^x f(t)\,dt = x^3 - x^2 + x - 1$

정적분을 포함한 등식 – 적분 구간이 상수인 경우

🖋유형편 60쪽

다음 등식을 만족시키는 다항함수 $f(x)$를 구하시오.

(1) $f(x)=x^2-2x+\displaystyle\int_0^3 f(t)\,dt$ (2) $f(x)=x^2+\displaystyle\int_0^2 (x-1)f(t)\,dt$

공략 Point

$f(x)=g(x)+\displaystyle\int_a^b f(t)\,dt$ 꼴의 등식이 주어지면

$\displaystyle\int_a^b f(t)\,dt=k\,(k$는 상수)로 놓고 $f(x)=g(x)+k$임을 이용한다.

풀이

(1) $\displaystyle\int_0^3 f(t)\,dt=k\,(k$는 상수)로 놓으면	$f(x)=x^2-2x+k$ ⋯⋯ ㉠
㉠을 $\displaystyle\int_0^3 f(t)\,dt=k$에 대입하면	$\displaystyle\int_0^3 (t^2-2t+k)\,dt=k,\ \left[\frac{1}{3}t^3-t^2+kt\right]_0^3=k$ $9-9+3k=k$ ∴ $k=0$
따라서 함수 $f(x)$는	$f(x)=x^2-2x$

(2) 주어진 등식에서	$f(x)=x^2+(x-1)\displaystyle\int_0^2 f(t)\,dt$
$\displaystyle\int_0^2 f(t)\,dt=k\,(k$는 상수)로 놓으면	$f(x)=x^2+k(x-1)=x^2+kx-k$ ⋯⋯ ㉠
㉠을 $\displaystyle\int_0^2 f(t)\,dt=k$에 대입하면	$\displaystyle\int_0^2 (t^2+kt-k)\,dt=k,\ \left[\frac{1}{3}t^3+\frac{k}{2}t^2-kt\right]_0^2=k$ $\frac{8}{3}+2k-2k=k$ ∴ $k=\frac{8}{3}$
따라서 함수 $f(x)$는	$f(x)=x^2+\frac{8}{3}x-\frac{8}{3}$

• 문제 •

정답과 해설 79쪽

01-1 다음 등식을 만족시키는 다항함수 $f(x)$를 구하시오.

(1) $f(x)=3x^2-2x+\displaystyle\int_0^2 f(t)\,dt$

(2) $f(x)=x^2+2x+\displaystyle\int_0^1 tf(t)\,dt$

(3) $f(x)=2x^2+\displaystyle\int_0^1 (2x-1)f(t)\,dt$

01-2 다항함수 $f(x)$가 $f(x)=3x^2+4x\displaystyle\int_0^1 f(t)\,dt+\displaystyle\int_0^2 f(t)\,dt$를 만족시킬 때, $f(2)$의 값을 구하시오.

필수예제 02 정적분을 포함한 등식 – 적분 구간에 변수가 있는 경우

유형편 60쪽

다항함수 $f(x)$가 모든 실수 x에 대하여 $\int_{1}^{x} f(t)\,dt = x^3 - 2x^2 + ax$를 만족시킬 때, $f(3)$의 값을 구하시오. (단, a는 상수)

공략 Point

$\int_{a}^{x} f(t)\,dt = g(x)$ 꼴의 등식이 주어지면 양변을 x에 대하여 미분한다.
이때 함수 $g(x)$에 미정계수가 있으면 양변에 $x=a$를 대입하여 $\int_{a}^{a} f(t)\,dt = 0$임을 이용한다.

풀이

주어진 등식의 양변을 x에 대하여 미분하면	$\dfrac{d}{dx}\displaystyle\int_{1}^{x} f(t)\,dt = \dfrac{d}{dx}(x^3 - 2x^2 + ax)$ $\therefore f(x) = 3x^2 - 4x + a$
주어진 등식의 양변에 $x=1$을 대입하면	$\displaystyle\int_{1}^{1} f(t)\,dt = 1 - 2 + a$ $0 = a - 1 \quad \therefore a = 1$
따라서 $f(x) = 3x^2 - 4x + 1$이므로	$f(3) = 27 - 12 + 1 = \mathbf{16}$

● 문제 ●

정답과 해설 79쪽

02-1 다항함수 $f(x)$가 모든 실수 x에 대하여 $\int_{3}^{x} f(t)\,dt = x^3 - ax + 3$을 만족시킬 때, $f(x)$를 구하시오. (단, a는 상수)

02-2 다항함수 $f(x)$가 모든 실수 x에 대하여 $\int_{a}^{x} f(t)\,dt = 3x^3 + 5x^2 - 2x$를 만족시킬 때, $f(a)$의 값을 구하시오. (단, $a < 0$)

02-3 다항함수 $f(x)$가 모든 실수 x에 대하여 $xf(x) = 2x^3 - 3x^2 + \int_{1}^{x} f(t)\,dt$를 만족시킬 때, $f(-1)$의 값을 구하시오.

정적분을 포함한 등식
– 적분 구간과 피적분함수에 변수가 있는 경우

유형편 61쪽

다항함수 $f(x)$가 모든 실수 x에 대하여 $\int_1^x (x-t)f(t)\,dt = x^3 - ax^2 + 3x - 1$을 만족시킬 때, $f(x)$를 구하시오. (단, a는 상수)

공략 Point

$\int_a^x (x-t)f(t)\,dt = g(x)$ 꼴의 등식이 주어지면 좌변을 $x\int_a^x f(t)\,dt - \int_a^x tf(t)\,dt$ 와 같이 피적분함수에 변수 x 가 있지 않도록 정리한 후 양변을 x에 대하여 미분한다.

풀이

주어진 등식에서	$x\int_1^x f(t)\,dt - \int_1^x tf(t)\,dt = x^3 - ax^2 + 3x - 1$
양변을 x에 대하여 미분하면	$\int_1^x f(t)\,dt + xf(x) - xf(x) = 3x^2 - 2ax + 3$
	$\therefore \int_1^x f(t)\,dt = 3x^2 - 2ax + 3$ ······ ㉠
양변을 다시 x에 대하여 미분하면	$f(x) = 6x - 2a$
㉠의 양변에 $x=1$을 대입하면	$\int_1^1 f(t)\,dt = 3 - 2a + 3$
	$0 = 6 - 2a \quad \therefore a = 3$
따라서 함수 $f(x)$는	$f(x) = 6x - 6$

● **문제** ●

정답과 해설 80쪽

O3-**1** 다항함수 $f(x)$가 모든 실수 x에 대하여 $\int_{-1}^x (x-t)f(t)\,dt = x^3 + 6x^2 + 9x + 4$를 만족시킬 때, $f(3)$의 값을 구하시오.

O3-**2** 다항함수 $f(x)$가 모든 실수 x에 대하여 $\int_2^x (x-t)f(t)\,dt = x^4 + ax^3 - 20x + 32$를 만족시킬 때, $f(1)$의 값을 구하시오. (단, a는 상수)

O3-**3** 다항함수 $f(x)$가 모든 실수 x에 대하여 $\int_1^x (x-t)f(t)\,dt = x^3 - ax^2 + bx$를 만족시킬 때, 상수 a, b에 대하여 ab의 값을 구하시오.

정적분으로 정의된 함수의 극대와 극소

유형편 61쪽

함수 $f(x) = \int_2^x (4t^3 - 4t)\,dt$의 극댓값과 극솟값을 구하시오.

공략 Point

정적분으로 정의된 함수
$f(x)$의 극값은 다음과 같은
순서로 구한다.
(1) $f'(x)$를 구한다.
(2) $f'(x)=0$인 x의 값을 구한다.
(3) (2)에서 구한 x의 값을 주어진 식에 대입하여 극댓값과 극솟값을 구한다.

풀이

주어진 함수 $f(x)$를 x에 대하여 미분하면	$f'(x) = 4x^3 - 4x = 4x(x+1)(x-1)$
$f'(x)=0$인 x의 값은	$x=-1$ 또는 $x=0$ 또는 $x=1$

함수 $f(x)$의 증가와 감소를 표로 나타내면 오른쪽과 같다.

x	$\cdots$	-1	$\cdots$	0	$\cdots$	1	$\cdots$
$f'(x)$	$-$	0	$+$	0	$-$	0	$+$
$f(x)$	$\searrow$	극소	$\nearrow$	극대	$\searrow$	극소	$\nearrow$

함수 $f(x)$는 $x=0$에서 극대이므로 극댓값은	$f(0) = \int_2^0 (4t^3 - 4t)\,dt = \left[t^4 - 2t^2 \right]_2^0 = -8$
함수 $f(x)$는 $x=-1$, $x=1$에서 극소이므로 극솟값은	$f(-1) = \int_2^{-1} (4t^3 - 4t)\,dt = \left[t^4 - 2t^2 \right]_2^{-1} = -9$ $f(1) = \int_2^1 (4t^3 - 4t)\,dt = \left[t^4 - 2t^2 \right]_2^1 = -9$
따라서 함수 $f(x)$의 극댓값과 극솟값은	**극댓값: -8, 극솟값: -9**

다른 풀이

함수 $f(x)$를 구하면	$f(x) = \int_2^x (4t^3 - 4t)\,dt = \left[t^4 - 2t^2 \right]_2^x$ $= (x^4 - 2x^2) - (16-8) = x^4 - 2x^2 - 8$
함수 $f(x)$를 x에 대하여 미분하면	$f'(x) = 4x^3 - 4x = 4x(x+1)(x-1)$
$f'(x)=0$인 x의 값은	$x=-1$ 또는 $x=0$ 또는 $x=1$

함수 $f(x)$의 증가와 감소를 표로 나타내면 오른쪽과 같다.

x	$\cdots$	-1	$\cdots$	0	$\cdots$	1	$\cdots$
$f'(x)$	$-$	0	$+$	0	$-$	0	$+$
$f(x)$	$\searrow$	-9 극소	$\nearrow$	-8 극대	$\searrow$	-9 극소	$\nearrow$

따라서 함수 $f(x)$의 극댓값과 극솟값은	**극댓값: -8, 극솟값: -9**

문제

정답과 해설 80쪽

04-1 함수 $f(x) = \int_0^x (3t^2 + 6t)\,dt$의 극댓값과 극솟값을 구하시오.

$-2 \leq x \leq 0$에서 함수 $f(x) = \displaystyle\int_x^{x+1} (t^3 - t + 2)\,dt$의 최댓값과 최솟값을 구하시오.

공략 Point

(1) $\dfrac{d}{dx} \displaystyle\int_x^{x+a} f(t)\,dt$
$= f(x+a) - f(x)$

(2) $a \leq x \leq b$에서 함수 $f(x)$의 최댓값과 최솟값은 $f(x)$의 극값과 $f(a)$, $f(b)$를 비교하여 구한다.

풀이

주어진 함수 $f(x)$를 x에 대하여 미분하면	$f'(x) = \{(x+1)^3 - (x+1) + 2\} - (x^3 - x + 2)$ $= 3x^2 + 3x = 3x(x+1)$
$f'(x) = 0$인 x의 값은	$x = -1$ 또는 $x = 0$

$-2 \leq x \leq 0$에서 함수 $f(x)$의 증가와 감소를 표로 나타내면 오른쪽과 같다.

x	-2	$\cdots$	-1	$\cdots$	0
$f'(x)$		$+$	0	$-$	0
$f(x)$		↗	극대	↘	

이때 $f(-2)$, $f(-1)$, $f(0)$의 값을 각각 구하면	$f(-2) = \displaystyle\int_{-2}^{-1} (t^3 - t + 2)\,dt = \left[\dfrac{1}{4}t^4 - \dfrac{1}{2}t^2 + 2t \right]_{-2}^{-1} = -\dfrac{1}{4}$ $f(-1) = \displaystyle\int_{-1}^{0} (t^3 - t + 2)\,dt = \left[\dfrac{1}{4}t^4 - \dfrac{1}{2}t^2 + 2t \right]_{-1}^{0} = \dfrac{9}{4}$ $f(0) = \displaystyle\int_{0}^{1} (t^3 - t + 2)\,dt = \left[\dfrac{1}{4}t^4 - \dfrac{1}{2}t^2 + 2t \right]_{0}^{1} = \dfrac{7}{4}$
따라서 함수 $f(x)$의 최댓값과 최솟값은	**최댓값: $\dfrac{9}{4}$, 최솟값: $-\dfrac{1}{4}$**

● 문제 ●

정답과 해설 81쪽

05-1　$0 \leq x \leq 3$에서 함수 $f(x) = \displaystyle\int_{-1}^{x} (t^2 - 1)\,dt$의 최댓값과 최솟값을 구하시오.

05-2　$-1 \leq x \leq 1$에서 함수 $f(x) = \displaystyle\int_x^{x+1} (3t^2 + 3t)\,dt$의 최댓값을 M, 최솟값을 m이라 할 때, $M - m$의 값을 구하시오.

정적분으로 정의된 함수의 극한

유형편 62쪽

다음 극한값을 구하시오.

$$(1)\ \lim_{x \to 1} \frac{1}{x-1} \int_1^x (t^5 + 3t^2 + 2t + 1)\,dt \qquad (2)\ \lim_{h \to 0} \frac{1}{h} \int_2^{2+h} (x^2 - x + 1)\,dx$$

공략 Point

(1) $\lim\limits_{x \to a} \dfrac{1}{x-a} \displaystyle\int_a^x f(t)\,dt$
$= f(a)$

(2) $\lim\limits_{h \to 0} \dfrac{1}{h} \displaystyle\int_a^{a+h} f(x)\,dx$
$= f(a)$

풀이

(1) $f(t) = t^5 + 3t^2 + 2t + 1$이라 하고 함수 $f(t)$의 한 부정적분을 $F(t)$라 하면

$$\lim_{x \to 1} \frac{1}{x-1} \int_1^x (t^5 + 3t^2 + 2t + 1)\,dt$$
$$= \lim_{x \to 1} \frac{1}{x-1} \int_1^x f(t)\,dt$$
$$= \lim_{x \to 1} \frac{1}{x-1} \Big[F(t) \Big]_1^x$$
$$= \lim_{x \to 1} \frac{F(x) - F(1)}{x-1}$$

미분계수의 정의에 의하여

$$= F'(1)$$

$F'(t) = f(t)$이므로

$$= f(1) = 1 + 3 + 2 + 1 = \mathbf{7}$$

(2) $f(x) = x^2 - x + 1$이라 하고 함수 $f(x)$의 한 부정적분을 $F(x)$라 하면

$$\lim_{h \to 0} \frac{1}{h} \int_2^{2+h} (x^2 - x + 1)\,dx$$
$$= \lim_{h \to 0} \frac{1}{h} \int_2^{2+h} f(x)\,dx$$
$$= \lim_{h \to 0} \frac{1}{h} \Big[F(x) \Big]_2^{2+h}$$
$$= \lim_{h \to 0} \frac{F(2+h) - F(2)}{h}$$

미분계수의 정의에 의하여

$$= F'(2)$$

$F'(x) = f(x)$이므로

$$= f(2) = 4 - 2 + 1 = \mathbf{3}$$

문제

정답과 해설 81쪽

06-1 다음 극한값을 구하시오.

$$(1)\ \lim_{x \to 2} \frac{1}{x-2} \int_2^x (3t^2 - 2t + 1)\,dt \qquad (2)\ \lim_{h \to 0} \frac{1}{h} \int_1^{1+2h} (x^4 - x^3 - x^2 - 1)\,dx$$

06-2 함수 $f(x) = -x^2 + 5x + 2$에 대하여 $\lim\limits_{x \to 2} \dfrac{1}{x^2 - 4} \displaystyle\int_2^x f(t)\,dt$의 값을 구하시오.

연습문제

정답과 해설 82쪽

1 다항함수 $f(x)$가 $f(x) = x^3 + x + \int_0^1 f'(t)\,dt$를 만족시킬 때, $f(1)$의 값을 구하시오.

2 다항함수 $f(x)$가
$$f(x) = 6x^2 + \int_0^1 (x+t)f(t)\,dt$$
를 만족시킬 때, $f(-1)$의 값을 구하시오.

교육청 ▶
3 다항함수 $f(x)$의 한 부정적분 $g(x)$가 다음 조건을 만족시킨다.

> (가) $f(x) = 2x + 2\int_0^1 g(t)\,dt$
>
> (나) $g(0) - \int_0^1 g(t)\,dt = \dfrac{2}{3}$

$g(1)$의 값은?

① -2 ② $-\dfrac{5}{3}$ ③ $-\dfrac{4}{3}$

④ -1 ⑤ $-\dfrac{2}{3}$

4 다항함수 $f(x)$가 모든 실수 x에 대하여
$$\int_0^x f(t)\,dt = x^3 + x^2 - x\int_0^1 f(t)\,dt$$
를 만족시킬 때, $f(2)$의 값을 구하시오.

수능 ▶
5 다항함수 $f(x)$가 모든 실수 x에 대하여
$$\int_1^x \left\{ \frac{d}{dt} f(t) \right\} dt = x^3 + ax^2 - 2$$
를 만족시킬 때, $f'(a)$의 값은? (단, a는 상수이다.)

① 1   ② 2   ③ 3

④ 4   ⑤ 5

6 다항함수 $f(x)$가 모든 실수 x에 대하여
$$f(x) = x + \int_3^x (6t^2 - 2t)\,dt$$
를 만족시킬 때, $f'(2) + f(-1)$의 값을 구하시오.

7 모든 실수 x에서 연속인 함수 $f(x)$가
$$\int_a^x f(t)\,dt = (x-1)|x-a|$$
를 만족시킬 때, 상수 a의 값을 구하시오.

8 다항함수 $f(x)$가 모든 실수 x에 대하여
$$\int_0^x (x-t)f'(t)\,dt = 2x^3$$
을 만족시키고, $f(0) = -3$일 때, $f(1)$의 값을 구하시오.

정답과 해설 83쪽

9 다항함수 $f(x)$의 한 부정적분 $F(x)$가

$$F(x)=\int_1^x x(2t+3)\,dt$$

를 만족시킬 때, $f'(-1)$의 값을 구하시오.

10 함수 $f(x)=\displaystyle\int_x^{x+a}(t^2-2t)\,dt$가 $x=-2$에서 극솟값 b를 가질 때, $a+b$의 값을 구하시오.

(단, $a>0$)

11 다항함수 $f(x)$가 모든 실수 x에 대하여

$$\int_2^x (x-t)f(t)\,dt=x^4+ax^2+bx+c$$

를 만족시키고 $f(x)$의 최솟값이 2일 때, $a+b+c$의 값을 구하시오. (단, a, b, c는 상수)

12 최고차항의 계수가 1인 삼차함수 $f(x)$가 다음 조건을 만족시킬 때, $f(3)$의 값을 구하시오.

> (가) $\displaystyle\lim_{x\to 0}\frac{1}{x}\int_0^{2x} f'(t)\,dt=-4$
>
> (나) $\displaystyle\lim_{x\to 2}\frac{1}{x-2}\int_2^x f(t)\,dt=-2$
>
> (다) $\displaystyle\lim_{x\to 0}\frac{1}{x}\int_{1-x}^{1+x} f(t)\,dt=16$

▶ **실력**

수능

13 다항함수 $f(x)$가 다음 조건을 만족시킨다.

> (가) 모든 실수 x에 대하여
> $$\int_1^x f(t)\,dt=\frac{x-1}{2}\{f(x)+f(1)\}$$ 이다.
>
> (나) $\displaystyle\int_0^2 f(x)\,dx=5\int_{-1}^1 xf(x)\,dx$

$f(0)=1$일 때, $f(4)$의 값을 구하시오.

교육청

14 최고차항의 계수가 1인 삼차함수 $f(x)$에 대하여 함수 $g(x)$를

$$g(x)=\int_0^x f(t)\,dt+f(x)$$

라 할 때, 함수 $g(x)$는 다음 조건을 만족시킨다.

> (가) 함수 $g(x)$는 $x=0$에서 극댓값 0을 갖는다.
> (나) 함수 $g(x)$의 도함수 $y=g'(x)$의 그래프는 원점에 대하여 대칭이다.

$f(2)$의 값은?

① -5　　　② -4　　　③ -3
④ -2　　　⑤ -1

2 정적분의 활용

01 정적분의 활용

넓이

① 곡선과 x축 사이의 넓이

> 함수 $f(x)$가 닫힌구간 $[a, b]$에서 연속일 때, 곡선 $y=f(x)$와 x축 및 두 직선 $x=a$, $x=b$로 둘러싸인 도형의 넓이 S는
>
> $$S=\int_a^b |f(x)|\, dx$$

참고 • 곡선과 x축 및 두 직선 $x=a$, $x=b$로 둘러싸인 도형의 넓이를 구할 때는 닫힌구간 $[a, b]$에서 생각한다.
   • 닫힌구간 $[a, b]$에서 함수 $f(x)$가 양의 값과 음의 값을 모두 가질 때는 $f(x)$의 값이 양수인 구간과 음수인 구간으로 나누어 생각한다.

예 닫힌구간 $[-1, 2]$에서 곡선 $y=x^2-3x$와 x축 및 두 직선 $x=-1$, $x=2$로 둘러싸인 도형의 넓이를 구해보자.

곡선 $y=x^2-3x$와 x축의 교점의 x좌표를 구하면
$x^2-3x=0$, $x(x-3)=0$ $\therefore x=0$ 또는 $x=3$
따라서 $-1 \le x \le 0$에서 $y \ge 0$, $0 \le x \le 2$에서 $y \le 0$이므로 구하는 넓이를 S라 하면

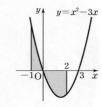

$$S=\int_{-1}^2 |x^2-3x|\, dx$$
$$=\int_{-1}^0 (x^2-3x)\, dx+\int_0^2 \{-(x^2-3x)\}\, dx$$
$$=\int_{-1}^0 (x^2-3x)\, dx+\int_0^2 (-x^2+3x)\, dx$$
$$=\left[\frac{1}{3}x^3-\frac{3}{2}x^2\right]_{-1}^0+\left[-\frac{1}{3}x^3+\frac{3}{2}x^2\right]_0^2=\frac{31}{6}$$

② 두 곡선 사이의 넓이

> 두 함수 $f(x)$, $g(x)$가 닫힌구간 $[a, b]$에서 연속일 때, 두 곡선 $y=f(x)$, $y=g(x)$와 두 직선 $x=a$, $x=b$로 둘러싸인 도형의 넓이 S는
>
> $$S=\int_a^b |f(x)-g(x)|\, dx \quad \blacktriangleleft \int_a^b \{(위의\ 식)-(아래의\ 식)\}\, dx$$

참고 닫힌구간 $[a, b]$에서 두 함수 $f(x)$, $g(x)$의 대소가 바뀔 때는 $f(x)-g(x)$의 값이 양수인 구간과 음수인 구간으로 나누어 생각한다.

예 곡선 $y=-x^2+2$와 직선 $y=x$로 둘러싸인 도형의 넓이를 구해 보자.

곡선 $y=-x^2+2$와 직선 $y=x$의 교점의 x좌표를 구하면
$-x^2+2=x$, $(x+2)(x-1)=0$ $\therefore x=-2$ 또는 $x=1$
따라서 $-2 \le x \le 1$에서 $-x^2+2 \ge x$이므로 구하는 넓이를 S라 하면

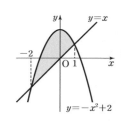

$$S=\int_{-2}^1 |(-x^2+2)-x|\, dx=\int_{-2}^1 \{(-x^2+2)-x\}\, dx$$
$$=\int_{-2}^1 (-x^2-x+2)\, dx=\left[-\frac{1}{3}x^3-\frac{1}{2}x^2+2x\right]_{-2}^1=\frac{9}{2}$$

개념 Plus

곡선과 x축 사이의 넓이

함수 $f(x)$가 닫힌구간 $[a, b]$에서 연속일 때, 곡선 $y=f(x)$와 x축 및 두 직선 $x=a$, $x=b$로 둘러싸인 도형의
넓이를 S라 하자.

(1) 닫힌구간 $[a, b]$에서 $f(x) \geq 0$일 때,
  정적분의 정의에 의하여

$$S = \int_a^b f(x)\,dx = \int_a^b |f(x)|\,dx$$

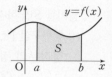

(2) 닫힌구간 $[a, b]$에서 $f(x) \leq 0$일 때,
  곡선 $y=f(x)$는 곡선 $y=-f(x)$와 x축에 대하여 대칭이므로 넓이 S는 곡선
  $y=-f(x)$와 x축 및 두 직선 $x=a$, $x=b$로 둘러싸인 도형의 넓이 S'과 같다.
  이때 $-f(x) \geq 0$이므로

$$S = S' = \int_a^b \{-f(x)\}\,dx = \int_a^b |f(x)|\,dx$$

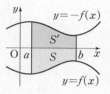

(3) 닫힌구간 $[a, c]$에서 $f(x) \geq 0$이고 닫힌구간 $[c, b]$에서 $f(x) \leq 0$일 때,

$$S = S_1 + S_2 = \int_a^c f(x)\,dx + \int_c^b \{-f(x)\}\,dx$$

$$= \int_a^c |f(x)|\,dx + \int_c^b |f(x)|\,dx = \int_a^b |f(x)|\,dx$$

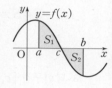

두 곡선 사이의 넓이

두 함수 $f(x)$, $g(x)$가 닫힌구간 $[a, b]$에서 연속일 때, 두 곡선 $y=f(x)$, $y=g(x)$ 및 두 직선 $x=a$, $x=b$로
둘러싸인 도형의 넓이를 S라 하자.

(1) 닫힌구간 $[a, b]$에서 $f(x) \geq g(x) \geq 0$일 때,

$$S = \int_a^b f(x)\,dx - \int_a^b g(x)\,dx = \int_a^b \{f(x)-g(x)\}\,dx$$

$$= \int_a^b |f(x)-g(x)|\,dx \quad \blacktriangleleft f(x) \geq g(x)$$

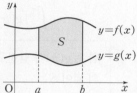

(2) 닫힌구간 $[a, b]$에서 $f(x) \geq g(x)$이고, $f(x)$ 또는 $g(x)$의 값이 음수인 경
  우가 있을 때, 두 곡선 $y=f(x)$, $y=g(x)$를 y축의 방향으로 k만큼 평행이동
  하여 $f(x)+k \geq g(x)+k \geq 0$이 되도록 할 수 있다. 이때 평행이동한 도형의
  넓이는 변하지 않으므로

$$S = S' = \int_a^b \{f(x)+k\}\,dx - \int_a^b \{g(x)+k\}\,dx$$

$$= \int_a^b \{f(x)+k-g(x)-k\}\,dx = \int_a^b \{f(x)-g(x)\}\,dx$$

$$= \int_a^b |f(x)-g(x)|\,dx \quad \blacktriangleleft f(x) \geq g(x)$$

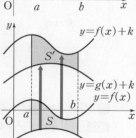

(3) 닫힌구간 $[a, c]$에서 $f(x) \geq g(x)$이고, 닫힌구간 $[c, b]$에서 $f(x) \leq g(x)$
  일 때,

$$S = S_1 + S_2 = \int_a^c \{f(x)-g(x)\}\,dx + \int_c^b \{g(x)-f(x)\}\,dx$$

$$= \underbrace{\int_a^c |f(x)-g(x)|\,dx}_{f(x) \geq g(x)} + \underbrace{\int_c^b |f(x)-g(x)|\,dx}_{f(x) \leq g(x)}$$

$$= \int_a^b |f(x)-g(x)|\,dx$$

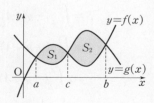

곡선과 y축 사이의 넓이

함수 $g(y)$가 닫힌구간 $[c, d]$에서 연속일 때, 곡선 $x=g(y)$와 y축 및 두 직선 $y=c$, $y=d$로 둘러싸인 도형의 넓이를 S라 하자.

(1) 닫힌구간 $[c, d]$에서 $g(y) \geq 0$일 때,
정적분의 정의에 의하여

$$S=\int_c^d g(y)\,dy=\int_c^d |g(y)|\,dy$$

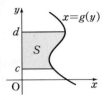

(2) 닫힌구간 $[c, d]$에서 $g(y) \leq 0$일 때,
곡선 $x=g(y)$는 곡선 $x=-g(y)$와 y축에 대하여 대칭이고 $-g(y) \geq 0$이므로

$$S=S'=\int_c^d \{-g(y)\}\,dy=\int_c^d |g(y)|\,dy$$

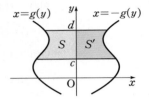

(3) 닫힌구간 $[c, e]$에서 $g(y) \geq 0$이고, 닫힌구간 $[e, d]$에서 $g(y) \leq 0$일 때,

$$S=S_1+S_2=\int_c^e g(y)\,dy+\int_e^d \{-g(y)\}\,dy$$

$$=\int_c^e |g(y)|\,dy+\int_e^d |g(y)|\,dy$$

$$=\int_c^d |g(y)|\,dy$$

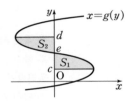

> 함수 $g(y)$가 닫힌구간 $[c, d]$에서 연속일 때, 곡선 $x=g(y)$와 y축 및 두 직선 $y=c$, $y=d$로 둘러싸인 도형의 넓이 S는
>
> $$S=\int_c^d |g(y)|\,dy$$

예 곡선 $x=-y^2+4$와 y축으로 둘러싸인 도형의 넓이를 구하시오.

풀이 곡선 $x=-y^2+4$와 y축의 교점의 y좌표를 구하면

$-y^2+4=0$, $(y+2)(y-2)=0$ ∴ $y=-2$ 또는 $y=2$

$-2 \leq y \leq 2$에서 $-y^2+4 \geq 0$이므로 구하는 넓이를 S라 하면

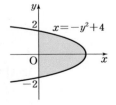

$$S=\int_{-2}^2 |-y^2+4|\,dy$$

$$=\int_{-2}^2 (-y^2+4)\,dy$$

$$=2\int_0^2 (-y^2+4)\,dy$$

$$=2\left[-\frac{1}{3}y^3+4y\right]_0^2=\frac{32}{3}$$

곡선과 x축 사이의 넓이

유형편 64쪽

다음 물음에 답하시오.

(1) 곡선 $y=x^3-3x^2+2x$와 x축으로 둘러싸인 도형의 넓이를 구하시오.

(2) 곡선 $y=-x^2+2x+3$과 x축 및 두 직선 $x=-2$, $x=2$로 둘러싸인 도형의 넓이를 구하시오.

공략 Point

곡선 $y=f(x)$와 x축 사이의 넓이

➡ 곡선 $y=f(x)$와 x축의 교점의 x좌표를 구한 후 $f(x)\geq0$, $f(x)\leq0$인 구간으로 나누어 구한다.

풀이

(1) 곡선 $y=x^3-3x^2+2x$와 x축의 교점의 x좌표를 구하면	$x^3-3x^2+2x=0$ $x(x-1)(x-2)=0$ $\therefore x=0$ 또는 $x=1$ 또는 $x=2$	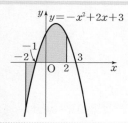
$0\leq x\leq1$에서 $y\geq0$이고, $1\leq x\leq2$에서 $y\leq0$이므로 구하는 넓이를 S라 하면	$S=\displaystyle\int_0^1 (x^3-3x^2+2x)\,dx+\int_1^2 \{-(x^3-3x^2+2x)\}\,dx$ $=\displaystyle\int_0^1 (x^3-3x^2+2x)\,dx+\int_1^2 (-x^3+3x^2-2x)\,dx$ $=\left[\dfrac{1}{4}x^4-x^3+x^2\right]_0^1+\left[-\dfrac{1}{4}x^4+x^3-x^2\right]_1^2=\dfrac{1}{2}$	

(2) 곡선 $y=-x^2+2x+3$과 x축의 교점의 x좌표를 구하면	$-x^2+2x+3=0$ $(x+1)(x-3)=0$ $\therefore x=-1$ 또는 $x=3$	$y=-x^2+2x+3$ 그래프
$-2\leq x\leq-1$에서 $y\leq0$이고, $-1\leq x\leq2$에서 $y\geq0$이므로 구하는 넓이를 S라 하면	$S=\displaystyle\int_{-2}^{-1} \{-(-x^2+2x+3)\}\,dx+\int_{-1}^{2} (-x^2+2x+3)\,dx$ $=\displaystyle\int_{-2}^{-1} (x^2-2x-3)\,dx+\int_{-1}^{2} (-x^2+2x+3)\,dx$ $=\left[\dfrac{1}{3}x^3-x^2-3x\right]_{-2}^{-1}+\left[-\dfrac{1}{3}x^3+x^2+3x\right]_{-1}^{2}=\dfrac{34}{3}$	

● **문제** ●

정답과 해설 85쪽

01-1 다음 곡선과 x축으로 둘러싸인 도형의 넓이를 구하시오.

(1) $y=-x^2+4x$ (2) $y=x^2-x-2$

(3) $y=x^3-4x$ (4) $y=x^3-2x^2-x+2$

01-2 다음 곡선과 x축 및 두 직선으로 둘러싸인 도형의 넓이를 구하시오.

(1) $y=-x^2+3x$, $x=1$, $x=2$ (2) $y=x^3-4x^2+4x$, $x=-2$, $x=2$

곡선과 직선 또는 두 곡선 사이의 넓이

유형편 64쪽

다음 물음에 답하시오.

(1) 곡선 $y=x^2-2$와 직선 $y=x$로 둘러싸인 도형의 넓이를 구하시오.

(2) 두 곡선 $y=x^3-2x^2$, $y=x^2-2x$로 둘러싸인 도형의 넓이를 구하시오.

공략 Point

곡선과 직선 또는 두 곡선 사이의 넓이
➡ 곡선과 직선 또는 두 곡선의 교점의 x좌표를 구하여 적분 구간을 정한 후 {(위의 식)−(아래의 식)}의 정적분의 값을 구한다.

풀이

(1) 곡선 $y=x^2-2$와 직선 $y=x$의 교점의 x좌표를 구하면	$x^2-2=x$, $x^2-x-2=0$ $(x+1)(x-2)=0$ $\therefore x=-1$ 또는 $x=2$	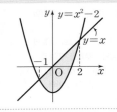
$-1 \leq x \leq 2$에서 $x \geq x^2-2$이므로 구하는 넓이를 S라 하면	$S=\displaystyle\int_{-1}^{2}\{x-(x^2-2)\}\,dx=\int_{-1}^{2}(-x^2+x+2)\,dx$ $=\left[-\dfrac{1}{3}x^3+\dfrac{1}{2}x^2+2x\right]_{-1}^{2}=\dfrac{9}{2}$	
(2) 두 곡선 $y=x^3-2x^2$, $y=x^2-2x$의 교점의 x좌표를 구하면	$x^3-2x^2=x^2-2x$ $x^3-3x^2+2x=0$ $x(x-1)(x-2)=0$ $\therefore x=0$ 또는 $x=1$ 또는 $x=2$	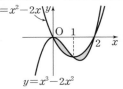
$0 \leq x \leq 1$에서 $x^3-2x^2 \geq x^2-2x$이고, $1 \leq x \leq 2$에서 $x^2-2x \geq x^3-2x^2$이므로 구하는 넓이를 S라 하면	$S=\displaystyle\int_{0}^{1}\{(x^3-2x^2)-(x^2-2x)\}\,dx$ $\qquad+\int_{1}^{2}\{(x^2-2x)-(x^3-2x^2)\}\,dx$ $=\displaystyle\int_{0}^{1}(x^3-3x^2+2x)\,dx+\int_{1}^{2}(-x^3+3x^2-2x)\,dx$ $=\left[\dfrac{1}{4}x^4-x^3+x^2\right]_{0}^{1}+\left[-\dfrac{1}{4}x^4+x^3-x^2\right]_{1}^{2}=\dfrac{1}{2}$	

● **문제** ●

정답과 해설 85쪽

02-1 곡선 $y=x^2-x-1$과 직선 $y=-2x+1$로 둘러싸인 도형의 넓이를 구하시오.

02-2 두 곡선 $y=x^2-4x$, $y=-x^2+4x-6$으로 둘러싸인 도형의 넓이를 구하시오.

곡선과 접선으로 둘러싸인 도형의 넓이

유형편 65쪽

다음 물음에 답하시오.

(1) 곡선 $y=x^3-3x^2+x+5$와 이 곡선 위의 점 $(0, 5)$에서의 접선으로 둘러싸인 도형의 넓이를 구하시오.

(2) 곡선 $y=x^2+1$과 원점에서 이 곡선에 그은 두 접선으로 둘러싸인 도형의 넓이를 구하시오.

공략 Point

곡선 $y=f(x)$ 위의 점 $(a, f(a))$에서의 접선의 기울기는 $f'(a)$임을 이용하여 접선의 방정식을 구한 후 곡선과 접선으로 둘러싸인 도형의 넓이를 구한다.

풀이

(1) $f(x)=x^3-3x^2+x+5$라 하면

$f'(x)=3x^2-6x+1$

점 $(0, 5)$에서의 접선의 기울기는 $f'(0)=1$이므로 접선의 방정식은

$y-5=x$

$\therefore y=x+5$

곡선 $y=x^3-3x^2+x+5$와 직선 $y=x+5$의 교점의 x좌표를 구하면

$x^3-3x^2+x+5=x+5$

$x^3-3x^2=0, \ x^2(x-3)=0$

$\therefore x=0$ 또는 $x=3$

$0 \le x \le 3$에서 $x+5 \ge x^3-3x^2+x+5$이므로 구하는 넓이를 S라 하면

$S=\int_0^3 \{(x+5)-(x^3-3x^2+x+5)\}\,dx$

$=\int_0^3 (-x^3+3x^2)\,dx=\left[-\dfrac{1}{4}x^4+x^3\right]_0^3=\dfrac{27}{4}$

(2) $f(x)=x^2+1$이라 하면

$f'(x)=2x$

접점의 좌표를 (t, t^2+1)이라 하면 이 점에서의 접선의 기울기는 $f'(t)=2t$이므로 접선의 방정식은

$y-(t^2+1)=2t(x-t)$

$\therefore y=2tx-t^2+1$

이 직선이 원점을 지나므로

$0=-t^2+1, \ t^2=1$

$\therefore t=-1$ 또는 $t=1$

따라서 접선의 방정식은

$y=-2x$ 또는 $y=2x$

곡선과 두 접선으로 둘러싸인 도형이 y축에 대하여 대칭이고, $0 \le x \le 1$에서 $x^2+1 \ge 2x$이므로 구하는 넓이를 S라 하면

$S=2\int_0^1 \{(x^2+1)-2x\}\,dx$

$=2\int_0^1 (x^2-2x+1)\,dx=2\left[\dfrac{1}{3}x^3-x^2+x\right]_0^1=\dfrac{2}{3}$

● **문제** ●

정답과 해설 86쪽

03-1 다음 물음에 답하시오.

(1) 곡선 $y=x^3-x^2+2$와 이 곡선 위의 점 $(1, 2)$에서의 접선으로 둘러싸인 도형의 넓이를 구하시오.

(2) 곡선 $y=-x^2-4$와 원점에서 이 곡선에 그은 두 접선으로 둘러싸인 도형의 넓이를 구하시오.

두 도형의 넓이가 같은 경우

✏️ 유형편 66쪽

곡선 $y=x(x-a)(x-1)$과 x축으로 둘러싸인 두 도형의 넓이가 서로 같을 때, 상수 a의 값을 구하시오. (단, $0<a<1$)

공략 Point

곡선 $y=f(x)$와 x축으로 둘러싸인 두 도형의 넓이가 서로 같으면

$$\int_a^b f(x)\,dx=0$$

풀이

곡선 $y=x(x-a)(x-1)$과 x축의 교점의 x좌표를 구하면	$x(x-a)(x-1)=0$ $\therefore x=0$ 또는 $x=a$ 또는 $x=1$	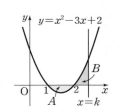
곡선 $y=x(x-a)(x-1)$과 x축으로 둘러싸인 두 도형의 넓이가 서로 같으므로	$\displaystyle\int_0^1 x(x-a)(x-1)\,dx=0$ $\displaystyle\int_0^1 \{x^3-(a+1)x^2+ax\}\,dx=0$ $\left[\dfrac{1}{4}x^4-\dfrac{a+1}{3}x^3+\dfrac{a}{2}x^2\right]_0^1=0$ $\dfrac{1}{4}-\dfrac{a+1}{3}+\dfrac{a}{2}=0,\ 2a-1=0$ $\therefore a=\dfrac{1}{2}$	

● **문제** ●

정답과 해설 86쪽

04-1 오른쪽 그림과 같이 곡선 $y=x^2-3x+2$와 x축으로 둘러싸인 도형의 넓이를 A, 이 곡선과 x축 및 직선 $x=k$로 둘러싸인 도형의 넓이를 B라 할 때, $A=B$이다. 이때 상수 k의 값을 구하시오. (단, $k>2$)

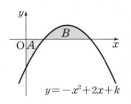

04-2 오른쪽 그림과 같이 곡선 $y=-x^2+2x+k$와 x축 및 y축으로 둘러싸인 도형의 넓이를 A, 이 곡선과 x축으로 둘러싸인 도형의 넓이를 B라 할 때, $A:B=1:2$이다. 이때 상수 k의 값을 구하시오.

(단, $-1<k<0$)

도형의 넓이를 이등분하는 경우

유형편 66쪽

곡선 $y=x^2-4x$와 x축으로 둘러싸인 도형의 넓이가 직선 $y=ax$에 의하여 이등분될 때, 상수 a에 대하여 $(a+4)^3$의 값을 구하시오.

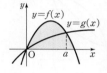

곡선 $y=f(x)$와 x축으로 둘러싸인 도형의 넓이 S가 곡선 $y=g(x)$에 의하여 이등분되면

$$S=2\int_0^a \{f(x)-g(x)\}\,dx$$

풀이

곡선 $y=x^2-4x$와 직선 $y=ax$의 교점의 x좌표를 구하면	$x^2-4x=ax$ $x\{x-(a+4)\}=0$ $\therefore\ x=0$ 또는 $x=a+4$	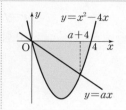
곡선 $y=x^2-4x$와 x축의 교점의 x좌표를 구하면	$x^2-4x=0,\ x(x-4)=0$ $\therefore\ x=0$ 또는 $x=4$	
$0\le x\le 4$에서 $x^2-4x\le 0$이므로 곡선 $y=x^2-4x$와 x축으로 둘러싸인 도형의 넓이를 S_1이라 하면	$S_1=\int_0^4 (-x^2+4x)\,dx=\left[-\dfrac{1}{3}x^3+2x^2\right]_0^4=\dfrac{32}{3}$	
$0\le x\le a+4$에서 $ax\ge x^2-4x$이므로 곡선 $y=x^2-4x$와 직선 $y=ax$로 둘러싸인 도형의 넓이를 S_2라 하면	$S_2=\int_0^{a+4}\{ax-(x^2-4x)\}\,dx$ $=\int_0^{a+4}\{-x^2+(a+4)x\}\,dx$ $=\left[-\dfrac{1}{3}x^3+\dfrac{a+4}{2}x^2\right]_0^{a+4}=\dfrac{(a+4)^3}{6}$	
주어진 조건에서 $S_1=2S_2$이므로	$\dfrac{32}{3}=2\times\dfrac{(a+4)^3}{6}$ $\therefore\ (a+4)^3=\mathbf{32}$	

● **문제** ●

정답과 해설 87쪽

05-1 곡선 $y=-x^2+3x$와 직선 $y=ax$로 둘러싸인 도형의 넓이가 x축에 의하여 이등분될 때, 음수 a에 대하여 $(3-a)^3$의 값을 구하시오.

05-2 곡선 $y=x^2-2x$와 x축으로 둘러싸인 도형의 넓이가 곡선 $y=ax^2$에 의하여 이등분될 때, 음수 a의 값을 구하시오.

2 역함수의 그래프와 넓이

① 역함수의 그래프와 넓이

함수 $y=f(x)$와 그 역함수 $y=g(x)$의 그래프로 둘러싸인 도형의 넓이는 역함수를 구하기보다 함수 $y=f(x)$와 그 역함수 $y=g(x)$의 그래프가 직선 $y=x$에 대하여 대칭임을 이용하여 다음과 같이 구한다.

(1) 함수의 그래프와 그 역함수의 그래프로 둘러싸인 도형의 넓이

> 오른쪽 그림과 같이 함수 $y=f(x)$와 그 역함수 $y=g(x)$의 그래프로 둘러싸인 도형의 넓이 S는 곡선 $y=f(x)$와 직선 $y=x$로 둘러싸인 도형의 넓이의 2배와 같다.
> $$S=\int_a^b |f(x)-g(x)|\,dx=2\int_a^b |x-f(x)|\,dx$$

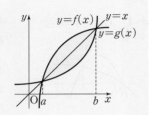

(2) 역함수의 그래프와 좌표축으로 둘러싸인 도형의 넓이

> 오른쪽 그림과 같이 함수 $y=f(x)$의 역함수 $y=g(x)$의 그래프와 x축 및 직선 $x=c$로 둘러싸인 도형의 넓이 A는 B와 같다.
> $$A=B=\underset{\text{직사각형의 넓이}}{ac}-\int_0^a f(x)\,dx$$

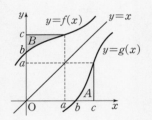

개념 Plus

함수의 그래프와 그 역함수의 그래프로 둘러싸인 도형의 넓이

함수 $y=f(x)$의 그래프와 그 역함수 $y=g(x)$의 그래프는 직선 $y=x$에 대하여 대칭이므로
$$S_1=S_2$$
이때 $S=S_1+S_2$이므로 함수 $y=f(x)$의 그래프와 그 역함수 $y=g(x)$의 그래프로 둘러싸인 도형의 넓이는 곡선 $y=f(x)$와 직선 $y=x$로 둘러싸인 도형의 넓이의 2배와 같다. 따라서
$$S=\int_a^b |f(x)-g(x)|\,dx=2\int_a^b |x-f(x)|\,dx=2\int_a^b |g(x)-x|\,dx$$

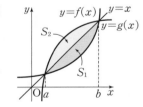

역함수의 그래프와 좌표축으로 둘러싸인 도형의 넓이

함수 $y=f(x)$의 그래프와 그 역함수 $y=g(x)$의 그래프는 직선 $y=x$에 대하여 대칭이므로
$$A=B$$
따라서 함수 $y=f(x)$의 역함수 $y=g(x)$의 그래프와 x축 및 직선 $x=c$로 둘러싸인 도형의 넓이는
$$A=B$$
$$=(\text{빗금 친 직사각형의 넓이})-(\text{곡선 } y=f(x)\text{와 } x\text{축}, y\text{축 및 직선 } x=a\text{로 둘러싸인 도형의 넓이})$$
$$=ac-\int_0^a f(x)\,dx$$

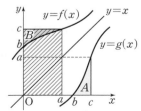

역함수의 그래프와 넓이

📎 유형편 67쪽

다음 물음에 답하시오.

(1) 함수 $f(x)=\dfrac{1}{3}x^2\,(x\geq0)$의 역함수를 $g(x)$라 할 때, 두 곡선 $y=f(x)$, $y=g(x)$로 둘러싸인 도형의 넓이를 구하시오.

(2) 함수 $f(x)=x^3-3x^2+4x$의 역함수를 $g(x)$라 할 때, $\displaystyle\int_1^3 f(x)\,dx+\int_2^{12} g(x)\,dx$의 값을 구하시오.

공략 Point

(1) 함수 $y=f(x)$와 그 역함수 $y=g(x)$의 그래프로 둘러싸인 도형의 넓이는 곡선 $y=f(x)$와 직선 $y=x$로 둘러싸인 도형의 넓이의 2배와 같다.

(2) 함수 $y=f(x)$와 그 역함수 $y=g(x)$의 그래프는 직선 $y=x$에 대하여 대칭이므로 넓이가 같은 도형을 이용한다.

풀이

(1) 두 곡선 $y=f(x)$, $y=g(x)$는 직선 $y=x$에 대하여 대칭이므로 두 곡선으로 둘러싸인 도형의 넓이는 곡선 $y=f(x)$와 직선 $y=x$로 둘러싸인 도형의 넓이의 2배와 같다.

곡선 $y=f(x)$와 직선 $y=x$의 교점의 x좌표를 구하면	$\dfrac{1}{3}x^2=x,\ x(x-3)=0$ $\therefore\ x=0$ 또는 $x=3$	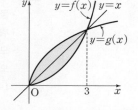
$0\leq x\leq3$에서 $x\geq\dfrac{1}{3}x^2$이므로 구하는 넓이를 S라 하면	$S=2\displaystyle\int_0^3\left(x-\dfrac{1}{3}x^2\right)dx$ $=2\left[\dfrac{1}{2}x^2-\dfrac{1}{9}x^3\right]_0^3=\mathbf{3}$	

(2) 두 함수 $y=f(x)$, $y=g(x)$의 그래프는 직선 $y=x$에 대하여 대칭이고 $f(1)=2$, $f(3)=12$이므로 $g(2)=1$, $g(12)=3$이다.

$\displaystyle\int_1^3 f(x)\,dx=S_1$, $\displaystyle\int_2^{12} g(x)\,dx=S_2$라 하면 오른쪽 그림에서 빗금 친 두 부분의 넓이가 서로 같으므로 구하는 값은	$\displaystyle\int_1^3 f(x)\,dx+\int_2^{12} g(x)\,dx$ $=S_1+S_2$ $=3\times12-1\times2$ $=\mathbf{34}$	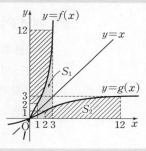

● **문제** ●

정답과 해설 87쪽

06-1 다음 물음에 답하시오.

(1) 함수 $f(x)=x^4\,(x\geq0)$의 역함수를 $g(x)$라 할 때, 두 곡선 $y=f(x)$, $y=g(x)$로 둘러싸인 도형의 넓이를 구하시오.

(2) 함수 $f(x)=x^3+x-1$의 역함수를 $g(x)$라 할 때, $\displaystyle\int_1^2 f(x)\,dx+\int_1^9 g(x)\,dx$의 값을 구하시오.

3 속도와 거리

① 수직선 위를 움직이는 점의 위치와 움직인 거리

> 수직선 위를 움직이는 점 P의 시각 t에서의 속도가 $v(t)$이고 시각 t_0에서의 점 P의 위치가 x_0일 때
>
> (1) 시각 t에서의 점 P의 위치 x는 $x = x_0 + \int_{t_0}^{t} v(s)\,ds$
>
> (2) 시각 $t=a$에서 $t=b$까지 점 P의 위치의 변화량은 $\int_{a}^{b} v(t)\,dt$
>
> (3) 시각 $t=a$에서 $t=b$까지 점 P가 움직인 거리는 $\int_{a}^{b} |v(t)|\,dt$

참고 · $v(t) > 0$이면 점 P는 양의 방향으로 움직이고 $v(t) < 0$이면 점 P는 음의 방향으로 움직인다.

· 물체가 정지하거나 운동 방향을 바꿀 때의 속도는 0이다.

· 위치의 변화량은 단순히 위치가 변화한 양을 의미하지만 움직인 거리는 운동 방향에 상관없이 실제로 움직인 거리를 모두 더한 것을 의미한다.

오른쪽 그림과 같이 시각 t에서의 위치가 $x=f(t)$이고 $t=c$에서 운동 방향이 바뀔 때,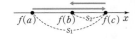
$t=a$에서 $t=c$까지 움직인 거리를 s_1, $t=c$에서 $t=b$까지 움직인 거리를 s_2라 하면

위치의 변화량 ➡ $s_1 - s_2$

움직인 거리 ➡ $s_1 + s_2$

개념 Plus

수직선 위를 움직이는 점의 위치와 움직인 거리

수직선 위를 움직이는 점 P의 시각 t에서의 속도가 $v(t)$일 때, 점 P의 위치를 $x=f(t)$라 하자.

(1) 시각 t에서의 점 P의 위치

시각 t_0에서의 점 P의 위치를 $f(t_0)=x_0$이라 하면 점 P의 속도 $v(t) = \dfrac{dx}{dt} = f'(t)$에서 $f(t)$는 $v(t)$의 한 부정적분이므로

$$\int_{t_0}^{t} v(s)\,ds = f(t) - f(t_0) = x - x_0 \qquad \therefore x = x_0 + \int_{t_0}^{t} v(s)\,ds$$

(2) 시각 $t=a$에서 $t=b$까지 점 P의 위치의 변화량

시각 $t=a$에서 $t=b$까지 점 P의 위치의 변화량은

$$f(b) - f(a) = \int_{a}^{b} v(t)\,dt \qquad \blacktriangleleft \text{(시각 } t=b\text{에서의 위치)} - \text{(시각 } t=a\text{에서의 위치)}$$

(3) 시각 $t=a$에서 $t=b$까지 점 P가 움직인 거리

점 P의 시각 t에서의 속도 $v(t)$의 그래프가 오른쪽 그림과 같을 때, $a \le t \le c$에서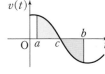

$v(t) \ge 0$이므로 점 P가 움직인 거리는 $f(c) - f(a) = \int_{a}^{c} v(t)\,dt$

또 $c \le t \le b$에서 $v(t) \le 0$이므로 점 P가 움직인 거리는 $f(c) - f(b) = \int_{b}^{c} v(t)\,dt$

따라서 시각 $t=a$에서 $t=b$까지 점 P가 움직인 거리는

$$\{f(c) - f(a)\} + \{f(c) - f(b)\} = \int_{a}^{c} v(t)\,dt + \int_{b}^{c} v(t)\,dt = \int_{a}^{c} v(t)\,dt + \int_{c}^{b} \{-v(t)\}\,dt$$

$$= \int_{a}^{c} |v(t)|\,dt + \int_{c}^{b} |v(t)|\,dt = \int_{a}^{b} |v(t)|\,dt$$

수직선 위를 움직이는 점의 위치와 움직인 거리 (1)

유형편 68쪽

좌표가 1인 점을 출발하여 수직선 위를 움직이는 점 P의 시각 t에서의 속도가 $v(t)=3t^2-6t$일 때, 다음을 구하시오.

(1) 시각 $t=2$에서의 점 P의 위치

(2) 시각 $t=1$에서 $t=4$까지 점 P의 위치의 변화량

(3) 시각 $t=1$에서 $t=4$까지 점 P가 움직인 거리

공략 Point

수직선 위를 움직이는 점 P의 시각 t에서의 속도가 $v(t)$이고 시각 t_0에서의 점 P의 위치가 x_0일 때

(1) 시각 t에서의 점 P의 위치

➡ $x_0+\displaystyle\int_{t_0}^{t} v(s)\,ds$

(2) 시각 $t=a$에서 $t=b$까지 점 P의 위치의 변화량

➡ $\displaystyle\int_{a}^{b} v(t)\,dt$

(3) 시각 $t=a$에서 $t=b$까지 점 P가 움직인 거리

➡ $\displaystyle\int_{a}^{b} |v(t)|\,dt$

풀이

(1) 좌표가 1인 점을 출발하였으므로 시각 $t=2$에서의 점 P의 위치는

$$1+\int_{0}^{2}(3t^2-6t)\,dt=1+\Big[t^3-3t^2\Big]_{0}^{2}=-3$$

(2) 시각 $t=1$에서 $t=4$까지 점 P의 위치의 변화량은

$$\int_{1}^{4}(3t^2-6t)\,dt=\Big[t^3-3t^2\Big]_{1}^{4}=18$$

(3) 시각 $t=1$에서 $t=4$까지 점 P가 움직인 거리는

$$\int_{1}^{4}|3t^2-6t|\,dt=\int_{1}^{2}(-3t^2+6t)\,dt+\int_{2}^{4}(3t^2-6t)\,dt$$
$$=\Big[-t^3+3t^2\Big]_{1}^{2}+\Big[t^3-3t^2\Big]_{2}^{4}$$
$$=22$$

● 문제 ●

정답과 해설 88쪽

07-1 좌표가 2인 점을 출발하여 수직선 위를 움직이는 점 P의 시각 t에서의 속도가 $v(t)=t^2-6t+8$일 때, 다음을 구하시오.

(1) 시각 $t=4$에서의 점 P의 위치

(2) 시각 $t=3$에서 $t=5$까지 점 P의 위치의 변화량

(3) 시각 $t=3$에서 $t=5$까지 점 P가 움직인 거리

07-2 원점을 출발하여 수직선 위를 움직이는 점 P의 시각 t에서의 속도가

$$v(t)=\begin{cases} t^2-t & (0\le t\le 1) \\ -t^2+6t-5 & (t\ge 1) \end{cases}$$

일 때, 시각 $t=3$에서의 점 P의 위치를 구하시오.

수직선 위를 움직이는 점의 위치와 움직인 거리 (2)

유형편 69쪽

원점을 출발하여 수직선 위를 움직이는 점 P의 시각 t에서의 속도가 $v(t)=t^2-4t+3$일 때, 다음을 구하시오.

(1) 점 P가 출발 후 처음으로 운동 방향을 바꾸는 시각에서의 점 P의 위치
(2) 점 P가 원점으로 다시 돌아올 때까지 움직인 거리

공략 Point

(1) 점 P가 정지하거나 운동 방향을 바꿀 때의 속도는 0이므로
➡ $v(t)=0$

(2) 점 P가 $t=a$일 때 출발한 점으로 다시 돌아온다고 하면 $t=0$에서 $t=a$까지 점 P의 위치의 변화량이 0이므로
➡ $\displaystyle\int_0^a v(t)\,dt=0$

풀이

(1) 점 P가 운동 방향을 바꿀 때의 속도는 0이므로 $v(t)=0$에서	$t^2-4t+3=0$, $(t-1)(t-3)=0$ ∴ $t=1$ 또는 $t=3$
원점을 출발하여 $t=1$일 때 처음으로 운동 방향을 바꾸므로 구하는 점 P의 위치는	$0+\displaystyle\int_0^1 (t^2-4t+3)\,dt=\left[\dfrac{1}{3}t^3-2t^2+3t\right]_0^1$ $=\dfrac{4}{3}$
(2) 점 P가 원점을 출발하여 원점으로 다시 돌아오는 시각을 $t=a$라 하면 $t=0$에서 $t=a$까지 점 P의 위치의 변화량은 0이므로	$\displaystyle\int_0^a (t^2-4t+3)\,dt=0$ $\left[\dfrac{1}{3}t^3-2t^2+3t\right]_0^a=0$ $\dfrac{1}{3}a^3-2a^2+3a=0$, $a(a-3)^2=0$ ∴ $a=3$ ($\because a>0$)
따라서 점 P가 원점으로 다시 돌아올 때까지 움직인 거리는	$\displaystyle\int_0^3 |t^2-4t+3|\,dt$ $=\displaystyle\int_0^1 (t^2-4t+3)\,dt+\int_1^3 (-t^2+4t-3)\,dt$ $=\left[\dfrac{1}{3}t^3-2t^2+3t\right]_0^1+\left[-\dfrac{1}{3}t^3+2t^2-3t\right]_1^3$ $=\dfrac{8}{3}$

● **문제** ●

정답과 해설 88쪽

08-1 좌표가 1인 점을 출발하여 수직선 위를 움직이는 점 P의 시각 t에서의 속도가 $v(t)=3t-t^2$일 때, 다음을 구하시오.

(1) 점 P가 출발 후 운동 방향을 바꾸는 시각에서의 점 P의 위치
(2) 점 P가 좌표가 1인 점으로 다시 돌아올 때까지 움직인 거리

지면으로부터 $5\,\mathrm{m}$의 높이에서 $50\,\mathrm{m/s}$의 속도로 지면과 수직으로 쏘아 올린 물체의 t초 후의 속도를 $v(t)\,\mathrm{m/s}$라 하면 $v(t)=50-10t\,(0\le t\le10)$일 때, 다음을 구하시오.

(1) 물체를 쏘아 올린 후 3초 동안 물체의 위치의 변화량

(2) 물체가 최고 지점에 도달할 때의 지면으로부터의 높이

(3) 물체를 쏘아 올린 후 8초 동안 물체가 움직인 거리

공략 Point

물체가 최고 높이에 도달할 때의 속도는 0이다.

풀이

(1) 물체를 쏘아 올린 후 3초 동안 물체의 위치의 변화량은

$$\int_0^3 (50-10t)\,dt=\Big[50t-5t^2\Big]_0^3=\mathbf{105(m)}$$

(2) 물체가 최고 지점에 도달할 때의 속도는 0이므로 $v(t)=0$에서

$$50-10t=0 \qquad \therefore t=5$$

따라서 $5\,\mathrm{m}$의 높이에서 출발하여 $t=5$일 때 최고 지점에 도달하므로 구하는 물체의 높이는

$$5+\int_0^5 (50-10t)\,dt=5+\Big[50t-5t^2\Big]_0^5=\mathbf{130(m)}$$

(3) 물체를 쏘아 올린 후 8초 동안 물체가 움직인 거리는

$$\int_0^8 |50-10t|\,dt$$
$$=\int_0^5 (50-10t)\,dt+\int_5^8 (-50+10t)\,dt$$
$$=\Big[50t-5t^2\Big]_0^5+\Big[-50t+5t^2\Big]_5^8=\mathbf{170(m)}$$

● **문제** ●

정답과 해설 88쪽

09-1 지면에서 $30\,\mathrm{m/s}$의 속도로 지면과 수직으로 쏘아 올린 물체의 t초 후의 속도를 $v(t)\,\mathrm{m/s}$라 하면 $v(t)=30-10t\,(0\le t\le6)$일 때, 다음을 구하시오.

(1) 물체를 쏘아 올린 후 2초 동안 물체의 위치의 변화량

(2) 물체의 최고 높이

(3) 물체를 쏘아 올린 후 5초 동안 물체가 움직인 거리

09-2 지면으로부터 $30\,\mathrm{m}$의 높이에서 $20\,\mathrm{m/s}$의 속도로 지면과 수직으로 쏘아 올린 물체의 t초 후의 속도를 $v(t)\,\mathrm{m/s}$라 하면 $v(t)=20-10t\,(0\le t\le4)$일 때, 이 물체가 두 번째로 지면으로부터 $45\,\mathrm{m}$의 높이에 도달할 때까지 움직인 거리를 구하시오.

그래프에서의 위치와 움직인 거리

유형편 70쪽

원점을 출발하여 수직선 위를 움직이는 점 P의 시각 t에서의 속도 $v(t)$의 그래프가 오른쪽 그림과 같을 때, 다음을 구하시오.

(단, $0 \le t \le 6$)

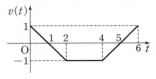

(1) 시각 $t=5$에서의 점 P의 위치

(2) 점 P가 출발 후 처음으로 운동 방향을 바꿀 때부터 두 번째로 운동 방향을 바꿀 때까지 움직인 거리

공략 Point

속도 $v(t)$의 그래프가 주어질 때
(1) 위치는 정적분의 값이므로 속도가 양수인 부분과 음수인 부분으로 나누어 구한다.
(2) 움직인 거리는 $v(t)$의 그래프와 t축으로 둘러싸인 도형의 넓이이다.

풀이

(1) 시각 $t=5$에서의 점 P의 위치는

$$0 + \int_0^5 v(t)\,dt$$
$$= \int_0^1 v(t)\,dt + \int_1^5 v(t)\,dt$$
$$= \triangle \text{AOB} - \square \text{BCDE}$$
$$= \frac{1}{2} \times 1 \times 1 - \frac{1}{2} \times (2+4) \times 1$$
$$= -\frac{5}{2}$$

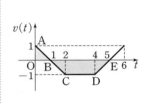

(2) $v(t)=0$인 t의 값은

$t=1$ 또는 $t=5$

점 P가 출발 후 $t=1$에서 처음으로 운동 방향을 바꾸고 $t=5$에서 두 번째로 운동 방향을 바꾸므로 구하는 거리는

$$\int_1^5 |v(t)|\,dt$$
$$= \square \text{BCDE}$$
$$= \frac{1}{2} \times (2+4) \times 1 = \mathbf{3}$$

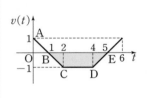

● **문제** ●

정답과 해설 89쪽

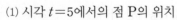

10-1 원점을 출발하여 수직선 위를 움직이는 점 P의 시각 t에서의 속도 $v(t)$의 그래프가 오른쪽 그림과 같을 때, 다음을 구하시오.

(단, $0 \le t \le 5$)

(1) 시각 $t=5$에서의 점 P의 위치

(2) 점 P가 출발 후 처음으로 운동 방향을 바꿀 때까지 움직인 거리

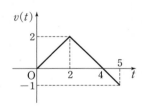

10-2 원점을 출발하여 수직선 위를 움직이는 물체의 시각 t에서의 속도 $v(t)$의 그래프가 오른쪽 그림과 같을 때, 이 물체가 원점으로 다시 돌아오는 시각을 구하시오. (단, $0 \le t \le 10$)

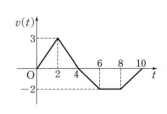

연습문제

1 다항함수 $f(x)$가

$$xf(x)=\int_0^x tf'(t)\,dt+\frac{1}{3}x^3-x^2-3x$$

를 만족시킬 때, 곡선 $y=f(x)$와 x축으로 둘러싸인 도형의 넓이는?

① $\dfrac{17}{4}$ ② $\dfrac{25}{3}$ ③ $\dfrac{32}{3}$

④ $\dfrac{35}{2}$ ⑤ $\dfrac{62}{3}$

2 곡선 $y=2x^3$과 x축 및 두 직선 $x=-1$, $x=a$로 둘러싸인 도형의 넓이가 41일 때, 양수 a의 값은?

① 1   ② 2   ③ 3
④ 4   ⑤ 5

교육청

3 두 양수 a, $b\,(a<b)$에 대하여 함수 $f(x)$를 $f(x)=(x-a)(x-b)$라 하자.

$$\int_0^a f(x)\,dx=\frac{11}{6},\quad \int_0^b f(x)\,dx=-\frac{8}{3}$$

일 때, 곡선 $y=f(x)$와 x축으로 둘러싸인 부분의 넓이는?

① 4   ② $\dfrac{9}{2}$ ③ 5

④ $\dfrac{11}{2}$ ⑤ 6

4 오른쪽 그림과 같이 곡선 $y=-x^2+3x$와 x축으로 둘러싸인 도형이 직선 $y=x$에 의하여 나누어진 두 도형의 넓이를 각각 S_1, S_2라 할 때, $\dfrac{S_1}{S_2}$의 값을 구하시오.

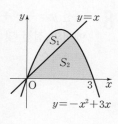

5 두 곡선 $y=x^3-2x$, $y=x^2$으로 둘러싸인 도형의 넓이를 구하시오.

6 곡선 $y=x|x-2|$와 직선 $y=x$로 둘러싸인 도형의 넓이를 구하시오.

평가원

7 함수 $f(x)=x^2-2x$에 대하여 두 곡선 $y=f(x)$, $y=-f(x-1)-1$로 둘러싸인 부분의 넓이는?

① $\dfrac{1}{6}$ ② $\dfrac{1}{4}$ ③ $\dfrac{1}{3}$

④ $\dfrac{5}{12}$ ⑤ $\dfrac{1}{2}$

8 곡선 $y=-x^2+5x-4$와 이 곡선 위의 점 $(2, 2)$에서의 접선 및 x축으로 둘러싸인 도형의 넓이를 구하시오.

9 점 $(0, -1)$에서 곡선 $y=x^2$에 그은 두 접선과 이 곡선으로 둘러싸인 도형의 넓이는?

① $\dfrac{2}{3}$ ② 1 ③ $\dfrac{4}{3}$

④ $\dfrac{5}{3}$ ⑤ 2

10 오른쪽 그림과 같이 두 곡선 $y=a(x-2)^2\,(a>0)$, $y=-x^2+2x$는 x좌표가 $k\,(0<k<2)$, 2인 점에서 만난다. 두 곡선과 y축으로 둘러싸인 두 도형의 넓이가 서로 같을 때, $a+k$의 값을 구하시오.

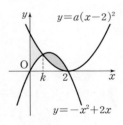

11 오른쪽 그림과 같이 곡선 $y=x^2-8x+k$와 x축 및 y축으로 둘러싸인 도형의 넓이를 A, 이 곡선과 x축으로 둘러싸인 도형의 넓이를 B라 할 때, $A:B=1:2$이다. 이때 상수 k의 값은?

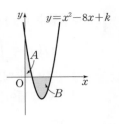

① $\dfrac{31}{3}$ ② $\dfrac{32}{3}$ ③ 11

④ $\dfrac{34}{3}$ ⑤ $\dfrac{35}{3}$

12 곡선 $y=-x^2+4$와 x축으로 둘러싸인 도형의 넓이가 직선 $y=k$에 의하여 이등분될 때, 상수 k에 대하여 $(4-k)^3$의 값을 구하시오.

13 두 곡선 $y=a^2x^2$, $y=-x^2$과 직선 $x=-2$로 둘러싸인 도형의 넓이를 $S(a)$라 할 때, $\dfrac{S(a)}{a}$의 최솟값은? (단, $a>0$)

① $\dfrac{13}{3}$ ② $\dfrac{14}{3}$ ③ 5

④ $\dfrac{16}{3}$ ⑤ $\dfrac{17}{3}$

14 다음 조건을 만족시키는 다항함수 $f(x)$의 역함수를 $g(x)$라 할 때, 닫힌구간 $[-1, 2]$에서 두 곡선 $y=f(x)$, $y=g(x)$로 둘러싸인 도형의 넓이를 구하시오.

> (가) $f(-1)=-1$, $f(2)=2$
> (나) $\displaystyle\int_{-1}^{2} f(x)dx=\dfrac{11}{2}$
> (다) 닫힌구간 $[-1, 2]$에서 $f(x) \geq x$이다.

15 함수 $f(x)=\sqrt{x-1}$의 역함수를 $g(x)$라 할 때, $\displaystyle\int_{1}^{10} f(x)\,dx+\int_{0}^{3} g(x)\,dx$의 값을 구하시오.

16 원점을 출발하여 수직선 위를 움직이는 점 P의 시각 t에서의 속도가 $v(t)=-3t^2+4t+15$일 때, 점 P가 원점으로 다시 돌아오는 시각은?

① 3　　　② 4　　　③ 5
④ 6　　　⑤ 7

17 원점을 동시에 출발하여 수직선 위를 움직이는 두 점 P, Q의 시각 t에서의 속도가 각각 $v_P(t)=6t^2-6t+4$, $v_Q(t)=3t^2+2t+1$일 때, 출발 후 두 점 P, Q가 만나는 횟수를 구하시오.

평가원

18 수직선 위의 점 A(6)과 시각 $t=0$일 때 원점을 출발하여 이 수직선 위를 움직이는 점 P가 있다. 시각 $t(t \geq 0)$에서의 점 P의 속도 $v(t)$를
$$v(t)=3t^2+at \ (a>0)$$
이라 하자. 시각 $t=2$에서 점 P와 점 A 사이의 거리가 10일 때, 상수 a의 값은?

① 1　　　② 2　　　③ 3
④ 4　　　⑤ 5

19 지면에서 $40\,\text{m/s}$의 속도로 지면과 수직으로 쏘아 올린 물체의 t초 후의 속도를 $v(t)\,\text{m/s}$라 하면 $v(t)=40-10t$이다. 물체를 쏘아 올린 후 5초 동안 물체의 위치의 변화량을 $a\,\text{m}$, 움직인 거리를 $b\,\text{m}$라 할 때, $a+b$의 값을 구하시오.

20 원점을 출발하여 수직선 위를 움직이는 점 P의 시각 t에서의 속도 $v(t)$의 그래프가 오른쪽 그림과 같을 때, 보기에서 옳은 것만을 있는 대로 고르시오. (단, $0 \leq t \leq 6$)

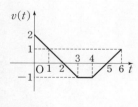

> 보기
> ㄱ. $0<t<6$에서 운동 방향을 두 번 바꾼다.
> ㄴ. 출발 후 $t=3$까지 움직인 거리는 1이다.
> ㄷ. $t=5$일 때 원점에서 가장 멀리 떨어져 있다.

연습문제

정답과 해설 93쪽

▶ 실력

21 함수 $f(x)=(x^2-4)(x^2-k)$에 대하여 다음 그림과 같이 곡선 $y=f(x)$와 x축으로 둘러싸인 세 도형의 넓이를 각각 A, B, C라 하자. $A+C=B$일 때, 상수 k의 값을 구하시오. (단, $0<k<4$)

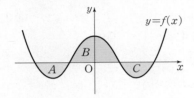

교육청

22 최고차항의 계수가 1인 삼차함수 $f(x)$가 $f(0)=0$이고, 모든 실수 x에 대하여
$f(1-x)=-f(1+x)$를 만족시킨다. 두 곡선 $y=f(x)$와 $y=-6x^2$으로 둘러싸인 부분의 넓이를 S라 할 때, $4S$의 값을 구하시오.

23 함수 $f(x)=x^3+x+1$의 역함수를 $g(x)$라 할 때, 두 곡선 $y=f(x)$, $y=g(x)$와 두 직선 $x=3$, $y=3$으로 둘러싸인 도형의 넓이를 구하시오.

수능

24 함수 $f(x)=\dfrac{1}{9}x(x-6)(x-9)$와

실수 $t\,(0<t<6)$에 대하여 함수 $g(x)$는
$$g(x)=\begin{cases} f(x) & (x<t) \\ -(x-t)+f(t) & (x\geq t) \end{cases}$$
이다. 함수 $y=g(x)$의 그래프와 x축으로 둘러싸인 영역의 넓이의 최댓값은?

① $\dfrac{125}{4}$ ② $\dfrac{127}{4}$ ③ $\dfrac{129}{4}$

④ $\dfrac{131}{4}$ ⑤ $\dfrac{133}{4}$

25 지면으로부터 같은 높이에서 동시에 지면과 수직으로 올라가는 두 물체 A, B의 시각 $t\,(0\leq t\leq c)$에서의 속도 $f(t)$, $g(t)$의 그래프가 오른쪽 그림과 같다. $\displaystyle\int_0^c f(t)\,dt=\int_0^c g(t)\,dt$일 때, 보기에서 옳은 것만을 있는 대로 고른 것은? (단, $0\leq t\leq c$)

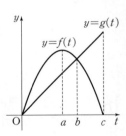

┌─ 보기 ─────────────────
ㄱ. $t=a$일 때 A의 위치가 B의 위치보다 높다.
ㄴ. $t=b$일 때 A와 B의 높이의 차가 최대이다.
ㄷ. $t=c$일 때 A와 B의 높이가 같다.
└──────────────────────

① ㄴ   ② ㄷ   ③ ㄱ, ㄴ

④ ㄱ, ㄷ   ⑤ ㄱ, ㄴ, ㄷ

완자로 올랐다

내신의 왕좌

visang

완벽한 자율학습서

완자

완**벽한 자**율학습을 위한 **내신 필수 기본서**

3,100만 권
돌파

· 풍부하고 자세한 설명, 핵심이 한눈에 쏙!
· 시험에 꼭 나오는 문제들로 실전 문제를 구성해 내신 완벽 대비!
· 정확한 답과 친절한 해설을 통해 틀렸던 문제도 확실하게!

통합사회 / 한국사 / 경제 / 사회·문화 / 정치와 법 / 한국지리 / 세계지리 / 동아시아사 / 세계사 /
생활과 윤리 / 윤리와 사상 / 통합과학 / 물리학 I·II / 화학 I·II / 생명과학 I·II / 지구과학 I·II

비상교육이 만든 수능기출 앱 "기출탭탭"

전과목 기출 문제, 프리미엄 해설이 무제한

▼ 태블릿PC로 지금, 다운로드하세요! ▼

✚ 개념·플러스·유형·시리즈   개념과 유형이 하나로! 가장 효과적인 수학 공부 방법을 제시합니다.

비상교재
누리집에
방문해보세요

http://book.visang.com/

발간 이후에 발견되는 오류 비상교재 누리집 〉 학습자료실 〉 고등교재 〉 정오표
본 교재의 정답 비상교재 누리집 〉 학습자료실 〉 고등교재 〉 정답·해설

품질혁신코드 VS01QI24_1

유형편

미적분 I

개념과 유형이 하나로

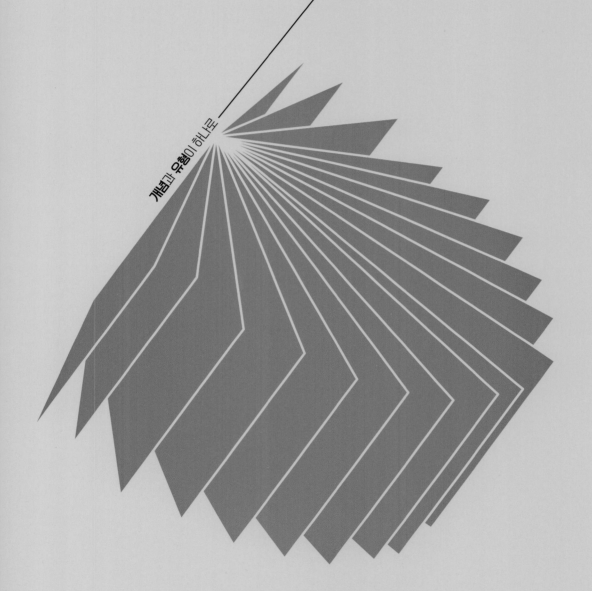

visang

ABOVE IMAGINATION

우리는 남다른 상상과 혁신으로
교육 문화의 새로운 전형을 만들어
모든 이의 행복한 경험과 성장에 기여한다

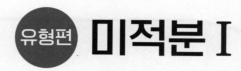

유형편 미적분 I

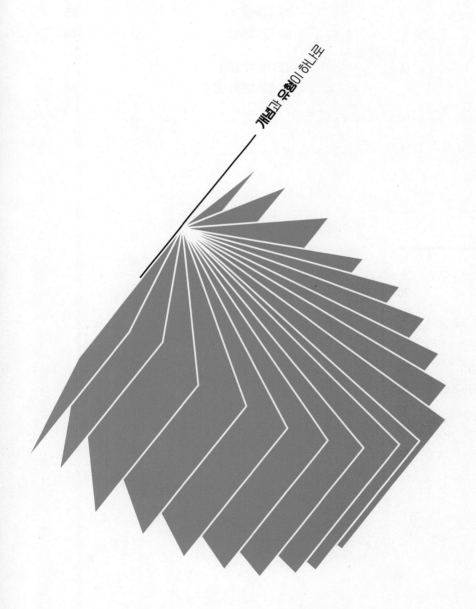

개념과 유형이 하나로

CONTENTS 차례

개념과 유형이 하나로
개념+유형

1

함수의 극한

유형 ○1 $x \rightarrow a$일 때의 함수의 수렴과 발산

함수 $f(x)$에서 x의 값이 a가 아니면서 a에 한없이 가까워질 때

(1) $f(x)$의 값이 일정한 값 α에 한없이 가까워지면
$$\lim_{x \to a} f(x) = \alpha$$

(2) $f(x)$의 값이 한없이 커지면
$$\lim_{x \to a} f(x) = \infty$$

(3) $f(x)$의 값이 음수이면서 그 절댓값이 한없이 커지면
$$\lim_{x \to a} f(x) = -\infty$$

유형 ○2 $x \rightarrow \infty$, $x \rightarrow -\infty$일 때의 함수의 수렴과 발산

함수 $f(x)$에서 x의 값이 한없이 커질 때

(1) $f(x)$의 값이 일정한 값 α에 한없이 가까워지면
$$\lim_{x \to \infty} f(x) = \alpha$$

(2) $f(x)$의 값이 한없이 커지면
$$\lim_{x \to \infty} f(x) = \infty$$

(3) $f(x)$의 값이 음수이면서 그 절댓값이 한없이 커지면
$$\lim_{x \to \infty} f(x) = -\infty$$

1 보기에서 수렴하는 것만을 있는 대로 고른 것은?

보기
ㄱ. $\lim\limits_{x \to 0} \sqrt{2 - 3x}$ ㄴ. $\lim\limits_{x \to -1} \dfrac{1}{(x+1)^2}$

ㄷ. $\lim\limits_{x \to 1} \dfrac{x^2 + x - 2}{x - 1}$ ㄹ. $\lim\limits_{x \to 2} \left(-\dfrac{1}{|x-2|} \right)$

① ㄱ, ㄴ   ② ㄱ, ㄷ   ③ ㄱ, ㄹ
④ ㄴ, ㄷ   ⑤ ㄷ, ㄹ

3 보기에서 수렴하는 것만을 있는 대로 고른 것은?

보기
ㄱ. $\lim\limits_{x \to \infty} (-x^2 + 2x)$ ㄴ. $\lim\limits_{x \to \infty} \dfrac{-2x}{x+1}$

ㄷ. $\lim\limits_{x \to -\infty} \dfrac{1}{|x+2|}$ ㄹ. $\lim\limits_{x \to -\infty} \dfrac{1}{x+5}$

① ㄱ, ㄴ   ② ㄱ, ㄹ   ③ ㄴ, ㄷ
④ ㄱ, ㄷ, ㄹ   ⑤ ㄴ, ㄷ, ㄹ

2 다음 중 극한값이 가장 큰 것은?

① $\lim\limits_{x \to 1} (2x + 3)$

② $\lim\limits_{x \to 2} (-x^2 + 7)$

③ $\lim\limits_{x \to 1} (x^2 + 2x - 1)$

④ $\lim\limits_{x \to 3} \dfrac{x+3}{x-2}$

⑤ $\lim\limits_{x \to -1} \sqrt{-x + 3}$

4 다음 중 극한값이 가장 작은 것은?

① $\lim\limits_{x \to -\infty} \dfrac{1}{x-3}$

② $\lim\limits_{x \to \infty} \left(2 - \dfrac{4}{x+1} \right)$

③ $\lim\limits_{x \to \infty} \dfrac{x}{x-1}$

④ $\lim\limits_{x \to \infty} \left(\dfrac{2}{|x-1|} - 1 \right)$

⑤ $\lim\limits_{x \to -\infty} \dfrac{2 - 3x}{x+1}$

유형 03 그래프가 주어진 함수의 극한

$x=a$에서 함수 $f(x)$의 우극한과 좌극한이 모두 존재하고 그 값이 a로 같으면 $\lim\limits_{x \to a} f(x)$의 값이 존재한다.

➡ $\lim\limits_{x \to a+} f(x) = \lim\limits_{x \to a-} f(x) = \alpha \iff \lim\limits_{x \to a} f(x) = \alpha$

 수능 ▶

5 함수 $y=f(x)$의 그래프가 그림과 같다.

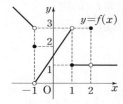

$\lim\limits_{x \to -1-} f(x) + \lim\limits_{x \to 2} f(x)$의 값은?

① 1   ② 2   ③ 3

④ 4   ⑤ 5

6 함수 $y=f(x)$의 그래프가 오른쪽 그림과 같을 때, 다음 중 옳은 것은?

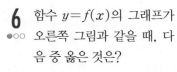

① $f(-1)=0$

② $\lim\limits_{x \to -1+} f(x) = 1$

③ $\lim\limits_{x \to 1-} f(x) = 0$

④ $\lim\limits_{x \to 1+} f(x) = 2$

⑤ $\lim\limits_{x \to 2} f(x) = 1$

유형 04 함수의 극한값의 존재 (1)

함수 $f(x) = \begin{cases} g(x) & (x \geq a) \\ h(x) & (x < a) \end{cases}$ 에 대하여

$\lim\limits_{x \to a+} f(x) = \lim\limits_{x \to a+} g(x),\ \lim\limits_{x \to a-} f(x) = \lim\limits_{x \to a-} h(x)$

참고 $[x]$는 x보다 크지 않은 최대의 정수이므로 정수 n에 대하여

· $n \leq x < n+1$이면 $[x]=n$ ➡ $\lim\limits_{x \to n+} [x] = n$

· $n-1 \leq x < n$이면 $[x]=n-1$ ➡ $\lim\limits_{x \to n-} [x] = n-1$

7 함수 $f(x) = \begin{cases} (x+1)^2 & (x \geq 1) \\ x^2 & (x < 1) \end{cases}$ 에 대하여

$\lim\limits_{x \to 1+} f(x) - \lim\limits_{x \to 1-} f(x)$의 값은?

① 2   ② 3   ③ 4

④ 5   ⑤ 6

8 다음 함수 중 $\lim\limits_{x \to 0} f(x)$의 값이 존재하지 <u>않는</u> 것은?

① $f(x) = x - |x|$ ② $f(x) = x^2 + |x|$

③ $f(x) = x|x|$ ④ $f(x) = \dfrac{|x|}{x}$

⑤ $f(x) = \begin{cases} -x & (x \geq 0) \\ x^2 & (x < 0) \end{cases}$

9 보기에서 극한값이 존재하는 것만을 있는 대로 고르시오. (단, $[x]$는 x보다 크지 않은 최대 정수)

┌ 보기 ────────────

ㄱ. $\lim\limits_{x \to 2} \dfrac{(x-2)^2}{|x-2|}$ ㄴ. $\lim\limits_{x \to 1} \dfrac{x^2-x}{|x-1|}$

ㄷ. $\lim\limits_{x \to -1} [2x]$ ㄹ. $\lim\limits_{x \to -1} \dfrac{x^2+3x+2}{|x+1|}$

└───────────────

유형 05 함수의 극한값의 존재 (2)

함수 $f(x)$에 대하여 $x=a$에서 우극한과 좌극한을 각각 조사하여

(1) 두 값이 같으면

➡ $\lim\limits_{x\to a} f(x)$의 값이 존재한다.

(2) 두 값이 다르거나 수렴하지 않으면

➡ $\lim\limits_{x\to a} f(x)$의 값이 존재하지 않는다.

10 함수 $f(x)=\begin{cases} -x+a & (x\geq 1) \\ 3x^2-2x+1 & (x<1) \end{cases}$에 대하여

$\lim\limits_{x\to 1} f(x)$의 값이 존재하도록 하는 상수 a의 값은?

① -1 ② 1 ③ 3

④ 5 ⑤ 7

11 함수 $f(x)=\begin{cases} x-5 & (|x|\geq 2) \\ 1-x^2 & (|x|<2) \end{cases}$에 대하여

$\lim\limits_{x\to a} f(x)$의 값이 존재하지 않을 때, 상수 a의 값을 구하시오.

12 함수 $f(x)=\begin{cases} kx+12 & (x\geq -4) \\ (x+k)^2 & (x<-4) \end{cases}$에 대하여

$\lim\limits_{x\to -4} f(x)$의 값이 존재할 때, $f(-1)$의 값을 구하시오. (단, k는 상수)

유형 06 합성함수의 극한 UP

두 함수 $f(x)$, $g(x)$에 대하여 $\lim\limits_{x\to a+} f(g(x))$의 값은 $g(x)=t$로 놓고 다음을 이용하여 구한다.

(1) $x\to a+$일 때 $t\to b+$이면

$$\lim_{x\to a+} f(g(x))=\lim_{t\to b+} f(t)$$

(2) $x\to a+$일 때 $t\to b-$이면

$$\lim_{x\to a+} f(g(x))=\lim_{t\to b-} f(t)$$

(3) $x\to a+$일 때 $t=b$이면

$$\lim_{x\to a+} f(g(x))=f(b)$$

13 함수 $f(x)=\begin{cases} 2 & (x\geq 0) \\ x-2 & (x<0) \end{cases}$에 대하여

$\lim\limits_{x\to 0+} f(f(x))+\lim\limits_{x\to -1-} f(f(x))$의 값을 구하시오.

14 함수 $y=f(x)$의 그래프가 오른쪽 그림과 같을 때,

$\lim\limits_{x\to 0-} f(x+1)+\lim\limits_{x\to 0-} f(x-1)$

의 값을 구하시오.

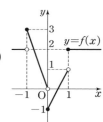

15 함수 $y=f(x)$의 그래프가 오른쪽 그림과 같을 때, 보기에서 옳은 것만을 있는 대로 고르시오.

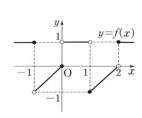

┌ 보기 ┐

ㄱ. $\lim\limits_{x\to 1} f(x)=-1$

ㄴ. $\lim\limits_{x\to 1-} f(f(x))=-1$

ㄷ. $\lim\limits_{x\to 1+} f(f(x))=1$

ㄹ. $\lim\limits_{x\to 2-} f(f(x))=0$

02 함수의 극한값의 계산

유형 01 함수의 극한에 대한 성질

$\lim\limits_{x \to a} f(x) = \alpha$, $\lim\limits_{x \to a} g(x) = \beta$ (α, β는 실수)일 때

(1) $\lim\limits_{x \to a} kf(x) = k\lim\limits_{x \to a} f(x) = k\alpha$ (단, k는 상수)

(2) $\lim\limits_{x \to a} \{f(x) + g(x)\} = \lim\limits_{x \to a} f(x) + \lim\limits_{x \to a} g(x) = \alpha + \beta$

(3) $\lim\limits_{x \to a} \{f(x) - g(x)\} = \lim\limits_{x \to a} f(x) - \lim\limits_{x \to a} g(x) = \alpha - \beta$

(4) $\lim\limits_{x \to a} f(x)g(x) = \lim\limits_{x \to a} f(x) \times \lim\limits_{x \to a} g(x) = \alpha\beta$

(5) $\lim\limits_{x \to a} \dfrac{f(x)}{g(x)} = \dfrac{\lim\limits_{x \to a} f(x)}{\lim\limits_{x \to a} g(x)} = \dfrac{\alpha}{\beta}$ (단, $\beta \neq 0$)

1 두 함수 $y = f(x)$, $y = g(x)$의 그래프가 다음 그림과 같을 때, 보기에서 극한값이 존재하는 것만을 있는 대로 고르시오.

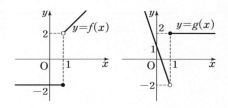

보기
ㄱ. $\lim\limits_{x \to 1} \{f(x) + g(x)\}$

ㄴ. $\lim\limits_{x \to 1} f(x)g(x)$

ㄷ. $\lim\limits_{x \to 1} \dfrac{f(x)}{g(x)}$

교육청
2 두 함수 $f(x)$, $g(x)$가

$$\lim_{x \to 1} \frac{f(x)}{x-1} = 8, \quad \lim_{x \to 1} \frac{g(x)}{x^2-1} = \frac{1}{2}$$

을 만족시킬 때, $\lim\limits_{x \to 1} \dfrac{(x+1)f(x)}{g(x)}$의 값을 구하시오.

3 함수 $f(x)$에 대하여 $\lim\limits_{x \to 0} \dfrac{x}{f(x)} = \dfrac{1}{3}$일 때,

$\lim\limits_{x \to 1} \dfrac{x^2 + 3x - 4}{f(x-1)}$의 값을 구하시오.

4 두 함수 $f(x)$, $g(x)$에 대하여

$$\lim_{x \to 2} f(x) = 1, \quad \lim_{x \to 2} \{2f(x) - g(x)\} = 3$$

일 때, $\lim\limits_{x \to 2} \dfrac{6f(x) - 3g(x)}{f(x) + 4g(x)}$의 값을 구하시오.

5 두 함수 $f(x)$, $g(x)$에 대하여

$$\lim_{x \to \infty} f(x) = \infty, \quad \lim_{x \to \infty} \{f(x) - g(x)\} = 3$$

일 때, $\lim\limits_{x \to \infty} \dfrac{3f(x) - 2g(x)}{2f(x) - g(x)}$의 값을 구하시오.

6 두 함수 $f(x)$, $g(x)$에 대하여 $\lim\limits_{x \to 1} f(x) = \alpha$,

$\lim\limits_{x \to 1} g(x) = \beta$이고 $\lim\limits_{x \to 1} \{f(x) + g(x)\} = 4$,

$\lim\limits_{x \to 1} f(x)g(x) = -5$일 때, $\lim\limits_{x \to 1} \dfrac{f(x) + 2}{2g(x) + 1}$의 값을 구하시오. (단, $\alpha > \beta$)

$\dfrac{0}{0}$ 꼴의 함수의 극한

(1) 분모, 분자가 모두 다항식인 경우
  ➡ 분모, 분자를 각각 인수분해한 후 약분한다.
(2) 분모 또는 분자가 무리식인 경우
  ➡ 근호가 있는 쪽을 유리화한 후 약분한다.

7 다음 극한값을 구하시오.
○○○

(1) $\displaystyle\lim_{x\to 2}\dfrac{x^3-8}{x-2}$　　　(2) $\displaystyle\lim_{x\to 0}\dfrac{x}{\sqrt{x+1}-1}$

8 $\displaystyle\lim_{x\to 0}\dfrac{\sqrt{4-2x}-\sqrt{4+x}}{\sqrt{3+2x}-\sqrt{3-x}}$의 값은?
●○○

① $-\sqrt{3}$　　　② $-\dfrac{\sqrt{3}}{2}$　　　③ 0

④ $\dfrac{\sqrt{3}}{2}$　　　⑤ $\sqrt{3}$

9 다항함수 $f(x)$에 대하여 $\displaystyle\lim_{x\to 1}\dfrac{x^3-1}{(x^2-1)f(x)}=1$일
●●○ 때, $f(1)$의 값을 구하시오.

10 $\displaystyle\lim_{x\to 1+}\dfrac{x^2+2x-3}{|x^2-1|}=a$, $\displaystyle\lim_{x\to 0-}\dfrac{|x|-x}{x}=b$라 할 때,
●●○ $a+b$의 값을 구하시오.

$\dfrac{\infty}{\infty}$ 꼴의 함수의 극한

(1) (분자의 차수)<(분모의 차수)
  ➡ 극한값은 0이다.
(2) (분자의 차수)=(분모의 차수)
  ➡ 극한값은 분모, 분자의 최고차항의 계수의 비이다.
(3) (분자의 차수)>(분모의 차수)
  ➡ 발산한다.

11 보기에서 옳은 것만을 있는 대로 고르시오.
●○○
　보기
ㄱ. $\displaystyle\lim_{x\to\infty}\dfrac{x-3}{x^2+2x-1}=1$

ㄴ. $\displaystyle\lim_{x\to\infty}\dfrac{-5x^2-2x+4}{x^2-x-2}=-5$

ㄷ. $\displaystyle\lim_{x\to\infty}\dfrac{9x}{\sqrt{4x^2-x}+\sqrt{x^2+1}}=3$

12 $\displaystyle\lim_{x\to -\infty}\dfrac{\sqrt{x^2-2x}-3x}{x-\sqrt{x^2+1}}$의 값을 구하시오.
●●○

13 함수 $f(x)=\dfrac{|x|-1}{3x+2}$에 대하여 $\displaystyle\lim_{x\to -\infty}f(x)$의 값
●●○ 은?

① $-\dfrac{1}{2}$　　　② $-\dfrac{1}{3}$　　　③ 0

④ $\dfrac{1}{3}$　　　⑤ $\dfrac{1}{2}$

유형 04 ∞−∞ 꼴의 함수의 극한

(1) 다항식인 경우
➡ 최고차항으로 묶는다.

(2) 무리식인 경우
➡ 분모를 1로 보고 분자를 유리화한다.

14 다음 극한을 조사하시오.
○○○
(1) $\lim_{x \to -\infty} (x^3 + 2x^2 - 3x + 1)$

(2) $\lim_{x \to \infty} \sqrt{x}(\sqrt{x-2} - \sqrt{x})$

15 $\lim_{x \to \infty} \dfrac{1}{x - \sqrt{x^2 + 3x - 2}}$ 의 값은?
○○○

① -3 　　　② $-\dfrac{2}{3}$ 　　　③ 0

④ $\dfrac{2}{3}$ 　　　⑤ 3

16 $\lim_{x \to -\infty} (\sqrt{x^2 + 4x} + x)$ 의 값은?
●●○

① -2 　　　② -1 　　　③ $-\dfrac{1}{2}$

④ $\dfrac{1}{2}$ 　　　⑤ 1

유형 05 ∞×0 꼴의 함수의 극한

(1) (유리식)×(유리식)인 경우
➡ 통분하거나 인수분해한다.

(2) 무리식을 포함하는 경우
➡ 근호가 있는 쪽을 유리화한다.

17 $\lim_{x \to 1} \dfrac{1}{x-1}\left\{\dfrac{1}{4} - \dfrac{1}{(x+1)^2}\right\}$ 의 값은?
●○○

① $-\dfrac{1}{2}$ 　　　② $-\dfrac{1}{4}$ 　　　③ $\dfrac{1}{4}$

④ $\dfrac{1}{2}$ 　　　⑤ 1

18 $\lim_{x \to 9} (\sqrt{x} - 3)\left(1 - \dfrac{3}{x-9}\right)$ 의 값은?
●●○

① $-\dfrac{3}{2}$ 　　　② -1 　　　③ $-\dfrac{1}{2}$

④ $\dfrac{1}{2}$ 　　　⑤ $\dfrac{3}{2}$

19 $\lim_{x \to 0} \dfrac{6}{x}\left(\dfrac{1}{\sqrt{x+9}} - \dfrac{1}{3}\right)$ 의 값을 구하시오.
●●○

20 함수 $f(x) = \begin{cases} x^2 + x & (x \geq 0) \\ -x & (x < 0) \end{cases}$ 에 대하여
●●●
$\lim_{n \to \infty} n\left\{f\left(\dfrac{n+3}{n}\right) - f\left(\dfrac{-2n-3}{n}\right)\right\}$ 의 값을 구하시오.

유형 06 극한값을 이용하여 미정계수 구하기

$\dfrac{0}{0}$ 꼴의 극한에서 $x \to a$일 때

(1) 극한값이 존재하고 (분모)$\to 0$이면

➡ (분자)$\to 0$

(2) 0이 아닌 극한값이 존재하고 (분자)$\to 0$이면

➡ (분모)$\to 0$

21 $\displaystyle\lim_{x \to -1} \dfrac{x^2+ax-8}{x+1}=b$일 때, 상수 a, b에 대하여 $a+b$의 값을 구하시오.

교육청
22 두 상수 a, b에 대하여
$$\lim_{x \to \infty} \dfrac{ax^2}{x^2-1}=2, \quad \lim_{x \to 1} \dfrac{a(x-1)}{x^2-1}=b$$
일 때, $a+b$의 값을 구하시오.

23 $\displaystyle\lim_{x \to -2} \dfrac{a\sqrt{x+3}+b}{x+2}=1$일 때, 상수 a, b에 대하여 a^2+b^2의 값은?

① 8   ② 9   ③ 10
④ 11   ⑤ 12

24 $\displaystyle\lim_{x \to 2} \dfrac{1}{x-2}\left(\dfrac{a}{x+1}-2\right)=b$일 때, 상수 a, b에 대하여 ab의 값을 구하시오.

25 $\displaystyle\lim_{x \to \infty} \dfrac{ax^2+bx+c}{x^2-2x-3}=2, \quad \lim_{x \to -1} \dfrac{ax^2+bx+c}{x^2-2x-3}=2$일 때, 상수 a, b, c에 대하여 $a+b+c$의 값은?

① -16 ② -14 ③ -12
④ -10 ⑤ -8

26 $\displaystyle\lim_{x \to \infty} (\sqrt{x^2+ax+1}-\sqrt{ax^2+1})=b$일 때, 상수 a, b에 대하여 $4ab$의 값은?

① $\dfrac{1}{2}$ ② 1   ③ $\dfrac{3}{2}$
④ 2   ⑤ $\dfrac{5}{2}$

27 $\displaystyle\lim_{x \to 3} \dfrac{2x^2+ax+b}{|x-3|}$의 값이 존재할 때, 상수 a, b에 대하여 $a+b$의 값을 구하시오.

유형 **07** 극한값을 이용하여 함수의 식 구하기

두 다항함수 $f(x)$, $g(x)$에 대하여

(1) $\lim\limits_{x\to\infty}\dfrac{f(x)}{g(x)}=\alpha$ (α는 0이 아닌 실수)이면

➡ ($f(x)$의 차수)=($g(x)$의 차수),
    $f(x)$와 $g(x)$의 최고차항의 계수의 비는 α

(2) $\lim\limits_{x\to a}\dfrac{f(x)}{g(x)}=\beta$ (β는 실수)일 때, $\lim\limits_{x\to a}g(x)=0$이면

➡ $\lim\limits_{x\to a}f(x)=0$

28 다항함수 $f(x)$가

$$\lim_{x\to\infty}\frac{f(x)}{2x^2+x+1}=1,\ \lim_{x\to 2}\frac{f(x)}{x^2+x-6}=\frac{2}{5}$$

를 만족시킬 때, $f(3)$의 값을 구하시오.

29 다항함수 $f(x)$가

$$\lim_{x\to\infty}\frac{f(x)-x^3}{x^2}=2,\ \lim_{x\to 0}\frac{f(x)}{x}=-3$$

을 만족시킬 때, $f(2)$의 값을 구하시오.

교육청 ▶
30 다항함수 $f(x)$가

$$\lim_{x\to\infty}\frac{xf(x)-2x^3+1}{x^2}=5,\ f(0)=1$$

을 만족시킬 때, $f(1)$의 값을 구하시오.

31 다항함수 $f(x)$가

$$\lim_{x\to\infty}\frac{f(x)}{x^3}=0,\ \lim_{x\to 0}\frac{f(x)}{x}=3$$

을 만족시킨다. 방정식 $f(x)=x$의 한 근이 -1일 때, $f(1)$의 값을 구하시오.

평가원 ▶
32 삼차함수 $f(x)$가

$$\lim_{x\to 0}\frac{f(x)}{x}=\lim_{x\to 1}\frac{f(x)}{x-1}=1$$

을 만족시킬 때, $f(2)$의 값은?

① 4   ② 6   ③ 8
④ 10   ⑤ 12

33 다항함수 $f(x)$가

$$\lim_{x\to 0+}\frac{x^3 f\left(\frac{1}{x}\right)-1}{x^3+2x}=1,\ \lim_{x\to 1}\frac{f(x)}{x^2+x-2}=\frac{1}{3}$$

을 만족시킬 때, $\lim\limits_{x\to\infty}f\left(\dfrac{1}{x}\right)$의 값은?

① 3   ② 4   ③ 5
④ 6   ⑤ 7

유형 08 함수의 극한의 대소 관계

세 함수 $f(x)$, $g(x)$, $h(x)$와 a가 아니면서 a에 가까운 모든 실수 x에 대하여 $f(x) \leq h(x) \leq g(x)$이고
$\lim\limits_{x \to a} f(x) = \lim\limits_{x \to a} g(x) = \alpha$ (α는 실수)이면

$\qquad \lim\limits_{x \to a} h(x) = \alpha$

참고 함수의 극한의 대소 관계는 $x \to a+$, $x \to a-$, $x \to \infty$, $x \to -\infty$인 경우에도 모두 성립한다.

34 함수 $f(x)$가 모든 실수 x에 대하여
○○○ $\qquad 3x^2 + 1 < (x^2 + 3)f(x) < 3x^2 + 4$
를 만족시킬 때, $\lim\limits_{x \to \infty} f(x)$의 값을 구하시오.

35 함수 $f(x)$가 모든 실수 x에 대하여
●○○ $\qquad \sqrt{4x^2 + 1} < f(x) < \sqrt{4x^2 + 3}$
을 만족시킬 때, $\lim\limits_{x \to \infty} \dfrac{f(x)}{x}$의 값은?

① $\dfrac{1}{3}$ ② $\dfrac{1}{2}$ ③ 1

④ 2 ⑤ 3

교육청
36 0이 아닌 모든 실수 x에 대하여 함수 $f(x)$가
●●○ $\qquad \dfrac{1}{2}x^2 + 2x < f(x) < x^2 + 2x$
를 만족시킬 때, $\lim\limits_{x \to 0} \dfrac{xf(x) + 5x}{2f(x) - x}$의 값은?

① $\dfrac{5}{3}$ ② 2 ③ $\dfrac{7}{3}$

④ $\dfrac{8}{3}$ ⑤ 3

유형 UP 09 함수의 극한의 활용

구하는 선분의 길이, 점의 위치, 도형의 넓이 등을 식으로 나타낸 후 극한의 성질을 이용하여 극한값을 구한다.

37 오른쪽 그림과 같이 곡선
●●○ $y = \dfrac{2}{x}$ ($x > 0$)와 두 직선
$x = 2$, $x = t$의 교점을 각 각 A, B라 하고, 점 B에 서 직선 $x = 2$에 내린 수

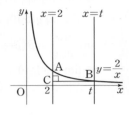

선의 발을 C라 할 때, $\lim\limits_{t \to \infty} \dfrac{\overline{AB}}{\overline{BC}}$의 값을 구하시오.

(단, $t > 2$)

교육청
38 곡선 $y = x^2$과 기울기가 1인 직선 l이 서로 다른 두
●●● 점 A, B에서 만난다. 양의 실수 t에 대하여 선분 AB의 길이가 $2t$가 되도록 하는 직선 l의 y절편을 $g(t)$라 할 때, $\lim\limits_{t \to \infty} \dfrac{g(t)}{t^2}$의 값은?

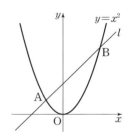

① $\dfrac{1}{16}$ ② $\dfrac{1}{8}$ ③ $\dfrac{1}{4}$

④ $\dfrac{1}{2}$ ⑤ 1

2 함수의 연속

01 함수의 연속

유형 **01** 함수의 연속과 불연속

함수 $f(x)$가 실수 a에 대하여 다음 조건을 만족시킬 때, 함수 $f(x)$는 $x=a$에서 연속이라 한다.

(i) 함수 $f(x)$가 $x=a$에서 정의되어 있다.

(ii) 극한값 $\lim\limits_{x \to a} f(x)$가 존재한다.

(iii) $\lim\limits_{x \to a} f(x) = f(a)$

1 다음 중 함수 $f(x) = \sqrt{1-5x}$가 연속인 구간은?

① $\left(-\infty, \dfrac{1}{5}\right]$ ② $(-\infty, 5]$ ③ $\left[\dfrac{1}{5}, 5\right]$

④ $\left[\dfrac{1}{5}, \infty\right)$ ⑤ $[5, \infty)$

2 보기의 함수에서 모든 실수 x에서 연속인 것만을 있는 대로 고르시오.

보기

ㄱ. $f(x) = \begin{cases} \dfrac{x}{|x|} & (x \neq 0) \\ 0 & (x=0) \end{cases}$

ㄴ. $f(x) = \begin{cases} \sqrt{x-1}-2 & (x \geq 1) \\ -2 & (x < 1) \end{cases}$

ㄷ. $f(x) = \begin{cases} \dfrac{x^2-4}{x-2} & (x \neq 2) \\ 4 & (x=2) \end{cases}$

3 다음 중 $x=-1$에서 불연속인 함수는?

① $f(x) = |x+1|$

② $f(x) = x^2 - 2x + 3$

③ $f(x) = \begin{cases} 2x+1 & (x \geq -1) \\ -1 & (x < -1) \end{cases}$

④ $f(x) = \begin{cases} -\sqrt{x+1}+3 & (x \geq -1) \\ 0 & (x < -1) \end{cases}$

⑤ $f(x) = \begin{cases} \dfrac{x^2-x-2}{x+1} & (x \neq -1) \\ -3 & (x=-1) \end{cases}$

4 함수 $f(x) = \begin{cases} 3-2x & (|x| > 1) \\ 2 & (|x| \leq 1) \end{cases}$ 에 대하여 함수 $f(x) - f(-x)$가 불연속인 모든 x의 값의 합을 구하시오.

5 함수 $f(x) = \begin{cases} -x+6 & (x \geq 3) \\ x^2 - 2x & (x < 3) \end{cases}$ 의 그래프와 직선 $y=t$가 만나는 점의 개수를 $g(t)$라 할 때, 함수 $g(t)$가 불연속인 실수 t의 값의 개수를 구하시오.

유형 02 함수의 그래프와 연속 (1)

주어진 그래프에서 함숫값, 우극한, 좌극한을 구하여 극한
값의 존재와 함수의 연속성을 조사한다.

6 함수 $y=f(x)$의 그래프
가 오른쪽 그림과 같을
때, 함수 $f(x)$에 대하여
다음 중 옳지 <u>않은</u> 것은?

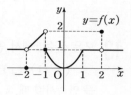

① $f(0)=0$

② $\lim\limits_{x \to -2} f(x)=1$

③ $\lim\limits_{x \to -1} f(x)$의 값이 존재하지 않는다.

④ $x=1$에서 연속이다.

⑤ $x=2$에서 연속이다.

7 $0<x<5$에서 정의된 함수 $y=f(x)$의 그래프가
다음 그림과 같다. 함수 $f(x)$에 대하여 극한값이
존재하지 않는 x의 값의 개수를 a, 불연속인 x의
값의 개수를 b라 할 때, $a+b$의 값은?

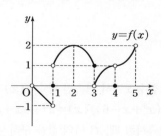

① 3　　　　② 4　　　　③ 5

④ 6　　　　⑤ 7

유형 03 함수의 그래프와 연속 (2) [UP]

주어진 그래프를 이용하여 각 함수의 연속성을 조사한다.
이때 두 함수 $f(x)$, $g(x)$에 대하여 합성함수 $f(g(x))$가
$x=a$에서 연속이면

$$\lim\limits_{x \to a+} f(g(x)) = \lim\limits_{x \to a-} f(g(x)) = f(g(a))$$

8 함수 $y=f(x)$의 그래프가
오른쪽 그림과 같을 때,
보기에서 옳은 것만을 있는
대로 고르시오.

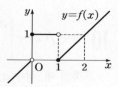

보기
ㄱ. 함수 $f(x-1)$은 $x=1$에서 연속이다.
ㄴ. 함수 $f(f(x))$는 $x=0$에서 연속이다.
ㄷ. 함수 $f(f(x))$는 $x=1$에서 연속이다.

9 두 함수 $y=f(x)$, $y=g(x)$의 그래프가 다음 그림
과 같을 때, 보기의 함수에서 $x=0$에서 연속인 것
만을 있는 대로 고른 것은?

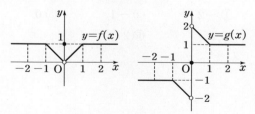

보기
ㄱ. $f(x)-g(x)$　　　　ㄴ. $f(x)g(x)$
ㄷ. $f(g(x))$　　　　ㄹ. $g(f(x))$

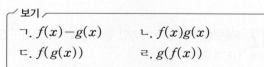

① ㄱ, ㄴ　　　② ㄱ, ㄷ　　　③ ㄴ, ㄷ

④ ㄴ, ㄹ　　　⑤ ㄷ, ㄹ

유형 O4 함수가 연속일 조건

$x \neq a$인 모든 실수 x에서 연속인 함수 $g(x)$에 대하여 함수
$$f(x) = \begin{cases} g(x) & (x \neq a) \\ k & (x = a) \end{cases}$$ 가 모든 실수 x에서 연속이면

➡ $\lim\limits_{x \to a} g(x) = k$

10 함수 $f(x) = \begin{cases} \dfrac{\sqrt{x+3}+a}{x-1} & (x \neq 1) \\ b & (x = 1) \end{cases}$ 가 $x=1$에서 연

속일 때, 상수 a, b에 대하여 $4ab$의 값을 구하시오.

교육청

11 함수 $y=f(x)$의 그래프가 그림과 같다.

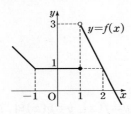

함수 $(x^2+ax+b)f(x)$가 $x=1$에서 연속일 때,
$a+b$의 값은? (단, a, b는 실수이다.)

① -2 ② -1 ③ 0
④ 1 ⑤ 2

12 모든 실수 x에서 연속인 함수 $f(x)$가 닫힌구간 $[0, 3]$에서
$$f(x) = \begin{cases} a(x-2)^2+b & (0 \leq x \leq 2) \\ -2x+4 & (2 < x \leq 3) \end{cases}$$
이고, 모든 실수 x에 대하여 $f(x)=f(x+3)$을 만족시킬 때, $f(19)$의 값을 구하시오.

유형 O5 $(x-a)f(x)=g(x)$ 꼴의 함수의 연속

모든 실수 x에서 연속인 두 함수 $f(x)$, $g(x)$가
$(x-a)f(x)=g(x)$를 만족시키면

➡ $f(a) = \lim\limits_{x \to a} \dfrac{g(x)}{x-a}$

13 모든 실수 x에서 연속인 함수 $f(x)$가
$$(x-1)f(x) = \sqrt{x^2+3} + k$$
를 만족시킬 때, $kf(1)$의 값을 구하시오.
(단, k는 상수)

14 모든 실수 x에서 연속인 함수 $f(x)$가
$$(x^2-1)f(x) = x^3+3x^2-x-3$$
을 만족시킬 때, $f(-1)+f(1)$의 값을 구하시오.

15 모든 실수 x에서 연속인 함수 $f(x)$가
$$(x^2+x-6)f(x) = x^3+ax+b$$
를 만족시킬 때, $f(2)$의 값을 구하시오.
(단, a, b는 상수)

유형 06 연속함수의 성질

두 함수 $f(x)$, $g(x)$가 $x=a$에서 연속이면 다음 함수도 $x=a$에서 연속이다.

(1) $kf(x)$ (단, k는 상수)　　(2) $f(x) \pm g(x)$

(3) $f(x)g(x)$　　　　　(4) $\dfrac{f(x)}{g(x)}$ (단, $g(a) \neq 0$)

16 두 함수 $f(x)=x+1$, $g(x)=x^2-2x-3$에 대하여 다음 중 함수 $\dfrac{f(x)}{g(x)}$가 연속인 구간은?

① $(-\infty, \infty)$

② $(-\infty, -1)$, $(-1, \infty)$

③ $(-\infty, 3)$, $(3, \infty)$

④ $(-\infty, -1)$, $(-1, 3)$, $(3, \infty)$

⑤ $(-\infty, 1)$, $(1, 4)$, $(4, \infty)$

17 두 함수 $f(x)=x$, $g(x)=x^2-4$에 대하여 다음 중 모든 실수 x에서 연속인 함수가 <u>아닌</u> 것은?

① $f(x)+2g(x)$　　② $f(x)g(x)$

③ $g(f(x))$　　　　④ $f(g(x))$

⑤ $\dfrac{f(x)}{g(x)}$

18 두 함수 $f(x)$, $g(x)$에 대하여 보기에서 옳은 것만을 있는 대로 고르시오.

┌─ 보기 ─
ㄱ. 함수 $f(x)$가 $x=a$에서 연속이면 함수 $|f(x)|$도 $x=a$에서 연속이다.
ㄴ. 함수 $\{f(x)\}^2$이 $x=a$에서 연속이면 함수 $f(x)$도 $x=a$에서 연속이다.
ㄷ. 두 함수 $f(x)+g(x)$, $f(x)-g(x)$가 $x=a$에서 연속이면 함수 $g(x)$도 $x=a$에서 연속이다.

평가원

19 함수 $f(x)=\begin{cases} -2x+6 & (x<a) \\ 2x-a & (x \geq a) \end{cases}$에 대하여 함수 $\{f(x)\}^2$이 실수 전체의 집합에서 연속이 되도록 하는 모든 상수 a의 값의 합은?

① 2　　　　② 4　　　　③ 6

④ 8　　　　⑤ 10

20 두 함수 $f(x)=\begin{cases} 3 & (x \geq 2) \\ x^2-4x+6 & (x<2) \end{cases}$, $g(x)=ax+2$에 대하여 함수 $\dfrac{g(x)}{f(x)}$가 모든 실수 x에서 연속일 때, 상수 a의 값을 구하시오.

수능

21 최고차항의 계수가 1인 삼차함수 $f(x)$에 대하여 실수 전체의 집합에서 연속인 함수 $g(x)$가 다음 조건을 만족시킨다.

┌──────────
㉮ 모든 실수 x에 대하여 $f(x)g(x)=x(x+3)$이다.
㉯ $g(0)=1$
──────────

$f(1)$이 자연수일 때, $g(2)$의 최솟값은?

① $\dfrac{5}{13}$　　　② $\dfrac{5}{14}$　　　③ $\dfrac{1}{3}$

④ $\dfrac{5}{16}$　　　⑤ $\dfrac{5}{17}$

유형 O7 최대·최소 정리

함수 $f(x)$가 닫힌구간 $[a, b]$에서 연속이면 함수 $f(x)$는 이 구간에서 반드시 최댓값과 최솟값을 갖는다.

22 닫힌구간 $[1, 3]$에서 함수 $f(x) = \sqrt{-2x+11}$의
●○○ 최댓값을 M, 함수 $g(x) = x^2 - 4x$의 최솟값을 m 이라 할 때, $M+m$의 값은?

① -3 ② -2 ③ -1
④ 0 ⑤ 1

23 함수 $f(x) = \dfrac{2-x}{x-1}$에 대하여 보기의 구간에서 최댓
●○○ 값과 최솟값이 모두 존재하는 것만을 있는 대로 고르시오.

┌ 보기 ─────────────────┐
ㄱ. $[-2, -1]$　　ㄴ. $[-1, 0)$
ㄷ. $(0, 1]$　　ㄹ. $[1, 2]$
ㅁ. $[2, 3]$
└──────────────────────┘

24 함수 $f(x) = \dfrac{2x}{2-x}$에 대하여 다음 중 최솟값이 존
●●○ 재하지 <u>않는</u> 구간은?

① $[-1, 0]$ ② $[0, 1]$ ③ $[1, 2]$
④ $[2, 3]$ ⑤ $[3, 4]$

유형 O8 사잇값 정리

닫힌구간 $[a, b]$에서 연속인 함수 $f(x)$에 대하여
(1) $f(a) \neq f(b)$일 때, $f(a)$와 $f(b)$ 사이의 임의의 값 k에 대하여 $f(c) = k$인 c가 열린구간 (a, b)에 적어도 하나 존재한다.
(2) $f(a)f(b) < 0$일 때, $f(c) = 0$인 c가 열린구간 (a, b)에 적어도 하나 존재한다.
따라서 방정식 $f(x) = 0$은 열린구간 (a, b)에서 적어도 하나의 실근을 갖는다.

25 방정식 $x^3 + 2x - 8 = 0$이 오직 하나의 실근을 가질
●○○ 때, 다음 중 이 방정식의 실근이 존재하는 구간은?

① $(-2, -1)$ ② $(-1, 0)$ ③ $(0, 1)$
④ $(1, 2)$ ⑤ $(2, 3)$

교육청▶
26 두 자연수 m, n에 대하여 함수
●○○ $f(x) = x(x-m)(x-n)$이
　　$f(1)f(3) < 0$, $f(3)f(5) < 0$
을 만족시킬 때, $f(6)$의 값은?

① 30 ② 36 ③ 42
④ 48 ⑤ 54

27 모든 실수 x에서 연속인 함수 $f(x)$에 대하여
●●○ 　　$f(1) = 4$, $f(2) = 1$, $f(3) = 11$, $f(4) = 15$
일 때, 방정식 $f(x) = x^2$은 열린구간 $(1, 4)$에서 적어도 몇 개의 실근을 갖는지 구하시오.

28 방정식 $x^2 - 3x + a = 0$이 열린구간 $(-1, 1)$에서
●●○ 적어도 하나의 실근을 갖도록 하는 실수 a의 값의 범위를 구하시오.

Ⅱ. 미분

1 미분계수와 도함수

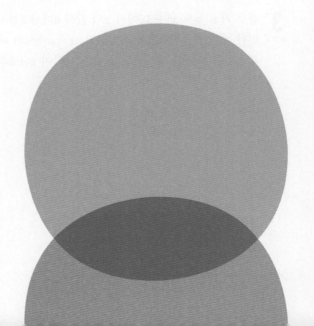

유형 **01** 평균변화율과 미분계수

(1) 함수 $y=f(x)$에서 x의 값이 a에서 b까지 변할 때의 평균변화율은

$$\frac{\Delta y}{\Delta x}=\frac{f(b)-f(a)}{b-a}$$

(2) 함수 $y=f(x)$의 $x=a$에서의 미분계수는

$$f'(a)=\lim_{\Delta x \to 0}\frac{f(a+\Delta x)-f(a)}{\Delta x}$$

1 함수 $f(x)=2x^2+ax+1$에서 x의 값이 -1에서 1까지 변할 때의 평균변화율이 -3일 때, 상수 a의 값을 구하시오.

2 함수 $f(x)=x^2+x$에서 x의 값이 a에서 $a+2$까지 변할 때의 평균변화율이 5일 때, 상수 a의 값을 구하시오.

3 함수 $f(x)=-x^2+3x$에서 x의 값이 0에서 2까지 변할 때의 평균변화율을 a라 하고, $x=a$에서의 미분계수를 b라 할 때, 상수 a, b에 대하여 $a+b$의 값은?

① 2   ② 3   ③ 4
④ 5   ⑤ 6

4 함수 $f(x)=x^2-5x+4$에서 x의 값이 1에서 5까지 변할 때의 평균변화율과 $x=a$에서의 미분계수가 같을 때, 상수 a의 값을 구하시오.

5 함수 $f(x)$가 $a<b$인 두 상수 a, b에 대하여 $f(a)=-2$, $f(b)=4$이고, x의 값이 a에서 b까지 변할 때의 평균변화율이 $\frac{1}{2}$이다. 함수 $f(x)$에 대하여 $g(x)=f^{-1}(x)$라 할 때, $g(x)$에서 x의 값이 -2에서 4까지 변할 때의 평균변화율은?

① $\frac{1}{6}$ ② $\frac{1}{2}$ ③ 2
④ 6   ⑤ 12

교육청

6 최고차항의 계수가 1인 이차함수 $f(x)$에서 x의 값이 0에서 6까지 변할 때의 평균변화율이 0일 때, $f'(4)$의 값은?

① 2   ② 4   ③ 6
④ 8   ⑤ 10

유형 O2 미분계수를 이용한 극한값의 계산 (1)

분모의 항이 1개이면
$$\lim_{h \to 0} \frac{f(a+h)-f(a)}{h} = f'(a)$$
임을 이용하여 주어진 극한값을 $f'(a)$로 나타낸다.

7 미분가능한 함수 $f(x)$에 대하여 $f'(1)=2$일 때,
$\lim_{h \to 0} \dfrac{f(1+2h)-f(1-4h)}{h}$의 값을 구하시오.

8 미분가능한 함수 $f(x)$에 대하여 $f'(3)=-5$일 때,
$\lim_{h \to 0} \dfrac{f(3+h)-f(3+h^2)}{h}$의 값을 구하시오.

9 미분가능한 함수 $f(x)$에 대하여 $f'(2)=3$이고
$\lim_{h \to 0} \dfrac{f(2+kh)-f(2)}{h}=9$일 때, 상수 k의 값은?

① $\dfrac{1}{9}$ ② $\dfrac{1}{3}$ ③ 1

④ 3 ⑤ 9

10 미분가능한 함수 $f(x)$에 대하여
$\lim_{t \to \infty} t\left\{f\left(\dfrac{2t+3}{t}\right)-6\right\}=\dfrac{1}{2}$일 때, $f'(2)$의 값을 구하시오.

유형 O3 미분계수를 이용한 극한값의 계산 (2)

분모의 항이 2개이면
$$\lim_{x \to a} \frac{f(x)-f(a)}{x-a} = f'(a)$$
임을 이용하여 주어진 극한값을 $f'(a)$로 나타낸다.

11 미분가능한 함수 $f(x)$에 대하여 $f'(4)=3$일 때,
$\lim_{x \to 2} \dfrac{f(x^2)-f(4)}{x^3-8}$의 값을 구하시오.

12 미분가능한 함수 $f(x)$에 대하여 $f(1)=-1$,
$f'(1)=2$일 때, $\lim_{x \to 1} \dfrac{f(x^2)-x^2 f(1)}{x-1}$의 값은?

① 2 ② 4 ③ 6

④ 8 ⑤ 10

13 미분가능한 함수 $f(x)$에 대하여 $f(3)=1$,
$f'(3)=-6$일 때, $\lim_{x \to 3} \dfrac{x^2-9f(x)}{x^2-9}$의 값을 구하시오.

교육청
14 두 다항함수 $f(x)$, $g(x)$가 다음 조건을 만족시킨다.

> (가) $\lim_{x \to 1} \dfrac{f(x)-g(x)}{x-1}=5$
>
> (나) $\lim_{x \to 1} \dfrac{f(x)+g(x)-2f(1)}{x-1}=7$

두 실수 a, b에 대하여 $\lim_{x \to 1} \dfrac{f(x)-a}{x-1}=b \times g(1)$일 때, ab의 값은?

① 4 ② 5 ③ 6

④ 7 ⑤ 8

유형 O4 관계식이 주어진 경우의 미분계수

$f(x+y)=f(x)+f(y)+k$ 꼴의 관계식이 주어진 경우의 미분계수는 다음과 같은 순서로 구한다.

(1) 주어진 식의 양변에 $x=0$, $y=0$을 대입하여 $f(0)$의 값을 구한다.

(2) $f'(a)=\lim_{h\to 0}\dfrac{f(a+h)-f(a)}{h}$에서 주어진 관계식을 이용하여 $f(a+h)$를 변형한다.

(3) $f(0)$의 값을 이용하여 $f'(a)$의 값을 구한다.

15 미분가능한 함수 $f(x)$가 모든 실수 x, y에 대하여
$$f(x+y)=f(x)+f(y)$$
를 만족시키고 $f'(0)=3$일 때, $f'(3)$의 값은?

① $\dfrac{1}{3}$ ② $\dfrac{1}{2}$ ③ 1

④ 2   ⑤ 3

16 미분가능한 함수 $f(x)$가 모든 실수 x, y에 대하여
$$f(x+y)=f(x)+f(y)+2xy+1$$
을 만족시키고 $f'(1)=4$일 때, $f'(0)$의 값은?

① -2 ② -1 ③ 1

④ 2   ⑤ 4

17 미분가능한 함수 $f(x)$가 모든 실수 x, y에 대하여
$$f(x+y)=f(x)+f(y)+3xy(x+y)-1$$
을 만족시키고 $f'(2)=11$일 때, $f'(1)$의 값을 구하시오.

유형 O5 미분계수의 기하적 의미

곡선 $y=f(x)$ 위의 점 $(a, f(a))$에서의 접선의 기울기는 함수 $y=f(x)$의 $x=a$에서의 미분계수 $f'(a)$와 같다.

18 함수 $y=f(x)$의 그래프와 직선 $y=\dfrac{1}{2}x$가 오른쪽 그림과 같다. $0<a<2<b$일 때, 보기에서 옳은 것만을 있는 대로 고르시오.

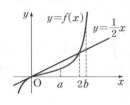

┌ 보기 ─────────────
│ ㄱ. $\dfrac{f(a)}{a}<\dfrac{f(b)}{b}$
│
│ ㄴ. $f'(a)<f'(b)$
│
│ ㄷ. $f(b)-f(a)<\dfrac{b-a}{2}$
└─────────────────

19 함수 $y=f(x)$의 그래프가 오른쪽 그림과 같다. $0<a<b$일 때, $f'(a)$, $f'(b)$, $\dfrac{f(b)-f(a)}{b-a}$의 값의 대소 관계를 나타내시오.

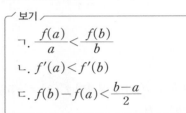

20 오른쪽 그림과 같이 최고차항의 계수가 음수인 이차함수 $y=f(x)$의 그래프가 직선 $y=x$와 점 $(1, 1)$에서 접한다. 양수 a에 대하여 보기에서 옳은 것만을 있는 대로 고르시오.

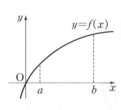

┌ 보기 ─────────────
│ ㄱ. $\dfrac{f(a)}{a}>1$
│
│ ㄴ. $0<a<1$이면 $f'(a)>1$이다.
│
│ ㄷ. $f(a)>af'(a)$이면 $a>1$이다.
└─────────────────

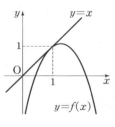

유형 06 미분가능성과 연속성 (1)

함수 $f(x)$에 대하여
(1) $\lim\limits_{x \to a} f(x) = f(a)$이면
→ $f(x)$는 $x=a$에서 연속
(2) 미분계수 $f'(a) = \lim\limits_{h \to 0} \dfrac{f(a+h)-f(a)}{h}$가 존재하면
→ $f(x)$는 $x=a$에서 미분가능

(참고) 함수 $f(x)$가 $x=a$에서 불연속이면 $x=a$에서 미분가능하지 않다.

21 보기의 함수에서 $x=0$에서 연속이지만 미분가능하지 않은 것만을 있는 대로 고르시오.

┌ 보기 ─────────────
│ ㄱ. $f(x) = x + |x|$　　ㄴ. $f(x) = x^2 - 2|x|$
│ ㄷ. $f(x) = |x^2|$　　　ㄹ. $f(x) = x|x-1|$
└─────────────────

22 두 함수 $y=f(x)$, $y=g(x)$의 그래프가 다음 그림과 같을 때, 보기에서 옳은 것만을 있는 대로 고른 것은?

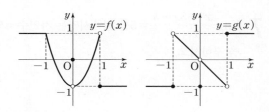

┌ 보기 ─────────────
│ ㄱ. 함수 $f(x)g(x)$는 $x=-1$에서 연속이다.
│ ㄴ. 함수 $f(x)g(x)$는 $x=0$에서 미분가능하다.
│ ㄷ. 함수 $f(x)g(x)$는 $x=1$에서 미분가능하지
│ 　　않다.
└─────────────────

① ㄱ　　　　② ㄴ　　　　③ ㄱ, ㄷ
④ ㄴ, ㄷ　　⑤ ㄱ, ㄴ, ㄷ

유형 07 미분가능성과 연속성 (2)

함수 $y=f(x)$의 그래프에서
(1) 불연속인 점
→ 연속되지 않고 끊어져 있는 점
(2) 미분가능하지 않은 점
→ 불연속인 점 또는 뾰족한 점

23 $-2 < x < 2$에서 정의된 함수 $y=f(x)$의 그래프가 다음 그림과 같다. 함수 $f(x)$가 불연속인 x의 값의 개수를 a, 미분가능하지 않은 x의 값의 개수를 b라 할 때, $a+b$의 값을 구하시오.

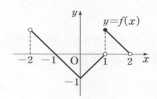

24 $0 < x < 7$에서 정의된 함수 $y=f(x)$의 그래프가 아래 그림과 같을 때, 다음 중 함수 $f(x)$에 대한 설명으로 옳지 <u>않은</u> 것은?

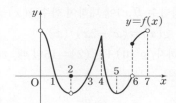

① $\lim\limits_{x \to 2} f(x)$의 값이 존재한다.
② $f'(3) > 0$
③ 불연속인 x의 값은 2개이다.
④ $f'(x) = 0$인 x의 값은 1개이다.
⑤ 미분가능하지 않은 x의 값은 2개이다.

유형 ○1 미분법

세 함수 $f(x)$, $g(x)$, $h(x)$가 미분가능할 때
(1) $\{kf(x)\}'=kf'(x)$ (단, k는 실수)
(2) $\{f(x)+g(x)\}'=f'(x)+g'(x)$
(3) $\{f(x)-g(x)\}'=f'(x)-g'(x)$
(4) $\{f(x)g(x)\}'=f'(x)g(x)+f(x)g'(x)$
(5) $\{f(x)g(x)h(x)\}'$
$=f'(x)g(x)h(x)+f(x)g'(x)h(x)$
$\qquad\qquad\qquad\quad +f(x)g(x)h'(x)$
(6) $[\{f(x)\}^n]'=n\{f(x)\}^{n-1}\times f'(x)$ (단, $n\geq2$인 정수)

1 함수 $f(x)=x^3+kx-3$에 대하여 $f'(0)=-2$일 때, $f(2)$의 값은? (단, k는 상수)

① -1 ② 0 ③ 1
④ 2 ⑤ 3

2 함수 $f(x)=(3x+1)(x-1)(x^2+1)$에 대하여 $f'(2)$의 값을 구하시오.

교육청

3 다항함수 $f(x)$에 대하여 함수 $g(x)$를
$$g(x)=(x^2-2x)f(x)$$
라 하자. $g'(0)+g'(2)=16$일 때, $f(2)-f(0)$의 값은?

① 6 ② 8 ③ 10
④ 12 ⑤ 14

4 미분가능한 두 함수 $f(x)$, $g(x)$에 대하여
$$(x^2-1)f(x)=\{g(x)\}^2-25$$
이고 $g(1)=5$, $g'(1)=2$일 때, $f(1)$의 값을 구하시오.

유형 ○2 미분계수와 극한값

(1) 극한값을 미분계수 $f'(a)$를 사용하여 나타내고, 주어진 함수에서 $f'(a)$의 값을 구하여 대입한다.
(2) $\dfrac{0}{0}$ 꼴의 극한에서 식을 간단히 할 수 없는 경우에는 주어진 식의 일부를 $f(x)$로 놓고 미분계수의 정의를 이용한다.

5 함수 $f(x)=x^3-x^2+x$에 대하여
$\displaystyle\lim_{t\to\infty}t\left\{f\left(1+\dfrac{2}{t}\right)-f\left(1-\dfrac{1}{t}\right)\right\}$의 값을 구하시오.

6 함수 $f(x)=x^3+ax^2+2$에 대하여
$\displaystyle\lim_{h\to0}\dfrac{f(1+3h)-f(1-2h)}{h}=35$일 때, 상수 a의 값을 구하시오.

7 $\displaystyle\lim_{x\to1}\dfrac{x^n+3x-4}{x^2-1}=5$를 만족시키는 자연수 n의 값을 구하시오.

수능

8 두 다항함수 $f(x)$, $g(x)$가
$$\lim_{x\to0}\dfrac{f(x)+g(x)}{x}=3,\quad \lim_{x\to0}\dfrac{f(x)+3}{xg(x)}=2$$
를 만족시킨다. 함수 $h(x)=f(x)g(x)$에 대하여 $h'(0)$의 값은?

① 27 ② 30 ③ 33
④ 36 ⑤ 39

다항함수 $f(x)$에 대하여 $\lim\limits_{x \to a}\dfrac{f(x)-b}{x-a}=c$ (c는 실수)이면

➡ $f(a)=b$, $f'(a)=c$

9 함수 $f(x)=x^4+ax+b$에 대하여 $f(-1)=5$, ●○○ $\lim\limits_{x \to 1}\dfrac{f(x)-f(1)}{x^2-1}=1$일 때, 상수 a, b에 대하여 ab의 값을 구하시오.

10 다항함수 $f(x)$가 다음 조건을 만족시킬 때, $f'(1)$ ●●○ 의 값을 구하시오.

> (가) $\lim\limits_{x \to \infty}\dfrac{f(x)}{3x^3+x-2}=1$
>
> (나) $\lim\limits_{x \to 0}\dfrac{f'(x)}{x}=4$

교육청

11 $f(1)=-2$인 다항함수 $f(x)$에 대하여 일차함수 ●●○ $g(x)$가 다음 조건을 만족시킨다.

> (가) $\lim\limits_{x \to 1}\dfrac{f(x)g(x)+4}{x-1}=8$
>
> (나) $g(0)=g'(0)$

$f'(1)$의 값은?

① 5　　　　② 6　　　　③ 7
④ 8　　　　⑤ 9

조건에 맞게 함수 $f(x)$의 식을 세우고 도함수 $f'(x)$를 구하여 $f(x)$와 $f'(x)$를 주어진 등식에 대입한 후 항등식의 성질을 이용한다.

12 다항함수 $f(x)$에 대하여 $f(x)=x^3-2xf'(1)$일 ●○○ 때, $f'(2)$의 값을 구하시오.

13 이차함수 $f(x)$가 모든 실수 x에 대하여 ●●○ $(x+1)f'(x)-2f(x)+6=0$ 을 만족시키고 $f(0)=2$일 때, $f'(1)$의 값은?

① -1　　　　② -2　　　　③ -3
④ -4　　　　⑤ -5

14 다항함수 $f(x)$가 모든 실수 x에 대하여 ●●● $\{f'(x)\}^2=4f(x)-3$ 을 만족시키고 $f'(1)=5$일 때, $f(-1)$의 값을 구하시오.

유형 **O5** 미분가능할 조건

두 다항함수 $g(x)$, $h(x)$에 대하여 함수
$$f(x)=\begin{cases} g(x) & (x \geq a) \\ h(x) & (x < a) \end{cases}$$ 가 $x=a$에서 미분가능하면

(i) $x=a$에서 연속
- $\lim\limits_{x \to a-} f(x)=f(a)$
- $g(a)=h(a)$

(ii) 미분계수 $f'(a)$가 존재
- $\lim\limits_{h \to 0+} \dfrac{f(a+h)-f(a)}{h}=\lim\limits_{h \to 0-} \dfrac{f(a+h)-f(a)}{h}$
- $g'(a)=h'(a)$

15 함수 $f(x)=\begin{cases} x^3+ax^2 & (x \geq 1) \\ bx+2 & (x < 1) \end{cases}$ 가 $x=1$에서 미분 가능할 때, 상수 a, b에 대하여 ab의 값은?

① 4   ② 6   ③ 8
④ 12   ⑤ 20

16 함수 $f(x)=|x+1|(x^2+ax+1)$이 모든 실수 x 에서 미분가능할 때, $f(1)$의 값은? (단, a는 상수)

① 0   ② 2   ③ 4
④ 6   ⑤ 8

17 두 함수
$$f(x)=\begin{cases} x+2 & (x \geq 2) \\ -x+4 & (x < 2) \end{cases}, \ g(x)=x^2+ax+b$$
에 대하여 함수 $f(x)g(x)$가 $x=2$에서 미분가능할 때, $g(1)$의 값을 구하시오. (단, a, b는 상수)

유형 **O6** 미분법과 다항식의 나눗셈

다항식 $f(x)$를 $(x-a)^2$으로 나누었을 때
(1) 나누어떨어지면
- $f(a)=0$, $f'(a)=0$
(2) 나머지를 $R(x)$라 하면
- $f(a)=R(a)$, $f'(a)=R'(a)$

18 다항식 $x^{10}-2x^9+ax+b$가 $(x-1)^2$으로 나누어 떨어질 때, 상수 a, b에 대하여 $a-b$의 값은?

① 15   ② 16   ③ 17
④ 18   ⑤ 19

19 다항식 $x^{12}-x+1$을 $(x+1)^2$으로 나누었을 때의 나머지를 $R(x)$라 할 때, $R(-2)$의 값은?

① 12   ② 14   ③ 16
④ 18   ⑤ 20

20 다항식 $x^{20}+ax^9+b$를 $(x+1)^2$으로 나누었을 때의 나머지가 $-2x+1$일 때, 이 다항식을 $x-1$로 나누었을 때의 나머지를 구하시오. (단, a, b는 상수)

Ⅱ. 미분

2

도함수의 활용

유형 01 **접선의 기울기**

곡선 $y=f(x)$ 위의 점 (a, b)에서의 접선의 기울기가 m
이면
➡ $f(a)=b$, $f'(a)=m$

1
○○○
곡선 $y=-2x^3+x^2-4$ 위의 점 $(1, -5)$에서의
접선의 기울기를 구하시오.

2
●○○
곡선 $y=x^3+ax^2+bx$가 점 $(-2, 4)$를 지나고,
이 곡선 위의 $x=1$인 점에서의 접선의 기울기가 1
일 때, 상수 a, b에 대하여 $a+b$의 값을 구하시오.

교육청▶

3
●●○
함수 $f(x)=x^3-3x$에서 x의 값이 1에서 4까지 변
할 때의 평균변화율과 곡선 $y=f(x)$ 위의 점
$(k, f(k))$에서의 접선의 기울기가 서로 같을 때,
양수 k의 값은?

① $\sqrt{3}$ ② 2 ③ $\sqrt{5}$
④ $\sqrt{6}$ ⑤ $\sqrt{7}$

4
●●○
곡선 $y=(x-a)(x-b)(x-c)$ 위의 점 $(2, 3)$에서
의 접선의 기울기가 2일 때, 상수 a, b, c에 대하여
$\dfrac{1}{2-a}+\dfrac{1}{2-b}+\dfrac{1}{2-c}$의 값을 구하시오.

유형 02 **접점의 좌표가 주어진 접선의 방정식**

곡선 $y=f(x)$ 위의 점 $(a, f(a))$에서의 접선의 방정식
은 다음과 같은 순서로 구한다.
(1) 접선의 기울기 $f'(a)$를 구한다.
(2) 접선의 방정식 $y-f(a)=f'(a)(x-a)$를 구한다.

5
●○○
곡선 $y=x^2-4x+3$이 x축과 만나는 두 점에서
각각 그은 두 접선의 교점의 좌표가 (a, b)일 때,
$a+b$의 값은?

① -2 ② -1 ③ 0
④ 1 ⑤ 2

6
●○○
곡선 $y=-x^3+2x+5$ 위의 점 $(-1, a)$에서의
접선이 점 $(b, 1)$을 지날 때, $a-b$의 값은?

① -2 ② 0 ③ 2
④ 4 ⑤ 6

7
●○○
곡선 $y=x^3-4x^2+x-1$ 위의 점 $(1, -3)$에서의
접선이 이 곡선과 만나는 점 중 접점이 아닌 점의
좌표가 (a, b)일 때, $2a+b$의 값은?

① -5 ② -3 ③ 1
④ 3 ⑤ 5

8 다항함수 $f(x)$에 대하여 곡선 $y=f(x)$ 위의 점 $(1, 2)$에서의 접선의 기울기가 -2일 때, 곡선 $y=(2x^3-5x)f(x)$ 위의 $x=1$인 점에서의 접선의 방정식은 $y=mx+n$이다. 이때 상수 m, n에 대하여 $m-n$의 값은?

① 18   ② 20   ③ 22

④ 24   ⑤ 26

9 곡선 $y=x^3-2x^2+3x$ 위의 점 $(1, 2)$에서의 접선과 이 접점을 지나고 접선에 수직인 직선 및 x축으로 둘러싸인 삼각형의 넓이를 구하시오.

10 두 다항함수 $f(x)$, $g(x)$가 다음 조건을 만족시킨다.

> (가) $g(x)=2x^3 f(x)-5$
> (나) $\lim\limits_{x \to 1} \dfrac{f(x)-g(x)}{x-1}=-18$

곡선 $y=g(x)$ 위의 점 $(1, g(1))$에서의 접선의 방정식이 $y=ax+b$일 때, 상수 a, b에 대하여 $a+b$의 값은?

① 5   ② 6   ③ 7

④ 8   ⑤ 9

유형 03 기울기가 주어진 접선의 방정식

곡선 $y=f(x)$에 접하고 기울기가 m인 접선의 방정식은 다음과 같은 순서로 구한다.

(1) 접점의 좌표를 $(t, f(t))$로 놓는다.

(2) $f'(t)=m$임을 이용하여 t의 값과 접점의 좌표 $(t, f(t))$를 구한다.

(3) 접선의 방정식 $y-f(t)=m(x-t)$를 구한다.

교육청

11 직선 $y=4x+5$가 곡선 $y=2x^4-4x+k$에 접할 때, 상수 k의 값을 구하시오.

12 곡선 $y=x^3-x+3$에 접하고 직선 $y=x+2$에 수직인 직선의 방정식이 $y=ax+b$일 때, 상수 a, b에 대하여 $a-b$의 값을 구하시오.

13 곡선 $y=-x^3+3x^2+10x+1$에 접하고 x축의 양의 방향과 이루는 각의 크기가 $45°$인 두 접선이 x축과 만나는 점을 각각 A, B라 할 때, 선분 AB의 길이는?

① 16   ② 20   ③ 24

④ 28   ⑤ 32

14 곡선 $y=-2x^3+6x^2+5x-1$의 접선 중에서 기울기가 최대인 접선의 y절편을 구하시오.

15 곡선 $y=x^3-3x^2-2x$에 접하고 직선
$2x+y+3=0$에 평행한 두 직선 사이의 거리는?

① $\dfrac{\sqrt{5}}{5}$ ② $\dfrac{2\sqrt{5}}{5}$ ③ $\dfrac{3\sqrt{5}}{5}$

④ $\dfrac{4\sqrt{5}}{5}$ ⑤ $\sqrt{5}$

16 오른쪽 그림과 같이 곡선
$y=-x^2+3x$ 위의 점
A$(1, 2)$에서의 접선을 l, 이
곡선에 접하고 직선 l에 수직
인 직선을 m, 접선 m의 접
점을 B, 두 직선 l, m의 교점
을 C라 할 때, 삼각형 ABC의 넓이를 구하시오.

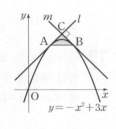

17 곡선 $y=x^3+6x^2-x$에 기울기가 m인 두 접선을
그었을 때, 서로 다른 두 접점을 P, Q라 하자. 두
접선 사이의 거리와 $\overline{PQ}$가 같도록 하는 모든 실수
m의 값의 합을 구하시오.

유형 04 곡선 위에 있지 않은 한 점에서 그은
접선의 방정식

곡선 $y=f(x)$ 위에 있지 않은 한 점 (x_1, y_1)에서 곡선에
그은 접선의 방정식은 다음과 같은 순서로 구한다.
(1) 접점의 좌표를 $(t, f(t))$로 놓는다.
(2) 접선의 방정식
$$y-f(t)=f'(t)(x-t) \quad \cdots\cdots \text{㉠}$$
에 $x=x_1$, $y=y_1$을 대입하여 t의 값을 구한다.
(3) t의 값을 ㉠에 대입하여 접선의 방정식을 구한다.

18 점 $(0, -2)$에서 곡선 $y=x^4+4x^2+5$에 그은 접
선 중 기울기가 양수인 접선의 방정식을 구하시오.

수능

19 점 $(0, 4)$에서 곡선 $y=x^3-x+2$에 그은 접선의
x절편은?

① $-\dfrac{1}{2}$ ② -1 ③ $-\dfrac{3}{2}$

④ -2 ⑤ $-\dfrac{5}{2}$

20 원점에서 곡선 $y=x^3-6x^2+9x-2$에 그은 세 접
선의 접점의 x좌표를 각각 x_1, x_2, x_3이라 할 때,
$x_1+x_2+x_3$의 값은?

① -3 ② -1 ③ 0
④ 1 ⑤ 3

21 원점 O에서 곡선 $y=x^4-2x^2+8$에 그은 두 접선
●●○ 의 접점을 각각 A, B라 할 때, 삼각형 OAB의 넓
이를 구하시오.

22 점 $(-2, 1)$에서 곡선 $y=-x^2+2x+a$에 그은
●●● 두 접선이 서로 수직일 때, 상수 a의 값을 구하시오.

23 점 $(a, 1)$에서 곡선 $y=x^3-3x^2+1$에 그은 접선
●●● 이 오직 한 개 존재할 때, 실수 a의 값의 범위는?

① $\dfrac{1}{3}<a<4$ ② $\dfrac{1}{4}<a<3$

③ $\dfrac{1}{3}<a<3$ ④ $a<\dfrac{1}{4}$ 또는 $a>3$

⑤ $a<\dfrac{1}{3}$ 또는 $a>1$

유형 05 두 곡선에 공통인 접선

두 곡선 $y=f(x)$, $y=g(x)$가 점 (a, b)에서 공통인 접
선을 가지면
(ⅰ) $f(a)=g(a)=b$
(ⅱ) $f'(a)=g'(a)$

24 두 곡선 $y=ax^3-5x-1$, $y=2x^2+bx+3$이
●●○ $x=-1$인 점에서 공통인 접선 $y=mx+n$을 가질
때, 상수 a, b, m, n에 대하여 $ab+mn$의 값을 구
하시오.

25 두 곡선 $y=x^3+ax+1$, $y=bx^2+c$가 점 $(1, 5)$에
●●○ 서 공통인 접선을 가질 때, 상수 a, b, c에 대하여
abc의 값은?

① 16   ② 18   ③ 20
④ 22   ⑤ 24

26 두 곡선 $y=x^3+2$, $y=3x^2-2$가 한 점에서 공통
●●○ 인 접선 $y=ax+b$를 가질 때, 상수 a, b에 대하여
$a+b$의 값은?

① -2 ② -1 ③ 0
④ 1   ⑤ 2

27 두 곡선 $y=x^3+3$, $y=2x^3+x^2+ax+2$가 $x=t$
●●○ 인 점에서 접할 때, 상수 a, t에 대하여 $a+t$의 값
을 구하시오.

유형 06 곡선 위의 점과 직선 사이의 거리 ᵁᴾ

곡선 위의 점과 직선 l 사이의 거리의 최댓값 또는 최솟값은
➡ 곡선의 접선 중 직선 l과 기울기가 같은 접선의 접점과 직선 l 사이의 거리와 같다.

28 곡선 $y=x^2-1$ 위의 점과 직선 $y=2x-4$ 사이의 거리의 최솟값은?
●●○

① $\dfrac{\sqrt{5}}{5}$ ② $\dfrac{2\sqrt{5}}{5}$ ③ $\dfrac{3\sqrt{5}}{5}$

④ $\dfrac{4\sqrt{5}}{5}$ ⑤ $\sqrt{5}$

29 곡선 $y=-x^2+1$ 위의 두 점 A$(-1, 0)$, B$(0, 1)$
●●● 에 대하여 곡선 위의 점 P가 두 점 A, B 사이를 움직일 때, 삼각형 PAB의 넓이의 최댓값을 구하시오.

30 오른쪽 그림과 같이 곡선
●●● $y=-x^3+3x^2-x-3$ 위의
점 A$(2, -1)$에서의 접선이
이 곡선과 다시 만나는 점을
B라 하고, 곡선 위의 점 P가
두 점 A, B 사이를 움직일
때, 삼각형 ABP의 넓이의
최댓값을 구하시오.

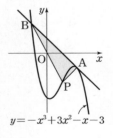

$y=-x^3+3x^2-x-3$

유형 07 롤의 정리

함수 $f(x)$가 닫힌구간 $[a, b]$에서 연속이고 열린구간 (a, b)에서 미분가능할 때, $f(a)=f(b)$이면
$$f'(c)=0$$
인 c가 열린구간 (a, b)에 적어도 하나 존재한다.

31 함수 $f(x)=x^4-2x^2$에 대하여 닫힌구간 $[-2, 2]$
●○○ 에서 롤의 정리를 만족시키는 실수 c의 개수는?

① 0 ② 1 ③ 2

④ 3 ⑤ 4

32 함수 $f(x)=-x^3+ax^2-2$에 대하여 닫힌구간
●●● $[0, 2]$에서 롤의 정리를 만족시키는 실수 c가 존재할 때, $a-c$의 값은? (단, a는 상수)

① $\dfrac{1}{3}$ ② $\dfrac{2}{3}$ ③ 1

④ $\dfrac{4}{3}$ ⑤ $\dfrac{5}{3}$

33 함수 $f(x)=x^3-ax^2+2$에 대하여 닫힌구간
●●● $[0, a]$에서 롤의 정리를 만족시키는 실수 c의 값이 2일 때, 상수 a의 값은? (단, $a>2$)

① $\sqrt{6}$ ② $\sqrt{7}$ ③ $2\sqrt{2}$

④ 3 ⑤ $\sqrt{10}$

유형 08 **평균값 정리**

함수 $f(x)$가 닫힌구간 $[a, b]$에서 연속이고 열린구간 (a, b)에서 미분가능하면

$$\frac{f(b)-f(a)}{b-a}=f'(c)$$

인 c가 열린구간 (a, b)에 적어도 하나 존재한다.

34 함수 $f(x)=x^3-4x+1$에 대하여 닫힌구간
●○○ $[-1, 2]$에서 평균값 정리를 만족시키는 실수 c의 값은?

① $-\dfrac{1}{2}$ ② $-\dfrac{1}{3}$ ③ 0

④ $\dfrac{1}{2}$ ⑤ 1

35 함수 $f(x)=x^2+x$에 대하여 닫힌구간 $[-3, 2k]$에
●○○ 서 평균값 정리를 만족시키는 실수 c의 값이 $\dfrac{k}{2}$일
때, k의 값을 구하시오.

36 다항함수 $y=f(x)$의 그래
●●○ 프가 오른쪽 그림과 같을 때,
보기에서 옳은 것만을 있는
대로 고르시오.

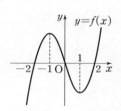

┌─ 보기 ─────────────────────
ㄱ. $f'(0)>f'(2)$
ㄴ. $f(2)-f(-1)=3f'(c)$인 c가 열린구간
   $(-1, 2)$에 존재한다.
ㄷ. $\lim\limits_{h\to 0}\dfrac{f(c+h)-f(c)}{h}=0$인 c가 열린구간
   $(0, 2)$에 존재한다.
└────────────────────────────

평가원

37 실수 전체의 집합에서 미분가능하고 다음 조건을
●●○ 만족시키는 모든 함수 $f(x)$에 대하여 $f(5)$의 최솟
값은?

┌────────────────────────────
㉮ $f(1)=3$
㉯ $1<x<5$인 모든 실수 x에 대하여 $f'(x)\geq 5$
   이다.
└────────────────────────────

① 21   ② 22   ③ 23
④ 24   ⑤ 25

38 함수 $f(x)=\begin{cases} -x^2+3x & (x\geq 0) \\ x^2+3x & (x<0) \end{cases}$ 에 대하여 닫힌구
●●○ 간 $[-2, 2]$에서 평균값 정리를 만족시키는 실수 c
의 개수를 구하시오.

39 함수 $f(x)=x^3-3x^2+3x+1$과 닫힌구간 $[0, 3]$
●●○ 에 속하는 임의의 두 실수 $a, b\ (a<b)$에 대하여
$\dfrac{f(b)-f(a)}{b-a}=k$를 만족시키는 정수 k의 개수를
구하시오. (단, $k\neq 0$)

유형 01 함수의 증가와 감소

함수 $f(x)$가 어떤 열린구간에서 미분가능할 때, 그 구간의 모든 x에 대하여
(1) $f'(x)>0$이면 $f(x)$는 그 구간에서 증가한다.
(2) $f'(x)<0$이면 $f(x)$는 그 구간에서 감소한다.

1 함수 $f(x)=-x^3+3x^2+24x-7$이 증가하는 구
●○○ 간이 $[\alpha, \beta]$일 때, $\alpha+\beta$의 값을 구하시오.

2 다항함수 $f(x)$의 도함
●○○ 수 $y=f'(x)$의 그래프
가 오른쪽 그림과 같을
때, 다음 중 옳은 것은?

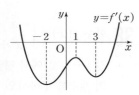

① 함수 $f(x)$는 구간 $(-\infty, -2)$에서 감소한다.
② 함수 $f(x)$는 구간 $(-2, 0)$에서 증가한다.
③ 함수 $f(x)$는 구간 $(0, 1)$에서 증가한다.
④ 함수 $f(x)$는 구간 $(1, 3)$에서 감소한다.
⑤ 함수 $f(x)$는 구간 $(3, \infty)$에서 증가한다.

3 함수 $f(x)=2x^3+ax^2+bx+1$이 $x\leq-1$, $x\geq3$
●●○ 에서 증가하고, $-1\leq x\leq3$에서 감소할 때, 상수 a,
b에 대하여 $a-b$의 값을 구하시오.

유형 02 함수가 증가 또는 감소하기 위한 조건

함수 $f(x)$가 어떤 열린구간에서 미분가능할 때
(1) $f(x)$가 그 구간에서 증가하면 ➡ $f'(x)\geq0$
(2) $f(x)$가 그 구간에서 감소하면 ➡ $f'(x)\leq0$

수능

4 함수 $f(x)=x^3+ax^2-(a^2-8a)x+3$이 실수 전
●○○ 체의 집합에서 증가하도록 하는 실수 a의 최댓값을
구하시오.

5 함수 $f(x)=-x^3+ax^2+5x-1$이 구간 $[-1, 1]$
●○○ 에서 증가하도록 하는 모든 정수 a의 값의 합을 구
하시오.

6 함수 $f(x)=-3x^3-ax^2-ax+2$의 역함수가 존
●●○ 재하도록 하는 정수 a의 개수는?

① 6 　　　② 8 　　　③ 10
④ 12 　　　⑤ 14

7 함수 $f(x)=\dfrac{1}{3}x^3+kx^2-(k-2)x+3$이 임의의
●●○ 두 실수 x_1, x_2에 대하여 $x_1\neq x_2$이면 $f(x_1)\neq f(x_2)$
를 만족시킬 때, 실수 k의 최댓값을 M, 최솟값을
m이라 하자. 이때 $M-m$의 값을 구하시오.

유형 03 함수의 극대와 극소

미분가능한 함수 $f(x)$에 대하여 $f'(a)=0$일 때, $x=a$의 좌우에서 $f'(x)$의 부호가

(1) 양에서 음으로 바뀌면 $f(x)$는 $x=a$에서 극대이다.

(2) 음에서 양으로 바뀌면 $f(x)$는 $x=a$에서 극소이다.

8 함수 $f(x)=-x^3+3x^2+9x-27$이 $x=a$에서 극대이고 $x=b$에서 극소일 때, $2a+b$의 값을 구하시오.

9 함수 $f(x)=x^3-6x^2+9x+1$의 극댓값을 M, 극솟값을 m이라 할 때, $M+m$의 값을 구하시오.

평가원

10 함수 $f(x)=x^3-3x+12$가 $x=a$에서 극소일 때, $a+f(a)$의 값을 구하시오. (단, a는 상수이다.)

11 함수 $f(x)=x^4-8x^2+5$의 그래프에서 극대인 한 점을 A, 극소인 두 점을 각각 B, C라 할 때, 삼각형 ABC의 넓이는?

① 8   ② 16   ③ 24
④ 32   ⑤ 40

유형 04 함수의 극대와 극소를 이용하여 미정계수 구하기

미분가능한 함수 $f(x)$가 $x=a$에서 극값 b를 가지면
➡ $f'(a)=0$, $f(a)=b$

12 함수 $f(x)=-x^3-3x^2+9x+k$의 극댓값과 극솟값이 절댓값은 같고 부호가 서로 다를 때, 상수 k의 값을 구하시오.

13 함수 $f(x)=2x^3-3x^2+ax+b$가 $x=-1$에서 극댓값 5를 가질 때, $f(x)$의 극솟값을 구하시오. (단, a, b는 상수)

수능

14 함수 $f(x)=-x^4+8a^2x^2-1$이 $x=b$와 $x=2-2b$에서 극대일 때, $a+b$의 값은? (단, a, b는 $a>0$, $b>1$인 상수이다.)

① 3   ② 5   ③ 7
④ 9   ⑤ 11

15 최고차항의 계수가 1인 삼차함수 $f(x)$가 다음 조건을 만족시킬 때, $f(x)$의 극댓값을 구하시오.

(가) $\lim\limits_{x \to 1} \dfrac{f(x)}{x-1} = 9$

(나) 함수 $f(x)$는 $x=0$에서 극소이다.

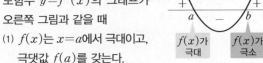

유형 05 도함수의 그래프와 함수의 극값

미분가능한 함수 $f(x)$에 대하여 도함수 $y=f'(x)$의 그래프가 오른쪽 그림과 같을 때

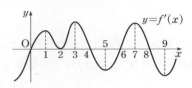

(1) $f(x)$는 $x=a$에서 극대이고, 극댓값 $f(a)$를 갖는다.
(2) $f(x)$는 $x=b$에서 극소이고, 극솟값 $f(b)$를 갖는다.

16 미분가능한 함수 $f(x)$의 도함수 $y=f'(x)$의 그래프가 다음 그림과 같을 때, 구간 $[0, 9]$에서 $f(x)$가 극대가 되는 모든 x의 값의 합을 구하시오.

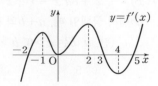

17 미분가능한 함수 $f(x)$의 도함수 $y=f'(x)$의 그래프가 다음 그림과 같을 때, 보기에서 옳은 것만을 있는 대로 고르시오.

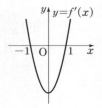

보기
ㄱ. 함수 $f(x)$는 $x>4$에서 증가한다.
ㄴ. 함수 $f(x)$는 $x=-2$에서 극소이다.
ㄷ. 구간 $[-1, 4]$에서 함수 $f(x)$의 극댓값은 1개이다.

18 최고차항의 계수가 1인 삼차함수 $f(x)$의 도함수 $y=f'(x)$의 그래프가 오른쪽 그림과 같다. 함수 $f(x)$의 극댓값이 5일 때, $f(x)$의 극솟값을 구하시오.

19 사차함수 $f(x)$의 도함수 $y=f'(x)$의 그래프가 오른쪽 그림과 같을 때, 다음 중 옳은 것은?

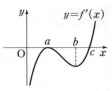

① 함수 $f(x)$는 $x=a$에서 극대이다.
② 함수 $f(x)$는 $x=b$에서 극소이다.
③ 함수 $f(x)$는 극값이 2개이다.
④ $f(a)>f(b)$이다.
⑤ 함수 $f(x)$는 구간 (b, c)에서 증가한다.

20 삼차함수 $f(x)$의 도함수 $y=f'(x)$의 그래프와 사차함수 $g(x)$의 도함수 $y=g'(x)$의 그래프가 다음 그림과 같을 때, 함수 $h(x)=f(x)-g(x)$가 극소가 되는 x의 값을 구하시오.

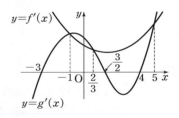

21 삼차함수 $f(x)$의 도함수 $y=f'(x)$의 그래프가 오른쪽 그림과 같다. $f(3)=3$이고 함수 $f(x)$의 극댓값과 극솟값의 차가 12일 때, $f(1)$의 값을 구하시오.

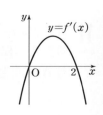

정답과 해설 126쪽

유형 01 함수의 그래프

함수 $y=f(x)$의 그래프는 $f(x)$의 증가와 감소, 극값, 좌표축과의 교점의 좌표를 이용하여 그린다.

1 다음 중 함수 $f(x)=\dfrac{1}{4}x^4-x^3+1$의 그래프의 개형이 될 수 있는 것은?

①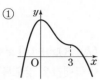
②
③
④
⑤

2 삼차함수 $f(x)=-x^3+ax^2+bx+c$의 그래프가 다음 그림과 같다. 상수 a, b, c에 대하여
$$\dfrac{|a|}{a}+\dfrac{|b|}{b}+\dfrac{|c|}{c}$$
의 값은?

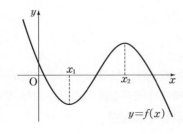

① -1 ② 0 ③ 1
④ 2 ⑤ 3

유형 02 함수의 그래프 – 도함수의 그래프가 주어진 경우

함수 $y=f(x)$의 그래프는 도함수 $y=f'(x)$의 그래프가 x축과 만나는 점의 좌우에서 $f(x)$의 증가와 감소를 표로 나타내어 그린다.

3 다항함수 $f(x)$의 도함수 $y=f'(x)$의 그래프가 오른쪽 그림과 같을 때, 다음 중 함수 $y=f(x)$의 그래프의 개형이 될 수 있는 것은?

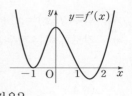

①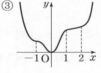
②
③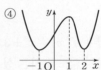
④
⑤

4 사차함수 $f(x)$의 도함수 $y=f'(x)$의 그래프가 오른쪽 그림과 같고 $f(0)<0<f(2)$일 때, 다음 보기에서 옳은 것만을 있는 대로 고르시오.

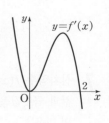

┌ 보기 ┐
ㄱ. $f(-1)>0$
ㄴ. 함수 $f(x)$는 $x=0$에서 극값을 갖는다.
ㄷ. 함수 $y=f(x)$의 그래프는 x축과 서로 다른 두 점에서 만난다.

유형 03 삼차함수가 극값을 가질 조건

(1) 삼차함수 $f(x)$가 극값을 가질 조건
➡ 이차방정식 $f'(x)=0$이 서로 다른 두 실근을 갖는다.
➡ 이차방정식 $f'(x)=0$의 판별식 $D>0$
(2) 삼차함수 $f(x)$가 극값을 갖지 않을 조건
➡ 이차방정식 $f'(x)=0$이 중근 또는 허근을 갖는다.
➡ 이차방정식 $f'(x)=0$의 판별식 $D\leq0$

5 함수 $f(x)=x^3+ax^2+(a^2-4a)x+1$이 극값을 갖도록 하는 정수 a의 개수는?

① 1   ② 2   ③ 3
④ 4   ⑤ 5

6 함수 $f(x)=x^3+3x^2-3(a^2-9)x+6$이 극값을 갖지 않도록 하는 실수 a의 값의 범위가 $m\leq a\leq n$일 때, $n-m$의 값은?

① 4   ② $4\sqrt{2}$ ③ $2\sqrt{10}$
④ $4\sqrt{6}$ ⑤ 16

7 삼차함수 $f(x)=ax^3+3x^2+(a-2)x-1$이 극댓값과 극솟값을 모두 갖도록 하는 모든 정수 a의 값의 합은?

① 0   ② 2   ③ 3
④ 6   ⑤ 10

유형 04 삼차함수가 주어진 구간에서 극값을 가질 조건

삼차함수 $f(x)$가 구간 (a, b)에서 극값을 가질 조건
➡ 이 구간에서 이차방정식 $f'(x)=0$이 서로 다른 두 실근을 갖는다.
참고 최고차항의 계수가 양수인 이차방정식 $f'(x)=0$이 구간 (a, b)에서 서로 다른 두 실근을 가지려면
(i) 이차방정식 $f'(x)=0$의 판별식 $D>0$
(ii) $f'(a)>0$, $f'(b)>0$
(iii) 이차함수 $y=f'(x)$의 그래프의 축의 방정식이 $x=m$이면 $a<m<b$

8 함수 $f(x)=-x^3-kx^2+(k+8)x+1$이 $x<1$에서 극솟값을 갖고, $x>1$에서 극댓값을 갖도록 하는 자연수 k의 개수는?

① 3   ② 4   ③ 5
④ 6   ⑤ 7

9 다음 중 함수 $f(x)=x^3-3ax^2+3x+1$이 구간 $(-2, 2)$에서 극댓값과 극솟값을 모두 갖도록 하는 실수 a의 값이 될 수 있는 것은?

① $-\dfrac{1}{2}$ ② $-\dfrac{1}{3}$ ③ $\dfrac{1}{2}$
④ $\dfrac{2}{3}$ ⑤ $\dfrac{6}{5}$

10 함수 $f(x)=x^3+3(a-1)x^2-3(a-3)x+5$가 $x>0$에서 극댓값과 극솟값을 모두 갖도록 하는 정수 a의 최댓값은?

① -2 ② -1 ③ 1
④ 2   ⑤ 3

유형 O5 **UP** 사차함수가 극값을 가질 조건

(1) 사차함수 $f(x)$가 극댓값과 극솟값을 모두 가질 조건
➡ 삼차방정식 $f'(x)=0$이 서로 다른 세 실근을 갖는다.

(2) 사차함수 $f(x)$가 극값을 하나만 가질 조건
➡ 삼차방정식 $f'(x)=0$이 중근 또는 허근을 갖는다.

11 함수 $f(x)=\dfrac{1}{2}x^4-x^3+kx^2+1$이 극댓값과 극솟
값을 모두 갖도록 하는 실수 k의 값의 범위가
$k<\alpha$ 또는 $\beta<k<\gamma$일 때, $\alpha+\beta+\gamma$의 값은?

① $\dfrac{1}{4}$
② $\dfrac{3}{8}$
③ $\dfrac{1}{2}$

④ $\dfrac{9}{16}$
⑤ 1

12 함수 $f(x)=3x^4-4x^3-(a-3)x^2$이 극값을 하나
만 갖도록 하는 모든 자연수 a의 값의 합을 구하시
오.

13 함수 $f(x)=-3x^4+4x^3-6(a-2)x^2-12ax-2$
가 극솟값을 갖지 않도록 하는 실수 a의 값의 범위
는?

① $a=-3$ 또는 $a\geq-1$
② $a=-3$ 또는 $a\geq1$
③ $a=-1$ 또는 $a\geq1$
④ $a\leq-1$
⑤ $a\leq-3$

유형 O6 함수의 최댓값과 최솟값

함수 $f(x)$가 구간 $[a, b]$에서 연속이면
➡ 극댓값, 극솟값, $f(a)$, $f(b)$ 중에서 가장 큰 값이 최
댓값이고, 가장 작은 값이 최솟값이다.

14 구간 $[-2, 4]$에서 함수 $f(x)=x^3-3x^2-9x-1$
의 최댓값을 M, 최솟값을 m이라 할 때, $M-m$
의 값은?

① 25
② 28
③ 32
④ 35
⑤ 38

15 사차함수 $f(x)$의 도함수
$y=f'(x)$의 그래프가 오
른쪽 그림과 같을 때, 구간
$[0, 5]$에서 $f(x)$가 최소
가 되는 x의 값을 구하시
오.

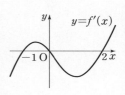

16 $x^2+y^2=1$을 만족시키는 두 실수 x, y에 대하여
x^4+2y^2의 최댓값과 최솟값의 합을 구하시오.

17 함수 $f(x)=-x^3+6x^2$에 대하여 구간 $[a, a+1]$
●●○ 에서 $f(x)$의 최솟값을 $g(a)$라 하자. 이때
$g(-2)+g\left(-\dfrac{1}{2}\right)+g(2)$의 값을 구하시오.

18 구간 $[0, 2]$에서 함수 $f(x)=-2x^3+3ax^2-a^2$의
●●○ 최댓값을 $g(a)$라 할 때, 함수 $g(a)$의 최솟값은?
(단, $0<a<2$)

① $-\dfrac{20}{27}$ ② $-\dfrac{16}{27}$ ③ $-\dfrac{4}{9}$

④ $-\dfrac{8}{27}$ ⑤ $-\dfrac{4}{27}$

19 구간 $[1, 6]$에서 함수
●●○ $\qquad f(x)=(x-2)^3-3(x-2)^2-3$
은 $x=a$에서 최댓값 M을 갖는다. 이때 $a+M$의
값을 구하시오.

미정계수가 포함된 함수 $f(x)$의 최댓값 또는 최솟값이 주
어지면

➡ 함수 $f(x)$의 최댓값 또는 최솟값을 미정계수를 포함
한 식으로 나타낸 후 주어진 값과 비교한다.

20 구간 $[-1, 4]$에서 함수 $f(x)=x^3-6x^2+9x+k$
●○○ 의 최댓값과 최솟값의 합이 10일 때, 상수 k의 값
을 구하시오.

21 오른쪽 그림은 함수
●●○ $f(x)=-x^3+ax^2+bx+c$
의 도함수 $y=f'(x)$의 그
래프이다. 구간 $[0, 2]$에서
$f(x)$의 최솟값이 1일 때,
최댓값을 구하시오.(단, a, b, c는 상수)

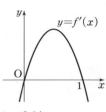

교육청

22 두 함수
●●● $f(x)=x^2+2x+k$, $g(x)=2x^3-9x^2+12x-2$
에 대하여 함수 $(g \circ f)(x)$의 최솟값이 2가 되도
록 하는 실수 k의 최솟값은?

① 1 ② $\dfrac{9}{8}$ ③ $\dfrac{5}{4}$

④ $\dfrac{11}{8}$ ⑤ $\dfrac{3}{2}$

유형 08 **함수의 최댓값과 최솟값의 활용 – 넓이**

넓이를 한 문자에 대한 함수로 나타낸 후 조건을 만족시키는 범위에서의 최댓값 또는 최솟값을 구한다.

23 오른쪽 그림과 같이 곡선
●●○ $y=-x^2+6x$와 x축으로 둘러싸인 부분에 내접하고 변 OA가 x축 위에 있는 사다리꼴 OABC의 넓이의 최댓값을 구하시오. (단, O는 원점)

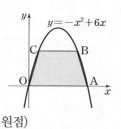

24 오른쪽 그림과 같이 곡선
●●○ $y=x(x-2)^2$이 x축과 만나는 점 중 원점 O가 아닌 점을 A라 하자. 곡선을 따라 두 점 O, A 사이를 움직이는 점 P에서 x축, y축에 내린 수선의 발을 각각 H, Q라 할 때, 직사각형 OHPQ의 넓이의 최댓값을 구하시오.

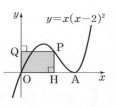

25 함수 $f(x)=2x^3-4x^2+1$
●●○ 에 대하여 오른쪽 그림과 같이 곡선 $y=f(x)$ 위의 점 A(0, 1)에서의 접선을 l이라 할 때, 직선 l이 곡선과 제1사분면에서 만나는 점을 B라 하자. 곡선을 따라 두 점 A, B 사이를 움직이는 점 P에서 직선 l에 내린 수선의 발을 H라 할 때, 삼각형 APH의 넓이의 최댓값을 구하시오.

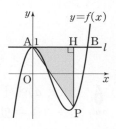

유형 09 **함수의 최댓값과 최솟값의 활용 – 부피**

부피를 한 문자에 대한 함수로 나타낸 후 조건을 만족시키는 범위에서의 최댓값 또는 최솟값을 구한다.

26 오른쪽 그림과 같이 원기둥 위에 반
●●○ 구가 얹어진 모양의 입체도형이 있다. 원기둥의 밑면의 반지름의 길이와 높이의 합이 3으로 일정할 때, 원기둥의 부피가 최대인 경우의 전체 입체도형의 부피를 구하시오.
(단, 원기둥의 밑면과 반구의 단면은 일치한다.)

27 반지름의 길이가 $2\sqrt{3}$인 부채꼴 모양의 종이로 밑면
●●○ 이 없는 원뿔 모양의 그릇을 만들려고 한다. 이 그릇의 부피의 최댓값을 구하시오.

28 오른쪽 그림과 같이 모든
●●● 모서리의 길이가 2인 정사각뿔에 내접하는 직육면체의 부피의 최댓값을 구하시오.

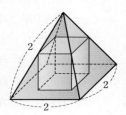

유형 O1 방정식 $f(x)=0$의 실근의 개수

방정식 $f(x)=0$의 서로 다른 실근의 개수
$\iff$ 함수 $y=f(x)$의 그래프와 x축의 교점의 개수

1 방정식 $x^4-2x^2-5=0$의 서로 다른 실근의 개수
●○○ 를 구하시오.

2 방정식 $x^3+3x^2+1=0$의 서로 다른 실근의 개수
●○○ 를 a, 방정식 $2x^3-6x+1=0$의 서로 다른 실근의
개수를 b라 할 때, $a+b$의 값은?

① 2　　　　② 3　　　　③ 4
④ 5　　　　⑤ 6

3 사차함수 $f(x)$의 도함수
●●○ $y=f'(x)$의 그래프가 오른쪽
그림과 같고
$$f(0)>0,\ f(3)<0$$
일 때, 방정식 $f(x)=0$의 서
로 다른 실근의 개수를 구하시오.

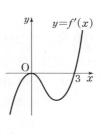

유형 O2 방정식 $f(x)=k$의 실근의 개수

방정식 $f(x)=k$의 서로 다른 실근의 개수
$\iff$ 함수 $y=f(x)$의 그래프와 직선 $y=k$의 교점의 개수
참고 곡선 $y=f(x)$ 밖의 한 점 $(a,\ b)$에서 곡선 $y=f(x)$에 그
은 접선의 접점의 좌표를 $(t,\ f(t))$라 하면 접선의 방정식
은 $y-f(t)=f'(t)(x-t)$

4 방정식 $x^3-6x-k=0$이 오직 한 개의 실근을 갖
●○○ 도록 하는 실수 k의 값의 범위를 구하시오.

5 방정식 $3x^4-8x^3-6x^2+24x-k=0$이 서로 다른
●○○ 세 실근을 갖도록 하는 모든 실수 k의 값의 합은?

① 15　　　　② 17　　　　③ 19
④ 21　　　　⑤ 23

6 점 $(1,\ a)$에서 곡선 $y=x^3+1$에 서로 다른 두 접
●●○ 선을 그을 수 있도록 하는 a의 값을 모두 구하시오.

7 실수 k에 대하여 방정식 $x^3-6x^2+15=k$의 서
●●○ 로 다른 실근의 개수를 $f(k)$라 하자. 함수 $f(k)$가
$k=a$에서 불연속이 되도록 하는 모든 실수 a의 값
의 합은?

① -2　　　　② 0　　　　③ 2

④ 4　　　　⑤ 6

8 삼차함수 $f(x)$의 도함수
●●● $y=f'(x)$의 그래프가 오른쪽
그림과 같다. 방정식 $|f(x)|=1$
이 서로 다른 5개의 실근을 가
질 때, $f(0)$의 값을 모두 구하
시오.

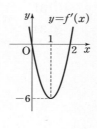

평가원

9 함수 $f(x)=\dfrac{1}{2}x^3-\dfrac{9}{2}x^2+10x$에 대하여 x에 대
●●● 한 방정식

$$f(x)+|f(x)+x|=6x+k$$

의 서로 다른 실근의 개수가 4가 되도록 하는 모든
정수 k의 값의 합을 구하시오.

유형 ○3　방정식 $f(x)=g(x)$의 실근의 개수

방정식 $f(x)=g(x)$의 서로 다른 실근의 개수
$\Longleftrightarrow$ 두 함수 $y=f(x)$, $y=g(x)$의 그래프의 교점의 개수
$\Longleftrightarrow$ 함수 $y=f(x)-g(x)$의 그래프와 x축의 교점의 개수

10 곡선 $y=-x^3+6x^2$과 직선 $y=9x+k$가 오직 한
●●○ 점에서 만나도록 하는 실수 k의 값의 범위를 구하
시오.

11 두 함수 $f(x)=2x^3-2x^2-a$, $g(x)=x^2-1$에 대
●●○ 하여 방정식 $f(x)=g(x)$의 서로 다른 실근의 개
수를 $n(a)$라 할 때,

$$n(0)+n(1)+n(2)+\cdots+n(10)$$

의 값을 구하시오. (단, a는 상수)

평가원

12 삼차함수 $f(x)$의 도함
●●● 수의 그래프와 이차함수
$g(x)$의 도함수의 그래프
가 오른쪽 그림과 같다.
함수 $h(x)$를
$h(x)=f(x)-g(x)$라 하자. $f(0)=g(0)$일 때,
옳은 것만을 보기에서 있는 대로 고른 것은?

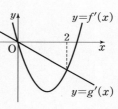

　보기
ㄱ. $0<x<2$에서 $h(x)$는 감소한다.
ㄴ. $h(x)$는 $x=2$에서 극솟값을 갖는다.
ㄷ. 방정식 $h(x)=0$은 서로 다른 세 실근을 갖는
다.

① ㄱ　　　　② ㄴ　　　　③ ㄱ, ㄴ
④ ㄱ, ㄷ　　　　⑤ ㄱ, ㄴ, ㄷ

유형 **O4** **방정식 $f(x)=k$의 실근의 부호**

방정식 $f(x)=k$의 양의 실근은 함수 $y=f(x)$의 그래프와 직선 $y=k$가 y축의 오른쪽에서 만나는 점의 x좌표이고, 음의 실근은 y축의 왼쪽에서 만나는 점의 x좌표이다.

13
●○○ 방정식 $2x^2+9x+5=x^3-x^2+a$가 한 개의 음의 실근과 두 개의 허근을 갖도록 하는 정수 a의 최솟값은?

① 32 　　② 33 　　③ 34
④ 35 　　⑤ 36

14
●●○ 방정식 $x^3-6x^2+12-k=0$이 3보다 작은 서로 다른 두 개의 실근과 3보다 큰 한 개의 실근을 갖도록 하는 정수 k의 개수를 구하시오.

15
●●○ 방정식 $x^4+4x^3=2x^2+12x+k$가 한 개의 양의 실근과 서로 다른 세 개의 음의 실근을 갖도록 하는 실수 k의 값의 범위가 $\alpha<k<\beta$일 때, $\alpha+\beta$의 값은?

① 3 　　② 4 　　③ 5
④ 6 　　⑤ 7

유형 **O5** **극값을 이용한 삼차방정식의 근의 판별**

삼차함수 $f(x)$가 극값을 가질 때, 삼차방정식 $f(x)=0$의 근은 다음과 같이 판별한다.
(1) 서로 다른 세 실근
　　⟺ (극댓값)×(극솟값)<0
(2) 서로 다른 두 실근(중근과 다른 한 실근)
　　⟺ (극댓값)×(극솟값)=0
(3) 한 개의 실근(한 실근과 두 허근)
　　⟺ (극댓값)×(극솟값)>0

16
●○○ 삼차방정식 $2x^3-6x^2-18x+6+a=0$이 서로 다른 두 실근을 갖도록 하는 모든 실수 a의 값의 합은?

① 31 　　② 32 　　③ 33
④ 34 　　⑤ 35

17
●●○ 함수 $f(x)=2x^3-6ax^2$에 대하여 방정식 $f(x)=8$이 오직 한 개의 실근을 갖도록 하는 실수 a의 값의 범위를 구하시오. (단, $a\neq0$)

18
●●● 함수 $f(x)=\dfrac{1}{3}x^3-2ax+a$가 극값을 갖고, 삼차방정식 $f(x)=0$이 서로 다른 세 실근을 갖도록 하는 실수 a의 값의 범위를 구하시오.

유형 O6 **모든 실수 x에 대하여 성립하는 부등식**

모든 실수 x에 대하여 부등식 $f(x) \geq 0$이 성립하려면
➡ ($f(x)$의 최솟값)≥ 0이어야 한다.

19 모든 실수 x에 대하여 부등식
○○○
$$x^4 - 4x - k^2 + 4k > 0$$
이 성립하도록 하는 실수 k의 값의 범위는?

① $k < -4$ ② $-4 < k < 0$
③ $-3 < k < -1$ ④ $1 < k < 3$
⑤ $k > 3$

교육청▶
20 두 함수
○○○
$$f(x) = -x^4 - x^3 + 2x^2,$$
$$g(x) = \frac{1}{3}x^3 - 2x^2 + a$$
가 있다. 모든 실수 x에 대하여 부등식
$$f(x) \leq g(x)$$
가 성립할 때, 실수 a의 최솟값은?

① 8   ② $\frac{26}{3}$ ③ $\frac{28}{3}$

④ 10   ⑤ $\frac{32}{3}$

21 두 함수 $f(x) = x^4 + 12$, $g(x) = 4k^3 x$에 대하여
●●○ 함수 $y = f(x)$의 그래프가 함수 $y = g(x)$의 그래프보다 항상 위쪽에 있도록 하는 정수 k의 개수를 구하시오.

유형 O7 **주어진 구간에서 성립하는 부등식**

$x \geq a$에서 부등식 $f(x) \geq 0$이 성립하려면
(1) 함수 $f(x)$의 최솟값이 존재할 때
➡ ($f(x)$의 최솟값)≥ 0이어야 한다.
(2) 함수 $f(x)$의 최솟값이 존재하지 않을 때
➡ $x \geq a$에서 $f(x)$가 증가하고 $f(a) \geq 0$이어야 한다.

22 $x \geq 0$일 때, 부등식 $x^3 - 6x^2 + 9x - k - 4 \geq 0$이 성
●○○ 립하도록 하는 실수 k의 최댓값을 구하시오.

23 구간 $[0, 2]$에서 부등식 $4x^3 - 3x^2 - 6x + a > 0$이
●○○ 성립하도록 하는 실수 a의 값의 범위는?

① $a < 0$ ② $0 < a < 3$ ③ $a > 3$
④ $3 < a < 5$ ⑤ $a > 5$

평가원▶
24 두 함수
●●○
$$f(x) = x^3 + 3x^2 - k, \; g(x) = 2x^2 + 3x - 10$$
에 대하여 부등식 $f(x) \geq 3g(x)$가 닫힌구간
$[-1, 4]$에서 항상 성립하도록 하는 실수 k의 최댓값을 구하시오.

25 $x \geq k$일 때, 부등식 $x^3 + 3kx^2 + 4 \geq 0$이 성립하도
●●● 록 하는 실수 k의 값의 범위를 구하시오.

유형 O1 **수직선 위를 움직이는 점의 속도와 가속도**

수직선 위를 움직이는 점 P의 시각 t에서의 위치 x가
$x=f(t)$일 때, 시각 t에서의 점 P의 속도 v와 가속도 a는

(1) $v=\dfrac{dx}{dt}=f'(t)$ (2) $a=\dfrac{dv}{dt}$

1 수직선 위를 움직이는 점 P의 시각 t에서의 속도가
$v(t)=-t^2+14t$일 때, 가속도가 0이 되는 시각을
구하시오.

2 수직선 위를 움직이는 점 P의 시각 t에서의 위치 x
가 $x=t^3-5t^2+6t$일 때, 점 P가 출발 후 처음으로
원점을 지나는 순간의 가속도를 구하시오.

3 수직선 위를 움직이는 점 P의 시각 t에서의 위치 x
가 $x=\dfrac{2}{3}t^3+kt^2-2$이고 $t=2$에서의 속도가 20일
때, $t=2$에서의 가속도는? (단, k는 상수)

① 10　　　② 12　　　③ 14
④ 16　　　⑤ 18

4 수직선 위를 움직이는 두 점 P, Q의 시각 t에서의
위치가 각각
$$f(t)=t^4-2t^3+12t^2,\quad g(t)=6t^3-6t^2+kt$$
일 때, 출발 후 두 점 P, Q의 속도가 같아지는 순간
이 3번이 되도록 하는 정수 k의 개수를 구하시오.

유형 O2 **수직선 위를 움직이는 점의 운동 방향**

수직선 위를 움직이는 점 P의 시각 t에서의 속도 v에 대하여
(1) $v>0$이면 점 P는 양의 방향으로 움직인다.
(2) $v<0$이면 점 P는 음의 방향으로 움직인다.
(3) $v=0$이면 점 P는 운동 방향을 바꾸거나 정지한다.

5 수직선 위를 움직이는 점 P의 시각 t에서의 위치 x
가 $x=-t^3+6t^2-9t+1$일 때, 점 P가 출발 후 두
번째로 운동 방향을 바꾸는 순간의 가속도를 구하
시오.

평가원

6 수직선 위를 움직이는 점 P의 시각 t $(t\geq0)$에서의
위치 x가
$$x=t^3+at^2+bt\ (a,\ b\text{는 상수})$$
이다. 시각 $t=1$에서 점 P가 운동 방향을 바꾸고,
시각 $t=2$에서 점 P의 가속도는 0이다. $a+b$의 값
은?

① 3　　　② 4　　　③ 5
④ 6　　　⑤ 7

7 수직선 위를 움직이는 두 점 P, Q의 시각 t에서의
위치가 각각 $x_1=\dfrac{2}{3}t^3-4t^2$, $x_2=-\dfrac{1}{3}t^3+\dfrac{1}{2}t^2$이
다. 두 점 P, Q가 출발 후 서로 같은 방향으로 움직
일 때, 두 점 P, Q 사이의 거리의 최댓값을 구하시
오.

유형 03 **위로 던진 물체의 속도와 가속도**

(1) 물체가 최고 높이에 도달할 때 운동 방향이 바뀌므로 속도는 0이다.

(2) 물체가 지면에 떨어질 때의 높이는 0이다.

8 지면으로부터 25 m의 높이에서 30 m/s의 속도로 지면과 수직으로 쏘아 올린 물체의 t초 후의 높이를 x m라 하면 $x=25+30t-5t^2$인 관계가 성립할 때, 물체가 최고 높이에 도달할 때까지 걸린 시간은?

① 2초   ② 3초   ③ 4초
④ 5초   ⑤ 6초

9 지면에서 20 m/s의 속도로 지면과 수직으로 쏘아 올린 물체의 t초 후의 높이를 x m라 하면 $x=20t-5t^2$인 관계가 성립할 때, 물체가 지면에 떨어지는 순간의 속도를 구하시오.

10 지면으로부터 15 m의 높이에서 a m/s의 속도로 지면과 수직으로 쏘아 올린 물체의 t초 후의 높이를 x m라 하면 $x=15+at+bt^2$인 관계가 성립할 때, 물체가 최고 높이에 도달할 때까지 걸린 시간은 5 초이고 그때의 높이는 140 m이다. 이때 물체의 높이가 60 m 이상인 시간은 몇 초 동안인가?

(단, a, b는 상수)

① 5초   ② 6초   ③ 7초
④ 8초   ⑤ 9초

유형 04 **위치, 속도의 그래프의 해석**

수직선 위를 움직이는 점 P의 시각 t에서의

(1) 위치 $x(t)$의 그래프에서
  ① $x'(t)>0$ ➡ 점 P는 양의 방향으로 움직인다.
  ② $x'(t)<0$ ➡ 점 P는 음의 방향으로 움직인다.
  ③ $x'(t)=0$ ➡ 점 P는 운동 방향을 바꾸거나 정지한다.

(2) 속도 $v(t)$의 그래프에 대하여 $v(a)=0$이고 $t=a$의 좌우에서 $v(t)$의 부호가 바뀌면 $t=a$에서 점 P는 운동 방향을 바꾼다.

11 수직선 위를 움직이는 점 P의 시각 t에서의 위치 $x(t)$의 그래프가 다음 그림과 같을 때, 보기에서 옳은 것만을 있는 대로 고르시오.

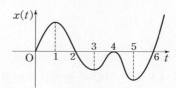

보기
ㄱ. $t=1$일 때의 점 P의 속력이 최소이다.
ㄴ. $0<t<6$에서 점 P는 운동 방향을 4번 바꾼다.
ㄷ. $2<t<4$에서 점 P는 출발할 때와 반대 방향으로 움직인다.

12 수직선 위를 움직이는 점 P의 시각 t에서의 속도 $v(t)$의 그래프가 다음 그림과 같을 때, 보기에서 옳은 것만을 있는 대로 고르시오.

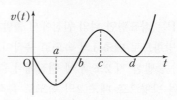

보기
ㄱ. $t=a$에서의 점 P의 가속도는 0이다.
ㄴ. $t=a$일 때와 $t=c$일 때 점 P의 운동 방향은 같다.
ㄷ. $0<t<d$에서 점 P는 운동 방향을 2번 바꾼다.
ㄹ. $b<t<c$에서 점 P의 속도는 증가한다.

유형 05 시각에 대한 길이의 변화율

시각 t에서의 길이가 l인 도형의 길이의 변화율은

➡ $\lim\limits_{\Delta t \to 0} \dfrac{\Delta l}{\Delta t} = \dfrac{dl}{dt}$

13 길이가 5 cm인 어느 고무줄의 t초 후의 길이를
●○○ l cm라 하면 $l = 2t^2 + 3t + 5$인 관계가 성립할 때, 고무줄의 길이가 2배가 될 때의 길이의 변화율은?

① 5 cm/s ② 6 cm/s ③ 7 cm/s
④ 8 cm/s ⑤ 9 cm/s

14 키가 1.8 m인 사람이 높이가 4 m인 가로등 바로
●●○ 밑에서 출발하여 매초 1.1 m의 일정한 속도로 일직선으로 걸을 때, 이 사람의 그림자의 길이의 변화율은?

① 0.6 m/s ② 0.7 m/s ③ 0.8 m/s
④ 0.9 m/s ⑤ 1 m/s

15 점 P는 좌표평면 위의 원점에서 출발하여 x축의 양
●●○ 의 방향으로 매초 1의 속도로 움직이고, 점 Q는 점 P가 출발한 지 2초 후에 원점에서 출발하여 y축의 양의 방향으로 매초 2의 속도로 움직인다고 한다. 점 P가 출발한 지 5초 후의 $\overline{PQ}^2$의 변화율을 구하시오.

유형 06 시각에 대한 넓이, 부피의 변화율

(1) 시각 t에서의 넓이가 S인 도형의 넓이의 변화율은

➡ $\lim\limits_{\Delta t \to 0} \dfrac{\Delta S}{\Delta t} = \dfrac{dS}{dt}$

(2) 시각 t에서의 부피가 V인 도형의 부피의 변화율은

➡ $\lim\limits_{\Delta t \to 0} \dfrac{\Delta V}{\Delta t} = \dfrac{dV}{dt}$

16 한 모서리의 길이가 5인 정육면체의 각 모서리의
●○○ 길이가 매초 1씩 늘어날 때, 정육면체의 부피가 512가 되는 순간의 부피의 변화율을 구하시오.

17 밑면의 반지름의 길이가 10, 높이가 20인 원뿔의
●●○ 밑면의 반지름의 길이는 매초 1씩 늘어나고 높이는 매초 1씩 줄어든다고 할 때, 원뿔의 부피가 증가에서 감소로 바뀌는 순간의 부피는?

① $\dfrac{1000}{3}\pi$ ② $\dfrac{2000}{3}\pi$ ③ 1000π
④ $\dfrac{4000}{3}\pi$ ⑤ $\dfrac{5000}{3}\pi$

18 한 변의 길이가 $12\sqrt{3}$인 정삼각형과 그 정삼각형에
●●● 내접하는 원으로 이루어진 도형이 있다. 이 도형에서 정삼각형의 각 변의 길이가 매초 $3\sqrt{3}$씩 늘어날 때, 원도 정삼각형에 내접하면서 반지름의 길이가 늘어난다. 정삼각형의 한 변의 길이가 $27\sqrt{3}$이 되는 순간의 정삼각형에 내접하는 원의 넓이의 변화율을 구하시오.

Ⅲ. 적분

1 부정적분과 정적분

유형 01 부정적분의 정의

$F(x)$가 함수 $f(x)$의 한 부정적분이다.
$\Longleftrightarrow F'(x)=f(x)$
$\Longleftrightarrow \int f(x)\,dx=F(x)+C$ (단, C는 적분상수)

1 다항함수 $f(x)$가 $\int f(x)\,dx=x^3-2x^2+3x+C$
○○○ 를 만족시킬 때, $f(-1)$의 값을 구하시오.
(단, C는 적분상수)

2 함수 $f(x)$의 한 부정적분 $F(x)$에 대하여
●○○ $\int (x^2+a)\,dx=F(x)$가 성립하고 $f(1)=2$일 때,
$f(2)$의 값은? (단, a는 상수)

① 2   ② 3   ③ 4
④ 5   ⑤ 6

3 함수 $F(x)=x^3+ax^2+2x+1$이 함수
●○○ $f(x)=3x^2-6x+2$의 한 부정적분일 때, 상수 a
의 값을 구하시오.

4 두 함수 $f(x)=x^2-1$, $g(x)=3x^2+x$에 대하여
●●○ $\int h(x)\,dx=f(x)g(x)$가 성립할 때,
$h(1)+h'(1)$의 값은?

① 40   ② 42   ③ 44
④ 46   ⑤ 48

유형 02 부정적분과 미분의 관계 (1)

(1) $\dfrac{d}{dx}\left\{\int f(x)\,dx\right\}=f(x)$

(2) $\int \left\{\dfrac{d}{dx}f(x)\right\}dx=f(x)+C$ (단, C는 적분상수)

5 함수 $f(x)=\dfrac{d}{dx}\left\{\int (x^3-x^2+1)\,dx\right\}$에 대하여
○○○ $f(2)$의 값은?

① 3   ② 4   ③ 5
④ 6   ⑤ 7

6 등식 $\dfrac{d}{dx}\left\{\int (2x^2+3x+a)\,dx\right\}=bx^2+cx+3$
●○○ 을 만족시키는 상수 a, b, c에 대하여 $a+b+c$의
값을 구하시오.

교육청
7 다항함수 $f(x)$가
●●○
$$\dfrac{d}{dx}\int \{f(x)-x^2+4\}\,dx$$
$$=\int \dfrac{d}{dx}\{2f(x)-3x+1\}\,dx$$
를 만족시킨다. $f(1)=3$일 때, $f(0)$의 값은?

① -2 ② -1 ③ 0
④ 1   ⑤ 2

8 함수 $f(x)=\int \left\{\dfrac{d}{dx}(x^2+4x-1)\right\}dx$에 대하여
●●○ $f(-1)=-4$일 때, 방정식 $f(x)=0$의 모든 근의
곱을 구하시오.

유형 03 부정적분의 계산

(1) ① n이 양의 정수일 때,
$$\int x^n \, dx = \frac{1}{n+1} x^{n+1} + C \text{ (단, } C \text{는 적분상수)}$$
② k가 상수일 때,
$$\int k \, dx = kx + C \text{ (단, } C \text{는 적분상수)}$$

(2) 두 함수 $f(x)$, $g(x)$가 부정적분을 가질 때
① $\int kf(x) \, dx = k \int f(x) \, dx$ (단, k는 0이 아닌 실수)
② $\int \{f(x) + g(x)\} \, dx = \int f(x) \, dx + \int g(x) \, dx$
③ $\int \{f(x) - g(x)\} \, dx = \int f(x) \, dx - \int g(x) \, dx$

9 함수 $f(x) = \int (4x^3 + 3x^2 + 2x + 1) \, dx$에 대하여 $f(-1) = -1$일 때, $f(2)$의 값을 구하시오.

10 함수
$$f(x) = \int \left(\frac{1}{3}x^2 + 3x + 2 \right) dx - \int \left(\frac{1}{3}x^2 + x \right) dx$$
에 대하여 $f(1) = 6$일 때, $f(-3)$의 값은?

① 6   ② 7   ③ 8
④ 9   ⑤ 10

11 함수 $f(x)$가 다음 조건을 만족시킬 때, $f(1)$의 최솟값을 구하시오.

> (가) $f(x) = \int (4x - 2) \, dx$
> (나) 모든 실수 x에 대하여 $f(x) \geq 0$

유형 04 도함수가 주어질 때, 함수 구하기

함수 $f(x)$의 도함수 $f'(x)$가 주어지면
$f(x) = \int f'(x) \, dx$임을 이용하여 $f(x)$를 적분상수를 포함한 식으로 나타낸다.

12 함수 $f(x)$에 대하여 $f'(x) = -4x + 3$이고 $f(2) = 0$일 때, $f(-1)$의 값을 구하시오.

13 함수 $f(x)$를 적분해야 할 것을 잘못하여 미분하였더니 $6x^2 - 4x + 3$이었다. $f(0) = 2$일 때, $f(x)$를 바르게 적분하면? (단, C는 적분상수)

① $\frac{1}{4}x^4 - \frac{3}{2}x^3 + \frac{1}{2}x^2 - 2x + C$
② $\frac{1}{3}x^4 - \frac{1}{2}x^3 + \frac{1}{3}x^2 + 2x + C$
③ $\frac{1}{2}x^4 - \frac{2}{3}x^3 + \frac{3}{2}x^2 + 2x + C$
④ $\frac{1}{2}x^4 - \frac{1}{2}x^3 + \frac{1}{3}x^2 - 2x + C$
⑤ $\frac{2}{3}x^4 - \frac{1}{2}x^3 + \frac{2}{3}x^2 + 2x + C$

14 함수 $f(x)$가 다음 조건을 만족시킬 때, $f(3)$의 값을 구하시오. (단, a는 상수)

> (가) $f'(x) = 3x + a$ (나) $\lim_{x \to 1} \frac{f(x)}{x-1} = 2a - 1$

유형 O5 부정적분과 접선의 기울기

곡선 $y=f(x)$ 위의 임의의 점 $(x, f(x))$에서의 접선의 기울기는 $f'(x)$이므로 $f(x)=\int f'(x)\,dx$임을 이용하여 $f(x)$를 적분상수를 포함한 식으로 나타낸다.

15 점 $(-1, -3)$을 지나는 곡선 $y=f(x)$ 위의 임의의 점 $(x, f(x))$에서의 접선의 기울기가 $-4x+4$일 때, 함수 $f(x)$를 구하시오.

16 곡선 $y=f(x)$ 위의 임의의 점 $(x, f(x))$에서의 접선의 기울기가 $3x^2-6x+12$이고 이 곡선이 두 점 $(1, -2)$, $(2, k)$를 지날 때, k의 값을 구하시오.

17 함수 $f(x)=\int(3ax-4)\,dx$에 대하여 곡선 $y=f(x)$ 위의 점 $(1, -2)$에서의 접선의 기울기가 2일 때, $f(3)$의 값은? (단, a는 상수)

① 12　　　② 13　　　③ 14
④ 15　　　⑤ 16

18 다항함수 $f(x)$가 다음 조건을 만족시킬 때, $f(-2)$의 값을 구하시오.

> (가) $f'(x)=6x^2-x$
> (나) 곡선 $y=f(x)$ 위의 점 $(1, f(1))$에서의 접선의 x절편은 $-\dfrac{1}{2}$이다.

유형 O6 함수와 그 부정적분 사이의 관계식이 주어질 때, 함수 구하기

함수 $f(x)$와 그 부정적분 $F(x)$ 사이의 관계식이 주어지면 $f(x)$는 다음과 같은 순서로 구한다.
(1) 주어진 등식의 양변을 x에 대하여 미분한 후 $f'(x)$를 구한다.
(2) $f(x)=\int f'(x)\,dx$임을 이용하여 $f(x)$를 구한다.

19 다항함수 $f(x)$의 한 부정적분을 $F(x)$라 하면
$$F(x)=xf(x)+3x^4-4x^2+1$$
이 성립한다. $f(1)=4$일 때, $f(-1)$의 값은?

① -4　　　② -3　　　③ -2
④ -1　　　⑤ 0

교육청▶
20 다항함수 $f(x)$의 한 부정적분 $F(x)$가 모든 실수 x에 대하여
$$F(x)=(x+2)f(x)-x^3+12x$$
를 만족시킨다. $F(0)=30$일 때, $f(2)$의 값을 구하시오.

21 다항함수 $f(x)$에 대하여 함수 $g(x)$가
$$g(x)=\int xf(x)\,dx$$이고
$f(x)+g(x)=-x^3+2x^2-3x+1$을 만족시킬 때, $g(2)$의 값을 구하시오.

유형 07 부정적분과 미분의 관계 (2)

함수 $f(x)$에 대하여 $\dfrac{d}{dx}f(x)=g(x)$ 꼴이 주어지면 양변을 x에 대하여 적분한 후 $f(x)=\displaystyle\int g(x)\,dx$임을 이용한다.

22 상수함수가 아닌 두 다항함수 $f(x)$, $g(x)$가

$$\dfrac{d}{dx}\{f(x)g(x)\}=2x$$

를 만족시키고 $f(3)=2$, $g(3)=4$일 때, $f(-1)+g(1)$의 값은?

① -2 ② -1 ③ 0
④ 1 ⑤ 2

23 두 다항함수 $f(x)$, $g(x)$가

$$\dfrac{d}{dx}\{f(x)+g(x)\}=2x+1,$$

$$\dfrac{d}{dx}\{f(x)g(x)\}=3x^2-4x+2$$

를 만족시키고 $f(0)=-2$, $g(0)=2$일 때, $f(2)-g(-2)$의 값을 구하시오.

24 두 다항함수 $f(x)$, $g(x)$가

$$g(x)=\int\{2x-f'(x)\}\,dx,$$

$$\dfrac{d}{dx}\{f(x)g(x)\}=6x^2-6x-2$$

를 만족시키고 $f(0)=1$, $g(0)=0$일 때, $f(1)+g(2)$의 값을 구하시오.

유형 08 부정적분과 함수의 연속

함수 $f(x)$에 대하여 $f'(x)=\begin{cases} g(x) & (x>a) \\ h(x) & (x<a) \end{cases}$ 이고, $f(x)$가 $x=a$에서 연속이면

(1) $f(x)=\begin{cases} \displaystyle\int g(x)\,dx & (x\geq a) \\ \displaystyle\int h(x)\,dx & (x<a) \end{cases}$

(2) $\displaystyle\lim_{x\to a+}\int g(x)\,dx=\lim_{x\to a-}\int h(x)\,dx=f(a)$

25 모든 실수 x에서 연속인 함수 $f(x)$에 대하여

$$f'(x)=\begin{cases} x & (x\geq 1) \\ 3x^2-2x & (x<1) \end{cases}$$

이고 $f(0)=2$일 때, $f(3)$의 값을 구하시오.

교육청

26 실수 전체의 집합에서 미분가능한 함수 $F(x)$의 도함수 $f(x)$가

$$f(x)=\begin{cases} -2x & (x<0) \\ k(2x-x^2) & (x\geq 0) \end{cases}$$

이다. $F(2)-F(-3)=21$일 때, 상수 k의 값을 구하시오.

27 모든 실수 x에서 연속인 함수 $f(x)$의 도함수 $y=f'(x)$의 그래프가 오른쪽 그림과 같다. 함수 $y=f(x)$의 그래프가 원점을 지날 때, $f(2)+f(-3)$의 값을 구하시오.

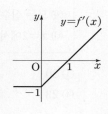

정답과 해설 144쪽

유형 09 부정적분과 함수의 극값

미분가능한 함수 $f(x)$에 대하여 $f'(a)=0$이고 $x=a$의 좌우에서 $f'(x)$의 부호가
(1) 양에서 음으로 바뀌면 ➡ $x=a$에서 극대이다.
(2) 음에서 양으로 바뀌면 ➡ $x=a$에서 극소이다.

28 함수 $f(x)$에 대하여 $f'(x)=2x^2-6x$이고 $f(x)$의
●○○ 극댓값이 2일 때, $f(x)$의 극솟값을 구하시오.

29 삼차함수 $f(x)$의 도함수
●●○ $y=f'(x)$의 그래프가 오른쪽 그림과 같고 $f(x)$의 극댓값이 3, 극솟값이 -1일 때, $f(1)$의 값을 구하시오.

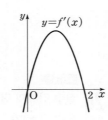

30 최고차항의 계수가 1인 삼차함수 $f(x)$가 다음 조
●●● 건을 만족시킬 때, $f(-3)$의 값은?

> (가) 모든 실수 x에 대하여 $f'(x)=f'(-x)$
> (나) $x=2$에서 극솟값이 -3이다.

① 20　　　② 21　　　③ 22
④ 23　　　⑤ 24

유형 10 UP 도함수의 정의를 이용하여 함수 구하기

$f(x+y)=f(x)+f(y)+k$ 꼴의 관계식이 주어지면 함수 $f(x)$는 다음과 같은 순서로 구한다.
(1) 주어진 식의 양변에 $x=0$, $y=0$을 대입하여 $f(0)$의 값을 구한다.
(2) $f'(x)=\lim\limits_{h\to 0}\dfrac{f(x+h)-f(x)}{h}$임을 이용하여 $f'(x)$를 구한다.
(3) $f'(x)$의 부정적분을 구하고, $f(0)$의 값을 이용하여 적분상수를 구한다.

31 미분가능한 함수 $f(x)$가 모든 실수 x, y에 대하여
●●○ $$f(x+y)=f(x)+f(y)+1$$
을 만족시키고 $f'(0)=2$일 때, $f(-1)$의 값을 구하시오.

32 미분가능한 함수 $f(x)$가 모든 실수 x, y에 대하여
●●● $$f(x+y)=f(x)+f(y)+xy(x+y)$$
를 만족시키고 $f'(2)=3$일 때, $f(3)$의 값을 구하시오.

33 미분가능한 함수 $f(x)$가 모든 실수 x, y에 대하여
●●● $$f(x+y)=f(x)+f(y)+2xy$$
를 만족시킨다. 함수 $F(x)=\displaystyle\int(x-2)f'(x)\,dx$
의 극값이 존재하지 않을 때, $f(4)$의 값을 구하시오.

02 정적분(1)

유형 01 부정적분과 정적분의 관계

실수 a, b를 포함하는 구간에서 연속인 함수 $f(x)$의 한 부정적분을 $F(x)$라 하면

$$\int_a^b f(x)\,dx = \Big[F(x) \Big]_a^b = F(b) - F(a)$$

1 $\int_3^1 (x-1)(-3x+1)\,dx + \int_2^2 (5y-2)(y+4)\,dy$
의 값은?

① 9   ② 10   ③ 11
④ 12   ⑤ 13

2 $\int_0^a (-2x^3+8x)\,dx = 8$일 때, 양수 a의 값을 구하시오.

3 함수 $y=4x^3-9x^2$의 그래프를 y축의 방향으로 k만큼 평행이동한 그래프를 나타내는 함수를 $y=f(x)$라 할 때, $\int_{-1}^2 f(x)\,dx = 0$을 만족시키는 상수 k의 값을 구하시오.

4 이차방정식 $x^2-2x-4=0$의 서로 다른 두 실근을 α, β $(\alpha < \beta)$라 할 때, $\int_{-\alpha}^{\beta} (3x^2-1)\,dx$의 값을 구하시오.

5 모든 실수 x에서 연속인 함수 $f(x)$의 부정적분인 두 함수 $F(x)$, $G(x)$가 다음 조건을 만족시킬 때, $\int_3^5 f(x)\,dx$의 값을 구하시오.

> (가) $F(0)=G(0)+1$
> (나) $F(3)=4$, $G(5)=15$

교육청

6 최고차항의 계수가 1이고 $f(0)=0$인 삼차함수 $f(x)$가 다음 조건을 만족시킨다.

> (가) $f(2)=f(5)$
> (나) 방정식 $f(x)-p=0$의 서로 다른 실근의 개수가 2가 되게 하는 실수 p의 최댓값은 $f(2)$이다.

$\int_0^2 f(x)\,dx$의 값은?

① 25   ② 28   ③ 31
④ 34   ⑤ 37

유형 **02** 정적분의 계산(1)

두 함수 $f(x)$, $g(x)$가 닫힌구간 $[a, b]$에서 연속일 때

(1) $\displaystyle\int_a^b kf(x)\,dx = k\int_a^b f(x)\,dx$ (단, k는 실수)

(2) $\displaystyle\int_a^b \{f(x)+g(x)\}\,dx = \int_a^b f(x)\,dx + \int_a^b g(x)\,dx$

(3) $\displaystyle\int_a^b \{f(x)-g(x)\}\,dx = \int_a^b f(x)\,dx - \int_a^b g(x)\,dx$

7 $\displaystyle\int_{-1}^{2} (3x^2+x)\,dx - 3\int_{-1}^{2} (x^2-x)\,dx$의 값은?

① 6   ② 7   ③ 8

④ 9   ⑤ 10

8 $\displaystyle\int_{2}^{3} \frac{x^3}{x-1}\,dx + \int_{3}^{2} \frac{1}{t-1}\,dt$의 값은?

① $\dfrac{19}{2}$ ② $\dfrac{29}{3}$ ③ $\dfrac{59}{6}$

④ 10   ⑤ $\dfrac{61}{6}$

9 $\displaystyle\int_{0}^{2} (x^2+2x+k)\,dx - 2\int_{2}^{0} (x^2-2x)\,dx = 20$일 때, 상수 k의 값은?

① 4   ② 5   ③ 6

④ 7   ⑤ 8

10 $2\displaystyle\int_{1}^{k} (x-1)\,dx - \int_{1}^{k} 4\,dx$의 값이 최소가 되도록 하는 상수 k의 값은?

① 2   ② 3   ③ 4

④ 5   ⑤ 6

11 두 연속함수 $f(x)$, $g(x)$가

$\displaystyle\int_{-1}^{2} \{2f(x)-3g(x)\}\,dx = 5$,

$\displaystyle\int_{-1}^{2} \{2f(x)-g(x)\}\,dx = -1$을 만족시킬 때,

$\displaystyle\int_{-1}^{2} \{f(x)-g(x)\}\,dx$의 값은?

① 1   ② 2   ③ 3

④ 4   ⑤ 5

12 등식

$$\int_0^1 x\,dx + \frac{1}{2}\int_0^1 x^2\,dx + \frac{1}{3}\int_0^1 x^3\,dx$$
$$+ \cdots + \frac{1}{n}\int_0^1 x^n\,dx = \frac{20}{21}$$

을 만족시키는 자연수 n의 값을 구하시오.

함수 $f(x)$가 실수 a, b, c를 포함하는 구간에서 연속일 때,

$$\int_a^c f(x)\,dx + \int_c^b f(x)\,dx = \int_a^b f(x)\,dx$$

13 $\int_0^2 (3x^2 - 4x + 1)\,dx + \int_2^3 (3t^2 - 4t + 1)\,dt$의 값을 구하시오.

14 $\int_2^3 (\sqrt{x} - 3)^2\,dx - \int_2^1 (\sqrt{x} - 3)^2\,dx$
$$+ \int_1^3 (\sqrt{x} + 3)^2\,dx$$
의 값을 구하시오.

15 다항함수 $f(x)$에 대하여
$$\int_{-2}^{-1} f(x)\,dx = 3, \quad \int_{-2}^{3} f(x)\,dx = 6,$$
$$\int_{-1}^{4} f(x)\,dx = 5$$
일 때, $\int_3^4 f(x)\,dx$의 값을 구하시오.

16 이차함수 $f(x)$에 대하여
$$\int_{-2}^{2} f(x)\,dx = \int_0^2 f(x)\,dx = \int_{-2}^0 f(x)\,dx$$
이고 $f(0) = 1$일 때, $f(2)$의 값을 구하시오.

구간에 따라 다르게 정의된 함수의 정적분은 적분 구간을 나누어 계산한다.

➡ 함수 $f(x) = \begin{cases} g(x) & (x \geq c) \\ h(x) & (x \leq c) \end{cases}$ 가 닫힌구간 $[a, b]$에서 연속이고 $a < c < b$일 때,

$$\int_a^b f(x)\,dx = \int_a^c h(x)\,dx + \int_c^b g(x)\,dx$$

17 함수 $f(x) = \begin{cases} 2x & (x \geq 1) \\ x^2 + 1 & (x \leq 1) \end{cases}$ 에 대하여
$\int_0^3 f(x)\,dx$의 값은?

① $\dfrac{28}{3}$ ② $\dfrac{29}{3}$ ③ 10

④ $\dfrac{31}{3}$ ⑤ $\dfrac{32}{3}$

18 함수 $f(x) = \begin{cases} -x^2 + 2x & (x \geq 1) \\ 2x - 1 & (x \leq 1) \end{cases}$ 에 대하여
$\int_{-a}^{a} f(x)\,dx = -26$일 때, 상수 a의 값을 구하시오. (단, $a > 1$)

19 함수 $f(x) = x^3 - 3x$에 대하여 $-1 \leq x \leq t$에서 함수 $|f(x)|$의 최댓값을 $g(t)$라 할 때, $\int_{-1}^{4} g(t)\,dt$의 값은?

① 42 ② 44 ③ 46

④ 48 ⑤ 50

유형 05 절댓값 기호를 포함한 함수의 정적분

절댓값 기호를 포함한 함수의 정적분은 절댓값 기호 안의
식의 값이 0이 되는 x의 값을 기준으로 적분 구간을 나눈 후
$$\int_a^b f(x)\,dx = \int_a^c f(x)\,dx + \int_c^b f(x)\,dx$$
임을 이용하여 계산한다.

20 $\int_{-2}^3 |x^2 - 2x|\,dx$의 값을 구하시오.

21 $\int_0^a |x-1|\,dx = 5$일 때, 상수 a의 값은?

(단, $a > 1$)

① 3   ② 4   ③ 5

④ 6   ⑤ 7

교육청▶
22 $\int_{-3}^2 (2x^3 + 6|x|)\,dx - \int_{-3}^{-2} (2x^3 - 6x)\,dx$의 값
을 구하시오.

23 $0 < a < 4$일 때, $\int_0^4 x|x-a|\,dx$의 값이 최소가 되
도록 하는 상수 a의 값을 구하시오.

유형 06 정적분 $\int_{-a}^a x^n\,dx$의 계산

(1) ① n이 짝수일 때, $\int_{-a}^a x^n\,dx = 2\int_0^a x^n\,dx$

   ② n이 홀수일 때, $\int_{-a}^a x^n\,dx = 0$

참고 k가 상수일 때, $\int_{-a}^a k\,dx = 2\int_0^a k\,dx$

(2) ① $f(-x) = f(x)$일 때, $\int_{-a}^a f(x)\,dx = 2\int_0^a f(x)\,dx$

   ② $f(-x) = -f(x)$일 때, $\int_{-a}^a f(x)\,dx = 0$

24 $\int_{-2}^2 (4x^3 + 3x^2 - 2x + 1)\,dx$의 값은?

① 16   ② 17   ③ 18

④ 19   ⑤ 20

25 $\int_{-a}^a (4x^7 + 5x^5 + 3x^2 + x - 2)\,dx = 8$일 때, 상수
a의 값을 구하시오.

26 다항함수 $f(x)$가 모든 실수 x에 대하여
$f(-x) = -f(x)$를 만족시키고
$$\int_7^5 f(x)\,dx = -2, \quad \int_{-1}^5 f(x)\,dx = 7$$
일 때, $\int_1^7 f(x)\,dx$의 값을 구하시오.

정답과 해설 148쪽

27 함수 $f(x)=x-2$에 대하여
$$\int_{-1}^{1}\{f(x)\}^2\,dx=k\left\{\int_{-1}^{1}f(x)\,dx\right\}^2-2$$
일 때, 상수 k의 값은?

① $\dfrac{1}{3}$ ② $\dfrac{2}{3}$ ③ 1

④ $\dfrac{4}{3}$ ⑤ $\dfrac{5}{3}$

28 다항함수 $f(x)$가 모든 실수 x에 대하여
$f(-x)+f(x)=0$을 만족시키고 $\displaystyle\int_0^1 xf(x)\,dx=5$
일 때, $\displaystyle\int_{-1}^{1}(3x^2-2x+4)f(x)\,dx$의 값을 구하시오.

수능

29 두 다항함수 $f(x)$, $g(x)$가 모든 실수 x에 대하여
$f(-x)=-f(x)$, $g(-x)=g(x)$를 만족시킨다.
함수 $h(x)=f(x)g(x)$에 대하여
$\displaystyle\int_{-3}^{3}(x+5)h'(x)\,dx=10$일 때, $h(3)$의 값은?

① 1   ② 2   ③ 3

④ 4   ⑤ 5

유형 **07** $f(x+p)=f(x)$를 만족시키는
함수 $f(x)$의 정적분

함수 $f(x)$가 모든 실수 x에 대하여 $f(x+p)=f(x)$(p는 0이 아닌 상수)를 만족시키고 연속일 때,
$$\int_a^b f(x)\,dx=\int_{a+np}^{b+np}f(x)\,dx \text{ (단, } n\text{은 정수)}$$

30 모든 실수 x에서 연속인 함수 $f(x)$가 다음 조건을 만족시킬 때, $\displaystyle\int_0^{12}f(x)\,dx$의 값을 구하시오.

> (가) 모든 실수 x에 대하여 $f(x+3)=f(x)$
>
> (나) $\displaystyle\int_0^3 f(x)\,dx=1$

31 함수 $f(x)$가 모든 실수 x에 대하여
$f(x+2)=f(x)$를 만족시키고 $-1\le x\le1$에서
$f(x)=-x^2$일 때, $\displaystyle\int_{-1}^{5}f(x)\,dx$의 값을 구하시오.

평가원

32 닫힌구간 $[0,\,1]$에서 연속인 함수 $f(x)$가
$$f(0)=0,\ f(1)=1,\ \int_0^1 f(x)\,dx=\dfrac{1}{6}$$
을 만족시킨다. 실수 전체의 집합에서 정의된 함수 $g(x)$가 다음 조건을 만족시킬 때, $\displaystyle\int_{-3}^{2}g(x)\,dx$의 값은?

> (가) $g(x)=\begin{cases}-f(x+1)+1 & (-1<x<0)\\ f(x) & (0\le x\le 1)\end{cases}$
>
> (나) 모든 실수 x에 대하여 $g(x+2)=g(x)$이다.

① $\dfrac{5}{2}$ ② $\dfrac{17}{6}$ ③ $\dfrac{19}{6}$

④ $\dfrac{7}{2}$ ⑤ $\dfrac{23}{6}$

유형 O1 정적분을 포함한 등식
– 적분 구간이 상수인 경우

$f(x)=g(x)+\displaystyle\int_a^b f(t)\,dt$ 꼴의 등식이 주어지면

➡ $\displaystyle\int_a^b f(t)\,dt=k\,(k$는 상수)로 놓고 $f(x)=g(x)+k$
임을 이용한다.

1 다항함수 $f(x)$가
$$f(x)=3x^2-2x+\int_{-1}^1 f(t)\,dt$$
를 만족시킬 때, $f(-2)$의 값은?

① 14　　　　② 15　　　　③ 16
④ 17　　　　⑤ 18

2 다항함수 $f(x)$가
$$f(x)=6x+\int_0^3 tf'(t)\,dt$$
를 만족시킬 때, $f(-3)$의 값을 구하시오.

교육청 ▶

3 함수 $f(x)$가 모든 실수 x에 대하여
$$f(x)=x^3-4x\int_0^1 |f(t)|\,dt$$
를 만족시킨다. $f(1)>0$일 때, $f(2)$의 값은?

① 6　　　　② 7　　　　③ 8
④ 9　　　　⑤ 10

유형 O2 정적분을 포함한 등식
– 적분 구간에 변수가 있는 경우

$\displaystyle\int_a^x f(t)\,dt=g(x)$ 꼴의 등식이 주어지면

➡ 양변을 x에 대하여 미분한다.
이때 함수 $g(x)$에 미정계수가 있으면 양변에 $x=a$를
대입하여 $\displaystyle\int_a^a f(t)\,dt=0$임을 이용한다.

4 다항함수 $f(x)$가 모든 실수 x에 대하여
$$\int_a^x f(t)\,dt=x^3+ax^2+3x-5$$
를 만족시킬 때, 상수 a에 대하여 $f(a)$의 값을 구
하시오.

5 함수 $f(x)=\displaystyle\int_x^{x+1}(t^3+t)\,dt$에 대하여
$\displaystyle\int_0^2 f'(x)\,dx$의 값을 구하시오.

교육청 ▶

6 다항함수 $f(x)$가 모든 실수 x에 대하여
$$3xf(x)=9\int_1^x f(t)\,dt+2x$$
를 만족시킬 때, $f'(1)$의 값은?

① -2　　　② -1　　　③ 0
④ 1　　　　⑤ 2

7 함수 $f(x)=\displaystyle\int_1^x (3t^2+at+2)\,dt$에 대하여
$\displaystyle\lim_{x\to1}\frac{x^2-1}{f(x)}=\frac{1}{3}$일 때, $f(-1)$의 값을 구하시오.

(단, a는 상수)

정적분을 포함한 등식
– 적분 구간과 피적분함수에 변수가 있는 경우

$\int_a^x (x-t)f(t)\,dt = g(x)$ 꼴의 등식이 주어지면

➡ 좌변을 $x\int_a^x f(t)\,dt - \int_a^x tf(t)\,dt$ 꼴로 정리한 후 양변을 x에 대하여 미분한다.

8 다항함수 $f(x)$가 모든 실수 x에 대하여
$$\int_1^x (x-t)f(t)\,dt = x^3 - 2x^2 + x$$
를 만족시킬 때, $f(0)$의 값을 구하시오.

9 다항함수 $f(x)$가 모든 실수 x에 대하여
$$\int_{-1}^x (x-t)f(t)\,dt = ax^3 + x^2 + bx - 3$$
을 만족시킬 때, $\int_{-1}^2 f(x)\,dx$의 값은?
(단, a, b는 상수)

① 20　　② 22　　③ 24
④ 26　　⑤ 28

10 다항함수 $f(x)$가 모든 실수 x에 대하여
$$3xf(x) = 7\int_1^x (x-t)f(t)\,dt - 6x^2$$
을 만족시킬 때, $f'(1)$의 값을 구하시오.

정적분으로 정의된 함수의 극대와 극소

정적분으로 정의된 함수 $f(x)$의 극값은 다음과 같은 순서로 구한다.
(1) 주어진 등식의 양변을 x에 대하여 미분하여 $f'(x)$를 구한다.
(2) $f'(x)=0$인 x의 값을 구한다.
(3) (2)에서 구한 x의 값을 주어진 식에 대입하여 극댓값과 극솟값을 구한다.

11 함수 $f(x) = \int_2^x (t^2 - 5t - 6)\,dt$의 극댓값을 구하시오.

12 함수 $f(x) = \int_0^x (t^2 + at + b)\,dt$가 $x=1$에서 극댓값 $\dfrac{4}{3}$를 가질 때, $f(x)$의 극솟값을 구하시오.
(단, a, b는 상수)

13 함수 $y=f(x)$의 그래프가 오른쪽 그림과 같을 때, 함수 $F(x) = \int_0^x f(t)\,dt$의 극댓값을 구하시오.

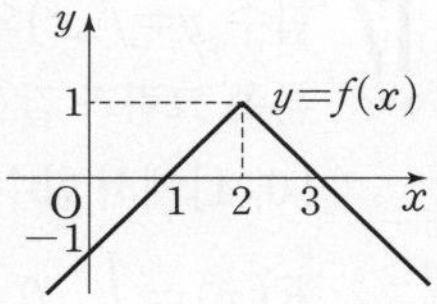

14 함수 $f(x) = x^3 - 12x + a$에 대하여 함수 $F(x) = \int_0^x f(t)\,dt$가 오직 하나의 극값을 갖도록 하는 양수 a의 최솟값을 구하시오.

유형 O5 정적분으로 정의된 함수의 최댓값과 최솟값

닫힌구간에서 정적분으로 정의된 함수 $f(x)$의 최댓값과 최솟값은 구간에 포함된 $f(x)$의 극값과 구간의 양 끝 점의 함숫값을 비교하여 구한다.

15 $-2 \leq x \leq 1$에서 함수 $f(x) = \int_x^{x+2} (t^2-2t)\,dt$의 최댓값을 M, 최솟값을 m이라 할 때, $M-m$의 값을 구하시오.

16 다항함수 $f(x)$가 모든 실수 x에 대하여
$$\int_0^x (t-x)f(t)\,dt = x^4 - 2x^3 + 2x^2$$
을 만족시킬 때, $f(x)$의 최댓값은?

① -2 ② -1 ③ 0
④ 1 ⑤ 2

17 함수 $y=f(x)$의 그래프가 오른쪽 그림과 같을 때, 구간 $[0, 4]$에서 함수
$F(x) = \int_1^x f(t)\,dt$의 최댓값을 구하시오.

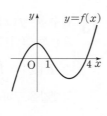

18 $-1 \leq x \leq 3$에서 함수 $f(x) = \int_0^x 2t(x-t)\,dt$의 최솟값을 구하시오.

유형 O6 정적분으로 정의된 함수의 극한

(1) $\lim\limits_{x \to a} \dfrac{1}{x-a} \int_a^x f(t)\,dt = f(a)$

(2) $\lim\limits_{h \to 0} \dfrac{1}{h} \int_a^{a+h} f(x)\,dx = f(a)$

19 함수 $f(x) = 3x^4 - 2x^2 + x$에 대하여
$\lim\limits_{x \to 1} \dfrac{1}{x-1} \int_1^{x^2} f(t)\,dt$의 값은?

① 1 ② 2 ③ 3
④ 4 ⑤ 5

20 함수 $f(x) = 2x^3 - 3x + a$에 대하여
$\lim\limits_{h \to 0} \dfrac{1}{h} \int_{1-3h}^{1+h} f(x)\,dx = 8$일 때, 상수 a의 값을 구하시오.

교육청
21 다항함수 $f(x)$가
$$\lim\limits_{x \to 2} \dfrac{1}{x-2} \int_1^x (x-t)f(t)\,dt = 3$$
을 만족시킬 때, $\int_1^2 (4x+1)f(x)\,dx$의 값은?

① 15 ② 18 ③ 21
④ 24 ⑤ 27

2 정적분의 활용

01 정적분의 활용

유형 01 곡선과 x축 사이의 넓이

곡선 $y=f(x)$와 x축 및 두 직선 $x=a$, $x=b$로 둘러싸인 도형의 넓이 S는

$$S=\int_a^b |f(x)|\,dx$$

1 곡선 $y=ax-x^2$과 x축으로 둘러싸인 도형의 넓이가 $\dfrac{9}{2}$일 때, 양수 a의 값을 구하시오.

교육청

2 함수 $y=|x^2-2x|+1$의 그래프와 x축, y축 및 직선 $x=2$로 둘러싸인 부분의 넓이는?

① $\dfrac{8}{3}$　　　② 3

③ $\dfrac{10}{3}$　　　④ $\dfrac{11}{3}$

⑤ 4

3 오른쪽 그림과 같이 곡선 $y=x^3$과 y축 및 직선 $y=1$로 둘러싸인 도형의 넓이를 S_1, 곡선 $y=x^3$과 x축 및 직선 $x=1$로 둘러싸인 도형의 넓이를 S_2라 할 때, $\dfrac{S_1}{S_2}$의 값을 구하시오.

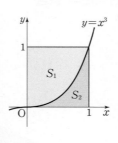

4 삼차함수 $f(x)$의 도함수 $f'(x)$가 $f'(x)=3x^2-2x-4$이고 $f(1)=0$일 때, 곡선 $y=f(x)$와 x축으로 둘러싸인 도형의 넓이를 구하시오.

유형 02 곡선과 직선 사이의 넓이

오른쪽 그림과 같이 곡선 $y=f(x)$와 직선 $y=g(x)$의 교점의 x좌표가 α, β $(\alpha<\beta)$일 때, 곡선 $y=f(x)$와 직선 $y=g(x)$로 둘러싸인 도형의 넓이 S는

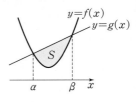

$$S=\int_\alpha^\beta |f(x)-g(x)|\,dx$$

5 곡선 $y=x(x-3)^2$과 직선 $y=x$로 둘러싸인 도형의 넓이는?

① 4　　　② 6　　　③ 8

④ 10　　　⑤ 12

6 곡선 $y=-2x^2+5x$와 두 직선 $y=3x$, $y=x$로 둘러싸인 도형의 넓이는?

① $\dfrac{4}{3}$　　　② $\dfrac{5}{3}$　　　③ 2

④ $\dfrac{7}{3}$　　　⑤ $\dfrac{8}{3}$

7 두 함수

$$f(x)=\frac{1}{3}x(4-x),\ g(x)=|x-1|-1$$

의 그래프로 둘러싸인 도형의 넓이를 S라 할 때, $4S$의 값을 구하시오.

유형 03 두 곡선 사이의 넓이

오른쪽 그림과 같이 두 곡선 $y=f(x)$, $y=g(x)$의 교점의 x좌표가 α, β $(\alpha<\beta)$일 때, 두 곡선 사이의 넓이 S는

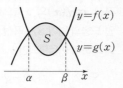

$$S=\int_{\alpha}^{\beta}|f(x)-g(x)|\,dx$$

[교육청]

8 두 함수
●○○
$$f(x)=x^2-4x,\quad g(x)=\begin{cases}-x^2+2x & (x<2)\\-x^2+6x-8 & (x\geq2)\end{cases}$$
의 그래프로 둘러싸인 부분의 넓이는?

① $\dfrac{40}{3}$ ② 14 ③ $\dfrac{44}{3}$

④ $\dfrac{46}{3}$ ⑤ 16

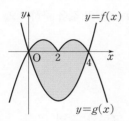

9 함수 $f(x)=x^2$에 대하여 곡선 $y=f(x)$를 x축에
●●○ 대하여 대칭이동한 후 x축의 방향으로 1만큼, y축의 방향으로 5만큼 평행이동한 곡선을 $y=g(x)$라 할 때, 두 곡선 $y=f(x)$, $y=g(x)$로 둘러싸인 도형의 넓이를 구하시오.

10 오른쪽 그림과 같이 두
●●○ 삼차함수 $y=f(x)$,
$y=g(x)$의 그래프의 교
점의 x좌표는 -1, 0, 1
이다. $-1\leq x\leq0$에서
두 곡선 $y=f(x)$, $y=g(x)$로 둘러싸인 도형의 넓
이가 1일 때, $f(2)-g(2)$의 값을 구하시오.

유형 04 곡선과 접선으로 둘러싸인 도형의 넓이

곡선 $y=f(x)$ 위의 점 $(a,\ f(a))$에서의 접선의 기울기는 $f'(a)$임을 이용하여 접선의 방정식을 구한 후 곡선과 접선으로 둘러싸인 도형의 넓이를 구한다.

11 곡선 $y=ax^2$과 이 곡선 위의 점 $(1,\ a)$에서의 접선
●○○ 및 두 직선 $x=-2$, $x=2$로 둘러싸인 도형의 넓이
가 7일 때, 양수 a의 값을 구하시오.

12 점 $(-1,\ -2)$에서 곡선 $y=x^2+1$에 그은 두 접선
●●○ 과 이 곡선으로 둘러싸인 도형의 넓이는?

① 5 ② $\dfrac{16}{3}$ ③ $\dfrac{17}{3}$

④ 6 ⑤ $\dfrac{19}{3}$

[교육청]

13 그림과 같이 두 함수 $y=ax^2+2$와 $y=2|x|$의
●●● 그래프가 두 점 A, B에서 각각 접한다. 두 함수
$y=ax^2+2$와 $y=2|x|$의 그래프로 둘러싸인 부분
의 넓이는? (단, a는 상수이다.)

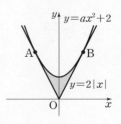

① $\dfrac{13}{6}$ ② $\dfrac{7}{3}$ ③ $\dfrac{5}{2}$

④ $\dfrac{8}{3}$ ⑤ $\dfrac{17}{6}$

두 도형의 넓이가 같은 경우

(1) $S_1 = S_2$이면
$$\int_a^b f(x)\,dx = 0$$

(2) $S_1 = S_2$이면
$$\int_a^b \{f(x) - g(x)\}\,dx = 0$$

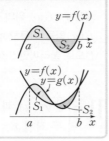

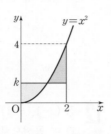

14 오른쪽 그림과 같이 곡선 $y = x^2$ $(x \geq 0)$과 y축 및 두 직선 $y = k$, $x = 2$로 둘러싸인 두 도형의 넓이가 서로 같을 때, 상수 k의 값을 구하시오. (단, $0 < k < 4$)

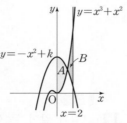

수능

15 두 곡선 $y = x^3 + x^2$, $y = -x^2 + k$와 y축으로 둘러싸인 부분의 넓이를 A, 두 곡선 $y = x^3 + x^2$, $y = -x^2 + k$와 직선 $x = 2$로 둘러싸인 부분의 넓이를 B라 하자. $A = B$일 때, 상수 k의 값은? (단, $4 < k < 5$)

① $\dfrac{25}{6}$　　② $\dfrac{13}{3}$　　③ $\dfrac{9}{2}$

④ $\dfrac{14}{3}$　　⑤ $\dfrac{29}{6}$

16 함수 $y = x^3 - x + k$의 그래프가 오른쪽 그림과 같다. 두 도형 A, B의 넓이가 서로 같을 때, 상수 k의 값을 구하시오.

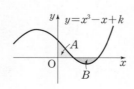

도형의 넓이를 이등분하는 경우

곡선 $y = f(x)$와 x축으로 둘러싸인 도형의 넓이 S가 곡선 $y = g(x)$에 의하여 이등분되면
$$S = 2\int_0^a \{f(x) - g(x)\}\,dx$$

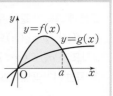

17 곡선 $y = x^2 - 2x - 1$과 직선 $y = -x + 1$로 둘러싸인 도형의 넓이가 직선 $x = k$에 의하여 이등분될 때, 상수 k의 값을 구하시오.

18 곡선 $y = x^2 + 2x$와 직선 $y = ax$로 둘러싸인 도형의 넓이가 x축에 의하여 이등분될 때, 음수 a에 대하여 $(a - 2)^3$의 값을 구하시오.

19 오른쪽 그림과 같이 곡선 $y = x^2$ $(x \geq 0)$과 y축 및 직선 $y = 1$로 둘러싸인 도형의 넓이가 곡선 $y = ax^2$에 의하여 이등분될 때, 상수 a의 값을 구하시오.

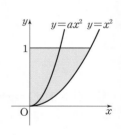

20 실수 전체의 집합에서 정의된 함수
$$f(x) = \begin{cases} 3x + k^2 & (x \geq 0) \\ 3x^2 + k^2 & (x < 0) \end{cases}$$
에 대하여 함수 $y = f(x)$의 그래프와 직선 $y = 4k^2$으로 둘러싸인 도형의 넓이가 y축에 의하여 이등분될 때, 양수 k의 값을 구하시오.

정답과 해설 156쪽

유형 O7 도형의 넓이의 최솟값 **UP**

도형의 넓이의 최솟값을 구하는 경우
➡ 정적분을 이용하여 도형의 넓이를 식으로 나타낸 후 증감표, 산술평균과 기하평균의 관계 등을 이용한다.

참고 산술평균과 기하평균의 관계

$a>0$, $b>0$일 때, $\dfrac{a+b}{2}\geq\sqrt{ab}$

(단, 등호는 $a=b$일 때 성립)

21 두 곡선 $y=\dfrac{1}{k}x^3$, $y=-kx^3$과 직선 $x=2$로 둘러싸인 도형의 넓이의 최솟값을 구하시오. (단, $k>0$)

22 곡선 $y=-x^2+1$ 위의 점 $(t, -t^2+1)$에서의 접선을 l이라 할 때, 곡선 $y=-x^2+1$과 접선 l 및 두 직선 $x=0$, $x=3$으로 둘러싸인 도형의 넓이의 최솟값을 구하시오. (단, $0<t<3$)

23 곡선 $y=x^2$과 점 $(1, 2)$를 지나는 직선으로 둘러싸인 도형의 넓이가 최소가 되도록 하는 직선의 기울기를 구하시오.

유형 O8 역함수의 그래프와 넓이

함수 $y=f(x)$와 그 역함수 $y=g(x)$의 그래프로 둘러싸인 도형의 넓이는 곡선 $y=f(x)$와 직선 $y=x$로 둘러싸인 도형의 넓이의 2배와 같다.

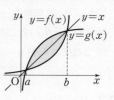

➡ $\displaystyle\int_a^b |f(x)-g(x)|\,dx=2\int_a^b |x-f(x)|\,dx$

24 오른쪽 그림과 같이 함수 $y=f(x)$와 그 역함수 $y=g(x)$의 그래프가 두 점 $(1, 1)$, $(3, 3)$에서 만나고

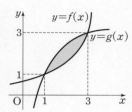

$\displaystyle\int_1^3 f(x)\,dx=\dfrac{7}{2}$일 때, 두 곡선 $y=f(x)$, $y=g(x)$로 둘러싸인 도형의 넓이를 구하시오.

25 함수 $f(x)=x^2-2x+2\,(x\geq1)$의 역함수를 $g(x)$라 할 때, 두 곡선 $y=f(x)$, $y=g(x)$로 둘러싸인 도형의 넓이를 구하시오.

26 함수 $f(x)=3x^3-2$의 역함수를 $g(x)$라 할 때, 두 곡선 $y=f(x)$, $y=g(x)$와 직선 $y=-x-2$로 둘러싸인 도형의 넓이를 구하시오.

역함수의 정적분

함수 $f(x)$의 역함수 $g(x)$에 대한 정적분의 값을 구할 때는 함수 $y=f(x)$의 그래프를 그린 후 $y=f(x)$와 $y=g(x)$의 그래프가 직선 $y=x$에 대하여 대칭임을 이용한다.

27 함수 $f(x)=x^2+x\,(x\geq0)$의 역함수를 $g(x)$라 할 때, $\displaystyle\int_2^6 g(x)\,dx$의 값은?

① $\dfrac{35}{6}$ ② 6 ③ $\dfrac{37}{6}$

④ $\dfrac{19}{3}$ ⑤ $\dfrac{13}{2}$

28 모든 실수 x에서 연속이고 증가하는 함수 $f(x)$에 대하여 $f(2)=4$, $f(3)=6$이다. 함수 $f(x)$의 역함수를 $g(x)$라 할 때, $\displaystyle\int_2^3 f(x)\,dx+\int_4^6 g(x)\,dx$의 값을 구하시오.

29 함수 $f(x)=\sqrt{x-4}$의 역함수를 $g(x)$라 할 때, $\displaystyle\int_4^8 f(x)\,dx+\int_0^2 g(x)\,dx$의 값은?

① 12 ② 14 ③ 16
④ 18 ⑤ 20

수직선 위를 움직이는 점의 위치와 움직인 거리(1)

수직선 위를 움직이는 점 P의 시각 t에서의 속도가 $v(t)$이고 시각 t_0에서의 점 P의 위치가 x_0일 때

(1) 시각 t에서의 점 P의 위치

➡ $x_0+\displaystyle\int_{t_0}^t v(s)\,ds$

(2) 시각 $t=a$에서 $t=b$까지 점 P의 위치의 변화량

➡ $\displaystyle\int_a^b v(t)\,dt$

(3) 시각 $t=a$에서 $t=b$까지 점 P가 움직인 거리

➡ $\displaystyle\int_a^b |v(t)|\,dt$

30 좌표가 1인 점을 출발하여 수직선 위를 움직이는 점 P의 시각 t에서의 속도가 $v(t)=2t-t^2$일 때, $t=1$에서 $t=3$까지 점 P가 움직인 거리를 구하시오.

31 좌표가 2인 점을 출발하여 수직선 위를 움직이는 점 P의 시각 t에서의 속도가 $v(t)=12-3t^2$일 때, 보기에서 옳은 것만을 있는 대로 고르시오.

보기
ㄱ. $t=1$에서의 위치는 13이다.
ㄴ. $t=0$에서 $t=3$까지 위치의 변화량은 18이다.
ㄷ. $t=1$에서 $t=3$까지 움직인 거리는 12이다.

32 어떤 자동차가 출발하여 $5\,\mathrm{km}$를 달리는 동안은 시각 t분에서의 속도가 $v(t)=\dfrac{2}{5}t\,(\mathrm{km/m})$이고, 그 이후로는 속도가 일정하다고 한다. 이 자동차가 출발한 후 10분 동안 달린 거리는?

① $10\,\mathrm{km}$ ② $13\,\mathrm{km}$ ③ $15\,\mathrm{km}$
④ $17\,\mathrm{km}$ ⑤ $20\,\mathrm{km}$

수직선 위를 움직이는 점의 위치와 움직인 거리 (2)

수직선 위를 움직이는 점 P의 시각 t에서의 속도가 $v(t)$일 때

(1) 점 P가 정지하거나 운동 방향을 바꿀 때의 속도는 0이 므로

➡ $v(t) = 0$

(2) 점 P가 $t = a$일 때 출발한 점으로 다시 돌아온다고 하면 $t = 0$에서 $t = a$까지 점 P의 위치의 변화량이 0이므로

➡ $\int_0^a v(t)\,dt = 0$

33 직선 도로를 20 m/s의 속도로 달리고 있는 어떤
○○○ 자동차가 브레이크를 밟은 지 t초 후의 속도를 $v(t)$ m/s라 하면 $v(t) = 20 - 2t$일 때, 브레이크 를 밟은 후 자동차가 정지할 때까지 움직인 거리를 구하시오.

34 원점을 출발하여 수직선 위를 움직이는 점 P의 시
●○○ 각 t에서의 속도가 $v(t) = -t^2 + 7t - 10$일 때, 점 P가 출발 후 처음으로 운동 방향을 바꿀 때까지 움 직인 거리를 구하시오.

35 원점을 동시에 출발하여 수직선 위를 움직이는 두
●●○ 점 P, Q의 시각 t에서의 속도가 각각 $v_P(t) = 3t^2 - 4t - 4$, $v_Q(t) = 3 - t$일 때, 출발 후 두 점 P, Q가 만나는 시각을 구하시오.

평가원
36 시각 $t = 0$일 때 동시에 원점을 출발하여 수직선 위
●●○ 를 움직이는 두 점 P, Q의 시각 t ($t \geq 0$)에서의 속 도가 각각

$$v_1(t) = 2 - t,\ v_2(t) = 3t$$

이다. 출발한 시각부터 점 P가 원점으로 돌아올 때 까지 점 Q가 움직인 거리는?

① 16   ② 18   ③ 20

④ 22   ⑤ 24

위로 던진 물체의 위치와 움직인 거리

지면과 수직으로 쏘아 올린 물체의 시각 t에서의 속도가 $v(t)$일 때, 물체가 최고 높이에 도달할 때의 속도는 0이므로

➡ $v(t) = 0$

37 지면과 수직으로 쏘아 올린 물체의 t초 후의 속도를
○○○ $v(t)$ m/s라 하면 $v(t) = \begin{cases} 7t & (0 \leq t \leq 4) \\ 40 - 3t & (4 < t \leq 8) \end{cases}$ 이 다. $t = 8$일 때, 지면으로부터의 물체의 높이를 구 하시오.

38 지면으로부터 10 m의 높이에서 20 m/s의 속도로
●○○ 지면과 수직으로 쏘아 올린 물체의 t초 후의 속도를 $v(t)$ m/s라 하면 $v(t) = 20 - 10t$ ($0 \leq t \leq 4$)일 때, 물체가 최고 지점에 도달할 때의 지면으로부터의 높이는?

① 20 m   ② 25 m   ③ 30 m

④ 35 m   ⑤ 40 m

39 지면과 수직으로 쏘아 올린 공의 t초 후의 속도를
●●○ $v(t)$ m/s라 하면 $v(t) = 5a - 10t$이다. 공의 최고 높이가 80 m일 때, 양수 a의 값은?

① 5   ② 6   ③ 7

④ 8   ⑤ 9

40 지면으로부터 60 m의 높이에서 지면과 수직으로
●●○ 쏘아 올린 공의 t초 후의 속도를 $v(t)$ m/s라 하면 $v(t) = a - 10t$이다. 공이 처음 쏘아 올린 위치로 다시 돌아오는 데 걸리는 시간이 4초일 때, 공이 지 면에 떨어질 때까지 걸리는 시간은? (단, $a > 0$)

① 5초   ② 6초   ③ 7초

④ 8초   ⑤ 9초

유형 13 그래프에서의 위치와 움직인 거리

수직선 위를 움직이는 점 P의 시각 t에서의 속도 $v(t)$의 그래프가 오른쪽 그림과 같을 때, 속도 $v(t)$의 그래프와 t축으로 둘러싸인 도형의 넓이를 각각 S_1, S_2라 하면

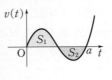

(1) 시각 $t=0$에서 $t=a$까지 점 P의 위치의 변화량

➡ $\int_0^a v(t)\,dt = S_1 - S_2$

(2) 시각 $t=0$에서 $t=a$까지 점 P가 움직인 거리

➡ $\int_0^a |v(t)|\,dt = S_1 + S_2$

41 원점을 출발하여 수직선 위를 움직이는 점 P의 시각 $t\,(0 \le t \le 5)$에서의 속도 $v(t)$의 그래프가 다음 그림과 같을 때, 점 P가 출발 후 처음으로 운동 방향을 바꿀 때부터 두 번째로 운동 방향을 바꿀 때까지 움직인 거리를 구하시오.

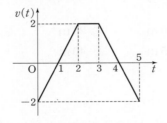

42 원점을 출발하여 수직선 위를 움직이는 점 P의 시각 $t\,(0 \le t \le 3)$에서의 속도 $v(t)$의 그래프가 오른쪽 그림과 같고

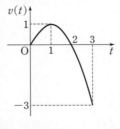

$\int_0^2 v(t)\,dt = \int_2^3 |v(t)|\,dt$

일 때, 보기에서 옳은 것만을 있는 대로 고르시오.

보기
ㄱ. $t=1$일 때 점 P의 속력이 최대이다.
ㄴ. $t=2$일 때 점 P는 운동 방향을 바꾼다.
ㄷ. $t=3$일 때 점 P는 원점에 있다.

43 원점을 출발하여 수직선 위를 움직이는 물체의 시각 $t\,(0 \le t \le 8)$에서의 속도 $v(t)$의 그래프가 다음 그림과 같을 때, 보기에서 옳은 것만을 있는 대로 고르시오.

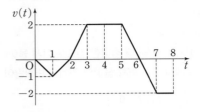

보기
ㄱ. $0 < t < 8$에서 운동 방향을 두 번 바꾼다.
ㄴ. 출발 후 $t=4$까지 움직인 거리는 2이다.
ㄷ. $t=3$일 때 원점에서 가장 멀리 떨어져 있다.
ㄹ. $t=4$일 때와 $t=8$일 때의 위치는 같다.

교육청 ▶

44 원점을 출발하여 수직선 위를 움직이는 점 P의 시각 $t\,(t \ge 0)$에서의 속도 $v(t)$의 그래프가 그림과 같다.

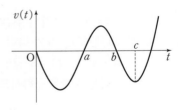

점 P가 출발한 후 처음으로 운동 방향을 바꿀 때의 위치는 -8이고 점 P의 시각 $t=c$에서의 위치는 -6이다. $\int_0^b v(t)\,dt = \int_b^c v(t)\,dt$일 때, 점 P가 $t=a$부터 $t=b$까지 움직인 거리는?

① 3 　　② 4 　　③ 5
④ 6 　　⑤ 7

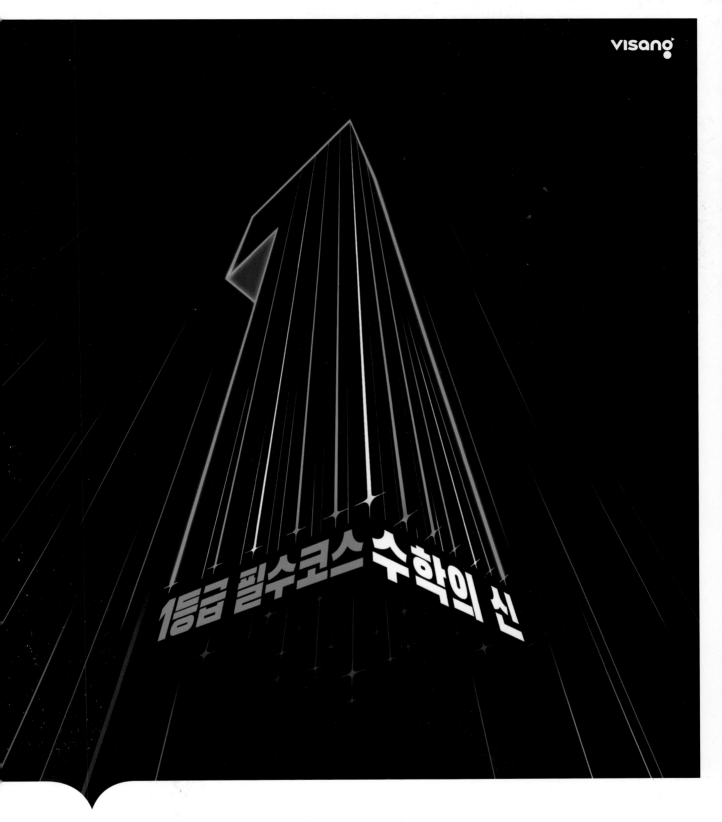

1등급 필수코스 수학의 신

최상위권을 위한 수학 심화 학습서

- 모든 고난도 문제를 한 권에 담아 공부 효율 강화
- 내신 출제 비중이 높아진 수능형 문제와 변형 문제 수록
- 까다롭고 어려워진 내신 대비를 위해 양질의 심화 문제를 엄선

수학의 신

고등 수학(상), 고등 수학(하) / 수학Ⅰ / 수학Ⅱ / 미적분 / 확률과 통계

✛ 개념·플러스·유형·시리즈 개념과 유형이 하나로! 가장 효과적인 수학 공부 방법을 제시합니다.

대표전화 1544-0554
주소 경기도 과천시 과천대로2길 54
협의 없는 무단 복제는 법으로 금지되어 있습니다.

개념과 유형이 하나로

개념╋유형

미적분 I
정답과 해설

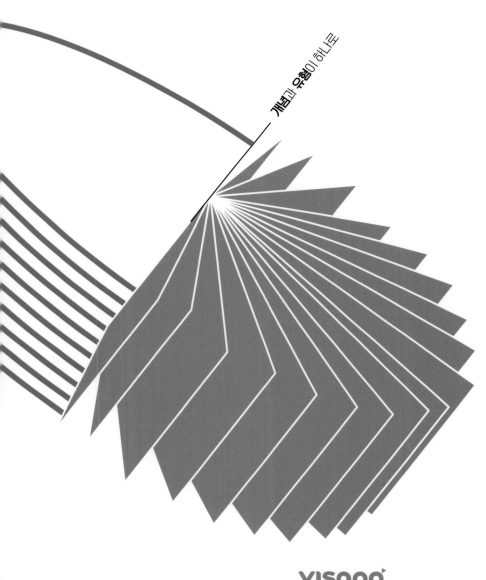

visang

ABOVE IMAGINATION

우리는 남다른 상상과 혁신으로
교육 문화의 새로운 전형을 만들어
모든 이의 행복한 경험과 성장에 기여한다

개념┿유형

미적분 I
정답과 해설

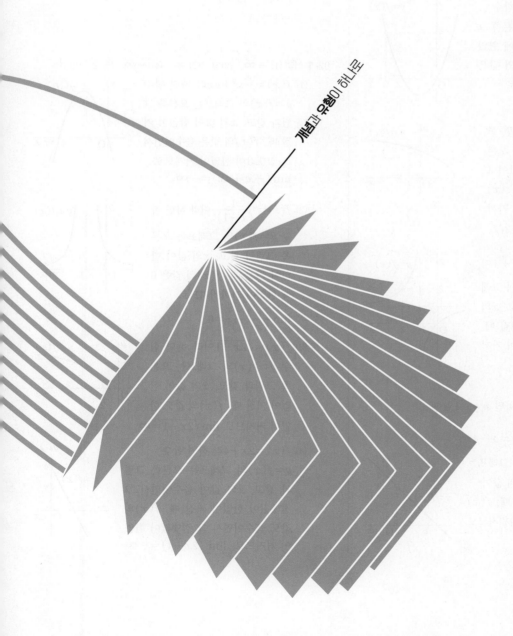

개념과 유형이 하나로

개념편
정답과 해설

I-1 01 함수의 극한

1 함수의 수렴과 발산

문제   10~11쪽

01-1 답 (1) 3   (2) $2\sqrt{2}$ (3) 2   (4) 3   (5) ∞ (6) $-\infty$

(1) $f(x)=x^2-2x$라 하면 함수 $y=f(x)$의 그래프는 오른쪽 그림과 같고, x의 값이 3에 한없이 가까워질 때, $f(x)$의 값은 3에 한없이 가까워지므로 $\lim\limits_{x\to 3}(x^2-2x)=3$

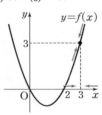

(2) $f(x)=\sqrt{2x+6}$이라 하면 함수 $y=f(x)$의 그래프는 오른쪽 그림과 같고, x의 값이 1에 한없이 가까워질 때, $f(x)$의 값은 $2\sqrt{2}$에 한없이 가까워지므로 $\lim\limits_{x\to 1}\sqrt{2x+6}=2\sqrt{2}$

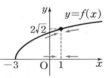

(3) $f(x)=\dfrac{x}{x-1}=\dfrac{1}{x-1}+1$이라 하면 함수 $y=f(x)$의 그래프는 오른쪽 그림과 같고, x의 값이 2에 한없이 가까워질 때, $f(x)$의 값은 2에 한없이 가까워지므로 $\lim\limits_{x\to 2}\dfrac{x}{x-1}=2$

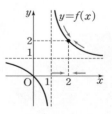

(4) $f(x)=\dfrac{x^2+5x+4}{x+1}$라 하면 $x\neq -1$일 때,
$$f(x)=\dfrac{(x+1)(x+4)}{x+1}=x+4$$
따라서 함수 $y=f(x)$의 그래프는 오른쪽 그림과 같고, x의 값이 -1에 한없이 가까워질 때, $f(x)$의 값은 3에 한없이 가까워지므로 $\lim\limits_{x\to -1}\dfrac{x^2+5x+4}{x+1}=3$

(5) $f(x)=\dfrac{1}{(x-2)^2}$이라 하면 함수 $y=f(x)$의 그래프는 오른쪽 그림과 같고, x의 값이 2에 한없이 가까워질 때, $f(x)$의 값은 한없이 커지므로 $\lim\limits_{x\to 2}\dfrac{1}{(x-2)^2}=\infty$

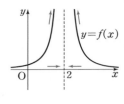

(6) $f(x)=-\dfrac{1}{|x+1|}$이라 하면 함수 $y=f(x)$의 그래프는 오른쪽 그림과 같고, x의 값이 -1에 한없이 가까워질 때, $f(x)$의 값은 음수이면서 그 절댓값이 한없이 커지므로 $\lim\limits_{x\to -1}\left(-\dfrac{1}{|x+1|}\right)=-\infty$

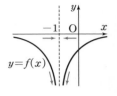

02-1 답 (1) $-\infty$ (2) 0   (3) ∞ (4) $-\infty$ (5) 2   (6) 0

(1) $f(x)=-x^2+4x$라 하면 함수 $y=f(x)$의 그래프는 오른쪽 그림과 같고, x의 값이 한없이 커질 때, $f(x)$의 값은 음수이면서 그 절댓값이 한없이 커지므로 $\lim\limits_{x\to\infty}(-x^2+4x)=-\infty$

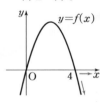

(2) $f(x)=\dfrac{1}{(x-1)^2}$이라 하면 함수 $y=f(x)$의 그래프는 오른쪽 그림과 같고, x의 값이 한없이 커질 때, $f(x)$의 값은 0에 한없이 가까워지므로
$$\lim\limits_{x\to\infty}\dfrac{1}{(x-1)^2}=0$$

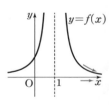

(3) $f(x)=\sqrt{2x-1}$이라 하면 함수 $y=f(x)$의 그래프는 오른쪽 그림과 같고, x의 값이 한없이 커질 때, $f(x)$의 값도 한없이 커지므로 $\lim\limits_{x\to\infty}\sqrt{2x-1}=\infty$

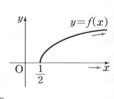

(4) $f(x)=2x+4$라 하면 함수 $y=f(x)$의 그래프는 오른쪽 그림과 같고, x의 값이 음수이면서 그 절댓값이 한없이 커질 때, $f(x)$의 값도 음수이면서 그 절댓값이 한없이 커지므로 $\lim\limits_{x\to -\infty}(2x+4)=-\infty$

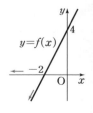

(5) $f(x)=\dfrac{1}{x}+2$라 하면 함수 $y=f(x)$의 그래프는 오른쪽 그림과 같고, x의 값이 음수이면서 그 절댓값이 한없이 커질 때, $f(x)$의 값은 2에 한없이 가까워지므로

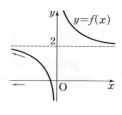

$$\lim_{x\to-\infty}\left(\frac{1}{x}+2\right)=2$$

(6) $f(x)=\dfrac{1}{|x+1|}$이라 하면 함수 $y=f(x)$의 그래프는 오른쪽 그림과 같고, x의 값이 음수이면서 그 절댓값이 한없이 커질 때, $f(x)$의 값은 0에 한없이 가까워지므로

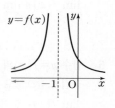

$$\lim_{x\to-\infty}\frac{1}{|x+1|}=0$$

2 우극한과 좌극한

문제 14~16쪽

03-**1** [답] (1) **1** (2) **1** (3) **2** (4) **0** (5) 존재하지 않는다. (6) **2**

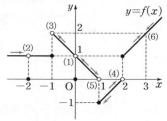

(1) $\displaystyle\lim_{x\to0+}f(x)=1$

(2) $\displaystyle\lim_{x\to-2-}f(x)=1$

(3) $\displaystyle\lim_{x\to-1+}f(x)=2$

(4) $\displaystyle\lim_{x\to2-}f(x)=0$

(5) $\displaystyle\lim_{x\to1+}f(x)=-1$, $\displaystyle\lim_{x\to1-}f(x)=0$

따라서 $\displaystyle\lim_{x\to1+}f(x)\neq\lim_{x\to1-}f(x)$이므로 $\displaystyle\lim_{x\to1}f(x)$의 값은 존재하지 않는다.

(6) $\displaystyle\lim_{x\to3+}f(x)=\lim_{x\to3-}f(x)=2$

$\therefore \displaystyle\lim_{x\to3}f(x)=2$

04-**1** [답] (1) 존재하지 않는다. (2) 존재하지 않는다.

(1) $f(x)=\dfrac{x^2-3x}{|x-3|}$라 하면

$$f(x)=\begin{cases}\dfrac{x(x-3)}{x-3} & (x>3)\\[2mm]\dfrac{x(x-3)}{-(x-3)} & (x<3)\end{cases}=\begin{cases}x & (x>3)\\-x & (x<3)\end{cases}$$

즉, 함수 $y=f(x)$의 그래프는 오른쪽 그림과 같으므로

$$\lim_{x\to3+}f(x)=3,$$

$$\lim_{x\to3-}f(x)=-3$$

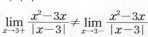

따라서

$$\lim_{x\to3+}\frac{x^2-3x}{|x-3|}\neq\lim_{x\to3-}\frac{x^2-3x}{|x-3|}$$

이므로 $\displaystyle\lim_{x\to3}\frac{x^2-3x}{|x-3|}$의 값은 존재하지 않는다.

(2) $0\leq x<1$일 때, $1\leq x+1<2$이므로 $[x+1]=1$

$-1\leq x<0$일 때, $0\leq x+1<1$이므로 $[x+1]=0$

즉, 함수 $y=[x+1]$의 그래프는 오른쪽 그림과 같으므로

$$\lim_{x\to0+}[x+1]=1,$$

$$\lim_{x\to0-}[x+1]=0$$

따라서

$$\lim_{x\to0+}[x+1]\neq\lim_{x\to0-}[x+1]$$

이므로 $\displaystyle\lim_{x\to0}[x+1]$의 값은 존재하지 않는다.

05-**1** [답] (1) **0** (2) **1** (3) **−1**

(1) $g(x)=t$로 놓으면 $x\to-1-$일 때 $t=1$이므로

$$\lim_{x\to-1-}f(g(x))=f(1)=0$$

(2) $g(x)=t$로 놓으면 $x\to0+$일 때 $t\to1-$이므로

$$\lim_{x\to0+}f(g(x))=\lim_{t\to1-}f(t)=1$$

(3) $f(x)=s$로 놓으면 $x\to2+$일 때 $s\to1+$이므로

$$\lim_{x\to2+}g(f(x))=\lim_{s\to1+}g(s)=-1$$

연습문제 17~18쪽

1 ④	2 ④	3 ㄱ, ㄷ	4 4	5 ③
6 ③	7 −3	8 ②	9 ④	10 −1
11 ①				

1 ① $f(x)=x^2-x-2$라 하면 함수
$y=f(x)$의 그래프는 오른쪽 그림과 같고, x의 값이 한없이 커질 때, $f(x)$의 값도 한없이 커지므로
$$\lim_{x\to\infty}(x^2-x-2)=\infty$$

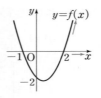

② $f(x)=8-x$라 하면 함수
$y=f(x)$의 그래프는 오른쪽 그림과 같고, x의 값이 한없이 커질 때, $f(x)$의 값은 음수이면서 그 절댓값이 한없이 커지므로
$$\lim_{x\to\infty}(8-x)=-\infty$$

③ $f(x)=\sqrt{1-x}$라 하면 함수
$y=f(x)$의 그래프는 오른쪽 그림과 같고, x의 값이 음수이면서 그 절댓값이 한없이 커질 때, $f(x)$의 값은 한없이 커지므로
$$\lim_{x\to-\infty}\sqrt{1-x}=\infty$$

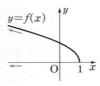

④ $f(x)=\dfrac{2x+5}{x+2}=\dfrac{1}{x+2}+2$라
하면 함수 $y=f(x)$의 그래프는 오른쪽 그림과 같고, x의 값이 한없이 커질 때, $f(x)$의 값은 2에 한없이 가까워지므로
$$\lim_{x\to\infty}\frac{2x+5}{x+2}=2$$

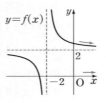

⑤ $f(x)=\dfrac{1}{|x-3|}$이라 하면 함수 $y=f(x)$의 그래프는 오른쪽 그림과 같고, x의 값이 3에 한없이 가까워질 때, $f(x)$의 값은 한없이 커지므로
$$\lim_{x\to3}\frac{1}{|x-3|}=\infty$$

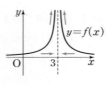

따라서 극한값이 존재하는 것은 ④이다.

2 $\displaystyle\lim_{x\to-1-}f(x)=2$이므로 $a=2$
$\therefore a+\displaystyle\lim_{x\to a-}f(x)=2+\lim_{x\to2-}f(x)$
$\qquad\qquad\qquad\quad =2+(-1)=1$

3 ㄱ. $\displaystyle\lim_{x\to-2-}f(x)=0$
ㄴ. $\displaystyle\lim_{x\to-1+}f(x)=\lim_{x\to-1-}f(x)=-1$
$\quad\therefore \displaystyle\lim_{x\to-1}f(x)=-1$

ㄷ. $\displaystyle\lim_{x\to1+}f(x)=2,\ \lim_{x\to1-}f(x)=0$
즉, $\displaystyle\lim_{x\to1+}f(x)\neq\lim_{x\to1-}f(x)$이므로 $\displaystyle\lim_{x\to1}f(x)$의 값은 존재하지 않는다.
따라서 보기에서 옳은 것은 ㄱ, ㄷ이다.

4 $\displaystyle\lim_{x\to-2-}f(x)=2,\ \lim_{x\to0}f(x)=0,\ \lim_{x\to1+}f(x)=2$이므로
$$\lim_{x\to-2-}f(x)+\lim_{x\to0}f(x)+\lim_{x\to1+}f(x)=4$$

5 함수 $y=f(x)$의 그래프는 오른쪽 그림과 같으므로
$$\lim_{x\to2+}f(x)=9,\ \lim_{x\to2-}f(x)=4$$
$$\therefore\ \lim_{x\to2+}f(x)-\lim_{x\to2-}f(x)=5$$

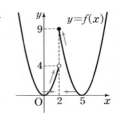

6 ㄱ. $2\le x<4$일 때, $1\le\dfrac{x}{2}<2$이므로
$$\left[\frac{x}{2}\right]=1$$
$0\le x<2$일 때, $0\le\dfrac{x}{2}<1$이므로
$$\left[\frac{x}{2}\right]=0$$
함수 $y=\left[\dfrac{x}{2}\right]$의 그래프는 오른쪽 그림과 같으므로

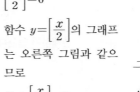

$$\lim_{x\to2+}\left[\frac{x}{2}\right]=1,$$
$$\lim_{x\to2-}\left[\frac{x}{2}\right]=0$$
즉, $\displaystyle\lim_{x\to2+}\left[\frac{x}{2}\right]\neq\lim_{x\to2-}\left[\frac{x}{2}\right]$이므로 $\displaystyle\lim_{x\to2}\left[\frac{x}{2}\right]$의 값은 존재하지 않는다.

ㄴ. $f(x)=\dfrac{x^3}{|x|}$이라 하면
$$f(x)=\begin{cases}x^2 & (x>0)\\-x^2 & (x<0)\end{cases}$$이므로
함수 $y=f(x)$의 그래프는 오른쪽 그림과 같다.

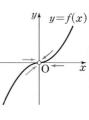

$\therefore\ \displaystyle\lim_{x\to0+}f(x)=0,\ \lim_{x\to0-}f(x)=0$
즉, $\displaystyle\lim_{x\to0+}\frac{x^3}{|x|}=\lim_{x\to0-}\frac{x^3}{|x|}=0$이므로
$$\lim_{x\to0}\frac{x^3}{|x|}=0$$

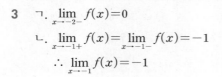

ㄷ. $\dfrac{x-9}{\sqrt{x}+3}=\dfrac{(x-9)(\sqrt{x}-3)}{(\sqrt{x}+3)(\sqrt{x}-3)}=\dfrac{(x-9)(\sqrt{x}-3)}{x-9}$

$\qquad\qquad\quad =\sqrt{x}-3$

함수 $y=\dfrac{x-9}{\sqrt{x}+3}$의 그래프는

오른쪽 그림과 같으므로

$\displaystyle\lim_{x\to9+}\dfrac{x-9}{\sqrt{x}+3}=0$,

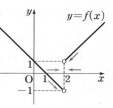

$\displaystyle\lim_{x\to9-}\dfrac{x-9}{\sqrt{x}+3}=0$

즉, $\displaystyle\lim_{x\to9+}\dfrac{x-9}{\sqrt{x}+3}=\lim_{x\to9-}\dfrac{x-9}{\sqrt{x}+3}=0$이므로

$\displaystyle\lim_{x\to9}\dfrac{x-9}{\sqrt{x}+3}=0$

ㄹ. $f(x)=\dfrac{x^2-3x+2}{|x-2|}$라 하면

$f(x)=\begin{cases} x-1 & (x>2) \\ -x+1 & (x<2) \end{cases}$

이므로 함수 $y=f(x)$의 그

래프는 오른쪽 그림과 같다.

$\therefore \displaystyle\lim_{x\to2+}f(x)=1,\ \lim_{x\to2-}f(x)=-1$

즉, $\displaystyle\lim_{x\to2+}\dfrac{x^2-3x+2}{|x-2|}\neq\lim_{x\to2-}\dfrac{x^2-3x+2}{|x-2|}$이므로

$\displaystyle\lim_{x\to2}\dfrac{x^2-3x+2}{|x-2|}$의 값은 존재하지 않는다.

따라서 보기에서 극한값이 존재하는 것은 ㄴ, ㄷ이다.

7 $x>2$일 때, $f(x)=x^2-4x+3$이므로

$\displaystyle\lim_{x\to2+}f(x)=\lim_{x\to2+}(x^2-4x+3)=-1$

$x<2$일 때, $f(x)=x+k$이므로

$\displaystyle\lim_{x\to2-}f(x)=\lim_{x\to2-}(x+k)=k+2$

$\displaystyle\lim_{x\to2}f(x)$의 값이 존재하려면

$\displaystyle\lim_{x\to2+}f(x)=\lim_{x\to2-}f(x)$이어야 하므로

$-1=k+2$

$\therefore k=-3$

8 $f(x)=\begin{cases} -x^2+ax+b & (x\leq-1 \text{ 또는 } x\geq1) \\ x(x-2) & (-1<x<1) \end{cases}$이므로

$\displaystyle\lim_{x\to-1+}f(x)=\lim_{x\to-1+}x(x-2)=3$

$\displaystyle\lim_{x\to-1-}f(x)=\lim_{x\to-1-}(-x^2+ax+b)$

$\qquad\qquad\quad =-a+b-1$

$\displaystyle\lim_{x\to1+}f(x)=\lim_{x\to1+}(-x^2+ax+b)$

$\qquad\qquad\quad =a+b-1$

$\displaystyle\lim_{x\to1-}f(x)=\lim_{x\to1-}x(x-2)=-1$

모든 실수 x에서 극한값이 존재하려면

$\displaystyle\lim_{x\to-1+}f(x)=\lim_{x\to-1-}f(x),\ \lim_{x\to1+}f(x)=\lim_{x\to1-}f(x)$이어

야 하므로

$3=-a+b-1,\ a+b-1=-1$

$\therefore a-b=-4,\ a+b=0$

두 식을 연립하여 풀면 $a=-2,\ b=2$

$\therefore ab=-4$

9 $x-1=t$로 놓으면 $x\to0+$일 때 $t\to-1+$이므로

$\displaystyle\lim_{x\to0+}f(x-1)=\lim_{t\to-1+}f(t)=-1$

$f(x)=s$로 놓으면 $x\to1+$일 때 $s\to-1-$이므로

$\displaystyle\lim_{x\to1+}f(f(x))=\lim_{s\to-1-}f(s)=2$

$\therefore \displaystyle\lim_{x\to0+}f(x-1)+\lim_{x\to1+}f(f(x))=-1+2=1$

10 정의역에 속하는 모든 실수 x에 대하여 $f(-x)=-f(x)$

이므로 함수 $y=f(x)$의 그래프는 원점에 대하여 대칭이다.

즉, 함수 $y=f(x)$의 그래프

는 오른쪽 그림과 같으므로

$\displaystyle\lim_{x\to-1+}f(x)=-1$,

$\displaystyle\lim_{x\to2-}f(x)=0$

$\therefore \displaystyle\lim_{x\to-1+}f(x)+\lim_{x\to2-}f(x)=-1$

11 $\dfrac{t}{t-1}=m$으로 놓으면

$\dfrac{t}{t-1}=\dfrac{1}{t-1}+1$이므로

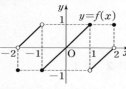

함수 $m=\dfrac{t}{t-1}$의 그래프는 오른

쪽 그림과 같다.

$t\to-\infty$일 때 $m\to1-$이므로

$\displaystyle\lim_{t\to-\infty}f\left(\dfrac{t}{t-1}\right)=\lim_{m\to1-}f(m)=0$

$\dfrac{2t+1}{t}=n$으로 놓으면

$\dfrac{2t+1}{t}=\dfrac{1}{t}+2$이므로

함수 $n=\dfrac{2t+1}{t}$의 그래프는 오른

쪽 그림과 같다.

$t\to\infty$일 때 $n\to2+$이므로

$\displaystyle\lim_{t\to\infty}f\left(\dfrac{2t+1}{t}\right)=\lim_{n\to2+}f(n)=3$

$\therefore \displaystyle\lim_{t\to-\infty}f\left(\dfrac{t}{t-1}\right)-2\lim_{t\to\infty}f\left(\dfrac{2t+1}{t}\right)=0-2\times3=-6$

1 함수의 극한에 대한 성질

개념 Check
20쪽

1 답 (1) **11** (2) **15** (3) **5** (4) $\dfrac{7}{25}$

문제
22~26쪽

01-1 답 $-\dfrac{5}{2}$

$$\lim_{x\to 0}\frac{2x+f(x)}{x-f(x)}=\lim_{x\to 0}\frac{2+\dfrac{f(x)}{x}}{1-\dfrac{f(x)}{x}}$$

$$=\frac{\lim_{x\to 0}2+\lim_{x\to 0}\dfrac{f(x)}{x}}{\lim_{x\to 0}1-\lim_{x\to 0}\dfrac{f(x)}{x}}$$

$$=\frac{2+3}{1-3}=-\frac{5}{2}$$

01-2 답 **4**

$$\lim_{x\to 2}(x^2+1)f(x)=\lim_{x\to 2}\left\{\frac{f(x)}{x+2}\times(x+2)(x^2+1)\right\}$$

$$=\lim_{x\to 2}\frac{f(x)}{x+2}\times\lim_{x\to 2}(x+2)(x^2+1)$$

$$=\frac{1}{5}\times 4\times 5=4$$

01-3 답 -1

$x-3=t$로 놓으면 $x\to 3$일 때 $t\to 0$이므로

$$\lim_{x\to 3}\frac{f(x-3)}{x-3}=\lim_{t\to 0}\frac{f(t)}{t}=2$$

$\therefore \lim_{x\to 0}\dfrac{f(x)}{x}=2$

$$\therefore \lim_{x\to 0}\frac{x-2f(x)}{x+f(x)}=\lim_{x\to 0}\frac{1-\dfrac{2f(x)}{x}}{1+\dfrac{f(x)}{x}}$$

$$=\frac{\lim_{x\to 0}1-2\lim_{x\to 0}\dfrac{f(x)}{x}}{\lim_{x\to 0}1+\lim_{x\to 0}\dfrac{f(x)}{x}}$$

$$=\frac{1-2\times 2}{1+2}=-1$$

01-4 답 -17

$2f(x)-g(x)=h(x)$로 놓으면 $\lim_{x\to 2}h(x)=8$

$g(x)=2f(x)-h(x)$, $\lim_{x\to 2}f(x)=3$이므로

$$\lim_{x\to 2}\frac{3f(x)-4g(x)}{f(x)+2g(x)}=\lim_{x\to 2}\frac{3f(x)-4\{2f(x)-h(x)\}}{f(x)+2\{2f(x)-h(x)\}}$$

$$=\lim_{x\to 2}\frac{-5f(x)+4h(x)}{5f(x)-2h(x)}$$

$$=\frac{-5\lim_{x\to 2}f(x)+4\lim_{x\to 2}h(x)}{5\lim_{x\to 2}f(x)-2\lim_{x\to 2}h(x)}$$

$$=\frac{-5\times 3+4\times 8}{5\times 3-2\times 8}=-17$$

01-5 답 $-\dfrac{5}{6}$

$3f(x)-g(x)=h(x)$로 놓으면 $\lim_{x\to\infty}h(x)=2$

$g(x)=3f(x)-h(x)$, $\lim_{x\to\infty}\dfrac{1}{f(x)}=0$이므로

$$\lim_{x\to\infty}\frac{f(x)-2g(x)}{3f(x)+g(x)}=\lim_{x\to\infty}\frac{f(x)-2\{3f(x)-h(x)\}}{3f(x)+3f(x)-h(x)}$$

$$=\lim_{x\to\infty}\frac{-5f(x)+2h(x)}{6f(x)-h(x)}$$

$$=\lim_{x\to\infty}\frac{-5+\dfrac{2h(x)}{f(x)}}{6-\dfrac{h(x)}{f(x)}}$$

$$=\frac{\lim_{x\to\infty}(-5)+2\lim_{x\to\infty}\dfrac{h(x)}{f(x)}}{\lim_{x\to\infty}6-\lim_{x\to\infty}\dfrac{h(x)}{f(x)}}$$

$$=\frac{-5+2\times 0}{6-0}=-\frac{5}{6}$$

02-1 답 (1) **5** (2) -2 (3) $\dfrac{1}{4}$ (4) **16**

(1) 분자를 인수분해하면

$$\lim_{x\to 2}\frac{x^2+x-6}{x-2}=\lim_{x\to 2}\frac{(x+3)(x-2)}{x-2}$$

$$=\lim_{x\to 2}(x+3)=5$$

(2) 분모, 분자를 각각 인수분해하면

$$\lim_{x\to -1}\frac{2x^3+x^2+1}{x^2-1}=\lim_{x\to -1}\frac{(x+1)(2x^2-x+1)}{(x+1)(x-1)}$$

$$=\lim_{x\to -1}\frac{2x^2-x+1}{x-1}$$

$$=\frac{2+1+1}{-2}=-2$$

(3) 분자를 유리화하면

$$\lim_{x\to 3}\frac{\sqrt{x+1}-2}{x-3}=\lim_{x\to 3}\frac{(\sqrt{x+1}-2)(\sqrt{x+1}+2)}{(x-3)(\sqrt{x+1}+2)}$$

$$=\lim_{x\to 3}\frac{x-3}{(x-3)(\sqrt{x+1}+2)}$$

$$=\lim_{x\to 3}\frac{1}{\sqrt{x+1}+2}=\frac{1}{2+2}=\frac{1}{4}$$

(4) 분모를 유리화하면

$$\lim_{x \to 2} \frac{x^2-4}{\sqrt{x+2}-2} = \lim_{x \to 2} \frac{(x^2-4)(\sqrt{x+2}+2)}{(\sqrt{x+2}-2)(\sqrt{x+2}+2)}$$

$$= \lim_{x \to 2} \frac{(x+2)(x-2)(\sqrt{x+2}+2)}{x-2}$$

$$= \lim_{x \to 2} (x+2)(\sqrt{x+2}+2)$$

$$= 4(2+2) = 16$$

02-2 답 4

$$\lim_{x \to -2} \frac{(x+2)f(x)}{x^2-4} = \lim_{x \to -2} \frac{(x+2)f(x)}{(x+2)(x-2)}$$

$$= \lim_{x \to -2} \frac{f(x)}{x-2} = \frac{f(-2)}{-4}$$

따라서 $-\dfrac{f(-2)}{4} = -1$이므로 $f(-2) = 4$

03-1 답 (1) **4** (2) **0** (3) **1** (4) ∞

(1) 분모, 분자를 분모의 최고차항인 x^2으로 각각 나누면

$$\lim_{x \to \infty} \frac{4x^2-3x}{x^2-1} = \lim_{x \to \infty} \frac{4-\dfrac{3}{x}}{1-\dfrac{1}{x^2}} = 4$$

(2) 분모, 분자를 분모의 최고차항인 x^2으로 각각 나누면

$$\lim_{x \to \infty} \frac{x+3}{2x^2+x+5} = \lim_{x \to \infty} \frac{\dfrac{1}{x}+\dfrac{3}{x^2}}{2+\dfrac{1}{x}+\dfrac{5}{x^2}} = 0$$

(3) 분모, 분자를 분모의 최고차항인 x로 각각 나누면

$$\lim_{x \to \infty} \frac{x+1}{\sqrt{x^2+2x+3}} = \lim_{x \to \infty} \frac{1+\dfrac{1}{x}}{\sqrt{1+\dfrac{2}{x}+\dfrac{3}{x}}} = 1$$

(4) 분모, 분자를 분모의 최고차항인 x로 각각 나누면

$$\lim_{x \to \infty} \frac{x^2}{\sqrt{x^2+1}-1} = \lim_{x \to \infty} \frac{x}{\sqrt{1+\dfrac{1}{x^2}}-\dfrac{1}{x}} = \infty$$

03-2 답 $-\dfrac{2}{5}$

$x = -t$로 놓으면 $x \to -\infty$일 때 $t \to \infty$이므로

$$\lim_{x \to -\infty} \frac{2x}{\sqrt{x^2+1}-4x} = \lim_{t \to \infty} \frac{-2t}{\sqrt{t^2+1}+4t}$$

$$= \lim_{t \to \infty} \frac{-2}{\sqrt{1+\dfrac{1}{t^2}}+4} = -\frac{2}{5}$$

04-1 답 (1) $-\infty$ (2) $-\dfrac{1}{4}$ (3) **3** (4) $-\dfrac{4}{3}$

(1) 최고차항인 x^2으로 묶으면

$$\lim_{x \to \infty} (-x^2+4x-5) = \lim_{x \to \infty} x^2\left(-1+\frac{4}{x}-\frac{5}{x^2}\right)$$

$$= -\infty$$

(2) 분모를 1로 보고 분자를 유리화하면

$$\lim_{x \to \infty} (2x-\sqrt{4x^2+x})$$

$$= \lim_{x \to \infty} \frac{(2x-\sqrt{4x^2+x})(2x+\sqrt{4x^2+x})}{2x+\sqrt{4x^2+x}}$$

$$= \lim_{x \to \infty} \frac{-x}{2x+\sqrt{4x^2+x}} = \lim_{x \to \infty} \frac{-1}{2+\sqrt{4+\dfrac{1}{x}}} = -\frac{1}{4}$$

(3) 분모를 1로 보고 분자를 유리화하면

$$\lim_{x \to \infty} (\sqrt{x^2+3x}-\sqrt{x^2-3x})$$

$$= \lim_{x \to \infty} \frac{(\sqrt{x^2+3x}-\sqrt{x^2-3x})(\sqrt{x^2+3x}+\sqrt{x^2-3x})}{\sqrt{x^2+3x}+\sqrt{x^2-3x}}$$

$$= \lim_{x \to \infty} \frac{6x}{\sqrt{x^2+3x}+\sqrt{x^2-3x}}$$

$$= \lim_{x \to \infty} \frac{6}{\sqrt{1+\dfrac{3}{x}}+\sqrt{1-\dfrac{3}{x}}} = 3$$

(4) 분모를 유리화하면

$$\lim_{x \to \infty} \frac{1}{\sqrt{4x^2-3x}-2x}$$

$$= \lim_{x \to \infty} \frac{\sqrt{4x^2-3x}+2x}{(\sqrt{4x^2-3x}-2x)(\sqrt{4x^2-3x}+2x)}$$

$$= \lim_{x \to \infty} \frac{\sqrt{4x^2-3x}+2x}{-3x} = \lim_{x \to \infty} \frac{\sqrt{4-\dfrac{3}{x}}+2}{-3} = -\frac{4}{3}$$

04-2 답 1

$x = -t$로 놓으면 $x \to -\infty$일 때 $t \to \infty$이므로

$$\lim_{x \to -\infty} (\sqrt{x^2-2x+2}+x)$$

$$= \lim_{t \to \infty} (\sqrt{t^2+2t+2}-t)$$

$$= \lim_{t \to \infty} \frac{(\sqrt{t^2+2t+2}-t)(\sqrt{t^2+2t+2}+t)}{\sqrt{t^2+2t+2}+t}$$

$$= \lim_{t \to \infty} \frac{2t+2}{\sqrt{t^2+2t+2}+t} = \lim_{t \to \infty} \frac{2+\dfrac{2}{t}}{\sqrt{1+\dfrac{2}{t}+\dfrac{2}{t^2}}+1} = 1$$

05-1 답 (1) $\dfrac{5}{9}$ (2) $\dfrac{1}{2}$

(1) $\dfrac{x^2}{x+2}-\dfrac{1}{3}$을 통분한 후 약분하면

$$\lim_{x \to 1} \frac{1}{x-1}\left(\frac{x^2}{x+2}-\frac{1}{3}\right)$$

$$= \lim_{x \to 1} \left\{\frac{1}{x-1} \times \frac{3x^2-x-2}{3(x+2)}\right\}$$

$$= \lim_{x \to 1} \left\{\frac{1}{x-1} \times \frac{(3x+2)(x-1)}{3(x+2)}\right\}$$

$$= \lim_{x \to 1} \frac{3x+2}{3(x+2)} = \frac{3+2}{3 \times 3} = \frac{5}{9}$$

(2) $\dfrac{1}{\sqrt{x+1}}-1$을 통분한 후 분자를 유리화하면

$$\lim_{x\to 0}\dfrac{1}{x^2-x}\left(\dfrac{1}{\sqrt{x+1}}-1\right)$$
$$=\lim_{x\to 0}\left\{\dfrac{1}{x(x-1)}\times\dfrac{1-\sqrt{x+1}}{\sqrt{x+1}}\right\}$$
$$=\lim_{x\to 0}\left\{\dfrac{1}{x(x-1)}\times\dfrac{(1-\sqrt{x+1})(1+\sqrt{x+1})}{\sqrt{x+1}(1+\sqrt{x+1})}\right\}$$
$$=\lim_{x\to 0}\left\{\dfrac{1}{x(x-1)}\times\dfrac{-x}{\sqrt{x+1}+x+1}\right\}$$
$$=\lim_{x\to 0}\dfrac{-1}{(x-1)(\sqrt{x+1}+x+1)}$$
$$=\dfrac{-1}{-1\times 2}=\dfrac{1}{2}$$

05-2 답 $\dfrac{1}{18}$

$x=-t$로 놓으면 $x\to-\infty$일 때 $t\to\infty$이므로

$$\lim_{x\to-\infty}x^2\left(\dfrac{1}{3}+\dfrac{x}{\sqrt{9x^2+3}}\right)$$
$$=\lim_{t\to\infty}t^2\left(\dfrac{1}{3}-\dfrac{t}{\sqrt{9t^2+3}}\right)=\lim_{t\to\infty}\left(t^2\times\dfrac{\sqrt{9t^2+3}-3t}{3\sqrt{9t^2+3}}\right)$$
$$=\lim_{t\to\infty}\left\{t^2\times\dfrac{(\sqrt{9t^2+3}-3t)(\sqrt{9t^2+3}+3t)}{3\sqrt{9t^2+3}(\sqrt{9t^2+3}+3t)}\right\}$$
$$=\lim_{t\to\infty}\dfrac{3t^2}{3(9t^2+3+3t\sqrt{9t^2+3})}$$
$$=\lim_{t\to\infty}\dfrac{t^2}{9t^2+3+\sqrt{81t^4+27t^2}}$$
$$=\lim_{t\to\infty}\dfrac{1}{9+\dfrac{3}{t^2}+\sqrt{81+\dfrac{27}{t^2}}}=\dfrac{1}{18}$$

2 함수의 극한의 응용

문제   28~31쪽

06-1 답 (1) $a=-1$, $b=-2$ (2) $a=-12$, $b=20$
       (3) $a=5$, $b=-2$ (4) $a=8$, $b=\dfrac{1}{6}$

(1) $x\to-1$일 때 (분모)$\to 0$이고, 극한값이 존재하므로
(분자)$\to 0$에서 $\lim\limits_{x\to-1}(x^2+a)=0$

$1+a=0$ $\therefore a=-1$

이를 주어진 식의 좌변에 대입하면

$$\lim_{x\to-1}\dfrac{x^2-1}{x+1}=\lim_{x\to-1}\dfrac{(x+1)(x-1)}{x+1}$$
$$=\lim_{x\to-1}(x-1)=-2$$

$\therefore b=-2$

(2) $x\to 2$일 때 (분모)$\to 0$이고, 극한값이 존재하므로
(분자)$\to 0$에서 $\lim\limits_{x\to 2}(x^2+ax+b)=0$

$4+2a+b=0$ $\therefore b=-2a-4$ …… ㉠

㉠을 주어진 식의 좌변에 대입하면

$$\lim_{x\to 2}\dfrac{x^2+ax-2a-4}{x^2-4}=\lim_{x\to 2}\dfrac{(x-2)(x+a+2)}{(x+2)(x-2)}$$
$$=\lim_{x\to 2}\dfrac{x+a+2}{x+2}$$
$$=\dfrac{a+4}{4}$$

즉, $\dfrac{a+4}{4}=-2$이므로

$a+4=-8$ $\therefore a=-12$

이를 ㉠에 대입하면

$b=24-4=20$

(3) $x\to-1$일 때 (분자)$\to 0$이고, 0이 아닌 극한값이 존재하므로 (분모)$\to 0$에서 $\lim\limits_{x\to-1}(\sqrt{x+a}+b)=0$

$\sqrt{-1+a}+b=0$ $\therefore b=-\sqrt{a-1}$ …… ㉠

㉠을 주어진 식의 좌변에 대입하면

$$\lim_{x\to-1}\dfrac{x^2-1}{\sqrt{x+a}-\sqrt{a-1}}$$
$$=\lim_{x\to-1}\dfrac{(x^2-1)(\sqrt{x+a}+\sqrt{a-1})}{(\sqrt{x+a}-\sqrt{a-1})(\sqrt{x+a}+\sqrt{a-1})}$$
$$=\lim_{x\to-1}\dfrac{(x+1)(x-1)(\sqrt{x+a}+\sqrt{a-1})}{x+1}$$
$$=\lim_{x\to-1}(x-1)(\sqrt{x+a}+\sqrt{a-1})$$
$$=-2\times 2\sqrt{a-1}=-4\sqrt{a-1}$$

즉, $-4\sqrt{a-1}=-8$이므로

$\sqrt{a-1}=2$, $a-1=4$ $\therefore a=5$

이를 ㉠에 대입하면

$b=-\sqrt{5-1}=-2$

(4) $x\to 1$일 때 (분모)$\to 0$이고, 극한값이 존재하므로
(분자)$\to 0$에서 $\lim\limits_{x\to 1}(\sqrt{x+a}-3)=0$

$\sqrt{1+a}-3=0$, $\sqrt{a+1}=3$

$a+1=9$ $\therefore a=8$

이를 주어진 식의 좌변에 대입하면

$$\lim_{x\to 1}\dfrac{\sqrt{x+8}-3}{x-1}=\lim_{x\to 1}\dfrac{(\sqrt{x+8}-3)(\sqrt{x+8}+3)}{(x-1)(\sqrt{x+8}+3)}$$
$$=\lim_{x\to 1}\dfrac{x-1}{(x-1)(\sqrt{x+8}+3)}$$
$$=\lim_{x\to 1}\dfrac{1}{\sqrt{x+8}+3}$$
$$=\dfrac{1}{3+3}=\dfrac{1}{6}$$

$\therefore b=\dfrac{1}{6}$

07-1 답 −3

㈎에서 $\lim\limits_{x\to\infty}\dfrac{f(x)}{x^2+4x+3}=3$이므로 $f(x)$는 최고차항의 계수가 3인 이차함수이다. ...... ㉠

㈏에서 $\lim\limits_{x\to 4}\dfrac{f(x)}{x^2-3x-4}=2$에서 $x\to 4$일 때 (분모)$\to 0$이고, 극한값이 존재하므로 (분자)$\to 0$에서 $\lim\limits_{x\to 4}f(x)=0$

$\therefore f(4)=0$ ...... ㉡

㉠, ㉡에서 $f(x)=3(x-4)(x+a)$ (a는 상수)라 하면

$$\lim_{x\to 4}\frac{f(x)}{x^2-3x-4}=\lim_{x\to 4}\frac{3(x-4)(x+a)}{(x+1)(x-4)}$$
$$=\lim_{x\to 4}\frac{3(x+a)}{x+1}$$
$$=\frac{3(a+4)}{5}$$

즉, $\dfrac{3(a+4)}{5}=2$이므로 $a+4=\dfrac{10}{3}$

$\therefore a=-\dfrac{2}{3}$

따라서 $f(x)=3(x-4)\left(x-\dfrac{2}{3}\right)=(x-4)(3x-2)$이므로

$f(1)=-3\times 1=-3$

07-2 답 14

㈎에서 $\lim\limits_{x\to\infty}\dfrac{f(x)-2x^3}{x^2}=1$이므로 $f(x)-2x^3$은 최고차항의 계수가 1인 이차함수이다. ...... ㉠

㈏에서 $\lim\limits_{x\to 0}\dfrac{f(x)}{x}=-3$에서 $x\to 0$일 때 (분모)$\to 0$이고, 극한값이 존재하므로 (분자)$\to 0$에서 $\lim\limits_{x\to 0}f(x)=0$

$\therefore f(0)=0$ ...... ㉡

㉠, ㉡에서 $f(x)-2x^3=x^2+ax$, 즉 $f(x)=2x^3+x^2+ax$ (a는 상수)라 하면

$$\lim_{x\to 0}\frac{f(x)}{x}=\lim_{x\to 0}\frac{2x^3+x^2+ax}{x}=\lim_{x\to 0}(2x^2+x+a)=a$$

$\therefore a=-3$

따라서 $f(x)=2x^3+x^2-3x$이므로

$f(2)=16+4-6=14$

08-1 답 3

$x>0$일 때, 주어진 부등식의 각 변을 x로 나누면

$$\frac{3x+1}{x}<\frac{f(x)}{x}<\frac{3x+4}{x}$$

$\lim\limits_{x\to\infty}\dfrac{3x+1}{x}=3$, $\lim\limits_{x\to\infty}\dfrac{3x+4}{x}=3$이므로 함수의 극한의 대소 관계에 의하여

$$\lim_{x\to\infty}\frac{f(x)}{x}=3$$

08-2 답 2

$x^2>0$이므로 주어진 부등식의 각 변을 x^2으로 나누면

$$\frac{2x^2-5x-3}{x^2}<f(x)<\frac{2x^2+2x-1}{x^2}$$

$\lim\limits_{x\to\infty}\dfrac{2x^2-5x-3}{x^2}=2$, $\lim\limits_{x\to\infty}\dfrac{2x^2+2x-1}{x^2}=2$이므로 함수의 극한의 대소 관계에 의하여

$$\lim_{x\to\infty}f(x)=2$$

08-3 답 $\dfrac{4}{3}$

$x\geq 0$일 때, $\sqrt{4x+1}>0$이므로 주어진 부등식의 각 변을 제곱하면

$$4x+1<\{f(x)\}^2<4x+3$$

또 $x\geq 0$일 때, $3x+2>0$이므로 각 변을 $3x+2$로 나누면

$$\frac{4x+1}{3x+2}<\frac{\{f(x)\}^2}{3x+2}<\frac{4x+3}{3x+2}$$

$\lim\limits_{x\to\infty}\dfrac{4x+1}{3x+2}=\dfrac{4}{3}$, $\lim\limits_{x\to\infty}\dfrac{4x+3}{3x+2}=\dfrac{4}{3}$이므로 함수의 극한의 대소 관계에 의하여

$$\lim_{x\to\infty}\frac{\{f(x)\}^2}{3x+2}=\frac{4}{3}$$

09-1 답 2

점 Q에서 직선 PR에 내린 수선의 발을 H라 하면
$\overline{\text{QH}}=\sqrt{t+2}-\sqrt{t}$,
$\overline{\text{PR}}=t$이므로

$$S(t)=\frac{1}{2}\times\overline{\text{PR}}\times\overline{\text{QH}}$$
$$=\frac{t(\sqrt{t+2}-\sqrt{t})}{2}$$

$$\therefore \lim_{t\to\infty}\frac{\sqrt{t}}{S(t)}=\lim_{t\to\infty}\frac{\sqrt{t}}{\dfrac{t(\sqrt{t+2}-\sqrt{t})}{2}}$$
$$=\lim_{t\to\infty}\frac{2}{\sqrt{t}(\sqrt{t+2}-\sqrt{t})}$$
$$=\lim_{t\to\infty}\frac{2(\sqrt{t+2}+\sqrt{t})}{\sqrt{t}(\sqrt{t+2}-\sqrt{t})(\sqrt{t+2}+\sqrt{t})}$$
$$=\lim_{t\to\infty}\frac{2(\sqrt{t+2}+\sqrt{t})}{2\sqrt{t}}$$
$$=\lim_{t\to\infty}\frac{\sqrt{t+2}+\sqrt{t}}{\sqrt{t}}$$
$$=\lim_{t\to\infty}\frac{\sqrt{1+\dfrac{2}{t}}+1}{1}$$
$$=2$$

09-2 답 $\dfrac{1}{2}$

곡선 $y=\dfrac{1}{8}x^2$에 $x=a$를 대입하면

$y=\dfrac{1}{8}a^2$ $\therefore$ A$\left(a, \dfrac{1}{8}a^2\right)$

원 $x^2+(y-1)^2=1$에 $x=a$를 대입하면

$a^2+(y-1)^2=1$, $(y-1)^2=1-a^2$

$y-1=\pm\sqrt{1-a^2}$ $\therefore y=1\pm\sqrt{1-a^2}$

$\therefore$ B$(a, 1-\sqrt{1-a^2})$, C$(a, 1+\sqrt{1-a^2})$

따라서 $\overline{\mathrm{PA}}=\dfrac{1}{8}a^2$, $\overline{\mathrm{PB}}=1-\sqrt{1-a^2}$, $\overline{\mathrm{PC}}=1+\sqrt{1-a^2}$이

므로

$$\lim_{a\to 0+}\frac{\overline{\mathrm{PA}}\times\overline{\mathrm{PC}}}{\overline{\mathrm{PB}}}=\lim_{a\to 0+}\frac{\dfrac{1}{8}a^2(1+\sqrt{1-a^2})}{1-\sqrt{1-a^2}}$$

$$=\frac{1}{8}\lim_{a\to 0+}\frac{a^2(1+\sqrt{1-a^2})^2}{(1-\sqrt{1-a^2})(1+\sqrt{1-a^2})}$$

$$=\frac{1}{8}\lim_{a\to 0+}\frac{a^2(2-a^2+2\sqrt{1-a^2})}{a^2}$$

$$=\frac{1}{8}\lim_{a\to 0+}(2-a^2+2\sqrt{1-a^2})$$

$$=\frac{1}{8}\times 4=\frac{1}{2}$$

연습문제
32~34쪽

1 ③	**2** $\dfrac{1}{2}$	**3** $\dfrac{5}{6}$	**4** 3	**5** ㄱ, ㄷ
6 -1	**7** ⑤	**8** $-\dfrac{3}{2}$	**9** ④	**10** $\dfrac{5}{4}$
11 -1	**12** 13	**13** ④	**14** ②	**15** 27
16 $\dfrac{9}{2}$	**17** 8	**18** -1	**19** ③	**20** 9
21 4	**22** ④			

1 $\displaystyle\lim_{x\to 0+}f(x)=-1$, $\displaystyle\lim_{x\to 0-}f(x)=2$, $\displaystyle\lim_{x\to 0+}g(x)=3$,

$\displaystyle\lim_{x\to 0-}g(x)=1$이므로

$\displaystyle\lim_{x\to 0+}\{f(x)+kg(x)\}=\lim_{x\to 0+}f(x)+k\lim_{x\to 0+}g(x)$
$\qquad\qquad\qquad\qquad\quad =-1+k\times 3=3k-1$

$\displaystyle\lim_{x\to 0-}\{f(x)+kg(x)\}=\lim_{x\to 0-}f(x)+k\lim_{x\to 0-}g(x)$
$\qquad\qquad\qquad\qquad\quad =2+k\times 1=k+2$

이때 $\displaystyle\lim_{x\to 0}\{f(x)+kg(x)\}$의 값이 존재하므로

$3k-1=k+2$ $\therefore k=\dfrac{3}{2}$

2 $\displaystyle\lim_{x\to\infty}\dfrac{1}{x}=0$이고, $\displaystyle\lim_{x\to\infty}\dfrac{f(x)}{x}=\alpha\,(\alpha$는 실수)라 하면

$$\lim_{x\to\infty}\frac{x^2+f(x)}{2x^2-3f(x)}=\lim_{x\to\infty}\frac{1+\dfrac{f(x)}{x}\times\dfrac{1}{x}}{2-\dfrac{3f(x)}{x}\times\dfrac{1}{x}}$$

$$=\frac{\displaystyle\lim_{x\to\infty}1+\lim_{x\to\infty}\left\{\frac{f(x)}{x}\times\frac{1}{x}\right\}}{\displaystyle\lim_{x\to\infty}2-3\lim_{x\to\infty}\left\{\frac{f(x)}{x}\times\frac{1}{x}\right\}}$$

$$=\frac{1+\alpha\times 0}{2-3\alpha\times 0}=\frac{1}{2}$$

3 $x-1=t$로 놓으면 $x\to 1$일 때 $t\to 0$이므로

$\displaystyle\lim_{x\to 1}\dfrac{f(x-1)}{x-1}=\lim_{t\to 0}\dfrac{f(t)}{t}=3$ $\therefore \displaystyle\lim_{x\to 0}\dfrac{f(x)}{x}=3$

$\therefore \displaystyle\lim_{x\to 0}\dfrac{x+3f(x)}{3x^2+4f(x)}=\lim_{x\to 0}\dfrac{1+\dfrac{3f(x)}{x}}{3x+\dfrac{4f(x)}{x}}$

$$=\frac{\displaystyle\lim_{x\to 0}1+3\lim_{x\to 0}\frac{f(x)}{x}}{\displaystyle 3\lim_{x\to 0}x+4\lim_{x\to 0}\frac{f(x)}{x}}$$

$$=\frac{1+3\times 3}{4\times 3}=\frac{5}{6}$$

4 $3f(x)+g(x)=h(x)$, $f(x)-g(x)=k(x)$로 놓으면

$\displaystyle\lim_{x\to 1}h(x)=8$, $\displaystyle\lim_{x\to 1}k(x)=2$

$h(x)+k(x)=4f(x)$, $h(x)-3k(x)=4g(x)$이므로

$f(x)=\dfrac{h(x)+k(x)}{4}$, $g(x)=\dfrac{h(x)-3k(x)}{4}$

$\therefore \displaystyle\lim_{x\to 1}\{f(x)+g(x)\}$

$=\displaystyle\lim_{x\to 1}\left\{\dfrac{h(x)+k(x)}{4}+\dfrac{h(x)-3k(x)}{4}\right\}$

$=\displaystyle\lim_{x\to 1}\dfrac{h(x)-k(x)}{2}$

$=\dfrac{1}{2}\{\displaystyle\lim_{x\to 1}h(x)-\lim_{x\to 1}k(x)\}=\dfrac{1}{2}(8-2)=3$

5 ㄱ. $\displaystyle\lim_{x\to a}f(x)=\alpha$, $\displaystyle\lim_{x\to a}\{f(x)+g(x)\}=\beta\,(\alpha, \beta$는 실수)

라 하면

$\displaystyle\lim_{x\to a}g(x)=\lim_{x\to a}[\{f(x)+g(x)\}-f(x)]=\beta-\alpha$

ㄴ. [반례] $f(x)=x$, $g(x)=\dfrac{1}{x}$이면 $\displaystyle\lim_{x\to 0}f(x)=0$,

$\displaystyle\lim_{x\to 0}f(x)g(x)=1$이지만 $\displaystyle\lim_{x\to 0}g(x)$의 값은 존재하지

않는다.

ㄷ. $\displaystyle\lim_{x\to a}g(x)=\alpha$, $\displaystyle\lim_{x\to a}\dfrac{f(x)}{g(x)}=\beta\,(\alpha, \beta$는 실수)라 하면

$\displaystyle\lim_{x\to a}f(x)=\lim_{x\to a}\left\{g(x)\times\dfrac{f(x)}{g(x)}\right\}=\alpha\beta$

ㄹ. [반례] $f(x)=g(x)=\begin{cases}0 & (x\geq 0)\\ 1 & (x<0)\end{cases}$ 이면

$\lim_{x\to 0}\{f(x)-g(x)\}=0$ 이지만 $\lim_{x\to 0}f(x)$, $\lim_{x\to 0}g(x)$ 의

값은 존재하지 않는다.

따라서 보기에서 옳은 것은 ㄱ, ㄷ이다.

6 $\lim_{x\to -2-}\dfrac{f(x)}{x+2}+\lim_{x\to -2+}\dfrac{f(x)}{x+2}$

$=\lim_{x\to -2-}\dfrac{x^2+x-2}{x+2}+\lim_{x\to -2+}\dfrac{-x^2-2x}{x+2}$

$=\lim_{x\to -2-}\dfrac{(x+2)(x-1)}{x+2}+\lim_{x\to -2+}\dfrac{-x(x+2)}{x+2}$

$=\lim_{x\to -2-}(x-1)+\lim_{x\to -2+}(-x)=-3+2=-1$

7 ① $\lim_{x\to 1}\dfrac{x^3-4x+3}{x^2-1}=\lim_{x\to 1}\dfrac{(x-1)(x^2+x-3)}{(x+1)(x-1)}$

$\qquad\qquad\qquad\quad =\lim_{x\to 1}\dfrac{x^2+x-3}{x+1}=-\dfrac{1}{2}$

② $\lim_{x\to 0}\dfrac{\sqrt{x+1}-1}{x}=\lim_{x\to 0}\dfrac{(\sqrt{x+1}-1)(\sqrt{x+1}+1)}{x(\sqrt{x+1}+1)}$

$\qquad\qquad\qquad\quad =\lim_{x\to 0}\dfrac{x}{x(\sqrt{x+1}+1)}$

$\qquad\qquad\qquad\quad =\lim_{x\to 0}\dfrac{1}{\sqrt{x+1}+1}=\dfrac{1}{2}$

③ $\lim_{x\to 4}\dfrac{\sqrt{x}-2}{x-4}=\lim_{x\to 4}\dfrac{(\sqrt{x}-2)(\sqrt{x}+2)}{(x-4)(\sqrt{x}+2)}$

$\qquad\qquad\qquad =\lim_{x\to 4}\dfrac{x-4}{(x-4)(\sqrt{x}+2)}$

$\qquad\qquad\qquad =\lim_{x\to 4}\dfrac{1}{\sqrt{x}+2}=\dfrac{1}{4}$

④ $\lim_{x\to \infty}\dfrac{(2x+1)(x-1)}{3x^2+2}=\lim_{x\to \infty}\dfrac{2x^2-x-1}{3x^2+2}$

$\qquad\qquad\qquad\qquad =\lim_{x\to \infty}\dfrac{2-\dfrac{1}{x}-\dfrac{1}{x^2}}{3+\dfrac{2}{x^2}}=\dfrac{2}{3}$

⑤ $\lim_{x\to \infty}\dfrac{4x}{\sqrt{x^2+1}-2}=\lim_{x\to \infty}\dfrac{4}{\sqrt{1+\dfrac{1}{x^2}}-\dfrac{2}{x}}=4$

따라서 옳지 않은 것은 ⑤이다.

8 $x=-t$로 놓으면 $x\to -\infty$일 때 $t\to \infty$이므로

$\lim_{x\to -\infty}\dfrac{\sqrt{x^2-x}-2x}{x-\sqrt{x^2+1}}=\lim_{t\to \infty}\dfrac{\sqrt{t^2+t}+2t}{-t-\sqrt{t^2+1}}$

$\qquad\qquad\qquad\qquad =\lim_{t\to \infty}\dfrac{\sqrt{1+\dfrac{1}{t}}+2}{-1-\sqrt{1+\dfrac{1}{t^2}}}=-\dfrac{3}{2}$

9 $x=-t$로 놓으면 $x\to -\infty$일 때 $t\to \infty$이므로

$\lim_{x\to -\infty}(\sqrt{x^2-ax+3}-\sqrt{x^2+2x-3})$

$=\lim_{t\to \infty}(\sqrt{t^2+at+3}-\sqrt{t^2-2t-3})$

$=\lim_{t\to \infty}\dfrac{(\sqrt{t^2+at+3}-\sqrt{t^2-2t-3})(\sqrt{t^2+at+3}+\sqrt{t^2-2t-3})}{\sqrt{t^2+at+3}+\sqrt{t^2-2t-3}}$

$=\lim_{t\to \infty}\dfrac{(a+2)t+6}{\sqrt{t^2+at+3}+\sqrt{t^2-2t-3}}$

$=\lim_{t\to \infty}\dfrac{a+2+\dfrac{6}{t}}{\sqrt{1+\dfrac{a}{t}+\dfrac{3}{t^2}}+\sqrt{1-\dfrac{2}{t}-\dfrac{3}{t^2}}}=\dfrac{a+2}{2}$

즉, $\dfrac{a+2}{2}=2$이므로 $a+2=4$

$\therefore a=2$

10 $\lim_{x\to \infty}(\sqrt{x^2+2x}-x)$

$=\lim_{x\to \infty}\dfrac{(\sqrt{x^2+2x}-x)(\sqrt{x^2+2x}+x)}{\sqrt{x^2+2x}+x}$

$=\lim_{x\to \infty}\dfrac{2x}{\sqrt{x^2+2x}+x}=\lim_{x\to \infty}\dfrac{2}{\sqrt{1+\dfrac{2}{x}}+1}=1$

$\therefore a=1$

$\lim_{x\to 1}\dfrac{1}{x-1}\left(\dfrac{1}{3-x}-\dfrac{1}{2}\right)=\lim_{x\to 1}\left\{\dfrac{1}{x-1}\times \dfrac{x-1}{2(3-x)}\right\}$

$\qquad\qquad\qquad\qquad =\lim_{x\to 1}\dfrac{1}{2(3-x)}=\dfrac{1}{4}$

$\therefore b=\dfrac{1}{4}$

$\therefore a+b=1+\dfrac{1}{4}=\dfrac{5}{4}$

11 $x\to 1$일 때 (분모)$\to 0$이고, 극한값이 존재하므로

(분자)$\to 0$에서 $\lim_{x\to 1}(\sqrt{x^2+3}+a)=0$

$2+a=0$ $\quad\therefore a=-2$

이를 주어진 식의 좌변에 대입하면

$\lim_{x\to 1}\dfrac{\sqrt{x^2+3}-2}{x-1}=\lim_{x\to 1}\dfrac{(\sqrt{x^2+3}-2)(\sqrt{x^2+3}+2)}{(x-1)(\sqrt{x^2+3}+2)}$

$\qquad\qquad\qquad =\lim_{x\to 1}\dfrac{x^2-1}{(x-1)(\sqrt{x^2+3}+2)}$

$\qquad\qquad\qquad =\lim_{x\to 1}\dfrac{(x+1)(x-1)}{(x-1)(\sqrt{x^2+3}+2)}$

$\qquad\qquad\qquad =\lim_{x\to 1}\dfrac{x+1}{\sqrt{x^2+3}+2}=\dfrac{1}{2}$

$\therefore b=\dfrac{1}{2}$

$\therefore ab=-2\times \dfrac{1}{2}=-1$

12 $x \to 3$일 때 (분자)$\to 0$이고, 0이 아닌 극한값이 존재하므로 (분모)$\to 0$에서 $\lim\limits_{x \to 3}(x^3+ax^2+bx)=0$

$27+9a+3b=0$ $\therefore b=-3a-9$ ...... ㉠

㉠을 주어진 식의 좌변에 대입하면

$\lim\limits_{x \to 3}\dfrac{x-3}{x^3+ax^2-(3a+9)x}=\lim\limits_{x \to 3}\dfrac{x-3}{x(x-3)(x+a+3)}$

$=\lim\limits_{x \to 3}\dfrac{1}{x(x+a+3)}$

$=\dfrac{1}{3(a+6)}$

즉, $\dfrac{1}{3(a+6)}=\dfrac{1}{12}$이므로 $a+6=4$ $\therefore a=-2$

이를 ㉠에 대입하면 $b=6-9=-3$

$\therefore a^2+b^2=4+9=13$

13 $\lim\limits_{x \to 2}\dfrac{f(x)}{x-2}=6$에서 $x \to 2$일 때 (분모)$\to 0$이고, 극한값이 존재하므로 (분자)$\to 0$에서 $\lim\limits_{x \to 2}f(x)=0$

$\therefore f(2)=0$ ...... ㉠

$\lim\limits_{x \to -1}\dfrac{f(x)}{x+1}$의 값이 존재하고, $x \to -1$일 때 (분모)$\to 0$이므로 (분자)$\to 0$에서 $\lim\limits_{x \to -1}f(x)=0$

$\therefore f(-1)=0$ ...... ㉡

㉠, ㉡에서 $f(x)=a(x+1)(x-2)$ $(a \neq 0)$라 하면

$\lim\limits_{x \to 2}\dfrac{f(x)}{x-2}=\lim\limits_{x \to 2}\dfrac{a(x+1)(x-2)}{x-2}=\lim\limits_{x \to 2}a(x+1)=3a$

즉, $3a=6$이므로 $a=2$

따라서 $f(x)=2(x+1)(x-2)=2x^2-2x-4$이므로

$\lim\limits_{x \to \infty}\dfrac{f(x)}{x^2}=\lim\limits_{x \to \infty}\dfrac{2x^2-2x-4}{x^2}=\lim\limits_{x \to \infty}\left(2-\dfrac{2}{x}-\dfrac{4}{x^2}\right)=2$

14 $\lim\limits_{x \to \infty}\dfrac{f(x)-2x^3}{3x^2}=0$에서 $f(x)-2x^3$은 일차 이하의 함수이므로 $f(x)-2x^3=ax+b$, 즉 $f(x)=2x^3+ax+b$ (a, b는 상수)라 하자.

$\lim\limits_{x \to -1}\dfrac{f(x)-1}{x+1}=7$에서 $x \to -1$일 때 (분모)$\to 0$이고, 극한값이 존재하므로 (분자)$\to 0$에서 $\lim\limits_{x \to -1}\{f(x)-1\}=0$

$\therefore f(-1)=1$

$f(-1)=1$에서 $-2-a+b=1$ $\therefore b=a+3$

즉, $f(x)=2x^3+ax+a+3$이므로

$\lim\limits_{x \to -1}\dfrac{f(x)-1}{x+1}=\lim\limits_{x \to -1}\dfrac{2x^3+ax+a+2}{x+1}$

$=\lim\limits_{x \to -1}\dfrac{(x+1)(2x^2-2x+a+2)}{x+1}$

$=\lim\limits_{x \to -1}(2x^2-2x+a+2)=a+6$

즉, $a+6=7$이므로 $a=1$

따라서 $f(x)=2x^3+x+4$이므로 $f(1)=2+1+4=7$

15 $|f(x)-3x|<3$이므로 $-3<f(x)-3x<3$

$\therefore 3x-3<f(x)<3x+3$

$x>1$일 때, $3x-3>0$이므로 각 변을 세제곱하면

$(3x-3)^3<\{f(x)\}^3<(3x+3)^3$

또 $x>1$일 때, $x^3+1>0$이므로 각 변을 x^3+1로 나누면

$\dfrac{(3x-3)^3}{x^3+1}<\dfrac{\{f(x)\}^3}{x^3+1}<\dfrac{(3x+3)^3}{x^3+1}$

$\lim\limits_{x \to \infty}\dfrac{(3x-3)^3}{x^3+1}=27$, $\lim\limits_{x \to \infty}\dfrac{(3x+3)^3}{x^3+1}=27$이므로 함수의 극한의 대소 관계에 의하여 $\lim\limits_{x \to \infty}\dfrac{\{f(x)\}^3}{x^3+1}=27$

16 $x>\dfrac{2}{3}$일 때, $\dfrac{(3x-2)^2}{x}>0$이므로 주어진 부등식의 각 변에 $\dfrac{(3x-2)^2}{x}$을 곱하면

$\dfrac{(3x-2)^2}{x\sqrt{4x^2+2}}<(3x-2)^2f(x)<\dfrac{(3x-2)^2}{2x^2}$

$\lim\limits_{x \to \infty}\dfrac{(3x-2)^2}{x\sqrt{4x^2+2}}=\dfrac{9}{2}$, $\lim\limits_{x \to \infty}\dfrac{(3x-2)^2}{2x^2}=\dfrac{9}{2}$이므로 함수의 극한의 대소 관계에 의하여 $\lim\limits_{x \to \infty}(3x-2)^2f(x)=\dfrac{9}{2}$

17 점 $P(a, b)$ $(0<a<2, 0<b<2)$는 원 $x^2+y^2=4$ 위의 점이므로 $a^2+b^2=4$ $\therefore b=\sqrt{4-a^2}$ $(\because b>0)$

두 점 $P(a, \sqrt{4-a^2})$, $A(2, 0)$을 지나는 직선의 방정식은

$y=\dfrac{\sqrt{4-a^2}}{a-2}(x-2)$

이때 점 B는 이 직선과 y축의 교점이므로 $B\left(0, \dfrac{2\sqrt{4-a^2}}{2-a}\right)$

$\therefore \overline{BO}=\dfrac{2\sqrt{4-a^2}}{2-a}$

또 $H(a, 0)$이므로 $\overline{PH}=\sqrt{4-a^2}$

$\therefore \lim\limits_{a \to 2-}(\overline{BO}\times\overline{PH})=\lim\limits_{a \to 2-}\left(\dfrac{2\sqrt{4-a^2}}{2-a}\times\sqrt{4-a^2}\right)$

$=\lim\limits_{a \to 2-}\dfrac{2(4-a^2)}{2-a}$

$=\lim\limits_{a \to 2-}\dfrac{2(2+a)(2-a)}{2-a}$

$=\lim\limits_{a \to 2-}2(2+a)=8$

18 $x=-t$로 놓으면 $x \to -\infty$일 때 $t \to \infty$이므로

$\lim\limits_{x \to -\infty}(\sqrt{x^2+ax}+bx)$

$=\lim\limits_{t \to \infty}(\sqrt{t^2-at}-bt)$

$=\lim\limits_{t \to \infty}\dfrac{(\sqrt{t^2-at}-bt)(\sqrt{t^2-at}+bt)}{\sqrt{t^2-at}+bt}$

$=\lim\limits_{t \to \infty}\dfrac{(1-b^2)t^2-at}{\sqrt{t^2-at}+bt}$ ...... ㉠

이때 ⊙의 값이 존재하려면 분모와 분자의 차수가 같아야 하므로

$1-b^2=0, \ -a\neq 0$ $\therefore a\neq 0, \ b=1 \ (\because b>0)$

$b=1$을 ⊙에 대입하면

$$\lim_{t\to\infty}\frac{-at}{\sqrt{t^2-at}+t}=\lim_{t\to\infty}\frac{-a}{\sqrt{1-\dfrac{a}{t}}+1}=-\frac{a}{2}$$

즉, $-\dfrac{a}{2}=1$이므로 $a=-2$

$\therefore a+b=-2+1=-1$

19 (가)에서 $\displaystyle\lim_{x\to\infty}\frac{f(x)g(x)}{x^3}=2$이므로 $f(x)g(x)$는 최고차항의 계수가 2인 삼차함수이다.   …… ⊙

(나)에서 $\displaystyle\lim_{x\to 0}\frac{f(x)g(x)}{x^2}=-4$이므로 함수 $f(x)g(x)$는 x^2을 인수로 갖는다.   …… ⓛ

⊙, ⓛ에서 $f(x)g(x)=2x^2(x+a)\,(a\neq 0)$라 하면

$$\lim_{x\to 0}\frac{f(x)g(x)}{x^2}=\lim_{x\to 0}\frac{2x^2(x+a)}{x^2}=\lim_{x\to 0}2(x+a)=2a$$

즉, $2a=-4$이므로 $a=-2$

$\therefore f(x)g(x)=2x^2(x-2)$

두 함수 $f(x)$, $g(x)$의 상수항과 계수가 모두 정수이므로 $f(x)=2x^2$, $g(x)=x-2$일 때 $f(2)$의 값이 최대가 된다. 따라서 $f(2)$의 최댓값은 8이다.

20 $\displaystyle\lim_{x\to\infty}\frac{f(x)}{g(x)}=2$에서 두 다항함수 $f(x)$, $g(x)$의 차수가 같고 최고차항의 계수의 비가 2이다.

또 $\displaystyle\lim_{x\to\infty}\frac{f(x)-g(x)}{x-2}=3$에서 $f(x)-g(x)$는 일차함수이므로 $f(x)$, $g(x)$는 모두 일차함수이다.

따라서 $f(x)=2ax+b$, $g(x)=ax+c\,(a, \ b, \ c$는 상수, $a\neq 0)$라 하면

$$\lim_{x\to\infty}\frac{f(x)-g(x)}{x-2}=\lim_{x\to\infty}\frac{ax+b-c}{x-2}=3 \quad \therefore a=3$$

$\therefore f(x)=6x+b, \ g(x)=3x+c$

$\displaystyle\lim_{x\to -1}\frac{f(x)+g(x)}{x+1}$의 값이 존재하고, $x\to -1$일 때 (분모)$\to 0$이므로 (분자)$\to 0$에서

$$\lim_{x\to -1}\{f(x)+g(x)\}=0 \quad \therefore f(-1)+g(-1)=0$$

$-6+b-3+c=0$ $\therefore b+c=9$

$$\therefore \lim_{x\to -1}\frac{f(x)+g(x)}{x+1}=\lim_{x\to -1}\frac{6x+b+3x+c}{x+1}$$
$$=\lim_{x\to -1}\frac{9x+9}{x+1}$$
$$=\lim_{x\to -1}\frac{9(x+1)}{x+1}=9$$

21 주어진 부등식의 각 변을 $x-2$로 나누면

(ⅰ) $x>2$일 때, $\dfrac{x^2-4}{x-2}\leq\dfrac{f(x)}{x-2}\leq\dfrac{2x^2-4x}{x-2}$

$\therefore x+2\leq\dfrac{f(x)}{x-2}\leq 2x$

(ⅱ) $x<2$일 때, $\dfrac{2x^2-4x}{x-2}\leq\dfrac{f(x)}{x-2}\leq\dfrac{x^2-4}{x-2}$

$\therefore 2x\leq\dfrac{f(x)}{x-2}\leq x+2$

$\displaystyle\lim_{x\to 2}(x+2)=4$, $\displaystyle\lim_{x\to 2}2x=4$이므로 함수의 극한의 대소 관계에 의하여

$$\lim_{x\to 2}\frac{f(x)}{x-2}=4$$

22 $A(\sqrt{2t}, \ 2t)$, $B(\sqrt{2}, \ 2t)$, $C(\sqrt{t+1}, \ t+1)$,

$D\left(\sqrt{\dfrac{t+1}{t}}, \ t+1\right)$이므로

$\overline{AB}=\sqrt{2}-\sqrt{2t}=\sqrt{2}(1-\sqrt{t})$

$\overline{CD}=\sqrt{\dfrac{t+1}{t}}-\sqrt{t+1}=\sqrt{\dfrac{t+1}{t}}(1-\sqrt{t})$

점 C에서 직선 AB에 내린 수선의 발을 H라 하면

$\overline{CH}=(t+1)-2t=1-t$

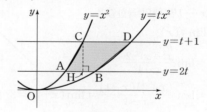

$\therefore S(t)$

$=\dfrac{1}{2}\times(\overline{AB}+\overline{CD})\times\overline{CH}$

$=\dfrac{1}{2}\left\{\sqrt{2}(1-\sqrt{t})+\sqrt{\dfrac{t+1}{t}}(1-\sqrt{t})\right\}(1-t)$

$=\dfrac{1}{2}\left(\sqrt{2}+\sqrt{\dfrac{t+1}{t}}\right)(1-\sqrt{t})(1-t)$

$\therefore \displaystyle\lim_{t\to 1-}\frac{S(t)}{(1-t)^2}$

$=\displaystyle\lim_{t\to 1-}\frac{\dfrac{1}{2}\left(\sqrt{2}+\sqrt{\dfrac{t+1}{t}}\right)(1-\sqrt{t})(1-t)}{(1-t)^2}$

$=\displaystyle\lim_{t\to 1-}\frac{\left(\sqrt{2}+\sqrt{\dfrac{t+1}{t}}\right)(1-\sqrt{t})(1+\sqrt{t})}{2(1-t)(1+\sqrt{t})}$

$=\displaystyle\lim_{t\to 1-}\frac{\sqrt{2}+\sqrt{\dfrac{t+1}{t}}}{2(1+\sqrt{t})}$

$=\dfrac{\sqrt{2}}{2}$

함수의 연속

개념 Check 37쪽

1 답 (1) $(-\infty, \infty)$ (2) $(-\infty, \infty)$
   (3) $(-\infty, 3]$ (4) $(-\infty, 2), (2, \infty)$

문제 38~42쪽

01-1 답 (1) 연속 (2) 불연속 (3) 불연속 (4) 불연속

(1) $x=1$에서의 함숫값은 $f(1)=1$
$x \to 1$일 때의 극한값은
$\displaystyle\lim_{x \to 1+} f(x) = \lim_{x \to 1+} (2x-1) = 1$
$\displaystyle\lim_{x \to 1-} f(x) = \lim_{x \to 1-} (-x+2) = 1$
$\therefore \displaystyle\lim_{x \to 1} f(x) = 1$
따라서 $\displaystyle\lim_{x \to 1} f(x) = f(1)$이므로 함수 $f(x)$는 $x=1$에서 연속이다.

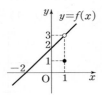

(2) $x=1$에서의 함숫값은 $f(1)=1$
$x \to 1$일 때의 극한값은
$\displaystyle\lim_{x \to 1} f(x)$
$= \displaystyle\lim_{x \to 1} \frac{x^2+x-2}{x-1}$
$= \displaystyle\lim_{x \to 1} \frac{(x+2)(x-1)}{x-1} = \lim_{x \to 1} (x+2) = 3$
따라서 $\displaystyle\lim_{x \to 1} f(x) \neq f(1)$이므로 함수 $f(x)$는 $x=1$에서 불연속이다.

(3) 함수 $f(x) = \dfrac{x^2-1}{|x-1|}$은 $x=1$일 때 분모가 0이므로 $x=1$에서 정의되지 않는다.
따라서 함수 $f(x)$는 $x=1$에서 불연속이다.

(4) $x=1$에서의 함숫값은
$f(1) = 1 - [1] = 0$
$x \to 1$일 때의 극한을 조사하면

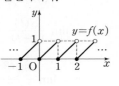

$\displaystyle\lim_{x \to 1+} f(x) = \lim_{x \to 1+} (x-[x])$
$\qquad = \displaystyle\lim_{x \to 1+} (x-1) = 0$
$\displaystyle\lim_{x \to 1-} f(x) = \lim_{x \to 1-} (x-[x]) = \lim_{x \to 1-} x = 1$
$\therefore \displaystyle\lim_{x \to 1+} f(x) \neq \lim_{x \to 1-} f(x)$
따라서 $\displaystyle\lim_{x \to 1} f(x)$의 값이 존재하지 않으므로 함수 $f(x)$는 $x=1$에서 불연속이다.

02-1 답 ㄱ, ㄷ

ㄱ. $x \to 1$일 때의 극한값은
$\displaystyle\lim_{x \to 1+} f(x) = 0$, $\displaystyle\lim_{x \to 1-} f(x) = 0$
$\therefore \displaystyle\lim_{x \to 1} f(x) = 0$

ㄴ. $x \to 2$일 때의 극한을 조사하면
$\displaystyle\lim_{x \to 2+} f(x) = 2$, $\displaystyle\lim_{x \to 2-} f(x) = 1$
즉, $\displaystyle\lim_{x \to 2+} f(x) \neq \lim_{x \to 2-} f(x)$이므로 $\displaystyle\lim_{x \to 2} f(x)$의 값이 존재하지 않는다.

ㄷ. (i) $x=1$에서의 함숫값은 $f(1)=1$
$\displaystyle\lim_{x \to 1} f(x) \neq f(1)$이므로 함수 $f(x)$는 $x=1$에서 불연속이다.
(ii) $\displaystyle\lim_{x \to 2} f(x)$의 값이 존재하지 않으므로 함수 $f(x)$는 $x=2$에서 불연속이다.
(iii) $x=3$에서의 함숫값은 $f(3)=1$
$x \to 3$일 때의 극한값은
$\displaystyle\lim_{x \to 3+} f(x) = 1$, $\displaystyle\lim_{x \to 3-} f(x) = 1$
$\therefore \displaystyle\lim_{x \to 3} f(x) = 1$
즉, $\displaystyle\lim_{x \to 3} f(x) = f(3)$이므로 함수 $f(x)$는 $x=3$에서 연속이다.
(i)~(iii)에서 불연속인 x의 값은 1, 2의 2개이다.
따라서 보기에서 옳은 것은 ㄱ, ㄷ이다.

03-1 답 ㄴ, ㄷ

ㄱ. $x \to -1$일 때의 극한을 조사하면
$\displaystyle\lim_{x \to -1+} f(x)g(x) = \lim_{x \to -1+} f(x) \times \lim_{x \to -1+} g(x)$
$\qquad\qquad = 0 \times (-1) = 0$
$\displaystyle\lim_{x \to -1-} f(x)g(x) = \lim_{x \to -1-} f(x) \times \lim_{x \to -1-} g(x)$
$\qquad\qquad = 1 \times 1 = 1$
$\therefore \displaystyle\lim_{x \to -1+} f(x)g(x) \neq \lim_{x \to -1-} f(x)g(x)$
즉, $\displaystyle\lim_{x \to -1} f(x)g(x)$의 값이 존재하지 않는다.

ㄴ. $x=0$에서의 함숫값은 $f(g(0)) = f(-1) = 0$
$g(x) = t$로 놓으면 $x \to 0$일 때 $t \to -1$이므로 $x \to 0$일 때의 극한값은 $\displaystyle\lim_{x \to 0} f(g(x)) = f(-1) = 0$
즉, $\displaystyle\lim_{x \to 0} f(g(x)) = f(g(0))$이므로 함수 $f(g(x))$는 $x=0$에서 연속이다.

ㄷ. $x=1$에서의 함숫값은 $g(f(1)) = g(2) = 0$
$f(x) = t$로 놓으면 $x \to 1+$일 때 $t \to -1-$이고,
$x \to 1-$일 때 $t \to 2-$이므로 $x \to 1$일 때의 극한을 조사하면
$\displaystyle\lim_{x \to 1+} g(f(x)) = \lim_{t \to -1-} g(t) = 1$

$$\lim_{x\to1-}g(f(x))=\lim_{t\to2-}g(t)=0$$

$$\therefore \lim_{x\to1+}g(f(x))\neq\lim_{x\to1-}g(f(x))$$

즉, $\lim_{x\to1}g(f(x))$의 값이 존재하지 않으므로 함수 $g(f(x))$는 $x=1$에서 불연속이다.

따라서 보기에서 옳은 것은 ㄴ, ㄷ이다.

04-1 답 $\dfrac{1}{6}$

함수 $f(x)$가 $x=3$에서 연속이면 $\lim_{x\to3}f(x)=f(3)$이므로

$$\lim_{x\to3}\frac{\sqrt{x+6}-3}{x-3}=a$$

$$\therefore a=\lim_{x\to3}\frac{\sqrt{x+6}-3}{x-3}$$

$$=\lim_{x\to3}\frac{(\sqrt{x+6}-3)(\sqrt{x+6}+3)}{(x-3)(\sqrt{x+6}+3)}$$

$$=\lim_{x\to3}\frac{x-3}{(x-3)(\sqrt{x+6}+3)}$$

$$=\lim_{x\to3}\frac{1}{\sqrt{x+6}+3}=\frac{1}{6}$$

04-2 답 1

함수 $f(x)$가 $x=1$에서 연속이면 $\lim_{x\to1}f(x)=f(1)$이므로

$$\lim_{x\to1}\frac{x^2+x+a}{x-1}=b \quad \cdots\cdots \text{㉠}$$

$x\to1$일 때 (분모)$\to0$이고, 극한값이 존재하므로 (분자)$\to0$에서

$$\lim_{x\to1}(x^2+x+a)=0$$

$1+1+a=0$ $\therefore a=-2$

이를 ㉠의 좌변에 대입하면

$$\lim_{x\to1}\frac{x^2+x-2}{x-1}=\lim_{x\to1}\frac{(x+2)(x-1)}{x-1}=\lim_{x\to1}(x+2)=3$$

$\therefore b=3$

$\therefore a+b=-2+3=1$

04-3 답 -9

함수 $f(x)$가 모든 실수 x에서 연속이면 $x=1$에서 연속이므로

$$\lim_{x\to1+}f(x)=\lim_{x\to1-}f(x)=f(1)$$

이때

$$\lim_{x\to1+}f(x)=\lim_{x\to1+}x(x-2)=-1,$$

$$\lim_{x\to1-}f(x)=\lim_{x\to1-}(-x^2+ax+b)=-1+a+b,$$

$f(1)=-1$이므로

$-1=-1+a+b$

$\therefore a+b=0 \quad \cdots\cdots \text{㉠}$

또 $f(-2)=5$에서

$-4-2a+b=5$

$\therefore 2a-b=-9 \quad \cdots\cdots \text{㉡}$

㉠, ㉡을 연립하여 풀면

$a=-3$, $b=3$

$\therefore ab=-9$

05-1 답 4

$x\neq3$일 때, $f(x)=\dfrac{x^2+ax-6}{x-3}$

함수 $f(x)$가 모든 실수 x에서 연속이면 $x=3$에서 연속이므로 $f(3)=\lim_{x\to3}f(x)$에서

$$f(3)=\lim_{x\to3}\frac{x^2+ax-6}{x-3} \quad \cdots\cdots \text{㉠}$$

$x\to3$일 때 (분모)$\to0$이고, 극한값이 존재하므로 (분자)$\to0$에서

$$\lim_{x\to3}(x^2+ax-6)=0$$

$9+3a-6=0$ $\therefore a=-1$

이를 ㉠에 대입하면

$$f(3)=\lim_{x\to3}\frac{x^2-x-6}{x-3}=\lim_{x\to3}\frac{(x+2)(x-3)}{x-3}$$

$$=\lim_{x\to3}(x+2)=5$$

$\therefore a+f(3)=-1+5=4$

05-2 답 $\dfrac{1}{2}$

$x\neq4$일 때, $f(x)=\dfrac{\sqrt{x+a}-1}{x-4}$

함수 $f(x)$가 $x\geq3$인 모든 실수 x에서 연속이면 $x=4$에서 연속이므로 $f(4)=\lim_{x\to4}f(x)$에서

$$f(4)=\lim_{x\to4}\frac{\sqrt{x+a}-1}{x-4} \quad \cdots\cdots \text{㉠}$$

$x\to4$일 때 (분모)$\to0$이고, 극한값이 존재하므로 (분자)$\to0$에서

$$\lim_{x\to4}(\sqrt{x+a}-1)=0$$

$\sqrt{4+a}-1=0$ $\therefore a=-3$

이를 ㉠에 대입하면

$$f(4)=\lim_{x\to4}\frac{\sqrt{x-3}-1}{x-4}$$

$$=\lim_{x\to4}\frac{(\sqrt{x-3}-1)(\sqrt{x-3}+1)}{(x-4)(\sqrt{x-3}+1)}$$

$$=\lim_{x\to4}\frac{x-4}{(x-4)(\sqrt{x-3}+1)}$$

$$=\lim_{x\to4}\frac{1}{\sqrt{x-3}+1}=\frac{1}{2}$$

05-3 답 4

$x \neq -1$, $x \neq 1$일 때, $f(x) = \dfrac{x^4 + ax^3 + b}{x^2 - 1}$

함수 $f(x)$가 모든 실수 x에서 연속이면 $x = -1$, $x = 1$에서 연속이므로

(i) $f(-1) = \lim\limits_{x \to -1} f(x)$에서

$\quad f(-1) = \lim\limits_{x \to -1} \dfrac{x^4 + ax^3 + b}{x^2 - 1}$

$\quad x \to -1$일 때 (분모) $\to 0$이고, 극한값이 존재하므로

(분자) $\to 0$에서

$\quad \lim\limits_{x \to -1} (x^4 + ax^3 + b) = 0$

$\quad 1 - a + b = 0 \qquad \therefore a - b = 1 \quad \cdots\cdots \ \bigcirc$

(ii) $f(1) = \lim\limits_{x \to 1} f(x)$에서

$\quad f(1) = \lim\limits_{x \to 1} \dfrac{x^4 + ax^3 + b}{x^2 - 1}$

$\quad x \to 1$일 때 (분모) $\to 0$이고, 극한값이 존재하므로

(분자) $\to 0$에서

$\quad \lim\limits_{x \to 1} (x^4 + ax^3 + b) = 0$

$\quad 1 + a + b = 0 \qquad \therefore a + b = -1 \quad \cdots\cdots \ \bigcirc$

$\bigcirc$, $\bigcirc$을 연립하여 풀면

$a = 0$, $b = -1$

따라서 $f(-1) = \lim\limits_{x \to -1} \dfrac{x^4 - 1}{x^2 - 1} = \lim\limits_{x \to -1} (x^2 + 1) = 2$,

$f(1) = \lim\limits_{x \to 1} \dfrac{x^4 - 1}{x^2 - 1} = \lim\limits_{x \to 1} (x^2 + 1) = 2$이므로

$f(-1) + f(1) = 2 + 2 = 4$

---

2 연속함수의 성질

문제 45~47쪽

06-1 답 ㄱ, ㄴ

두 함수 $f(x) = x^2 - 5x$, $g(x) = x^2 - 3$은 다항함수이므로 모든 실수 x에서 연속이다.

ㄱ. 두 함수 $f(x)$, $2g(x)$는 모든 실수 x에서 연속이므로 함수 $f(x) + 2g(x)$도 모든 실수 x에서 연속이다.

ㄴ. $\{f(x)\}^2 = f(x) \times f(x)$이므로 함수 $\{f(x)\}^2$은 모든 실수 x에서 연속이다.

ㄷ. $\dfrac{g(x)}{f(x)} = \dfrac{x^2 - 3}{x^2 - 5x} = \dfrac{x^2 - 3}{x(x - 5)}$은 $x(x - 5) = 0$,

즉 $x = 0$, $x = 5$에서 정의되지 않으므로 함수 $\dfrac{g(x)}{f(x)}$는 $x = 0$, $x = 5$에서 불연속이다.

ㄹ. $\dfrac{1}{f(x) - g(x)} = \dfrac{1}{(x^2 - 5x) - (x^2 - 3)} = \dfrac{1}{-5x + 3}$은

$-5x + 3 = 0$, 즉 $x = \dfrac{3}{5}$에서 정의되지 않으므로 함수

$\dfrac{1}{f(x) - g(x)}$은 $x = \dfrac{3}{5}$에서 불연속이다.

따라서 보기의 함수에서 모든 실수 x에서 연속인 것은 ㄱ, ㄴ이다.

06-2 답 ㄱ, ㄴ, ㄷ

ㄱ. 두 함수 $3f(x)$, $5g(x)$는 $x = a$에서 연속이므로 함수 $3f(x) - 5g(x)$도 $x = a$에서 연속이다.

ㄴ. 두 함수 $2f(x)$, $g(x)$는 $x = a$에서 연속이므로 함수 $2f(x)g(x)$도 $x = a$에서 연속이다.

ㄷ. $\{g(x)\}^2 = g(x) \times g(x)$이므로 함수 $\{g(x)\}^2$은 $x = a$에서 연속이다.

ㄹ. $f(a) = 0$이면 $\dfrac{g(x)}{f(x)}$는 $x = a$에서 정의되지 않으므로 함수 $\dfrac{g(x)}{f(x)}$는 $x = a$에서 불연속이다.

따라서 보기의 함수에서 $x = a$에서 항상 연속인 것은 ㄱ, ㄴ, ㄷ이다.

07-1 답 (1) 최댓값: 2, 최솟값: $-\dfrac{17}{4}$

　(2) 최댓값: 3, 최솟값: 1

　(3) 최댓값: 2, 최솟값: 0

　(4) 최댓값: 3, 최솟값: $\dfrac{7}{3}$

(1) 함수 $f(x) = x^2 - 3x - 2$는 닫힌구간 $[-1, 3]$에서 연속이므로 이 구간에서 최댓값과 최솟값을 갖는다.

따라서 함수 $y = f(x)$의 그래프는 오른쪽 그림과 같으므로 함수 $f(x)$는

$x = -1$에서 최댓값 2,

$x = \dfrac{3}{2}$에서 최솟값 $-\dfrac{17}{4}$을 갖는다.

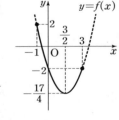

(2) 함수 $f(x) = \sqrt{2x + 1}$은 닫힌구간 $[0, 4]$에서 연속이므로 이 구간에서 최댓값과 최솟값을 갖는다.

따라서 함수 $y = f(x)$의 그래프는 오른쪽 그림과 같으므로 함수 $f(x)$는

$x = 4$에서 최댓값 3,

$x = 0$에서 최솟값 1을 갖는다.

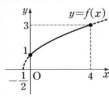

(3) 함수 $f(x) = |x - 3|$은 닫힌구간 $[1, 4]$에서 연속이므로 이 구간에서 최댓값과 최솟값을 갖는다.

따라서 함수 $y=f(x)$의 그 래프는 오른쪽 그림과 같으 므로 함수 $f(x)$는
$x=1$에서 최댓값 2,
$x=3$에서 최솟값 0을 갖는다.

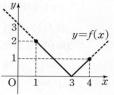

(4) 함수 $f(x)=\dfrac{2x-1}{x}=-\dfrac{1}{x}+2$는 닫힌구간 $[-3,\ -1]$에서 연속이므로 이 구간에서 최댓값과 최 솟값을 갖는다.

따라서 함수 $y=f(x)$의 그래 프는 오른쪽 그림과 같으므로 함수 $f(x)$는
$x=-1$에서 최댓값 3,
$x=-3$에서 최솟값 $\dfrac{7}{3}$을 갖 는다.

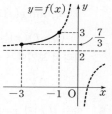

07-2 탑 ㄱ, ㄷ

함수 $f(x)=\dfrac{4x+1}{x-1}=\dfrac{5}{x-1}+4$의 그래프는 다음 그림 과 같다.

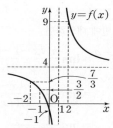

ㄱ. 함수 $f(x)$는 닫힌구간 $[-2,\ 2]$에서 불연속이고 최댓 값과 최솟값은 없다.

ㄴ. 함수 $f(x)$는 닫힌구간 $[-1,\ 0]$에서 연속이므로 최댓 값과 최솟값을 갖는다.

ㄷ. 닫힌구간 $[0,\ 1]$에서 최댓값은 -1, 최솟값은 없다.

ㄹ. 닫힌구간 $[1,\ 2]$에서 최댓값은 없고, 최솟값은 9이다.

따라서 보기의 구간에서 최솟값이 존재하지 않는 것은 ㄱ, ㄷ이다.

08-1 탑 3개

함수 $f(x)$는 닫힌구간 $[-1,\ 4]$에서 연속이고
$f(-1)f(0)>0$, $f(0)f(1)<0$, $f(1)f(2)>0$,
$f(2)f(3)<0$, $f(3)f(4)<0$이므로 사잇값 정리에 의하 여 방정식 $f(x)=0$은 열린구간 $(0,\ 1)$, $(2,\ 3)$, $(3,\ 4)$ 에서 각각 적어도 하나의 실근을 갖는다.

따라서 방정식 $f(x)=0$은 열린구간 $(-1,\ 4)$에서 적어 도 3개의 실근을 갖는다.

08-2 탑 -2, -1

$f(x)=x^2+2x+a$라 하면
함수 $f(x)$는 닫힌구간 $[0,\ 1]$에서 연속이고,
$f(0)=a$
$f(1)=1+2+a=a+3$
이때 방정식 $f(x)=0$이 열린구간 $(0,\ 1)$에서 적어도 하 나의 실근을 가지려면 $f(0)f(1)<0$이어야 하므로
$a(a+3)<0$ $\therefore -3<a<0$
따라서 구하는 정수 a의 값은 -2, -1이다.

연습문제   48~50쪽

1 ④	2 3	3 ㄴ, ㄷ	4 ㄴ	5 -16
6 ⑤	7 -1	8 0	9 ④	
10 $0<a<3$		11 ㄱ, ㄴ	12 ④	13 4개
14 ②	15 $-3, 3$	16 ㄴ, ㄷ	17 -4	18 ④
19 3개				

1 ①, ②, ③ 함수 $f(x)$는 $x=1$에서 정의되지 않으므로
  $x=1$에서 불연속이다.

  ④ $x=1$에서의 함숫값은 $f(1)=3$
  $x \to 1$일 때의 극한값은
  $\displaystyle\lim_{x \to 1+} f(x)=\lim_{x \to 1+}(x+2)=3$
  $\displaystyle\lim_{x \to 1-} f(x)=\lim_{x \to 1-} 3=3$
  $\therefore \displaystyle\lim_{x \to 1} f(x)=3$
  즉, $\displaystyle\lim_{x \to 1} f(x)=f(1)$이므로 함수 $f(x)$는 $x=1$에서 연 속이다.

  ⑤ $x=1$에서의 함숫값은 $f(1)=1$
  $x \to 1$일 때의 극한을 조사하면
  $\displaystyle\lim_{x \to 1+} f(x)=\lim_{x \to 1+}\dfrac{x-1}{x-1}=1$
  $\displaystyle\lim_{x \to 1-} f(x)=\lim_{x \to 1-}\dfrac{-(x-1)}{x-1}=-1$
  $\therefore \displaystyle\lim_{x \to 1+} f(x) \neq \lim_{x \to 1-} f(x)$
  즉, $\displaystyle\lim_{x \to 1} f(x)$의 값이 존재하지 않으므로 함수 $f(x)$는
  $x=1$에서 불연속이다.

따라서 $x=1$에서 연속인 함수는 ④이다.

2 $f(x)=\dfrac{1}{x-\dfrac{16}{x}}=\dfrac{1}{\dfrac{x^2-16}{x}}=\dfrac{x}{x^2-16}$ 는 $x=0$,

$x^2-16=0$, 즉 $x=-4$, $x=0$, $x=4$에서 정의되지 않으므로 함수 $f(x)$가 불연속인 x의 값은 -4, 0, 4의 3개이다.

3 ㄱ. $x \to 1$일 때의 극한을 조사하면

$\displaystyle\lim_{x \to 1+} f(x)=2$, $\displaystyle\lim_{x \to 1-} f(x)=1$

즉, $\displaystyle\lim_{x \to 1+} f(x) \ne \lim_{x \to 1-} f(x)$이므로 $\displaystyle\lim_{x \to 1} f(x)$의 값이 존재하지 않는다.

ㄴ. 함수 $f(x)$는 $1<x<3$에서 연속이므로 $1<a<3$인 실수 a에 대하여 $\displaystyle\lim_{x \to a} f(x)=f(a)$이다.

ㄷ. (i) $x=0$에서의 함숫값은 $f(0)=1$

$x \to 0$일 때의 극한값은

$\displaystyle\lim_{x \to 0+} f(x)=0$, $\displaystyle\lim_{x \to 0-} f(x)=0$

$\therefore \displaystyle\lim_{x \to 0} f(x)=0$

즉, $\displaystyle\lim_{x \to 0} f(x) \ne f(0)$이므로 함수 $f(x)$는 $x=0$에서 불연속이다.

(ii) $\displaystyle\lim_{x \to 1} f(x)$의 값이 존재하지 않으므로 함수 $f(x)$는 $x=1$에서 불연속이다.

(i), (ii)에서 불연속인 x의 값은 0, 1의 2개이다.

따라서 보기에서 옳은 것은 ㄴ, ㄷ이다.

4 ㄱ. $x \to -1$일 때의 극한값은

$\displaystyle\lim_{x \to -1+} \{f(x)-g(x)\}=\lim_{x \to -1+} f(x)-\lim_{x \to -1+} g(x)$
$\qquad\qquad\qquad\qquad =1-1=0$

$\displaystyle\lim_{x \to -1-} \{f(x)-g(x)\}=\lim_{x \to -1-} f(x)-\lim_{x \to -1-} g(x)$
$\qquad\qquad\qquad\qquad =-1-(-1)=0$

$\therefore \displaystyle\lim_{x \to -1} \{f(x)-g(x)\}=0$

ㄴ. $x=0$에서의 함숫값은

$f(0)g(0)=0 \times 0=0$

$x \to 0$일 때의 극한값은

$\displaystyle\lim_{x \to 0+} f(x)g(x)=\lim_{x \to 0+} f(x) \times \lim_{x \to 0+} g(x)$
$\qquad\qquad\qquad =0 \times (-1)=0$

$\displaystyle\lim_{x \to 0-} f(x)g(x)=\lim_{x \to 0-} f(x) \times \lim_{x \to 0-} g(x)$
$\qquad\qquad\qquad =0 \times (-1)=0$

$\therefore \displaystyle\lim_{x \to 0} f(x)g(x)=0$

즉, $\displaystyle\lim_{x \to 0} f(x)g(x)=f(0)g(0)$이므로 함수 $f(x)g(x)$는 $x=0$에서 연속이다.

ㄷ. $x=1$에서의 함숫값은

$g(f(1))=g(-1)=1$

$f(x)=t$로 놓으면 $x \to 1+$일 때 $t \to -1+$이고,

$x \to 1-$일 때 $t \to 1-$이므로 $x \to 1$일 때의 극한을 조사하면

$\displaystyle\lim_{x \to 1+} g(f(x))=\lim_{t \to -1+} g(t)=1$

$\displaystyle\lim_{x \to 1-} g(f(x))=\lim_{t \to 1-} g(t)=-1$

$\therefore \displaystyle\lim_{x \to 1+} g(f(x)) \ne \lim_{x \to 1-} g(f(x))$

즉, $\displaystyle\lim_{x \to 1} g(f(x))$의 값이 존재하지 않으므로 함수 $(g \circ f)(x)$는 $x=1$에서 불연속이다.

따라서 보기에서 옳은 것은 ㄴ이다.

5 함수 $f(x)$가 $x=2$에서 연속이면 $\displaystyle\lim_{x \to 2} f(x)=f(2)$이므로

$\displaystyle\lim_{x \to 2} \dfrac{a\sqrt{x-1}+b}{x-2}=2$ $\qquad$ …… ㉠

$x \to 2$일 때 (분모) $\to 0$이고, 극한값이 존재하므로 (분자) $\to 0$에서

$\displaystyle\lim_{x \to 2} (a\sqrt{x-1}+b)=0$

$a+b=0$ $\qquad \therefore b=-a$

이를 ㉠의 좌변에 대입하면

$\displaystyle\lim_{x \to 2} \dfrac{a\sqrt{x-1}-a}{x-2}=\lim_{x \to 2} \dfrac{a(\sqrt{x-1}-1)(\sqrt{x-1}+1)}{(x-2)(\sqrt{x-1}+1)}$

$\qquad\qquad\qquad\quad =\displaystyle\lim_{x \to 2} \dfrac{a(x-2)}{(x-2)(\sqrt{x-1}+1)}$

$\qquad\qquad\qquad\quad =\displaystyle\lim_{x \to 2} \dfrac{a}{\sqrt{x-1}+1}$

$\qquad\qquad\qquad\quad =\dfrac{a}{2}$

즉, $\dfrac{a}{2}=2$이므로 $a=4$

$\therefore b=-a=-4$

$\therefore ab=4 \times (-4)=-16$

6 함수 $|f(x)|$가 실수 전체의 집합에서 연속이면 $x=-1$, $x=3$에서 연속이므로

(i) $\displaystyle\lim_{x \to -1+} |f(x)|=\lim_{x \to -1-} |f(x)|=|f(-1)|$

이때

$\displaystyle\lim_{x \to -1+} |f(x)|=\lim_{x \to -1+} |x|=1$,

$\displaystyle\lim_{x \to -1-} |f(x)|=\lim_{x \to -1-} |x+a|=|a-1|$,

$|f(-1)|=1$이므로

$1=|a-1|$

$a-1=-1$ 또는 $a-1=1$ $\qquad \therefore a=2$ ($\because a>0$)

(ii) $\displaystyle\lim_{x\to 3+}|f(x)|=\lim_{x\to 3-}|f(x)|=|f(3)|$

이때

$\displaystyle\lim_{x\to 3+}|f(x)|=\lim_{x\to 3+}|bx-2|=|3b-2|$,

$\displaystyle\lim_{x\to 3-}|f(x)|=\lim_{x\to 3-}|x|=3$,

$|f(3)|=|3b-2|$이므로

$|3b-2|=3$

$3b-2=-3$ 또는 $3b-2=3$

$\therefore b=\dfrac{5}{3}$ $(\because b>0)$

(i), (ii)에서 $a=2$, $b=\dfrac{5}{3}$

$\therefore a+b=\dfrac{11}{3}$

---

7 함수 $(x-a)f(x)$가 $x=1$에서 연속이므로

$\displaystyle\lim_{x\to 1+}(x-a)f(x)=\lim_{x\to 1-}(x-a)f(x)=(1-a)f(1)$

이때

$\displaystyle\lim_{x\to 1+}(x-a)f(x)=(1-a)\times(-2)=2a-2$,

$\displaystyle\lim_{x\to 1-}(x-a)f(x)=(1-a)\times 1=1-a$,

$(1-a)f(1)=2a-2$이므로

$2a-2=1-a$

$\therefore a=1$

따라서 $f(a)=f(1)=-2$이므로

$a+f(a)=1+(-2)=-1$

---

8 $x\neq a$일 때, $f(x)=\dfrac{x^2+8x+16}{x-a}$

함수 $f(x)$가 모든 실수 x에서 연속이면 $x=a$에서 연속

이므로

$f(a)=\displaystyle\lim_{x\to a}f(x)$에서

$f(a)=\displaystyle\lim_{x\to a}\dfrac{x^2+8x+16}{x-a}$

$x\to a$일 때 (분모) $\to 0$이고, 극한값이 존재하므로

(분자) $\to 0$에서

$\displaystyle\lim_{x\to a}(x^2+8x+16)=0$

$a^2+8a+16=0$

$(a+4)^2=0$

$\therefore a=-4$

$\therefore f(a)=f(-4)=\displaystyle\lim_{x\to -4}\dfrac{x^2+8x+16}{x+4}$

$=\displaystyle\lim_{x\to -4}\dfrac{(x+4)^2}{x+4}$

$=\displaystyle\lim_{x\to -4}(x+4)=0$

---

9 $f(x)=x^2+9$, $g(x)=-6x$이므로

$f(x)+g(x)=x^2-6x+9$

$=(x-3)^2$

$\dfrac{f(x)}{f(x)+g(x)}=\dfrac{x^2+9}{(x-3)^2}$이므로 $(x-3)^2=0$, 즉 $x=3$

에서 정의되지 않는다.

따라서 함수 $\dfrac{f(x)}{f(x)+g(x)}$가 연속인 구간은

④ $(-\infty, 3)$, $(3, \infty)$이다.

---

10 함수 $\dfrac{f(x)}{g(x)}$가 모든 실수 x에서 연속이면 모든 실수 x에서

$g(x)=x^2-2ax+3a>0$

이차방정식 $x^2-2ax+3a=0$의 판별식을 D라 하면

$D<0$이어야 하므로

$\dfrac{D}{4}=a^2-3a<0$

$a(a-3)<0$

$\therefore 0<a<3$

---

11 ㄱ. 임의의 실수 a에 대하여 $g(a)=b$라 하면 함수 $g(x)$

가 모든 실수 x에서 연속이므로

$\displaystyle\lim_{x\to a}g(x)=b$

$x=a$에서의 함숫값은

$f(g(a))=f(b)$

$g(x)=t$로 놓으면 $x\to a$일 때 $t\to b$이고, 함수 $f(x)$

는 모든 실수 x에서 연속이므로

$x\to a$일 때의 극한값은

$\displaystyle\lim_{x\to a}f(g(x))=\lim_{t\to b}f(t)=f(b)$

$\displaystyle\lim_{x\to a}f(g(x))=f(g(a))$이므로 함수 $f(g(x))$는

$x=a$에서 연속이다.

즉, 함수 $f(g(x))$는 모든 실수 x에서 연속이다.

ㄴ. $f(x)+g(x)=h(x)$로 놓으면

$g(x)=h(x)-f(x)$

이때 두 함수 $f(x)$, $h(x)$가 $x=a$에서 연속이므로 함

수 $g(x)$도 $x=a$에서 연속이다.

ㄷ. [반례] $f(x)=0$, $g(x)=\begin{cases}1 & (x\geq 0)\\-1 & (x<0)\end{cases}$이면

$f(x)g(x)=0$

두 함수 $f(x)$, $f(x)g(x)$는 $x=0$에서 연속이지만 함

수 $g(x)$는 $x=0$에서 불연속이다.

따라서 보기에서 옳은 것은 ㄱ, ㄴ이다.

12 함수 $f(x)=\dfrac{x+1}{2x-4}$의 그래프는 오른쪽 그림과 같다.

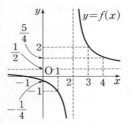

① 함수 $f(x)$는 닫힌구간 $[-1, 0]$에서 연속이므로 최댓값과 최솟값을 갖는다.

② 함수 $f(x)$는 닫힌구간 $[0, 1]$에서 연속이므로 최댓값과 최솟값을 갖는다.

③ 닫힌구간 $[1, 2]$에서 최댓값은 -1, 최솟값은 없다.

④ 닫힌구간 $[2, 3]$에서 최댓값은 없고, 최솟값은 2이다.

⑤ 함수 $f(x)$는 닫힌구간 $[3, 4]$에서 연속이므로 최댓값과 최솟값을 갖는다.

따라서 최댓값이 존재하지 않는 구간은 ④이다.

13 함수 $f(x)$는 모든 실수 x에서 연속이고, $f(1)f(2)<0$, $f(4)f(5)<0$이므로 사잇값 정리에 의하여 방정식 $f(x)=0$은 열린구간 $(1, 2)$, $(4, 5)$에서 각각 적어도 하나의 실근을 갖는다.

이때 모든 실수 x에 대하여 $f(x)=f(-x)$이므로 $f(-1)f(-2)<0$, $f(-4)f(-5)<0$

즉, 사잇값 정리에 의하여 방정식 $f(x)=0$은 열린구간 $(-5, -4)$, $(-2, -1)$에서 각각 적어도 하나의 실근을 갖는다.

따라서 방정식 $f(x)=0$은 적어도 4개의 실근을 갖는다.

14 $g(x)=f(x)-x^2$이라 하면 함수 $g(x)$는 모든 실수 x에서 연속이고,

$g(0)=f(0)-0^2=1-0=1$

$g(1)=f(1)-1^2=a^2-a-5-1=a^2-a-6$

이때 방정식 $g(x)=0$의 중근이 아닌 오직 하나의 실근이 열린구간 $(0, 1)$에 존재하려면 $g(0)g(1)<0$이어야 하므로

$a^2-a-6<0$

$(a+2)(a-3)<0$ $\quad \therefore -2<a<3$

따라서 모든 정수 a의 값의 합은

$-1+0+1+2=2$

15 주어진 집합의 원소의 개수 $f(a)$는 이차방정식

$x^2+2(a+2)x+4a+13=0$ $\qquad$ …… ㉠

의 실근의 개수와 같다.

이차방정식 ㉠의 판별식을 D라 하면

$\dfrac{D}{4}=(a+2)^2-(4a+13)$

$\quad =a^2-9=(a+3)(a-3)$

(i) $f(a)=2$일 때, $\dfrac{D}{4}>0$이므로

$(a+3)(a-3)>0$

$\therefore a<-3$ 또는 $a>3$

(ii) $f(a)=1$일 때, $\dfrac{D}{4}=0$이므로

$(a+3)(a-3)=0$

$\therefore a=-3$ 또는 $a=3$

(iii) $f(a)=0$일 때, $\dfrac{D}{4}<0$이므로

$(a+3)(a-3)<0$

$\therefore -3<a<3$

(i)~(iii)에서

$$f(a)=\begin{cases} 2 \ (a<-3 \text{ 또는 } a>3) \\ 1 \ (a=-3 \text{ 또는 } a=3) \\ 0 \ (-3<a<3) \end{cases}$$

따라서 함수 $y=f(a)$의 그래프는 오른쪽 그림과 같으므로 함수 $f(a)$가 불연속인 a의 값은 -3, 3이다.

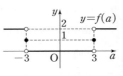

16 ㄱ. $x=0$에서의 함숫값은

$f(0)+f(0)=2f(0)=2\times(-1)=-2$

$-x=t$로 놓으면 $x\rightarrow 0+$일 때 $t\rightarrow 0-$이고, $x\rightarrow 0-$일 때 $t\rightarrow 0+$이므로

$x\rightarrow 0$일 때의 극한값은

$\displaystyle\lim_{x\to 0+}\{f(x)+f(-x)\}=\lim_{x\to 0+}f(x)+\lim_{x\to 0+}f(-x)$

$\qquad\qquad\qquad\qquad =\displaystyle\lim_{x\to 0+}f(x)+\lim_{t\to 0-}f(t)$

$\qquad\qquad\qquad\qquad =1+(-1)=0$

$\displaystyle\lim_{x\to 0-}\{f(x)+f(-x)\}=\lim_{x\to 0-}f(x)+\lim_{x\to 0-}f(-x)$

$\qquad\qquad\qquad\qquad =\displaystyle\lim_{x\to 0-}f(x)+\lim_{t\to 0+}f(t)$

$\qquad\qquad\qquad\qquad =-1+1=0$

$\therefore \displaystyle\lim_{x\to 0}\{f(x)+f(-x)\}=0$

즉, $\displaystyle\lim_{x\to 0}\{f(x)+f(-x)\}\neq f(0)+f(0)$이므로 함수 $f(x)+f(-x)$는 $x=0$에서 불연속이다.

ㄴ. $x=0$에서의 함숫값은

$\{f(0)\}^2=(-1)^2=1$

$x\rightarrow 0$일 때의 극한값은

$\displaystyle\lim_{x\to 0+}\{f(x)\}^2=1^2=1$

$\displaystyle\lim_{x\to 0-}\{f(x)\}^2=(-1)^2=1$

$\therefore \displaystyle\lim_{x\to 0}\{f(x)\}^2=1$

즉, $\displaystyle\lim_{x\to 0}\{f(x)\}^2=\{f(0)\}^2$이므로 함수 $\{f(x)\}^2$은 $x=0$에서 연속이다.

ㄷ. $x=0$에서의 함숫값은

$f(f(0))=f(-1)=0$

$f(x)=t$로 놓으면 $x \to 0+$일 때 $t \to 1-$이고,

$x \to 0-$일 때 $t \to -1+$이므로

$x \to 0$일 때의 극한값은

$\lim\limits_{x \to 0+} f(f(x))=\lim\limits_{t \to 1-} f(t)=0$

$\lim\limits_{x \to 0-} f(f(x))=\lim\limits_{t \to -1+} f(t)=0$

$\therefore \lim\limits_{x \to 0} f(f(x))=0$

즉, $\lim\limits_{x \to 0} f(f(x))=f(f(0))$이므로 함수 $f(f(x))$는

$x=0$에서 연속이다.

따라서 보기의 함수에서 $x=0$에서 연속인 것은 ㄴ, ㄷ이다.

17 함수 $g(x)=2x+a$는 다항함수이므로 모든 실수 x에서 연속이다.

함수 $y=\dfrac{2x+1}{x+1}$의 그래프는 오른쪽 그림과 같으므로

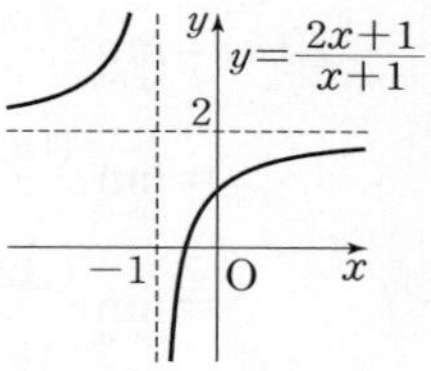

$t=2$일 때, $f(t)=0$

$t \neq 2$일 때, $f(t)=1$

$\therefore f(x)=\begin{cases} 1 \ (x \neq 2) \\ 0 \ (x=2) \end{cases}$

즉, 함수 $f(x)$는 $x=2$에서 불연속이다.

따라서 함수 $f(x)g(x)$가 실수 전체의 집합에서 연속이면

$x=2$에서 연속이므로 $f(2)g(2)=\lim\limits_{x \to 2} f(x)g(x)$에서

$0 \times (4+a)=1 \times (4+a)$

$\therefore a=-4$

18 삼차함수 $f(x)$는 모든 실수 x에서 연속이므로 함수 $g(x)$는 $f(x) \neq 0$인 모든 실수 x에서 연속이다.

이때 $\lim\limits_{x \to 3} g(x)=g(3)-1$에서 $\lim\limits_{x \to 3} g(x) \neq g(3)$이므로

함수 $g(x)$는 $x=3$에서 불연속이다.

즉, $f(3)=0$이므로 $g(3)=3$

$\therefore \lim\limits_{x \to 3} g(x)=g(3)-1=3-1=2$

$\lim\limits_{x \to 3} g(x)=2$에서

$\lim\limits_{x \to 3} \dfrac{f(x+3)\{f(x)+1\}}{f(x)}=2$ ...... ㉠

$x \to 3$일 때 (분모) $\to 0$이고, 극한값이 존재하므로

(분자) $\to 0$에서

$\lim\limits_{x \to 3} f(x+3)\{f(x)+1\}=0$

$f(6)\{f(3)+1\}=0$

$\therefore f(6)=0 \ (\because f(3)=0)$

삼차함수 $f(x)$의 최고차항의 계수가 1이고 $f(3)=0$, $f(6)=0$이므로

$f(x)=(x-3)(x-6)(x+a)$ (a는 상수)라 하면

㉠에서

$\lim\limits_{x \to 3} \dfrac{x(x-3)(x+3+a)\{f(x)+1\}}{(x-3)(x-6)(x+a)}=2$

$\lim\limits_{x \to 3} \dfrac{x(x+3+a)\{f(x)+1\}}{(x-6)(x+a)}=2$

$\dfrac{3(6+a)(0+1)}{-3(3+a)}=2$, $-\dfrac{6+a}{3+a}=2$ $\therefore a=-4$

$\therefore f(x)=(x-3)(x-4)(x-6)$

이때 $f(5) \neq 0$이므로

$g(5)=\dfrac{f(8)\{f(5)+1\}}{f(5)}$

$=\dfrac{5 \times 4 \times 2 \times \{2 \times 1 \times (-1)+1\}}{2 \times 1 \times (-1)}=20$

19 $\lim\limits_{x \to -1} \dfrac{f(x)}{x+1}=5$에서 $x \to -1$일 때 (분모) $\to 0$이고, 극한값이 존재하므로 (분자) $\to 0$에서

$\lim\limits_{x \to -1} f(x)=0$ $\therefore f(-1)=0$ ...... ㉠

$\lim\limits_{x \to 1} \dfrac{f(x)}{x-1}=2$에서 $x \to 1$일 때 (분모) $\to 0$이고, 극한값이 존재하므로 (분자) $\to 0$에서

$\lim\limits_{x \to 1} f(x)=0$ $\therefore f(1)=0$ ...... ㉡

㉠, ㉡에서

$f(x)=(x+1)(x-1)g(x)$ ($g(x)$는 다항식)라 하면

$\lim\limits_{x \to -1} \dfrac{f(x)}{x+1}=\lim\limits_{x \to -1} \dfrac{(x+1)(x-1)g(x)}{x+1}$

$=\lim\limits_{x \to -1} (x-1)g(x)$

$=-2g(-1)$

즉, $-2g(-1)=5$이므로 $g(-1)=-\dfrac{5}{2}$

$\lim\limits_{x \to 1} \dfrac{f(x)}{x-1}=\lim\limits_{x \to 1} \dfrac{(x+1)(x-1)g(x)}{x-1}$

$=\lim\limits_{x \to 1} (x+1)g(x)$

$=2g(1)$

즉, $2g(1)=2$이므로 $g(1)=1$

이때 다항함수 $g(x)$는 모든 실수 x에서 연속이고, $g(-1)g(1)<0$이므로 사잇값 정리에 의하여 방정식 $g(x)=0$은 열린구간 $(-1, 1)$에서 적어도 하나의 실근을 갖는다.

따라서 방정식 $f(x)=0$은 열린구간 $(-1, 1)$에서 적어도 하나의 실근을 갖고 ㉠, ㉡에 의하여 방정식 $f(x)=0$은 닫힌구간 $[-1, 1]$에서 적어도 3개의 실근을 갖는다.

1 미분계수

개념 Check 54쪽

1 답 (1) -2 (2) -1

(1) $\dfrac{\Delta y}{\Delta x}=\dfrac{f(1)-f(-1)}{1-(-1)}=\dfrac{1-5}{2}=-2$

(2) $\dfrac{\Delta y}{\Delta x}=\dfrac{f(1)-f(-1)}{1-(-1)}=\dfrac{0-2}{2}=-1$

2 답 (1) -4 (2) 7

(1) $f'(2)=\lim\limits_{\Delta x\to0}\dfrac{f(2+\Delta x)-f(2)}{\Delta x}$

$=\lim\limits_{\Delta x\to0}\dfrac{\{-4(2+\Delta x)+1\}-(-7)}{\Delta x}$

$=\lim\limits_{\Delta x\to0}\dfrac{-4\Delta x}{\Delta x}$

$=\lim\limits_{\Delta x\to0}(-4)=-4$

(2) $f'(2)=\lim\limits_{\Delta x\to0}\dfrac{f(2+\Delta x)-f(2)}{\Delta x}$

$=\lim\limits_{\Delta x\to0}\dfrac{\{(2+\Delta x)^2+3(2+\Delta x)\}-10}{\Delta x}$

$=\lim\limits_{\Delta x\to0}\dfrac{(\Delta x)^2+7\Delta x}{\Delta x}$

$=\lim\limits_{\Delta x\to0}(\Delta x+7)=7$

3 답 (1) -4 (2) 4

(1) $f(x)=x^2-2x+5$라 하면 구하는 접선의 기울기는 함수 $f(x)$의 $x=-1$에서의 미분계수와 같으므로

$f'(-1)=\lim\limits_{\Delta x\to0}\dfrac{f(-1+\Delta x)-f(-1)}{\Delta x}$

$=\lim\limits_{\Delta x\to0}\dfrac{\{(-1+\Delta x)^2-2(-1+\Delta x)+5\}-8}{\Delta x}$

$=\lim\limits_{\Delta x\to0}\dfrac{(\Delta x)^2-4\Delta x}{\Delta x}$

$=\lim\limits_{\Delta x\to0}(\Delta x-4)=-4$

(2) $f(x)=x^3+x$라 하면 구하는 접선의 기울기는 함수 $f(x)$의 $x=1$에서의 미분계수와 같으므로

$f'(1)=\lim\limits_{\Delta x\to0}\dfrac{f(1+\Delta x)-f(1)}{\Delta x}$

$=\lim\limits_{\Delta x\to0}\dfrac{\{(1+\Delta x)^3+(1+\Delta x)\}-2}{\Delta x}$

$=\lim\limits_{\Delta x\to0}\dfrac{(\Delta x)^3+3(\Delta x)^2+4\Delta x}{\Delta x}$

$=\lim\limits_{\Delta x\to0}\{(\Delta x)^2+3\Delta x+4\}=4$

01-1 답 3

함수 $f(x)$에서 x의 값이 a에서 $a+1$까지 변할 때의 평균변화율은

$\dfrac{\Delta y}{\Delta x}=\dfrac{f(a+1)-f(a)}{a+1-a}$

$=\{(a+1)^2-5(a+1)+4\}-(a^2-5a+4)$

$=2a-4$

따라서 $2a-4=2$이므로 $a=3$

01-2 답 2

함수 $f(x)$에서 x의 값이 1에서 3까지 변할 때의 평균변화율은

$\dfrac{\Delta y}{\Delta x}=\dfrac{f(3)-f(1)}{3-1}=\dfrac{2-0}{2}=1$

함수 $f(x)$의 $x=a$에서의 미분계수는

$f'(a)=\lim\limits_{\Delta x\to0}\dfrac{f(a+\Delta x)-f(a)}{\Delta x}$

$=\lim\limits_{\Delta x\to0}\dfrac{\{(a+\Delta x)^2-3(a+\Delta x)+2\}-(a^2-3a+2)}{\Delta x}$

$=\lim\limits_{\Delta x\to0}\dfrac{(\Delta x)^2+(2a-3)\Delta x}{\Delta x}$

$=\lim\limits_{\Delta x\to0}(\Delta x+2a-3)$

$=2a-3$

따라서 $1=2a-3$이므로 $a=2$

01-3 답 -12

함수 $f(x)$에서 x의 값이 0에서 2까지 변할 때의 평균변화율은

$\dfrac{\Delta y}{\Delta x}=\dfrac{f(2)-f(0)}{2-0}=\dfrac{(2a+8)-4}{2}=a+2$

즉, $a+2=-2$이므로 $a=-4$

따라서 $f(x)=x^2-4x+4$이므로 함수 $f(x)$의 $x=-4$에서의 미분계수는

$f'(-4)=\lim\limits_{\Delta x\to0}\dfrac{f(-4+\Delta x)-f(-4)}{\Delta x}$

$=\lim\limits_{\Delta x\to0}\dfrac{\{(-4+\Delta x)^2-4(-4+\Delta x)+4\}-36}{\Delta x}$

$=\lim\limits_{\Delta x\to0}\dfrac{(\Delta x)^2-12\Delta x}{\Delta x}$

$=\lim\limits_{\Delta x\to0}(\Delta x-12)=-12$

02-1 답 (1) 3 (2) 10

(1) $\lim\limits_{h\to0}\dfrac{f(a+3h)-f(a)}{2h}=\lim\limits_{h\to0}\dfrac{f(a+3h)-f(a)}{3h}\times\dfrac{3}{2}$

$=\dfrac{3}{2}f'(a)=\dfrac{3}{2}\times2=3$

(2) $\displaystyle\lim_{h\to 0}\frac{f(a+3h)-f(a-2h)}{h}$

$=\displaystyle\lim_{h\to 0}\frac{f(a+3h)-f(a)+f(a)-f(a-2h)}{h}$

$=\displaystyle\lim_{h\to 0}\frac{f(a+3h)-f(a)}{h}-\lim_{h\to 0}\frac{f(a-2h)-f(a)}{h}$

$=\displaystyle\lim_{h\to 0}\frac{f(a+3h)-f(a)}{3h}\times 3$

$\qquad\qquad -\displaystyle\lim_{h\to 0}\frac{f(a-2h)-f(a)}{-2h}\times(-2)$

$=3f'(a)+2f'(a)=5f'(a)=5\times 2=10$

02-2 답 **3**

$\displaystyle\lim_{h\to 0}\frac{f(1+2h)-f(1+h)}{4h}$

$=\displaystyle\lim_{h\to 0}\frac{f(1+2h)-f(1)+f(1)-f(1+h)}{4h}$

$=\displaystyle\lim_{h\to 0}\frac{f(1+2h)-f(1)}{4h}-\lim_{h\to 0}\frac{f(1+h)-f(1)}{4h}$

$=\displaystyle\lim_{h\to 0}\frac{f(1+2h)-f(1)}{2h}\times\frac{1}{2}$

$\qquad\qquad -\displaystyle\lim_{h\to 0}\frac{f(1+h)-f(1)}{h}\times\frac{1}{4}$

$=\dfrac{1}{2}f'(1)-\dfrac{1}{4}f'(1)=\dfrac{1}{4}f'(1)$

따라서 $\dfrac{1}{4}f'(1)=\dfrac{3}{4}$이므로 $f'(1)=3$

03-1 답 (1) $\dfrac{1}{5}$ (2) **4** (3) -24

(1) $\displaystyle\lim_{x\to 4}\frac{f(x)-f(4)}{x^2-3x-4}=\lim_{x\to 4}\frac{f(x)-f(4)}{(x-4)(x+1)}$

$\qquad\qquad =\displaystyle\lim_{x\to 4}\frac{f(x)-f(4)}{x-4}\times\lim_{x\to 4}\frac{1}{x+1}$

$\qquad\qquad =f'(4)\times\dfrac{1}{5}=1\times\dfrac{1}{5}=\dfrac{1}{5}$

(2) $\displaystyle\lim_{x\to 2}\frac{f(x^2)-f(4)}{x-2}$

$=\displaystyle\lim_{x\to 2}\left\{\frac{f(x^2)-f(4)}{(x-2)(x+2)}\times(x+2)\right\}$

$=\displaystyle\lim_{x\to 2}\frac{f(x^2)-f(4)}{x^2-4}\times\lim_{x\to 2}(x+2)$

$=f'(4)\times 4=1\times 4=4$

(3) $\displaystyle\lim_{x\to 4}\frac{x^2f(4)-16f(x)}{x-4}$

$=\displaystyle\lim_{x\to 4}\frac{x^2f(4)-16f(4)+16f(4)-16f(x)}{x-4}$

$=\displaystyle\lim_{x\to 4}\frac{(x^2-16)f(4)-16\{f(x)-f(4)\}}{x-4}$

$=\displaystyle\lim_{x\to 4}(x+4)f(4)-16\lim_{x\to 4}\frac{f(x)-f(4)}{x-4}$

$=8f(4)-16f'(4)=8\times(-1)-16\times 1=-24$

04-1 답 -4

$f(x+y)=f(x)+f(y)-3xy$의 양변에 $x=0$, $y=0$을 대입하면

$f(0)=f(0)+f(0)$ $\quad\therefore f(0)=0$

미분계수의 정의에 의하여

$f'(2)=\displaystyle\lim_{h\to 0}\frac{f(2+h)-f(2)}{h}$

$=\displaystyle\lim_{h\to 0}\frac{\{f(2)+f(h)-6h\}-f(2)}{h}$

$=\displaystyle\lim_{h\to 0}\frac{f(h)-6h}{h}=\lim_{h\to 0}\frac{f(h)}{h}-\lim_{h\to 0}6$

$=\displaystyle\lim_{h\to 0}\frac{f(h)-f(0)}{h}-\lim_{h\to 0}6$

$=f'(0)-6=2-6=-4$

04-2 답 -1

$f(x+y)=f(x)+f(y)+2xy-1$의 양변에 $x=0$, $y=0$을 대입하면

$f(0)=f(0)+f(0)-1$ $\quad\therefore f(0)=1$

미분계수의 정의에 의하여

$f'(1)=\displaystyle\lim_{h\to 0}\frac{f(1+h)-f(1)}{h}$

$=\displaystyle\lim_{h\to 0}\frac{\{f(1)+f(h)+2h-1\}-f(1)}{h}$

$=\displaystyle\lim_{h\to 0}\frac{f(h)+2h-1}{h}=\lim_{h\to 0}\frac{f(h)-1}{h}+\lim_{h\to 0}2$

$=\displaystyle\lim_{h\to 0}\frac{f(h)-f(0)}{h}+\lim_{h\to 0}2$

$=f'(0)+2$

따라서 $1=f'(0)+2$이므로

$f'(0)=-1$

05-1 답 ㄱ, ㄷ

함수 $y=f(x)$의 그래프 위의 $x=a$인 점을 $A(a,\ f(a))$, $x=b$인 점을 $B(b,\ f(b))$라 하자.

ㄱ. 직선 OA의 기울기는 $\dfrac{f(a)}{a}$

직선 OB의 기울기는 $\dfrac{f(b)}{b}$

오른쪽 그림에서 직선 OA의 기울기는 직선 OB 의 기울기보다 크므로 $\dfrac{f(a)}{a}>\dfrac{f(b)}{b}$

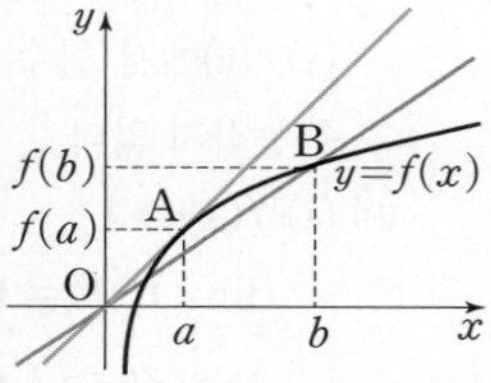

ㄴ. 직선 $y=x$가 $x=a$인 점에서 접하므로 $f'(a)$는 직선 $y=x$의 기울기와 같다.

$\therefore f'(a)=1$

ㄷ. $f'(b)$는 점 B에서의 접선의 기울기이고,

$\dfrac{f(b)-f(a)}{b-a}$ 는 두 점 A, B를 지나는 직선의 기울기

이다.

오른쪽 그림에서 점 B에서의 접선의 기울기는 두 점 A, B를 지나는 직선의 기울기보다 작으므로

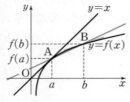

$f'(b)<\dfrac{f(b)-f(a)}{b-a}$

따라서 보기에서 옳은 것은 ㄱ, ㄷ이다.

2 미분가능성과 연속성

문제   61~62쪽

06-1 답 (1) $x=1$에서 연속이지만 미분가능하지 않다.

(2) $x=1$에서 연속이고 미분가능하다.

(1) (i) $f(1)=0$

$\displaystyle\lim_{x\to1+}f(x)=\lim_{x\to1+}|x^2-1|=\lim_{x\to1+}(x^2-1)=0$

$\displaystyle\lim_{x\to1-}f(x)=\lim_{x\to1-}|x^2-1|=\lim_{x\to1-}(-x^2+1)=0$

즉, $\displaystyle\lim_{x\to1}f(x)=f(1)$이므로 함수 $f(x)$는 $x=1$에서 연속이다.

(ii) $\displaystyle\lim_{h\to0+}\dfrac{f(1+h)-f(1)}{h}=\lim_{h\to0+}\dfrac{|(1+h)^2-1|-0}{h}$

$=\displaystyle\lim_{h\to0+}\dfrac{h^2+2h}{h}$

$=\displaystyle\lim_{h\to0+}(h+2)=2$

$\displaystyle\lim_{h\to0-}\dfrac{f(1+h)-f(1)}{h}=\lim_{h\to0-}\dfrac{|(1+h)^2-1|-0}{h}$

$=\displaystyle\lim_{h\to0-}\dfrac{-h^2-2h}{h}$

$=\displaystyle\lim_{h\to0-}(-h-2)=-2$

즉, $f'(1)$의 값이 존재하지 않으므로 함수 $f(x)$는 $x=1$에서 미분가능하지 않다.

(i), (ii)에서 함수 $f(x)$는 $x=1$에서 연속이지만 미분가능하지 않다.

(2) (i) $f(1)=3$

$\displaystyle\lim_{x\to1+}f(x)=\lim_{x\to1+}3x=3$

$\displaystyle\lim_{x\to1-}f(x)=\lim_{x\to1-}(x^2+x+1)=3$

즉, $\displaystyle\lim_{x\to1}f(x)=f(1)$이므로 함수 $f(x)$는 $x=1$에서 연속이다.

(ii) $\displaystyle\lim_{h\to0+}\dfrac{f(1+h)-f(1)}{h}=\lim_{h\to0+}\dfrac{3(1+h)-3}{h}$

$=\displaystyle\lim_{h\to0+}\dfrac{3h}{h}=3$

$\displaystyle\lim_{h\to0-}\dfrac{f(1+h)-f(1)}{h}$

$=\displaystyle\lim_{h\to0-}\dfrac{\{(1+h)^2+(1+h)+1\}-3}{h}$

$=\displaystyle\lim_{h\to0-}\dfrac{h^2+3h}{h}=\lim_{h\to0-}(h+3)=3$

즉, $f'(1)$의 값이 존재하므로 함수 $f(x)$는 $x=1$에서 미분가능하다.

(i), (ii)에서 함수 $f(x)$는 $x=1$에서 연속이고 미분가능하다.

07-1 답 ㄱ, ㄴ

ㄱ. $\displaystyle\lim_{x\to-1+}f(x)=2$, $\displaystyle\lim_{x\to-1-}f(x)=2$이므로

$\displaystyle\lim_{x\to-1}f(x)=2$

ㄴ, ㄷ. (i) $x=-1$에서 $\displaystyle\lim_{x\to-1}f(x)\neq f(-1)$이므로 함수 $f(x)$는 $x=-1$에서 불연속이고, 미분가능하지 않다.

(ii) $x=1$에서 $\displaystyle\lim_{x\to1}f(x)$의 값이 존재하지 않으므로 함수 $f(x)$는 $x=1$에서 불연속이고, 미분가능하지 않다.

(iii) $x=2$에서 $\displaystyle\lim_{x\to2}f(x)=f(2)=2$이므로 함수 $f(x)$는 $x=2$에서 연속이다.

이때 $x=2$에서 함수 $y=f(x)$의 그래프가 꺾여 있으므로 함수 $f(x)$는 $x=2$에서 미분가능하지 않다.

(iv) $x=3$에서 $\displaystyle\lim_{x\to3}f(x)=f(3)=2$이므로 함수 $f(x)$는 $x=3$에서 연속이다.

이때 $x=3$에서 함수 $y=f(x)$의 그래프가 꺾여 있으므로 함수 $f(x)$는 $x=3$에서 미분가능하지 않다.

(i)~(iv)에서 함수 $f(x)$는 $x=-1$, $x=1$에서 불연속이고, $x=-1$, $x=1$, $x=2$, $x=3$에서 미분가능하지 않으므로 불연속인 x의 값은 2개, 미분가능하지 않은 x의 값은 4개이다.

따라서 보기에서 옳은 것은 ㄱ, ㄴ이다.

연습문제   63~64쪽

1 $\dfrac{5}{6}$	2 $\dfrac{14}{3}$	3 ⑤	4 ①	5 8
6 ②	7 -8	8 ③	9 12	10 ④
11 ㄴ, ㄷ	12 ④	13 $\dfrac{1}{2}$	14 ㄱ, ㄴ	

1 $f(0)=3$, $f(5)=9$에서 $g(3)=0$, $g(9)=5$

따라서 함수 $g(x)$에서 x의 값이 3에서 9까지 변할 때의 평균변화율은

$$\frac{\Delta y}{\Delta x}=\frac{g(9)-g(3)}{9-3}=\frac{5-0}{6}=\frac{5}{6}$$

2 함수 $f(x)$에서 x의 값이 n에서 $n+1$까지 변할 때의 평균변화율은

$$\frac{\Delta y}{\Delta x}=\frac{f(n+1)-f(n)}{(n+1)-n}=f(n+1)-f(n)=n^2$$

따라서 함수 $f(x)$에서 x의 값이 1에서 4까지 변할 때의 평균변화율은

$$\frac{\Delta y}{\Delta x}=\frac{f(4)-f(1)}{4-1}$$

$$=\frac{f(4)-f(3)+f(3)-f(2)+f(2)-f(1)}{3}$$

$$=\frac{3^2+2^2+1^2}{3}=\frac{14}{3}$$

3 함수 $f(x)$에서 x의 값이 1에서 $1+h$까지 변할 때의 평균변화율은

$$\frac{\Delta y}{\Delta x}=\frac{f(1+h)-f(1)}{(1+h)-1}=\frac{f(1+h)-f(1)}{h}=h^2+2h+3$$

$$\therefore f'(1)=\lim_{h\to 0}\frac{f(1+h)-f(1)}{h}=\lim_{h\to 0}(h^2+2h+3)=3$$

4 $\displaystyle\lim_{h\to 0}\frac{f(3+h)-4}{2h}=1$에서 $h\to 0$일 때 (분모)$\to 0$이고, 극한값이 존재하므로 (분자)$\to 0$에서

$$\lim_{h\to 0}\{f(3+h)-4\}=0$$

$$f(3)-4=0 \qquad \therefore f(3)=4$$

$$\therefore \lim_{h\to 0}\frac{f(3+h)-4}{2h}=\lim_{h\to 0}\frac{f(3+h)-f(3)}{2h}$$

$$=\lim_{h\to 0}\frac{f(3+h)-f(3)}{h}\times\frac{1}{2}$$

$$=\frac{1}{2}f'(3)$$

즉, $\dfrac{1}{2}f'(3)=1$이므로 $f'(3)=2$

$$\therefore f(3)+f'(3)=4+2=6$$

5 $\dfrac{1}{t}=h$로 놓으면 $t\to\infty$일 때 $h\to 0$이므로

$$\lim_{t\to\infty}2t\left\{f\left(2+\frac{1}{t}\right)-f(2)\right\}=\lim_{h\to 0}\frac{2}{h}\{f(2+h)-f(2)\}$$

$$=2\lim_{h\to 0}\frac{f(2+h)-f(2)}{h}$$

$$=2f'(2)=2\times 4=8$$

6 $\displaystyle\lim_{x\to 1}\frac{x^2+x-2}{f(x)-f(1)}$

$$=\lim_{x\to 1}\frac{(x+2)(x-1)}{f(x)-f(1)}$$

$$=\lim_{x\to 1}\frac{1}{\dfrac{f(x)-f(1)}{(x+2)(x-1)}}$$

$$=\lim_{x\to 1}\left\{(x+2)\times\frac{1}{\dfrac{f(x)-f(1)}{x-1}}\right\}$$

$$=\lim_{x\to 1}(x+2)\times\lim_{x\to 1}\frac{1}{\dfrac{f(x)-f(1)}{x-1}}$$

$$=3\times\frac{1}{f'(1)}=3\times\frac{1}{-2}=-\frac{3}{2}$$

7 $\displaystyle\lim_{x\to 4}\frac{\sqrt{x}f(4)-2f(x)}{x-4}$

$$=\lim_{x\to 4}\frac{\sqrt{x}f(4)-2f(4)+2f(4)-2f(x)}{x-4}$$

$$=\lim_{x\to 4}\frac{f(4)(\sqrt{x}-2)-2\{f(x)-f(4)\}}{x-4}$$

$$=\lim_{x\to 4}\frac{f(4)(\sqrt{x}-2)(\sqrt{x}+2)}{(x-4)(\sqrt{x}+2)}-2\lim_{x\to 4}\frac{f(x)-f(4)}{x-4}$$

$$=\lim_{x\to 4}\frac{f(4)}{\sqrt{x}+2}-2\lim_{x\to 4}\frac{f(x)-f(4)}{x-4}$$

$$=\frac{f(4)}{4}-2f'(4)$$

$$=\frac{8}{4}-2\times 5=-8$$

8 $f(x+y)=f(x)+f(y)+xy(x+y)$의 양변에 $x=0$, $y=0$을 대입하면

$$f(0)=f(0)+f(0) \qquad \therefore f(0)=0$$

$$\therefore f'(2)=\lim_{h\to 0}\frac{f(2+h)-f(2)}{h}$$

$$=\lim_{h\to 0}\frac{f(2)+f(h)+2h(2+h)-f(2)}{h}$$

$$=\lim_{h\to 0}\frac{f(h)+2h(h+2)}{h}$$

$$=\lim_{h\to 0}\frac{f(h)-f(0)}{h}+\lim_{h\to 0}2(h+2)$$

$$=f'(0)+4=3+4=7$$

9 곡선 $y=f(x)$ 위의 점 $(1, f(1))$에서의 접선의 기울기가 4이므로

$$f'(1)=4$$

$$\therefore \lim_{h \to 0} \frac{f(1+2h)-f(1-4h)}{2h}$$

$$=\lim_{h \to 0} \frac{f(1+2h)-f(1)+f(1)-f(1-4h)}{2h}$$

$$=\lim_{h \to 0} \frac{f(1+2h)-f(1)}{2h}-\lim_{h \to 0} \frac{f(1-4h)-f(1)}{2h}$$

$$=\lim_{h \to 0} \frac{f(1+2h)-f(1)}{2h}$$

$$\qquad\qquad -\lim_{h \to 0} \frac{f(1-4h)-f(1)}{-4h}\times(-2)$$

$$=f'(1)+2f'(1)=3f'(1)$$

$$=3\times4=12$$

10 ㄱ. (i) $f(0)=0$

$\lim_{x \to 0+} f(x) = \lim_{x \to 0+} x = 0$

$\lim_{x \to 0-} f(x) = \lim_{x \to 0-} (-x) = 0$

즉, $\lim_{x \to 0} f(x) = f(0)$이므로 함수 $f(x)$는 $x=0$에서 연속이다.

(ii) $\lim_{h \to 0+} \frac{f(h)-f(0)}{h} = \lim_{h \to 0+} \frac{h}{h} = 1$

$\lim_{h \to 0-} \frac{f(h)-f(0)}{h} = \lim_{h \to 0-} \frac{-h}{h} = -1$

즉, $f'(0)$의 값이 존재하지 않으므로 함수 $f(x)$는 $x=0$에서 미분가능하지 않다.

ㄴ. $f(0)=0$

$\lim_{x \to 0+} f(x) = \lim_{x \to 0+} (x^2-4x+3) = 3$

$\lim_{x \to 0-} f(x) = \lim_{x \to 0-} (x^2+4x+3) = 3$

즉, $\lim_{x \to 0} f(x) \neq f(0)$이므로 함수 $f(x)$는 $x=0$에서 불연속이다.

ㄷ. (i) $f(0)=0$

$\lim_{x \to 0+} f(x) = \lim_{x \to 0+} (x^2+2x) = 0$

$\lim_{x \to 0-} f(x) = \lim_{x \to 0-} 4x = 0$

즉, $\lim_{x \to 0} f(x) = f(0)$이므로 함수 $f(x)$는 $x=0$에서 연속이다.

(ii) $\lim_{h \to 0+} \frac{f(h)-f(0)}{h} = \lim_{h \to 0+} \frac{h^2+2h}{h}$

$\qquad\qquad = \lim_{h \to 0+} (h+2) = 2$

$\lim_{h \to 0-} \frac{f(h)-f(0)}{h} = \lim_{h \to 0-} \frac{4h}{h} = 4$

즉, $f'(0)$의 값이 존재하지 않으므로 함수 $f(x)$는 $x=0$에서 미분가능하지 않다.

따라서 보기의 함수에서 $x=0$에서 연속이지만 미분가능하지 않은 것은 ㄱ, ㄷ이다.

11 ㄱ. $k(x)=x-1+f(x)$라 하면

$$k(x)=\begin{cases} 2x-2 & (x\geq1) \\ 0 & (x<1) \end{cases}$$

$\lim_{h \to 0+} \frac{k(1+h)-k(1)}{h} = \lim_{h \to 0+} \frac{2h-0}{h} = 2$

$\lim_{h \to 0-} \frac{k(1+h)-k(1)}{h} = \lim_{h \to 0-} \frac{0-0}{h} = 0$

즉, $k'(1)$의 값이 존재하지 않으므로 함수 $k(x)$는 $x=1$에서 미분가능하지 않다.

ㄴ. $k(x)=(x-1)f(x)$라 하면

$$k(x)=\begin{cases} (x-1)^2 & (x\geq1) \\ -(x-1)^2 & (x<1) \end{cases}$$

$\lim_{h \to 0+} \frac{k(1+h)-k(1)}{h} = \lim_{h \to 0+} \frac{h^2-0}{h} = \lim_{h \to 0+} h = 0$

$\lim_{h \to 0-} \frac{k(1+h)-k(1)}{h} = \lim_{h \to 0-} \frac{-h^2-0}{h}$

$\qquad\qquad\qquad = \lim_{h \to 0-} (-h) = 0$

즉, $k'(1)$의 값이 존재하므로 함수 $k(x)$는 $x=1$에서 미분가능하다.

ㄷ. $k(x)=f(x)g(x)$라 하면

$$k(x)=\begin{cases} (x-1)(2x-1) & (x\geq1) \\ x(x-1) & (x<1) \end{cases}$$

$\lim_{h \to 0+} \frac{k(1+h)-k(1)}{h} = \lim_{h \to 0+} \frac{h(2h+1)-0}{h}$

$\qquad\qquad\qquad = \lim_{h \to 0+} (2h+1) = 1$

$\lim_{h \to 0-} \frac{k(1+h)-k(1)}{h} = \lim_{h \to 0-} \frac{h(1+h)-0}{h}$

$\qquad\qquad\qquad = \lim_{h \to 0-} (1+h) = 1$

즉, $k'(1)$의 값이 존재하므로 함수 $k(x)$는 $x=1$에서 미분가능하다.

따라서 보기의 함수에서 $x=1$에서 미분가능한 것은 ㄴ, ㄷ이다.

12 ① $f'(4)$는 점 $(4, f(4))$에서의 접선의 기울기와 같으므로 $f'(4)<0$

② $\lim_{x \to 3+} f(x)=2$, $\lim_{x \to 3-} f(x)=2$이므로 $\lim_{x \to 3} f(x)=2$

③ 불연속인 x의 값은 3, 5의 2개이다.

④ $f'(x)=0$, 즉 접선의 기울기가 0인 x의 값은 1의 1개이다.

⑤ $x=3$, $x=5$에서 불연속이므로 미분가능하지 않다.

또 $x=2$에서 연속이지만 그래프가 꺾여 있으므로 미분가능하지 않다.

즉, 미분가능하지 않은 x의 값은 2, 3, 5의 3개이다.

따라서 옳지 않은 것은 ④이다.

13 $\lim_{x \to 1} \dfrac{f(x)-2}{x-1}=1$에서 $x \to 1$일 때 (분모)$\to 0$이고, 극한

값이 존재하므로 (분자)$\to 0$에서 $\lim_{x \to 1}\{f(x)-2\}=0$

$f(1)-2=0$ $\quad \therefore f(1)=2$

$\therefore \lim_{x \to 1}\dfrac{f(x)-2}{x-1}=\lim_{x \to 1}\dfrac{f(x)-f(1)}{x-1}=f'(1)=1$

$g(1)=2f(1)$이므로 $g(1)=2 \times 2=4$

$\therefore \lim_{x \to 1}\dfrac{f(x)-xf(1)}{g(x)-xg(1)}$

$=\lim_{x \to 1}\dfrac{f(x)-f(1)+f(1)-xf(1)}{g(x)-g(1)+g(1)-xg(1)}$

$=\lim_{x \to 1}\dfrac{f(x)-f(1)-f(1)(x-1)}{g(x)-g(1)-g(1)(x-1)}$

$=\lim_{x \to 1}\left\{\dfrac{f(x)-f(1)-f(1)(x-1)}{x-1}\right.$

$\left. \qquad\qquad \times \dfrac{x-1}{g(x)-g(1)-g(1)(x-1)}\right\}$

$=\lim_{x \to 1}\left\{\dfrac{f(x)-f(1)}{x-1}-f(1)\right\}$

$\qquad\qquad \times \lim_{x \to 1}\dfrac{1}{\dfrac{g(x)-g(1)}{x-1}-g(1)}$

$=\{f'(1)-2\} \times \dfrac{1}{g'(1)-4}=(1-2) \times \dfrac{1}{2-4}=\dfrac{1}{2}$

14 ㄱ. 오른쪽 그림과 같이 이차함수

$y=f(x)$의 그래프가 직선 $y=x$

와 점 $(-1, -1)$에서 접하므로

$f'(-1)=1$

또 $a<0$일 때, 두 점 $(0, 0)$,

$(a, f(a))$를 지나는 직선의 기울기는 1보다 작거나

같으므로 $\dfrac{f(a)}{a} \leq 1$

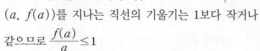

ㄴ. $-1<a<0$일 때, 오른쪽 그림에

서 점 $(a, f(a))$에서의 접선의

기울기는 직선 $y=x$의 기울기보

다 크므로 $f'(a)>1$

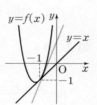

ㄷ. $a<-1$일 때, 두 점 $(a, f(a))$, $(-1, -1)$을 지나는

직선의 기울기는 $\dfrac{-1-f(a)}{-1-a}=\dfrac{f(a)+1}{a+1}$

오른쪽 그림에서 두 점

$(a, f(a))$, $(-1, -1)$을 지나는

직선의 기울기는 점 $(a, f(a))$에

서의 접선의 기울기보다 크므로

$\dfrac{f(a)+1}{a+1}>f'(a)$

따라서 보기에서 옳은 것은 ㄱ, ㄴ이다.

도함수

개념 Check 67쪽

1 답 ㈎ $4xh$ ㈏ $4x$ ㈐ $4x-1$

2 답 (1) $y'=24x-16$ (2) $y'=-6x^2+2x$

(3) $y'=x^2-4x$ (4) $y'=4x^3+4x-2$

(1) $y=12x^2-16x+8$에서

$y'=12(x^2)'-16(x)'+(8)'$

$\quad =12 \times 2x-16 \times 1+0$

$\quad =24x-16$

(2) $y=-2x^3+x^2-3$에서

$y'=-2(x^3)'+(x^2)'-(3)'$

$\quad =-2 \times 3x^2+2x-0$

$\quad =-6x^2+2x$

(3) $y=\dfrac{1}{3}x^3-2x^2+\dfrac{3}{5}$에서

$y'=\dfrac{1}{3}(x^3)'-2(x^2)'+\left(\dfrac{3}{5}\right)'$

$\quad =\dfrac{1}{3} \times 3x^2-2 \times 2x+0$

$\quad =x^2-4x$

(4) $y=x^4+2x^2-2x+5$에서

$y'=(x^4)'+2(x^2)'-2(x)'+(5)'$

$\quad =4x^3+2 \times 2x-2 \times 1+0$

$\quad =4x^3+4x-2$

3 답 (1) $y'=12x+1$ (2) $y'=3x^2-4x+3$

(3) $y'=3x^2-6x+2$ (4) $y'=(3x-1)(9x+17)$

(1) $y=(2x+1)(3x-1)$에서

$y'=(2x+1)'(3x-1)+(2x+1)(3x-1)'$

$\quad =2(3x-1)+(2x+1) \times 3$

$\quad =6x-2+6x+3=12x+1$

(2) $y=(x^2+3)(x-2)$에서

$y'=(x^2+3)'(x-2)+(x^2+3)(x-2)'$

$\quad =2x(x-2)+(x^2+3) \times 1$

$\quad =2x^2-4x+x^2+3=3x^2-4x+3$

(3) $y=x(x-1)(x-2)$에서

$y'=(x)'(x-1)(x-2)+x(x-1)'(x-2)$

$\qquad\qquad\qquad +x(x-1)(x-2)'$

$\quad =(x-1)(x-2)+x(x-2)+x(x-1)$

$\quad =x^2-3x+2+x^2-2x+x^2-x$

$\quad =3x^2-6x+2$

(4) $y=(x+3)(3x-1)^2$에서

$\quad y'=(x+3)'(3x-1)^2+(x+3)\{(3x-1)^2\}'$

$\qquad =(3x-1)^2+(x+3)\times 2(3x-1)\times 3$

$\qquad =(3x-1)\{3x-1+6(x+3)\}$

$\qquad =(3x-1)(9x+17)$

문제

01-1 답 (1) -8 (2) 5

(1) $f(x)=-4x^3+2x^2-1$을 x에 대하여 미분하면

$\quad f'(x)=-4(x^3)'+2(x^2)'-(1)'$

$\qquad =-4\times 3x^2+2\times 2x-0$

$\qquad =-12x^2+4x$

$\quad \therefore f'(1)=-12+4=-8$

(2) $f(x)=(x+1)(x^2-3x+4)$를 x에 대하여 미분하면

$\quad f'(x)=(x+1)'(x^2-3x+4)+(x+1)(x^2-3x+4)'$

$\qquad =1\times(x^2-3x+4)+(x+1)(2x-3)$

$\qquad =x^2-3x+4+2x^2-x-3=3x^2-4x+1$

$\quad \therefore f'(2)=12-8+1=5$

01-2 답 2

$f(x)=x^3+ax^2+(a-1)x+1$을 x에 대하여 미분하면

$\quad f'(x)=(x^3)'+a(x^2)'+(a-1)(x)'+(1)'$

$\qquad =3x^2+a\times 2x+(a-1)\times 1+0$

$\qquad =3x^2+2ax+a-1$

$f'(-2)=5$에서 $12-4a+a-1=5$

$-3a=-6$ $\quad \therefore a=2$

01-3 답 1

$g(x)=(x^3+2x)f(x)$를 x에 대하여 미분하면

$\quad g'(x)=(3x^2+2)f(x)+(x^3+2x)f'(x)$

$\quad \therefore g'(1)=(3+2)f(1)+(1+2)f'(1)$

$\qquad =5f(1)+3f'(1)$

$\qquad =5\times(-1)+3\times 2$

$\qquad =-5+6=1$

02-1 답 10

$f(1)=2$이므로

$\displaystyle\lim_{x\to 1}\frac{f(x^2)-2}{x-1}=\lim_{x\to 1}\frac{f(x^2)-f(1)}{x-1}$

$\qquad =\displaystyle\lim_{x\to 1}\left\{\frac{f(x^2)-f(1)}{(x-1)(x+1)}\times(x+1)\right\}$

$\qquad =\displaystyle\lim_{x\to 1}\frac{f(x^2)-f(1)}{x^2-1}\times\lim_{x\to 1}(x+1)$

$\qquad =2f'(1)$

$f(x)=x^3+2x-1$에서 $f'(x)=3x^2+2$이므로

$2f'(1)=2(3+2)=10$

02-2 답 3

$f(1)=-2$이므로

$\displaystyle\lim_{h\to 0}\frac{f(1-3h)+2}{h}=\lim_{h\to 0}\frac{f(1-3h)-f(1)}{h}$

$\qquad =\displaystyle\lim_{h\to 0}\frac{f(1-3h)-f(1)}{-3h}\times(-3)$

$\qquad =-3f'(1)$

$f(x)=-x^3+x^2-2$에서 $f'(x)=-3x^2+2x$이므로

$-3f'(1)=-3(-3+2)=3$

02-3 답 36

$h(x)=f(x)g(x)$라 하면

$\displaystyle\lim_{x\to 1}\frac{f(x)g(x)-f(1)g(1)}{x-1}=\lim_{x\to 1}\frac{h(x)-h(1)}{x-1}$

$\qquad =h'(1)$

$h'(x)=f'(x)g(x)+f(x)g'(x)$이므로

$h'(x)=(-x^2+2x+3)'(2x^3+x^2+x-1)$

$\qquad\qquad +(-x^2+2x+3)(2x^3+x^2+x-1)'$

$\qquad =(-2x+2)(2x^3+x^2+x-1)$

$\qquad\qquad +(-x^2+2x+3)(6x^2+2x+1)$

$\therefore h'(1)=(-1+2+3)(6+2+1)=36$

03-1 답 40

$f(x)=x^{10}+x^9+x^8+x^7+x^6$이라 하면 $f(1)=5$이므로

$\displaystyle\lim_{x\to 1}\frac{x^{10}+x^9+x^8+x^7+x^6-5}{x-1}=\lim_{x\to 1}\frac{f(x)-f(1)}{x-1}$

$\qquad =f'(1)$

따라서 $f'(x)=10x^9+9x^8+8x^7+7x^6+6x^5$이므로

$f'(1)=10+9+8+7+6=40$

03-2 답 5

$f(x)=x^n+x^2+2x$라 하면 $f(1)=4$이므로

$\displaystyle\lim_{x\to 1}\frac{x^n+x^2+2x-4}{x-1}=\lim_{x\to 1}\frac{f(x)-f(1)}{x-1}=f'(1)=9$

이때 $f'(x)=nx^{n-1}+2x+2$이므로 $f'(1)=n+4$

따라서 $n+4=9$이므로 $n=5$

03-3 답 37

$\displaystyle\lim_{x\to 2}\frac{x^n+x-18}{x-2}=k$에서 $x\to 2$일 때 (분모)$\to 0$이고,

극한값이 존재하므로 (분자)$\to 0$에서

$\displaystyle\lim_{x\to 2}(x^n+x-18)=0$

$2^n+2-18=0$, $2^n=16$

$\therefore n=4$

$f(x)=x^4+x$라 하면 $f(2)=18$이므로

$$\lim_{x \to 2}\frac{x^4+x-18}{x-2}=\lim_{x \to 2}\frac{f(x)-f(2)}{x-2}=f'(2)$$

이때 $f'(x)=4x^3+1$이므로

$f'(2)=32+1=33$ $\therefore k=33$

$\therefore n+k=4+33=37$

04-1 답 54

$$\lim_{x \to 2}\frac{f(x)-f(2)}{x^2-4}=\lim_{x \to 2}\left\{\frac{f(x)-f(2)}{x-2}\times\frac{1}{x+2}\right\}$$

$$=\lim_{x \to 2}\frac{f(x)-f(2)}{x-2}\times\lim_{x \to 2}\frac{1}{x+2}$$

$$=\frac{1}{4}f'(2)$$

즉, $\frac{1}{4}f'(2)=\frac{3}{4}$이므로 $f'(2)=3$

$f(x)=x^3+ax+b$에서 $f'(x)=3x^2+a$

$f'(2)=3$에서 $12+a=3$ $\therefore a=-9$

$f(x)=x^3-9x+b$이므로 $f(-1)=2$에서

$-1+9+b=2$ $\therefore b=-6$

$\therefore ab=(-9)\times(-6)=54$

04-2 답 -1

$\lim\limits_{x \to 1}\dfrac{f(x)}{x-1}=2$에서 $x \to 1$일 때 (분모)$\to 0$이고, 극한값이

존재하므로 (분자)$\to 0$에서

$\lim\limits_{x \to 1}f(x)=0$ $\therefore f(1)=0$

$$\therefore \lim_{x \to 1}\frac{f(x)}{x-1}=\lim_{x \to 1}\frac{f(x)-f(1)}{x-1}=f'(1)=2$$

$f(x)=x^4+ax^2+b$에서 $f'(x)=4x^3+2ax$

$f'(1)=2$에서 $4+2a=2$ $\therefore a=-1$

$f(x)=x^4-x^2+b$이므로 $f(1)=0$에서

$1-1+b=0$ $\therefore b=0$

$\therefore a-b=-1$

04-3 답 0

$\lim\limits_{x \to 0}\dfrac{f(x)}{x}=-2$에서 $x \to 0$일 때 (분모)$\to 0$이고,

극한값이 존재하므로 (분자)$\to 0$에서

$\lim\limits_{x \to 0}f(x)=0$ $\therefore f(0)=0$

$$\therefore \lim_{x \to 0}\frac{f(x)}{x}=\lim_{x \to 0}\frac{f(x)-f(0)}{x}$$

$$=f'(0)=-2$$

$\lim\limits_{x \to 1}\dfrac{f(x)+2}{x-1}=-1$에서 $x \to 1$일 때 (분모)$\to 0$이고,

극한값이 존재하므로 (분자)$\to 0$에서

$\lim\limits_{x \to 1}\{f(x)+2\}=0$ $\therefore f(1)=-2$

$$\therefore \lim_{x \to 1}\frac{f(x)+2}{x-1}=\lim_{x \to 1}\frac{f(x)-f(1)}{x-1}$$

$$=f'(1)=-1$$

$f(x)$는 $f(0)=0$이고, 최고차항의 계수가 1인 삼차함수

이므로 $f(x)=x^3+ax^2+bx$(a, b는 상수)라 하면

$f'(x)=3x^2+2ax+b$

$f'(0)=-2$에서 $b=-2$

$f'(x)=3x^2+2ax-2$이므로

$f'(1)=-1$에서 $3+2a-2=-1$ $\therefore a=-1$

따라서 $f(x)=x^3-x^2-2x$이므로

$f(2)=8-4-4=0$

05-1 답 9

함수 $f(x)$가 $x=1$에서 미분가능하면 $x=1$에서 연속이고

미분계수 $f'(1)$이 존재한다.

(i) $x=1$에서 연속이므로 $\lim\limits_{x \to 1-}f(x)=f(1)$에서

$b+1=1+a$ $\therefore a=b$ $\cdots\cdots$ ㉠

(ii) 미분계수 $f'(1)$이 존재하므로

$$\lim_{h \to 0+}\frac{f(1+h)-f(1)}{h}$$

$$=\lim_{h \to 0+}\frac{\{(1+h)^3+a(1+h)^2\}-(1+a)}{h}$$

$$=\lim_{h \to 0+}\frac{h^3+(a+3)h^2+(2a+3)h}{h}$$

$$=\lim_{h \to 0+}\{h^2+(a+3)h+2a+3\}$$

$$=2a+3$$

$$\lim_{h \to 0-}\frac{f(1+h)-f(1)}{h}$$

$$=\lim_{h \to 0-}\frac{\{b(1+h)+1\}-(1+a)}{h}$$

$$=\lim_{h \to 0-}\frac{bh}{h}\;(\because ㉠)$$

$$=b$$

$\therefore 2a+3=b$ $\cdots\cdots$ ㉡

㉠, ㉡을 연립하여 풀면

$a=-3$, $b=-3$ $\therefore ab=9$

다른 풀이

$g(x)=x^3+ax^2$, $h(x)=bx+1$이라 하면

$g'(x)=3x^2+2ax$, $h'(x)=b$

(i) $x=1$에서 연속이므로 $g(1)=h(1)$에서

$1+a=b+1$ $\therefore a=b$ $\cdots\cdots$ ㉠

(ii) $x=1$에서의 미분계수가 존재하므로 $g'(1)=h'(1)$에서

$3+2a=b$ $\cdots\cdots$ ㉡

㉠, ㉡을 연립하여 풀면

$a=-3$, $b=-3$ $\therefore ab=9$

05-2 답 −3

함수 $f(x)$가 $x=a$에서 미분가능하면 $x=a$에서 연속이고 미분계수 $f'(a)$가 존재한다.

(i) $x=a$에서 연속이므로 $\lim\limits_{x \to a-} f(x)=f(a)$에서

$$3a+b=a^2-3a \qquad \therefore b=a^2-6a \quad \cdots\cdots \text{㉠}$$

(ii) 미분계수 $f'(a)$가 존재하므로

$$\lim_{h \to 0+} \frac{f(a+h)-f(a)}{h}$$
$$=\lim_{h \to 0+} \frac{\{(a+h)^2-3(a+h)\}-(a^2-3a)}{h}$$
$$=\lim_{h \to 0+} \frac{h^2+(2a-3)h}{h}$$
$$=\lim_{h \to 0+} (h+2a-3)=2a-3$$

$$\lim_{h \to 0-} \frac{f(a+h)-f(a)}{h}$$
$$=\lim_{h \to 0-} \frac{\{3(a+h)+b\}-(a^2-3a)}{h}$$
$$=\lim_{h \to 0-} \frac{3h}{h} \ (\because \text{㉠})$$
$$=3$$

즉, $2a-3=3$이므로 $a=3$

이를 ㉠에 대입하면 $b=9-18=-9$

따라서 $f(x)=\begin{cases} x^2-3x & (x \geq 3) \\ 3x-9 & (x<3) \end{cases}$이므로

$f(2)=6-9=-3$

다른 풀이

$g(x)=x^2-3x$, $h(x)=3x+b$라 하면

$g'(x)=2x-3$, $h'(x)=3$

(i) $x=a$에서 연속이므로 $g(a)=h(a)$에서

$$a^2-3a=3a+b \qquad \therefore b=a^2-6a \quad \cdots\cdots \text{㉠}$$

(ii) $x=a$에서의 미분계수가 존재하므로 $g'(a)=h'(a)$에서

$$2a-3=3 \qquad \therefore a=3$$

이를 ㉠에 대입하면 $b=9-18=-9$

따라서 $f(x)=\begin{cases} x^2-3x & (x \geq 3) \\ 3x-9 & (x<3) \end{cases}$이므로

$f(2)=6-9=-3$

06-1 답 199

$x^{100}+ax+b$를 $(x+1)^2$으로 나누었을 때의 몫을 $Q(x)$라 하면 나머지가 0이므로

$$x^{100}+ax+b=(x+1)^2 Q(x) \quad \cdots\cdots \text{㉠}$$

양변에 $x=-1$을 대입하면

$$1-a+b=0 \qquad \therefore a-b=1 \quad \cdots\cdots \text{㉡}$$

㉠의 양변을 x에 대하여 미분하면

$$100x^{99}+a=2(x+1)Q(x)+(x+1)^2 Q'(x)$$

양변에 $x=-1$을 대입하면 $-100+a=0$ $\qquad \therefore a=100$

이를 ㉡에 대입하면 $100-b=1$ $\qquad \therefore b=99$

$$\therefore a+b=100+99=199$$

06-2 답 10

x^8-x+3을 $(x-1)^2$으로 나누었을 때의 몫을 $Q(x)$, 나머지를 $R(x)=ax+b$ (a, b는 상수)라 하면

$$x^8-x+3=(x-1)^2 Q(x)+ax+b \quad \cdots\cdots \text{㉠}$$

양변에 $x=1$을 대입하면

$$1-1+3=a+b \qquad \therefore a+b=3 \quad \cdots\cdots \text{㉡}$$

㉠의 양변을 x에 대하여 미분하면

$$8x^7-1=2(x-1)Q(x)+(x-1)^2 Q'(x)+a$$

양변에 $x=1$을 대입하면 $8-1=a$ $\qquad \therefore a=7$

이를 ㉡에 대입하면 $7+b=3$ $\qquad \therefore b=-4$

따라서 $R(x)=7x-4$이므로

$$R(2)=14-4=10$$

06-3 답 4

$x^{10}+ax+b$를 $(x-1)^2$으로 나누었을 때의 몫을 $Q(x)$라 하면 나머지가 $2x-3$이므로

$$x^{10}+ax+b=(x-1)^2 Q(x)+2x-3 \quad \cdots\cdots \text{㉠}$$

양변에 $x=1$을 대입하면

$$1+a+b=2-3 \qquad \therefore a+b=-2 \quad \cdots\cdots \text{㉡}$$

㉠의 양변을 x에 대하여 미분하면

$$10x^9+a=2(x-1)Q(x)+(x-1)^2 Q'(x)+2$$

양변에 $x=1$을 대입하면 $10+a=2$ $\qquad \therefore a=-8$

이를 ㉡에 대입하면 $-8+b=-2$ $\qquad \therefore b=6$

$$\therefore a+2b=-8+12=4$$

연습문제 74~76쪽

1 $f'(x)=3x-1$	**2** ⑤	**3** ②	**4** 3
5 24	**6** 2	**7** ②	**8** ④	**9** 2
10 ①	**11** 9	**12** ①	**13** ③	**14** ②
15 ③	**16** 15	**17** ③	**18** 18	**19** 9
20 7			

1 $f(x+y)=f(x)+f(y)+3xy$의 양변에 $x=0$, $y=0$을 대입하면

$$f(0)=f(0)+f(0) \qquad \therefore f(0)=0 \quad \cdots\cdots \text{㉠}$$

도함수의 정의에 의하여

$$f'(x) = \lim_{h \to 0} \frac{f(x+h) - f(x)}{h}$$
$$= \lim_{h \to 0} \frac{f(x) + f(h) + 3xh - f(x)}{h}$$
$$= \lim_{h \to 0} \frac{f(h) + 3xh}{h}$$
$$= 3x + \lim_{h \to 0} \frac{f(h)}{h}$$
$$= 3x + \lim_{h \to 0} \frac{f(h) - f(0)}{h} \ (\because \text{㉠})$$
$$= 3x + f'(0) = 3x - 1$$

2 $f(x) = (x^2 - 3x)(-2x + k)$에서
$f'(x) = (2x - 3)(-2x + k) + (x^2 - 3x) \times (-2)$
$f'(1) = 3$에서
$-(-2 + k) + (-2) \times (-2) = 3$
$6 - k = 3$ $\therefore k = 3$

3 $g(x) = (3x^2 - 12x + 1)f(x)$에서
$g'(x) = (6x - 12)f(x) + (3x^2 - 12x + 1)f'(x)$
$g'(2) = 11$에서
$(12 - 24 + 1)f'(2) = 11$
$-11f'(2) = 11$ $\therefore f'(2) = -1$

4 $f(x)$는 최고차항의 계수가 1인 삼차함수이고,
$f(a) = f(3) = f(5)$이므로
$f(x) = (x - a)(x - 3)(x - 5) + b \, (b$는 상수)라 하면
$f'(x) = (x - 3)(x - 5) + (x - a)(x - 5) + (x - a)(x - 3)$
$f'(1) = 14$에서
$(-2) \times (-4) + (1 - a) \times (-4) + (1 - a) \times (-2) = 14$
$6a + 2 = 14$ $\therefore a = 2$
$\therefore f'(2) = (-1) \times (-3) = 3$

5 $\lim_{x \to 2} \dfrac{f(x) - 4}{x^2 - 4} = 2$에서 $x \to 2$일 때 (분모) $\to 0$이고, 극한
값이 존재하므로 (분자) $\to 0$에서
$\lim_{x \to 2} \{f(x) - 4\} = 0$ $\therefore f(2) = 4$
$\therefore \lim_{x \to 2} \dfrac{f(x) - 4}{x^2 - 4} = \lim_{x \to 2} \left\{ \dfrac{f(x) - f(2)}{x - 2} \times \dfrac{1}{x + 2} \right\}$
$$= \frac{1}{4}f'(2)$$
즉, $\dfrac{1}{4}f'(2) = 2$이므로 $f'(2) = 8$

또 $\lim_{x \to 2} \dfrac{g(x) + 1}{x - 2} = 8$에서 $x \to 2$일 때 (분모) $\to 0$이고,
극한값이 존재하므로 (분자) $\to 0$에서
$\lim_{x \to 2} \{g(x) + 1\} = 0$ $\therefore g(2) = -1$

$\therefore \lim_{x \to 2} \dfrac{g(x) + 1}{x - 2} = \lim_{x \to 2} \dfrac{g(x) - g(2)}{x - 2} = g'(2) = 8$
따라서 $h(x) = f(x)g(x)$에서
$h'(x) = f'(x)g(x) + f(x)g'(x)$이므로
$h'(2) = f'(2)g(2) + f(2)g'(2)$
$$= 8 \times (-1) + 4 \times 8 = 24$$

6 $f(1) = g(1) = -4$이므로
$\lim_{h \to 0} \dfrac{f(1 + h) - g(1 - h)}{h}$
$= \lim_{h \to 0} \dfrac{f(1 + h) + 4 - 4 - g(1 - h)}{h}$
$= \lim_{h \to 0} \dfrac{f(1 + h) - f(1) + g(1) - g(1 - h)}{h}$
$= \lim_{h \to 0} \dfrac{f(1 + h) - f(1)}{h} - \lim_{h \to 0} \dfrac{g(1 - h) - g(1)}{-h} \times (-1)$
$= f'(1) + g'(1)$
$f(x) = x^2 - 3x - 2$, $g(x) = x^3 - 5$에서
$f'(x) = 2x - 3$, $g'(x) = 3x^2$이므로
$f'(1) = -1$, $g'(1) = 3$
$\therefore f'(1) + g'(1) = -1 + 3 = 2$

7 $f(x) = x^{100} - x^{99} + x^{98}$이라 하면 $f(1) = 1$이므로
$\lim_{x \to 1} \dfrac{x^{100} - x^{99} + x^{98} - 1}{x - 1} = \lim_{x \to 1} \dfrac{f(x) - f(1)}{x - 1} = f'(1)$
따라서 $f'(x) = 100x^{99} - 99x^{98} + 98x^{97}$이므로
$f'(1) = 100 - 99 + 98 = 99$

8 $\lim_{x \to 1} \dfrac{f(x + 1) - 2}{x^3 - 1} = -4$에서 $x \to 1$일 때 (분모) $\to 0$이고,
극한값이 존재하므로 (분자) $\to 0$에서
$\lim_{x \to 1} \{f(x + 1) - 2\} = 0$ $\therefore f(2) = 2$
$x + 1 = t$로 놓으면 $x \to 1$일 때 $t \to 2$이므로
$\lim_{x \to 1} \dfrac{f(x + 1) - 2}{x^3 - 1} = \lim_{t \to 2} \dfrac{f(t) - 2}{(t - 1)^3 - 1}$
$$= \lim_{t \to 2} \frac{f(t) - 2}{t^3 - 3t^2 + 3t - 2}$$
$$= \lim_{t \to 2} \left\{ \frac{f(t) - f(2)}{t - 2} \times \frac{1}{t^2 - t + 1} \right\}$$
$$= \frac{1}{3}f'(2)$$
즉, $\dfrac{1}{3}f'(2) = -4$이므로 $f'(2) = -12$
$f(x) = x^4 + ax + b$에서 $f'(x) = 4x^3 + a$
$f'(2) = -12$에서 $32 + a = -12$ $\therefore a = -44$
$f(x) = x^4 - 44x + b$이므로 $f(2) = 2$에서
$16 - 88 + b = 2$ $\therefore b = 74$
$\therefore a + b = -44 + 74 = 30$

9 $\lim\limits_{x \to 3} \dfrac{f(x)+g(x)}{x-3}=1$에서 $x \to 3$일 때 (분모)$\to 0$이고,

극한값이 존재하므로 (분자)$\to 0$에서

$\lim\limits_{x \to 3}\{f(x)+g(x)\}=0$

$f(3)+g(3)=0$　　$\therefore g(3)=-f(3)=-2$

$\therefore \lim\limits_{x \to 3}\dfrac{f(x)+g(x)}{x-3}$

$=\lim\limits_{x \to 3}\dfrac{f(x)-2+2+g(x)}{x-3}$

$=\lim\limits_{x \to 3}\dfrac{f(x)-f(3)-g(3)+g(x)}{x-3}$

$=\lim\limits_{x \to 3}\dfrac{f(x)-f(3)}{x-3}+\lim\limits_{x \to 3}\dfrac{g(x)-g(3)}{x-3}$

$=f'(3)+g'(3)$

즉, $f'(3)+g'(3)=1$이므로 $g'(3)=0$ $(\because f'(3)=1)$

$g(x)=x^2+ax+b$ $(a, b$는 상수$)$라 하면

$g'(x)=2x+a$

$g'(3)=0$에서 $6+a=0$　　$\therefore a=-6$

$g(x)=x^2-6x+b$이므로

$g(3)=-2$에서 $9-18+b=-2$　　$\therefore b=7$

따라서 $g(x)=x^2-6x+7$이므로

$g(1)=1-6+7=2$

10 $\lim\limits_{x \to \infty}\dfrac{f(x)-x^3}{x^2}=7$이므로 $f(x)-x^3=7x^2+ax+b$, 즉

$f(x)=x^3+7x^2+ax+b$ $(a, b$는 상수$)$라 하자.

$\lim\limits_{x \to 1}\dfrac{f(x)}{x-1}=18$에서 $x \to 1$일 때 (분모)$\to 0$이고, 극한값

이 존재하므로 (분자)$\to 0$에서

$\lim\limits_{x \to 1}f(x)=0$　　$\therefore f(1)=0$

$\therefore \lim\limits_{x \to 1}\dfrac{f(x)}{x-1}=\lim\limits_{x \to 1}\dfrac{f(x)-f(1)}{x-1}=f'(1)=18$

$f'(x)=3x^2+14x+a$이므로 $f'(1)=18$에서

$3+14+a=18$　　$\therefore a=1$

$f(x)=x^3+7x^2+x+b$이므로 $f(1)=0$에서

$1+7+1+b=0$　　$\therefore b=-9$

따라서 $f(x)=x^3+7x^2+x-9$, $f'(x)=3x^2+14x+1$이

므로

$f(-1)+f'(-1)=-4+(-10)=-14$

11 $f'(1)=a$ $(a$는 상수$)$라 하면 $f(x)=2x^3-2x^2-ax$이므로

$f'(x)=6x^2-4x-a$

$\therefore f'(1)=6-4-a=2-a$

즉, $a=2-a$이므로 $a=1$

따라서 $f'(x)=6x^2-4x-1$이므로

$f'(-1)=6+4-1=9$

12 $f(x)=ax^2+b$에서 $f'(x)=2ax$

$4f(x)=\{f'(x)\}^2+x^2+4$에서

$4(ax^2+b)=(2ax)^2+x^2+4$

$4ax^2+4b=(4a^2+1)x^2+4$

위의 등식이 모든 실수 x에 대하여 성립하므로

$4a=4a^2+1$, $4b=4$

$4a^2-4a+1=0$에서

$(2a-1)^2=0$　　$\therefore a=\dfrac{1}{2}$

$4b=4$에서 $b=1$

따라서 $f(x)=\dfrac{1}{2}x^2+1$이므로

$f(2)=2+1=3$

13 두 일차함수 $f(x)$, $g(x)$에 대하여 $f(0)=4$, $g(0)=1$이

므로 $f(x)=ax+4$, $g(x)=bx+1$ $(a\ne 0$, $b\ne 0)$이라

하면

$f'(x)=a$, $g'(x)=b$

$\{f(x)+g(x)\}'=1$에서 $a+b=1$　　$\cdots\cdots$ ㉠

$\{f(x)g(x)\}'=-4x-2$에서

$a(bx+1)+(ax+4)\times b=-4x-2$

$2abx+a+4b=-4x-2$

$\therefore 2ab=-4$, $a+4b=-2$　　$\cdots\cdots$ ㉡

㉠, ㉡을 연립하여 풀면 $a=2$, $b=-1$

따라서 $f(x)=2x+4$, $g(x)=-x+1$이므로

$f(1)+g(2)=6+(-1)=5$

14 함수 $f(x)$가 모든 실수 x에서 미분가능하면 $x=0$에서 미

분가능하므로 $x=0$에서 연속이고 미분계수 $f'(0)$이 존재

한다.

(ⅰ) $x=0$에서 연속이므로 $\lim\limits_{x \to 0-}f(x)=f(0)$에서

　　$1=b$

(ⅱ) 미분계수 $f'(0)$이 존재하므로

$\lim\limits_{h \to 0+}\dfrac{f(h)-f(0)}{h}=\lim\limits_{h \to 0+}\dfrac{ah+b-b}{h}$

$\qquad\qquad\qquad\quad=\lim\limits_{h \to 0+}\dfrac{ah}{h}=a$

$\lim\limits_{h \to 0-}\dfrac{f(h)-f(0)}{h}=\lim\limits_{h \to 0-}\dfrac{ah^2-2h+1-b}{h}$

$\qquad\qquad\qquad\quad=\lim\limits_{h \to 0-}\dfrac{ah^2-2h}{h}$ $(\because b=1)$

$\qquad\qquad\qquad\quad=\lim\limits_{h \to 0-}(ah-2)$

$\qquad\qquad\qquad\quad=-2$

$\therefore a=-2$

$\therefore a+b=-2+1=-1$

개
념
편

다른 풀이

$g(x)=ax+b,\ h(x)=ax^2-2x+1$이라 하면

$g'(x)=a,\ h'(x)=2ax-2$

(i) $x=0$에서 연속이므로 $g(0)=h(0)$에서

　$b=1$

(ii) $x=0$에서의 미분계수가 존재하므로 $g'(0)=h'(0)$에서

　$a=-2$

∴ $a+b=-2+1=-1$

15 $k(x)=f(x)g(x)=\begin{cases}(x+3)(2x+a) & (x\geq -3)\\ -(x+3)(2x+a) & (x<-3)\end{cases}$ 라

하자.

함수 $k(x)$가 실수 전체의 집합에서 미분가능하면

$x=-3$에서 미분가능하므로 미분계수 $k'(-3)$이 존재한다.

$\displaystyle\lim_{h\to 0+}\frac{k(-3+h)-k(-3)}{h}$

$\displaystyle =\lim_{h\to 0+}\frac{h(-6+2h+a)-0}{h}$

$\displaystyle =\lim_{h\to 0+}(-6+2h+a)$

$=-6+a$

$\displaystyle\lim_{h\to 0-}\frac{k(-3+h)-k(-3)}{h}$

$\displaystyle =\lim_{h\to 0-}\frac{-h(-6+2h+a)-0}{h}$

$\displaystyle =\lim_{h\to 0-}(6-2h-a)$

$=6-a$

따라서 $-6+a=6-a$이므로 $a=6$

다른 풀이

$k(x)=(x+3)(2x+a),$

$h(x)=-(x+3)(2x+a)$라 하면

$k'(x)=2x+a+(x+3)\times 2=4x+a+6$

$h'(x)=-(2x+a)-(x+3)\times 2=-4x-a-6$

$x=-3$에서의 미분계수가 존재하므로

$k'(-3)=h'(-3)$에서

$-6+a=6-a$　∴ $a=6$

16 $x^6+x^5+x^2+3$을 $x^2(x-1)$로 나누었을 때의 몫을

$Q(x)$, 나머지를 $R(x)=ax^2+bx+c\,(a,\ b,\ c$는 상수$)$라

하면

$x^6+x^5+x^2+3=x^2(x-1)Q(x)+ax^2+bx+c$

$\qquad\qquad\qquad\qquad\qquad\qquad\cdots\cdots$ ㉠

양변에 $x=0,\ x=1$을 각각 대입하면

$3=c,\ 6=a+b+c$　∴ $a+b=3,\ c=3$

㉠의 양변을 x에 대하여 미분하면

$6x^5+5x^4+2x=2x(x-1)Q(x)+x^2Q(x)$

$\qquad\qquad\qquad +x^2(x-1)Q'(x)+2ax+b$

양변에 $x=0$을 대입하면 $0=b$

$a+b=3$이므로 $a=3$

따라서 $R(x)=3x^2+3$이므로

$R(2)=12+3=15$

17 $f(x)$는 최고차항의 계수가 1인 삼차함수이고,

$f(1)=f'(1)=0$이므로 $f(x),\ f'(x)$는 모두 $x-1$을 인

수로 갖는다.

즉, $f(x)=(x-1)^2(x+a)\,(a$는 상수$)$라 하면

$f'(x)=2(x-1)(x+a)+(x-1)^2$

$\qquad =3x^2+2(a-2)x-2a+1$

이때 $f'(x)$는 이차함수이고 $f'(2+x)=f'(2-x)$에서

함수 $y=f'(x)$의 그래프의 축이 직선 $x=2$이므로

$-\dfrac{2(a-2)}{2\times 3}=2$

$a-2=-6$　∴ $a=-4$

따라서 $f(x)=(x-1)^2(x-4)$이므로

$f(2)=1\times(-2)=-2$

다른 풀이

$f(x)=x^3+ax^2+bx+c\,(a,\ b,\ c$는 상수$)$라 하면

$f'(x)=3x^2+2ax+b$

$f'(2+x)=f'(2-x)$의 양변에 $x=1$을 대입하면

$f'(3)=f'(1)$

$f'(1)=0$에서 $3+2a+b=0$

∴ $2a+b=-3$　$\cdots\cdots$ ㉠

$f'(3)=0$에서 $27+6a+b=0$

∴ $6a+b=-27$　$\cdots\cdots$ ㉡

㉠, ㉡을 연립하여 풀면 $a=-6,\ b=9$

$f(x)=x^3-6x^2+9x+c$이므로

$f(1)=0$에서

$1-6+9+c=0$　∴ $c=-4$

따라서 $f(x)=x^3-6x^2+9x-4$이므로

$f(2)=8-24+18-4=-2$

18 ㈎에서 $x\to 1$일 때 (분모)$\to 0$이고, 극한값이 존재하므로

(분자)$\to 0$에서

$\displaystyle\lim_{x\to 1}f(x)=0$　∴ $f(1)=0$　$\cdots\cdots$ ㉠

㈏에서 $x\to 2$일 때 (분모)$\to 0$이고, 극한값이 존재하므로

(분자)$\to 0$에서

$\displaystyle\lim_{x\to 2}f(x)=0$　∴ $f(2)=0$　$\cdots\cdots$ ㉡

⊙, ⓒ에 의하여

$f(x)=a(x-1)(x-2)(x+b)$ (a, b는 상수, $a\neq0$)라 하면

$f'(x)=a\{(x-2)(x+b)+(x-1)(x+b)$
$\qquad\qquad\qquad\qquad +(x-1)(x-2)\}$

$b\neq-2$이면

$\lim\limits_{x\to2}\dfrac{f(x)}{(x-2)f'(x)}=\lim\limits_{x\to2}\dfrac{a(x-1)(x+b)}{f'(x)}$

$\qquad\qquad\qquad\qquad =\dfrac{a(2+b)}{a(2+b)}=1$

㈏에서 $a\neq1$이므로 $b=-2$

즉, $f(x)=a(x-1)(x-2)^2$이므로

$f'(x)=a\{(x-2)^2+2(x-1)(x-2)\}$

㈎에서

$\lim\limits_{x\to1}\dfrac{f(x)}{x-1}=\lim\limits_{x\to1}\dfrac{f(x)-f(1)}{x-1}=f'(1)=3$

$\therefore\ a=3$

$f(x)=3(x-1)(x-2)^2$이므로 $f(4)=36$

㈏에서

$\lim\limits_{x\to2}\dfrac{f(x)}{(x-2)f'(x)}$

$=\lim\limits_{x\to2}\dfrac{3(x-1)(x-2)^2}{(x-2)\{3(x-2)^2+6(x-1)(x-2)\}}$

$=\lim\limits_{x\to2}\dfrac{x-1}{(x-2)+2(x-1)}$

$=\dfrac{1}{2}$

$\therefore\ a=\dfrac{1}{2}$

$\therefore\ a\times f(4)=\dfrac{1}{2}\times36=18$

19 $f(x)$가 일차함수이면 $f'(x)$는 상수이므로 주어진 식의 좌변은 상수이고 우변은 이차식이 되어 모순이다.

$f(x)$가 이차함수이면 $f'(x)$는 일차함수이므로 주어진 식의 좌변은 이차식이고 우변은 $f(x)$의 최고차항의 계수가 1이 아닐 때 이차식이다.

즉, $f(x)=ax^2+bx+c$ (a, b, c는 상수, $a\neq0$, $a\neq1$)라 하면

$f'(x)=2ax+b$

$f'(x)\{f'(x)-2\}=16f(x)-16x^2-45$에서

$(2ax+b)(2ax+b-2)=16(ax^2+bx+c)-16x^2-45$

$4a^2x^2+(4ab-4a)x+b^2-2b$

$=(16a-16)x^2+16bx+16c-45$

위의 등식이 모든 실수 x에 대하여 성립하므로

$4a^2=16a-16$, $4ab-4a=16b$, $b^2-2b=16c-45$

$4a^2=16a-16$에서

$a^2-4a+4=0$, $(a-2)^2=0$

$\therefore\ a=2$

이를 $4ab-4a=16b$에 대입하면

$8b-8=16b$, $8b=-8$

$\therefore\ b=-1$

이를 $b^2-2b=16c-45$에 대입하면

$1+2=16c-45$, $16c=48$

$\therefore\ c=3$

따라서 $f(x)=2x^2-x+3$이므로

$f(2)=8-2+3=9$

20 ㈏에서 $g(x)$를 $x-2$로 나누었을 때의 나머지는 5이므로

$g(2)=5$

㈐에서 $x\to2$일 때 (분모)$\to0$이고, 극한값이 존재하므로 (분자)$\to0$에서

$\lim\limits_{x\to2}\{f(x)-g(x)\}=0$

$f(2)-g(2)=0$ $\quad\therefore\ f(2)=g(2)=5$

$\therefore\ \lim\limits_{x\to2}\dfrac{f(x)-g(x)}{x-2}$

$\quad=\lim\limits_{x\to2}\dfrac{f(x)-5+5-g(x)}{x-2}$

$\quad=\lim\limits_{x\to2}\dfrac{f(x)-f(2)+g(2)-g(x)}{x-2}$

$\quad=\lim\limits_{x\to2}\dfrac{f(x)-f(2)}{x-2}-\lim\limits_{x\to2}\dfrac{g(x)-g(2)}{x-2}$

$\quad=f'(2)-g'(2)=3$

㈎에서 $f(x)$를 $(x-1)^2$으로 나누었을 때의 몫이 $g(x)$이므로 나머지를 $ax+b$ (a, b는 상수)라 하면

$f(x)=(x-1)^2g(x)+ax+b$ $\quad\cdots\cdots$ ⊙

양변에 $x=2$를 대입하면

$f(2)=g(2)+2a+b$

$f(2)=g(2)=5$이므로

$5=5+2a+b$ $\quad\therefore\ b=-2a$ $\quad\cdots\cdots$ ⓒ

⊙의 양변을 x에 대하여 미분하면

$f'(x)=2(x-1)g(x)+(x-1)^2g'(x)+a$

양변에 $x=2$를 대입하면

$f'(2)=2g(2)+g'(2)+a$

$\therefore\ a=f'(2)-g'(2)-2g(2)$

$f'(2)-g'(2)=3$, $g(2)=5$이므로

$a=3-10=-7$

이를 ⓒ에 대입하면 $b=14$

따라서 $f(x)=(x-1)^2g(x)-7x+14$이므로

$f(1)=-7+14=7$

1 접선의 방정식

개념 Check 79쪽

1 답 (1) **1** (2) **−5**

(1) $f(x)=x^3-x^2+4$라 하면

$f'(x)=3x^2-2x$

$\therefore f'(1)=3-2=1$

(2) $f(x)=-2x^2+3x-1$이라 하면

$f'(x)=-4x+3$

$\therefore f'(2)=-8+3=-5$

문제 80~85쪽

01-1 답 **70**

$f(x)=x^2+ax+b$라 하면

$f'(x)=2x+a$

점 $(-1, 4)$에서의 접선의 기울기가 5이므로

$f'(-1)=5$에서

$-2+a=5$

$\therefore a=7$

점 $(-1, 4)$는 곡선 $y=x^2+7x+b$ 위의 점이므로

$4=1-7+b$

$\therefore b=10$

$\therefore ab=7\times10=70$

01-2 답 **−7**

$f(x)=2x^3+ax^2+bx+c$라 하면

$f'(x)=6x^2+2ax+b$

두 점 $(1, 6)$, $(2, 4)$에서의 접선이 서로 평행하므로

$f'(1)=f'(2)$에서

$6+2a+b=24+4a+b$

$2a=-18$ $\therefore a=-9$

두 점 $(1, 6)$, $(2, 4)$는 곡선 $y=2x^3-9x^2+bx+c$ 위의

점이므로

$6=2-9+b+c$, $4=16-36+2b+c$

$\therefore b+c=13$, $2b+c=24$

두 식을 연립하여 풀면

$b=11$, $c=2$

$\therefore b+ac=11+(-9)\times2=-7$

01-3 답 **2**

$f(x)=-x^3+6x^2-9x-1$이라 하면

$f'(x)=-3x^2+12x-9$

$\qquad\quad=-3(x-2)^2+3$

즉, 접선의 기울기는 $x=2$에서 최댓값 3을 갖는다.

$\therefore a=2$, $k=3$

이때 점 $(2, b)$는 곡선 $y=-x^3+6x^2-9x-1$ 위의 점이

므로

$b=-8+24-18-1=-3$

$\therefore a+b+k=2+(-3)+3=2$

02-1 답 (1) **1** (2) $-\dfrac{8}{3}$

$f(x)=-x^2+x$라 하면 $f'(x)=-2x+1$

(1) 점 $(2, -2)$에서의 접선의 기울기는

$f'(2)=-4+1=-3$

즉, 점 $(2, -2)$에서의 접선의 방정식은

$y+2=-3(x-2)$

$\therefore y=-3x+4$

따라서 점 $(1, k)$는 접선 $y=-3x+4$ 위의 점이므로

$k=-3+4=1$

(2) 점 $(2, -2)$에서의 접선의 기울기는 -3이므로 이 접

선에 수직인 직선의 기울기는 $\dfrac{1}{3}$이다.

즉, 점 $(2, -2)$를 지나고 이 점에서의 접선에 수직인

직선의 방정식은

$y+2=\dfrac{1}{3}(x-2)$

$\therefore y=\dfrac{1}{3}x-\dfrac{8}{3}$

따라서 구하는 y절편은 $-\dfrac{8}{3}$이다.

02-2 답 **−6**

$f(x)=-2x^3+5x+1$이라 하면

$f'(x)=-6x^2+5$

점 $(-1, a)$는 곡선 $y=f(x)$ 위의 점이므로

$f(-1)=a$에서

$2-5+1=a$ $\therefore a=-2$

점 $(-1, -2)$에서의 접선의 기울기는

$f'(-1)=-6+5=-1$

즉, 점 $(-1, -2)$에서의 접선의 방정식은

$y+2=-(x+1)$ $\therefore y=-x-3$

따라서 $m=-1$, $n=-3$이므로

$amn=-2\times(-1)\times(-3)=-6$

02-3 답 $y=13x-20$

점 $(2, 3)$은 곡선 $y=f(x)$ 위의 점이므로 $f(2)=3$

곡선 $y=f(x)$ 위의 점 $(2, 3)$에서의 접선의 기울기가 2

이므로 $f'(2)=2$

$g(x)=(x^2-x)f(x)$라 하면

$g'(x)=(2x-1)f(x)+(x^2-x)f'(x)$

곡선 $y=g(x)$ 위의 $x=2$인 점에서의 접선의 기울기는

$g'(2)=3f(2)+2f'(2)=9+4=13$

곡선 $y=g(x)$ 위의 $x=2$인 점의 y좌표는

$g(2)=2f(2)=6$

따라서 구하는 접선의 방정식은

$y-6=13(x-2)$ ∴ $y=13x-20$

03-1 답 (1) $y=7x+19$ 또는 $y=7x-13$ (2) $\dfrac{11}{4}$

(1) $f(x)=x^3-5x+3$이라 하면 $f'(x)=3x^2-5$

접점의 좌표를 (t, t^3-5t+3)이라 하면 이 점에서의

접선의 기울기가 7이므로 $f'(t)=7$에서

$3t^2-5=7$, $t^2=4$ ∴ $t=-2$ 또는 $t=2$

따라서 접점의 좌표는 $(-2, 5)$ 또는 $(2, 1)$이므로 구

하는 접선의 방정식은

$y-5=7(x+2)$ 또는 $y-1=7(x-2)$

∴ $y=7x+19$ 또는 $y=7x-13$

(2) $f(x)=\dfrac{1}{4}x^4-2x+k$라 하면 $f'(x)=x^3-2$

접점의 좌표를 $(t, -3t+2)$라 하면 이 점에서의 접선

의 기울기는 -3이므로 $f'(t)=-3$에서

$t^3-2=-3$, $t^3=-1$ ∴ $t=-1$ ($∵ t$는 실수)

따라서 접점의 좌표는 $(-1, 5)$이고 이 점이 곡선

$y=f(x)$ 위의 점이므로 $f(-1)=5$에서

$\dfrac{1}{4}+2+k=5$ ∴ $k=\dfrac{11}{4}$

03-2 답 $y=-2x+9$

두 점 $(0, 5)$, $(4, -3)$을 지나는 직선과 평행한 직선의

기울기는

$\dfrac{-3-5}{4-0}=-2$

$f(x)=-x^2+2x+5$라 하면 $f'(x)=-2x+2$

접점의 좌표를 $(t, -t^2+2t+5)$라 하면 이 점에서의 접

선의 기울기가 -2이므로 $f'(t)=-2$에서

$-2t+2=-2$ ∴ $t=2$

따라서 접점의 좌표는 $(2, 5)$이므로 구하는 직선의 방정

식은

$y-5=-2(x-2)$ ∴ $y=-2x+9$

03-3 답 $\dfrac{5}{2}$

$f(x)=x^2$, $g(x)=ax^3+bx$라 하면

$f'(x)=2x$, $g'(x)=3ax^2+b$

점 $(-1, 1)$은 곡선 $y=g(x)$ 위의 점이므로

$g(-1)=1$에서

$-a-b=1$ ∴ $a+b=-1$ …… ㉠

$f'(-1)=-2$이고 점 $(-1, 1)$에서의 두 곡선의 접선이

서로 수직이므로 $g'(-1)=\dfrac{1}{2}$에서

$3a+b=\dfrac{1}{2}$ …… ㉡

㉠, ㉡을 연립하여 풀면 $a=\dfrac{3}{4}$, $b=-\dfrac{7}{4}$

∴ $a-b=\dfrac{5}{2}$

04-1 답 (1) $y=2x-1$ 또는 $y=-2x+7$

　　　(2) $y=3x+2$

(1) $f(x)=-x^2+4x-2$라 하면 $f'(x)=-2x+4$

접점의 좌표를 $(t, -t^2+4t-2)$라 하면 이 점에서의

접선의 기울기는 $f'(t)=-2t+4$이므로 접선의 방정

식은

$y-(-t^2+4t-2)=(-2t+4)(x-t)$

∴ $y=(-2t+4)x+t^2-2$ …… ㉠

이 직선이 점 $(2, 3)$을 지나므로

$3=-4t+8+t^2-2$, $t^2-4t+3=0$

$(t-1)(t-3)=0$ ∴ $t=1$ 또는 $t=3$

따라서 이를 ㉠에 대입하면 구하는 접선의 방정식은

$y=2x-1$ 또는 $y=-2x+7$

(2) $f(x)=x^3+4$라 하면 $f'(x)=3x^2$

접점의 좌표를 (t, t^3+4)라 하면 이 점에서의 접선의

기울기는 $f'(t)=3t^2$이므로 접선의 방정식은

$y-(t^3+4)=3t^2(x-t)$

∴ $y=3t^2x-2t^3+4$ …… ㉠

이 직선이 점 $(0, 2)$를 지나므로

$2=-2t^3+4$, $t^3=1$ ∴ $t=1$ ($∵ t$는 실수)

따라서 이를 ㉠에 대입하면 구하는 접선의 방정식은

$y=3x+2$

04-2 답 4

$f(x)=x^3-2x$라 하면 $f'(x)=3x^2-2$

접점의 좌표를 (t, t^3-2t)라 하면 이 점에서의 접선의 기

울기는 $f'(t)=3t^2-2$이므로 접선의 방정식은

$y-(t^3-2t)=(3t^2-2)(x-t)$

∴ $y=(3t^2-2)x-2t^3$ …… ㉠

이 직선이 점 $(1, 3)$을 지나므로

$3=3t^2-2-2t^3$, $2t^3-3t^2+5=0$

$(t+1)(2t^2-5t+5)=0$ $\therefore t=-1$ ($\because t$는 실수)

이를 ㉠에 대입하면 접선의 방정식은

$y=x+2$

따라서 이 직선이 점 $(k, 6)$을 지나므로

$6=k+2$ $\therefore k=4$

04-3 답 $2\sqrt{2}$

$f(x)=x^4+12$라 하면 $f'(x)=4x^3$

접점의 좌표를 (t, t^4+12)라 하면 이 점에서의 접선의 기울기는 $f'(t)=4t^3$이므로 접선의 방정식은

$y-(t^4+12)=4t^3(x-t)$ $\therefore y=4t^3x-3t^4+12$

이 직선이 원점을 지나므로

$0=-3t^4+12$, $t^4-4=0$

$(t+\sqrt{2})(t-\sqrt{2})(t^2+2)=0$

$\therefore t=-\sqrt{2}$ 또는 $t=\sqrt{2}$ ($\because t$는 실수)

따라서 접점의 좌표는 $(-\sqrt{2}, 16)$ 또는 $(\sqrt{2}, 16)$이므로

$\overline{AB}=2\sqrt{2}$

05-1 답 -1

$f(x)=-x^3+ax+1$, $g(x)=bx^2+2$라 하면

$f'(x)=-3x^2+a$, $g'(x)=2bx$

$x=1$인 점에서 두 곡선이 만나므로 $f(1)=g(1)$에서

$-1+a+1=b+2$ $\therefore a-b=2$ ……㉠

$x=1$인 점에서의 두 곡선의 접선의 기울기가 같으므로

$f'(1)=g'(1)$에서

$-3+a=2b$ $\therefore a-2b=3$ ……㉡

㉠, ㉡을 연립하여 풀면 $a=1$, $b=-1$

$\therefore ab=-1$

05-2 답 -5

$f(x)=x^3+ax$, $g(x)=bx^2+cx+4$라 하면

$f'(x)=3x^2+a$, $g'(x)=2bx+c$

두 곡선이 점 $(-1, 6)$을 지나므로

$f(-1)=6$에서 $-1-a=6$ $\therefore a=-7$

$g(-1)=6$에서 $b-c+4=6$ $\therefore b-c=2$ ……㉠

점 $(-1, 6)$에서의 두 곡선의 접선의 기울기가 같으므로

$f'(-1)=g'(-1)$에서 $3+a=-2b+c$

$a=-7$을 대입하면

$-4=-2b+c$ $\therefore 2b-c=4$ ……㉡

㉠, ㉡을 연립하여 풀면 $b=2$, $c=0$

$\therefore a+b+c=-7+2+0=-5$

05-3 답 3

$f(x)=x^3-4x+2$, $g(x)=-2x^2-5x+2$라 하면

$f'(x)=3x^2-4$, $g'(x)=-4x-5$

두 곡선이 $x=t$인 점에서 공통인 접선을 갖는다고 하자.

$x=t$인 점에서 두 곡선이 만나므로 $f(t)=g(t)$에서

$t^3-4t+2=-2t^2-5t+2$, $t^3+2t^2+t=0$

$t(t+1)^2=0$ $\therefore t=-1$ 또는 $t=0$ ……㉠

$x=t$인 점에서의 두 곡선의 접선의 기울기가 같으므로

$f'(t)=g'(t)$에서

$3t^2-4=-4t-5$, $3t^2+4t+1=0$

$(t+1)(3t+1)=0$ $\therefore t=-1$ 또는 $t=-\dfrac{1}{3}$ ……㉡

㉠, ㉡에서 $t=-1$

즉, 접점의 x좌표가 -1이므로 접점의 좌표는 $(-1, 5)$이고 접선의 기울기는 -1이다.

이때 접선의 방정식은

$y-5=-(x+1)$ $\therefore y=-x+4$

따라서 $m=-1$, $n=4$이므로 $m+n=3$

06-1 답 $\dfrac{3\sqrt{5}}{5}$

곡선 $y=x^2-2x-3$에 접하고 직선 $y=2x-10$과 기울기가 같은 접선의 접점을 P라 하면 구하는 거리의 최솟값은 점 P와 직선 $y=2x-10$ 사이의 거리와 같다.

$f(x)=x^2-2x-3$이라 하면

$f'(x)=2x-2$

기울기가 2인 접선의 접점의 좌표를 (t, t^2-2t-3)이라 하면 $f'(t)=2$에서

$2t-2=2$ $\therefore t=2$

$\therefore P(2, -3)$

따라서 점 $P(2, -3)$과 직선 $y=2x-10$, 즉

$2x-y-10=0$ 사이의 거리는

$\dfrac{|4+3-10|}{\sqrt{2^2+(-1)^2}}=\dfrac{3\sqrt{5}}{5}$

06-2 답 $\dfrac{27}{8}$

삼각형 PAB에서 밑변을 $\overline{AB}$로 생각하면 높이는 점 P와 직선 AB 사이의 거리와 같으므로 곡선에 접하고 직선 AB에 평행한 접선의 접점이 P일 때 삼각형 PAB의 넓이가 최대이다.

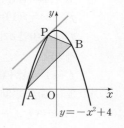

$f(x)=-x^2+4$라 하면 $f'(x)=-2x$

직선 AB의 기울기는 $\dfrac{3-0}{1-(-2)}=1$이므로 직선 AB의
방정식은

$y=x+2$ $\quad\therefore\ x-y+2=0$

기울기가 1인 접선의 접점의 좌표를 $(t,\ -t^2+4)$라 하면
$f'(t)=1$에서

$-2t=1$ $\quad\therefore\ t=-\dfrac{1}{2}$

즉, 삼각형 PAB의 넓이가 최대일 때의 점 P의 좌표는
$\left(-\dfrac{1}{2},\ \dfrac{15}{4}\right)$이므로 이 점과 직선 $x-y+2=0$ 사이의 거
리는

$\dfrac{\left|-\dfrac{1}{2}-\dfrac{15}{2}+2\right|}{\sqrt{1^2+(-1)^2}}=\dfrac{9\sqrt{2}}{8}$

따라서 $\overline{\mathrm{AB}}=\sqrt{(1+2)^2+3^2}=3\sqrt{2}$이므로 삼각형 PAB의
넓이의 최댓값은

$\dfrac{1}{2}\times3\sqrt{2}\times\dfrac{9\sqrt{2}}{8}=\dfrac{27}{8}$

2 평균값 정리

문제 88~89쪽

07-1 답 (1) $\dfrac{1}{2}$ (2) 0

(1) 함수 $f(x)=2x^2-2x+1$은 닫힌구간 $[-2,\ 3]$에서
연속이고 열린구간 $(-2,\ 3)$에서 미분가능하며
$f(-2)=f(3)=13$이므로 롤의 정리에 의하여
$f'(c)=0$인 c가 열린구간 $(-2,\ 3)$에 적어도 하나 존
재한다.
$f'(x)=4x-2$이므로 $f'(c)=0$에서
$4c-2=0$ $\quad\therefore\ c=\dfrac{1}{2}$

(2) 함수 $f(x)=x^3+3x^2-4$는 닫힌구간 $[-2,\ 1]$에서
연속이고 열린구간 $(-2,\ 1)$에서 미분가능하며
$f(-2)=f(1)=0$이므로 롤의 정리에 의하여
$f'(c)=0$인 c가 열린구간 $(-2,\ 1)$에 적어도 하나 존
재한다.
$f'(x)=3x^2+6x$이므로 $f'(c)=0$에서
$3c^2+6c=0,\ 3c(c+2)=0$
$\therefore\ c=0\ (\because\ -2<c<1)$

07-2 답 3

함수 $f(x)=-x^2+ax$는 닫힌구간 $[0,\ 2]$에서 연속이고
열린구간 $(0,\ 2)$에서 미분가능하다.
이때 롤의 정리를 만족시키면 $f(0)=f(2)$이므로
$0=-4+2a$ $\quad\therefore\ a=2$
즉, $f(x)=-x^2+2x$이므로 $f'(x)=-2x+2$
$f'(c)=0$에서
$-2c+2=0$ $\quad\therefore\ c=1$
$\therefore\ a+c=2+1=3$

07-3 답 1

함수 $f(x)=x^4-2x^2+3$은 닫힌구간 $[-1,\ a]$에서 연속
이고 열린구간 $(-1,\ a)$에서 미분가능하다.
이때 롤의 정리를 만족시키면 $f(-1)=f(a)$이므로
$2=a^4-2a^2+3,\ a^4-2a^2+1=0$
$(a+1)^2(a-1)^2=0$
$\therefore\ a=1\ (\because\ a>-1)$
즉, 롤의 정리에 의하여 $f'(c)=0$인 c가 열린구간
$(-1,\ 1)$에 적어도 하나 존재한다.
$f'(x)=4x^3-4x$이므로 $f'(c)=0$에서
$4c^3-4c=0,\ 4c(c+1)(c-1)=0$
$\therefore\ c=0\ (\because\ -1<c<1)$
따라서 롤의 정리를 만족시키는 실수 c는 1개이다.

08-1 답 (1) $-\dfrac{1}{2}$ (2) $\sqrt{3}$

(1) 함수 $f(x)=2x^2+x-3$은 닫힌구간 $[-2,\ 1]$에서 연
속이고 열린구간 $(-2,\ 1)$에서 미분가능하므로 평균
값 정리에 의하여 $\dfrac{f(1)-f(-2)}{1-(-2)}=f'(c)$인 c가 열린
구간 $(-2,\ 1)$에 적어도 하나 존재한다.
$f'(x)=4x+1$이므로 $\dfrac{f(1)-f(-2)}{1-(-2)}=f'(c)$에서
$\dfrac{0-3}{3}=4c+1$
$\therefore\ c=-\dfrac{1}{2}$

(2) 함수 $f(x)=x^3-4x$는 닫힌구간 $[0,\ 3]$에서 연속이고
열린구간 $(0,\ 3)$에서 미분가능하므로 평균값 정리에
의하여 $\dfrac{f(3)-f(0)}{3-0}=f'(c)$인 c가 열린구간 $(0,\ 3)$
에 적어도 하나 존재한다.
$f'(x)=3x^2-4$이므로 $\dfrac{f(3)-f(0)}{3-0}=f'(c)$에서
$\dfrac{15-0}{3}=3c^2-4,\ c^2=3$
$\therefore\ c=\sqrt{3}\ (\because\ 0<c<3)$

08-2 답 -1

함수 $f(x)=x^2-3x+4$는 닫힌구간 $[a, 2]$에서 연속이고
열린구간 $(a, 2)$에서 미분가능하며 평균값 정리를 만족
시키는 실수 c의 값이 $\dfrac{1}{2}$이므로

$\dfrac{f(2)-f(a)}{2-a}=f'\left(\dfrac{1}{2}\right)$

$f'(x)=2x-3$이므로

$\dfrac{2-(a^2-3a+4)}{2-a}=-2$

$a^2-a-2=0$, $(a+1)(a-2)=0$

$\therefore a=-1 \left(\because a<\dfrac{1}{2}\right)$

08-3 답 3

닫힌구간 $[a, b]$에서 평균
값 정리를 만족시키는 실수
c의 개수는 두 점 $(a, f(a))$,
$(b, f(b))$를 지나는 직선
과 기울기가 같은 접선의
개수와 같으므로 실수 c는 3개이다.

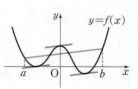

연습문제
90~92쪽

1 22	**2** ②	**3** $y=-20x-25$	**4** -3
5 ③	**6** ④	**7** 3	**8** ③	**9** -63
10 ④	**11** 3	**12** -1	**13** $-\dfrac{1}{11}$	**14** $\dfrac{1}{2}$
15 ①	**16** 4	**17** $\sqrt{3}$	**18** 25	**19** ②
20 $2\sqrt{3}$	**21** 12	**22** ⑤		

1 점 $(3, 2)$는 곡선 $y=f(x)$ 위의 점이므로 $f(3)=2$
점 $(3, 2)$에서의 접선의 기울기가 4이므로 $f'(3)=4$
$g(x)=(x+2)f(x)$에서
$g'(x)=f(x)+(x+2)f'(x)$
$\therefore g'(3)=f(3)+5f'(3)=2+5\times4=22$

2 $\displaystyle\lim_{x\to-1}\dfrac{f(x)-1}{x+1}=2$에서 $x\longrightarrow-1$일 때 (분모) $\longrightarrow 0$이
고, 극한값이 존재하므로 (분자) $\longrightarrow 0$에서
$\displaystyle\lim_{x\to-1}\{f(x)-1\}=0 \qquad \therefore f(-1)=1$

$\displaystyle\lim_{x\to-1}\dfrac{f(x)-1}{x+1}=\lim_{x\to-1}\dfrac{f(x)-f(-1)}{x-(-1)}=f'(-1)$이므로
$f'(-1)=2$
즉, 점 $(-1, 1)$에서의 접선의 방정식은
$y-1=2(x+1) \qquad \therefore y=2x+3$
따라서 $a=2$, $b=3$이므로 $a-b=-1$

3 $f(x)=-x^3+2x^2-1$이라 하면 $f'(x)=-3x^2+4x$
점 $(2, -1)$에서의 접선의 기울기는
$f'(2)=-12+8=-4$
즉, 점 $(2, -1)$에서의 접선의 방정식은
$y+1=-4(x-2) \qquad \therefore y=-4x+7$
곡선 $y=-x^3+2x^2-1$과 직선 $y=-4x+7$의 교점의
x좌표를 구하면
$-x^3+2x^2-1=-4x+7$, $x^3-2x^2-4x+8=0$
$(x+2)(x-2)^2=0 \qquad \therefore x=-2$ 또는 $x=2$
이때 점 $(2, -1)$은 접점이므로 $A(-2, 15)$
점 $A(-2, 15)$에서의 접선의 기울기는
$f'(-2)=-12-8=-20$
따라서 구하는 접선의 방정식은
$y-15=-20(x+2) \qquad \therefore y=-20x-25$

4 $h(x)=f(x)g(x)$라 하면
$h(1)=f(1)g(1)=1\times1=1$
점 $(1, 1)$에서의 접선의 기울기는 $h'(1)$
이때 $h'(x)=f'(x)g(x)+f(x)g'(x)$이고
$f'(x)=2x+1$, $g'(x)=-3x^2-2x$이므로
$h'(1)=f'(1)g(1)+f(1)g'(1)$
$\qquad=3\times1+1\times(-5)=-2$
즉, 점 $(1, 1)$에서의 접선의 방정식은
$y-1=-2(x-1) \qquad \therefore y=-2x+3$
따라서 이 접선이 점 $(k, 9)$를 지나므로
$9=-2k+3 \qquad \therefore k=-3$

5 $f(x)=x^3-2x^2+2x+a$에서 $f'(x)=3x^2-4x+2$
점 $(1, a+1)$에서의 접선의 기울기는
$f'(1)=3-4+2=1$
즉, 점 $(1, a+1)$에서의 접선의 방정식은
$y-(a+1)=x-1 \qquad \therefore y=x+a$
직선 $y=x+a$가 x축, y축과 만나는 점이 각각 P, Q이므로
$P(-a, 0)$, $Q(0, a)$
$\overline{PQ}=6$에서 $\sqrt{a^2+a^2}=6$
$2a^2=36$, $a^2=18 \qquad \therefore a=3\sqrt{2} (\because a>0)$

6 $f(x)=-2x^2+4x+3$이라 하면 $f'(x)=-4x+4$

접점의 좌표를 $(t, -2t^2+4t+3)$이라 하면 직선

$y=\dfrac{1}{4}x-3$에 수직인 접선의 기울기는 -4이므로

$f'(t)=-4$에서

$-4t+4=-4$ $\quad \therefore t=2$

즉, 접점의 좌표는 $(2, 3)$이므로 접선의 방정식은

$y-3=-4(x-2)$ $\quad \therefore y=-4x+11$

따라서 구하는 y절편은 11이다.

7 $f(x)=x^3-3x^2+2$라 하면

$f'(x)=3x^2-6x=3(x-1)^2-3$

즉, 접선의 기울기는 $x=1$에서 최솟값 -3을 갖는다.

이때 접점의 좌표는 $(1, 0)$이므로 접선의 방정식은

$y=-3(x-1)$ $\quad \therefore y=-3x+3$

따라서 $m=-3$, $n=3$이므로

$m+2n=-3+6=3$

8 $f(x)=-x^3+3$이라 하면 $f'(x)=-3x^2$

접점의 좌표를 $(t, -t^3+3)$이라 하면 직선

$3x+y-15=0$, 즉 $y=-3x+15$에 평행한 접선의 기울기는 -3이므로 $f'(t)=-3$에서

$-3t^2=-3$, $t^2=1$ $\quad \therefore t=-1$ 또는 $t=1$

즉, 접점의 좌표는 $(-1, 4)$ 또는 $(1, 2)$이므로 접선의 방정식은

$y-4=-3(x+1)$ 또는 $y-2=-3(x-1)$

$\therefore 3x+y-1=0$ 또는 $3x+y-5=0$

따라서 구하는 두 직선 사이의 거리는 직선 $3x+y-1=0$ 위의 점 $(0, 1)$과 직선 $3x+y-5=0$ 사이의 거리와 같으므로

$\dfrac{|1-5|}{\sqrt{3^2+1^2}}=\dfrac{2\sqrt{10}}{5}$

9 $f(x)=2x^2-x+2$라 하면 $f'(x)=4x-1$

접점의 좌표를 $(t, 2t^2-t+2)$라 하면 이 점에서의 접선의 기울기는 $f'(t)=4t-1$이므로 접선의 방정식은

$y-(2t^2-t+2)=(4t-1)(x-t)$

$\therefore y=(4t-1)x-2t^2+2$

이 직선이 점 $(0, -6)$을 지나므로

$-6=-2t^2+2$, $t^2=4$

$\therefore t=-2$ 또는 $t=2$

따라서 구하는 두 접선의 기울기의 곱은

$f'(-2)f'(2)=-9\times 7=-63$

10 $f(x)=-x^2+6x-5$라 하면 $f'(x)=-2x+6$

접점의 좌표를 $(t, -t^2+6t-5)$라 하면 이 점에서의 접선의 기울기는 $f'(t)=-2t+6$이므로 접선의 방정식은

$y-(-t^2+6t-5)=(-2t+6)(x-t)$

$\therefore y=(-2t+6)x+t^2-5$

이 직선이 점 $(3, 5)$를 지나므로

$5=-6t+18+t^2-5$

$t^2-6t+8=0$

$(t-2)(t-4)=0$

$\therefore t=2$ 또는 $t=4$

따라서 접점의 좌표는 $(2, 3)$
또는 $(4, 3)$이므로 삼각형
PAB의 넓이는
$\dfrac{1}{2}\times 2\times 2=2$

11 $f(x)=-x^3+ax+b$, $g(x)=x^2+2$라 하면

$f'(x)=-3x^2+a$, $g'(x)=2x$

곡선 $y=f(x)$가 점 $(-1, 3)$을 지나므로

$f(-1)=3$에서

$1-a+b=3$ $\quad \therefore a-b=-2$ $\quad \cdots\cdots$ ㉠

점 $(-1, 3)$에서의 두 곡선의 접선의 기울기가 같으므로

$f'(-1)=g'(-1)$에서

$-3+a=-2$ $\quad \therefore a=1$

이를 ㉠에 대입하면

$1-b=-2$ $\quad \therefore b=3$

$\therefore ab=1\times 3=3$

12 $f(x)=x^3+ax+4$, $g(x)=-x^2+4x+1$이라 하면

$f'(x)=3x^2+a$, $g'(x)=-2x+4$

두 곡선이 $x=t$인 점에서 접한다고 하자.

$x=t$인 점에서 두 곡선이 만나므로 $f(t)=g(t)$에서

$t^3+at+4=-t^2+4t+1$ $\quad \cdots\cdots$ ㉠

$x=t$인 점에서의 두 곡선의 접선의 기울기가 같으므로

$f'(t)=g'(t)$에서

$3t^2+a=-2t+4$

$\therefore a=-3t^2-2t+4$ $\quad \cdots\cdots$ ㉡

㉡을 ㉠에 대입하면

$t^3+(-3t^2-2t+4)t+4=-t^2+4t+1$

$2t^3+t^2-3=0$, $(t-1)(2t^2+3t+3)=0$

$\therefore t=1$ $(\because t$는 실수$)$

이를 ㉡에 대입하면

$a=-3-2+4=-1$

13 $f(x)=x^2-3$, $g(x)=ax^2$이라 하면

$f'(x)=2x$, $g'(x)=2ax$

두 곡선이 $x=t$인 점에서 만난다고 하면 $f(t)=g(t)$에서

$t^2-3=at^2$ $\therefore t^2=\dfrac{3}{1-a}$ ...... ㉠

$x=t$인 점에서의 두 곡선의 접선이 서로 수직이므로

$f'(t)g'(t)=-1$에서

$2t\times 2at=-1$ $\therefore t^2=-\dfrac{1}{4a}$ ...... ㉡

㉠, ㉡에서 $\dfrac{3}{1-a}=-\dfrac{1}{4a}$이므로

$-12a=1-a$ $\therefore a=-\dfrac{1}{11}$

14 삼각형 PAB에서 밑변을 $\overline{AB}$로 생각하면 높이는 점 P와 직선 AB 사이의 거리와 같으므로 곡선에 접하고 직선 AB에 평행한 접선의 접점이 P일 때 삼각형 PAB의 넓이가 최대이다.

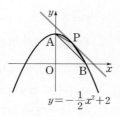

$f(x)=-\dfrac{1}{2}x^2+2$라 하면 $f'(x)=-x$

직선 AB의 기울기는 $\dfrac{0-2}{2-0}=-1$이므로 직선 AB의 방정식은

$y=-x+2$ $\therefore x+y-2=0$

기울기가 -1인 접선의 접점의 좌표를 $\left(t, -\dfrac{1}{2}t^2+2\right)$라 하면 $f'(t)=-1$에서

$-t=-1$ $\therefore t=1$

즉, 삼각형 PAB의 넓이가 최대일 때의 점 P의 좌표는 $\left(1, \dfrac{3}{2}\right)$이므로 이 점과 직선 $x+y-2=0$ 사이의 거리는

$\dfrac{\left|1+\dfrac{3}{2}-2\right|}{\sqrt{1^2+1^2}}=\dfrac{\sqrt{2}}{4}$

따라서 $\overline{AB}=\sqrt{2^2+(-2)^2}=2\sqrt{2}$이므로 삼각형 PAB의 넓이의 최댓값은

$\dfrac{1}{2}\times 2\sqrt{2}\times\dfrac{\sqrt{2}}{4}=\dfrac{1}{2}$

15 함수 $f(x)=x^2+ax-10$은 모든 실수에서 연속이고 미분가능하다.

이때 롤의 정리를 만족시키면 $f(-5)=f(2)$이므로

$25-5a-10=4+2a-10$ $\therefore a=3$

즉, $f(x)=x^2+3x-10$이므로 $f'(x)=2x+3$

$f'(c_1)=0$에서 $2c_1+3=0$ $\therefore c_1=-\dfrac{3}{2}$

또 평균값 정리에 의하여 $\dfrac{f(1)-f(-3)}{1-(-3)}=f'(c_2)$에서

$\dfrac{-6+10}{4}=2c_2+3$ $\therefore c_2=-1$

$\therefore c_1+c_2=-\dfrac{3}{2}+(-1)=-\dfrac{5}{2}$

16 함수 $f(x)=x^2-3x+5$는 닫힌구간 $[a, b]$에서 연속이고 열린구간 (a, b)에서 미분가능하며 평균값 정리를 만족시키는 실수 c의 값이 2이므로

$\dfrac{f(b)-f(a)}{b-a}=f'(2)$

$f'(x)=2x-3$이므로

$\dfrac{b^2-3b+5-(a^2-3a+5)}{b-a}=1$

$\dfrac{b^2-3b-a^2+3a}{b-a}=1$, $\dfrac{(b-a)(a+b-3)}{b-a}=1$

$a+b-3=1$ $\therefore a+b=4$

17 $f(x)=x^2$이라 하면 $f'(x)=2x$

점 (a, a^2)에서의 접선의 기울기는 $f'(a)=2a$이므로 접선의 방정식은

$y-a^2=2a(x-a)$ $\therefore y=2ax-a^2$ ...... ㉠

$g(x)=-x^2-6$이라 하면 $g'(x)=-2x$

곡선 $y=g(x)$의 접점의 좌표를 $(t, -t^2-6)$이라 하면 이 점에서의 접선의 기울기가 $2a$이므로

$g'(t)=2a$에서 $-2t=2a$ $\therefore t=-a$

즉, 접점의 좌표는 $(-a, -a^2-6)$이고 이 점은 직선 ㉠ 위의 점이므로

$-a^2-6=-3a^2$, $a^2=3$ $\therefore a=\sqrt{3}\ (\because a>0)$

18 $f(x)=-x^3+ax^2+2x$에서

$f'(x)=-3x^2+2ax+2$

점 $O(0, 0)$에서의 접선의 기울기는 $f'(0)=2$이므로 접선의 방정식은

$y=2x$ ...... ㉠

곡선 $y=-x^3+ax^2+2x$와 직선 $y=2x$의 교점의 x좌표를 구하면

$-x^3+ax^2+2x=2x$, $x^3-ax^2=0$

$x^2(x-a)=0$ $\therefore x=0$ 또는 $x=a$

이때 $(0, 0)$은 접점이므로 $A(a, 2a)$

점 A에서의 접선의 기울기는

$f'(a)=-3a^2+2a^2+2=-a^2+2$

즉, 점 A에서의 접선의 방정식은

$y-2a=(-a^2+2)(x-a)$

$\therefore y=(-a^2+2)x+a^3$

이 직선이 x축과 만나는 점의 x좌표를 구하면

$(-a^2+2)x+a^3=0$ $\therefore x=\dfrac{a^3}{a^2-2}$

$\therefore \mathrm{B}\left(\dfrac{a^3}{a^2-2},\ 0\right)$

점 A가 선분 OB를 지름으로 하는 원 위의 점이므로 직선 OA와 직선 AB는 서로 수직이다.

이때 ㉠에서 직선 OA의 기울기가 2이고 직선 AB의 기울기는

$\dfrac{0-2a}{\dfrac{a^3}{a^2-2}-a}=-a^2+2$이므로

$2\times(-a^2+2)=-1,\ a^2=\dfrac{5}{2}$

$\therefore a=\dfrac{\sqrt{10}}{2}\ (\because a>\sqrt{2})$

따라서 $\mathrm{A}\left(\dfrac{\sqrt{10}}{2},\ \sqrt{10}\right)$, $\mathrm{B}\left(\dfrac{5\sqrt{10}}{2},\ 0\right)$이므로

$\overline{\mathrm{OA}}=\sqrt{\left(\dfrac{\sqrt{10}}{2}\right)^2+(\sqrt{10})^2}=\dfrac{5\sqrt{2}}{2}$

$\overline{\mathrm{AB}}=\sqrt{\left(\dfrac{5\sqrt{10}}{2}-\dfrac{\sqrt{10}}{2}\right)^2+(-\sqrt{10})^2}=5\sqrt{2}$

$\therefore \overline{\mathrm{OA}}\times\overline{\mathrm{AB}}=\dfrac{5\sqrt{2}}{2}\times5\sqrt{2}=25$

19 $f(x)=2x^2+k$라 하면 $f'(x)=4x$

접점의 좌표를 $(t,\ 2t^2+k)$라 하면 이 점에서의 접선의 기울기는 $f'(t)=4t$이므로 접선의 방정식은

$y-(2t^2+k)=4t(x-t)$

$\therefore y=4tx-2t^2+k$ …… ㉠

서로 수직인 두 접선의 교점의 좌표를 $(a,\ 0)$이라 하면 직선 ㉠이 이 점을 지나므로

$0=4at-2t^2+k$

$\therefore 2t^2-4at-k=0$ …… ㉡

이 이차방정식의 두 실근을 $\alpha,\ \beta$라 하면 $\alpha,\ \beta$는 두 접점의 x좌표이므로 그 점에서의 접선의 기울기는 각각

$f'(\alpha)=4\alpha,\ f'(\beta)=4\beta$

이때 두 접선이 서로 수직이므로 $f'(\alpha)f'(\beta)=-1$에서

$4\alpha\times4\beta=-1$ $\therefore \alpha\beta=-\dfrac{1}{16}$

㉡에서 근과 계수의 관계에 의하여

$-\dfrac{k}{2}=-\dfrac{1}{16}$ $\therefore k=\dfrac{1}{8}$

20 $f(x)=x^2$이라 하면 $f'(x)=2x$

원의 중심을 $\mathrm{C}(0,\ a)$, 접점을 $\mathrm{P}(t,\ t^2)$이라 하면 점 P에서의 접선의 기울기는 $f'(t)=2t$이고, 직선 CP의 기울기는 $\dfrac{t^2-a}{t}$이다.

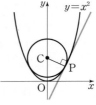

이때 접선과 직선 CP는 서로 수직이므로

$2t\times\dfrac{t^2-a}{t}=-1$ $\therefore t^2-a=-\dfrac{1}{2}$ …… ㉠

또 $\overline{\mathrm{CP}}=1$이므로

$\sqrt{t^2+(t^2-a)^2}=1$

㉠을 대입하면

$\sqrt{t^2+\dfrac{1}{4}}=1,\ t^2+\dfrac{1}{4}=1$

$t^2=\dfrac{3}{4}$ $\therefore t=-\dfrac{\sqrt{3}}{2}$ 또는 $t=\dfrac{\sqrt{3}}{2}$

두 접점에서의 접선의 기울기는 각각

$f'\left(-\dfrac{\sqrt{3}}{2}\right)=-\sqrt{3},\ f'\left(\dfrac{\sqrt{3}}{2}\right)=\sqrt{3}$

따라서 두 접선의 기울기의 차는

$\sqrt{3}-(-\sqrt{3})=2\sqrt{3}$

21 함수 $f(x)$는 닫힌구간 $[x-3,\ x+3]$에서 연속이고 열린구간 $(x-3,\ x+3)$에서 미분가능하므로 평균값 정리에 의하여 $\dfrac{f(x+3)-f(x-3)}{(x+3)-(x-3)}=f'(c)$인 c가 열린구간 $(x-3,\ x+3)$에 적어도 하나 존재한다.

이때 $x-3<c<x+3$에서 $x\to\infty$이면 $c\to\infty$이므로

$\displaystyle\lim_{x\to\infty}\{f(x+3)-f(x-3)\}$

$=6\displaystyle\lim_{x\to\infty}\dfrac{f(x+3)-f(x-3)}{(x+3)-(x-3)}$

$=6\displaystyle\lim_{c\to\infty}f'(c)$

$=6\times2\ (\because \displaystyle\lim_{x\to\infty}f'(x)=2)$

$=12$

22 함수 $f(x)$는 닫힌구간 $[0,\ 1]$에서 연속이고 열린구간 $(0,\ 1)$에서 미분가능하므로 평균값 정리에 의하여

$\dfrac{f(1)-f(0)}{1-0}=f'(c)$, 즉 $f(1)-4=f'(c)$인 c가 열린구간 $(0,\ 1)$에 적어도 하나 존재한다.

이때 ㈏에서 $0<c<1$인 c에 대하여 $|f'(c)|\le2$이므로

$|f(1)-4|\le2$

$\therefore 2\le f(1)\le6$

따라서 $f(1)$의 최댓값은 6, 최솟값은 2이므로 구하는 합은 $6+2=8$

Ⅱ-2 02 함수의 증가와 감소, 극대와 극소

1 함수의 증가와 감소

개념 Check 94쪽

1 답 (1) 증가 (2) 감소

(1) 구간 $(-\infty, \infty)$에서 임의의 두 실수 x_1, x_2에 대하여 $x_1 < x_2$일 때,

$$f(x_2)-f(x_1)=(x_2+1)-(x_1+1)=x_2-x_1>0$$

$$\therefore f(x_1)<f(x_2)$$

따라서 함수 $f(x)=x+1$은 구간 $(-\infty, \infty)$에서 증가한다.

(2) 구간 $(0, \infty)$에서 임의의 두 실수 x_1, x_2에 대하여 $0 < x_1 < x_2$일 때,

$$f(x_2)-f(x_1)=\frac{1}{x_2}-\frac{1}{x_1}=\frac{x_1-x_2}{x_1 x_2}<0$$

$$\therefore f(x_1)>f(x_2)$$

따라서 함수 $f(x)=\frac{1}{x}$은 구간 $(0, \infty)$에서 감소한다.

문제 95~96쪽

01-1 답 (1) 구간 $(-\infty, -1]$, $[1, \infty)$에서 증가,
구간 $[-1, 1]$에서 감소
(2) 구간 $(-\infty, -1]$, $[0, 1]$에서 증가,
구간 $[-1, 0]$, $[1, \infty)$에서 감소

(1) $f(x)=x^3-3x+1$에서

$$f'(x)=3x^2-3=3(x+1)(x-1)$$

$f'(x)=0$인 x의 값은 $x=-1$ 또는 $x=1$

함수 $f(x)$의 증가와 감소를 표로 나타내면 다음과 같다.

x	$\cdots$	-1	$\cdots$	1	$\cdots$
$f'(x)$	$+$	0	$-$	0	$+$
$f(x)$	↗	3	↘	-1	↗

따라서 함수 $f(x)$는 구간 $(-\infty, -1]$, $[1, \infty)$에서 증가하고, 구간 $[-1, 1]$에서 감소한다.

(2) $f(x)=-x^4+2x^2+4$에서

$$f'(x)=-4x^3+4x=-4x(x+1)(x-1)$$

$f'(x)=0$인 x의 값은 $x=-1$ 또는 $x=0$ 또는 $x=1$

함수 $f(x)$의 증가와 감소를 표로 나타내면 다음과 같다.

x	$\cdots$	-1	$\cdots$	0	$\cdots$	1	$\cdots$
$f'(x)$	$+$	0	$-$	0	$+$	0	$-$
$f(x)$	↗	5	↘	4	↗	5	↘

따라서 함수 $f(x)$는 구간 $(-\infty, -1]$, $[0, 1]$에서 증가하고, 구간 $[-1, 0]$, $[1, \infty)$에서 감소한다.

01-2 답 -2

$f(x)=-x^3+6x^2-9x+7$에서

$$f'(x)=-3x^2+12x-9=-3(x-1)(x-3)$$

$f'(x)=0$인 x의 값은 $x=1$ 또는 $x=3$

함수 $f(x)$의 증가와 감소를 표로 나타내면 다음과 같다.

x	$\cdots$	1	$\cdots$	3	$\cdots$
$f'(x)$	$-$	0	$+$	0	$-$
$f(x)$	↘	3	↗	7	↘

따라서 함수 $f(x)$는 구간 $[1, 3]$에서 증가하므로

$\alpha=1$, $\beta=3$

$$\therefore \alpha-\beta=-2$$

02-1 답 $-3\sqrt{2} \le a \le 3\sqrt{2}$

$f(x)=-x^3+ax^2-6x+5$에서

$$f'(x)=-3x^2+2ax-6$$

함수 $f(x)$가 구간 $(-\infty, \infty)$에서 감소하려면 모든 실수 x에서 $f'(x) \le 0$이어야 한다.

이차방정식 $f'(x)=0$의 판별식을 D라 하면 $D \le 0$이어야 하므로

$$\frac{D}{4}=a^2-18 \le 0$$

$$(a+3\sqrt{2})(a-3\sqrt{2}) \le 0$$

$$\therefore -3\sqrt{2} \le a \le 3\sqrt{2}$$

02-2 답 $a \ge \frac{3}{2}$

$f(x)=2x^3+3x^2+ax+3$에서

$$f'(x)=6x^2+6x+a$$

함수 $f(x)$가 임의의 두 실수 x_1, x_2에 대하여 $x_1 < x_2$일 때, $f(x_1) < f(x_2)$를 만족시키려면 실수 전체의 집합에서 증가해야 한다.

즉, 모든 실수 x에서 $f'(x) \ge 0$이어야 한다.

이차방정식 $f'(x)=0$의 판별식을 D라 하면 $D \le 0$이어야 하므로

$$\frac{D}{4}=9-6a \le 0$$

$$\therefore a \ge \frac{3}{2}$$

02-3 답 $a \ge 3$

$f(x)=-x^3+2ax^2-3ax+5$에서

$$f'(x)=-3x^2+4ax-3a$$

함수 $f(x)$가 구간 $[1, 2]$에서 증가
하려면 $1 \le x \le 2$에서 $f'(x) \ge 0$이어
야 하므로

$f'(1) \ge 0$, $f'(2) \ge 0$

$f'(1) \ge 0$에서

$-3 + 4a - 3a \ge 0$ $\therefore a \ge 3$ $\cdots\cdots$ ㉠

$f'(2) \ge 0$에서

$-12 + 8a - 3a \ge 0$ $\therefore a \ge \dfrac{12}{5}$ $\cdots\cdots$ ㉡

㉠, ㉡에서 $a \ge 3$

2 함수의 극대와 극소

개념 Check   98쪽

1 답 $a = 1$, $b = 3$

문제   99~101쪽

03-1 답 (1) 극댓값: -2, 극솟값: -34
(2) 극댓값: -5, 극솟값: -6

(1) $f(x) = x^3 - 6x^2 - 2$에서
$f'(x) = 3x^2 - 12x = 3x(x-4)$
$f'(x) = 0$인 x의 값은 $x = 0$ 또는 $x = 4$
함수 $f(x)$의 증가와 감소를 표로 나타내면 다음과 같다.

x	$\cdots$	0	$\cdots$	4	$\cdots$
$f'(x)$	$+$	0	$-$	0	$+$
$f(x)$	↗	-2 극대	↘	-34 극소	↗

따라서 함수 $f(x)$는 $x = 0$에서 극댓값 -2, $x = 4$에서
극솟값 -34를 갖는다.

(2) $f(x) = -2x^3 + 9x^2 - 12x - 1$에서
$f'(x) = -6x^2 + 18x - 12 = -6(x-1)(x-2)$
$f'(x) = 0$인 x의 값은 $x = 1$ 또는 $x = 2$
함수 $f(x)$의 증가와 감소를 표로 나타내면 다음과 같다.

x	$\cdots$	1	$\cdots$	2	$\cdots$
$f'(x)$	$-$	0	$+$	0	$-$
$f(x)$	↘	-6 극소	↗	-5 극대	↘

따라서 함수 $f(x)$는 $x = 2$에서 극댓값 -5, $x = 1$에서
극솟값 -6을 갖는다.

03-2 답 (1) 극솟값: 5 (2) 극댓값: -4, 극솟값: -5

(1) $f(x) = x^4 + \dfrac{8}{3}x^3 + 2x^2 + 5$에서
$f'(x) = 4x^3 + 8x^2 + 4x = 4x(x+1)^2$
$f'(x) = 0$인 x의 값은 $x = -1$ 또는 $x = 0$
함수 $f(x)$의 증가와 감소를 표로 나타내면 다음과 같다.

x	$\cdots$	-1	$\cdots$	0	$\cdots$
$f'(x)$	$-$	0	$-$	0	$+$
$f(x)$	↘	$\dfrac{16}{3}$	↘	5 극소	↗

따라서 함수 $f(x)$는 $x = 0$에서 극솟값 5를 갖는다.

(2) $f(x) = -x^4 + 2x^2 - 5$에서
$f'(x) = -4x^3 + 4x = -4x(x+1)(x-1)$
$f'(x) = 0$인 x의 값은
$x = -1$ 또는 $x = 0$ 또는 $x = 1$
함수 $f(x)$의 증가와 감소를 표로 나타내면 다음과 같다.

x	$\cdots$	-1	$\cdots$	0	$\cdots$	1	$\cdots$
$f'(x)$	$+$	0	$-$	0	$+$	0	$-$
$f(x)$	↗	-4 극대	↘	-5 극소	↗	-4 극대	↘

따라서 함수 $f(x)$는 $x = -1$과 $x = 1$에서 극댓값 -4,
$x = 0$에서 극솟값 -5를 갖는다.

04-1 답 -39

$f(x) = x^3 + ax^2 + bx$에서
$f'(x) = 3x^2 + 2ax + b$
함수 $f(x)$가 $x = -1$에서 극댓값 5를 가지므로
$f'(-1) = 0$, $f(-1) = 5$에서
$3 - 2a + b = 0$, $-1 + a - b = 5$
$\therefore 2a - b = 3$, $a - b = 6$
두 식을 연립하여 풀면
$a = -3$, $b = -9$
즉, $f(x) = x^3 - 3x^2 - 9x$이므로
$f'(x) = 3x^2 - 6x - 9 = 3(x+1)(x-3)$
$f'(x) = 0$인 x의 값은
$x = -1$ 또는 $x = 3$
함수 $f(x)$의 증가와 감소를 표로 나타내면 다음과 같다.

x	$\cdots$	-1	$\cdots$	3	$\cdots$
$f'(x)$	$+$	0	$-$	0	$+$
$f(x)$	↗	5 극대	↘	-27 극소	↗

함수 $f(x)$는 $x = 3$에서 극솟값 -27을 가지므로
$m = -27$
$\therefore a + b + m = -3 + (-9) + (-27) = -39$

04-2 답 6

$f(x)=-2x^3+ax^2+bx+c$에서

$f'(x)=-6x^2+2ax+b$

함수 $f(x)$가 $x=-1$, $x=1$에서 극값을 가지므로

$f'(-1)=0$, $f'(1)=0$에서

$-6-2a+b=0$, $-6+2a+b=0$

$\therefore 2a-b=-6$, $2a+b=6$

두 식을 연립하여 풀면 $a=0$, $b=6$

함수 $f(x)=-2x^3+6x+c$가 $x=-1$에서 극솟값 -2 를 가지므로 $f(-1)=-2$에서

$2-6+c=-2$ $\therefore c=2$

따라서 함수 $f(x)=-2x^3+6x+2$는 $x=1$에서 극대이 므로 극댓값은

$f(1)=-2+6+2=6$

04-3 답 22

$f(x)=-x^3+ax^2+bx$에서

$f'(x)=-3x^2+2ax+b$

함수 $f(x)$가 $x=-2$에서 극값을 갖고, $x=4$인 점에서 의 접선의 기울기가 -12이므로

$f'(-2)=0$, $f'(4)=-12$에서

$-12-4a+b=0$, $-48+8a+b=-12$

$\therefore 4a-b=-12$, $8a+b=36$

두 식을 연립하여 풀면 $a=2$, $b=20$

$\therefore a+b=22$

05-1 답 ㄷ

ㄱ. 구간 $(-1, 0)$에서 $f'(x)<0$이므로 함수 $f(x)$는 구 간 $(-1, 0)$에서 감소한다.

ㄴ, ㄷ. 구간 $[-3, 5]$에서 도함수 $y=f'(x)$의 그래프가 x축과 만나는 점의 x좌표는 -2, 0, 2, 4

$x=-2$의 좌우에서 $f'(x)$의 부호가 바뀌지 않으므 로 함수 $f(x)$는 $x=-2$에서 극값을 갖지 않는다.

$x=2$의 좌우에서 $f'(x)$의 부호가 양에서 음으로 바 뀌므로 함수 $f(x)$는 $x=2$에서 극대이고,

$x=0$, $x=4$의 좌우에서 $f'(x)$의 부호가 음에서 양으 로 바뀌므로 함수 $f(x)$는 $x=0$, $x=4$에서 극소이다.

즉, 구간 $[-3, 5]$에서 함수 $f(x)$의 극값은 3개이다.

따라서 보기에서 옳은 것은 ㄷ이다.

05-2 답 -26

도함수 $y=f'(x)$의 그래프가 x축과 만나는 점의 x좌표 는 0, 4

$x=0$의 좌우에서 $f'(x)$의 부호가 양에서 음으로 바뀌므 로 함수 $f(x)$는 $x=0$에서 극대이고,

$x=4$의 좌우에서 $f'(x)$의 부호가 음에서 양으로 바뀌므 로 함수 $f(x)$는 $x=4$에서 극소이다.

$f(x)=x^3+ax^2+bx+c$에서 $f'(x)=3x^2+2ax+b$

$f'(0)=0$, $f'(4)=0$이므로

$b=0$, $48+8a+b=0$ $\therefore a=-6$

또 함수 $f(x)=x^3-6x^2+c$는 $x=0$에서 극대이고 극댓 값 6을 가지므로 $f(0)=6$에서 $c=6$

따라서 함수 $f(x)=x^3-6x^2+6$은 $x=4$에서 극소이므로 극솟값은

$f(4)=64-96+6=-26$

연습문제 102~103쪽

1 ③	2 ④	3 3	4 $a\geq3$	5 ③
6 ②	7 ②	8 1	9 ②	10 32
11 ㄹ	12 ③	13 -27	14 24	

1 $f(x)=-2x^3+3x^2+12x+3$에서

$f'(x)=-6x^2+6x+12=-6(x+1)(x-2)$

$f'(x)=0$인 x의 값은 $x=-1$ 또는 $x=2$

함수 $f(x)$의 증가와 감소를 표로 나타내면 다음과 같다.

x	$\cdots$	-1	$\cdots$	2	$\cdots$
$f'(x)$	$-$	0	$+$	0	$-$
$f(x)$	$\searrow$	-4	$\nearrow$	23	$\searrow$

따라서 함수 $f(x)$는 구간 $[-1, 2]$에서 증가한다.

2 $f(x)=x^3-6x^2+ax+7$에서 $f'(x)=3x^2-12x+a$

함수 $f(x)$가 감소하는 x의 값의 범위가 $1\leq x\leq b$이므로 이차방정식 $f'(x)=0$, 즉 $3x^2-12x+a=0$의 두 근은 1, b이다.

이차방정식의 근과 계수의 관계에 의하여

$1+b=-\dfrac{-12}{3}$, $1\times b=\dfrac{a}{3}$ $\therefore b=3$, $a=9$

$\therefore a+b=12$

다른 풀이

$f(x)=x^3-6x^2+ax+7$에서 $f'(x)=3x^2-12x+a$

이차방정식 $f'(x)=0$의 두 근이 1, b이므로

$f'(1)=0$에서 $3-12+a=0$ $\therefore a=9$

$f'(b)=0$에서 $3b^2-12b+a=0$

$3b^2-12b+9=0$, $3(b-1)(b-3)=0$

$\therefore b=3$ ($\because b>1$)

$\therefore a+b=9+3=12$

3 $f(x)=x^3-(a+1)x^2+ax-4$에서

$f'(x)=3x^2-2(a+1)x+a$

함수 $f(x)$가 구간 $[1, 2]$에서 감소

하려면 $1\leq x\leq 2$에서 $f'(x)\leq 0$이어

야 하므로 $f'(1)\leq 0$, $f'(2)\leq 0$

$f'(1)\leq 0$에서

$3-2(a+1)+a\leq 0$ $\therefore a\geq 1$ …… ㉠

$f'(2)\leq 0$에서

$12-4(a+1)+a\leq 0$ $\therefore a\geq \dfrac{8}{3}$ …… ㉡

㉠, ㉡에서 $a\geq \dfrac{8}{3}$

따라서 정수 a의 최솟값은 3이다.

4 $f(x)=x^3+3x^2+ax$에서 $f'(x)=3x^2+6x+a$

함수 $f(x)$의 역함수가 존재하려면 일대일대응이어야 하

고 $f(x)$의 최고차항의 계수가 양수이므로 함수 $f(x)$는

실수 전체의 집합에서 증가해야 한다.

즉, 모든 실수 x에서 $f'(x)\geq 0$이어야 한다.

이차방정식 $f'(x)=0$의 판별식을 D라 하면 $D\leq 0$이어

야 하므로

$\dfrac{D}{4}=9-3a\leq 0$ $\therefore a\geq 3$

5 $f(x)=x^3-3x+6$에서

$f'(x)=3x^2-3=3(x+1)(x-1)$

$f'(x)=0$인 x의 값은 $x=-1$ 또는 $x=1$

함수 $f(x)$의 증가와 감소를 표로 나타내면 다음과 같다.

x	$\cdots$	-1	$\cdots$	1	$\cdots$
$f'(x)$	$+$	0	$-$	0	$+$
$f(x)$	↗	8 극대	↘	4 극소	↗

따라서 함수 $f(x)$는 $x=-1$에서 극댓값 8, $x=1$에서 극

솟값 4를 가지므로 모든 극값의 합은 $8+4=12$

6 함수 $f(x)$가 $x=2$에서 극솟값 -1을 가지므로

$f'(2)=0$, $f(2)=-1$

$g(x)=(x^2-3)f(x)$라 하면

$g'(x)=2xf(x)+(x^2-3)f'(x)$

$\therefore g(2)=f(2)=-1$, $g'(2)=4f(2)+f'(2)=-4$

따라서 곡선 $y=g(x)$ 위의 점 $(2, -1)$에서의 접선의 기

울기는 -4이므로 구하는 접선의 방정식은

$y+1=-4(x-2)$

$\therefore y=-4x+7$

7 $f(x)=2x^3-9x^2+ax+5$에서

$f'(x)=6x^2-18x+a$

함수 $f(x)$가 $x=1$에서 극대이므로 $f'(1)=0$에서

$6-18+a=0$ $\therefore a=12$

$f'(x)=6x^2-18x+12=6(x-1)(x-2)$이므로

$f'(x)=0$인 x의 값은 $x=1$ 또는 $x=2$

함수 $f(x)$의 증가와 감소를 표로 나타내면 다음과 같다.

x	$\cdots$	1	$\cdots$	2	$\cdots$
$f'(x)$	$+$	0	$-$	0	$+$
$f(x)$	↗	극대	↘	극소	↗

따라서 함수 $f(x)$는 $x=2$에서 극소이므로 $b=2$

$\therefore a+b=12+2=14$

8 $f(x)=-x^3+3kx^2+9k^2x$에서

$f'(x)=-3x^2+6kx+9k^2$

$\qquad =-3(x+k)(x-3k)$

$f'(x)=0$인 x의 값은 $x=-k$ 또는 $x=3k$

$k>0$이므로 함수 $f(x)$의 증가와 감소를 표로 나타내면

다음과 같다.

x	$\cdots$	$-k$	$\cdots$	$3k$	$\cdots$
$f'(x)$	$-$	0	$+$	0	$-$
$f(x)$	↘	$-5k^3$ 극소	↗	$27k^3$ 극대	↘

따라서 함수 $f(x)$는 $x=3k$에서 극댓값 $27k^3$, $x=-k$에

서 극솟값 $-5k^3$을 갖고, 그 합이 22이므로

$27k^3+(-5k^3)=22$, $k^3=1$

$\therefore k=1$ ($\because k>0$)

9 $f(x)=x^3-3ax^2+3(a^2-1)x$에서

$f'(x)=3x^2-6ax+3(a^2-1)$

$\qquad =3\{x^2-2ax+(a-1)(a+1)\}$

$\qquad =3\{x-(a-1)\}\{x-(a+1)\}$

$f'(x)=0$인 x의 값은 $x=a-1$ 또는 $x=a+1$

함수 $f(x)$의 증가와 감소를 표로 나타내면 다음과 같다.

x	$\cdots$	$a-1$	$\cdots$	$a+1$	$\cdots$
$f'(x)$	$+$	0	$-$	0	$+$
$f(x)$	↗	극대	↘	극소	↗

이때 함수 $f(x)$의 극댓값이 4이므로 $f(a-1)=4$에서
$(a-1)^3-3a(a-1)^2+3(a^2-1)(a-1)=4$
$a^3-3a-2=0$, $(a+1)^2(a-2)=0$
$\therefore a=-1$ 또는 $a=2$
(i) $a=-1$일 때, $f(x)=x^3+3x^2$이므로
  $f(-2)=-8+12=4>0$
(ii) $a=2$일 때, $f(x)=x^3-6x^2+9x$이므로
  $f(-2)=-8-24-18=-50<0$
따라서 $f(-2)>0$을 만족시키는 함수 $f(x)$는
$f(x)=x^3+3x^2$
$\therefore f(-1)=-1+3=2$

10 도함수 $y=f'(x)$의 그래프가 x축과 만나는 점의 x좌표는
-4, 0
$x=-4$의 좌우에서 $f'(x)$의 부호가 양에서 음으로 바뀌
므로 함수 $f(x)$는 $x=-4$에서 극대이고,
$x=0$의 좌우에서 $f'(x)$의 부호가 음에서 양으로 바뀌므
로 함수 $f(x)$는 $x=0$에서 극소이다.
삼차함수 $f(x)$의 최고차항의 계수가 1이므로
$f(x)=x^3+ax^2+bx+c$ (a, b, c는 상수)라 하면
$f'(x)=3x^2+2ax+b$
$f'(-4)=0$, $f'(0)=0$이므로
$48-8a+b=0$, $b=0$
$\therefore a=6$
따라서 함수 $f(x)=x^3+6x^2+c$의 극댓값은 $f(-4)$,
극솟값은 $f(0)$이므로 극댓값과 극솟값의 차는
$|f(-4)-f(0)|=|(-64+96+c)-c|=32$

11 ㄱ. 구간 $(-3, 0)$에서 $f'(x)<0$이므로 함수 $f(x)$는 감
  소한다.
ㄴ. 구간 $(3, 6)$에서 $f'(x)>0$이므로 함수 $f(x)$는 증가
  한다.
ㄷ. $f'(-3)\neq0$이므로 함수 $f(x)$는 $x=-3$에서 극값을
  갖지 않는다.
ㄹ. 구간 $[-7, 7]$에서 도함수 $y=f'(x)$의 그래프가 x축
  과 만나는 점의 x좌표는 -6, 0, 6
  $x=-6$의 좌우에서 $f'(x)$의 부호가 양에서 음으로
  바뀌므로 함수 $f(x)$는 $x=-6$에서 극대이고,
  $x=0$의 좌우에서 $f'(x)$의 부호가 음에서 양으로 바
  뀌므로 함수 $f(x)$는 $x=0$에서 극소이다.
  $x=6$의 좌우에서 $f'(x)$의 부호가 바뀌지 않으므로
  함수 $f(x)$는 $x=6$에서 극값을 갖지 않는다.
  즉, 구간 $[-7, 7]$에서 함수 $f(x)$의 극값은 2개이다
따라서 보기에서 옳은 것은 ㄹ이다.

12 삼차함수 $f(x)$에 대하여 $f'(x)=0$은 이차방정식이고 두
실근이 α, β이므로
$f'(\alpha)=0$, $f'(\beta)=0$
즉, 함수 $f(x)$의 극값은 $f(\alpha)$, $f(\beta)$이다.
㈏에서
$\sqrt{(\beta-\alpha)^2+\{f(\beta)-f(\alpha)\}^2}=26$ ······ ㉠
㈎에서 $(\beta-\alpha)^2=100$이므로 이를 ㉠에 대입하면
$\sqrt{100+\{f(\beta)-f(\alpha)\}^2}=26$
$100+\{f(\beta)-f(\alpha)\}^2=676$
$\{f(\beta)-f(\alpha)\}^2=576$ $\therefore |f(\beta)-f(\alpha)|=24$
따라서 극댓값과 극솟값의 차는 24이다.

13 삼차함수 $f(x)$의 최고차항의 계수가 1이고, ㈏에서 곡선
$y=f(x)$는 원점을 지나므로
$f(x)=x^3+ax^2+bx$ (a, b는 상수)라 하면
$f'(x)=3x^2+2ax+b$
㈎에서 $f'(-1)=0$이므로
$3-2a+b=0$ $\therefore 2a-b=3$ ······ ㉠
㈐에서 $f'(1-x)=f'(1+x)$의 양변에 $x=2$를 대입하면
$f'(-1)=f'(3)$
즉, $f'(3)=0$이므로
$27+6a+b=0$ $\therefore 6a+b=-27$ ······ ㉡
㉠, ㉡을 연립하여 풀면 $a=-3$, $b=-9$
$\therefore f(x)=x^3-3x^2-9x$
함수 $f(x)$의 증가와 감소를 표로 나타내면 다음과 같다.

x	$\cdots$	-1	$\cdots$	3	$\cdots$
$f'(x)$	$+$	0	$-$	0	$+$
$f(x)$	↗	5 극대	↘	-27 극소	↗

따라서 함수 $f(x)$는 $x=3$에서 극솟값 -27을 갖는다.

14 함수 $f(x)$가 $x=2$에서 극대, $x=3$에서 극소이므로
$f'(2)=0$, $f'(3)=0$
즉, 이차방정식 $f'(x)=0$의 두 근이 2, 3이므로
$f'(x)=a(x-2)(x-3)$ ($a\neq0$)이라 하자.
$g(x)=x^2-f(x)$에서
$g'(x)=2x-f'(x)=-ax^2+(5a+2)x-6a$
삼차함수 $g(x)$가 $x=\alpha$, $x=\beta$에서 극값을 가지므로
$g'(\alpha)=0$, $g'(\beta)=0$
즉, $2\alpha-f'(\alpha)=0$, $2\beta-f'(\beta)=0$이므로
$f'(\alpha)=2\alpha$, $f'(\beta)=2\beta$
이때 이차방정식 $g'(x)=0$의 두 근이 α, β이므로
근과 계수의 관계에 의하여 $\alpha\beta=\dfrac{-6a}{-a}=6$
$\therefore f'(\alpha)f'(\beta)=2\alpha\times2\beta=4\alpha\beta=4\times6=24$

개
념
편

함수의 그래프

01-1 답 (1) 풀이 참조   (2) 풀이 참조

(1) $f(x)=-x^3+3x+1$에서

$f'(x)=-3x^2+3=-3(x+1)(x-1)$

$f'(x)=0$인 x의 값은 $x=-1$ 또는 $x=1$

함수 $f(x)$의 증가와 감소를 표로 나타내면 다음과 같다.

x	$\cdots$	-1	$\cdots$	1	$\cdots$
$f'(x)$	$-$	0	$+$	0	$-$
$f(x)$	$\searrow$	-1 극소	$\nearrow$	3 극대	$\searrow$

또 $f(0)=1$이므로 함수
$y=f(x)$의 그래프는 오른쪽
그림과 같다.

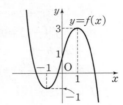

(2) $f(x)=\dfrac{3}{4}x^4+4x^3+6x^2+1$에서

$f'(x)=3x^3+12x^2+12x=3x(x+2)^2$

$f'(x)=0$인 x의 값은 $x=-2$ 또는 $x=0$

함수 $f(x)$의 증가와 감소를 표로 나타내면 다음과 같다.

x	$\cdots$	-2	$\cdots$	0	$\cdots$
$f'(x)$	$-$	0	$-$	0	$+$
$f(x)$	$\searrow$	5	$\searrow$	1 극소	$\nearrow$

따라서 함수 $y=f(x)$의 그래프
는 오른쪽 그림과 같다.

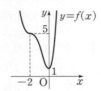

02-1 답 ①

도함수 $y=f'(x)$의 그래프와 x축의 교점의 x좌표는 -1,
1이므로 $f'(x)$의 부호를 조사하여 함수 $f(x)$의 증가와
감소를 표로 나타내면 다음과 같다.

x	$\cdots$	-1	$\cdots$	1	$\cdots$
$f'(x)$	$+$	0	$-$	0	$+$
$f(x)$	$\nearrow$	극대	$\searrow$	극소	$\nearrow$

따라서 함수 $y=f(x)$의 그래프의 개형이 될 수 있는 것
은 ①이다.

03-1 답 $a<-6$ 또는 $a>6$

$f(x)=-x^3+ax^2-12x+4$에서

$f'(x)=-3x^2+2ax-12$

함수 $f(x)$가 극값을 가지려면 이차방정식 $f'(x)=0$이 서
로 다른 두 실근을 가져야 하므로 이차방정식 $f'(x)=0$
의 판별식을 D라 하면 $D>0$에서

$\dfrac{D}{4}=a^2-36>0$

$(a+6)(a-6)>0$ $\therefore a<-6$ 또는 $a>6$

03-2 답 $1\leq a\leq 4$

$f(x)=3x^3+(a+2)x^2+ax+1$에서

$f'(x)=9x^2+2(a+2)x+a$

함수 $f(x)$가 극값을 갖지 않으려면 이차방정식 $f'(x)=0$
이 중근 또는 허근을 가져야 하므로 이차방정식 $f'(x)=0$
의 판별식을 D라 하면 $D\leq 0$에서

$\dfrac{D}{4}=(a+2)^2-9a\leq 0$

$a^2-5a+4\leq 0,\ (a-1)(a-4)\leq 0$

$\therefore 1\leq a\leq 4$

03-3 답 $-\dfrac{1}{2}<a<0$ 또는 $0<a<4$

$f(x)$는 삼차함수이므로 $a\neq 0$ $\cdots\cdots$ ㉠

$f(x)=ax^3+(a+2)x^2+(a-1)x-2$에서

$f'(x)=3ax^2+2(a+2)x+a-1$

함수 $f(x)$가 극댓값과 극솟값을 모두 가지려면 이차방정
식 $f'(x)=0$이 서로 다른 두 실근을 가져야 하므로 이차
방정식 $f'(x)=0$의 판별식을 D라 하면 $D>0$에서

$\dfrac{D}{4}=(a+2)^2-3a(a-1)>0$

$2a^2-7a-4<0,\ (2a+1)(a-4)<0$

$\therefore -\dfrac{1}{2}<a<4$ $\cdots\cdots$ ㉡

㉠, ㉡에서 $-\dfrac{1}{2}<a<0$ 또는 $0<a<4$

04-1 답 (1) $\sqrt{3}<a<2$ (2) $a>\dfrac{7}{4}$

$f(x)=-x^3+3ax^2-9x-1$에서

$f'(x)=-3x^2+6ax-9$

(1) 함수 $f(x)$가 $-1<x<3$에
서 극댓값과 극솟값을 모두
가지려면 이차방정식
$f'(x)=0$이 $-1<x<3$에서
서로 다른 두 실근을 가져야 한다.

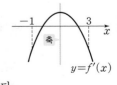

(i) 이차방정식 $f'(x)=0$의 판별식을 D라 하면 $D>0$
이어야 하므로

$$\frac{D}{4}=9a^2-27>0$$

$$a^2-3>0$$

$$(a+\sqrt{3})(a-\sqrt{3})>0$$

$$\therefore a<-\sqrt{3}\ \text{또는}\ a>\sqrt{3} \quad\cdots\cdots\ \text{㉠}$$

(ii) $f'(-1)<0$이어야 하므로

$$-3-6a-9<0 \quad\therefore a>-2 \quad\cdots\cdots\ \text{㉡}$$

$f'(3)<0$이어야 하므로

$$-27+18a-9<0 \quad\therefore a<2 \quad\cdots\cdots\ \text{㉢}$$

(iii) 이차함수 $y=f'(x)$의 그래프의 축의 방정식이
$x=a$이므로

$$-1<a<3 \quad\cdots\cdots\ \text{㉣}$$

㉠~㉣에서 $\sqrt{3}<a<2$

(2) 함수 $f(x)$가 $-2<x<2$에서
극솟값을 갖고, $x>2$에서 극
댓값을 가지려면 이차방정식
$f'(x)=0$이 $-2<x<2$에서
한 실근을 갖고, $x>2$에서 다른 한 실근을 가져야 한다.
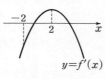
$f'(-2)<0$이어야 하므로

$$-12-12a-9<0 \quad\therefore a>-\frac{7}{4} \quad\cdots\cdots\ \text{㉠}$$

$f'(2)>0$이어야 하므로

$$-12+12a-9>0 \quad\therefore a>\frac{7}{4} \quad\cdots\cdots\ \text{㉡}$$

㉠, ㉡에서 $a>\frac{7}{4}$

05-1 답 $-1<a<0$ 또는 $a>0$

$f(x)=-3x^4-8x^3+6ax^2$에서

$$f'(x)=-12x^3-24x^2+12ax$$
$$=-12x(x^2+2x-a)$$

함수 $f(x)$가 극솟값을 가지려면 삼차방정식
$-12x(x^2+2x-a)=0$이 서로 다른 세 실근을 가져야
하므로 이차방정식 $x^2+2x-a=0$은 0이 아닌 서로 다른
두 실근을 가져야 한다.

$x=0$이 이차방정식 $x^2+2x-a=0$의 근이 아니어야 하
므로

$$a\neq0 \quad\cdots\cdots\ \text{㉠}$$

이차방정식 $x^2+2x-a=0$의 판별식을 D라 하면 $D>0$
이어야 하므로

$$\frac{D}{4}=1+a>0 \quad\therefore a>-1 \quad\cdots\cdots\ \text{㉡}$$

㉠, ㉡에서 $-1<a<0$ 또는 $a>0$

05-2 답 $a=-2$ 또는 $a\geq\frac{1}{4}$

$f(x)=x^4+2(a-1)x^2+4ax+3$에서

$$f'(x)=4x^3+4(a-1)x+4a$$
$$=4(x+1)(x^2-x+a)$$

함수 $f(x)$가 극댓값을 갖지 않으려면 삼차방정식
$4(x+1)(x^2-x+a)=0$이 중근 또는 허근을 가져야 하
므로 이차방정식 $x^2-x+a=0$의 한 근이 -1이거나 중
근 또는 허근을 가져야 한다.

(i) 이차방정식 $x^2-x+a=0$의 한 근이 -1이면

$$1+1+a=0$$

$$\therefore a=-2$$

(ii) 이차방정식 $x^2-x+a=0$이 중근 또는 허근을 가지려
면 판별식을 D라 할 때, $D\leq0$이어야 하므로

$$D=1-4a\leq0$$

$$\therefore a\geq\frac{1}{4}$$

(i), (ii)에서 $a=-2$ 또는 $a\geq\frac{1}{4}$

---

2 함수의 최댓값과 최솟값

문제 $\qquad\qquad\qquad\qquad$ 112~115쪽

06-1 답 (1) 최댓값: 20, 최솟값: 0
$\qquad\quad$ (2) 최댓값: 7, 최솟값: -6

(1) $f(x)=-x^3+3x^2$에서

$$f'(x)=-3x^2+6x$$
$$=-3x(x-2)$$

$f'(x)=0$인 x의 값은 $x=0$ 또는 $x=2$

구간 $[-2,\ 3]$에서 함수 $f(x)$의 증가와 감소를 표로
나타내면 다음과 같다.

x	-2	$\cdots$	0	$\cdots$	2	$\cdots$	3
$f'(x)$		$-$	0	$+$	0	$-$	
$f(x)$	20	$\searrow$	0 극소	$\nearrow$	4 극대	$\searrow$	0

따라서 함수 $f(x)$는 $x=-2$에서
최댓값 20, $x=0$ 또는 $x=3$에서
최솟값 0을 갖는다.

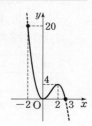

(2) $f(x)=3x^4+4x^3-12x^2+7$에서
$f'(x)=12x^3+12x^2-24x=12x(x+2)(x-1)$
$f'(x)=0$인 x의 값은
$x=0$ 또는 $x=1$ ($\because$ $-1\leq x\leq1$)
구간 $[-1,\ 1]$에서 함수 $f(x)$의 증가와 감소를 표로 나타내면 다음과 같다.

x	-1	$\cdots$	0	$\cdots$	1
$f'(x)$		$+$	0	$-$	0
$f(x)$	-6	$\nearrow$	7 극대	$\searrow$	2

따라서 함수 $f(x)$는 $x=0$에서 최댓값 7, $x=-1$에서 최솟값 -6을 갖는다.

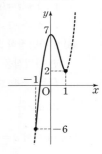

07-1 답 -19

$f(x)=-2x^3+3x^2+a$에서
$f'(x)=-6x^2+6x=-6x(x-1)$
$f'(x)=0$인 x의 값은 $x=0$ 또는 $x=1$
구간 $[0,\ 3]$에서 함수 $f(x)$의 증가와 감소를 표로 나타내면 다음과 같다.

x	0	$\cdots$	1	$\cdots$	3
$f'(x)$	0	$+$	0	$-$	
$f(x)$	a	$\nearrow$	$a+1$ 극대	$\searrow$	$a-27$

이때 함수 $f(x)$의 최댓값이 $a+1$이므로
$a+1=9$ $\therefore$ $a=8$
따라서 함수 $f(x)$의 최솟값은
$a-27=8-27=-19$

07-2 답 5

$f(x)=x^3-3x^2-9x+a$에서
$f'(x)=3x^2-6x-9=3(x+1)(x-3)$
$f'(x)=0$인 x의 값은 $x=-1$ 또는 $x=3$
구간 $[-2,\ 4]$에서 함수 $f(x)$의 증가와 감소를 표로 나타내면 다음과 같다.

x	-2	$\cdots$	-1	$\cdots$	3	$\cdots$	4
$f'(x)$		$+$	0	$-$	0	$+$	
$f(x)$	$a-2$	$\nearrow$	$a+5$ 극대	$\searrow$	$a-27$ 극소	$\nearrow$	$a-20$

따라서 함수 $f(x)$의 최댓값은 $M=a+5$, 최솟값은 $m=a-27$이므로 $M+m=-12$에서
$a+5+a-27=-12$ $\therefore$ $a=5$

07-3 답 3

$f(x)=ax^4-4ax^3+b$에서
$f'(x)=4ax^3-12ax^2=4ax^2(x-3)$
$f'(x)=0$인 x의 값은 $x=3$ ($\because$ $1\leq x\leq4$)
$a>0$이므로 구간 $[1,\ 4]$에서 함수 $f(x)$의 증가와 감소를 표로 나타내면 다음과 같다.

x	1	$\cdots$	3	$\cdots$	4
$f'(x)$		$-$	0	$+$	
$f(x)$	$-3a+b$	$\searrow$	$-27a+b$ 극소	$\nearrow$	b

따라서 함수 $f(x)$의 최댓값은 b, 최솟값은 $-27a+b$이므로
$b=9$, $-27a+b=0$ $\therefore$ $a=\dfrac{1}{3}$
$\therefore$ $ab=\dfrac{1}{3}\times9=3$

08-1 답 8

오른쪽 그림과 같이 직사각형의 꼭짓점을 A, B, C, D라 하고 점 A의 x좌표를 a라 하면
A$(a,\ -a^2+3)$,
D$(a,\ a^2-3)$ (단, $0<a<\sqrt{3}$)
$\overline{AB}=2a$, $\overline{AD}=-2a^2+6$이므로 직사각형 ABCD의 넓이를 $S(a)$라 하면
$S(a)=2a(-2a^2+6)=-4a^3+12a$
$\therefore$ $S'(a)=-12a^2+12=-12(a+1)(a-1)$
$S'(a)=0$인 a의 값은 $a=1$ ($\because$ $0<a<\sqrt{3}$)
$0<a<\sqrt{3}$에서 함수 $S(a)$의 증가와 감소를 표로 나타내면 다음과 같다.

a	0	$\cdots$	1	$\cdots$	$\sqrt{3}$
$S'(a)$		$+$	0	$-$	
$S(a)$		$\nearrow$	8 극대	$\searrow$	

따라서 넓이 $S(a)$의 최댓값은 8이다.

08-2 답 8

점 P의 x좌표를 a라 하면 P$(a,\ a(a-4)^2)$ (단, $0<a<4$)
$\overline{OH}=a$, $\overline{PH}=a(a-4)^2$이므로 삼각형 POH의 넓이를 $S(a)$라 하면
$S(a)=\dfrac{1}{2}\times a\times a(a-4)^2=\dfrac{1}{2}a^4-4a^3+8a^2$

$$\therefore S'(a)=2a^3-12a^2+16a=2a(a-2)(a-4)$$
$S'(a)=0$인 a의 값은 $a=2$ ($\because 0<a<4$)
$0<a<4$에서 함수 $S(a)$의 증가와 감소를 표로 나타내면 다음과 같다.

a	0	$\cdots$	2	$\cdots$	4
$S'(a)$		$+$	0	$-$	
$S(a)$		$\nearrow$	8 극대	$\searrow$	

따라서 넓이 $S(a)$의 최댓값은 8이다.

09-1 답 **32**

오른쪽 그림과 같이 잘라 내는 사각형의 긴 변의 길이를 x라 하면 상자의 밑면인 정삼각형의 한 변의 길이는 $12-2x$이므로

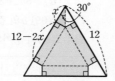

$x>0$, $12-2x>0$
$\therefore 0<x<6$
이때 삼각기둥의 밑면의 넓이는
$$\frac{1}{2}\times(12-2x)^2\times\sin 60°=\frac{\sqrt{3}}{4}(12-2x)^2$$
또 삼각기둥의 높이를 h라 하면
$$h=x\tan 30°=\frac{\sqrt{3}}{3}x$$
상자의 부피를 $V(x)$라 하면
$$V(x)=\frac{\sqrt{3}}{4}(12-2x)^2\times\frac{\sqrt{3}}{3}x=x^3-12x^2+36x$$
$$\therefore V'(x)=3x^2-24x+36=3(x-2)(x-6)$$
$V'(x)=0$인 x의 값은 $x=2$ ($\because 0<x<6$)
$0<x<6$에서 함수 $V(x)$의 증가와 감소를 표로 나타내면 다음과 같다.

x	0	$\cdots$	2	$\cdots$	6
$V'(x)$		$+$	0	$-$	
$V(x)$		$\nearrow$	32 극대	$\searrow$	

따라서 부피 $V(x)$의 최댓값은 32이다.

09-2 답 **4**

오른쪽 그림과 같이 원뿔에 내접하는 원기둥의 밑면의 반지름의 길이를 r, 높이를 h라 하면
$\triangle ABC \backsim \triangle ADE$ (AA 닮음)
이므로
$12 : 6 = (12-h) : r$
$\therefore h=12-2r$

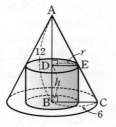

이때 $r>0$, $12-2r>0$이므로
$0<r<6$
원기둥의 부피를 $V(r)$라 하면
$$V(r)=\pi r^2 h=\pi r^2(12-2r)=\pi(12r^2-2r^3)$$
$$V'(r)=\pi(24r-6r^2)=-6\pi r(r-4)$$
$V'(r)=0$인 r의 값은 $r=4$ ($\because 0<r<6$)
$0<r<6$에서 함수 $V(r)$의 증가와 감소를 표로 나타내면 다음과 같다.

r	0	$\cdots$	4	$\cdots$	6
$V'(r)$		$+$	0	$-$	
$V(r)$		$\nearrow$	64π 극대	$\searrow$	

따라서 부피 $V(r)$는 $r=4$일 때 최대이다.

연습문제
116~117쪽

1 ④	2 ③	3 $-\dfrac{5}{4}<a<-1$	4 ②
5 28	6 11	7 8	8 6	9 ⑤

10 ③   **11** ⑤   **12** 6   **13** $\dfrac{256}{3}\pi$

1 도함수 $y=f'(x)$의 그래프와 x축의 교점의 x좌표는 a, b이므로 $f'(x)$의 부호를 조사하여 함수 $f(x)$의 증가와 감소를 표로 나타내면 다음과 같다.

x	$\cdots$	a	$\cdots$	b	$\cdots$
$f'(x)$	$-$	0	$+$	0	$+$
$f(x)$	$\searrow$	극소	$\nearrow$		$\nearrow$

따라서 함수 $y=f(x)$의 그래프의 개형이 될 수 있는 것은 ④이다.

2 $f(x)=x^3+ax^2+ax+1$에서
$f'(x)=3x^2+2ax+a$
함수 $f(x)$가 극값을 갖지 않으려면 이차방정식 $f'(x)=0$이 중근 또는 허근을 가져야 하므로 이차방정식 $f'(x)=0$의 판별식을 D라 하면 $D\leq 0$에서
$$\frac{D}{4}=a^2-3a\leq 0$$
$a(a-3)\leq 0$ $\therefore 0\leq a\leq 3$
따라서 정수 a는 0, 1, 2, 3의 4개이다.

3 $f(x)=x^3+3ax^2+3x$에서 $f'(x)=3x^2+6ax+3$

함수 $f(x)$가 구간 $(-1, 2)$에서 극댓값과 극솟값을 모두 가지려면 이차방정식 $f'(x)=0$이 $-1<x<2$에서 서로 다른 두 실근을 가져야 한다.

(ⅰ) 이차방정식 $f'(x)=0$의 판별식을 D라 하면 $D>0$이어야 하므로

$\dfrac{D}{4}=9a^2-9>0$, $(a+1)(a-1)>0$

$\therefore a<-1$ 또는 $a>1$ ...... ㉠

(ⅱ) $f'(-1)>0$이어야 하므로

$3-6a+3>0$ $\therefore a<1$ ...... ㉡

$f'(2)>0$이어야 하므로

$12+12a+3>0$ $\therefore a>-\dfrac{5}{4}$ ...... ㉢

(ⅲ) 이차함수 $y=f'(x)$의 그래프의 축의 방정식이 $x=-a$이므로

$-1<-a<2$ $\therefore -2<a<1$ ...... ㉣

㉠~㉣에서 $-\dfrac{5}{4}<a<-1$

4 $f(x)=-x^3+x^2+x+8$에서

$f'(x)=-3x^2+2x+1=-(3x+1)(x-1)$

$f'(x)=0$인 x의 값은 $x=1$ ($\because 0\leq x\leq 2$)

구간 $[0, 2]$에서 함수 $f(x)$의 증가와 감소를 표로 나타내면 다음과 같다.

x	0	$\cdots$	1	$\cdots$	2
$f'(x)$		$+$	0	$-$	
$f(x)$	8	↗	9 극대	↘	6

따라서 함수 $f(x)$의 최댓값은 9, 최솟값은 6이므로 구하는 합은 $9+6=15$

5 $f(x)=x^3+ax^2-a^2x-2$에서

$f'(x)=3x^2+2ax-a^2=(x+a)(3x-a)$

$f'(x)=0$인 x의 값은 $x=-a$ 또는 $x=\dfrac{a}{3}$

구간 $[-a, a]$에서 함수 $f(x)$의 증가와 감소를 표로 나타내면 다음과 같다.

x	$-a$	$\cdots$	$\dfrac{a}{3}$	$\cdots$	a
$f'(x)$	0	$-$	0	$+$	
$f(x)$	a^3-2	↘	$-\dfrac{5}{27}a^3-2$ 극소	↗	a^3-2

함수 $f(x)$의 최솟값은 $-\dfrac{5}{27}a^3-2$이므로

$-\dfrac{5}{27}a^3-2=-7$, $a^3=27$ $\therefore a=3$ ($\because a>0$)

함수 $f(x)$의 최댓값은 $M=a^3-2=27-2=25$

$\therefore a+M=3+25=28$

6 점 P의 x좌표를 a라 하면 $\mathrm{P}(a, a^2+1)$이므로

$\overline{\mathrm{AP}}^2=a^2+(a^2-1)^2=a^4-a^2+1$

$\overline{\mathrm{BP}}^2=(a-4)^2+a^4=a^4+a^2-8a+16$

$\overline{\mathrm{AP}}^2+\overline{\mathrm{BP}}^2=l(a)$라 하면

$l(a)=a^4-a^2+1+a^4+a^2-8a+16=2a^4-8a+17$

$\therefore l'(a)=8a^3-8=8(a-1)(a^2+a+1)$

$l'(a)=0$인 a의 값은 $a=1$ ($\because a$는 실수)

함수 $l(a)$의 증가와 감소를 표로 나타내면 다음과 같다.

a	$\cdots$	1	$\cdots$
$l'(a)$	$-$	0	$+$
$l(a)$	↘	11 극소	↗

따라서 $l(a)=\overline{\mathrm{AP}}^2+\overline{\mathrm{BP}}^2$의 최솟값은 11이다.

7 $f(x)=(x-3)^2=x^2-6x+9$라 하면 $f'(x)=2x-6$

접점의 좌표는 (a, a^2-6a+9)이고 이 점에서의 접선의 기울기는 $f'(a)=2a-6$이므로 접선의 방정식은

$y-(a^2-6a+9)=(2a-6)(x-a)$

$\therefore y=(2a-6)x-a^2+9$ ...... ㉠

㉠에 $y=0$을 대입하면 $(2a-6)x-a^2+9=0$

$\therefore x=\dfrac{(a+3)(a-3)}{2(a-3)}=\dfrac{a+3}{2}$ ($\because 0<a<3$)

㉠에 $x=0$을 대입하면 $y=-a^2+9$

접선 ㉠과 x축 및 y축으로 둘러싸인 삼각형의 넓이를 $S(a)$라 하면

$S(a)=\dfrac{1}{2}\times\dfrac{a+3}{2}\times(-a^2+9)$

$=-\dfrac{1}{4}(a^3+3a^2-9a-27)$

$\therefore S'(a)=-\dfrac{1}{4}(3a^2+6a-9)=-\dfrac{3}{4}(a+3)(a-1)$

$S'(a)=0$인 a의 값은 $a=1$ ($\because 0<a<3$)

$0<a<3$에서 함수 $S(a)$의 증가와 감소를 표로 나타내면 다음과 같다.

a	0	$\cdots$	1	$\cdots$	3
$S'(a)$		$+$	0	$-$	
$S(a)$		↗	8 극대	↘	

따라서 넓이 $S(a)$의 최댓값은 8이다.

8 원기둥의 밑면의 반지름의 길이를 r, 높이를 h라 하면

$r+h=9$ $\therefore h=9-r$

이때 $r>0$, $9-r>0$이므로

$0<r<9$

원기둥의 부피를 $V(r)$라 하면

$V(r)=\pi r^2 h=\pi r^2(9-r)=\pi(9r^2-r^3)$

$\therefore V'(r)=\pi(18r-3r^2)=3\pi r(6-r)$

$V'(r)=0$인 r의 값은 $r=6$ ($\because 0<r<9$)

$0<r<9$에서 함수 $V(r)$의 증가와 감소를 표로 나타내면 다음과 같다.

r	0	$\cdots$	6	$\cdots$	9
$V'(r)$		$+$	0	$-$	
$V(r)$		$\nearrow$	108π 극대	$\searrow$	

따라서 부피 $V(r)$는 $r=6$일 때 최대이다.

9 $f(x)=2x^3-3x^2-12x+k$에서

$f'(x)=6x^2-6x-12=6(x+1)(x-2)$

$f'(x)=0$인 x의 값은 $x=-1$ 또는 $x=2$

함수 $f(x)$의 증가와 감소를 표로 나타내면 다음과 같다.

x	$\cdots$	-1	$\cdots$	2	$\cdots$
$f'(x)$		$+$	0	$-$	0	$+$
$f(x)$	$\nearrow$	$k+7$ 극대	$\searrow$	$k-20$ 극소	$\nearrow$

한편 함수 $f(x)$의 두 극값의 부호에 따라 함수 $g(x)=|f(x)|$의 그래프의 개형은 다음과 같이 세 가지의 경우가 있다.

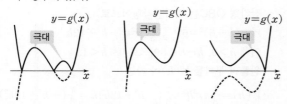

즉, 함수 $g(x)$가 2개의 극댓값을 가지려면 함수 $f(x)$의 극댓값과 극솟값의 부호가 서로 반대이어야 하므로

$(k+7)(k-20)<0$ $\therefore -7<k<20$ $\cdots\cdots$ ㉠

또 $g(a)=|k+7|=k+7$, $g(b)=|k-20|=-k+20$

이므로 $|g(a)-g(b)|>9$에서

$|k+7-(-k+20)|>9$, $|2k-13|>9$

$2k-13<-9$ 또는 $2k-13>9$

$\therefore k<2$ 또는 $k>11$ $\cdots\cdots$ ㉡

㉠, ㉡에서 $-7<k<2$ 또는 $11<k<20$

따라서 정수 k는 $-6, -5, \cdots, 1, 12, 13, \cdots, 19$의 16개이다.

10 $f(x)=x(x-a)(x-6)$이라 하면

$f'(x)=(x-a)(x-6)+x(x-6)+x(x-a)$

$\qquad =3x^2-2(a+6)x+6a$

곡선 $y=f(x)$ 위의 점 $(0, 0)$에서의 접선의 기울기는

$f'(0)=6a$ $\cdots\cdots$ ㉠

한편 원점을 지나고 다른 한 점에서 곡선에 접하는 접선의 접점의 좌표를 $(t,\ t^3-(a+6)t^2+6at)\ (t\neq0)$라 하면 접선의 기울기는 $f'(t)=3t^2-2(a+6)t+6a$이므로 접선의 방정식은

$y-\{t^3-(a+6)t^2+6at\}$

$=\{3t^2-2(a+6)t+6a\}(x-t)$

$\therefore y=\{3t^2-2(a+6)t+6a\}x-2t^3+(a+6)t^2$

이 직선이 원점을 지나므로

$0=-2t^3+(a+6)t^2$

$t^2\{2t-(a+6)\}=0$

$\therefore t=\dfrac{a+6}{2}$ ($\because t\neq0$)

이때 접선의 기울기는

$f'\left(\dfrac{a+6}{2}\right)=\dfrac{3(a+6)^2}{4}-(a+6)^2+6a$

$\qquad\qquad =-\dfrac{1}{4}a^2+3a-9$ $\cdots\cdots$ ㉡

㉠, ㉡에서 두 접선의 기울기의 곱을 $g(a)$라 하면

$g(a)=6a\left(-\dfrac{1}{4}a^2+3a-9\right)$

$\qquad =-\dfrac{3}{2}a^3+18a^2-54a$

$\therefore g'(a)=-\dfrac{9}{2}a^2+36a-54$

$\qquad\qquad =-\dfrac{9}{2}(a-2)(a-6)$

$g'(a)=0$인 a의 값은 $a=2$ ($\because 0<a<6$)

$0<a<6$에서 함수 $g(a)$의 증가와 감소를 표로 나타내면 다음과 같다.

a	0	$\cdots$	2	$\cdots$	6
$g'(a)$		$-$	0	$+$	
$g(a)$		$\searrow$	-48 극소	$\nearrow$	

따라서 함수 $g(a)$의 최솟값은 -48이다.

11 $f(x)=x^3+ax^2+bx+c\ (a, b, c$는 상수)라 하면

$f'(x)=3x^2+2ax+b$

함수 $g(x)$가 실수 전체의 집합에서 미분가능하면 $x=0$에서 연속이므로

$f(0)=\dfrac{1}{2}$ $\therefore c=\dfrac{1}{2}$

$g'(x)=\begin{cases} 0 & (x<0) \\ f'(x) & (x>0) \end{cases}$ 이고 $g(x)$가 $x=0$에서 미분가

능하므로

$f'(0)=0$ $\therefore b=0$ $\therefore f(x)=x^3+ax^2+\dfrac{1}{2}$

ㄱ. $g(0)+g'(0)=f(0)+f'(0)=\dfrac{1}{2}+0=\dfrac{1}{2}$

ㄴ. $f'(x)=3x^2+2ax=x(3x+2a)$이므로 $f'(x)=0$인

x의 값은

$x=0$ 또는 $x=-\dfrac{2}{3}a$

함수 $g(x)$의 최솟값이 $\dfrac{1}{2}$보다 작으므로 $x\geq0$에서 함

수 $f(x)$의 최솟값이 $\dfrac{1}{2}$보다 작다.

그런데 $-\dfrac{2}{3}a<0$이면 $x>0$에서 $f'(x)>0$이므로 함

수 $f(x)$는 증가한다. 즉, $x\geq0$에서 $f(x)$의 최솟값

이 $f(0)=\dfrac{1}{2}$이 되므로 이는 조건에 모순이다.

즉, $-\dfrac{2}{3}a>0$이므로 $a<0$

$\therefore g(1)=f(1)=1+a+\dfrac{1}{2}=a+\dfrac{3}{2}<\dfrac{3}{2}$

ㄷ. 함수 $g(x)$의 최솟값이 0이면 $x\geq0$에서 함수 $f(x)$의

최솟값이 0이다.

$x\geq0$에서 함수 $f(x)$의 증가와 감소를 표로 나타내면

다음과 같다.

x	0	$\cdots$	$-\dfrac{2}{3}a$	$\cdots$
$f'(x)$	0	$-$	0	$+$
$f(x)$	$\dfrac{1}{2}$	$\searrow$	$\dfrac{4}{27}a^3+\dfrac{1}{2}$ 극소	$\nearrow$

함수 $f(x)$의 최솟값은 $\dfrac{4}{27}a^3+\dfrac{1}{2}$이므로

$\dfrac{4}{27}a^3+\dfrac{1}{2}=0$, $a^3=-\dfrac{27}{8}$

$\therefore a=-\dfrac{3}{2}$ ($\because a<0$)

즉, $f(x)=x^3-\dfrac{3}{2}x^2+\dfrac{1}{2}$이므로

$g(2)=f(2)=8-6+\dfrac{1}{2}=\dfrac{5}{2}$

따라서 보기에서 옳은 것은 ㄱ, ㄴ, ㄷ이다.

12 $f(x)=-x^3+3x^2+2$에서

$f'(x)=-3x^2+6x=-3x(x-2)$

$f'(x)=0$인 x의 값은

$x=0$ 또는 $x=2$

구간 $[-1, 2]$에서 함수 $f(x)$의 증가와 감소를 표로 나

타내면 다음과 같다.

x	-1	$\cdots$	0	$\cdots$	2
$f'(x)$		$-$	0	$+$	0
$f(x)$	6	$\searrow$	2 극소	$\nearrow$	6

즉, 함수 $f(x)$의 최댓값은 6, 최솟값은 2이므로

$-1\leq x\leq2$일 때 $2\leq f(x)\leq6$이다.

이때 $f(x)=t$로 놓으면 $2\leq t\leq6$이고,

$(f\circ f)(x)=f(f(x))=f(t)=-t^3+3t^2+2$

$\therefore f'(t)=-3t^2+6t=-3t(t-2)$

$f'(t)=0$인 t의 값은 $t=2$ ($\because 2\leq t\leq6$)

$2\leq t\leq6$에서 함수 $f(t)$의 증가와 감소를 표로 나타내면

다음과 같다.

t	2	$\cdots$	6
$f'(t)$	0	$-$	
$f(t)$	6	$\searrow$	-106

따라서 함수 $f(t)$, 즉 $(f\circ f)(x)$의 최댓값은 6이다.

13 다음 그림과 같이 원뿔의 밑면의 반지름의 길이를 r, 높

이를 h라 하자.

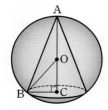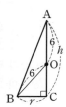

삼각형 OBC는 직각삼각형이므로

$r^2+(h-6)^2=6^2$ $\therefore r^2=-h^2+12h$

이때 $h>0$, $h-6<6$이므로 $0<h<12$

원뿔의 부피를 $V(h)$라 하면

$V(h)=\dfrac{1}{3}\pi r^2h=\dfrac{\pi}{3}(-h^2+12h)h=\dfrac{\pi}{3}(-h^3+12h^2)$

$\therefore V'(h)=\dfrac{\pi}{3}(-3h^2+24h)=-\pi h(h-8)$

$V'(h)=0$인 h의 값은 $h=8$ ($\because 0<h<12$)

$0<h<12$에서 함수 $V(h)$의 증가와 감소를 표로 나타내

면 다음과 같다.

h	0	$\cdots$	8	$\cdots$	12
$V'(h)$		$+$	0	$-$	
$V(h)$		$\nearrow$	$\dfrac{256}{3}\pi$ 극대	$\searrow$	

따라서 부피 $V(h)$의 최댓값은 $\dfrac{256}{3}\pi$이다.

04 방정식과 부등식에의 활용

1 방정식에의 활용

개념 Check 119쪽

1 답 (1) **1** (2) **3** (3) **3**

문제 120~123쪽

01-1 답 (1) **2** (2) **1** (3) **4** (4) **2**

(1) $f(x)=x^3-6x^2+9x-4$라 하면
$f'(x)=3x^2-12x+9=3(x-1)(x-3)$
$f'(x)=0$인 x의 값은
$x=1$ 또는 $x=3$
함수 $f(x)$의 증가와 감소를 표로 나타내면 다음과 같다.

x	$\cdots$	1	$\cdots$	3	$\cdots$
$f'(x)$	$+$	0	$-$	0	$+$
$f(x)$	$\nearrow$	0 극대	$\searrow$	-4 극소	$\nearrow$

또 $f(0)=-4$이므로 함수
$y=f(x)$의 그래프는 오른쪽 그림과 같이 x축과 서로 다른 두 점에서 만난다.
따라서 주어진 방정식의 서로 다른 실근의 개수는 2이다.

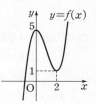

(2) $f(x)=x^3-3x^2+5$라 하면
$f'(x)=3x^2-6x=3x(x-2)$
$f'(x)=0$인 x의 값은
$x=0$ 또는 $x=2$
함수 $f(x)$의 증가와 감소를 표로 나타내면 다음과 같다.

x	$\cdots$	0	$\cdots$	2	$\cdots$
$f'(x)$	$+$	0	$-$	0	$+$
$f(x)$	$\nearrow$	5 극대	$\searrow$	1 극소	$\nearrow$

함수 $y=f(x)$의 그래프는 오른쪽 그림과 같이 x축과 한 점에서 만나므로 주어진 방정식의 서로 다른 실근의 개수는 1이다.

(3) $f(x)=x^4-4x^3-2x^2+12x+3$이라 하면
$f'(x)=4x^3-12x^2-4x+12$
$\qquad =4(x+1)(x-1)(x-3)$

$f'(x)=0$인 x의 값은
$x=-1$ 또는 $x=1$ 또는 $x=3$
함수 $f(x)$의 증가와 감소를 표로 나타내면 다음과 같다.

x	$\cdots$	-1	$\cdots$	1	$\cdots$	3	$\cdots$
$f'(x)$	$-$	0	$+$	0	$-$	0	$+$
$f(x)$	$\searrow$	-6 극소	$\nearrow$	10 극대	$\searrow$	-6 극소	$\nearrow$

또 $f(0)=3$이므로 함수
$y=f(x)$의 그래프는 오른쪽 그림과 같이 x축과 서로 다른 네 점에서 만난다.
따라서 주어진 방정식의 서로 다른 실근의 개수는 4이다.

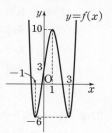

(4) $f(x)=x^4-2x^2-1$이라 하면
$f'(x)=4x^3-4x=4x(x+1)(x-1)$
$f'(x)=0$인 x의 값은
$x=-1$ 또는 $x=0$ 또는 $x=1$
함수 $f(x)$의 증가와 감소를 표로 나타내면 다음과 같다.

x	$\cdots$	-1	$\cdots$	0	$\cdots$	1	$\cdots$
$f'(x)$	$-$	0	$+$	0	$-$	0	$+$
$f(x)$	$\searrow$	-2 극소	$\nearrow$	-1 극대	$\searrow$	-2 극소	$\nearrow$

함수 $y=f(x)$의 그래프는 오른쪽 그림과 같이 x축과 서로 다른 두 점에서 만나므로 주어진 방정식의 서로 다른 실근의 개수는 2이다.

02-1 답 (1) $-3<k<0$ (2) $k=-3$ 또는 $k=0$
　　　 (3) $-128<k<-3$ 또는 $k>0$
　　　 (4) $k=-128$

주어진 방정식에서 $x^4+4x^3-8x^2=k$이므로
이 방정식의 서로 다른 실근의 개수는 함수
$y=x^4+4x^3-8x^2$의 그래프와 직선 $y=k$의 교점의 개수와 같다.

$f(x)=x^4+4x^3-8x^2$이라 하면
$f'(x)=4x^3+12x^2-16x=4x(x+4)(x-1)$
$f'(x)=0$인 x의 값은 $x=-4$ 또는 $x=0$ 또는 $x=1$
함수 $f(x)$의 증가와 감소를 표로 나타내면 다음과 같다.

x	$\cdots$	-4	$\cdots$	0	$\cdots$	1	$\cdots$
$f'(x)$	$-$	0	$+$	0	$-$	0	$+$
$f(x)$	$\searrow$	-128 극소	$\nearrow$	0 극대	$\searrow$	-3 극소	$\nearrow$

함수 $y=f(x)$의 그래프
는 오른쪽 그림과 같다.

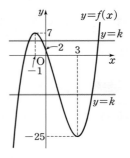

(1) 직선 $y=k$와 네 점
에서 만나야 하므로
$-3<k<0$

(2) 직선 $y=k$와 세 점
에서 만나야 하므로
$k=-3$ 또는 $k=0$

(3) 직선 $y=k$와 두 점에서 만나야 하므로
$-128<k<-3$ 또는 $k>0$

(4) 직선 $y=k$와 한 점에서 만나야 하므로 $k=-128$

02-2 탭 (1) $k<-7$ 또는 $k>20$ (2) $k=-7$ 또는 $k=20$

곡선 $y=2x^3+3x^2-10x$와 직선 $y=2x+k$의 교점의 개
수는 방정식 $2x^3+3x^2-10x=2x+k$, 즉
$2x^3+3x^2-12x=k$의 서로 다른 실근의 개수와 같고, 이
는 곡선 $y=2x^3+3x^2-12x$와 직선 $y=k$의 교점의 개수
와 같다.

$f(x)=2x^3+3x^2-12x$라 하면
$f'(x)=6x^2+6x-12=6(x+2)(x-1)$
$f'(x)=0$인 x의 값은 $x=-2$ 또는 $x=1$
함수 $f(x)$의 증가와 감소를 표로 나타내면 다음과 같다.

x	$\cdots$	-2	$\cdots$	1	$\cdots$
$f'(x)$	$+$	0	$-$	0	$+$
$f(x)$	↗	20 극대	↘	-7 극소	↗

또 $f(0)=0$이므로 함수
$y=f(x)$의 그래프는 오른쪽
그림과 같다.

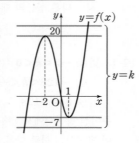

(1) 직선 $y=k$와 한 점에서
만나야 하므로
$k<-7$ 또는 $k>20$

(2) 직선 $y=k$와 두 점에서
만나야 하므로
$k=-7$ 또는 $k=20$

03-1 탭 (1) $2<k<7$ (2) $-25<k<2$

주어진 방정식에서 $x^3-3x^2-9x+2=k$이므로 이 방정식
의 실근은 함수 $y=x^3-3x^2-9x+2$의 그래프와 직선
$y=k$의 교점의 x좌표와 같다.

$f(x)=x^3-3x^2-9x+2$라 하면
$f'(x)=3x^2-6x-9=3(x+1)(x-3)$
$f'(x)=0$인 x의 값은 $x=-1$ 또는 $x=3$

함수 $f(x)$의 증가와 감소를 표로 나타내면 다음과 같다.

x	$\cdots$	-1	$\cdots$	3	$\cdots$
$f'(x)$	$+$	0	$-$	0	$+$
$f(x)$	↗	7 극대	↘	-25 극소	↗

또 $f(0)=2$이므로 함수
$y=f(x)$의 그래프는 오른쪽
그림과 같다.
따라서 주어진 근의 조건을 만
족시키는 k의 값의 범위는

(1) $2<k<7$

(2) $-25<k<2$

03-2 탭 3

방정식 $f(x)=g(x)$에서
$3x^3-2x^2-5x=x^3-2x^2+x+k$, 즉 $2x^3-6x=k$이므로
주어진 방정식의 실근은 함수 $y=2x^3-6x$의 그래프와 직
선 $y=k$의 교점의 x좌표와 같다.

$h(x)=2x^3-6x$라 하면
$h'(x)=6x^2-6=6(x+1)(x-1)$
$h'(x)=0$인 x의 값은
$x=-1$ 또는 $x=1$

함수 $h(x)$의 증가와 감소를 표로 나타내면 다음과 같다.

x	$\cdots$	-1	$\cdots$	1	$\cdots$
$h'(x)$	$+$	0	$-$	0	$+$
$h(x)$	↗	4 극대	↘	-4 극소	↗

또 $h(0)=0$이므로 함수 $y=h(x)$
의 그래프는 오른쪽 그림과 같다.
즉, 주어진 근의 조건을 만족시키
는 k의 값의 범위는
$-4<k<0$

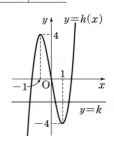

따라서 정수 k는 -3, -2, -1의
3개이다.

04-1 탭 (1) $0<k<32$
(2) $k=0$ 또는 $k=32$
(3) $k<0$ 또는 $k>32$

$f(x)=x^3-6x^2+k$라 하면
$f'(x)=3x^2-12x=3x(x-4)$
$f'(x)=0$인 x의 값은
$x=0$ 또는 $x=4$

함수 $f(x)$의 증가와 감소를 표로 나타내면 다음과 같다.

x	$\cdots$	0	$\cdots$	4	$\cdots$
$f'(x)$	+	0	$-$	0	+
$f(x)$	↗	k 극대	↘	$k-32$ 극소	↗

(1) (극댓값)×(극솟값)<0이어야 하므로

$k(k-32)<0$

$\therefore 0<k<32$

(2) (극댓값)×(극솟값)=0이어야 하므로

$k(k-32)=0$

$\therefore k=0$ 또는 $k=32$

(3) 한 개의 실근을 가지려면

$k(k-32)>0$

$\therefore k<0$ 또는 $k>32$

2 부등식에의 활용

문제

125~126쪽

05-1 답 $k\leq0$

$f(x)=x^4-4x^3+4x^2-k$라 하면

$f'(x)=4x^3-12x^2+8x=4x(x-1)(x-2)$

$f'(x)=0$인 x의 값은 $x=0$ 또는 $x=1$ 또는 $x=2$

함수 $f(x)$의 증가와 감소를 표로 나타내면 다음과 같다.

x	$\cdots$	0	$\cdots$	1	$\cdots$	2	$\cdots$
$f'(x)$	$-$	0	+	0	$-$	0	+
$f(x)$	↘	$-k$ 극소	↗	$-k+1$ 극대	↘	$-k$ 극소	↗

따라서 함수 $f(x)$의 최솟값은 $-k$이므로 모든 실수 x에 대하여 $f(x)\geq0$이 성립하려면

$-k\geq0$ $\therefore k\leq0$

05-2 답 -3

모든 실수 x에 대하여 $f(x)\leq g(x)$가 성립하려면

$f(x)-g(x)\leq0$이어야 한다.

$F(x)=f(x)-g(x)$라 하면

$F(x)=-3x^4+16x^3-14x^2-24-(4x^2-k)$

$\quad=-3x^4+16x^3-18x^2-24+k$

$\therefore F'(x)=-12x^3+48x^2-36x$

$\quad=-12x(x-1)(x-3)$

$F'(x)=0$인 x의 값은

$x=0$ 또는 $x=1$ 또는 $x=3$

함수 $F(x)$의 증가와 감소를 표로 나타내면 다음과 같다.

x	$\cdots$	0	$\cdots$	1	$\cdots$	3	$\cdots$
$F'(x)$	+	0	$-$	0	+	0	$-$
$F(x)$	↗	$k-24$ 극대	↘	$k-29$ 극소	↗	$k+3$ 극대	↘

함수 $F(x)$의 최댓값은 $k+3$이므로 모든 실수 x에 대하여 $f(x)\leq g(x)$, 즉 $F(x)\leq0$이 성립하려면

$k+3\leq0$ $\therefore k\leq-3$

따라서 실수 k의 최댓값은 -3이다.

06-1 답 (1) $k\geq4$ (2) $k\leq-16$

(1) $f(x)=x^3-3x^2+k$라 하면

$f'(x)=3x^2-6x=3x(x-2)$

$f'(x)=0$인 x의 값은 $x=2$ ($\because x\geq1$)

$x\geq1$에서 함수 $f(x)$의 증가와 감소를 표로 나타내면 다음과 같다.

x	1	$\cdots$	2	$\cdots$
$f'(x)$		$-$	0	+
$f(x)$	$k-2$	↘	$k-4$ 극소	↗

따라서 $x\geq1$에서 함수 $f(x)$의 최솟값은 $k-4$이므로 $x\geq1$일 때, $f(x)\geq0$이 성립하려면

$k-4\geq0$ $\therefore k\geq4$

(2) $x^3+x^2-4x<x^2+8x-k$에서 $x^3-12x+k<0$

$f(x)=x^3-12x+k$라 하면

$f'(x)=3x^2-12=3(x+2)(x-2)$

$2<x<4$일 때, $f'(x)>0$이므로 $2<x<4$에서 함수 $f(x)$는 증가한다.

따라서 $2<x<4$일 때, $f(x)<0$이 성립하려면

$f(4)\leq0$이어야 하므로

$64-48+k\leq0$ $\therefore k\leq-16$

06-2 답 $k<1$

구간 $[0, 2]$에서 $f(x)<g(x)$가 성립하려면

$f(x)-g(x)<0$이어야 한다.

$F(x)=f(x)-g(x)$라 하면

$F(x)=-2x^2+2x+k-(x^3-2x^2-x+3)$

$\quad=-x^3+3x+k-3$

$\therefore F'(x)=-3x^2+3=-3(x+1)(x-1)$

$F'(x)=0$인 x의 값은 $x=1$ ($\because 0\leq x\leq2$)

구간 $[0, 2]$에서 함수 $F(x)$의 증가와 감소를 표로 나타내면 다음과 같다.

x	0	$\cdots$	1	$\cdots$	2
$F'(x)$		$+$	0	$-$	
$F(x)$	$k-3$	$\nearrow$	$k-1$ 극대	$\searrow$	$k-5$

따라서 구간 $[0, 2]$에서 함수 $F(x)$의 최댓값은 $k-1$이므로 구간 $[0, 2]$에서 $f(x)<g(x)$, 즉 $F(x)<0$이 성립하려면
$k-1<0$ $\therefore k<1$

127~128쪽

연습문제

1 3 　　**2** ③ 　　**3** $-2<k<6$ 　　**4** ④
5 $a=-2$ 또는 $a>0$ 　　**6** ④ 　　**7** -1 　　**8** $a<-6$
9 2 　　**10** 3 　　**11** $-4<k<4$ 　　**12** ②
13 34

1 $f(x)=3x^4+4x^3-12x^2+5$라 하면
$f'(x)=12x^3+12x^2-24x=12x(x+2)(x-1)$
$f'(x)=0$인 x의 값은 $x=-2$ 또는 $x=0$ 또는 $x=1$
함수 $f(x)$의 증가와 감소를 표로 나타내면 다음과 같다.

x	$\cdots$	-2	$\cdots$	0	$\cdots$	1	$\cdots$
$f'(x)$	$-$	0	$+$	0	$-$	0	$+$
$f(x)$	$\searrow$	-27 극소	$\nearrow$	5 극대	$\searrow$	0 극소	$\nearrow$

따라서 함수 $y=f(x)$의 그래프는 오른쪽 그림과 같이 x축과 서로 다른 세 점에서 만나므로 주어진 방정식의 서로 다른 실근의 개수는 3이다.

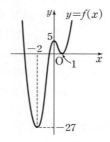

2 두 곡선 $y=2x^2-1$, $y=x^3-x^2+k$가 만나는 점의 개수가 2가 되려면 방정식 $2x^2-1=x^3-x^2+k$, 즉 $-x^3+3x^2-1=k$가 서로 다른 두 실근을 가져야 한다.
$f(x)=-x^3+3x^2-1$이라 하면
$f'(x)=-3x^2+6x=-3x(x-2)$
$f'(x)=0$인 x의 값은 $x=0$ 또는 $x=2$

함수 $f(x)$의 증가와 감소를 표로 나타내면 다음과 같다.

x	$\cdots$	0	$\cdots$	2	$\cdots$
$f'(x)$	$-$	0	$+$	0	$-$
$f(x)$	$\searrow$	-1 극소	$\nearrow$	3 극대	$\searrow$

따라서 함수 $y=f(x)$의 그래프는 오른쪽 그림과 같으므로 직선 $y=k$와 만나는 점이 2개가 되도록 하는 양수 k의 값은 3이다.

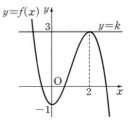

다른 풀이

두 곡선 $y=2x^2-1$, $y=x^3-x^2+k$가 만나는 점의 개수가 2가 되려면 방정식 $2x^2-1=x^3-x^2+k$, 즉 $-x^3+3x^2-1-k=0$이 서로 다른 두 실근을 가져야 한다.
$g(x)=-x^3+3x^2-1-k$라 하면
$g'(x)=-3x^2+6x=-3x(x-2)$
$g'(x)=0$인 x의 값은 $x=0$ 또는 $x=2$
함수 $g(x)$의 증가와 감소를 표로 나타내면 다음과 같다.

x	$\cdots$	0	$\cdots$	2	$\cdots$
$g'(x)$	$-$	0	$+$	0	$-$
$g(x)$	$\searrow$	$-k-1$ 극소	$\nearrow$	$-k+3$ 극대	$\searrow$

삼차방정식 $g(x)=0$이 서로 다른 두 실근을 가지려면 (극댓값)$\times$(극솟값)$=0$이어야 하므로
$(-k+3)(-k-1)=0$
$\therefore k=-1$ 또는 $k=3$
따라서 양수 k의 값은 3이다.

3 방정식 $f(x)=k$가 서로 다른 세 실근을 가지려면 함수 $y=f(x)$의 그래프와 직선 $y=k$의 교점의 개수가 3이어야 한다.
$f(x)=ax^3+bx^2+cx+d$ $(a, b, c, d$는 상수, $a\neq0)$라 하면
$f'(x)=3ax^2+2bx+c$
주어진 함수 $y=f'(x)$의 그래프에서
$f'(0)=3$, $f'(-2)=f'(2)=0$이므로
$c=3$, $12a-4b+c=0$, $12a+4b+c=0$
$\therefore 12a-4b=-3$, $12a+4b=-3$
두 식을 연립하여 풀면 $a=-\dfrac{1}{4}$, $b=0$
또 $f(0)=2$에서 $d=2$
$\therefore f(x)=-\dfrac{1}{4}x^3+3x+2$

$x=-2$의 좌우에서 $f'(x)$의 부호가 음에서 양으로 바뀌므로 함수 $f(x)$는 극솟값 $f(-2)=-2$를 갖고, $x=2$의 좌우에서 $f'(x)$의 부호가 양에서 음으로 바뀌므로 함수 $f(x)$는 극댓값 $f(2)=6$을 갖는다.

따라서 함수 $y=f(x)$의 그래프는 오른쪽 그림과 같으므로 직선 $y=k$와 만나는 점이 3개가 되도록 하는 실수 k의 값의 범위는
$-2<k<6$

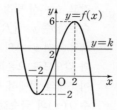

4 방정식 $|f(x)|=k$의 서로 다른 실근의 개수는 함수 $y=|f(x)|$의 그래프와 직선 $y=k$의 교점의 개수와 같다.
$f(x)=3x^3-9x-1$에서
$f'(x)=9x^2-9=9(x+1)(x-1)$
$f'(x)=0$인 x의 값은
$x=-1$ 또는 $x=1$
함수 $f(x)$의 증가와 감소를 표로 나타내면 다음과 같다.

x	$\cdots$	-1	$\cdots$	1	$\cdots$
$f'(x)$	$+$	0	$-$	0	$+$
$f(x)$	$\nearrow$	5 극대	$\searrow$	-7 극소	$\nearrow$

즉, 함수 $y=|f(x)|$의 그래프는 오른쪽 그림과 같으므로 직선 $y=k$와 만나는 점이 4개가 되도록 하는 k의 값의 범위는
$5<k<7$
따라서 정수 k의 값은 6이다.

5 주어진 방정식에서 $2x^4-4x^2=a$이므로 이 방정식의 실근은 함수 $y=2x^4-4x^2$의 그래프와 직선 $y=a$의 교점의 x좌표와 같다.
$f(x)=2x^4-4x^2$이라 하면
$f'(x)=8x^3-8x=8x(x+1)(x-1)$
$f'(x)=0$인 x의 값은
$x=-1$ 또는 $x=0$ 또는 $x=1$
함수 $f(x)$의 증가와 감소를 표로 나타내면 다음과 같다.

x	$\cdots$	-1	$\cdots$	0	$\cdots$	1	$\cdots$
$f'(x)$	$-$	0	$+$	0	$-$	0	$+$
$f(x)$	$\searrow$	-2 극소	$\nearrow$	0 극대	$\searrow$	-2 극소	$\nearrow$

따라서 함수 $y=f(x)$의 그래프는 오른쪽 그림과 같으므로 주어진 근의 조건을 만족시키는 a의 값의 범위는
$a=-2$ 또는 $a>0$

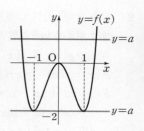

6 $5x^3+2x^2-8x=3x^3-x^2+4x+k$에서
$2x^3+3x^2-12x=k$
이 방정식의 세 실근 α, β, γ에 대하여 $\alpha<\beta<0<\gamma$이려면 서로 다른 두 개의 음의 실근과 한 개의 양의 실근을 가져야 한다.
$f(x)=2x^3+3x^2-12x$라 하면
$f'(x)=6x^2+6x-12=6(x+2)(x-1)$
$f'(x)=0$인 x의 값은 $x=-2$ 또는 $x=1$
함수 $f(x)$의 증가와 감소를 표로 나타내면 다음과 같다.

x	$\cdots$	-2	$\cdots$	1	$\cdots$
$f'(x)$	$+$	0	$-$	0	$+$
$f(x)$	$\nearrow$	20 극대	$\searrow$	-7 극소	$\nearrow$

또 $f(0)=0$이므로 함수 $y=f(x)$의 그래프는 오른쪽 그림과 같다.
즉, 주어진 근의 조건을 만족시키는 k의 값의 범위는
$0<k<20$
따라서 정수 k는 1, 2, 3, $\cdots$, 19의 19개이다.

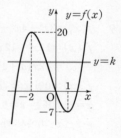

7 $-x^4+3x^3+6x^2-5\leq3x^3+2x^2+a$에서
$-x^4+4x^2-5-a\geq0$
$f(x)=-x^4+4x^2-5-a$라 하면
$f'(x)=-4x^3+8x=-4x(x+\sqrt{2})(x-\sqrt{2})$
$f'(x)=0$인 x의 값은 $x=-\sqrt{2}$ 또는 $x=0$ 또는 $x=\sqrt{2}$
함수 $f(x)$의 증가와 감소를 표로 나타내면 다음과 같다.

x	$\cdots$	$-\sqrt{2}$	$\cdots$	0	$\cdots$	$\sqrt{2}$	$\cdots$
$f'(x)$	$+$	0	$-$	0	$+$	0	$-$
$f(x)$	$\nearrow$	$-a-1$ 극대	$\searrow$	$-a-5$ 극소	$\nearrow$	$-a-1$ 극대	$\searrow$

함수 $f(x)$의 최댓값은 $-a-1$이므로 모든 실수 x에 대하여 $f(x)\leq0$이 성립하려면
$-a-1\leq0$ $\therefore a\geq-1$
따라서 실수 a의 최솟값은 -1이다.

8 함수 $y=f(x)$의 그래프가 함수 $y=g(x)$의 그래프보다 항상 위쪽에 있으려면 모든 실수 x에 대하여 $f(x)>g(x)$, 즉 $f(x)-g(x)>0$이어야 한다.

$F(x)=f(x)-g(x)$라 하면
$$F(x)=x^4+2x^2-5x-(-x^2-15x+a)$$
$$=x^4+3x^2+10x-a$$
$$\therefore F'(x)=4x^3+6x+10$$
$$=2(x+1)(2x^2-2x+5)$$
$F'(x)=0$인 x의 값은
$x=-1$ ($\because x$는 실수)
함수 $F(x)$의 증가와 감소를 표로 나타내면 다음과 같다.

x	$\cdots$	-1	$\cdots$
$F'(x)$	$-$	0	$+$
$F(x)$	$\searrow$	$-a-6$ 극소	$\nearrow$

따라서 함수 $F(x)$의 최솟값은 $-a-6$이므로 모든 실수 x에 대하여 $f(x)>g(x)$, 즉 $F(x)>0$이 성립하려면
$-a-6>0$
$\therefore a<-6$

9 $f(x)=3x^4-4x^3-12x^2+k$라 하면
$$f'(x)=12x^3-12x^2-24x$$
$$=12x(x+1)(x-2)$$
$f'(x)=0$인 x의 값은
$x=-1$ 또는 $x=0$ ($\because -2\le x\le 0$)
$-2\le x\le 0$에서 함수 $f(x)$의 증가와 감소를 표로 나타내면 다음과 같다.

x	-2	$\cdots$	-1	$\cdots$	0
$f'(x)$		$-$	0	$+$	0
$f(x)$	$k+32$	$\searrow$	$k-5$ 극소	$\nearrow$	k

$-2\le x\le 0$일 때, $|f(x)|<20$, 즉
$-20<f(x)<20$이 성립하려면
$(f(x)$의 최솟값$)>-20$, $(f(x)$의 최댓값$)<20$이어야
하므로
$k-5>-20$, $k+32<20$
$\therefore -15<k<-12$
따라서 정수 k는 -14, -13의 2개이다.

10 $f(x)=x^3+ax^2+bx+c$ (a, b, c는 상수)라 하면
$$f'(x)=3x^2+2ax+b$$

㈎에서 $f'(0)=0$, $f(0)=3$이므로
$b=0$, $c=3$
$\therefore f(x)=x^3+ax^2+3$
㈎에서 함수 $f(x)$가 극댓값을 가지므로 극솟값도 반드시 갖고, ㈏에서 방정식 $|f(x)|=1$의 서로 다른 실근의 개수는 함수 $y=|f(x)|$의 그래프와 직선 $y=1$의 교점의 개수와 같으므로 오른쪽 그림과 같이 5개의 점에서 만나려면 함수 $f(x)$의 극솟값이 -1이어야 한다.

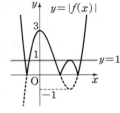

$f'(x)=3x^2+2ax=x(3x+2a)$
이므로
$f'(x)=0$인 x의 값은 $x=0$ 또는 $x=-\dfrac{2}{3}a$

즉, 함수 $f(x)$는 $x=-\dfrac{2}{3}a$에서 극솟값 -1을 가지므로
$f\left(-\dfrac{2}{3}a\right)=-1$에서
$$-\dfrac{8}{27}a^3+\dfrac{4}{9}a^3+3=-1$$
$$a^3=-27$$
$\therefore a=-3$ ($\because a$는 실수)
따라서 $f(x)=x^3-3x^2+3$이므로
$f(3)=27-27+3=3$

11 $f(x)=-x^3+2x$라 하면 $f'(x)=-3x^2+2$
접점의 좌표를 $(t, -t^3+2t)$라 하면 이 점에서의 접선의 기울기는 $f'(t)=-3t^2+2$이므로 접선의 방정식은
$$y-(-t^3+2t)=(-3t^2+2)(x-t)$$
$$\therefore y=(-3t^2+2)x+2t^3$$
이 직선이 점 $(-2, k)$를 지나므로
$$k=(-3t^2+2)\times(-2)+2t^3$$
$$\therefore 2t^3+6t^2-4=k \quad\cdots\cdots ㉠$$
서로 다른 세 접선을 그을 수 있으려면 방정식 ㉠이 서로 다른 세 실근을 가져야 한다.
$g(t)=2t^3+6t^2-4$라 하면
$$g'(t)=6t^2+12t=6t(t+2)$$
$g'(t)=0$인 t의 값은
$t=-2$ 또는 $t=0$
함수 $g(t)$의 증가와 감소를 표로 나타내면 다음과 같다.

t	$\cdots$	-2	$\cdots$	0	$\cdots$
$g'(t)$	$+$	0	$-$	0	$+$
$g(t)$	$\nearrow$	4 극대	$\searrow$	-4 극소	$\nearrow$

따라서 함수 $y=g(t)$의 그래프는
오른쪽 그림과 같으므로 직선
$y=k$와 만나는 점이 3개가 되도록
하는 k의 값의 범위는
$-4<k<4$

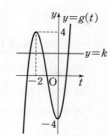

다른 풀이

㉠에서 $g(t)=2t^3+6t^2-4-k$라 하면
$g'(t)=6t^2+12t$
$\quad\quad=6t(t+2)$
$g'(t)=0$인 t의 값은
$t=-2$ 또는 $t=0$
함수 $g(t)$의 극댓값은 $g(-2)=-k+4$, 극솟값은
$g(0)=-k-4$이므로 삼차방정식 $g(t)=0$이 서로 다른
세 실근을 가지려면 (극댓값)×(극솟값)<0이어야 한다.
$(-k+4)(-k-4)<0$
∴ $-4<k<4$

12 부등식 $f'(x)\{f(x)-2\}\le 0$에서
$f'(x)\le 0$, $f(x)-2\ge 0$
또는 $f'(x)\ge 0$, $f(x)-2\le 0$
함수 $y=f(x)$의 그래프와 직선 $y=2$의 교점의 x좌표를
α, $\beta(\alpha<\beta)$라 하자.

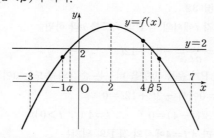

(i) $f'(x)\le 0$, $f(x)-2\ge 0$인 경우
  $f'(x)\le 0$을 만족시키는 x의 값의 범위는
  $x\ge 2$ ...... ㉠
  $f(x)-2\ge 0$, 즉 $f(x)\ge 2$를 만족시키는 x의 값의 범
  위는
  $\alpha\le x\le\beta$ ...... ㉡
  ㉠, ㉡을 동시에 만족시키는 x의 값의 범위는
  $2\le x\le\beta$
  따라서 정수 x의 값은 2, 3, 4이다.
(ii) $f'(x)\ge 0$, $f(x)-2\le 0$인 경우
  $f'(x)\ge 0$을 만족시키는 x의 값의 범위는
  $x\le 2$ ...... ㉢

$f(x)-2\le 0$, 즉 $f(x)\le 2$를 만족시키는 x의 값의 범
위는
$x\le\alpha$ 또는 $x\ge\beta$ ...... ㉣
㉢, ㉣을 동시에 만족시키는 x의 값의 범위는
$x\le\alpha$
따라서 열린구간 $(-3, 7)$에서 정수 x의 값은 -2,
-1이다.
(i), (ii)에서 주어진 부등식을 만족시키는 정수 x는 -2,
-1, 2, 3, 4의 5개이다.

13 (i) $f(x)\le 12x+k$에서
  $-x^4-2x^3-x^2\le 12x+k$
  $x^4+2x^3+x^2+12x+k\ge 0$
  $h(x)=x^4+2x^3+x^2+12x+k$라 하면
  $h'(x)=4x^3+6x^2+2x+12$
  $\quad\quad=2(x+2)(2x^2-x+3)$
  $h'(x)=0$인 x의 값은
  $x=-2$ $(\because x$는 실수$)$
  함수 $h(x)$의 증가와 감소를 표로 나타내면 다음과 같다.

x	$\cdots$	-2	$\cdots$
$h'(x)$	$-$	0	$+$
$h(x)$	$\searrow$	$k-20$ 극소	$\nearrow$

  따라서 함수 $h(x)$의 최솟값은 $k-20$이므로 모든 실
  수 x에 대하여 $h(x)\ge 0$이 성립하려면
  $k-20\ge 0$
  ∴ $k\ge 20$ ...... ㉠
(ii) $12x+k\le g(x)$에서
  $12x+k\le 3x^2+a$
  $3x^2-12x-k+a\ge 0$
  이 이차부등식이 모든 실수 x에 대하여 성립하려면 이
  차방정식 $3x^2-12x-k+a=0$의 판별식을 D라 할 때,
  $D\le 0$이어야 하므로
  $\dfrac{D}{4}=36-3(a-k)\le 0$
  $3k\le 3a-36$
  ∴ $k\le a-12$ ...... ㉡
㉠, ㉡을 동시에 만족시
키는 자연수 k의 개수가
3이므로
$22\le a-12<23$
따라서 $34\le a<35$이므로 자연수 a의 값은 34이다.

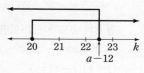

속도와 가속도

개념 Check　　　　　　　　　　　　　130쪽

1 답 (1) 속도: -5, 가속도: -6　(2) 속도: 0, 가속도: 8

시각 t에서의 점 P의 속도를 v, 가속도를 a라 하자.

(1) $v = \dfrac{dx}{dt} = -6t+7$, $a = \dfrac{dv}{dt} = -6$

따라서 $t=2$에서의 점 P의 속도는

$v = -12+7 = -5$

$t=2$에서의 점 P의 가속도는

$a = -6$

(2) $v = \dfrac{dx}{dt} = 3t^2-4t-4$, $a = \dfrac{dv}{dt} = 6t-4$

따라서 $t=2$에서의 점 P의 속도는

$v = 12-8-4 = 0$

$t=2$에서의 점 P의 가속도는

$a = 12-4 = 8$

2 답 (1) 3　(2) 1

(1) 위치가 0이면 $x=0$에서

$-2t^2+4t+6 = 0$, $t^2-2t-3 = 0$

$(t+1)(t-3) = 0$　∴ $t=3$ ($\because t>0$)

따라서 점 P의 위치가 0이 되는 시각은 3이다.

(2) 시각 t에서의 점 P의 속도를 v라 하면

$v = \dfrac{dx}{dt} = -4t+4$

속도가 0이면 $v=0$에서

$-4t+4 = 0$　∴ $t=1$

따라서 점 P의 속도가 0이 되는 시각은 1이다.

문제　　　　　　　　　　　　　131~136쪽

01-1 답 -24

시각 t에서의 점 P의 속도를 v, 가속도를 a라 하면

$v = \dfrac{dx}{dt} = -3t^2+20$, $a = \dfrac{dv}{dt} = -6t$

점 P의 속도가 -28이면 $v=-28$에서

$-3t^2+20 = -28$, $t^2-16 = 0$

$(t+4)(t-4) = 0$　∴ $t=4$ ($\because t>0$)

따라서 $t=4$에서의 점 P의 가속도는

$a = -24$

01-2 답 $\dfrac{35}{2}$

시각 t에서의 점 P의 속도를 v, 가속도를 a라 하면

$v = \dfrac{dx}{dt} = t^2+3t$, $a = \dfrac{dv}{dt} = 2t+3$

점 P의 가속도가 9이면 $a=9$에서

$2t+3 = 9$, $2t = 6$

∴ $t = 3$

따라서 $t=3$에서의 점 P의 위치가 40이므로 $x=40$에서

$9 + \dfrac{27}{2} + k = 40$

∴ $k = \dfrac{35}{2}$

01-3 답 2

시각 t에서의 점 P의 속도를 v라 하면

$v = \dfrac{dx}{dt} = 3t^2-12t+11$

점 P가 원점을 지날 때는 위치가 0이므로 $x=0$에서

$t^3-6t^2+11t-6 = 0$

$(t-1)(t-2)(t-3) = 0$

∴ $t=1$ 또는 $t=2$ 또는 $t=3$

따라서 점 P가 출발 후 마지막으로 원점을 지나는 시각은 3이므로 $t=3$에서의 점 P의 속도는

$v = 27-36+11 = 2$

02-1 답 32

시각 t에서의 점 P의 속도를 v라 하면

$v = \dfrac{dx}{dt} = -3t^2+12t$

점 P가 운동 방향을 바꾸는 순간의 속도는 0이므로

$v=0$에서 $-3t^2+12t = 0$

$-3t(t-4) = 0$　∴ $t=4$ ($\because t>0$)

따라서 $t=4$에서의 점 P의 위치는

$x = -64+96 = 32$

02-2 답 $2 < t < 4$

시각 t에서의 두 점 P, Q의 속도는 각각

$f'(t) = 6t^2-12t$, $g'(t) = 2t-8$

두 점이 서로 반대 방향으로 움직이면 속도의 부호는 서로 반대이므로 $f'(t)g'(t) < 0$에서

$(6t^2-12t)(2t-8) < 0$

$12t(t-2)(t-4) < 0$

이때 $t>0$이므로 $(t-2)(t-4) < 0$

∴ $2 < t < 4$

02-3 답 $\dfrac{4}{3}$

시각 t에서의 점 P의 속도를 v라 하면

$v=\dfrac{dx}{dt}=t^2-4t+3$

점 P가 운동 방향을 바꾸는 순간의 속도는 0이므로

$v=0$에서 $t^2-4t+3=0$

$(t-1)(t-3)=0$ $\quad \therefore t=1$ 또는 $t=3$

$t=1$에서의 점 P의 위치 A는

$\dfrac{1}{3}-2+3+2=\dfrac{10}{3}$

$t=3$에서의 점 P의 위치 B는

$9-18+9+2=2$

따라서 두 지점 A, B 사이의 거리는

$\dfrac{10}{3}-2=\dfrac{4}{3}$

03-1 답 (1) 속도: $-10\,\text{m/s}$, 가속도: $-10\,\text{m/s}^2$

(2) $45\,\text{m}$ (3) $-30\,\text{m/s}$

(1) 물 로켓의 t초 후의 속도를 v, 가속도를 a라 하면

$v=\dfrac{dx}{dt}=20-10t(\text{m/s}), a=\dfrac{dv}{dt}=-10(\text{m/s}^2)$

따라서 3초 후의 물 로켓의 속도와 가속도는

$v=20-30=-10(\text{m/s}), a=-10(\text{m/s}^2)$

(2) 물 로켓이 최고 높이에 도달할 때의 속도는 0이므로

$v=0$에서 $20-10t=0$

$\therefore t=2$

따라서 $t=2$에서의 높이는

$x=25+40-20=45(\text{m})$

(3) 물 로켓이 지면에 떨어질 때의 높이는 0이므로 $x=0$

에서

$25+20t-5t^2=0$, $t^2-4t-5=0$

$(t+1)(t-5)=0$ $\quad \therefore t=5\ (\because t>0)$

따라서 $t=5$에서의 속도는

$v=20-50=-30(\text{m/s})$

03-2 답 -150

물체의 t초 후의 속도를 v라 하면

$v=\dfrac{dx}{dt}=a+2bt(\text{m/s})$

물체가 최고 높이에 도달할 때, 즉 $t=3$에서의 속도는 0

이므로 $v=0$에서

$a+6b=0$ $\quad\quad\quad\quad\quad\quad \cdots\cdots \text{㉠}$

또 $t=3$에서의 높이가 $75\,\text{m}$이므로 $x=75$에서

$30+3a+9b=75$ $\quad \therefore a+3b=15$ $\quad\quad \cdots\cdots \text{㉡}$

㉠, ㉡을 연립하여 풀면 $a=30$, $b=-5$

$\therefore ab=-150$

04-1 답 ㄱ, ㄴ

ㄱ. $0<t<2$에서 점 P의 속도는 증가한다.

ㄴ. $v(2)=3>0$, $v(5)=-2<0$이므로 $t=2$일 때와
$t=5$일 때 점 P의 운동 방향이 서로 반대이다.

ㄷ. 시각 t에서의 가속도는 $v'(t)$이므로 속도 $v(t)$의 그래
프에서 그 점에서의 접선의 기울기와 같다.
즉, $t=4$인 점에서의 접선의 기울기는 음수이므로
$t=4$에서의 점 P의 가속도는 음의 값이다.

ㄹ. $t=4$인 점에서 $v(t)=0$이고 $t=4$의 좌우에서 $v(t)$의
부호가 바뀌므로 $t=4$에서 점 P는 운동 방향을 바꾼다.
즉, $0<t<6$에서 점 P는 운동 방향을 한 번 바꾼다.

따라서 보기에서 옳은 것은 ㄱ, ㄴ이다.

05-1 답 (1) $5\,\text{m/s}$ (2) $3\,\text{m/s}$

민우가 $2\,\text{m/s}$의 속도로 움직이므로 t초 동안 움직이는 거
리는 $2t\,\text{m}$

t초 후 가로등 바로 밑에서 민우의 그림자 끝까지의 거리
를 $x\,\text{m}$라 하면 다음 그림에서

$\triangle \text{ABC} \backsim \triangle \text{DBE}$(AA 닮음)이다.

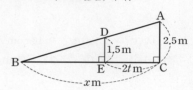

$2.5 : x=1.5 : (x-2t)$

$1.5x=2.5x-5t$ $\quad \therefore x=5t$

(1) 민우의 그림자 끝이 움직이는 속도를 $v\,\text{m/s}$라 하면

$v=\dfrac{dx}{dt}=5(\text{m/s})$

(2) 민우의 그림자의 길이를 $l\,\text{m}$라 하면

$l=\overline{\text{BE}}=\overline{\text{BC}}-\overline{\text{EC}}=x-2t=5t-2t=3t$

따라서 그림자의 길이의 변화율은

$\dfrac{dl}{dt}=3(\text{m/s})$

06-1 답 (1) 88π (2) 480π

시각 t에서의 원기둥의 밑면의 반지름의 길이는 $10+t$

밑면의 반지름의 길이가 12가 될 때의 시각은

$10+t=12$에서 $t=2$

(1) t초 후의 원기둥의 겉넓이를 S라 하면

$S=2\pi(10+t)^2+2\pi(10+t)\times 20$

$=2\pi(10+t)(30+t)$

$\therefore \dfrac{dS}{dt}=2\pi(30+t)+2\pi(10+t)$

따라서 $t=2$에서의 겉넓이의 변화율은

$2\pi\times 32+2\pi\times 12=88\pi$

(2) t초 후의 원기둥의 부피를 V라 하면

$$V = \pi(10+t)^2 \times 20 = 20\pi(10+t)^2$$

$$\therefore \frac{dV}{dt} = 20\pi \times 2(10+t) = 40\pi(10+t)$$

따라서 $t=2$에서의 부피의 변화율은

$$40\pi \times 12 = 480\pi$$

06-2　답 **130**

t초 후의 점 A의 좌표는 $(3t, 0)$, 점 B의 좌표는 $(0, 2t)$
이므로

$$\overline{AB} = \sqrt{9t^2 + 4t^2} = \sqrt{13}\,t$$

선분 AB를 한 변으로 하는 정사각형의 넓이를 S라 하면

$$S = (\sqrt{13}\,t)^2 = 13t^2 \qquad \therefore \frac{dS}{dt} = 26t$$

따라서 $t=5$에서의 넓이의 변화율은 $26 \times 5 = 130$

연습문제　　137~138쪽

1 2	**2** ④	**3** 7	**4** $\dfrac{3}{2}$	**5** 4
6 ③	**7** ㄷ, ㄹ	**8** 1 m/s	**9** 16π cm²/s	
10 ③	**11** 5	**12** ①	**13** -20 m/s	

1 시각 t에서의 점 P의 속도를 v라 하면

$$v = \frac{dx}{dt} = -3t^2 + 12t + 3 = -3(t-2)^2 + 15$$

따라서 속도 v는 $t=2$일 때 최대이다.

2 t초 후의 자동차의 속도를 v m/s라 하면

$$v = \frac{dx}{dt} = 24 - 6t$$

자동차가 정지할 때의 속도는 0이므로 $v=0$에서

$$24 - 6t = 0 \qquad \therefore t = 4$$

따라서 4초 동안 자동차가 움직인 거리는

$$x = 96 - 48 = 48 \text{(m)}$$

3 시각 t에서의 두 점 P, Q의 속도는 각각

$$f'(t) = -2t + 6, \quad g'(t) = 3t^2 + 7t - 6$$

두 점 P, Q의 속도가 같으면

$$-2t + 6 = 3t^2 + 7t - 6, \quad t^2 + 3t - 4 = 0$$

$$(t+4)(t-1) = 0 \qquad \therefore t = 1 \ (\because t > 0) \qquad \therefore a = 1$$

$t=1$에서의 두 점 P, Q의 위치는 각각

$$f(1) = -1 + 6 = 5$$

$$g(1) = 1 + \frac{7}{2} - 6 + \frac{1}{2} = -1$$

이때 두 점 P, Q 사이의 거리는

$$5 - (-1) = 6 \qquad \therefore b = 6$$

$$\therefore a + b = 1 + 6 = 7$$

4 시각 t에서의 점 P의 속도를 v라 하면

$$v = \frac{dx}{dt} = 3t^2 - t - 2$$

점 P가 운동 방향을 바꾸는 순간의 속도는 0이므로

$v=0$에서 $3t^2 - t - 2 = 0$

$$(t-1)(3t+2) = 0 \qquad \therefore t = 1 \ (\because t > 0)$$

이때의 점 P의 위치가 원점이므로 $x=0$에서

$$1 - \frac{1}{2} - 2 + a = 0 \qquad \therefore a = \frac{3}{2}$$

5 시각 t에서의 점 P의 속도를 v_P라 하면

$$v_P = \frac{dx_P}{dt} = 6t^2 - 24t + 18$$

점 P가 운동 방향을 바꾸는 순간의 속도는 0이므로

$v_P = 0$에서 $6t^2 - 24t + 18 = 0$

$t^2 - 4t + 3 = 0, \ (t-1)(t-3) = 0 \qquad \therefore t = 1$ 또는 $t = 3$

즉, 출발 후 점 P는 운동 방향을 두 번 바꾸므로 $a = 2$

시각 t에서의 점 Q의 속도를 v_Q라 하면

$$v_Q = \frac{dx_Q}{dt} = 12t - 18$$

점 Q가 운동 방향을 바꾸는 순간의 속도는 0이므로

$v_Q = 0$에서 $12t - 18 = 0 \qquad \therefore t = \dfrac{3}{2}$

즉, 출발 후 점 Q는 운동 방향을 한 번 바꾸므로 $b = 1$

선분 PQ의 중점 M의 시각 t에서의 위치를 x_M이라 하면

$$x_M = \frac{(2t^3 - 12t^2 + 18t) + (6t^2 - 18t - 4)}{2} = t^3 - 3t^2 - 2$$

시각 t에서의 점 M의 속도를 v_M이라 하면

$$v_M = \frac{dx_M}{dt} = 3t^2 - 6t$$

점 M이 운동 방향을 바꾸는 순간의 속도는 0이므로

$v_M = 0$에서 $3t^2 - 6t = 0$

$3t(t-2) = 0 \qquad \therefore t = 2 \ (\because t > 0)$

즉, 출발 후 점 M은 운동 방향을 한 번 바꾸므로 $c = 1$

$$\therefore a + b + c = 2 + 1 + 1 = 4$$

6 물체의 t초 후의 속도를 v m/s라 하면

$$v = \frac{dx}{dt} = 30 - 10t$$

물체가 최고 높이에 도달할 때의 속도는 0이므로

$v=0$에서 $30 - 10t = 0 \qquad \therefore t = 3 \qquad \therefore a = 3$

$t=3$에서의 높이는

$$x = 90 - 45 = 45 \qquad \therefore b = 45$$

$$\therefore b - a = 45 - 3 = 42$$

7 ㄱ. $t=1$, $t=3$, $t=5$인 점에서의 접선의 기울기는 0이고
좌우에서 접선의 기울기의 부호가 바뀌므로 점 P가
운동 방향을 처음으로 바꾸는 시각은 $t=1$이다.

ㄴ. $t=4$인 점에서의 접선의 기울기는 음수이므로 점 P의
속도는 0이 아니다.

ㄷ. $t=6$일 때 점 P의 위치는 0이므로 원점을 지난다.

ㄹ. $0<t<1$과 $3<t<5$인 점에서의 접선의 기울기는 음
수이므로 출발할 때와 같은 방향으로 움직이는 총시
간은 $1+2=3$

따라서 보기에서 옳은 것은 ㄷ, ㄹ이다.

8 이 사람이 t초 동안 움직이는 거리는 $1.5t\,\mathrm{m}$
그림자의 길이를 $l\,\mathrm{m}$라 하면
오른쪽 그림에서

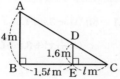

$\triangle ABC \oslash \triangle DEC$(AA 닮음)
이므로

$4:(1.5t+l)=1.6:l$

$2.4t+1.6l=4l$, $2.4l=2.4t$ $\quad\therefore l=t$

따라서 그림자의 길이의 변화율은 $\dfrac{dl}{dt}=1(\mathrm{m/s})$

9 t초 후의 수면의 높이는 $t\,\mathrm{cm}$
t초 후의 수면의 반지름의 길
이를 $x\,\mathrm{cm}$라 하면 오른쪽 그
림에서 $\overline{OA}=10-t(\mathrm{cm})$이

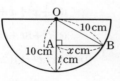

므로 직각삼각형 OAB에서

$x^2+(10-t)^2=10^2$ $\quad\therefore x^2=-t^2+20t$

t초 후의 수면의 넓이를 $S\,\mathrm{cm}^2$라 하면

$S=\pi x^2=\pi(-t^2+20t)$

$\therefore \dfrac{dS}{dt}=\pi(-2t+20)$

따라서 $t=2$에서의 수면의 넓이의 변화율은

$\pi(-4+20)=16\pi(\mathrm{cm^2/s})$

10 반지름의 길이가 매초 $2\,\mathrm{mm}$, 즉 $0.2\,\mathrm{cm}$씩 늘어나므로 t
초 후의 풍선의 반지름의 길이는 $(2+0.2t)\,\mathrm{cm}$

t초 후의 풍선의 반지름의 길이가 $3\,\mathrm{cm}$가 될 때의 시각은

$2+0.2t=3$에서 $t=5$

t초 후의 풍선의 부피를 $V\,\mathrm{cm}^3$라 하면

$V=\dfrac{4}{3}\pi(2+0.2t)^3$

$\therefore \dfrac{dV}{dt}=\dfrac{4}{3}\pi\times 3(2+0.2t)^2\times 0.2=0.8\pi(2+0.2t)^2$

따라서 $t=5$에서의 부피의 변화율은

$0.8\pi\times(2+1)^2=7.2\pi(\mathrm{cm^3/s})$

11 두 점 P, Q의 시각 t에서의 속도를 각각 v_P, v_Q, 가속도를
각각 a_P, a_Q라 하면

$v_P=\dfrac{dx_P}{dt}=4t^3-12t^2$, $v_Q=\dfrac{dx_Q}{dt}=2kt$

$a_P=\dfrac{dv_P}{dt}=12t^2-24t$, $a_Q=\dfrac{dv_Q}{dt}=2k$

가속도가 서로 같으면

$12t^2-24t=2k$

$\therefore 6t^2-12t-k=0$ $\quad\cdots\cdots$ ㉠

$t>0$에서 가속도가 같아지는 순간이 2번이려면 이차방정
식 ㉠이 서로 다른 두 개의 양의 실근을 가져야 한다.

이차방정식 ㉠의 판별식을 D라 하면 $D>0$이어야 하므로

$\dfrac{D}{4}=36+6k>0$

$\therefore k>-6$ $\quad\cdots\cdots$ ㉡

이차방정식 ㉠의 두 근의 합과 곱이 모두 양수이어야 하
므로 근과 계수의 관계에 의하여

$2>0$, $-\dfrac{k}{6}>0$

$\therefore k<0$ $\quad\cdots\cdots$ ㉢

㉡, ㉢에서 $-6<k<0$

따라서 정수 k는 -5, -4, -3, -2, -1의 5개이다.

12 시각 t에서의 점 P의 속도를 v라 하면

$v=\dfrac{dx}{dt}=3t^2-10t+a=3\left(t-\dfrac{5}{3}\right)^2+a-\dfrac{25}{3}$

점 P가 움직이는 방향이 바뀌지 않으려면 $t\ge 0$에서 $v\ge 0$
이어야 하므로

$a-\dfrac{25}{3}\ge 0$ $\quad\therefore a\ge\dfrac{25}{3}$

따라서 자연수 a의 최솟값은 9이다.

13 오른쪽 그림과 같이 공이 경사면에 충돌
할 때 공의 중심과 바닥 사이의 거리를
$x\,\mathrm{m}$라 하면

$x\sin 30°=0.5$

$\dfrac{1}{2}x=0.5$ $\quad\therefore x=1$

즉, 공과 경사면이 만날 때의 공의 중심의 높이가 $1\,\mathrm{m}$이
므로 $h(t)=1$에서

$21-5t^2=1$, $t^2=4$

$\therefore t=2$ ($\because t>0$)

즉, $t=2$일 때 공이 경사면과 충돌한다.

t초 후의 공의 속도는

$h'(t)=-10t$

따라서 $t=2$에서의 공의 속도는

$h'(2)=-20(\mathrm{m/s})$

1 부정적분

개념 Check 141쪽

1 답 (1) $2x+C$ (2) x^3+C (3) x^4+C (4) $-x^6+C$

2 답 (1) $f(x)=5$ (2) $f(x)=x-3$
(3) $f(x)=3x^2+1$ (4) $f(x)=10x^4-6x$

3 답 (1) x^4-2x^3 (2) x^4-2x^3+C

문제 142~143쪽

01-1 답 0

$$f(x)=\left(\frac{1}{3}x^3-\frac{1}{2}x^2+C\right)'=x^2-x$$
$$\therefore f(1)=1-1=0$$

01-2 답 2

$$3x^2+4x+a=(bx^3+cx^2-x+1)'=3bx^2+2cx-1$$
즉, $3=3b$, $4=2c$, $a=-1$이므로
$a=-1$, $b=1$, $c=2$
$$\therefore a+b+c=2$$

01-3 답 $f(x)=3x-1$

$$(2x+1)f(x)=\left(2x^3+\frac{1}{2}x^2-x+C\right)'$$
$$=6x^2+x-1$$
$$=(2x+1)(3x-1)$$
$$\therefore f(x)=3x-1$$

02-1 답 32

$$\frac{d}{dx}\left\{\int f(x)\,dx\right\}=f(x)$$이므로
$$f(x)=5x^3-2x^2$$
$$\therefore f(2)=40-8=32$$

02-2 답 -1

$$f(x)=\int\left\{\frac{d}{dx}(x^3-3x^2)\right\}dx=x^3-3x^2+C$$
이때 $f(1)=1$에서
$1-3+C=1$ $\therefore C=3$
따라서 $f(x)=x^3-3x^2+3$이므로
$$f(-1)=-1-3+3=-1$$

02-3 답 $f(x)=x^2-4x+9$

$$f(x)=\int\left\{\frac{d}{dx}(x^2-4x)\right\}dx$$
$$=x^2-4x+C$$
$$=(x-2)^2+C-4$$
이때 함수 $f(x)$의 최솟값이 5이므로
$C-4=5$ $\therefore C=9$
$$\therefore f(x)=x^2-4x+9$$

2 부정적분의 계산

개념 Check 145쪽

1 답 (1) $-3x+C$ (2) $2x^3+C$
(3) $\frac{1}{2}x^2+3x+C$ (4) $\frac{2}{3}x^3-2x^2+2x+C$

문제 146~152쪽

03-1 답 (1) $\frac{3}{2}x^4+x^3-\frac{9}{2}x^2+C$
(2) $y+\frac{1}{2}xy^2+x^2y^3+C$
(3) $\frac{1}{3}x^3+x+C$
(4) t^2+8t+C

(1) $\displaystyle\int 3x(x-1)(2x+3)\,dx$
$$=\int(6x^3+3x^2-9x)\,dx$$
$$=6\int x^3\,dx+3\int x^2\,dx-9\int x\,dx$$
$$=\frac{3}{2}x^4+x^3-\frac{9}{2}x^2+C$$

(2) 적분변수가 y이므로 x를 상수로 보고 y에 대하여 적분하면
$$\int(1+xy+3x^2y^2)\,dy$$
$$=\int dy+x\int y\,dy+3x^2\int y^2\,dy$$
$$=y+\frac{1}{2}xy^2+x^2y^3+C$$

(3) $\displaystyle\int\frac{x^4-1}{x^2-1}\,dx=\int\frac{(x^2-1)(x^2+1)}{x^2-1}\,dx$
$$=\int(x^2+1)\,dx$$
$$=\int x^2\,dx+\int dx$$
$$=\frac{1}{3}x^3+x+C$$

(4) $\int (2+\sqrt{t})^2\,dt + \int (2-\sqrt{t})^2\,dt$

$\quad = \int \{(2+\sqrt{t})^2 + (2-\sqrt{t})^2\}\,dt$

$\quad = \int (2t+8)\,dt = 2\int t\,dt + 8\int dt$

$\quad = t^2 + 8t + C$

04-1 답 22

$f(x) = \int f'(x)\,dx$

$\qquad = \int (2x+4)\,dx$

$\qquad = x^2 + 4x + C$

이때 $f(0)=1$에서 $C=1$

따라서 $f(x)=x^2+4x+1$이므로

$f(3)=9+12+1=22$

04-2 답 5

곡선 $y=f(x)$ 위의 점 $(x,\,f(x))$에서의 접선의 기울기가 $3x^2-2x+1$이므로

$f'(x)=3x^2-2x+1$

$\therefore f(x) = \int f'(x)\,dx$

$\qquad = \int (3x^2-2x+1)\,dx$

$\qquad = x^3-x^2+x+C$

이때 곡선 $y=f(x)$가 점 $(-1,\,1)$을 지나므로 $f(-1)=1$에서

$-1-1-1+C=1 \quad \therefore C=4$

따라서 $f(x)=x^3-x^2+x+4$이므로

$f(1)=1-1+1+4=5$

05-1 답 $f(x)=3x^2-8x+6$

$xf(x)-F(x)=2x^3-4x^2$의 양변을 x에 대하여 미분하면

$f(x)+xf'(x)-F'(x)=6x^2-8x$

$F'(x)=f(x)$이므로

$f(x)+xf'(x)-f(x)=6x^2-8x$

$xf'(x)=6x^2-8x=x(6x-8)$

$\therefore f'(x)=6x-8$

$\therefore f(x)=\int f'(x)\,dx$

$\qquad = \int (6x-8)\,dx$

$\qquad = 3x^2-8x+C$

이때 $f(2)=2$에서

$12-16+C=2 \quad \therefore C=6$

$\therefore f(x)=3x^2-8x+6$

05-2 답 2

$\int xf(x)\,dx = \{f(x)\}^2$의 양변을 x에 대하여 미분하면

$xf(x)=2f(x)f'(x)$

$f(x)\{2f'(x)-x\}=0$

이때 $f(x)\neq0$이므로

$2f'(x)-x=0 \quad \therefore f'(x)=\dfrac{1}{2}x$

$\therefore f(x)=\int f'(x)\,dx = \int \dfrac{1}{2}x\,dx = \dfrac{1}{4}x^2+C$

이때 $f(0)=1$에서 $C=1$

따라서 $f(x)=\dfrac{1}{4}x^2+1$이므로

$f(2)=1+1=2$

05-3 답 -6

$\int f(x)\,dx=(x+1)f(x)-3x^4-4x^3$의 양변을 x에 대하여 미분하면

$f(x)=f(x)+(x+1)f'(x)-12x^3-12x^2$

$(x+1)f'(x)=12x^3+12x^2=12x^2(x+1)$

$\therefore f'(x)=12x^2$

$\therefore f(x)=\int f'(x)\,dx = \int 12x^2\,dx = 4x^3+C$

이때 $f(1)=2$에서

$4+C=2 \quad \therefore C=-2$

따라서 $f(x)=4x^3-2$이므로

$f(-1)=-4-2=-6$

06-1 답 2

$\dfrac{d}{dx}\{f(x)+g(x)\}=6x^2+6x-2$에서

$\int \left[\dfrac{d}{dx}\{f(x)+g(x)\}\right]dx = \int (6x^2+6x-2)\,dx$

$\therefore f(x)+g(x)=2x^3+3x^2-2x+C_1$

$\dfrac{d}{dx}\{f(x)-g(x)\}=6x^2-6x-4$에서

$\int \left[\dfrac{d}{dx}\{f(x)-g(x)\}\right]dx = \int (6x^2-6x-4)\,dx$

$\therefore f(x)-g(x)=2x^3-3x^2-4x+C_2$

이때 $f(0)=0$, $g(0)=1$이므로

$f(0)+g(0)=C_1 \quad \therefore C_1=0+1=1$

$f(0)-g(0)=C_2 \quad \therefore C_2=0-1=-1$

따라서 $f(x)+g(x)=2x^3+3x^2-2x+1$,

$f(x)-g(x)=2x^3-3x^2-4x-1$이므로

두 식을 연립하여 풀면

$f(x)=2x^3-3x, \ g(x)=3x^2+x+1$

$\therefore f(1)+g(-1)=(2-3)+(3-1+1)=2$

06-2 답 **4**

$\dfrac{d}{dx}\{f(x)-g(x)\}=2x-1$에서

$\displaystyle\int\left[\dfrac{d}{dx}\{f(x)-g(x)\}\right]dx=\int(2x-1)\,dx$

$\therefore f(x)-g(x)=x^2-x+C_1$

$\dfrac{d}{dx}\{f(x)g(x)\}=6x^2+8x-6$에서

$\displaystyle\int\left[\dfrac{d}{dx}\{f(x)g(x)\}\right]dx=\int(6x^2+8x-6)\,dx$

$\therefore f(x)g(x)=2x^3+4x^2-6x+C_2$

이때 $f(1)=-2$, $g(1)=4$이므로

$f(1)-g(1)=1-1+C_1=C_1$

$\therefore C_1=-2-4=-6$

$f(1)g(1)=2+4-6+C_2=C_2$

$\therefore C_2=-2\times4=-8$

$\therefore f(x)-g(x)=x^2-x-6$,

$\quad f(x)g(x)=2x^3+4x^2-6x-8=2(x+1)(x^2+x-4)$

그런데 $f(1)=-2$, $g(1)=4$이므로

$f(x)=x^2+x-4$, $g(x)=2x+2$

$\therefore f(0)+g(3)=-4+(6+2)=4$

07-1 답 **2**

(i) $x\geq0$일 때,

$\displaystyle f(x)=\int(2x-2)\,dx=x^2-2x+C_1$

(ii) $x<0$일 때,

$\displaystyle f(x)=\int(-2x-2)\,dx=-x^2-2x+C_2$

(i), (ii)에서 $f(x)=\begin{cases}x^2-2x+C_1 & (x\geq0) \\ -x^2-2x+C_2 & (x<0)\end{cases}$

이때 $f(-2)=1$에서

$-4+4+C_2=1$ $\quad\therefore C_2=1$

함수 $f(x)$는 $x=0$에서 연속이므로 $\displaystyle\lim_{x\to0-}f(x)=f(0)$에서

$C_2=C_1$ $\quad\therefore C_1=1$

따라서 $f(x)=\begin{cases}x^2-2x+1 & (x\geq0) \\ -x^2-2x+1 & (x<0)\end{cases}$이므로

$f(-1)+f(1)=(-1+2+1)+(1-2+1)=2$

07-2 답 **-9**

(i) $x>1$일 때,

$\displaystyle f(x)=\int(-3x^2+1)\,dx=-x^3+x+C_1$

(ii) $x<1$일 때,

$\displaystyle f(x)=\int(4x-2)\,dx=2x^2-2x+C_2$

(i), (ii)에서 $f(x)=\begin{cases}-x^3+x+C_1 & (x\geq1) \\ 2x^2-2x+C_2 & (x<1)\end{cases}$

함수 $y=f(x)$의 그래프가 점 $(-1,\,1)$을 지나므로

$f(-1)=1$에서

$2+2+C_2=1$ $\quad\therefore C_2=-3$

함수 $f(x)$는 $x=1$에서 연속이므로 $\displaystyle\lim_{x\to1-}f(x)=f(1)$에서

$2-2+C_2=-1+1+C_1$

$C_2=C_1$ $\quad\therefore C_1=-3$

따라서 $f(x)=\begin{cases}-x^3+x-3 & (x\geq1) \\ 2x^2-2x-3 & (x<1)\end{cases}$이므로

$f(2)=-8+2-3=-9$

08-1 답 **$\dfrac{5}{27}$**

$\displaystyle f(x)=\int f'(x)\,dx$

$\displaystyle\quad\;\;=\int(3x^2-4x+1)\,dx$

$\quad\;\;=x^3-2x^2+x+C$

$f'(x)=3x^2-4x+1=(3x-1)(x-1)$이므로

$f'(x)=0$인 x의 값은 $x=\dfrac{1}{3}$ 또는 $x=1$

함수 $f(x)$의 증가와 감소를 표로 나타내면 다음과 같다.

x	$\cdots$	$\dfrac{1}{3}$	$\cdots$	1	$\cdots$
$f'(x)$	$+$	0	$-$	0	$+$
$f(x)$	↗	극대	↘	극소	↗

즉, 함수 $f(x)$는 $x=\dfrac{1}{3}$에서 극대이므로 $f\left(\dfrac{1}{3}\right)=\dfrac{1}{3}$에서

$\dfrac{1}{27}-\dfrac{2}{9}+\dfrac{1}{3}+C=\dfrac{1}{3}$ $\quad\therefore C=\dfrac{5}{27}$

$\therefore f(x)=x^3-2x^2+x+\dfrac{5}{27}$

따라서 함수 $f(x)$는 $x=1$에서 극소이므로 극솟값은

$f(1)=1-2+1+\dfrac{5}{27}=\dfrac{5}{27}$

08-2 답 **$\dfrac{35}{2}$**

도함수 $y=f'(x)$의 그래프가 x축과 만나는 점의 x좌표는 -1, 2

$x=-1$의 좌우에서 $f'(x)$의 부호가 양에서 음으로 바뀌므로 함수 $f(x)$는 $x=-1$에서 극대이고,

$x=2$의 좌우에서 $f'(x)$의 부호가 음에서 양으로 바뀌므로 함수 $f(x)$는 $x=2$에서 극소이다.

$f'(x)=a(x+1)(x-2)\,(a>0)$라 하면

$f'(0)=-6$에서

$-2a=-6$ $\quad\therefore a=3$

$$\therefore f(x)=\int f'(x)\,dx=\int 3(x+1)(x-2)\,dx$$
$$=\int 3(x^2-x-2)\,dx=x^3-\frac{3}{2}x^2-6x+C$$

함수 $f(x)$는 $x=2$에서 극소이므로 $f(2)=4$에서

$8-6-12+C=4$ $\therefore C=14$

$$\therefore f(x)=x^3-\frac{3}{2}x^2-6x+14$$

따라서 함수 $f(x)$는 $x=-1$에서 극대이므로 극댓값은

$$f(-1)=-1-\frac{3}{2}+6+14=\frac{35}{2}$$

09-1 답 $f(x)=\dfrac{3}{2}x^2+3x$

$f(x+y)=f(x)+f(y)+3xy$의 양변에 $x=0$, $y=0$을 대입하면

$f(0)=f(0)+f(0)$ $\therefore f(0)=0$ ······ ㉠

도함수의 정의에 의하여

$$f'(x)=\lim_{h\to 0}\frac{f(x+h)-f(x)}{h}$$
$$=\lim_{h\to 0}\frac{f(x)+f(h)+3xh-f(x)}{h}$$
$$=\lim_{h\to 0}\frac{f(h)+3xh}{h}$$
$$=3x+\lim_{h\to 0}\frac{f(h)}{h}$$
$$=3x+\lim_{h\to 0}\frac{f(h)-f(0)}{h}\ (\because ㉠)$$
$$=3x+f'(0)$$
$$=3x+3$$
$$\therefore f(x)=\int f'(x)\,dx=\int (3x+3)\,dx$$
$$=\frac{3}{2}x^2+3x+C$$

이때 $f(0)=0$에서 $C=0$

$$\therefore f(x)=\frac{3}{2}x^2+3x$$

09-2 답 -1

$f(x+y)=f(x)+f(y)-4$의 양변에 $x=0$, $y=0$을 대입하면

$f(0)=f(0)+f(0)-4$ $\therefore f(0)=4$ ······ ㉠

도함수의 정의에 의하여

$$f'(x)=\lim_{h\to 0}\frac{f(x+h)-f(x)}{h}$$
$$=\lim_{h\to 0}\frac{f(x)+f(h)-4-f(x)}{h}$$
$$=\lim_{h\to 0}\frac{f(h)-4}{h}=\lim_{h\to 0}\frac{f(h)-f(0)}{h}\ (\because ㉠)$$
$$=f'(0)$$

$f'(0)=k\,(k는\ 상수)$로 놓으면 $f'(x)=k$이므로

$$f(x)=\int f'(x)\,dx=\int k\,dx=kx+C$$

이때 $f(0)=4$에서 $C=4$ $\therefore f(x)=kx+4$

$f(1)=3$에서 $k+4=3$ $\therefore k=-1$

$\therefore f'(0)=-1$

연습문제 153~155쪽

1 ③	2 ④	3 ①	4 29	5 -11
6 $\frac{1}{5}$	7 -3	8 ③	9 ④	10 -10
11 -22	12 ③	13 -11	14 ②	15 -2
16 ⑤	17 -35	18 ②	19 -4	20 ⑤
21 -7				

1 $f(x)=(x^3+9x^2-6x+2)'=3x^2+18x-6$

따라서 $f'(x)=6x+18$이므로

$f'(-2)=-12+18=6$

2 $g(x)=\{x^4f(x)+2\}'=4x^3f(x)+x^4f'(x)$

$\therefore g(1)=4f(1)+f'(1)=4\times(-1)+5=1$

3 $\displaystyle\lim_{h\to 0}\frac{f(2+h)-f(2-h)}{h}$

$$=\lim_{h\to 0}\frac{f(2+h)-f(2)+f(2)-f(2-h)}{h}$$
$$=\lim_{h\to 0}\frac{f(2+h)-f(2)}{h}-\lim_{h\to 0}\frac{f(2-h)-f(2)}{-h}\times(-1)$$
$$=f'(2)+f'(2)=2f'(2)$$

$f(x)=\displaystyle\int (x^2-3x+4)\,dx$에서 $f'(x)=x^2-3x+4$이므로

$f'(2)=4-6+4=2$

따라서 구하는 값은 $2f'(2)=2\times 2=4$

4 $F(x)=\dfrac{d}{dx}\left\{\displaystyle\int xf(x)\,dx\right\}=xf(x)$

$$=x(2x^2-x)=2x^3-x^2$$
$$G(x)=\int \left\{\frac{d}{dx}xf(x)\right\}dx=xf(x)+C$$
$$=x(2x^2-x)+C=2x^3-x^2+C$$

이때 $G(1)=6$에서

$2-1+C=6$ $\therefore C=5$

따라서 $G(x)=2x^3-x^2+5$이므로

$F(2)+G(2)=(16-4)+(16-4+5)=29$

5 $f(x)=\displaystyle\int\left\{\dfrac{d}{dx}(2x^4-ax^2)\right\}dx$

$\qquad =2x^4-ax^2+C$

이때 $f(0)=2$에서 $C=2$

즉, $f(x)=2x^4-ax^2+2$이므로

$f'(x)=8x^3-2ax$

$f'(2)=4$에서 $64-4a=4$ $\qquad \therefore a=15$

따라서 $f(x)=2x^4-15x^2+2$이므로

$f(1)=2-15+2=-11$

6 $f(x)=\displaystyle\int(x-1)(x+1)(x^2+1)\,dx$

$\qquad =\displaystyle\int(x^2-1)(x^2+1)\,dx$

$\qquad =\displaystyle\int(x^4-1)\,dx$

$\qquad =\dfrac{1}{5}x^5-x+C$

이때 $f(0)=1$에서 $C=1$

따라서 $f(x)=\dfrac{1}{5}x^5-x+1$이므로

$f(1)=\dfrac{1}{5}-1+1=\dfrac{1}{5}$

7 $f(x)=\displaystyle\int\dfrac{x^2}{x-3}\,dx-\int\dfrac{x+6}{x-3}\,dx$

$\qquad =\displaystyle\int\dfrac{x^2-x-6}{x-3}\,dx$

$\qquad =\displaystyle\int\dfrac{(x+2)(x-3)}{x-3}\,dx$

$\qquad =\displaystyle\int(x+2)\,dx$

$\qquad =\dfrac{1}{2}x^2+2x+C$

이때 $f(0)=-\dfrac{3}{2}$에서 $C=-\dfrac{3}{2}$

따라서 $f(x)=\dfrac{1}{2}x^2+2x-\dfrac{3}{2}$이므로

$f(-1)=\dfrac{1}{2}-2-\dfrac{3}{2}=-3$

8 $f'(x)=6x+8$이므로

$f(x)=\displaystyle\int f'(x)\,dx$

$\qquad =\displaystyle\int(6x+8)\,dx$

$\qquad =3x^2+8x+C_1$

이때 $f(1)=8$에서

$3+8+C_1=8$ $\qquad \therefore C_1=-3$

따라서 $f(x)=3x^2+8x-3$이므로 $f(x)$를 적분하면

$\displaystyle\int(3x^2+8x-3)\,dx=x^3+4x^2-3x+C$

9 $f(x)=\displaystyle\int f'(x)\,dx$

$\qquad =\displaystyle\int\{6x^2-2f(1)x\}\,dx$

$\qquad =2x^3-f(1)x^2+C$

이때 $f(0)=4$에서 $C=4$

$\therefore f(x)=2x^3-f(1)x^2+4$

양변에 $x=1$을 대입하면

$f(1)=2-f(1)+4$

$2f(1)=6$ $\qquad \therefore f(1)=3$

따라서 $f(x)=2x^3-3x^2+4$이므로

$f(2)=16-12+4=8$

10 $f(x)=\displaystyle\int f'(x)\,dx=\int6x\,dx=3x^2+C_1$

함수 $f(x)$의 한 부정적분이 $F(x)$이므로

$F(x)=\displaystyle\int f(x)\,dx=\int(3x^2+C_1)\,dx$

$\qquad =x^3+C_1x+C_2$

이때 $f(0)=F(0)$에서 $C_1=C_2$

또 $f(1)=F(1)$에서

$3+C_1=1+C_1+C_2$ $\qquad \therefore C_2=2$

따라서 $C_1=2$, $C_2=2$이므로

$F(x)=x^3+2x+2$

$\therefore F(-2)=-8-4+2=-10$

11 $\displaystyle\lim_{h\to0}\dfrac{f(x-h)-f(x+2h)}{h}$

$\quad =\displaystyle\lim_{h\to0}\dfrac{f(x-h)-f(x)+f(x)-f(x+2h)}{h}$

$\quad =\displaystyle\lim_{h\to0}\dfrac{f(x-h)-f(x)}{-h}\times(-1)$

$\qquad\qquad\qquad -\displaystyle\lim_{h\to0}\dfrac{f(x+2h)-f(x)}{2h}\times2$

$\quad =-f'(x)-2f'(x)=-3f'(x)$

즉, $-3f'(x)=9x^2-3x+6$이므로

$f'(x)=-3x^2+x-2$

$\therefore f(x)=\displaystyle\int f'(x)\,dx$

$\qquad =\displaystyle\int(-3x^2+x-2)\,dx$

$\qquad =-x^3+\dfrac{1}{2}x^2-2x+C$

이때 $f(-2)=2$에서

$8+2+4+C=2$ $\qquad \therefore C=-12$

따라서 $f(x)=-x^3+\dfrac{1}{2}x^2-2x-12$이므로

$f(2)=-8+2-4-12=-22$

12 곡선 $y=f(x)$ 위의 점 $(x, f(x))$에서의 접선의 기울기가 $-8x+k$이므로

$f'(x)=-8x+k$

$\therefore f(x)=\int f'(x)\,dx$

$\qquad =\int (-8x+k)\,dx$

$\qquad =-4x^2+kx+C$

이때 곡선 $y=f(x)$가 점 $(0, 3)$을 지나므로 $f(0)=3$에서 $C=3$

$\therefore f(x)=-4x^2+kx+3$

방정식 $f(x)=0$의 모든 근의 합이 $\dfrac{3}{2}$이므로 이차방정식의 근과 계수의 관계에 의하여

$-\dfrac{k}{-4}=\dfrac{3}{2}$ $\qquad \therefore k=6$

따라서 $f(x)=-4x^2+6x+3$이므로

$f(-1)=-4-6+3=-7$

13 $\displaystyle\int f(x)\,dx=(x-1)f(x)+x^3-3x$의 양변을 x에 대하여 미분하면

$f(x)=f(x)+(x-1)f'(x)+3x^2-3$

$(x-1)f'(x)=-3x^2+3=(x-1)(-3x-3)$

$\therefore f'(x)=-3x-3$

$\therefore f(x)=\displaystyle\int f'(x)\,dx=\int (-3x-3)\,dx$

$\qquad =-\dfrac{3}{2}x^2-3x+C$

이때 $f(0)=1$에서 $C=1$

따라서 $f(x)=-\dfrac{3}{2}x^2-3x+1$이므로

$f(2)=-6-6+1=-11$

14 $F(x)=xf(x)-2x^3+3x^2+5$의 양변을 x에 대하여 미분하면

$F'(x)=f(x)+xf'(x)-6x^2+6x$

$f(x)=f(x)+xf'(x)-6x^2+6x$

$xf'(x)=6x^2-6x=x(6x-6)$

$\therefore f'(x)=6x-6$

$\therefore f(x)=\displaystyle\int f'(x)\,dx=\int (6x-6)\,dx$

$\qquad =3x^2-6x+C=3(x-1)^2+C-3$

이때 함수 $f(x)$의 최솟값이 1이므로

$C-3=1$ $\quad \therefore C=4$

따라서 $f(x)=3x^2-6x+4$이므로

$f(2)=12-12+4=4$

15 $\dfrac{d}{dx}\{f(x)+g(x)\}=2x+3$에서

$f(x)+g(x)=x^2+3x+C_1$

$\dfrac{d}{dx}\{f(x)g(x)\}=3x^2+8x-1$에서

$f(x)g(x)=x^3+4x^2-x+C_2$

이때 $f(0)=2$, $g(0)=-5$이므로

$f(0)+g(0)=C_1$ $\quad \therefore C_1=2+(-5)=-3$

$f(0)g(0)=C_2$ $\quad \therefore C_2=2\times(-5)=-10$

$\therefore f(x)+g(x)=x^2+3x-3$,

$\quad f(x)g(x)=x^3+4x^2-x-10=(x+2)(x^2+2x-5)$

그런데 $f(0)=2$, $g(0)=-5$이므로

$f(x)=x+2$, $g(x)=x^2+2x-5$

$\therefore f(2)+g(-1)=(2+2)+(1-2-5)=-2$

16 (ⅰ) $x\geq 1$일 때,

$f(x)=\displaystyle\int (3x^2-2)\,dx=x^3-2x+C_1$

(ⅱ) $x<1$일 때,

$f(x)=\displaystyle\int (2x-1)\,dx=x^2-x+C_2$

(ⅰ), (ⅱ)에서 $f(x)=\begin{cases} x^3-2x+C_1 & (x\geq 1) \\ x^2-x+C_2 & (x<1) \end{cases}$

이때 $f(-3)=10$에서

$9+3+C_2=10$ $\quad \therefore C_2=-2$

함수 $f(x)$는 $x=1$에서 연속이므로 $\displaystyle\lim_{x\to 1-}f(x)=f(1)$에서

$1-1+C_2=1-2+C_1$

$-2=-1+C_1$ $\quad \therefore C_1=-1$

따라서 $f(x)=\begin{cases} x^3-2x-1 & (x\geq 1) \\ x^2-x-2 & (x<1) \end{cases}$이므로

$f(3)=27-6-1=20$

17 $\displaystyle\int \{1-f(x)\}\,dx=-\dfrac{1}{4}x^4+\dfrac{1}{2}x^3+3x^2+x$의 양변을 x에 대하여 미분하면

$1-f(x)=-x^3+\dfrac{3}{2}x^2+6x+1$

$\therefore f(x)=x^3-\dfrac{3}{2}x^2-6x$

$f'(x)=3x^2-3x-6=3(x+1)(x-2)$

$f'(x)=0$인 x의 값은 $x=-1$ 또는 $x=2$

함수 $f(x)$의 증가와 감소를 표로 나타내면 다음과 같다.

x	$\cdots$	-1	$\cdots$	2	$\cdots$
$f'(x)$	$+$	0	$-$	0	$+$
$f(x)$	$\nearrow$	$\dfrac{7}{2}$ 극대	$\searrow$	-10 극소	$\nearrow$

즉, 함수 $f(x)$는 $x=-1$에서 극댓값 $\dfrac{7}{2}$, $x=2$에서 극솟값 -10을 갖는다.

따라서 $M=\dfrac{7}{2}$, $m=-10$이므로

$Mm=-35$

18 $f(x+y)=f(x)+f(y)-xy+1$의 양변에 $x=0$, $y=0$을 대입하면

$f(0)=f(0)+f(0)+1$ $\therefore f(0)=-1$ ······ ㉠

도함수의 정의에 의하여

$\begin{aligned} f'(x) &= \lim_{h\to 0}\dfrac{f(x+h)-f(x)}{h} \\ &= \lim_{h\to 0}\dfrac{f(x)+f(h)-xh+1-f(x)}{h} \\ &= -x+\lim_{h\to 0}\dfrac{f(h)+1}{h} \\ &= -x+\lim_{h\to 0}\dfrac{f(h)-f(0)}{h}\ (\because ㉠) \\ &= -x+f'(0)=-x+2 \end{aligned}$

$\begin{aligned} \therefore f(x) &= \int f'(x)\,dx = \int(-x+2)\,dx \\ &= -\dfrac{1}{2}x^2+2x+C \end{aligned}$

이때 $f(0)=-1$에서 $C=-1$

따라서 $f(x)=-\dfrac{1}{2}x^2+2x-1$이므로

$f(1)=-\dfrac{1}{2}+2-1=\dfrac{1}{2}$

19 ㈎, ㈏에서 이차함수 $y=f(x)$의 그래프가 점 $(0,-2)$를 지나고 y축에 대하여 대칭이므로

$f(x)=kx^2-2(k\neq 0)$라 하면 $f'(x)=2kx$

㈐에서 $2k(kx^2-2)=k(2kx)^2-2$이므로

$2k^2x^2-4k=4k^3x^2-2$

$2k^2x^2(2k-1)+2(2k-1)=0$

$2(k^2x^2+1)(2k-1)=0$

$\therefore k=\dfrac{1}{2}\ (\because k^2x^2+1\neq 0)$

$\therefore f(x)=\dfrac{1}{2}x^2-2$

이때 $F(x)$는 삼차함수이고 함수 $F(x)$가 감소하는 x의 값의 범위가 $a\leq x\leq b$이므로 이차방정식 $F'(x)=0$의 두 근이 a, b이다.

따라서 $F(x)=\int f(x)\,dx$에서 $F'(x)=f(x)$이므로 이차방정식의 근과 계수의 관계에 의하여

$ab=-4$

20 $f(x)=\int xg(x)\,dx$에서 $f'(x)=xg(x)$

$\dfrac{d}{dx}\{f(x)-g(x)\}=4x^3+2x$에서

$f'(x)-g'(x)=4x^3+2x$

$\therefore xg(x)-g'(x)=4x^3+2x$ ······ ㉠

$g(x)$를 n차함수라 하면 $xg(x)$는 $(n+1)$차함수이고 $g'(x)$는 $(n-1)$차함수이므로

$n+1=4$ $\therefore n=3$

즉, $g(x)$는 최고차항의 계수가 4인 이차함수이므로

$g(x)=4x^2+ax+b(a, b$는 상수$)$라 하면

$g'(x)=8x+a$

이를 ㉠에 대입하면

$x(4x^2+ax+b)-(8x+a)=4x^3+2x$

$4x^3+ax^2+(b-8)x-a=4x^3+2x$

즉, $a=0$, $b-8=2$이므로 $a=0$, $b=10$

따라서 $g(x)=4x^2+10$이므로

$g(1)=4+10=14$

21 ㈏에서 $f(x)$를 n차함수라 하면 $f'(x)$는 $(n-1)$차함수이고 $xf'(x)$는 n차함수이므로

$n=3$

즉, $f(x)$는 삼차함수이므로 $f(x)=ax^3+bx^2+cx+d$ $(a, b, c, d$는 상수, $a\neq 0)$라 하면

$f'(x)=3ax^2+2bx+c$

이를 ㈏의 등식에 대입하면

$ax^3+bx^2+cx+d+x(3ax^2+2bx+c)$
$=4x^3-3x^2-2x+1$

$4ax^3+3bx^2+2cx+d=4x^3-3x^2-2x+1$

즉, $4a=4$, $3b=-3$, $2c=-2$, $d=1$이므로

$a=1$, $b=-1$, $c=-1$, $d=1$

$\therefore f(x)=x^3-x^2-x+1$, $f'(x)=3x^2-2x-1$

이를 ㈐의 등식에 대입하면

$3x^2-2x-1-g'(x)=3x^2+x$

$\therefore g'(x)=-3x-1$

$\begin{aligned} \therefore g(x) &= \int g'(x)\,dx \\ &= \int(-3x-1)\,dx \\ &= -\dfrac{3}{2}x^2-x+C \end{aligned}$

$f(0)=1$이므로

㈎에서 $g(0)=1$ $\therefore C=1$

따라서 $g(x)=-\dfrac{3}{2}x^2-x+1$이므로

$g(2)=-6-2+1=-7$

정적분

1 답 (1) **0** (2) **1** (3) **24** (4) **-6**

(1) $\int_1^1 (-x^2+3x)\,dx=0$

(2) $\int_{-1}^0 3x^2\,dx=\Big[x^3\Big]_{-1}^0=-(-1)=1$

(3) $\int_{-1}^3 (x^3+x)\,dx=\Big[\dfrac{1}{4}x^4+\dfrac{1}{2}x^2\Big]_{-1}^3$
$=\Big(\dfrac{81}{4}+\dfrac{9}{2}\Big)-\Big(\dfrac{1}{4}+\dfrac{1}{2}\Big)=24$

(4) $\int_1^{-2} (x^2+1)\,dx=\Big[\dfrac{1}{3}x^3+x\Big]_1^{-2}$
$=\Big(-\dfrac{8}{3}-2\Big)-\Big(\dfrac{1}{3}+1\Big)=-6$

01-1 답 (1) **0** (2) $-\dfrac{20}{3}$ (3) $-\dfrac{3}{2}$ (4) $\dfrac{26}{3}$

(1) $\int_a^a f(x)\,dx=0$이므로
$\int_1^1 y(y^3+3y^2+4y)\,dy=0$

(2) $\int_{-2}^2 (x+3)(x-1)\,dx$
$=\int_{-2}^2 (x^2+2x-3)\,dx$
$=\Big[\dfrac{1}{3}x^3+x^2-3x\Big]_{-2}^2$
$=\Big(\dfrac{8}{3}+4-6\Big)-\Big(-\dfrac{8}{3}+4+6\Big)=-\dfrac{20}{3}$

(3) $\int_2^{-1} (-x^2+3x)\,dx=\Big[-\dfrac{1}{3}x^3+\dfrac{3}{2}x^2\Big]_2^{-1}$
$=\Big(\dfrac{1}{3}+\dfrac{3}{2}\Big)-\Big(-\dfrac{8}{3}+6\Big)$
$=-\dfrac{3}{2}$

(4) $\int_1^3 \dfrac{x^3+8}{x+2}\,dx=\int_1^3 \dfrac{(x+2)(x^2-2x+4)}{x+2}\,dx$
$=\int_1^3 (x^2-2x+4)\,dx$
$=\Big[\dfrac{1}{3}x^3-x^2+4x\Big]_1^3$
$=(9-9+12)-\Big(\dfrac{1}{3}-1+4\Big)$
$=\dfrac{26}{3}$

01-2 답 **2**

$\int_0^k (2x-1)\,dx=\Big[x^2-x\Big]_0^k=k^2-k$
즉, $k^2-k=2$이므로
$k^2-k-2=0$
$(k+1)(k-2)=0$
$\therefore\ k=2\ (\because\ k>0)$

02-1 답 (1) **9** (2) $-\dfrac{1}{2}$

(1) $\int_{-1}^2 (x^2+2x+1)\,dx-\int_{-1}^2 (2t-1)\,dt$
$=\int_{-1}^2 (x^2+2x+1)\,dx-\int_{-1}^2 (2x-1)\,dx$
$=\int_{-1}^2 \{(x^2+2x+1)-(2x-1)\}\,dx$
$=\int_{-1}^2 (x^2+2)\,dx$
$=\Big[\dfrac{1}{3}x^3+2x\Big]_{-1}^2$
$=\Big(\dfrac{8}{3}+4\Big)-\Big(-\dfrac{1}{3}-2\Big)=9$

(2) $\int_2^3 \dfrac{x^2}{x+1}\,dx+\int_3^2 \dfrac{2x+3}{x+1}\,dx$
$=\int_2^3 \dfrac{x^2}{x+1}\,dx-\int_2^3 \dfrac{2x+3}{x+1}\,dx$
$=\int_2^3 \Big(\dfrac{x^2}{x+1}-\dfrac{2x+3}{x+1}\Big)\,dx$
$=\int_2^3 \dfrac{x^2-2x-3}{x+1}\,dx$
$=\int_2^3 \dfrac{(x+1)(x-3)}{x+1}\,dx$
$=\int_2^3 (x-3)\,dx$
$=\Big[\dfrac{1}{2}x^2-3x\Big]_2^3$
$=\Big(\dfrac{9}{2}-9\Big)-(2-6)=-\dfrac{1}{2}$

02-2 답 **1**

$\int_1^3 (2x+k)^2\,dx-\int_1^3 (2x-k)^2\,dx$
$=\int_1^3 \{(2x+k)^2-(2x-k)^2\}\,dx$
$=\int_1^3 8kx\,dx$
$=\Big[4kx^2\Big]_1^3$
$=36k-4k=32k$
따라서 $32k=32$이므로
$k=1$

03-1 답 (1) **12** (2) $\dfrac{2}{3}$

(1) $\displaystyle\int_{-1}^{1}(3x^2+2x)\,dx-\int_{2}^{1}(3x^2+2x)\,dx$

$=\displaystyle\int_{-1}^{1}(3x^2+2x)\,dx+\int_{1}^{2}(3x^2+2x)\,dx$

$=\displaystyle\int_{-1}^{2}(3x^2+2x)\,dx=\Big[x^3+x^2\Big]_{-1}^{2}$

$=(8+4)-(-1+1)=12$

(2) $\displaystyle\int_{2}^{4}(x^2-2x)\,dx-\int_{3}^{4}(x^2-2x)\,dx+\int_{1}^{2}(x^2-2x)\,dx$

$=\displaystyle\int_{1}^{2}(x^2-2x)\,dx+\int_{2}^{4}(x^2-2x)\,dx$

$\qquad\qquad\qquad\qquad-\displaystyle\int_{3}^{4}(x^2-2x)\,dx$

$=\displaystyle\int_{1}^{4}(x^2-2x)\,dx-\int_{3}^{4}(x^2-2x)\,dx$

$=\displaystyle\int_{1}^{4}(x^2-2x)\,dx+\int_{4}^{3}(x^2-2x)\,dx$

$=\displaystyle\int_{1}^{3}(x^2-2x)\,dx=\Big[\dfrac{1}{3}x^3-x^2\Big]_{1}^{3}$

$=(9-9)-\Big(\dfrac{1}{3}-1\Big)$

$=\dfrac{2}{3}$

03-2 답 **6**

$\displaystyle\int_{1}^{3}f(x)\,dx+\int_{3}^{5}f(x)\,dx=\int_{1}^{5}f(x)\,dx$이므로

$\displaystyle\int_{1}^{3}f(x)\,dx=\int_{1}^{5}f(x)\,dx-\int_{3}^{5}f(x)\,dx$

$\qquad\qquad=8-2=6$

04-1 답 $-\dfrac{1}{3}$

적분 구간 $[0,\,3]$을 $x=1$을 기준으로 나누면

$\displaystyle\int_{0}^{3}f(x)\,dx=\int_{0}^{1}f(x)\,dx+\int_{1}^{3}f(x)\,dx$

$=\displaystyle\int_{0}^{1}x^2\,dx+\int_{1}^{3}(-x^2+2x)\,dx$

$=\Big[\dfrac{1}{3}x^3\Big]_{0}^{1}+\Big[-\dfrac{1}{3}x^3+x^2\Big]_{1}^{3}$

$=\dfrac{1}{3}+(-9+9)-\Big(-\dfrac{1}{3}+1\Big)$

$=-\dfrac{1}{3}$

04-2 답 $-\dfrac{8}{3}$

$f(x)=\begin{cases}-2x-1 & (x\geq0)\\ x^2-1 & (x\leq0)\end{cases}$이므로

$f(x+1)=\begin{cases}-2x-3 & (x\geq-1)\\ x^2+2x & (x\leq-1)\end{cases}$

적분 구간 $[-2,\,0]$을 $x=-1$을 기준으로 나누면

$\displaystyle\int_{-2}^{0}f(x+1)\,dx$

$=\displaystyle\int_{-2}^{-1}(x^2+2x)\,dx+\int_{-1}^{0}(-2x-3)\,dx$

$=\Big[\dfrac{1}{3}x^3+x^2\Big]_{-2}^{-1}+\Big[-x^2-3x\Big]_{-1}^{0}$

$=\Big(-\dfrac{1}{3}+1\Big)-\Big(-\dfrac{8}{3}+4\Big)-(-1+3)=-\dfrac{8}{3}$

다른 풀이

함수 $y=f(x+1)$의 그래프는 함수 $y=f(x)$의 그래프를 x축의 방향으로 -1만큼 평행이동한 것이므로

$\displaystyle\int_{-2}^{0}f(x+1)\,dx=\int_{-1}^{1}f(x)\,dx$

$=\displaystyle\int_{-1}^{0}(x^2-1)\,dx+\int_{0}^{1}(-2x-1)\,dx$

$=\Big[\dfrac{1}{3}x^3-x\Big]_{-1}^{0}+\Big[-x^2-x\Big]_{0}^{1}$

$=-\Big(-\dfrac{1}{3}+1\Big)+(-1-1)=-\dfrac{8}{3}$

참고 함수 $y=f(x-p)$의 그래프는 함수 $y=f(x)$의 그래프를 x축의 방향으로 p만큼 평행이동한 것이므로 $\displaystyle\int_{a+p}^{b+p}f(x-p)\,dx$는 $\displaystyle\int_{a}^{b}f(x)\,dx$에서 적분 구간과 함수를 모두 x축의 방향으로 p만큼 평행이동한 것이다.

05-1 답 (1) **7** (2) $\dfrac{34}{3}$ (3) **1**

(1) $x^2-2|x|+3=\begin{cases}x^2-2x+3 & (x\geq0)\\ x^2+2x+3 & (x\leq0)\end{cases}$이므로

$\displaystyle\int_{-1}^{2}(x^2-2|x|+3)\,dx$

$=\displaystyle\int_{-1}^{0}(x^2+2x+3)\,dx+\int_{0}^{2}(x^2-2x+3)\,dx$

$=\Big[\dfrac{1}{3}x^3+x^2+3x\Big]_{-1}^{0}+\Big[\dfrac{1}{3}x^3-x^2+3x\Big]_{0}^{2}$

$=-\Big(-\dfrac{1}{3}+1-3\Big)+\Big(\dfrac{8}{3}-4+6\Big)=7$

(2) $x|4-x|=\begin{cases}x^2-4x & (x\geq4)\\ -x^2+4x & (x\leq4)\end{cases}$이므로

$\displaystyle\int_{1}^{5}x|4-x|\,dx$

$=\displaystyle\int_{1}^{4}(-x^2+4x)\,dx+\int_{4}^{5}(x^2-4x)\,dx$

$=\Big[-\dfrac{1}{3}x^3+2x^2\Big]_{1}^{4}+\Big[\dfrac{1}{3}x^3-2x^2\Big]_{4}^{5}$

$=\Big(-\dfrac{64}{3}+32\Big)-\Big(-\dfrac{1}{3}+2\Big)$

$\qquad\qquad+\Big(\dfrac{125}{3}-50\Big)-\Big(\dfrac{64}{3}-32\Big)$

$=\dfrac{34}{3}$

(3) 절댓값 기호 안의 식의 값이 0이 되는 x의 값을 구하면

$x^2-1=0$, $(x+1)(x-1)=0$

$\therefore x=-1$ 또는 $x=1$

즉, $|x^2-1|=\begin{cases} x^2-1 & (x\leq-1 \text{ 또는 } x\geq1) \\ -x^2+1 & (-1\leq x\leq1) \end{cases}$ 이므로

$\displaystyle\int_0^2 \frac{|x^2-1|}{x+1}dx$

$\displaystyle=\int_0^1 \frac{-x^2+1}{x+1}dx+\int_1^2 \frac{x^2-1}{x+1}dx$

$\displaystyle=\int_0^1 \frac{(x+1)(-x+1)}{x+1}dx+\int_1^2 \frac{(x+1)(x-1)}{x+1}dx$

$\displaystyle=\int_0^1 (-x+1)dx+\int_1^2 (x-1)dx$

$\displaystyle=\left[-\frac{1}{2}x^2+x\right]_0^1+\left[\frac{1}{2}x^2-x\right]_1^2$

$\displaystyle=\left(-\frac{1}{2}+1\right)+(2-2)-\left(\frac{1}{2}-1\right)=1$

2 여러 가지 정적분

문제 166~167쪽

06-1 답 -48

$\displaystyle\int_{-3}^3 (4x^3-3x^2+2x+1)dx$

$\displaystyle=\int_{-3}^3 (4x^3+2x)dx+\int_{-3}^3 (-3x^2+1)dx$

$\displaystyle=0+2\int_0^3 (-3x^2+1)dx$

$\displaystyle=2\left[-x^3+x\right]_0^3$

$=2(-27+3)=-48$

06-2 답 8

$f(-x)=f(x)$이므로

$(-x)^3f(-x)=-x^3f(x)$

$-xf(-x)=-xf(x)$

$\displaystyle\therefore \int_{-4}^4 (2x^3-3x+2)f(x)dx$

$\displaystyle=2\int_{-4}^4 x^3f(x)dx-3\int_{-4}^4 xf(x)dx+2\int_{-4}^4 f(x)dx$

$\displaystyle=2\times0-3\times0+2\times2\int_0^4 f(x)dx$

$=4\times2=8$

07-1 답 20

$f(x+3)=f(x)$이므로

$\displaystyle\int_{-1}^2 f(x)dx=\int_2^5 f(x)dx=\int_5^8 f(x)dx$

$\displaystyle=\int_8^{11} f(x)dx$

$\displaystyle\therefore \int_{-1}^{11} f(x)dx=\int_{-1}^2 f(x)dx+\int_2^5 f(x)dx$

$\displaystyle\qquad\qquad+\int_5^8 f(x)dx+\int_8^{11} f(x)dx$

$\displaystyle=4\int_{-1}^2 f(x)dx$

$=4\times5=20$

07-2 답 12

$f(x+4)=f(x)$이므로

$\displaystyle\int_{-1}^3 f(x)dx=\int_3^7 f(x)dx=\int_7^{11} f(x)dx$

$\displaystyle=\int_{11}^{15} f(x)dx$

$\displaystyle\therefore \int_7^{15} f(x)dx=\int_7^{11} f(x)dx+\int_{11}^{15} f(x)dx$

$\displaystyle=2\int_{-1}^3 f(x)dx \qquad \cdots\cdots ㉠$

이때 $\displaystyle\int_{-1}^3 f(x)dx$의 값을 구하면

$\displaystyle\int_{-1}^3 f(x)dx=\int_{-1}^0 (3x+3)dx+\int_0^3 (-x+3)dx$

$\displaystyle=\left[\frac{3}{2}x^2+3x\right]_{-1}^0+\left[-\frac{1}{2}x^2+3x\right]_0^3$

$\displaystyle=-\left(\frac{3}{2}-3\right)+\left(-\frac{9}{2}+9\right)=6$

따라서 ㉠에서

$\displaystyle\int_7^{15} f(x)dx=2\int_{-1}^3 f(x)dx$

$=2\times6=12$

연습문제 168~170쪽

1 ⑤	2 36	3 ④	4 2	5 ③
6 4	7 -8	8 ②	9 2	10 ②
11 $\frac{1}{6}$	12 $\frac{20}{3}$	13 ③	14 3	15 -16
16 45	17 0			

개
념
편

1 $\displaystyle\int_{-1}^{3}(x+1)f(x)\,dx=\int_{-1}^{3}(x+1)(x^2-x+1)\,dx$

$\qquad\qquad\qquad\quad=\displaystyle\int_{-1}^{3}(x^3+1)\,dx$

$\qquad\qquad\qquad\quad=\left[\dfrac{1}{4}x^4+x\right]_{-1}^{3}$

$\qquad\qquad\qquad\quad=\left(\dfrac{81}{4}+3\right)-\left(\dfrac{1}{4}-1\right)=24$

2 $\displaystyle\int_{1}^{-2}4(x+3)(x-1)\,dx+\int_{3}^{3}(3y-1)(2y+5)\,dy$

$\qquad=\displaystyle\int_{1}^{-2}(4x^2+8x-12)\,dx+0$

$\qquad=\left[\dfrac{4}{3}x^3+4x^2-12x\right]_{1}^{-2}$

$\qquad=\left(-\dfrac{32}{3}+16+24\right)-\left(\dfrac{4}{3}+4-12\right)=36$

3 $\displaystyle\int_{0}^{1}f'(x)\,dx=\int_{0}^{2}f'(x)\,dx=0$에서

$\qquad\left[f(x)\right]_{0}^{1}=\left[f(x)\right]_{0}^{2}=0$

$\qquad\therefore f(1)-f(0)=f(2)-f(0)=0$

$\qquad f(x)=x^3+ax^2+bx+c\,(a,\ b,\ c$는 상수$)$라 하면

$\qquad f'(x)=3x^2+2ax+b$

$\qquad f(1)-f(0)=0$에서

$\qquad 1+a+b+c-c=0$

$\qquad\therefore a+b=-1\qquad\cdots\cdots\ \text{㉠}$

$\qquad f(2)-f(0)=0$에서

$\qquad 8+4a+2b+c-c=0$

$\qquad\therefore 2a+b=-4\qquad\cdots\cdots\ \text{㉡}$

$\qquad$㉠, ㉡을 연립하여 풀면

$\qquad a=-3,\ b=2$

$\qquad$따라서 $f'(x)=3x^2-6x+2$이므로

$\qquad f'(1)=3-6+2=-1$

4 $\displaystyle\int_{1}^{a}(x+1)^2\,dx+\int_{a}^{1}(x-1)^2\,dx$

$\qquad=\displaystyle\int_{1}^{a}(x+1)^2\,dx-\int_{1}^{a}(x-1)^2\,dx$

$\qquad=\displaystyle\int_{1}^{a}\{(x+1)^2-(x-1)^2\}\,dx$

$\qquad=\displaystyle\int_{1}^{a}4x\,dx$

$\qquad=\left[2x^2\right]_{1}^{a}=2a^2-2$

$\qquad$즉, $2a^2-2=6$이므로 $a^2=4$

$\qquad\therefore a=2\ (\because a$는 양수$)$

5 $f(x)=\displaystyle\int_{1}^{3}(t-x)^2\,dt-\int_{3}^{1}(2t^2+3)\,dt$

$\qquad=\displaystyle\int_{1}^{3}(t-x)^2\,dt+\int_{1}^{3}(2t^2+3)\,dt$

$\qquad=\displaystyle\int_{1}^{3}\{(t^2-2xt+x^2)+(2t^2+3)\}\,dt$

$\qquad=\displaystyle\int_{1}^{3}(3t^2-2xt+x^2+3)\,dt$

$\qquad=\left[t^3-xt^2+x^2t+3t\right]_{1}^{3}$

$\qquad=(27-9x+3x^2+9)-(1-x+x^2+3)$

$\qquad=2x^2-8x+32=2(x-2)^2+24$

$\quad$즉, 함수 $f(x)$는 $x=2$에서 최솟값 24를 갖는다.

$\quad$따라서 $a=2,\ b=24$이므로 $a+b=26$

6 $\displaystyle\int_{-1}^{0}f(x)\,dx$

$\qquad=\displaystyle\int_{-1}^{5}f(x)\,dx+\int_{5}^{0}f(x)\,dx$

$\qquad=\displaystyle\int_{-1}^{1}f(x)\,dx+\int_{1}^{5}f(x)\,dx+\int_{5}^{0}f(x)\,dx$

$\qquad=3+7+(-5)=5$

$\qquad\therefore\displaystyle\int_{-1}^{0}\{f(x)-3x^2\}\,dx=\int_{-1}^{0}f(x)\,dx-\int_{-1}^{0}3x^2\,dx$

$\qquad\qquad\qquad\qquad\qquad\quad=5-\left[x^3\right]_{-1}^{0}$

$\qquad\qquad\qquad\qquad\qquad\quad=5-1=4$

7 함수 $y=f(x)$의 그래프에서 $f(x)=\begin{cases}-3x+6 & (x\geq0)\\ \ \ \ 6 & (x\leq0)\end{cases}$

$\quad$이므로

$\qquad xf(x)=\begin{cases}-3x^2+6x & (x\geq0)\\ \ \ \ 6x & (x\leq0)\end{cases}$

$\qquad\therefore\displaystyle\int_{-2}^{2}xf(x)\,dx=\int_{-2}^{0}6x\,dx+\int_{0}^{2}(-3x^2+6x)\,dx$

$\qquad\qquad\qquad\qquad=\left[3x^2\right]_{-2}^{0}+\left[-x^3+3x^2\right]_{0}^{2}$

$\qquad\qquad\qquad\qquad=-12+(-8+12)$

$\qquad\qquad\qquad\qquad=-8$

8 $\displaystyle\int_{-a}^{a}f(x)\,dx$

$\qquad=\displaystyle\int_{-a}^{0}(2x+2)\,dx+\int_{0}^{a}(-x^2+2x+2)\,dx$

$\qquad=\left[x^2+2x\right]_{-a}^{0}+\left[-\dfrac{1}{3}x^3+x^2+2x\right]_{0}^{a}$

$\qquad=-(a^2-2a)+\left(-\dfrac{1}{3}a^3+a^2+2a\right)$

$\qquad=-\dfrac{1}{3}a^3+4a$

$F(a)=-\dfrac{1}{3}a^3+4a$라 하면

$F'(a)=-a^2+4=-(a+2)(a-2)$

$F'(a)=0$인 a의 값은

$a=2$ ($\because a>0$)

$a>0$에서 함수 $F(a)$의 증가와 감소를 표로 나타내면 다음과 같다.

a	0	$\cdots$	2	$\cdots$
$F'(a)$		$+$	0	$-$
$F(a)$		$\nearrow$	$\dfrac{16}{3}$ 극대	$\searrow$

따라서 함수 $F(a)$의 최댓값은 $\dfrac{16}{3}$이다.

9 $x^2-x=0$에서

$x(x-1)=0$ $\quad\therefore x=0$ 또는 $x=1$

$|x^2-x|=\begin{cases} x^2-x & (x\le 0 \text{ 또는 } x\ge 1) \\ -x^2+x & (0\le x\le 1) \end{cases}$

이때 $a>1$이므로

$\displaystyle\int_0^a |x^2-x|\,dx$

$=\displaystyle\int_0^1 (-x^2+x)\,dx+\int_1^a (x^2-x)\,dx$

$=\left[-\dfrac{1}{3}x^3+\dfrac{1}{2}x^2\right]_0^1+\left[\dfrac{1}{3}x^3-\dfrac{1}{2}x^2\right]_1^a$

$=\left(-\dfrac{1}{3}+\dfrac{1}{2}\right)+\left(\dfrac{1}{3}a^3-\dfrac{1}{2}a^2\right)-\left(\dfrac{1}{3}-\dfrac{1}{2}\right)$

$=\dfrac{1}{3}a^3-\dfrac{1}{2}a^2+\dfrac{1}{3}$

즉, $\dfrac{1}{3}a^3-\dfrac{1}{2}a^2+\dfrac{1}{3}=1$이므로

$2a^3-3a^2-4=0$

$(a-2)(2a^2+a+2)=0$

$\therefore a=2$ ($\because a>1$)

10 $xf(x)-f(x)=3x^4-3x$에서

$(x-1)f(x)=3x(x-1)(x^2+x+1)$

$\therefore f(x)=3x(x^2+x+1)$

$\qquad =3x^3+3x^2+3x$

$\therefore \displaystyle\int_{-2}^2 f(x)\,dx=\int_{-2}^2 (3x^3+3x^2+3x)\,dx$

$=\displaystyle\int_{-2}^2 (3x^3+3x)\,dx+\int_{-2}^2 3x^2\,dx$

$=0+2\displaystyle\int_0^2 3x^2\,dx$

$=2\left[x^3\right]_0^2=2\times 8=16$

11 $\displaystyle\int_{-1}^1 f(x)\,dx=1$에서

$\displaystyle\int_{-1}^1 f(x)\,dx=\int_{-1}^1 (x^2+ax+b)\,dx$

$=\displaystyle\int_{-1}^1 (x^2+b)\,dx+\int_{-1}^1 ax\,dx$

$=2\displaystyle\int_0^1 (x^2+b)\,dx+0$

$=2\left[\dfrac{1}{3}x^3+bx\right]_0^1$

$=2\left(\dfrac{1}{3}+b\right)=2b+\dfrac{2}{3}$

즉, $2b+\dfrac{2}{3}=1$이므로 $b=\dfrac{1}{6}$

$\displaystyle\int_{-1}^1 xf(x)\,dx=2$에서

$\displaystyle\int_{-1}^1 xf(x)\,dx=\int_{-1}^1 (x^3+ax^2+bx)\,dx$

$=\displaystyle\int_{-1}^1 (x^3+bx)\,dx+\int_{-1}^1 ax^2\,dx$

$=0+2\displaystyle\int_0^1 ax^2\,dx$

$=2\left[\dfrac{a}{3}x^3\right]_0^1=\dfrac{2}{3}a$

즉, $\dfrac{2}{3}a=2$이므로 $a=3$

따라서 $f(x)=x^2+3x+\dfrac{1}{6}$이므로

$f(-3)=9-9+\dfrac{1}{6}=\dfrac{1}{6}$

12 $f(x+4)=f(x)$이므로

$\displaystyle\int_{2026}^{2030} f(x)\,dx=\int_{2022}^{2026} f(x)\,dx=\cdots=\int_2^6 f(x)\,dx$

$=\displaystyle\int_{-2}^2 f(x)\,dx$

$=\displaystyle\int_{-2}^0 (2x+4)\,dx+\int_0^2 (x^2-4x+4)\,dx$

$=\left[x^2+4x\right]_{-2}^0+\left[\dfrac{1}{3}x^3-2x^2+4x\right]_0^2$

$=-(4-8)+\left(\dfrac{8}{3}-8+8\right)=\dfrac{20}{3}$

13 (가)에서 $f(-x)=f(x)$이므로 $-xf(-x)=-xf(x)$

(다)에서

$\displaystyle\int_{-1}^1 (x+3)f(x)\,dx=\int_{-1}^1 xf(x)\,dx+3\int_{-1}^1 f(x)\,dx$

$=0+3\displaystyle\int_{-1}^1 f(x)\,dx$

$=3\displaystyle\int_{-1}^1 f(x)\,dx$

즉, $3\int_{-1}^{1} f(x)\,dx=9$이므로 $\int_{-1}^{1} f(x)\,dx=3$

(내)에서 $f(x+2)=f(x)$이므로

$$\int_{-1}^{1} f(x)\,dx=\int_{1}^{3} f(x)\,dx=\int_{3}^{5} f(x)\,dx$$
$$=\int_{5}^{7} f(x)\,dx$$

$$\therefore \int_{-1}^{7} f(x)\,dx=\int_{-1}^{1} f(x)\,dx+\int_{1}^{3} f(x)\,dx$$
$$+\int_{3}^{5} f(x)\,dx+\int_{5}^{7} f(x)\,dx$$
$$=4\int_{-1}^{1} f(x)\,dx=4\times3=12$$

14 (내)에서

$$\int_{n}^{n+2} f(x)\,dx=\int_{n}^{n+1} 2x\,dx=\Big[x^2\Big]_{n}^{n+1}$$
$$=(n+1)^2-n^2=2n+1$$

$$\therefore \int_{0}^{6} f(x)\,dx$$
$$=\int_{0}^{2} f(x)\,dx+\int_{2}^{4} f(x)\,dx+\int_{4}^{6} f(x)\,dx$$
$$=1+5+9=15$$

(개)에서 $\int_{0}^{1} f(x)\,dx=2$이므로

$$\int_{0}^{5} f(x)\,dx=\int_{0}^{1} f(x)\,dx+\int_{1}^{3} f(x)\,dx+\int_{3}^{5} f(x)\,dx$$
$$=2+3+7=12$$

$$\therefore \int_{5}^{6} f(x)\,dx=\int_{0}^{6} f(x)\,dx-\int_{0}^{5} f(x)\,dx$$
$$=15-12=3$$

15 $f(x)=x^3-12x$에서

$f'(x)=3x^2-12=3(x+2)(x-2)$

$f'(x)=0$인 x의 값은

$x=-2$ 또는 $x=2$

함수 $f(x)$의 증가와 감소를 표로 나타내면 다음과 같다.

x	$\cdots$	-2	$\cdots$	2	$\cdots$
$f'(x)$	$+$	0	$-$	0	$+$
$f(x)$	↗	16 극대	↘	-16 극소	↗

(i) $-2 \le t \le 2$일 때,

$-2 \le x \le t$에서 함수 $f(x)$의 최솟값은 $f(t)$이므로

$g(t)=t^3-12t$

(ii) $t \ge 2$일 때,

$-2 \le x \le t$에서 함수 $f(x)$의 최솟값은 $f(2)$이므로

$g(t)=-16$

(i), (ii)에서 $g(t)=\begin{cases} t^3-12t & (-2 \le t \le 2) \\ -16 & (t \ge 2) \end{cases}$

$$\therefore \int_{-2}^{3} g(t)\,dt=\int_{-2}^{2} (t^3-12t)\,dt+\int_{2}^{3} (-16)\,dt$$
$$=0+\Big[-16t\Big]_{2}^{3}$$
$$=-48-(-32)=-16$$

16 (개)에서 $\int_{0}^{2} |f(x)|\,dx=-\int_{0}^{2} f(x)\,dx$이므로

구간 $[0,\,2]$에서 $f(x) \le 0$

(내)에서 $\int_{2}^{3} |f(x)|\,dx=\int_{2}^{3} f(x)\,dx$이므로

구간 $[2,\,3]$에서 $f(x) \ge 0$

$\therefore f(2)=0$

즉, 이차함수 $f(x)$에 대하여 $f(0)=f(2)=0$이므로

$f(x)=ax(x-2)=ax^2-2ax\,(a \ne 0)$라 하자.

(개)에서 $\int_{0}^{2} f(x)\,dx=-4$이므로

$$\int_{0}^{2} f(x)\,dx=\int_{0}^{2} (ax^2-2ax)\,dx$$
$$=\Big[\frac{a}{3}x^3-ax^2\Big]_{0}^{2}$$
$$=\frac{8}{3}a-4a=-\frac{4}{3}a$$

즉, $-\frac{4}{3}a=-4$이므로 $a=3$

따라서 $f(x)=3x^2-6x$이므로

$f(5)=75-30=45$

17 $f(x+y)=f(x)+f(y)$ $\quad\cdots\cdots$ ㉠

㉠의 양변에 $x=0$, $y=0$을 대입하면

$f(0)=f(0)+f(0)$ $\quad \therefore f(0)=0$

또 ㉠의 양변에 y 대신 $-x$를 대입하면

$f(0)=f(x)+f(-x)$

$0=f(x)+f(-x)$ $\quad \therefore f(-x)=-f(x)$

$$\therefore \int_{-4}^{2} f(x)\,dx+\int_{-2}^{4} f(x)\,dx$$
$$=\int_{-4}^{0} f(x)\,dx+\int_{0}^{2} f(x)\,dx+\int_{-2}^{0} f(x)\,dx$$
$$+\int_{0}^{4} f(x)\,dx$$
$$=\int_{-4}^{0} f(x)\,dx+\int_{0}^{4} f(x)\,dx+\int_{-2}^{0} f(x)\,dx$$
$$+\int_{0}^{2} f(x)\,dx$$
$$=\int_{-4}^{4} f(x)\,dx+\int_{-2}^{2} f(x)\,dx$$
$$=0+0=0$$

정적분으로 정의된 함수

개념 Check
172쪽

1 답 (1) x^2+2x (2) $3x^2+2x+1$

2 답 (1) $f(x)=2x+3$ (2) $f(x)=3x^2-2x+1$

문제
173~178쪽

01-1 답 (1) $f(x)=3x^2-2x-4$ (2) $f(x)=x^2+2x+\dfrac{11}{6}$

　　　(3) $f(x)=2x^2+\dfrac{4}{3}x-\dfrac{2}{3}$

(1) $\displaystyle\int_0^2 f(t)\,dt=k\,(k$는 상수)로 놓으면

$f(x)=3x^2-2x+k$

이를 $\displaystyle\int_0^2 f(t)\,dt=k$에 대입하면

$\displaystyle\int_0^2 (3t^2-2t+k)\,dt=k,\ \Big[t^3-t^2+kt\Big]_0^2=k$

$8-4+2k=k$　∴ $k=-4$

∴ $f(x)=3x^2-2x-4$

(2) $\displaystyle\int_0^1 tf(t)\,dt=k\,(k$는 상수)로 놓으면

$f(x)=x^2+2x+k$

이를 $\displaystyle\int_0^1 tf(t)\,dt=k$에 대입하면

$\displaystyle\int_0^1 (t^3+2t^2+kt)\,dt=k,\ \Big[\frac{1}{4}t^4+\frac{2}{3}t^3+\frac{k}{2}t^2\Big]_0^1=k$

$\dfrac{1}{4}+\dfrac{2}{3}+\dfrac{k}{2}=k$　∴ $k=\dfrac{11}{6}$

∴ $f(x)=x^2+2x+\dfrac{11}{6}$

(3) $f(x)=2x^2+\displaystyle\int_0^1 (2x-1)f(t)\,dt$

　　　$=2x^2+(2x-1)\displaystyle\int_0^1 f(t)\,dt$

$\displaystyle\int_0^1 f(t)\,dt=k\,(k$는 상수)로 놓으면

$f(x)=2x^2+k(2x-1)=2x^2+2kx-k$

이를 $\displaystyle\int_0^1 f(t)\,dt=k$에 대입하면

$\displaystyle\int_0^1 (2t^2+2kt-k)\,dt=k,\ \Big[\frac{2}{3}t^3+kt^2-kt\Big]_0^1=k$

$\dfrac{2}{3}+k-k=k$　∴ $k=\dfrac{2}{3}$

∴ $f(x)=2x^2+\dfrac{4}{3}x-\dfrac{2}{3}$

01-2 답 4

$\displaystyle\int_0^1 f(t)\,dt=a,\ \int_0^2 f(t)\,dt=b\,(a,\ b$는 상수)로 놓으면

$f(x)=3x^2+4ax+b$ ······ ㉠

㉠을 $\displaystyle\int_0^1 f(t)\,dt=a$에 대입하면

$\displaystyle\int_0^1 (3t^2+4at+b)\,dt=a$

$\Big[t^3+2at^2+bt\Big]_0^1=a$

$1+2a+b=a$

∴ $a+b=-1$ ······ ㉡

㉠을 $\displaystyle\int_0^2 f(t)\,dt=b$에 대입하면

$\displaystyle\int_0^2 (3t^2+4at+b)\,dt=b$

$\Big[t^3+2at^2+bt\Big]_0^2=b$

$8+8a+2b=b$

∴ $8a+b=-8$ ······ ㉢

㉡, ㉢을 연립하여 풀면

$a=-1,\ b=0$

따라서 $f(x)=3x^2-4x$이므로

$f(2)=12-8=4$

02-1 답 $f(x)=3x^2-10$

주어진 등식의 양변을 x에 대하여 미분하면

$\dfrac{d}{dx}\displaystyle\int_3^x f(t)\,dt=\dfrac{d}{dx}(x^3-ax+3)$

∴ $f(x)=3x^2-a$

주어진 등식의 양변에 $x=3$을 대입하면

$\displaystyle\int_3^3 f(t)\,dt=27-3a+3$

$0=-3a+30$　∴ $a=10$

∴ $f(x)=3x^2-10$

02-2 답 14

주어진 등식의 양변을 x에 대하여 미분하면

$\dfrac{d}{dx}\displaystyle\int_a^x f(t)\,dt=\dfrac{d}{dx}(3x^3+5x^2-2x)$

∴ $f(x)=9x^2+10x-2$

주어진 등식의 양변에 $x=a$를 대입하면

$\displaystyle\int_a^a f(t)\,dt=3a^3+5a^2-2a$

$0=3a^3+5a^2-2a$

$a(a+2)(3a-1)=0$

∴ $a=-2\ (\because a<0)$

∴ $f(a)=f(-2)=36-20-2=14$

02-3 답 **11**

주어진 등식의 양변을 x에 대하여 미분하면

$f(x)+xf'(x)=6x^2-6x+f(x)$

$xf'(x)=6x^2-6x=x(6x-6)$

$\therefore f'(x)=6x-6$

$\therefore f(x)=\int f'(x)\,dx=\int(6x-6)\,dx$

$\qquad =3x^2-6x+C$ ...... ㉠

주어진 등식의 양변에 $x=1$을 대입하면

$f(1)=2-3+\int_1^1 f(t)\,dt$

$\therefore f(1)=-1$

㉠에서 $f(1)=-3+C$이므로

$-3+C=-1$ $\quad\therefore C=2$

따라서 $f(x)=3x^2-6x+2$이므로

$f(-1)=3+6+2=11$

03-1 답 **30**

$\int_{-1}^x (x-t)f(t)\,dt=x^3+6x^2+9x+4$에서

$x\int_{-1}^x f(t)\,dt-\int_{-1}^x tf(t)\,dt=x^3+6x^2+9x+4$

양변을 x에 대하여 미분하면

$\int_{-1}^x f(t)\,dt+xf(x)-xf(x)=3x^2+12x+9$

$\therefore \int_{-1}^x f(t)\,dt=3x^2+12x+9$

양변을 다시 x에 대하여 미분하면

$f(x)=6x+12$ $\quad\therefore f(3)=18+12=30$

03-2 답 **6**

$\int_2^x (x-t)f(t)\,dt=x^4+ax^3-20x+32$에서

$x\int_2^x f(t)\,dt-\int_2^x tf(t)\,dt=x^4+ax^3-20x+32$

양변을 x에 대하여 미분하면

$\int_2^x f(t)\,dt+xf(x)-xf(x)=4x^3+3ax^2-20$

$\therefore \int_2^x f(t)\,dt=4x^3+3ax^2-20$ ...... ㉠

양변을 다시 x에 대하여 미분하면

$f(x)=12x^2+6ax$

㉠의 양변에 $x=2$를 대입하면

$\int_2^2 f(t)\,dt=32+12a-20$

$0=12a+12$ $\quad\therefore a=-1$

따라서 $f(x)=12x^2-6x$이므로

$f(1)=12-6=6$

03-3 답 **2**

$\int_1^x (x-t)f(t)\,dt=x^3-ax^2+bx$ ...... ㉠

에서

$x\int_1^x f(t)\,dt-\int_1^x tf(t)\,dt=x^3-ax^2+bx$

양변을 x에 대하여 미분하면

$\int_1^x f(t)\,dt+xf(x)-xf(x)=3x^2-2ax+b$

$\therefore \int_1^x f(t)\,dt=3x^2-2ax+b$ ...... ㉡

㉠의 양변에 $x=1$을 대입하면

$\int_1^1 (x-t)f(t)\,dt=1-a+b$

$0=1-a+b$ $\quad\therefore a-b=1$ ...... ㉢

㉡의 양변에 $x=1$을 대입하면

$\int_1^1 f(t)\,dt=3-2a+b$

$0=3-2a+b$ $\quad\therefore 2a-b=3$ ...... ㉣

㉢, ㉣을 연립하여 풀면

$a=2,\ b=1$

$\therefore ab=2$

04-1 답 **극댓값: 4, 극솟값: 0**

주어진 함수 $f(x)$를 x에 대하여 미분하면

$f'(x)=3x^2+6x=3x(x+2)$

$f'(x)=0$인 x의 값은 $x=-2$ 또는 $x=0$

함수 $f(x)$의 증가와 감소를 표로 나타내면 다음과 같다.

x	$\cdots$	-2	$\cdots$	0	$\cdots$
$f'(x)$	$+$	0	$-$	0	$+$
$f(x)$	↗	극대	↘	극소	↗

함수 $f(x)$는 $x=-2$에서 극대이므로 극댓값은

$f(-2)=\int_0^{-2}(3t^2+6t)\,dt$

$\qquad =\Big[t^3+3t^2\Big]_0^{-2}$

$\qquad =-8+12=4$

함수 $f(x)$는 $x=0$에서 극소이므로 극솟값은

$f(0)=\int_0^0 (3t^2+6t)\,dt=0$

다른 풀이

$f(x)=\int_0^x (3t^2+6t)\,dt$

$\qquad =\Big[t^3+3t^2\Big]_0^x=x^3+3x^2$

함수 $f(x)$를 x에 대하여 미분하면

$f'(x)=3x^2+6x=3x(x+2)$

$f'(x)=0$인 x의 값은 $x=-2$ 또는 $x=0$

함수 $f(x)$의 증가와 감소를 표로 나타내면 다음과 같다.

x	$\cdots$	-2	$\cdots$	0	$\cdots$
$f'(x)$	$+$	0	$-$	0	$+$
$f(x)$	$\nearrow$	4 극대	$\searrow$	0 극소	$\nearrow$

따라서 함수 $f(x)$는 $x=-2$에서 극댓값 4, $x=0$에서 극솟값 0을 갖는다.

05-1 답 최댓값: $\dfrac{16}{3}$, 최솟값: $-\dfrac{4}{3}$

주어진 함수 $f(x)$를 x에 대하여 미분하면

$f'(x)=x^2-1=(x+1)(x-1)$

$f'(x)=0$인 x의 값은 $x=1$ ($\because 0\le x\le 3$)

$0\le x\le 3$에서 함수 $f(x)$의 증가와 감소를 표로 나타내면 다음과 같다.

x	0	$\cdots$	1	$\cdots$	3
$f'(x)$		$-$	0	$+$	
$f(x)$		$\searrow$	극소	$\nearrow$	

이때 $f(0)$, $f(1)$, $f(3)$의 값을 각각 구하면

$f(0)=\displaystyle\int_{-1}^{0}(t^2-1)\,dt=\left[\dfrac{1}{3}t^3-t\right]_{-1}^{0}$

$\quad=-\left(-\dfrac{1}{3}+1\right)=-\dfrac{2}{3}$

$f(1)=\displaystyle\int_{-1}^{1}(t^2-1)\,dt=\left[\dfrac{1}{3}t^3-t\right]_{-1}^{1}$

$\quad=\left(\dfrac{1}{3}-1\right)-\left(-\dfrac{1}{3}+1\right)=-\dfrac{4}{3}$

$f(3)=\displaystyle\int_{-1}^{3}(t^2-1)\,dt=\left[\dfrac{1}{3}t^3-t\right]_{-1}^{3}$

$\quad=(9-3)-\left(-\dfrac{1}{3}+1\right)=\dfrac{16}{3}$

따라서 함수 $f(x)$의 최댓값은 $\dfrac{16}{3}$, 최솟값은 $-\dfrac{4}{3}$이다.

05-2 답 12

주어진 함수 $f(x)$를 x에 대하여 미분하면

$f'(x)=\{3(x+1)^2+3(x+1)\}-(3x^2+3x)$

$\qquad=6(x+1)$

$f'(x)=0$인 x의 값은 $x=-1$

$-1\le x\le 1$에서 함수 $f(x)$의 증가와 감소를 표로 나타내면 다음과 같다.

x	-1	$\cdots$	1
$f'(x)$	0	$+$	
$f(x)$		$\nearrow$	

이때 $f(-1)$, $f(1)$의 값을 각각 구하면

$f(-1)=\displaystyle\int_{-1}^{0}(3t^2+3t)\,dt=\left[t^3+\dfrac{3}{2}t^2\right]_{-1}^{0}$

$\qquad=-\left(-1+\dfrac{3}{2}\right)=-\dfrac{1}{2}$

$f(1)=\displaystyle\int_{1}^{2}(3t^2+3t)\,dt=\left[t^3+\dfrac{3}{2}t^2\right]_{1}^{2}$

$\quad=(8+6)-\left(1+\dfrac{3}{2}\right)=\dfrac{23}{2}$

따라서 함수 $f(x)$의 최댓값은 $\dfrac{23}{2}$, 최솟값은 $-\dfrac{1}{2}$이므로

$M=\dfrac{23}{2}$, $m=-\dfrac{1}{2}$

$\therefore M-m=12$

06-1 답 (1) 9 (2) -4

(1) $f(t)=3t^2-2t+1$이라 하고 함수 $f(t)$의 한 부정적분을 $F(t)$라 하면

$\displaystyle\lim_{x\to 2}\dfrac{1}{x-2}\int_{2}^{x}(3t^2-2t+1)\,dt$

$=\displaystyle\lim_{x\to 2}\dfrac{1}{x-2}\int_{2}^{x}f(t)\,dt=\lim_{x\to 2}\dfrac{1}{x-2}\Big[F(t)\Big]_{2}^{x}$

$=\displaystyle\lim_{x\to 2}\dfrac{F(x)-F(2)}{x-2}$

$=F'(2)=f(2)=12-4+1=9$

(2) $f(x)=x^4-x^3-x^2-1$이라 하고 함수 $f(x)$의 한 부정적분을 $F(x)$라 하면

$\displaystyle\lim_{h\to 0}\dfrac{1}{h}\int_{1}^{1+2h}(x^4-x^3-x^2-1)\,dx$

$=\displaystyle\lim_{h\to 0}\dfrac{1}{h}\int_{1}^{1+2h}f(x)\,dx=\lim_{h\to 0}\dfrac{1}{h}\Big[F(x)\Big]_{1}^{1+2h}$

$=\displaystyle\lim_{h\to 0}\dfrac{F(1+2h)-F(1)}{h}$

$=\displaystyle\lim_{h\to 0}\dfrac{F(1+2h)-F(1)}{2h}\times 2$

$=2F'(1)=2f(1)=2(1-1-1-1)=-4$

06-2 답 2

함수 $f(x)$의 한 부정적분을 $F(x)$라 하면

$\displaystyle\lim_{x\to 2}\dfrac{1}{x^2-4}\int_{2}^{x}f(t)\,dt$

$=\displaystyle\lim_{x\to 2}\dfrac{1}{x^2-4}\Big[F(t)\Big]_{2}^{x}=\lim_{x\to 2}\dfrac{F(x)-F(2)}{(x+2)(x-2)}$

$=\displaystyle\lim_{x\to 2}\dfrac{F(x)-F(2)}{x-2}\times\lim_{x\to 2}\dfrac{1}{x+2}$

$=\dfrac{1}{4}F'(2)=\dfrac{1}{4}f(2)$

$=\dfrac{1}{4}(-4+10+2)=2$

1 $\int_0^1 f'(t)\,dt=k\,(k$는 상수$)$로 놓으면

$f(x)=x^3+x+k$ $\quad\therefore f'(x)=3x^2+1$

이를 $\int_0^1 f'(t)\,dt=k$에 대입하면

$\int_0^1 (3t^2+1)\,dt=k$

$\left[t^3+t\right]_0^1=k$

$1+1=k$ $\quad\therefore k=2$

따라서 $f(x)=x^3+x+2$이므로

$f(1)=1+1+2=4$

2 $f(x)=6x^2+x\int_0^1 f(t)\,dt+\int_0^1 tf(t)\,dt$이므로

$\int_0^1 f(t)\,dt=a,\ \int_0^1 tf(t)\,dt=b\,(a,\,b$는 상수$)$로 놓으면

$f(x)=6x^2+ax+b$ $\qquad\cdots\cdots$ ㉠

㉠을 $\int_0^1 f(t)\,dt=a$에 대입하면

$\int_0^1 (6t^2+at+b)\,dt=a$

$\left[2t^3+\dfrac{a}{2}t^2+bt\right]_0^1=a$

$2+\dfrac{a}{2}+b=a$ $\quad\therefore a-2b=4$ $\qquad\cdots\cdots$ ㉡

㉠을 $\int_0^1 tf(t)\,dt=b$에 대입하면

$\int_0^1 (6t^3+at^2+bt)\,dt=b$

$\left[\dfrac{3}{2}t^4+\dfrac{a}{3}t^3+\dfrac{b}{2}t^2\right]_0^1=b$

$\dfrac{3}{2}+\dfrac{a}{3}+\dfrac{b}{2}=b$ $\quad\therefore 2a-3b=-9$ $\qquad\cdots\cdots$ ㉢

㉡, ㉢을 연립하여 풀면

$a=-30,\ b=-17$

따라서 $f(x)=6x^2-30x-17$이므로

$f(-1)=6+30-17=19$

3 ㈎에서 $\int_0^1 g(t)\,dt=k\,(k$는 상수$)$로 놓으면

$f(x)=2x+2k$

$g(x)$는 함수 $f(x)$의 한 부정적분이므로

$g(x)=\int f(x)\,dx=\int (2x+2k)\,dx=x^2+2kx+C$

이를 $\int_0^1 g(t)\,dt=k$에 대입하면

$\int_0^1 (t^2+2kt+C)\,dt=k,\ \left[\dfrac{1}{3}t^3+kt^2+Ct\right]_0^1=k$

$\dfrac{1}{3}+k+C=k$ $\quad\therefore C=-\dfrac{1}{3}$

즉, $g(x)=x^2+2kx-\dfrac{1}{3}$이므로 $g(0)=-\dfrac{1}{3}$

㈏에서 $-\dfrac{1}{3}-k=\dfrac{2}{3}$ $\quad\therefore k=-1$

따라서 $g(x)=x^2-2x-\dfrac{1}{3}$이므로

$g(1)=1-2-\dfrac{1}{3}=-\dfrac{4}{3}$

4 $\int_0^1 f(t)\,dt=k\,(k$는 상수$)$로 놓으면

$\int_0^x f(t)\,dt=x^3+x^2-kx$

양변을 x에 대하여 미분하면

$f(x)=3x^2+2x-k$

이를 $\int_0^1 f(t)\,dt=k$에 대입하면

$\int_0^1 (3t^2+2t-k)\,dt=k$

$\left[t^3+t^2-kt\right]_0^1=k$

$1+1-k=k$ $\quad\therefore k=1$

따라서 $f(x)=3x^2+2x-1$이므로

$f(2)=12+4-1=15$

5 주어진 등식의 양변을 x에 대하여 미분하면

$f'(x)=3x^2+2ax$

주어진 등식의 양변에 $x=1$을 대입하면

$0=1+a-2$ $\quad\therefore a=1$

따라서 $f'(x)=3x^2+2x$이므로

$f'(a)=f'(1)=3+2=5$

6 주어진 등식의 양변을 x에 대하여 미분하면

$f'(x)=1+6x^2-2x=6x^2-2x+1$

$\therefore f(x)=\int f'(x)\,dx=\int (6x^2-2x+1)\,dx$
$\qquad\qquad =2x^3-x^2+x+C$

주어진 등식의 양변에 $x=3$을 대입하면 $f(3)=3$이므로

$54-9+3+C=3$ $\quad\therefore C=-45$

$\therefore f(x)=2x^3-x^2+x-45$

$\therefore f'(2)+f(-1)=(24-4+1)+(-2-1-1-45)$
$\qquad\qquad\qquad\qquad =-28$

7 (i) $x \geq a$일 때,

$$\int_a^x f(t)\,dt = (x-1)(x-a)$$

양변을 x에 대하여 미분하면

$$f(x) = (x-a) + (x-1) = 2x - a - 1$$

(ii) $x < a$일 때,

$$\int_a^x f(t)\,dt = -(x-1)(x-a)$$

양변을 x에 대하여 미분하면

$$f(x) = -(x-a) - (x-1) = -2x + a + 1$$

(i), (ii)에서

$$f(x) = \begin{cases} 2x - a - 1 & (x \geq a) \\ -2x + a + 1 & (x < a) \end{cases}$$

이때 함수 $f(x)$는 모든 실수 x에서 연속이므로 $x=a$에서 연속이다.

즉, $\displaystyle\lim_{x \to a+} f(x) = \lim_{x \to a-} f(x)$이므로

$$\lim_{x \to a+}(2x - a - 1) = \lim_{x \to a-}(-2x + a + 1)$$

$$2a - a - 1 = -2a + a + 1$$

$$\therefore a = 1$$

8 $\displaystyle\int_0^x (x-t)f'(t)\,dt = 2x^3$에서

$$x\int_0^x f'(t)\,dt - \int_0^x tf'(t)\,dt = 2x^3$$

양변을 x에 대하여 미분하면

$$\int_0^x f'(t)\,dt + xf'(x) - xf'(x) = 6x^2$$

$$\therefore \int_0^x f'(t)\,dt = 6x^2$$

양변을 다시 x에 대하여 미분하면

$$f'(x) = 12x$$

$$\therefore f(x) = \int f'(x)\,dx = \int 12x\,dx = 6x^2 + C$$

이때 $f(0) = -3$에서 $C = -3$

따라서 $f(x) = 6x^2 - 3$이므로

$$f(1) = 6 - 3 = 3$$

9 $F(x) = \displaystyle\int_1^x x(2t+3)\,dt$에서 $F(x) = x\displaystyle\int_1^x (2t+3)\,dt$

양변을 x에 대하여 미분하면

$$f(x) = \int_1^x (2t+3)\,dt + x(2x+3)$$

$$\therefore f(x) = 2x^2 + 3x + \int_1^x (2t+3)\,dt$$

양변을 다시 x에 대하여 미분하면

$$f'(x) = 4x + 3 + 2x + 3 = 6x + 6$$

$$\therefore f'(-1) = -6 + 6 = 0$$

10 주어진 함수 $f(x)$를 x에 대하여 미분하면

$$f'(x) = \{(x+a)^2 - 2(x+a)\} - (x^2 - 2x)$$
$$= 2ax + a^2 - 2a$$

이때 함수 $f(x)$가 $x=-2$에서 극솟값을 가지므로

$f'(-2) = 0$에서

$$-4a + a^2 - 2a = 0, \quad a^2 - 6a = 0$$

$$a(a-6) = 0 \qquad \therefore a = 6 \ (\because a > 0)$$

따라서 함수 $f(x)$의 극솟값은

$$f(-2) = \int_{-2}^4 (t^2 - 2t)\,dt = \left[\frac{1}{3}t^3 - t^2\right]_{-2}^4$$
$$= \left(\frac{64}{3} - 16\right) - \left(-\frac{8}{3} - 4\right) = 12$$

$$\therefore b = 12$$

$$\therefore a + b = 6 + 12 = 18$$

11 $\displaystyle\int_2^x (x-t)f(t)\,dt = x^4 + ax^2 + bx + c$에서

$$x\int_2^x f(t)\,dt - \int_2^x tf(t)\,dt = x^4 + ax^2 + bx + c$$

양변을 x에 대하여 미분하면

$$\int_2^x f(t)\,dt + xf(x) - xf(x) = 4x^3 + 2ax + b$$

$$\therefore \int_2^x f(t)\,dt = 4x^3 + 2ax + b$$

양변을 다시 x에 대하여 미분하면

$$f(x) = 12x^2 + 2a$$

이때 함수 $f(x)$의 최솟값이 2이므로

$$2a = 2 \qquad \therefore a = 1$$

즉, $\displaystyle\int_2^x f(t)\,dt = 4x^3 + 2ax + b$이므로 양변에 $x=2$를 대입하면

$$0 = 32 + 4 + b \qquad \therefore b = -36$$

즉, $\displaystyle\int_2^x (x-t)f(t)\,dt = x^4 + x^2 - 36x + c$이므로 양변에 $x=2$를 대입하면

$$0 = 16 + 4 - 72 + c \qquad \therefore c = 52$$

$$\therefore a + b + c = 1 + (-36) + 52 = 17$$

12 $f(x) = x^3 + ax^2 + bx + c$ (a, b, c는 상수)라 하고 $f(x)$의 한 부정적분을 $F(x)$라 하자.

㈎에서

$$\lim_{x \to 0} \frac{1}{x}\int_0^{2x} f'(t)\,dt = \lim_{x \to 0} \frac{1}{x}\Big[f(t)\Big]_0^{2x}$$
$$= \lim_{x \to 0} \frac{f(2x) - f(0)}{x}$$
$$= \lim_{x \to 0} \frac{f(2x) - f(0)}{2x} \times 2$$
$$= 2f'(0)$$

즉, $2f'(0)=-4$이므로 $f'(0)=-2$

이때 $f'(x)=3x^2+2ax+b$이므로

$b=-2$

$\therefore f(x)=x^3+ax^2-2x+c$

㈏에서

$$\lim_{x\to 2}\frac{1}{x-2}\int_2^x f(t)\,dt=\lim_{x\to 2}\frac{1}{x-2}\Big[F(t)\Big]_2^x$$
$$=\lim_{x\to 2}\frac{F(x)-F(2)}{x-2}$$
$$=F'(2)$$
$$=f(2)$$

즉, $f(2)=-2$이므로

$8+4a-4+c=-2$

$\therefore 4a+c=-6$ ...... ㉠

㈐에서

$$\lim_{x\to 0}\frac{1}{x}\int_{1-x}^{1+x} f(t)\,dt$$
$$=\lim_{x\to 0}\frac{1}{x}\Big[F(t)\Big]_{1-x}^{1+x}$$
$$=\lim_{x\to 0}\frac{F(1+x)-F(1-x)}{x}$$
$$=\lim_{x\to 0}\frac{F(1+x)-F(1)+F(1)-F(1-x)}{x}$$
$$=\lim_{x\to 0}\frac{F(1+x)-F(1)}{x}$$
$$\qquad -\lim_{x\to 0}\frac{F(1-x)-F(1)}{-x}\times(-1)$$
$$=F'(1)+F'(1)$$
$$=2F'(1)$$
$$=2f(1)$$

즉, $2f(1)=16$이므로 $f(1)=8$

$1+a-2+c=8$

$\therefore a+c=9$ ...... ㉡

㉠, ㉡을 연립하여 풀면

$a=-5,\ c=14$

따라서 $f(x)=x^3-5x^2-2x+14$이므로

$f(3)=27-45-6+14=-10$

13 ㈎에서

주어진 등식의 양변을 x에 대하여 미분하면

$f(x)=\dfrac{1}{2}\{f(x)+f(1)\}+\dfrac{x-1}{2}f'(x)$

$\therefore f(x)=xf'(x)-f'(x)+f(1)$

$f(x)$의 최고차항을 $ax^n\,(a\neq 0)$이라 하면

$xf'(x)-f'(x)+f(1)$의 최고차항은 $x\times anx^{n-1}$, 즉

anx^n이므로

$a=an$ $\therefore n=1\ (\because a\neq 0)$

즉, $f(x)=ax+b\,(b$는 상수$)$라 하면

$f(0)=1$에서 $b=1$

$\therefore f(x)=ax+1$

㈏의 좌변에서

$$\int_0^2 f(x)\,dx=\int_0^2 (ax+1)\,dx$$
$$=\Big[\frac{a}{2}x^2+x\Big]_0^2$$
$$=2a+2$$

㈏의 우변에서

$$5\int_{-1}^1 xf(x)\,dx=5\int_{-1}^1 (ax^2+x)\,dx$$
$$=10\int_0^1 ax^2\,dx$$
$$=10\Big[\frac{a}{3}x^3\Big]_0^1$$
$$=\frac{10}{3}a$$

즉, $2a+2=\dfrac{10}{3}a$이므로 $a=\dfrac{3}{2}$

따라서 $f(x)=\dfrac{3}{2}x+1$이므로

$f(4)=6+1=7$

14 주어진 등식의 양변을 x에 대하여 미분하면

$g'(x)=f(x)+f'(x)$ ...... ㉠

주어진 등식의 양변에 $x=0$을 대입하면

$g(0)=0+f(0)$

$\therefore g(0)=f(0)$ ...... ㉡

㈎에서 $g'(0)=0$, $g(0)=0$이므로

㉠에서 $f(0)+f'(0)=0$

㉡에서 $f(0)=0$

$\therefore f'(0)=0$

삼차함수 $f(x)$의 최고차항의 계수가 1이고 $f'(0)=0$,

$f(0)=0$이므로

$f(x)=x^2(x+a)=x^3+ax^2\,(a$는 상수$)$이라 하면

$f'(x)=3x^2+2ax$

㉠에서

$g'(x)=x^3+ax^2+3x^2+2ax$

$\qquad =x^3+(a+3)x^2+2ax$

㈏에서 $g'(-x)=-g'(x)$이므로 $g'(x)$는 홀수 차수의

항만 있다.

즉, $a+3=0$이므로 $a=-3$

따라서 $f(x)=x^3-3x^2$이므로

$f(2)=8-12=-4$

1 넓이

문제　185~189쪽

01-1　답 (1) $\dfrac{32}{3}$　(2) $\dfrac{9}{2}$　(3) 8　(4) $\dfrac{37}{12}$

(1) 곡선 $y=-x^2+4x$와 x축의 교점
의 x좌표를 구하면

$-x^2+4x=0$

$x(x-4)=0$

$\therefore x=0$ 또는 $x=4$

$0\le x\le 4$에서 $y\ge 0$이므로 구하는 넓이를 S라 하면

$$S=\int_0^4 (-x^2+4x)\,dx$$

$$=\left[-\frac{1}{3}x^3+2x^2\right]_0^4=\frac{32}{3}$$

(2) 곡선 $y=x^2-x-2$와 x축의
교점의 x좌표를 구하면

$x^2-x-2=0$

$(x+1)(x-2)=0$

$\therefore x=-1$ 또는 $x=2$

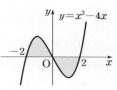

$-1\le x\le 2$에서 $y\le 0$이므로 구하는 넓이를 S라 하면

$$S=\int_{-1}^2 (-x^2+x+2)\,dx$$

$$=\left[-\frac{1}{3}x^3+\frac{1}{2}x^2+2x\right]_{-1}^2=\frac{9}{2}$$

(3) 곡선 $y=x^3-4x$와 x축의
교점의 x좌표를 구하면

$x^3-4x=0$

$x(x+2)(x-2)=0$

$\therefore x=-2$ 또는 $x=0$
　　　또는 $x=2$

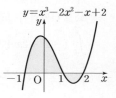

$-2\le x\le 0$에서 $y\ge 0$이고, $0\le x\le 2$에서 $y\le 0$이므로
구하는 넓이를 S라 하면

$$S=\int_{-2}^0 (x^3-4x)\,dx+\int_0^2 (-x^3+4x)\,dx$$

$$=\left[\frac{1}{4}x^4-2x^2\right]_{-2}^0+\left[-\frac{1}{4}x^4+2x^2\right]_0^2$$

$$=8$$

(4) 곡선 $y=x^3-2x^2-x+2$와
x축의 교점의 x좌표를 구하면

$x^3-2x^2-x+2=0$

$(x+1)(x-1)(x-2)=0$

$\therefore x=-1$ 또는 $x=1$
　　　또는 $x=2$

$-1\le x\le 1$에서 $y\ge 0$, $1\le x\le 2$에서 $y\le 0$이므로 구
하는 넓이를 S라 하면

$$S=\int_{-1}^1 (x^3-2x^2-x+2)\,dx$$

$$+\int_1^2 (-x^3+2x^2+x-2)\,dx$$

$$=2\int_0^1 (-2x^2+2)\,dx$$

$$+\int_1^2 (-x^3+2x^2+x-2)\,dx$$

$$=2\left[-\frac{2}{3}x^3+2x\right]_0^1+\left[-\frac{1}{4}x^4+\frac{2}{3}x^3+\frac{1}{2}x^2-2x\right]_1^2$$

$$=\frac{37}{12}$$

01-2　답 (1) $\dfrac{13}{6}$　(2) 24

(1) 곡선 $y=-x^2+3x$와 x축의
교점의 x좌표를 구하면

$-x^2+3x=0$, $x(x-3)=0$

$\therefore x=0$ 또는 $x=3$

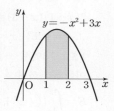

$1\le x\le 2$에서 $y\ge 0$이므로
구하는 넓이를 S라 하면

$$S=\int_1^2 (-x^2+3x)\,dx=\left[-\frac{1}{3}x^3+\frac{3}{2}x^2\right]_1^2=\frac{13}{6}$$

(2) 곡선 $y=x^3-4x^2+4x$와
x축의 교점의 x좌표를 구
하면

$x^3-4x^2+4x=0$

$x(x-2)^2=0$

$\therefore x=0$ 또는 $x=2$

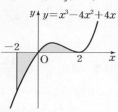

$-2\le x\le 0$에서 $y\le 0$이고, $0\le x\le 2$에서 $y\ge 0$이므로
구하는 넓이를 S라 하면

$$S=\int_{-2}^0 (-x^3+4x^2-4x)\,dx+\int_0^2 (x^3-4x^2+4x)\,dx$$

$$=\left[-\frac{1}{4}x^4+\frac{4}{3}x^3-2x^2\right]_{-2}^0+\left[\frac{1}{4}x^4-\frac{4}{3}x^3+2x^2\right]_0^2$$

$$=24$$

02-1　답 $\dfrac{9}{2}$

곡선 $y=x^2-x-1$과 직선
$y=-2x+1$의 교점의 x좌표를
구하면

$x^2-x-1=-2x+1$

$x^2+x-2=0$

$(x+2)(x-1)=0$

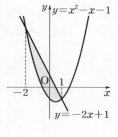

$\therefore x=-2$ 또는 $x=1$

$-2 \leq x \leq 1$에서 $-2x+1 \geq x^2-x-1$이므로 구하는 넓이를 S라 하면

$$S = \int_{-2}^{1} \{(-2x+1)-(x^2-x-1)\} \, dx$$
$$= \int_{-2}^{1} (-x^2-x+2) \, dx$$
$$= \left[-\frac{1}{3}x^3 - \frac{1}{2}x^2 + 2x \right]_{-2}^{1} = \frac{9}{2}$$

02-2 답 $\dfrac{8}{3}$

두 곡선 $y=x^2-4x$, $y=-x^2+4x-6$의 교점의 x좌표를 구하면

$$x^2-4x = -x^2+4x-6$$
$$2x^2-8x+6 = 0$$
$$2(x-1)(x-3) = 0$$
$$\therefore x=1 \ 또는 \ x=3$$

$1 \leq x \leq 3$에서 $-x^2+4x-6 \geq x^2-4x$이므로 구하는 넓이를 S라 하면

$$S = \int_{1}^{3} \{(-x^2+4x-6)-(x^2-4x)\} \, dx$$
$$= \int_{1}^{3} (-2x^2+8x-6) \, dx$$
$$= \left[-\frac{2}{3}x^3 + 4x^2 - 6x \right]_{1}^{3} = \frac{8}{3}$$

03-1 답 (1) $\dfrac{4}{3}$ (2) $\dfrac{16}{3}$

(1) $f(x)=x^3-x^2+2$라 하면 $f'(x)=3x^2-2x$

점 $(1, 2)$에서의 접선의 기울기는 $f'(1)=1$이므로 접선의 방정식은

$$y-2=x-1 \qquad \therefore y=x+1$$

곡선 $y=x^3-x^2+2$와 직선 $y=x+1$의 교점의 x좌표를 구하면

$$x^3-x^2+2 = x+1$$
$$x^3-x^2-x+1 = 0$$
$$(x+1)(x-1)^2 = 0$$
$$\therefore x=-1 \ 또는 \ x=1$$

$-1 \leq x \leq 1$에서 $x^3-x^2+2 \geq x+1$이므로 구하는 넓이를 S라 하면

$$S = \int_{-1}^{1} \{(x^3-x^2+2)-(x+1)\} \, dx$$
$$= \int_{-1}^{1} (x^3-x^2-x+1) \, dx = 2\int_{0}^{1} (-x^2+1) \, dx$$
$$= 2\left[-\frac{1}{3}x^3 + x \right]_{0}^{1} = \frac{4}{3}$$

(2) $f(x)=-x^2-4$라 하면 $f'(x)=-2x$

접점의 좌표를 $(t, -t^2-4)$라 하면 이 점에서의 접선의 기울기는 $f'(t)=-2t$이므로 접선의 방정식은

$$y-(-t^2-4)=-2t(x-t)$$
$$\therefore y=-2tx+t^2-4$$

이 직선이 원점을 지나므로

$$0=t^2-4, \ t^2=4$$
$$\therefore t=-2 \ 또는 \ t=2$$

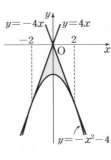

따라서 접선의 방정식은

$y=4x$ 또는 $y=-4x$

곡선과 두 접선으로 둘러싸인 도형이 y축에 대하여 대칭이고, $0 \leq x \leq 2$에서

$-4x \geq -x^2-4$이므로 구하는 넓이를 S라 하면

$$S = 2\int_{0}^{2} \{-4x-(-x^2-4)\} \, dx$$
$$= 2\int_{0}^{2} (x^2-4x+4) \, dx$$
$$= 2\left[\frac{1}{3}x^3 - 2x^2 + 4x \right]_{0}^{2} = \frac{16}{3}$$

04-1 답 $\dfrac{5}{2}$

오른쪽 그림에서 $A=B$이므로

$$\int_{1}^{k} (x^2-3x+2) \, dx = 0$$
$$\left[\frac{1}{3}x^3 - \frac{3}{2}x^2 + 2x \right]_{1}^{k} = 0$$
$$\frac{1}{3}k^3 - \frac{3}{2}k^2 + 2k - \frac{5}{6} = 0$$
$$2k^3-9k^2+12k-5=0, \ (k-1)^2(2k-5)=0$$
$$\therefore k=\frac{5}{2} \ (\because k>2)$$

04-2 답 $-\dfrac{2}{3}$

$A:B=1:2$에서 $B=2A$

곡선 $y=-x^2+2x+k$는 직선 $x=1$에 대하여 대칭이므로 오른쪽 그림에서 빗금 친 부분의 넓이는 $\frac{1}{2}B=A$

따라서 곡선 $y=-x^2+2x+k$와 x축, y축 및 직선 $x=1$로 둘러싸인 두 도형의 넓이가 서로 같으므로

$$\int_{0}^{1} (-x^2+2x+k) \, dx = 0$$
$$\left[-\frac{1}{3}x^3 + x^2 + kx \right]_{0}^{1} = 0$$
$$-\frac{1}{3}+1+k=0 \qquad \therefore k=-\frac{2}{3}$$

05-1 답 54

곡선 $y=-x^2+3x$와 직선 $y=ax$의 교점의 x좌표를 구하면

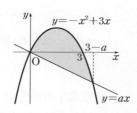

$-x^2+3x=ax$

$-x\{x-(3-a)\}=0$

$\therefore x=0$ 또는 $x=3-a$

곡선 $y=-x^2+3x$와 x축의 교점의 x좌표를 구하면

$-x^2+3x=0,\ x(x-3)=0$

$\therefore x=0$ 또는 $x=3$

$0\leq x\leq 3-a$에서 $-x^2+3x\geq ax$이므로

곡선 $y=-x^2+3x$와 직선 $y=ax$로 둘러싸인 도형의 넓이를 S_1이라 하면

$S_1=\displaystyle\int_0^{3-a}(-x^2+3x-ax)\,dx$

$\quad=\displaystyle\int_0^{3-a}\{-x^2+(3-a)x\}\,dx$

$\quad=\left[-\dfrac{1}{3}x^3+\dfrac{3-a}{2}x^2\right]_0^{3-a}$

$\quad=\dfrac{(3-a)^3}{6}$

$0\leq x\leq 3$에서 $-x^2+3x\geq 0$이므로 곡선 $y=-x^2+3x$와 x축으로 둘러싸인 도형의 넓이를 S_2라 하면

$S_2=\displaystyle\int_0^3(-x^2+3x)\,dx$

$\quad=\left[-\dfrac{1}{3}x^3+\dfrac{3}{2}x^2\right]_0^3=\dfrac{9}{2}$

주어진 조건에서 $S_1=2S_2$이므로

$\dfrac{(3-a)^3}{6}=2\times\dfrac{9}{2}=9$

$\therefore (3-a)^3=54$

05-2 답 $1-\sqrt{2}$

두 곡선 $y=x^2-2x$, $y=ax^2$의 교점의 x좌표를 구하면

$x^2-2x=ax^2$

$x\{(1-a)x-2\}=0$

$\therefore x=0$ 또는 $x=\dfrac{2}{1-a}$

곡선 $y=x^2-2x$와 x축의 교점의 x좌표를 구하면

$x^2-2x=0,\ x(x-2)=0$

$\therefore x=0$ 또는 $x=2$

$0\leq x\leq 2$에서 $x^2-2x\leq 0$이므로 곡선 $y=x^2-2x$와 x축으로 둘러싸인 도형의 넓이를 S_1이라 하면

$S_1=\displaystyle\int_0^2(-x^2+2x)\,dx$

$\quad=\left[-\dfrac{1}{3}x^3+x^2\right]_0^2=\dfrac{4}{3}$

$0\leq x\leq\dfrac{2}{1-a}$에서 $ax^2\geq x^2-2x$이므로 두 곡선 $y=x^2-2x$, $y=ax^2$으로 둘러싸인 도형의 넓이를 S_2라 하면

$S_2=\displaystyle\int_0^{\frac{2}{1-a}}\{ax^2-(x^2-2x)\}\,dx$

$\quad=\displaystyle\int_0^{\frac{2}{1-a}}\{(a-1)x^2+2x\}\,dx$

$\quad=\left[\dfrac{a-1}{3}x^3+x^2\right]_0^{\frac{2}{1-a}}$

$\quad=\dfrac{4}{3(a-1)^2}$

주어진 조건에서 $S_1=2S_2$이므로

$\dfrac{4}{3}=2\times\dfrac{4}{3(a-1)^2}$

$(a-1)^2=2$

$a^2-2a-1=0$

$\therefore a=1-\sqrt{2}\ (\because a<0)$

2 역함수의 그래프와 넓이

문제 191쪽

06-1 답 (1) $\dfrac{3}{5}$ (2) 17

(1) 두 곡선 $y=f(x)$, $y=g(x)$는 직선 $y=x$에 대하여 대칭이므로 두 곡선으로 둘러싸인 도형의 넓이는 곡선 $y=f(x)$와 직선 $y=x$로 둘러싸인 도형의 넓이의 2배와 같다.

곡선 $y=f(x)$와 직선 $y=x$의 교점의 x좌표를 구하면

$x^4=x$

$x(x-1)(x^2+x+1)=0$

$\therefore x=0$ 또는 $x=1$

$0\leq x\leq 1$에서 $x\geq x^4$이므로 구하는 넓이를 S라 하면

$S=2\displaystyle\int_0^1(x-x^4)\,dx$

$\quad=2\left[\dfrac{1}{2}x^2-\dfrac{1}{5}x^5\right]_0^1=\dfrac{3}{5}$

(2) 두 함수 $y=f(x)$, $y=g(x)$의 그래프는 직선 $y=x$에 대하여 대칭이고 $f(1)=1$, $f(2)=9$이므로 $g(1)=1$, $g(9)=2$이다.

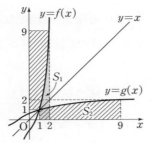

$\int_1^2 f(x)\,dx=S_1$, $\int_1^9 g(x)\,dx=S_2$라 하면 위의 그림에서 빗금 친 두 부분의 넓이가 서로 같으므로 구하는 값은

$$\int_1^2 f(x)\,dx+\int_1^9 g(x)\,dx=S_1+S_2$$
$$=2\times9-1\times1=17$$

3 속도와 거리

문제

193~196쪽

07-1 답 (1) $\dfrac{22}{3}$ (2) $\dfrac{2}{3}$ (3) **2**

(1) $2+\displaystyle\int_0^4 (t^2-6t+8)\,dt=2+\left[\dfrac{1}{3}t^3-3t^2+8t\right]_0^4=\dfrac{22}{3}$

(2) $\displaystyle\int_3^5 (t^2-6t+8)\,dt=\left[\dfrac{1}{3}t^3-3t^2+8t\right]_3^5=\dfrac{2}{3}$

(3) $\displaystyle\int_3^5 |t^2-6t+8|\,dt$
$$=\int_3^4 (-t^2+6t-8)\,dt+\int_4^5 (t^2-6t+8)\,dt$$
$$=\left[-\dfrac{1}{3}t^3+3t^2-8t\right]_3^4+\left[\dfrac{1}{3}t^3-3t^2+8t\right]_4^5=2$$

07-2 답 $\dfrac{31}{6}$

$0+\displaystyle\int_0^3 v(t)\,dt=\int_0^1 (t^2-t)\,dt+\int_1^3 (-t^2+6t-5)\,dt$
$$=\left[\dfrac{1}{3}t^3-\dfrac{1}{2}t^2\right]_0^1+\left[-\dfrac{1}{3}t^3+3t^2-5t\right]_1^3$$
$$=\dfrac{31}{6}$$

08-1 답 (1) $\dfrac{11}{2}$ (2) **9**

(1) 점 P가 운동 방향을 바꿀 때의 속도는 0이므로
$v(t)=0$에서
$3t-t^2=0$, $t(3-t)=0$ ∴ $t=3$ (∵ $t>0$)

따라서 좌표가 1인 점을 출발하여 $t=3$일 때 운동 방향을 바꾸므로 구하는 점 P의 위치는
$$1+\int_0^3 (3t-t^2)\,dt=1+\left[\dfrac{3}{2}t^2-\dfrac{1}{3}t^3\right]_0^3$$
$$=\dfrac{11}{2}$$

(2) 점 P가 좌표가 1인 점을 출발하여 좌표가 1인 점으로 다시 돌아오는 시각을 $t=a$라 하면 $t=0$에서 $t=a$까지 점 P의 위치의 변화량은 0이므로
$$\int_0^a (3t-t^2)\,dt=0$$
$$\left[\dfrac{3}{2}t^2-\dfrac{1}{3}t^3\right]_0^a=0, \quad \dfrac{3}{2}a^2-\dfrac{1}{3}a^3=0$$
$$a^3-\dfrac{9}{2}a^2=0, \quad a^2\left(a-\dfrac{9}{2}\right)=0$$
$$\therefore a=\dfrac{9}{2} \ (\because a>0)$$

따라서 점 P가 좌표가 1인 점으로 다시 돌아올 때까지 움직인 거리는
$$\int_0^{\frac{9}{2}} |3t-t^2|\,dt$$
$$=\int_0^3 (3t-t^2)\,dt+\int_3^{\frac{9}{2}} (-3t+t^2)\,dt$$
$$=\left[\dfrac{3}{2}t^2-\dfrac{1}{3}t^3\right]_0^3+\left[-\dfrac{3}{2}t^2+\dfrac{1}{3}t^3\right]_3^{\frac{9}{2}}$$
$$=9$$

09-1 답 (1) **40 m** (2) **45 m** (3) **65 m**

(1) 물체를 쏘아 올린 후 2초 동안 물체의 위치의 변화량은
$$\int_0^2 (30-10t)\,dt=\left[30t-5t^2\right]_0^2$$
$$=40\,(\text{m})$$

(2) 물체가 최고 지점에 도달할 때의 속도는 0이므로
$v(t)=0$에서
$30-10t=0$ ∴ $t=3$

따라서 지면에서 출발하여 $t=3$일 때 최고 지점에 도달하므로 구하는 물체의 높이는
$$0+\int_0^3 (30-10t)\,dt=\left[30t-5t^2\right]_0^3$$
$$=45\,(\text{m})$$

(3) 물체를 쏘아 올린 후 5초 동안 물체가 움직인 거리는
$$\int_0^5 |30-10t|\,dt$$
$$=\int_0^3 (30-10t)\,dt+\int_3^5 (-30+10t)\,dt$$
$$=\left[30t-5t^2\right]_0^3+\left[-30t+5t^2\right]_3^5$$
$$=65\,(\text{m})$$

09-2 답 **25 m**

물체가 지면으로부터 45 m의 높이에 도달하는 시각을 $t=a$라 하면

$30+\int_0^a (20-10t)\,dt=45$

$\left[20t-5t^2\right]_0^a=15,\ 20a-5a^2=15$

$a^2-4a+3=0,\ (a-1)(a-3)=0$

$\therefore\ a=1$ 또는 $a=3$

따라서 $t=0$에서 $t=3$까지 물체가 움직인 거리는

$\int_0^3 |20-10t|\,dt$

$=\int_0^2 (20-10t)\,dt+\int_2^3 (-20+10t)\,dt$

$=\left[20t-5t^2\right]_0^2+\left[-20t+5t^2\right]_2^3=25\,(\mathrm{m})$

따라서 구하는 거리는 25 m이다.

10-1 답 (1) $\dfrac{7}{2}$ (2) **4**

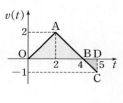

(1) $0+\int_0^5 v(t)\,dt$

$=\int_0^4 v(t)\,dt+\int_4^5 v(t)\,dt$

$=\triangle AOB-\triangle BCD$

$=\dfrac{1}{2}\times4\times2-\dfrac{1}{2}\times1\times1=\dfrac{7}{2}$

(2) $v(t)=0$인 t의 값은 $t=4$

따라서 점 P가 출발 후 $t=4$에서 처음으로 운동 방향을 바꾸므로 구하는 거리는

$\int_0^4 |v(t)|\,dt=\triangle AOB=\dfrac{1}{2}\times4\times2=4$

10-2 답 **8**

$t=a$일 때 원점으로 다시 돌아온다고 하면

$\int_0^a v(t)\,dt=0$이어야 한다.

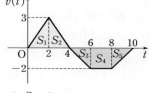

오른쪽 그림에서 속도 $v(t)$의 그래프와 t축이 이루는 각 부분의 넓이를 S_1, S_2, S_3, S_4, S_5라 하면

$S_1=3,\ S_2=3,\ S_3=2,\ S_4=4,\ S_5=2$

이때 $S_1+S_2=S_3+S_4$이므로

$S_1+S_2-(S_3+S_4)=0$

$\therefore\ \int_0^8 v(t)\,dt=0$

따라서 $t=8$일 때 물체가 원점으로 다시 돌아온다.

연습문제

197~200쪽

1 ③	**2** ③	**3** ②	**4** $\dfrac{8}{19}$	**5** $\dfrac{37}{12}$
6 $\dfrac{13}{6}$	**7** ③	**8** $\dfrac{5}{6}$	**9** ①	**10** $\dfrac{7}{6}$
11 ②	**12** 16	**13** ④	**14** 8	**15** 30
16 ③	**17** 2	**18** ④	**19** 160	**20** ㄱ
21 $\dfrac{4}{5}$	**22** 2	**23** 8	**24** ③	**25** ⑤

1 주어진 등식의 양변을 x에 대하여 미분하면

$f(x)+xf'(x)=xf'(x)+x^2-2x-3$

$\therefore\ f(x)=x^2-2x-3$

곡선 $y=f(x)$와 x축의 교점의 x좌표를 구하면

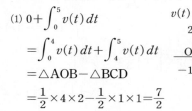

$x^2-2x-3=0$

$(x+1)(x-3)=0$

$\therefore\ x=-1$ 또는 $x=3$

$-1\le x\le3$에서 $y\le0$이므로 구하는 넓이를 S라 하면

$S=\int_{-1}^3 (-x^2+2x+3)\,dx$

$=\left[-\dfrac{1}{3}x^3+x^2+3x\right]_{-1}^3$

$=\dfrac{32}{3}$

2 $-1\le x\le0$에서 $y\le0$이고, $0\le x\le a$에서 $y\ge0$이므로 곡선 $y=2x^3$과 x축 및 두 직선 $x=-1$, $x=a$로 둘러싸인 도형의 넓이를 S라 하면

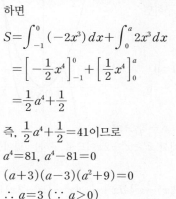

$S=\int_{-1}^0 (-2x^3)\,dx+\int_0^a 2x^3\,dx$

$=\left[-\dfrac{1}{2}x^4\right]_{-1}^0+\left[\dfrac{1}{2}x^4\right]_0^a$

$=\dfrac{1}{2}a^4+\dfrac{1}{2}$

즉, $\dfrac{1}{2}a^4+\dfrac{1}{2}=41$이므로

$a^4=81,\ a^4-81=0$

$(a+3)(a-3)(a^2+9)=0$

$\therefore\ a=3\ (\because\ a>0)$

3 곡선 $y=f(x)$와 x축의 교점의 x좌표를 구하면

$(x-a)(x-b)=0$

$\therefore\ x=a$ 또는 $x=b$

Ⅲ-2. 정적분의 활용 **89**

$a \leq x \leq b$에서 $f(x) \leq 0$이므로 구하는 넓이를 S라 하면

$$S = \int_a^b \{-f(x)\} dx = -\int_a^b f(x) dx$$

$$= -\left\{ \int_a^0 f(x) dx + \int_0^b f(x) dx \right\}$$

$$= -\left\{ -\int_0^a f(x) dx + \int_0^b f(x) dx \right\}$$

$$= \int_0^a f(x) dx - \int_0^b f(x) dx$$

$$= \frac{11}{6} - \left(-\frac{8}{3} \right) = \frac{9}{2}$$

4 곡선 $y = -x^2 + 3x$와 직선 $y = x$의 교점의 x좌표를 구하면
$-x^2 + 3x = x$, $x(x-2) = 0$

$\therefore x = 0$ 또는 $x = 2$

$0 \leq x \leq 2$에서 $-x^2 + 3x \geq x$이므로

$$S_1 = \int_0^2 \{(-x^2+3x) - x\} dx = \int_0^2 (-x^2+2x) dx$$

$$= \left[-\frac{1}{3}x^3 + x^2 \right]_0^2 = \frac{4}{3}$$

$0 \leq x \leq 3$에서 $-x^2 + 3x \geq 0$이고 곡선 $y = -x^2 + 3x$와
x축으로 둘러싸인 도형의 넓이는 $S_1 + S_2$이므로

$$S_1 + S_2 = \int_0^3 (-x^2+3x) dx = \left[-\frac{1}{3}x^3 + \frac{3}{2}x^2 \right]_0^3 = \frac{9}{2}$$

$$\therefore S_2 = (S_1 + S_2) - S_1 = \frac{9}{2} - \frac{4}{3} = \frac{19}{6}$$

$$\therefore \frac{S_1}{S_2} = \frac{\dfrac{4}{3}}{\dfrac{19}{6}} = \frac{8}{19}$$

5 두 곡선 $y = x^3 - 2x$, $y = x^2$의
교점의 x좌표를 구하면
$x^3 - 2x = x^2$
$x^3 - x^2 - 2x = 0$
$x(x+1)(x-2) = 0$

$\therefore x = -1$ 또는 $x = 0$
또는 $x = 2$

$-1 \leq x \leq 0$에서 $x^3 - 2x \geq x^2$
이고, $0 \leq x \leq 2$에서 $x^2 \geq x^3 - 2x$이므로 구하는 넓이를 S
라 하면

$$S = \int_{-1}^0 \{(x^3-2x) - x^2\} dx + \int_0^2 \{x^2 - (x^3-2x)\} dx$$

$$= \int_{-1}^0 (x^3 - x^2 - 2x) dx + \int_0^2 (-x^3 + x^2 + 2x) dx$$

$$= \left[\frac{1}{4}x^4 - \frac{1}{3}x^3 - x^2 \right]_{-1}^0 + \left[-\frac{1}{4}x^4 + \frac{1}{3}x^3 + x^2 \right]_0^2$$

$$= \frac{37}{12}$$

6 $y = x|x-2| = \begin{cases} x^2 - 2x & (x \geq 2) \\ -x^2 + 2x & (x \leq 2) \end{cases}$

(i) $x \geq 2$일 때, 곡선 $y = x^2 - 2x$
와 직선 $y = x$의 교점의 x좌
표를 구하면
$x^2 - 2x = x$, $x(x-3) = 0$

$\therefore x = 3$ $(\because x \geq 2)$

(ii) $x \leq 2$일 때, 곡선
$y = -x^2 + 2x$와 직선 $y = x$의 교점의 x좌표를 구하면
$-x^2 + 2x = x$, $x(x-1) = 0$

$\therefore x = 0$ 또는 $x = 1$

따라서 구하는 넓이를 S라 하면

$$S = \int_0^1 \{(-x^2+2x) - x\} dx$$

$$+ \int_1^2 \{x - (-x^2+2x)\} dx$$

$$+ \int_2^3 \{x - (x^2-2x)\} dx$$

$$= \int_0^1 (-x^2+x) dx + \int_1^2 (x^2-x) dx$$

$$+ \int_2^3 (-x^2+3x) dx$$

$$= \left[-\frac{1}{3}x^3 + \frac{1}{2}x^2 \right]_0^1 + \left[\frac{1}{3}x^3 - \frac{1}{2}x^2 \right]_1^2$$

$$+ \left[-\frac{1}{3}x^3 + \frac{3}{2}x^2 \right]_2^3$$

$$= \frac{13}{6}$$

7 $f(x) = x^2 - 2x$이므로
$y = -f(x-1) - 1 = -\{(x-1)^2 - 2(x-1)\} - 1$
$= -x^2 + 4x - 4$

두 곡선 $y = f(x)$,
$y = -f(x-1) - 1$의 교점의
x좌표를 구하면
$x^2 - 2x = -x^2 + 4x - 4$
$2x^2 - 6x + 4 = 0$
$2(x-1)(x-2) = 0$

$\therefore x = 1$ 또는 $x = 2$

$1 \leq x \leq 2$에서 $-x^2 + 4x - 4 \geq x^2 - 2x$이므로 구하는 넓
이를 S라 하면

$$S = \int_1^2 \{(-x^2+4x-4) - (x^2-2x)\} dx$$

$$= \int_1^2 (-2x^2+6x-4) dx$$

$$= \left[-\frac{2}{3}x^3 + 3x^2 - 4x \right]_1^2 = \frac{1}{3}$$

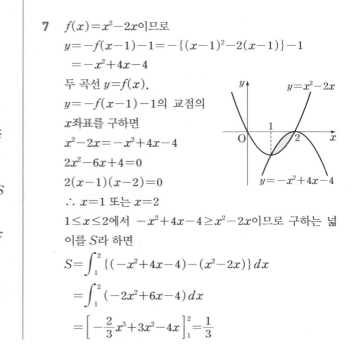

8 $f(x)=-x^2+5x-4$라 하면 $f'(x)=-2x+5$

점 $(2,\ 2)$에서의 접선의 기울기는 $f'(2)=1$이므로 접선의 방정식은

$y-2=x-2$ $\qquad \therefore y=x$

곡선 $y=-x^2+5x-4$와 x축의 교점의 x좌표를 구하면

$-x^2+5x-4=0$

$(x-1)(x-4)=0$

$\therefore x=1$ 또는 $x=4$

$0\le x\le 1$에서 $x\ge 0$이고,

$1\le x\le 2$에서 $x\ge -x^2+5x-4$

이므로 구하는 넓이를 S라 하면

$S=\displaystyle\int_0^1 x\,dx+\int_1^2 \{x-(-x^2+5x-4)\}\,dx$

$\quad =\displaystyle\int_0^1 x\,dx+\int_1^2 (x^2-4x+4)\,dx$

$\quad =\left[\dfrac{1}{2}x^2\right]_0^1+\left[\dfrac{1}{3}x^3-2x^2+4x\right]_1^2=\dfrac{5}{6}$

9 $f(x)=x^2$이라 하면 $f'(x)=2x$

접점의 좌표를 $(t,\ t^2)$이라 하면 이 점에서의 접선의 기울기는 $f'(t)=2t$이므로 접선의 방정식은

$y-t^2=2t(x-t)$ $\qquad \therefore y=2tx-t^2$

이 직선이 점 $(0,\ -1)$을 지나므로

$-1=-t^2,\ (t+1)(t-1)=0$

$\therefore t=-1$ 또는 $t=1$

따라서 접선의 방정식은

$y=-2x-1$ 또는 $y=2x-1$

이때 곡선과 두 접선으로 둘러싸인 도형이 y축에 대하여 대칭이고, $0\le x\le 1$에서 $x^2\ge 2x-1$이므로 구하는 넓이를 S라 하면

$S=2\displaystyle\int_0^1 \{x^2-(2x-1)\}\,dx=2\int_0^1 (x^2-2x+1)\,dx$

$\quad =2\left[\dfrac{1}{3}x^3-x^2+x\right]_0^1=\dfrac{2}{3}$

10 두 곡선과 y축으로 둘러싸인 두 도형의 넓이가 서로 같으므로

$\displaystyle\int_0^2 \{a(x-2)^2-(-x^2+2x)\}\,dx=0$

$\displaystyle\int_0^2 \{(a+1)x^2-2(2a+1)x+4a\}\,dx=0$

$\left[\dfrac{a+1}{3}x^3-(2a+1)x^2+4ax\right]_0^2=0$

$\dfrac{8}{3}(a+1)-4=0$ $\qquad \therefore a=\dfrac{1}{2}$

두 곡선 $y=\dfrac{1}{2}(x-2)^2,\ y=-x^2+2x$의 교점의 x좌표를 구하면

$\dfrac{1}{2}(x-2)^2=-x^2+2x,\ 3x^2-8x+4=0$

$(3x-2)(x-2)=0$ $\qquad \therefore x=\dfrac{2}{3}$ 또는 $x=2$

따라서 $k=\dfrac{2}{3}$이므로 $a+k=\dfrac{1}{2}+\dfrac{2}{3}=\dfrac{7}{6}$

11 $A:B=1:2$에서 $B=2A$

곡선 $y=x^2-8x+k$는 직선 $x=4$에 대하여 대칭이므로 오른쪽 그림에서 빗금 친 부분의 넓이는 $\dfrac{1}{2}B=A$

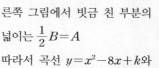

따라서 곡선 $y=x^2-8x+k$와 x축, y축 및 직선 $x=4$로 둘러싸인 두 도형의 넓이가 서로 같으므로

$\displaystyle\int_0^4 (x^2-8x+k)\,dx=0,\ \left[\dfrac{1}{3}x^3-4x^2+kx\right]_0^4=0$

$\dfrac{64}{3}-64+4k=0$ $\qquad \therefore k=\dfrac{32}{3}$

12 곡선 $y=-x^2+4$와 직선 $y=k$의 교점의 x좌표를 구하면

$-x^2+4=k$

$(x+\sqrt{4-k})(x-\sqrt{4-k})=0$

$\therefore x=-\sqrt{4-k}$

$\quad$ 또는 $x=\sqrt{4-k}$

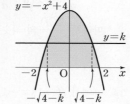

곡선 $y=-x^2+4$와 x축의 교점의 x좌표를 구하면

$-x^2+4=0,\ (x+2)(x-2)=0$

$\therefore x=-2$ 또는 $x=2$

$-2\le x\le 2$에서 $-x^2+4\ge 0$이므로 곡선 $y=-x^2+4$와 x축으로 둘러싸인 도형의 넓이를 S_1이라 하면

$S_1=\displaystyle\int_{-2}^{2} (-x^2+4)\,dx=2\int_0^2 (-x^2+4)\,dx$

$\quad =2\left[-\dfrac{1}{3}x^3+4x\right]_0^2=\dfrac{32}{3}$

$-\sqrt{4-k}\le x\le \sqrt{4-k}$에서 $-x^2+4\ge k$이므로 곡선 $y=-x^2+4$와 직선 $y=k$로 둘러싸인 도형의 넓이를 S_2라 하면

$S_2=\displaystyle\int_{-\sqrt{4-k}}^{\sqrt{4-k}} (-x^2+4-k)\,dx$

$\quad =2\displaystyle\int_0^{\sqrt{4-k}} (-x^2+4-k)\,dx$

$\quad =2\left[-\dfrac{1}{3}x^3+(4-k)x\right]_0^{\sqrt{4-k}}=\dfrac{4}{3}(\sqrt{4-k})^3$

주어진 조건에서 $S_1=2S_2$이므로

$$\frac{32}{3}=2\times\frac{4}{3}(\sqrt{4-k}\,)^3$$

$$(\sqrt{4-k}\,)^3=4$$

$$\therefore\ (4-k)^3=16$$

13 $-2\le x\le 0$에서 $a^2x^2\ge -x^2$이 므로

$$S(a)=\int_{-2}^{0}\{a^2x^2-(-x^2)\}\,dx$$

$$=\int_{-2}^{0}(a^2+1)x^2\,dx$$

$$=\left[\frac{a^2+1}{3}x^3\right]_{-2}^{0}$$

$$=\frac{8}{3}(a^2+1)$$

$$\therefore\ \frac{S(a)}{a}=\frac{8(a^2+1)}{3a}=\frac{8}{3}\left(a+\frac{1}{a}\right)$$

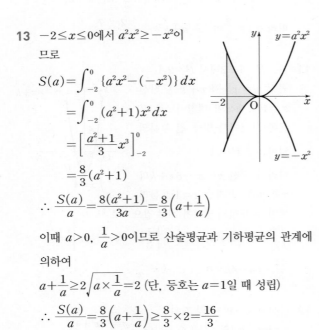

이때 $a>0$, $\dfrac{1}{a}>0$이므로 산술평균과 기하평균의 관계에 의하여

$$a+\frac{1}{a}\ge 2\sqrt{a\times\frac{1}{a}}=2\ (단,\ 등호는\ a=1일\ 때\ 성립)$$

$$\therefore\ \frac{S(a)}{a}=\frac{8}{3}\left(a+\frac{1}{a}\right)\ge\frac{8}{3}\times 2=\frac{16}{3}$$

따라서 $\dfrac{S(a)}{a}$의 최솟값은 $\dfrac{16}{3}$이다.

14 ㈎에서 $f(-1)=-1$, $f(2)=2$이므로

$$g(-1)=-1,\ g(2)=2$$

두 곡선 $y=f(x)$, $y=g(x)$는 직선 $y=x$에 대하여 대칭 이므로 닫힌구간 $[-1,\ 2]$에서

$$g(x)\le x\le f(x)\ (\because\ ㈐)$$

또 두 곡선 $y=f(x)$, $y=g(x)$로 둘러싸인 도형의 넓이 는 곡선 $y=f(x)$와 직선 $y=x$로 둘러싸인 도형의 넓이 의 2배와 같다.

따라서 구하는 넓이를 S라 하면

$$S=\int_{-1}^{2}\{f(x)-g(x)\}\,dx$$

$$=2\int_{-1}^{2}\{f(x)-x\}\,dx$$

$$=2\left\{\int_{-1}^{2}f(x)\,dx-\int_{-1}^{2}x\,dx\right\}$$

$$=2\left(\frac{11}{2}-\left[\frac{1}{2}x^2\right]_{-1}^{2}\right)\ (\because\ ㈏)$$

$$=2\left(\frac{11}{2}-\frac{3}{2}\right)$$

$$=2\times 4=8$$

15 두 함수 $y=f(x)$, $y=g(x)$의 그래프는 직선 $y=x$에 대하여 대칭이다.

$$\int_{1}^{10}f(x)\,dx=S_1,$$

$$\int_{0}^{3}g(x)\,dx=S_2$$라 하면

오른쪽 그림에서 빗금 친 두 부분의 넓이가 서로 같으므로

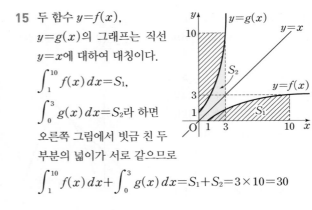

$$\int_{1}^{10}f(x)\,dx+\int_{0}^{3}g(x)\,dx=S_1+S_2=3\times 10=30$$

16 점 P가 원점을 출발하여 원점으로 다시 돌아오는 시각을 $t=a$라 하면 점 P의 위치의 변화량이 0이므로

$$\int_{0}^{a}(-3t^2+4t+15)\,dt=0$$

$$\left[-t^3+2t^2+15t\right]_{0}^{a}=0$$

$$-a^3+2a^2+15a=0,\ a(a+3)(a-5)=0$$

$$\therefore\ a=5\ (\because\ a>0)$$

따라서 점 P가 원점으로 다시 돌아오는 시각은 $t=5$

17 두 점 P, Q의 $t=a$에서의 위치를 각각 $x_P(a)$, $x_Q(a)$라 하면

$$x_P(a)=0+\int_{0}^{a}(6t^2-6t+4)\,dt$$

$$=\left[2t^3-3t^2+4t\right]_{0}^{a}=2a^3-3a^2+4a$$

$$x_Q(a)=0+\int_{0}^{a}(3t^2+2t+1)\,dt$$

$$=\left[t^3+t^2+t\right]_{0}^{a}=a^3+a^2+a$$

이때 두 점 P, Q가 만날 때는 $x_P(a)=x_Q(a)$이므로

$$2a^3-3a^2+4a=a^3+a^2+a$$

$$a^3-4a^2+3a=0,\ a(a-1)(a-3)=0$$

$$\therefore\ a=1\ 또는\ a=3\ (\because\ a>0)$$

따라서 출발 후 두 점 P, Q가 만나는 횟수는 2이다.

18 점 P의 $t=2$에서의 위치는

$$0+\int_{0}^{2}v(t)\,dt=\int_{0}^{2}(3t^2+at)\,dt$$

$$=\left[t^3+\frac{a}{2}t^2\right]_{0}^{2}=2a+8$$

이때 $a>0$에서 $2a+8>6$이고, 점 $P(2a+8)$과 점 $A(6)$ 사이의 거리가 10이므로

$$2a+8-6=10\qquad\therefore\ a=4$$

19 $a=\displaystyle\int_0^5 (40-10t)\,dt$

$\qquad =\Big[40t-5t^2\Big]_0^5=75$

$\quad b=\displaystyle\int_0^5 |40-10t|\,dt$

$\qquad =\displaystyle\int_0^4 (40-10t)\,dt+\int_4^5 (-40+10t)\,dt$

$\qquad =\Big[40t-5t^2\Big]_0^4+\Big[-40t+5t^2\Big]_4^5$

$\qquad =85$

$\quad \therefore\ a+b=75+85=160$

20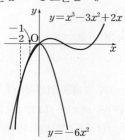

ㄱ. $v(t)=0$인 t의 값은 $t=2$ 또는 $t=5$

즉, $0<t<6$에서 운동 방향을 두 번 바꾼다.

ㄴ. 출발 후 $t=3$까지 움직인 거리는

$\qquad \displaystyle\int_0^3 |v(t)|\,dt=\triangle OAB+\triangle BCD$

$\qquad\qquad\qquad\quad =\dfrac{1}{2}\times 2\times 2+\dfrac{1}{2}\times 1\times 1$

$\qquad\qquad\qquad\quad =\dfrac{5}{2}$

ㄷ. $t=5$에서의 위치는

$\qquad 0+\displaystyle\int_0^5 v(t)\,dt=\int_0^2 v(t)\,dt+\int_2^5 v(t)\,dt$

$\qquad\qquad\qquad\quad =\triangle OAB-\square BCEF$

$\qquad\qquad\qquad\quad =\dfrac{1}{2}\times 2\times 2-\dfrac{1}{2}\times(1+3)\times 1$

$\qquad\qquad\qquad\quad =0$

즉, $t=5$일 때 원점에 있다.

따라서 보기에서 옳은 것은 ㄱ이다.

21 곡선 $y=f(x)$와 x축의 교점의 x좌표를 구하면

$(x^2-4)(x^2-k)=0$

$(x+2)(x-2)(x+\sqrt{k})(x-\sqrt{k})=0$

$\therefore\ x=-2$ 또는 $x=-\sqrt{k}$ 또는 $x=\sqrt{k}$ 또는 $x=2$

이때 $0<k<4$에서 $0<\sqrt{k}<2$이므로 함수 $y=f(x)$의 그래프는 다음 그림과 같다.

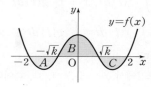

주어진 조건에서 $A+C=B$이므로

$\displaystyle\int_{-2}^2 f(x)\,dx=0,\ \int_{-2}^2 (x^2-4)(x^2-k)\,dx=0$

$\displaystyle\int_{-2}^2 \{x^4-(k+4)x^2+4k\}\,dx=0$

$2\displaystyle\int_0^2 \{x^4-(k+4)x^2+4k\}\,dx=0$

$\displaystyle\int_0^2 \{x^4-(k+4)x^2+4k\}\,dx=0$

$\Big[\dfrac{1}{5}x^5-\dfrac{k+4}{3}x^3+4kx\Big]_0^2=0$

$\dfrac{16}{3}k-\dfrac{64}{15}=0 \qquad \therefore\ k=\dfrac{4}{5}$

22 $f(1-x)=-f(1+x)$의 양변에 $x=0$을 대입하면

$f(1)=-f(1) \qquad \therefore\ f(1)=0$

$f(1-x)=-f(1+x)$의 양변에 $x=1$을 대입하면

$f(0)=-f(2) \qquad \therefore\ f(2)=0\ (\because\ f(0)=0)$

삼차함수 $f(x)$의 최고차항의 계수가 1이고

$f(0)=f(1)=f(2)=0$이므로

$f(x)=x(x-1)(x-2)=x^3-3x^2+2x$

두 곡선 $y=f(x)$, $y=-6x^2$의 교점의 x좌표를 구하면

$x^3-3x^2+2x=-6x^2$

$x^3+3x^2+2x=0,\ x(x+2)(x+1)=0$

$\therefore\ x=-2$ 또는 $x=-1$ 또는 $x=0$

$-2\le x\le -1$에서 $x^3-3x^2+2x\ge -6x^2$,

$-1\le x\le 0$에서 $-6x^2\ge x^3-3x^2+2x$이므로

$S=\displaystyle\int_{-2}^{-1} \{x^3-3x^2+2x-(-6x^2)\}\,dx$

$\qquad\qquad +\displaystyle\int_{-1}^0 \{-6x^2-(x^3-3x^2+2x)\}\,dx$

$\quad =\displaystyle\int_{-2}^{-1} (x^3+3x^2+2x)\,dx$

$\qquad\qquad +\displaystyle\int_{-1}^0 (-x^3-3x^2-2x)\,dx$

$\quad =\Big[\dfrac{1}{4}x^4+x^3+x^2\Big]_{-2}^{-1}+\Big[-\dfrac{1}{4}x^4-x^3-x^2\Big]_{-1}^0$

$\quad =\dfrac{1}{2}$

$\therefore\ 4S=4\times\dfrac{1}{2}=2$

23 두 곡선 $y=f(x)$, $y=g(x)$는 직선 $y=x$에 대하여 대칭이므로 두 곡선 $y=f(x)$, $y=g(x)$와 두 직선 $x=3$, $y=3$으로 둘러싸인 도형의 넓이는 곡선 $y=f(x)$와 두 직선 $y=x$, $y=3$으로 둘러싸인 도형의 넓이의 2배와 같다.

곡선 $y=f(x)$와 직선 $y=x$의 교점의 x좌표를 구하면
$x^3+x+1=x$, $x^3+1=0$
$(x+1)(x^2-x+1)=0$
$\therefore x=-1$ ($\because x$는 실수)

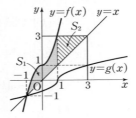

곡선 $y=f(x)$와 직선 $y=3$의 교점의 x좌표를 구하면
$x^3+x+1=3$, $x^3+x-2=0$
$(x-1)(x^2+x+2)=0$
$\therefore x=1$ ($\because x$는 실수)

$-1 \le x \le 1$에서 $x^3+x+1 \ge x$이므로 곡선 $y=f(x)$와 두 직선 $y=x$, $x=1$로 둘러싸인 도형의 넓이를 S_1이라 하면

$$S_1=\int_{-1}^{1}\{(x^3+x+1)-x\}dx=\int_{-1}^{1}(x^3+1)dx$$
$$=2\int_{0}^{1}dx=2\Big[x\Big]_{0}^{1}=2$$

$1 \le x \le 3$에서 세 직선 $y=x$, $x=1$, $y=3$으로 둘러싸인 도형의 넓이를 S_2라 하면

$$S_2=\frac{1}{2}\times 2\times 2=2$$

따라서 구하는 넓이는
$2(S_1+S_2)=2(2+2)=8$

24 함수 $y=f(x)$의 그래프 위의 점 $(t,\,f(t))(0<t<6)$에 대하여 $x<t$이면 $g(x)=f(x)$, $x \ge t$이면 $y=g(x)$의 그래프는 점 $(t,\,f(t))$를 지나면서 기울기가 -1인 직선이다. 이때 함수 $y=g(x)$의 그래프와 x축으로 둘러싸인 영역의 넓이가 최대가 되려면 다음 그림과 같이 $x=t(0<t<6)$인 점에서 함수 $y=f(x)$의 그래프와 직선 $y=-(x-t)+f(t)$가 접해야 한다.

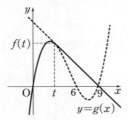

$f(x)=\frac{1}{9}x(x-6)(x-9)=\frac{1}{9}x^3-\frac{5}{3}x^2+6x$에서

$f'(x)=\frac{1}{3}x^2-\frac{10}{3}x+6$

$x=t$인 점에서의 접선의 기울기가 -1이어야 하므로
$f'(t)=-1$
$\frac{1}{3}t^2-\frac{10}{3}t+6=-1$
$t^2-10t+21=0$, $(t-3)(t-7)=0$
$\therefore t=3$ ($\because 0<t<6$)

즉, 접점의 좌표는 $(3,\,6)$이므로 접선의 방정식은
$y-6=-(x-3)$ $\therefore y=-x+9$

따라서 $0 \le x \le 3$에서 $y \ge 0$이므로 구하는 넓이의 최댓값을 S라 하면

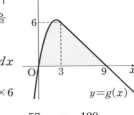

$$S=\int_{0}^{3}\Big(\frac{1}{9}x^3-\frac{5}{3}x^2+6x\Big)dx$$
$$+\frac{1}{2}\times(9-3)\times 6$$
$$=\Big[\frac{1}{36}x^4-\frac{5}{9}x^3+3x^2\Big]_{0}^{3}+18=\frac{57}{4}+18=\frac{129}{4}$$

25 ㄱ. 지면으로부터 x_0의 높이에서 쏘아 올린 후 $t=a$일 때, A와 B의 높이는 각각

$$x_0+\int_{0}^{a}f(t)dt,\ x_0+\int_{0}^{a}g(t)dt$$

이때 $\int_{0}^{a}f(t)dt>\int_{0}^{a}g(t)dt$이므로 A의 위치가 B의 위치보다 높다.

ㄴ. $t=x$일 때, A와 B의 높이의 차를 $h(x)$라 하면

$$h(x)=\int_{0}^{x}f(t)dt-\int_{0}^{x}g(t)dt$$
$$=\int_{0}^{x}\{f(t)-g(t)\}dt$$

$\therefore h'(x)=f(x)-g(x)$

$h'(x)=0$, 즉 $f(x)=g(x)$인 x의 값은 $x=b$

$0 \le x \le c$에서 함수 $h(x)$의 증가와 감소를 표로 나타내면 다음과 같다.

x	0	$\cdots$	b	$\cdots$	c
$h'(x)$		$+$	0	$-$	
$h(x)$	0	↗	극대	↘	

즉, $t=b$일 때, $h(x)$는 최대이므로 A와 B의 높이의 차가 최대이다.

ㄷ. 지면으로부터 x_0의 높이에서 쏘아 올린 후 $t=c$일 때, A와 B의 높이는 각각

$$x_0+\int_{0}^{c}f(t)dt,\ x_0+\int_{0}^{c}g(t)dt$$

이때 $\int_{0}^{c}f(t)dt=\int_{0}^{c}g(t)dt$이므로 A와 B의 높이가 같다.

따라서 보기에서 옳은 것은 ㄱ, ㄴ, ㄷ이다.

유형편
정답과 해설

I-1. 함수의 극한

01 함수의 극한
4~6쪽

1 ②	**2** ④	**3** ⑤	**4** ⑤	**5** ④
6 ⑤	**7** ②	**8** ④	**9** ㄱ	**10** ③
11 -2	**12** 10	**13** -3	**14** 3	**15** ㄴ, ㄹ

1 ㄱ. $f(x)=\sqrt{2-3x}$라 하면
함수 $y=f(x)$의 그래프는 오른쪽 그림과 같으므로
$\lim\limits_{x\to 0}\sqrt{2-3x}=\sqrt{2}$

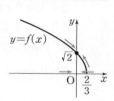

ㄴ. $f(x)=\dfrac{1}{(x+1)^2}$이라 하면
함수 $y=f(x)$의 그래프는 오른쪽 그림과 같으므로
$\lim\limits_{x\to -1}\dfrac{1}{(x+1)^2}=\infty$

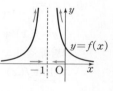

ㄷ. $f(x)=\dfrac{x^2+x-2}{x-1}$라 하면
$x\neq 1$일 때,
$f(x)=\dfrac{(x+2)(x-1)}{x-1}=x+2$
즉, 함수 $y=f(x)$의 그래프는 오른쪽 그림과 같으므로 $\lim\limits_{x\to 1}\dfrac{x^2+x-2}{x-1}=3$

ㄹ. $f(x)=-\dfrac{1}{|x-2|}$이라 하면
함수 $y=f(x)$의 그래프는 오른쪽 그림과 같으므로
$\lim\limits_{x\to 2}\left(-\dfrac{1}{|x-2|}\right)=-\infty$

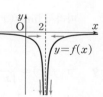

따라서 보기에서 수렴하는 것은 ㄱ, ㄷ이다.

2 ① $f(x)=2x+3$이라 하면
함수 $y=f(x)$의 그래프는 오른쪽 그림과 같으므로
$\lim\limits_{x\to 1}(2x+3)=5$

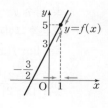

② $f(x)=-x^2+7$이라 하면
함수 $y=f(x)$의 그래프는 오른쪽 그림과 같으므로
$\lim\limits_{x\to 2}(-x^2+7)=3$

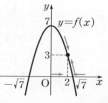

③ $f(x)=x^2+2x-1$이라 하면
함수 $y=f(x)$의 그래프는 오른쪽 그림과 같으므로
$\lim\limits_{x\to 1}(x^2+2x-1)=2$

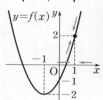

④ $f(x)=\dfrac{x+3}{x-2}=\dfrac{5}{x-2}+1$이라 하면 함수 $y=f(x)$의 그래프는 오른쪽 그림과 같으므로 $\lim\limits_{x\to 3}\dfrac{x+3}{x-2}=6$

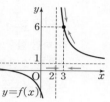

⑤ $f(x)=\sqrt{-x+3}$이라 하면
함수 $y=f(x)$의 그래프는 오른쪽 그림과 같으므로
$\lim\limits_{x\to -1}\sqrt{-x+3}=2$

따라서 극한값이 가장 큰 것은 ④이다.

3 ㄱ. $f(x)=-x^2+2x$라 하면
함수 $y=f(x)$의 그래프는 오른쪽 그림과 같으므로
$\lim\limits_{x\to\infty}(-x^2+2x)=-\infty$

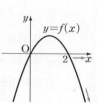

ㄴ. $f(x)=\dfrac{-2x}{x+1}=\dfrac{2}{x+1}-2$라 하면 함수 $y=f(x)$의 그래프는 오른쪽 그림과 같으므로
$\lim\limits_{x\to\infty}\dfrac{-2x}{x+1}=-2$

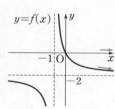

ㄷ. $f(x)=\dfrac{1}{|x+2|}$이라 하면
함수 $y=f(x)$의 그래프는 오른쪽 그림과 같으므로
$\lim\limits_{x\to -\infty}\dfrac{1}{|x+2|}=0$

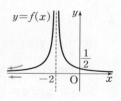

ㄹ. $f(x)=\dfrac{1}{x+5}$이라 하면
함수 $y=f(x)$의 그래프는 오른쪽 그림과 같으므로
$\lim\limits_{x\to -\infty}\dfrac{1}{x+5}=0$

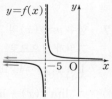

따라서 보기에서 수렴하는 것은 ㄴ, ㄷ, ㄹ이다.

4 ① $f(x)=\dfrac{1}{x-3}$ 이라 하면

함수 $y=f(x)$의 그래프는
오른쪽 그림과 같으므로

$\displaystyle\lim_{x\to-\infty}\dfrac{1}{x-3}=0$

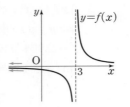

② $f(x)=2-\dfrac{4}{x+1}$ 라 하면

함수 $y=f(x)$의 그래프는
오른쪽 그림과 같으므로

$\displaystyle\lim_{x\to\infty}\left(2-\dfrac{4}{x+1}\right)=2$

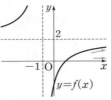

③ $f(x)=\dfrac{x}{x-1}=\dfrac{1}{x-1}+1$ 이

라 하면 함수 $y=f(x)$의 그
래프는 오른쪽 그림과 같으
므로 $\displaystyle\lim_{x\to\infty}\dfrac{x}{x-1}=1$

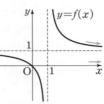

④ $f(x)=\dfrac{2}{|x-1|}-1$ 이라 하면

함수 $y=f(x)$의 그래프는
오른쪽 그림과 같으므로

$\displaystyle\lim_{x\to\infty}\left(\dfrac{2}{|x-1|}-1\right)=-1$

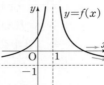

⑤ $f(x)=\dfrac{2-3x}{x+1}=\dfrac{5}{x+1}-3$

이라 하면 함수 $y=f(x)$의
그래프는 오른쪽 그림과 같
으므로 $\displaystyle\lim_{x\to-\infty}\dfrac{2-3x}{x+1}=-3$

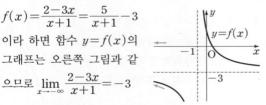

따라서 극한값이 가장 작은 것은 ⑤이다.

5 $\displaystyle\lim_{x\to-1-}f(x)=3$, $\displaystyle\lim_{x\to2}f(x)=1$이므로

$\displaystyle\lim_{x\to-1-}f(x)+\lim_{x\to2}f(x)=4$

6 ① $f(-1)=1$　　② $\displaystyle\lim_{x\to-1+}f(x)=0$

③ $\displaystyle\lim_{x\to1-}f(x)=2$　　④ $\displaystyle\lim_{x\to1+}f(x)=0$

⑤ $\displaystyle\lim_{x\to2+}f(x)=\lim_{x\to2-}f(x)=1$　∴ $\displaystyle\lim_{x\to2}f(x)=1$

따라서 옳은 것은 ⑤이다.

7 함수 $y=f(x)$의 그래프는 오른쪽
그림과 같으므로

$\displaystyle\lim_{x\to1+}f(x)=4$, $\displaystyle\lim_{x\to1-}f(x)=1$

∴ $\displaystyle\lim_{x\to1+}f(x)-\lim_{x\to1-}f(x)=3$

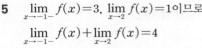

8 ① $f(x)=\begin{cases}0&(x\ge0)\\2x&(x<0)\end{cases}$ 이므로 함

수 $y=f(x)$의 그래프는 오른
쪽 그림과 같다.

즉, $\displaystyle\lim_{x\to0+}f(x)=\lim_{x\to0-}f(x)=0$

이므로 $\displaystyle\lim_{x\to0}f(x)=0$

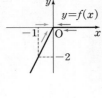

② $f(x)=\begin{cases}x^2+x&(x\ge0)\\x^2-x&(x<0)\end{cases}$ 이

므로 함수 $y=f(x)$의 그래
프는 오른쪽 그림과 같다.

즉, $\displaystyle\lim_{x\to0+}f(x)=\lim_{x\to0-}f(x)=0$

이므로 $\displaystyle\lim_{x\to0}f(x)=0$

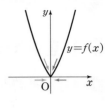

③ $f(x)=\begin{cases}x^2&(x\ge0)\\-x^2&(x<0)\end{cases}$ 이므로

함수 $y=f(x)$의 그래프는 오
른쪽 그림과 같다.

즉, $\displaystyle\lim_{x\to0+}f(x)=\lim_{x\to0-}f(x)=0$

이므로 $\displaystyle\lim_{x\to0}f(x)=0$

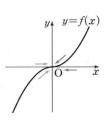

④ $f(x)=\begin{cases}1&(x>0)\\-1&(x<0)\end{cases}$ 이므로 함

수 $y=f(x)$의 그래프는 오른쪽
그림과 같다.

∴ $\displaystyle\lim_{x\to0+}f(x)=1$,

　 $\displaystyle\lim_{x\to0-}f(x)=-1$

즉, $\displaystyle\lim_{x\to0}f(x)$의 값은 존재하지 않는다.

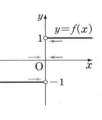

⑤ 함수 $y=f(x)$의 그래프는 오
른쪽 그림과 같으므로

$\displaystyle\lim_{x\to0+}f(x)=\lim_{x\to0-}f(x)=0$

∴ $\displaystyle\lim_{x\to0}f(x)=0$

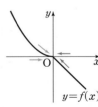

따라서 $\displaystyle\lim_{x\to0}f(x)$의 값이 존재하지 않는 것은 ④이다.

9 ㄱ. $f(x)=\dfrac{(x-2)^2}{|x-2|}$ 이라 하면

$f(x)=\begin{cases}x-2&(x>2)\\-x+2&(x<2)\end{cases}$ 이므

로 함수 $y=f(x)$의 그래프는
오른쪽 그림과 같다.

즉, $\displaystyle\lim_{x\to2+}f(x)=\lim_{x\to2-}f(x)=0$이므로

$\displaystyle\lim_{x\to2}\dfrac{(x-2)^2}{|x-2|}=0$

ㄴ. $f(x)=\dfrac{x^2-x}{|x-1|}$라 하면

$f(x)=\begin{cases} x & (x>1) \\ -x & (x<1) \end{cases}$이므로

함수 $y=f(x)$의 그래프는 오른쪽 그림과 같다.

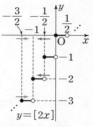

$\therefore \displaystyle\lim_{x\to1+}f(x)=1,\ \lim_{x\to1-}f(x)=-1$

즉, $\displaystyle\lim_{x\to1}\dfrac{x^2-x}{|x-1|}$의 값은 존재하지 않는다.

ㄷ. $-1\le x<-\dfrac{1}{2}$일 때, $-2\le 2x<-1$이므로

$[2x]=-2$

$-\dfrac{3}{2}\le x<-1$일 때, $-3\le 2x<-2$이므로

$[2x]=-3$

함수 $y=[2x]$의 그래프는 오른쪽 그림과 같으므로

$\displaystyle\lim_{x\to-1+}[2x]=-2,$

$\displaystyle\lim_{x\to-1-}[2x]=-3$

즉, $\displaystyle\lim_{x\to-1}[2x]$의 값은 존재하지 않는다.

ㄹ. $f(x)=\dfrac{x^2+3x+2}{|x+1|}$라 하면

$f(x)=\begin{cases} x+2 & (x>-1) \\ -x-2 & (x<-1) \end{cases}$이

므로 함수 $y=f(x)$의 그래프는 오른쪽 그림과 같다.

$\therefore \displaystyle\lim_{x\to-1+}f(x)=1,\ \lim_{x\to-1-}f(x)=-1$

즉, $\displaystyle\lim_{x\to-1}\dfrac{x^2+3x+2}{|x+1|}$의 값은 존재하지 않는다.

따라서 보기에서 극한값이 존재하는 것은 ㄱ이다.

10 $x>1$일 때, $f(x)=-x+a$이므로

$\displaystyle\lim_{x\to1+}f(x)=\lim_{x\to1+}(-x+a)=a-1$

$x<1$일 때, $f(x)=3x^2-2x+1$이므로

$\displaystyle\lim_{x\to1-}f(x)=\lim_{x\to1-}(3x^2-2x+1)=2$

이때 $\displaystyle\lim_{x\to1}f(x)$의 값이 존재하려면

$\displaystyle\lim_{x\to1+}f(x)=\lim_{x\to1-}f(x)$이어야 하므로

$a-1=2$

$\therefore a=3$

11 $f(x)=\begin{cases} x-5 & (x\le-2 \text{ 또는 } x\ge2) \\ 1-x^2 & (-2<x<2) \end{cases}$

즉, 함수 $y=f(x)$의 그래프는 오른쪽 그림과 같으므로

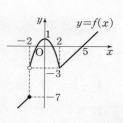

$\displaystyle\lim_{x\to-2+}f(x)=-3,$

$\displaystyle\lim_{x\to-2-}f(x)=-7$

따라서 $\displaystyle\lim_{x\to-2}f(x)$의 값은 존재하지 않으므로 $a=-2$

12 $x>-4$일 때, $f(x)=kx+12$이므로

$\displaystyle\lim_{x\to-4+}f(x)=\lim_{x\to-4+}(kx+12)=-4k+12$

$x<-4$일 때, $f(x)=(x+k)^2$이므로

$\displaystyle\lim_{x\to-4-}f(x)=\lim_{x\to-4-}(x+k)^2=(k-4)^2$

이때 $\displaystyle\lim_{x\to-4}f(x)$의 값이 존재하려면

$\displaystyle\lim_{x\to-4+}f(x)=\lim_{x\to-4-}f(x)$이어야 하므로

$-4k+12=(k-4)^2,\ k^2-4k+4=0$

$(k-2)^2=0 \qquad \therefore k=2$

따라서 $f(x)=\begin{cases} 2x+12 & (x\ge-4) \\ (x+2)^2 & (x<-4) \end{cases}$이므로

$f(-1)=2\times(-1)+12=10$

13 $f(x)=t$로 놓으면 $x\to0+$일 때 $t=2$이므로

$\displaystyle\lim_{x\to0+}f(f(x))=f(2)=2$

$x\to-1-$일 때 $t\to-3-$이므로

$\displaystyle\lim_{x\to-1-}f(f(x))=\lim_{t\to-3-}f(t)=\lim_{t\to-3-}(t-2)=-5$

$\therefore \displaystyle\lim_{x\to0+}f(f(x))+\lim_{x\to-1-}f(f(x))=2+(-5)=-3$

14 $x+1=t$로 놓으면 $x\to0-$일 때 $t\to1-$이므로

$\displaystyle\lim_{x\to0-}f(x+1)=\lim_{t\to1-}f(t)=1$

$x-1=s$로 놓으면 $x\to0-$일 때 $s\to-1-$이므로

$\displaystyle\lim_{x\to0-}f(x-1)=\lim_{s\to-1-}f(s)=2$

$\therefore \displaystyle\lim_{x\to0-}f(x+1)+\lim_{x\to0-}f(x-1)=1+2=3$

15 ㄱ. $\displaystyle\lim_{x\to1+}f(x)=-1,\ \lim_{x\to1-}f(x)=1$이므로 $\displaystyle\lim_{x\to1}f(x)$의 값은 존재하지 않는다.

ㄴ. $f(x)=t$로 놓으면 $x\to1-$일 때 $t=1$이므로

$\displaystyle\lim_{x\to1-}f(f(x))=f(1)=-1$

ㄷ. $f(x)=t$로 놓으면 $x\to1+$일 때 $t\to-1+$이므로

$\displaystyle\lim_{x\to1+}f(f(x))=\lim_{t\to-1+}f(t)=-1$

ㄹ. $f(x)=t$로 놓으면 $x\to2-$일 때 $t\to0-$이므로

$\displaystyle\lim_{x\to2-}f(f(x))=\lim_{t\to0-}f(t)=0$

따라서 보기에서 옳은 것은 ㄴ, ㄹ이다.

1 ㄴ, ㄷ	**2** 16	**3** $\dfrac{5}{3}$	**4** -3	**5** 1
6 -7	**7** (1) 12 (2) 2		**8** ②	**9** $\dfrac{3}{2}$
10 0	**11** ㄴ, ㄷ	**12** -2	**13** ②	
14 (1) $-\infty$ (2) -1		**15** ②	**16** ①	**17** ③
18 ③	**19** $-\dfrac{1}{9}$	**20** 6	**21** -16	**22** 3
23 ①	**24** -4	**25** ⑤	**26** ④	**27** 6
28 4	**29** 10	**30** 8	**31** 5	**32** ②
33 ①	**34** 3	**35** ④	**36** ①	**37** 1
38 ④				

1 $\lim\limits_{x\to1+}f(x)=2$, $\lim\limits_{x\to1-}f(x)=-2$, $\lim\limits_{x\to1+}g(x)=2$,

$\lim\limits_{x\to1-}g(x)=-2$이므로

ㄱ. $\lim\limits_{x\to1+}\{f(x)+g(x)\}=\lim\limits_{x\to1+}f(x)+\lim\limits_{x\to1+}g(x)=4$

$\quad\lim\limits_{x\to1-}\{f(x)+g(x)\}=\lim\limits_{x\to1-}f(x)+\lim\limits_{x\to1-}g(x)=-4$

$\quad$즉, $\lim\limits_{x\to1}\{f(x)+g(x)\}$의 값은 존재하지 않는다.

ㄴ. $\lim\limits_{x\to1+}f(x)g(x)=\lim\limits_{x\to1+}f(x)\times\lim\limits_{x\to1+}g(x)=4$

$\quad\lim\limits_{x\to1-}f(x)g(x)=\lim\limits_{x\to1-}f(x)\times\lim\limits_{x\to1-}g(x)=4$

$\quad\therefore \lim\limits_{x\to1}f(x)g(x)=4$

ㄷ. $\lim\limits_{x\to1+}\dfrac{f(x)}{g(x)}=\dfrac{\lim\limits_{x\to1+}f(x)}{\lim\limits_{x\to1+}g(x)}=1$

$\quad\lim\limits_{x\to1-}\dfrac{f(x)}{g(x)}=\dfrac{\lim\limits_{x\to1-}f(x)}{\lim\limits_{x\to1-}g(x)}=1$

$\quad\therefore \lim\limits_{x\to1}\dfrac{f(x)}{g(x)}=1$

따라서 보기에서 극한값이 존재하는 것은 ㄴ, ㄷ이다.

2 $\lim\limits_{x\to1}\dfrac{g(x)}{x^2-1}=\dfrac{1}{2}$에서 $\lim\limits_{x\to1}\dfrac{x^2-1}{g(x)}=2$이므로

$\lim\limits_{x\to1}\dfrac{(x+1)f(x)}{g(x)}=\lim\limits_{x\to1}\left\{\dfrac{x^2-1}{g(x)}\times\dfrac{f(x)}{x-1}\right\}$

$\qquad\qquad\qquad\quad=2\times8=16$

3 $x-1=t$로 놓으면 $x\to1$일 때 $t\to0$이므로

$\lim\limits_{x\to1}\dfrac{x^2+3x-4}{f(x-1)}=\lim\limits_{t\to0}\dfrac{(t+1)^2+3(t+1)-4}{f(t)}$

$\qquad\qquad\qquad=\lim\limits_{t\to0}\dfrac{t^2+5t}{f(t)}$

$\qquad\qquad\qquad=\lim\limits_{t\to0}\left\{\dfrac{t}{f(t)}\times(t+5)\right\}$

$\qquad\qquad\qquad=\dfrac{1}{3}\times5=\dfrac{5}{3}$

4 $2f(x)-g(x)=h(x)$로 놓으면 $\lim\limits_{x\to2}h(x)=3$

$g(x)=2f(x)-h(x)$, $\lim\limits_{x\to2}f(x)=1$이므로

$\lim\limits_{x\to2}\dfrac{6f(x)-3g(x)}{f(x)+4g(x)}=\lim\limits_{x\to2}\dfrac{6f(x)-3\{2f(x)-h(x)\}}{f(x)+4\{2f(x)-h(x)\}}$

$\qquad\qquad\qquad=\lim\limits_{x\to2}\dfrac{3h(x)}{9f(x)-4h(x)}$

$\qquad\qquad\qquad=\dfrac{3\times3}{9\times1-4\times3}=-3$

5 $f(x)-g(x)=h(x)$로 놓으면 $\lim\limits_{x\to\infty}h(x)=3$

$g(x)=f(x)-h(x)$, $\lim\limits_{x\to\infty}\dfrac{1}{f(x)}=0$이므로

$\lim\limits_{x\to\infty}\dfrac{3f(x)-2g(x)}{2f(x)-g(x)}=\lim\limits_{x\to\infty}\dfrac{3f(x)-2\{f(x)-h(x)\}}{2f(x)-\{f(x)-h(x)\}}$

$\qquad\qquad\qquad=\lim\limits_{x\to\infty}\dfrac{f(x)+2h(x)}{f(x)+h(x)}$

$\qquad\qquad\qquad=\lim\limits_{x\to\infty}\dfrac{1+\dfrac{2h(x)}{f(x)}}{1+\dfrac{h(x)}{f(x)}}=1$

6 $\lim\limits_{x\to1}\{f(x)+g(x)\}=4$에서 $\alpha+\beta=4$

$\lim\limits_{x\to1}f(x)g(x)=-5$에서 $\alpha\beta=-5$

두 근을 α, β로 하고 이차항의 계수가 1인 이차방정식은

$x^2-4x-5=0$, $(x+1)(x-5)=0$

$\therefore x=-1$ 또는 $x=5$

그런데 $\alpha>\beta$이므로 $\alpha=5$, $\beta=-1$

따라서 $\lim\limits_{x\to1}f(x)=5$, $\lim\limits_{x\to1}g(x)=-1$이므로

$\lim\limits_{x\to1}\dfrac{f(x)+2}{2g(x)+1}=\dfrac{5+2}{2\times(-1)+1}=-7$

7 (1) $\lim\limits_{x\to2}\dfrac{x^3-8}{x-2}=\lim\limits_{x\to2}\dfrac{(x-2)(x^2+2x+4)}{x-2}$

$\qquad\qquad\quad=\lim\limits_{x\to2}(x^2+2x+4)=12$

(2) $\lim\limits_{x\to0}\dfrac{x}{\sqrt{x+1}-1}=\lim\limits_{x\to0}\dfrac{x(\sqrt{x+1}+1)}{(\sqrt{x+1}-1)(\sqrt{x+1}+1)}$

$\qquad\qquad\qquad=\lim\limits_{x\to0}\dfrac{x(\sqrt{x+1}+1)}{x}$

$\qquad\qquad\qquad=\lim\limits_{x\to0}(\sqrt{x+1}+1)=2$

8 $\lim\limits_{x\to0}\dfrac{\sqrt{4-2x}-\sqrt{4+x}}{\sqrt{3+2x}-\sqrt{3-x}}$

$=\lim\limits_{x\to0}\dfrac{(\sqrt{4-2x}-\sqrt{4+x})(\sqrt{4-2x}+\sqrt{4+x})(\sqrt{3+2x}+\sqrt{3-x})}{(\sqrt{3+2x}-\sqrt{3-x})(\sqrt{3+2x}+\sqrt{3-x})(\sqrt{4-2x}+\sqrt{4+x})}$

$=\lim\limits_{x\to0}\dfrac{-3x\times(\sqrt{3+2x}+\sqrt{3-x})}{3x\times(\sqrt{4-2x}+\sqrt{4+x})}$

$=\lim\limits_{x\to0}\left(-\dfrac{\sqrt{3+2x}+\sqrt{3-x}}{\sqrt{4-2x}+\sqrt{4+x}}\right)=-\dfrac{\sqrt{3}}{2}$

9 $\displaystyle\lim_{x\to1}\frac{x^3-1}{(x^2-1)f(x)}=\lim_{x\to1}\frac{(x-1)(x^2+x+1)}{(x+1)(x-1)f(x)}$

$\qquad\qquad\qquad\qquad=\displaystyle\lim_{x\to1}\frac{x^2+x+1}{(x+1)f(x)}=\frac{3}{2f(1)}$

즉, $\dfrac{3}{2f(1)}=1$이므로 $2f(1)=3$ $\quad\therefore f(1)=\dfrac{3}{2}$

10 $\displaystyle\lim_{x\to1+}\frac{x^2+2x-3}{|x^2-1|}=\lim_{x\to1+}\frac{(x+3)(x-1)}{(x+1)(x-1)}$

$\qquad\qquad\qquad\qquad=\displaystyle\lim_{x\to1+}\frac{x+3}{x+1}=2$

$\therefore a=2$

$\displaystyle\lim_{x\to0-}\frac{|x|-x}{x}=\lim_{x\to0-}\frac{-2x}{x}=-2$

$\therefore b=-2$

$\therefore a+b=2+(-2)=0$

11 ㄱ. $\displaystyle\lim_{x\to\infty}\frac{x-3}{x^2+2x-1}=\lim_{x\to\infty}\frac{\dfrac{1}{x}-\dfrac{3}{x^2}}{1+\dfrac{2}{x}-\dfrac{1}{x^2}}=0$

ㄴ. $\displaystyle\lim_{x\to\infty}\frac{-5x^2-2x+4}{x^2-x-2}=\lim_{x\to\infty}\frac{-5-\dfrac{2}{x}+\dfrac{4}{x^2}}{1-\dfrac{1}{x}-\dfrac{2}{x^2}}=-5$

ㄷ. $\displaystyle\lim_{x\to\infty}\frac{9x}{\sqrt{4x^2-x}+\sqrt{x^2+1}}=\lim_{x\to\infty}\frac{9}{\sqrt{4-\dfrac{1}{x}}+\sqrt{1+\dfrac{1}{x^2}}}$

$\qquad\qquad\qquad\qquad\qquad\qquad=3$

따라서 보기에서 옳은 것은 ㄴ, ㄷ이다.

12 $x=-t$로 놓으면 $x\to-\infty$일 때 $t\to\infty$이므로

$\displaystyle\lim_{x\to-\infty}\frac{\sqrt{x^2-2x}-3x}{x-\sqrt{x^2+1}}=\lim_{t\to\infty}\frac{\sqrt{t^2+2t}+3t}{-t-\sqrt{t^2+1}}$

$\qquad\qquad\qquad\qquad\qquad=\displaystyle\lim_{t\to\infty}\frac{\sqrt{1+\dfrac{2}{t}}+3}{-1-\sqrt{1+\dfrac{1}{t^2}}}=-2$

13 $x<0$일 때, $f(x)=\dfrac{-x-1}{3x+2}$

$x=-t$로 놓으면 $x\to-\infty$일 때 $t\to\infty$이므로

$\displaystyle\lim_{x\to-\infty}f(x)=\lim_{x\to-\infty}\frac{-x-1}{3x+2}=\lim_{t\to\infty}\frac{t-1}{-3t+2}$

$\qquad\qquad\qquad=\displaystyle\lim_{t\to\infty}\frac{1-\dfrac{1}{t}}{-3+\dfrac{2}{t}}=-\dfrac{1}{3}$

14 (1) $x=-t$로 놓으면 $x\to-\infty$일 때 $t\to\infty$이므로

$\displaystyle\lim_{x\to-\infty}(x^3+2x^2-3x+1)$

$=\displaystyle\lim_{t\to\infty}(-t^3+2t^2+3t+1)$

$=\displaystyle\lim_{t\to\infty}t^3\Big(-1+\dfrac{2}{t}+\dfrac{3}{t^2}+\dfrac{1}{t^3}\Big)=-\infty$

(2) $\displaystyle\lim_{x\to\infty}\sqrt{x}(\sqrt{x-2}-\sqrt{x})$

$=\displaystyle\lim_{x\to\infty}\frac{\sqrt{x}(\sqrt{x-2}-\sqrt{x})(\sqrt{x-2}+\sqrt{x})}{\sqrt{x-2}+\sqrt{x}}$

$=\displaystyle\lim_{x\to\infty}\frac{-2\sqrt{x}}{\sqrt{x-2}+\sqrt{x}}$

$=\displaystyle\lim_{x\to\infty}\frac{-2}{\sqrt{1-\dfrac{2}{x}}+1}=-1$

15 $\displaystyle\lim_{x\to\infty}\frac{1}{x-\sqrt{x^2+3x-2}}$

$=\displaystyle\lim_{x\to\infty}\frac{x+\sqrt{x^2+3x-2}}{(x-\sqrt{x^2+3x-2})(x+\sqrt{x^2+3x-2})}$

$=\displaystyle\lim_{x\to\infty}\frac{x+\sqrt{x^2+3x-2}}{-3x+2}$

$=\displaystyle\lim_{x\to\infty}\frac{1+\sqrt{1+\dfrac{3}{x}-\dfrac{2}{x^2}}}{-3+\dfrac{2}{x}}=-\dfrac{2}{3}$

16 $x=-t$로 놓으면 $x\to-\infty$일 때 $t\to\infty$이므로

$\displaystyle\lim_{x\to-\infty}(\sqrt{x^2+4x}+x)=\lim_{t\to\infty}(\sqrt{t^2-4t}-t)$

$\qquad\qquad\qquad\qquad=\displaystyle\lim_{t\to\infty}\frac{(\sqrt{t^2-4t}-t)(\sqrt{t^2-4t}+t)}{\sqrt{t^2-4t}+t}$

$\qquad\qquad\qquad\qquad=\displaystyle\lim_{t\to\infty}\frac{-4t}{\sqrt{t^2-4t}+t}$

$\qquad\qquad\qquad\qquad=\displaystyle\lim_{t\to\infty}\frac{-4}{\sqrt{1-\dfrac{4}{t}}+1}=-2$

17 $\displaystyle\lim_{x\to1}\frac{1}{x-1}\Big\{\frac{1}{4}-\frac{1}{(x+1)^2}\Big\}$

$=\displaystyle\lim_{x\to1}\Big\{\frac{1}{x-1}\times\frac{(x+1)^2-4}{4(x+1)^2}\Big\}$

$=\displaystyle\lim_{x\to1}\Big\{\frac{1}{x-1}\times\frac{(x+3)(x-1)}{4(x+1)^2}\Big\}$

$=\displaystyle\lim_{x\to1}\frac{x+3}{4(x+1)^2}=\dfrac{1}{4}$

18 $\displaystyle\lim_{x\to9}(\sqrt{x}-3)\Big(1-\frac{3}{x-9}\Big)$

$=\displaystyle\lim_{x\to9}\Big\{(\sqrt{x}-3)\times\frac{x-12}{x-9}\Big\}$

$=\displaystyle\lim_{x\to9}\frac{(\sqrt{x}-3)(\sqrt{x}+3)(x-12)}{(x-9)(\sqrt{x}+3)}$

$=\displaystyle\lim_{x\to9}\frac{(x-9)(x-12)}{(x-9)(\sqrt{x}+3)}$

$=\displaystyle\lim_{x\to9}\frac{x-12}{\sqrt{x}+3}=-\dfrac{1}{2}$

19 $\displaystyle\lim_{x\to 0}\frac{6}{x}\left(\frac{1}{\sqrt{x+9}}-\frac{1}{3}\right)$

$\quad=\displaystyle\lim_{x\to 0}\left(\frac{6}{x}\times\frac{3-\sqrt{x+9}}{3\sqrt{x+9}}\right)$

$\quad=\displaystyle\lim_{x\to 0}\left\{\frac{6}{x}\times\frac{(3-\sqrt{x+9})(3+\sqrt{x+9})}{3\sqrt{x+9}(3+\sqrt{x+9})}\right\}$

$\quad=\displaystyle\lim_{x\to 0}\left\{\frac{6}{x}\times\frac{-x}{3\sqrt{x+9}(3+\sqrt{x+9})}\right\}$

$\quad=\displaystyle\lim_{x\to 0}\frac{-2}{\sqrt{x+9}(3+\sqrt{x+9})}=-\frac{1}{9}$

20 $\dfrac{1}{n}=t$로 놓으면 $n\to\infty$일 때 $t\to 0+$이므로

$\displaystyle\lim_{n\to\infty}n\left\{f\left(\frac{n+3}{n}\right)-f\left(\frac{-2n-3}{n}\right)\right\}$

$\quad=\displaystyle\lim_{t\to 0+}\frac{1}{t}\{f(1+3t)-f(-2-3t)\}$

$\quad=\displaystyle\lim_{t\to 0+}\frac{(1+3t)^2+(1+3t)-\{-(-2-3t)\}}{t}$

$\quad=\displaystyle\lim_{t\to 0+}\frac{9t^2+6t}{t}$

$\quad=\displaystyle\lim_{t\to 0+}(9t+6)=6$

> **다른 풀이**

$n>0$일 때, $\dfrac{n+3}{n}=1+\dfrac{3}{n}>0$, $\dfrac{-2n-3}{n}=-2-\dfrac{3}{n}<0$
이므로

$f\left(\dfrac{n+3}{n}\right)=\left(\dfrac{n+3}{n}\right)^2+\dfrac{n+3}{n}=\dfrac{2n^2+9n+9}{n^2}$

$f\left(\dfrac{-2n-3}{n}\right)=-\dfrac{-2n-3}{n}=\dfrac{2n+3}{n}$

$\therefore \displaystyle\lim_{n\to\infty}n\left\{f\left(\frac{n+3}{n}\right)-f\left(\frac{-2n-3}{n}\right)\right\}$

$\quad=\displaystyle\lim_{n\to\infty}n\left(\frac{2n^2+9n+9}{n^2}-\frac{2n+3}{n}\right)$

$\quad=\displaystyle\lim_{n\to\infty}\left(n\times\frac{6n+9}{n^2}\right)$

$\quad=\displaystyle\lim_{n\to\infty}\frac{6n+9}{n}=6$

21 $x\to -1$일 때 (분모)$\to 0$이고, 극한값이 존재하므로
(분자)$\to 0$에서 $\displaystyle\lim_{x\to -1}(x^2+ax-8)=0$

$1-a-8=0$

$\therefore a=-7$

이를 주어진 식의 좌변에 대입하면

$\displaystyle\lim_{x\to -1}\frac{x^2-7x-8}{x+1}=\lim_{x\to -1}\frac{(x+1)(x-8)}{x+1}$

$\qquad\qquad\qquad=\displaystyle\lim_{x\to -1}(x-8)=-9$

$\therefore b=-9$

$\therefore a+b=-7+(-9)=-16$

22 $\displaystyle\lim_{x\to\infty}\frac{ax^2}{x^2-1}=2$이므로 $a=2$

이를 $\displaystyle\lim_{x\to 1}\frac{a(x-1)}{x^2-1}=b$의 좌변에 대입하면

$\displaystyle\lim_{x\to 1}\frac{2(x-1)}{x^2-1}=\lim_{x\to 1}\frac{2(x-1)}{(x+1)(x-1)}=\lim_{x\to 1}\frac{2}{x+1}=1$

$\therefore b=1$

$\therefore a+b=2+1=3$

23 $x\to -2$일 때 (분모)$\to 0$이고, 극한값이 존재하므로
(분자)$\to 0$에서 $\displaystyle\lim_{x\to -2}(a\sqrt{x+3}+b)=0$

$a+b=0$ $\quad\therefore b=-a$ $\quad\cdots\cdots$ ㉠

㉠을 주어진 식의 좌변에 대입하면

$\displaystyle\lim_{x\to -2}\frac{a\sqrt{x+3}-a}{x+2}=\lim_{x\to -2}\frac{a(\sqrt{x+3}-1)}{x+2}$

$\qquad\qquad\quad=\displaystyle\lim_{x\to -2}\frac{a(\sqrt{x+3}-1)(\sqrt{x+3}+1)}{(x+2)(\sqrt{x+3}+1)}$

$\qquad\qquad\quad=\displaystyle\lim_{x\to -2}\frac{a(x+2)}{(x+2)(\sqrt{x+3}+1)}$

$\qquad\qquad\quad=\displaystyle\lim_{x\to -2}\frac{a}{\sqrt{x+3}+1}=\frac{a}{2}$

즉, $\dfrac{a}{2}=1$이므로 $a=2$

이를 ㉠에 대입하면 $b=-2$

$\therefore a^2+b^2=4+4=8$

24 $\displaystyle\lim_{x\to 2}\frac{1}{x-2}\left(\frac{a}{x+1}-2\right)=\lim_{x\to 2}\left\{\frac{1}{x-2}\times\frac{a-2(x+1)}{x+1}\right\}$

$\qquad\qquad\qquad\qquad\qquad=\displaystyle\lim_{x\to 2}\frac{-2x+a-2}{(x-2)(x+1)}$ $\quad\cdots\cdots$ ㉠

$x\to 2$일 때 (분모)$\to 0$이고, 극한값이 존재하므로
(분자)$\to 0$에서 $\displaystyle\lim_{x\to 2}(-2x+a-2)=0$

$-4+a-2=0$ $\quad\therefore a=6$

이를 ㉠에 대입하면

$\displaystyle\lim_{x\to 2}\frac{-2x+4}{(x-2)(x+1)}=\lim_{x\to 2}\frac{-2(x-2)}{(x-2)(x+1)}$

$\qquad\qquad\qquad=\displaystyle\lim_{x\to 2}\frac{-2}{x+1}=-\frac{2}{3}$

$\therefore b=-\dfrac{2}{3}$ $\quad\therefore ab=6\times\left(-\dfrac{2}{3}\right)=-4$

25 $\displaystyle\lim_{x\to\infty}\frac{ax^2+bx+c}{x^2-2x-3}=2$이므로 $a=2$

$\displaystyle\lim_{x\to -1}\frac{2x^2+bx+c}{x^2-2x-3}=2$에서 $x\to -1$일 때 (분모)$\to 0$이고,
극한값이 존재하므로 (분자)$\to 0$에서

$\displaystyle\lim_{x\to -1}(2x^2+bx+c)=0$

$2-b+c=0$ $\quad\therefore c=b-2$ $\quad\cdots\cdots$ ㉠

⊙을 $\lim\limits_{x \to -1}\dfrac{2x^2+bx+c}{x^2-2x-3}=2$의 좌변에 대입하면

$$\lim_{x \to -1}\frac{2x^2+bx+b-2}{x^2-2x-3}=\lim_{x \to -1}\frac{(x+1)(2x+b-2)}{(x+1)(x-3)}$$
$$=\lim_{x \to -1}\frac{2x+b-2}{x-3}=\frac{4-b}{4}$$

즉, $\dfrac{4-b}{4}=2$이므로 $b=-4$

이를 ⊙에 대입하면 $c=-4-2=-6$

$\therefore a+b+c=2+(-4)+(-6)=-8$

26 $\lim\limits_{x \to \infty}(\sqrt{x^2+ax+1}-\sqrt{ax^2+1})$

$$=\lim_{x \to \infty}\frac{(\sqrt{x^2+ax+1}-\sqrt{ax^2+1})(\sqrt{x^2+ax+1}+\sqrt{ax^2+1})}{\sqrt{x^2+ax+1}+\sqrt{ax^2+1}}$$
$$=\lim_{x \to \infty}\frac{(1-a)x^2+ax}{\sqrt{x^2+ax+1}+\sqrt{ax^2+1}} \quad \cdots\cdots \text{⊙}$$

이때 ⊙의 극한값이 존재하려면 분자의 차수가 분모의 차수보다 작거나 같아야 하므로

$1-a=0 \quad \therefore a=1$

이를 ⊙에 대입하면

$$\lim_{x \to \infty}\frac{x}{\sqrt{x^2+x+1}+\sqrt{x^2+1}}$$
$$=\lim_{x \to \infty}\frac{1}{\sqrt{1+\dfrac{1}{x}+\dfrac{1}{x^2}}+\sqrt{1+\dfrac{1}{x^2}}}=\frac{1}{2}$$

$\therefore b=\dfrac{1}{2} \quad \therefore 4ab=4\times1\times\dfrac{1}{2}=2$

27 $x \to 3$일 때 (분모) $\to 0$이고, 극한값이 존재하므로 (분자) $\to 0$에서 $\lim\limits_{x \to 3}(2x^2+ax+b)=0$

$18+3a+b=0 \quad \therefore b=-3a-18 \quad \cdots\cdots \text{⊙}$

$$\lim_{x \to 3+}\frac{2x^2+ax+b}{|x-3|}=\lim_{x \to 3+}\frac{2x^2+ax-3a-18}{x-3}$$
$$=\lim_{x \to 3+}\frac{(x-3)(2x+a+6)}{x-3}$$
$$=\lim_{x \to 3+}(2x+a+6)$$
$$=a+12$$

$$\lim_{x \to 3-}\frac{2x^2+ax+b}{|x-3|}=\lim_{x \to 3-}\frac{2x^2+ax-3a-18}{-(x-3)}$$
$$=\lim_{x \to 3-}\frac{(x-3)(2x+a+6)}{-(x-3)}$$
$$=\lim_{x \to 3-}(-2x-a-6)=-a-12$$

이때 $\lim\limits_{x \to 3}\dfrac{2x^2+ax+b}{|x-3|}$의 값이 존재하므로

$a+12=-a-12 \quad \therefore a=-12$

이를 ⊙에 대입하면 $b=36-18=18$

$\therefore a+b=-12+18=6$

28 $\lim\limits_{x \to \infty}\dfrac{f(x)}{2x^2+x+1}=1$에서 $f(x)$는 최고차항의 계수가 2인 이차함수이다. $\quad \cdots\cdots \text{⊙}$

$\lim\limits_{x \to 2}\dfrac{f(x)}{x^2+x-6}=\dfrac{2}{5}$에서 $x \to 2$일 때 (분모) $\to 0$이고, 극한값이 존재하므로 (분자) $\to 0$에서 $\lim\limits_{x \to 2}f(x)=0$

$\therefore f(2)=0 \quad \cdots\cdots \text{⊙}$

⊙, ⊙에서 $f(x)=2(x-2)(x+a)$ (a는 상수)라 하면

$$\lim_{x \to 2}\frac{f(x)}{x^2+x-6}=\lim_{x \to 2}\frac{2(x-2)(x+a)}{x^2+x-6}$$
$$=\lim_{x \to 2}\frac{2(x-2)(x+a)}{(x+3)(x-2)}$$
$$=\lim_{x \to 2}\frac{2(x+a)}{x+3}$$
$$=\frac{2a+4}{5}$$

즉, $\dfrac{2a+4}{5}=\dfrac{2}{5}$이므로 $a=-1$

따라서 $f(x)=2(x-2)(x-1)$이므로

$f(3)=2\times1\times2=4$

29 $\lim\limits_{x \to \infty}\dfrac{f(x)-x^3}{x^2}=2$에서 $f(x)-x^3$은 최고차항의 계수가 2인 이차함수이다. $\quad \cdots\cdots \text{⊙}$

$\lim\limits_{x \to 0}\dfrac{f(x)}{x}=-3$에서 $x \to 0$일 때 (분모) $\to 0$이고, 극한값이 존재하므로 (분자) $\to 0$에서 $\lim\limits_{x \to 0}f(x)=0$

$\therefore f(0)=0 \quad \cdots\cdots \text{⊙}$

⊙, ⊙에서 $f(x)-x^3=2x^2+ax$, 즉 $f(x)=x^3+2x^2+ax$ (a는 상수)라 하면

$$\lim_{x \to 0}\frac{f(x)}{x}=\lim_{x \to 0}\frac{x^3+2x^2+ax}{x}$$
$$=\lim_{x \to 0}(x^2+2x+a)$$
$$=a$$

$\therefore a=-3$

따라서 $f(x)=x^3+2x^2-3x$이므로

$f(2)=8+8-6=10$

30 $\lim\limits_{x \to \infty}\dfrac{xf(x)-2x^3+1}{x^2}=5$에서 $xf(x)-2x^3+1$은 최고차항의 계수가 5인 이차함수이므로 $f(x)$는 최고차항의 계수가 2이고, 일차항의 계수가 5인 이차함수이다.

즉, $f(x)=2x^2+5x+a$ (a는 상수)라 하면

$f(0)=1$에서 $a=1$

따라서 $f(x)=2x^2+5x+1$이므로

$f(1)=2+5+1=8$

31 $\lim\limits_{x\to\infty}\dfrac{f(x)}{x^3}=0$에서 $f(x)$는 이차 이하의 함수이다.

$\qquad\qquad\qquad\qquad\qquad\qquad\qquad$ …… ㉠

$\lim\limits_{x\to 0}\dfrac{f(x)}{x}=3$에서 $x\to 0$일 때 (분모)$\to 0$이고, 극한값이

존재하므로 (분자)$\to 0$에서 $\lim\limits_{x\to 0}f(x)=0$

$\therefore f(0)=0$ $\qquad\qquad\qquad\qquad\qquad$ …… ㉡

㉠, ㉡에서 $f(x)=ax^2+bx\,(a,\ b$는 상수$)$라 하면

$\lim\limits_{x\to 0}\dfrac{f(x)}{x}=\lim\limits_{x\to 0}\dfrac{ax^2+bx}{x}=\lim\limits_{x\to 0}(ax+b)=b$

즉, $b=3$이므로 $f(x)=ax^2+3x$

방정식 $f(x)=x$의 한 근이 -1이므로 $f(-1)=-1$에서

$a-3=-1$ $\quad\therefore a=2$

따라서 $f(x)=2x^2+3x$이므로

$f(1)=2+3=5$

32 $\lim\limits_{x\to 0}\dfrac{f(x)}{x}=1$에서 $x\to 0$일 때 (분모)$\to 0$이고, 극한값이

존재하므로 (분자)$\to 0$에서 $\lim\limits_{x\to 0}f(x)=0$

$\therefore f(0)=0$ $\qquad\qquad\qquad\qquad\qquad$ …… ㉠

$\lim\limits_{x\to 1}\dfrac{f(x)}{x-1}=1$에서 $x\to 1$일 때 (분모)$\to 0$이고, 극한값이

존재하므로 (분자)$\to 0$에서 $\lim\limits_{x\to 1}f(x)=0$

$\therefore f(1)=0$ $\qquad\qquad\qquad\qquad\qquad$ …… ㉡

㉠, ㉡에서 $f(x)=ax(x-1)(x+b)\,(a,\ b$는 상수, $a\neq 0)$
라 하면

$\lim\limits_{x\to 0}\dfrac{f(x)}{x}=\lim\limits_{x\to 0}\dfrac{ax(x-1)(x+b)}{x}$

$\qquad\qquad\quad=\lim\limits_{x\to 0}a(x-1)(x+b)=-ab$

즉, $-ab=1$이므로 $ab=-1$ $\qquad$ …… ㉢

$\lim\limits_{x\to 1}\dfrac{f(x)}{x-1}=\lim\limits_{x\to 1}\dfrac{ax(x-1)(x+b)}{x-1}$

$\qquad\qquad\qquad=\lim\limits_{x\to 1}ax(x+b)=a+ab$

$\therefore a+ab=1$ $\qquad\qquad\qquad$ …… ㉣

㉢, ㉣을 연립하여 풀면

$a=2,\ b=-\dfrac{1}{2}$

따라서 $f(x)=2x(x-1)\Big(x-\dfrac{1}{2}\Big)=x(x-1)(2x-1)$

이므로

$f(2)=2\times 1\times 3=6$

33 $\dfrac{1}{x}=t$로 놓으면 $x\to 0+$일 때 $t\to\infty$이므로

$\lim\limits_{x\to 0+}\dfrac{x^3f\Big(\dfrac{1}{x}\Big)-1}{x^3+2x}=\lim\limits_{t\to\infty}\dfrac{\dfrac{f(t)}{t^3}-1}{\dfrac{1}{t^3}+\dfrac{2}{t}}=\lim\limits_{t\to\infty}\dfrac{f(t)-t^3}{1+2t^2}$

즉, $\lim\limits_{t\to\infty}\dfrac{f(t)-t^3}{1+2t^2}=1$이므로 $\lim\limits_{x\to\infty}\dfrac{f(x)-x^3}{1+2x^2}=1$

$\lim\limits_{x\to\infty}\dfrac{f(x)-x^3}{1+2x^2}=1$에서 $f(x)-x^3$은 최고차항의 계수가

2인 이차함수이므로

$f(x)-x^3=2x^2+ax+b$, 즉 $f(x)=x^3+2x^2+ax+b$

$(a,\ b$는 상수$)$라 하자.

$\lim\limits_{x\to 1}\dfrac{f(x)}{x^2+x-2}=\dfrac{1}{3}$에서 $x\to 1$일 때 (분모)$\to 0$이고,

극한값이 존재하므로 (분자)$\to 0$에서 $\lim\limits_{x\to 1}f(x)=0$

$\therefore f(1)=0$

$f(1)=0$에서 $1+2+a+b=0$ $\qquad\therefore b=-a-3$

즉, $f(x)=x^3+2x^2+ax-a-3$이므로

$\lim\limits_{x\to 1}\dfrac{f(x)}{x^2+x-2}=\lim\limits_{x\to 1}\dfrac{x^3+2x^2+ax-a-3}{x^2+x-2}$

$\qquad\qquad\qquad\quad=\lim\limits_{x\to 1}\dfrac{(x-1)(x^2+3x+a+3)}{(x+2)(x-1)}$

$\qquad\qquad\qquad\quad=\lim\limits_{x\to 1}\dfrac{x^2+3x+a+3}{x+2}=\dfrac{a+7}{3}$

즉, $\dfrac{a+7}{3}=\dfrac{1}{3}$이므로 $a=-6$

따라서 $f(x)=x^3+2x^2-6x+3$이므로

$\lim\limits_{x\to\infty}f\Big(\dfrac{1}{x}\Big)=\lim\limits_{x\to\infty}\Big(\dfrac{1}{x^3}+\dfrac{2}{x^2}-\dfrac{6}{x}+3\Big)=3$

34 $x^2+3>0$이므로 주어진 부등식의 각 변을 x^2+3으로 나

누면

$\dfrac{3x^2+1}{x^2+3}<f(x)<\dfrac{3x^2+4}{x^2+3}$

$\lim\limits_{x\to\infty}\dfrac{3x^2+1}{x^2+3}=3,\ \lim\limits_{x\to\infty}\dfrac{3x^2+4}{x^2+3}=3$이므로 함수의 극한의

대소 관계에 의하여

$\lim\limits_{x\to\infty}f(x)=3$

35 $x>0$일 때, 주어진 부등식의 각 변을 x로 나누면

$\dfrac{\sqrt{4x^2+1}}{x}<\dfrac{f(x)}{x}<\dfrac{\sqrt{4x^2+3}}{x}$

$\lim\limits_{x\to\infty}\dfrac{\sqrt{4x^2+1}}{x}=2,\ \lim\limits_{x\to\infty}\dfrac{\sqrt{4x^2+3}}{x}=2$이므로 함수의 극한

의 대소 관계에 의하여

$\lim\limits_{x\to\infty}\dfrac{f(x)}{x}=2$

36 $\lim\limits_{x\to 0}\Big(\dfrac{1}{2}x^2+2x\Big)=0,\ \lim\limits_{x\to 0}(x^2+2x)=0$이므로 함수의 극

한의 대소 관계에 의하여

$\lim\limits_{x\to 0}f(x)=0$

주어진 부등식의 각 변을 x로 나누면

(ⅰ) $x>0$일 때,

$$\frac{1}{2}x+2<\frac{f(x)}{x}<x+2$$

(ⅱ) $x<0$일 때,

$$x+2<\frac{f(x)}{x}<\frac{1}{2}x+2$$

$\lim\limits_{x\to 0}\left(\frac{1}{2}x+2\right)=2$, $\lim\limits_{x\to 0}(x+2)=2$이므로 함수의 극한의 대소 관계에 의하여

$$\lim_{x\to 0}\frac{f(x)}{x}=2$$

$$\therefore \lim_{x\to 0}\frac{xf(x)+5x}{2f(x)-x}=\lim_{x\to 0}\frac{f(x)+5}{\frac{2f(x)}{x}-1}$$
$$=\frac{0+5}{2\times 2-1}=\frac{5}{3}$$

37 $A(2, 1)$, $B\left(t, \frac{2}{t}\right)$, $C\left(2, \frac{2}{t}\right)$이고 $t>2$이므로

$$\overline{AB}=\sqrt{(t-2)^2+\left(\frac{2}{t}-1\right)^2}=\sqrt{(t-2)^2+\left(\frac{2-t}{t}\right)^2}$$
$$=\sqrt{(t-2)^2\left(1+\frac{1}{t^2}\right)}=(t-2)\sqrt{1+\frac{1}{t^2}}$$

$\overline{BC}=t-2$

$$\therefore \lim_{t\to\infty}\frac{\overline{AB}}{\overline{BC}}=\lim_{t\to\infty}\frac{(t-2)\sqrt{1+\frac{1}{t^2}}}{t-2}=\lim_{t\to\infty}\sqrt{1+\frac{1}{t^2}}=1$$

38 직선 l의 기울기가 1이고 y절편이 $g(t)$이므로 직선 l의 방정식은 $y=x+g(t)$

$A(\alpha,\ \alpha+g(t))$, $B(\beta,\ \beta+g(t))(\alpha<\beta)$라 하면 이차방정식 $x^2=x+g(t)$, 즉 $x^2-x-g(t)=0$의 두 실근은 α, β이므로 근과 계수의 관계에 의하여

$$\alpha+\beta=1,\ \alpha\beta=-g(t) \quad\cdots\cdots\ \bigcirc$$

이때 $\overline{AB}=2t$에서

$$\sqrt{(\alpha-\beta)^2+(\alpha-\beta)^2}=2t$$
$$2(\alpha-\beta)^2=4t^2 \quad\therefore (\alpha-\beta)^2=2t^2$$

$(\alpha+\beta)^2-4\alpha\beta=(\alpha-\beta)^2$이므로

$$(\alpha+\beta)^2-4\alpha\beta=2t^2$$

이 등식의 좌변에 $\bigcirc$을 대입하면

$$1^2-4\times\{-g(t)\}=2t^2$$
$$1+4g(t)=2t^2 \quad\therefore g(t)=\frac{2t^2-1}{4}$$

$$\therefore \lim_{t\to\infty}\frac{g(t)}{t^2}=\lim_{t\to\infty}\frac{2t^2-1}{4t^2}=\lim_{t\to\infty}\frac{2-\frac{1}{t^2}}{4}=\frac{1}{2}$$

Ⅰ-2. 함수의 연속

01 함수의 연속   14~18쪽

1 ①	2 ㄴ, ㄷ	3 ④	4 0	5 2
6 ⑤	7 ③	8 ㄴ	9 ③	10 -2
11 ②	12 $-\frac{1}{2}$	13 -1	14 6	15 1
16 ④	17 ⑤	18 ㄱ, ㄷ	19 ④	20 -1
21 ①	22 ③	23 ㄱ, ㅁ	24 ④	25 ④
26 ④	27 3개	28 $-4<a<2$		

1 $f(x)=\sqrt{1-5x}$는 $1-5x<0$, 즉 $x>\frac{1}{5}$에서 정의되지 않으므로 함수 $f(x)$가 연속인 구간은 ① $\left(-\infty,\ \frac{1}{5}\right]$이다.

2 ㄱ. $f(0)=0$, $\lim\limits_{x\to 0+}f(x)=\lim\limits_{x\to 0+}\frac{x}{|x|}=\lim\limits_{x\to 0+}\frac{x}{x}=1$,

$\lim\limits_{x\to 0-}f(x)=\lim\limits_{x\to 0-}\frac{x}{|x|}=\lim\limits_{x\to 0-}\frac{x}{-x}=-1$이므로

$$\lim_{x\to 0+}f(x)\neq\lim_{x\to 0-}f(x)$$

즉, $\lim\limits_{x\to 0}f(x)$의 값이 존재하지 않으므로 함수 $f(x)$는 $x=0$에서 불연속이다.

ㄴ. $f(1)=-2$, $\lim\limits_{x\to 1+}f(x)=\lim\limits_{x\to 1+}(\sqrt{x-1}-2)=-2$,

$\lim\limits_{x\to 1-}f(x)=\lim\limits_{x\to 1-}(-2)=-2$이므로

$$\lim_{x\to 1}f(x)=f(1)$$

즉, 함수 $f(x)$는 $x=1$에서 연속이다.

ㄷ. $f(2)=4$

$$\lim_{x\to 2}f(x)=\lim_{x\to 2}\frac{x^2-4}{x-2}=\lim_{x\to 2}\frac{(x+2)(x-2)}{x-2}$$
$$=\lim_{x\to 2}(x+2)=4$$

$$\therefore \lim_{x\to 2}f(x)=f(2)$$

즉, 함수 $f(x)$는 $x=2$에서 연속이다.

따라서 보기의 함수에서 모든 실수 x에서 연속인 것은 ㄴ, ㄷ이다.

3 ① $f(-1)=0$, $\lim\limits_{x\to -1+}f(x)=\lim\limits_{x\to -1+}(x+1)=0$,

$\lim\limits_{x\to -1-}f(x)=\lim\limits_{x\to -1-}(-x-1)=0$이므로

$$\lim_{x\to -1}f(x)=f(-1)$$

즉, 함수 $f(x)$는 $x=-1$에서 연속이다.

② $f(-1)=6$, $\lim\limits_{x\to -1}(x^2-2x+3)=6$이므로

$$\lim_{x\to -1}f(x)=f(-1)$$

즉, 함수 $f(x)$는 $x=-1$에서 연속이다.

③ $f(-1)=-1$, $\displaystyle\lim_{x\to-1+}f(x)=\lim_{x\to-1+}(2x+1)=-1$,

$\displaystyle\lim_{x\to-1-}f(x)=\lim_{x\to-1-}(-1)=-1$이므로

$\displaystyle\lim_{x\to-1}f(x)=f(-1)$

즉, 함수 $f(x)$는 $x=-1$에서 연속이다.

④ $f(-1)=3$, $\displaystyle\lim_{x\to-1+}f(x)=\lim_{x\to-1+}(-\sqrt{x+1}+3)=3$,

$\displaystyle\lim_{x\to-1-}f(x)=\lim_{x\to-1-}0=0$이므로

$\displaystyle\lim_{x\to-1+}f(x)\neq\lim_{x\to-1-}f(x)$

즉, $\displaystyle\lim_{x\to-1}f(x)$의 값이 존재하지 않으므로 함수 $f(x)$는

$x=-1$에서 불연속이다.

⑤ $f(-1)=-3$

$\displaystyle\lim_{x\to-1}f(x)=\lim_{x\to-1}\frac{x^2-x-2}{x+1}=\lim_{x\to-1}\frac{(x+1)(x-2)}{x+1}$

$\qquad\qquad=\lim_{x\to-1}(x-2)=-3$

$\therefore \displaystyle\lim_{x\to-1}f(x)=f(-1)$

즉, 함수 $f(x)$는 $x=-1$에서 연속이다.

따라서 $x=-1$에서 불연속인 함수는 ④이다.

4 $f(x)=\begin{cases}3-2x & (x<-1 \text{ 또는 } x>1)\\ 2 & (-1\leq x\leq1)\end{cases}$이므로

$f(-x)=\begin{cases}3+2x & (x<-1 \text{ 또는 } x>1)\\ 2 & (-1\leq x\leq1)\end{cases}$

$\therefore f(x)-f(-x)=\begin{cases}-4x & (x<-1 \text{ 또는 } x>1)\\ 0 & (-1\leq x\leq1)\end{cases}$

즉, 함수 $y=f(x)-f(-x)$
의 그래프는 오른쪽 그림과 같
으므로 함수 $f(x)-f(-x)$
가 불연속인 x의 값은 -1, 1
이다.

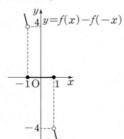

따라서 구하는 x의 값의 합은
$-1+1=0$

5 함수 $y=f(x)$의 그래프는 오
른쪽 그림과 같으므로

$g(t)=\begin{cases}1 & (t<-1 \text{ 또는 } t>3)\\ 2 & (t=-1 \text{ 또는 } t=3)\\ 3 & (-1<t<3)\end{cases}$

따라서 함수 $y=g(t)$의 그래
프는 오른쪽 그림과 같으므로
함수 $g(t)$가 불연속인 실수 t
의 값은 -1, 3의 2개이다.

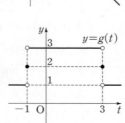

6 ① $f(0)=0$

② $\displaystyle\lim_{x\to-2+}f(x)=1$, $\displaystyle\lim_{x\to-2-}f(x)=1$이므로

$\displaystyle\lim_{x\to-2}f(x)=1$

③ $\displaystyle\lim_{x\to-1+}f(x)=1$, $\displaystyle\lim_{x\to-1-}f(x)=2$이므로

$\displaystyle\lim_{x\to-1+}f(x)\neq\lim_{x\to-1-}f(x)$

즉, $\displaystyle\lim_{x\to-1}f(x)$의 값이 존재하지 않는다.

④ $f(1)=1$, $\displaystyle\lim_{x\to1}f(x)=1$이므로

$\displaystyle\lim_{x\to1}f(x)=f(1)$

즉, 함수 $f(x)$는 $x=1$에서 연속이다.

⑤ $f(2)=2$, $\displaystyle\lim_{x\to2}f(x)=1$이므로

$\displaystyle\lim_{x\to2}f(x)\neq f(2)$

즉, 함수 $f(x)$는 $x=2$에서 불연속이다.

따라서 옳지 않은 것은 ⑤이다.

7 (i) $f(1)=0$

$\displaystyle\lim_{x\to1+}f(x)=1$, $\displaystyle\lim_{x\to1-}f(x)=-1$이므로

$\displaystyle\lim_{x\to1+}f(x)\neq\lim_{x\to1-}f(x)$

즉, $\displaystyle\lim_{x\to1}f(x)$의 값이 존재하지 않으므로 함수 $f(x)$는

$x=1$에서 불연속이다.

(ii) $f(3)=1$

$\displaystyle\lim_{x\to3+}f(x)=0$, $\displaystyle\lim_{x\to3-}f(x)=1$이므로

$\displaystyle\lim_{x\to3+}f(x)\neq\lim_{x\to3-}f(x)$

즉, $\displaystyle\lim_{x\to3}f(x)$의 값이 존재하지 않으므로 함수 $f(x)$는

$x=3$에서 불연속이다.

(iii) $f(4)=0$, $\displaystyle\lim_{x\to4+}f(x)=1$, $\displaystyle\lim_{x\to4-}f(x)=1$이므로

$\displaystyle\lim_{x\to4}f(x)\neq f(4)$

즉, 함수 $f(x)$는 $x=4$에서 불연속이다.

(i)~(iii)에서 함수 $f(x)$는 $x=1$, $x=3$에서 극한값이 존
재하지 않고, $x=1$, $x=3$, $x=4$에서 불연속이므로

$a=2$, $b=3$ $\quad\therefore a+b=5$

8 ㄱ. $f(0)=1$

$x-1=t$로 놓으면 $x\to1+$일 때 $t\to0+$이고,

$x\to1-$일 때 $t\to0-$이므로

$\displaystyle\lim_{x\to1+}f(x-1)=\lim_{t\to0+}f(t)=1$

$\displaystyle\lim_{x\to1-}f(x-1)=\lim_{t\to0-}f(t)=0$

$\therefore \displaystyle\lim_{x\to1+}f(x-1)\neq\lim_{x\to1-}f(x-1)$

즉, $\displaystyle\lim_{x\to1}f(x-1)$의 값이 존재하지 않으므로 함수

$f(x-1)$은 $x=1$에서 불연속이다.

ㄴ. $f(f(0))=f(1)=0$

$f(x)=t$로 놓으면 $x \to 0+$일 때 $t=1$이고, $x \to 0-$일 때 $t \to 0-$이므로

$\lim_{x \to 0+} f(f(x))=f(1)=0$

$\lim_{x \to 0-} f(f(x))=\lim_{t \to 0-} f(t)=0$

$\therefore \lim_{x \to 0} f(f(x))=f(f(0))$

즉, 함수 $f(f(x))$는 $x=0$에서 연속이다.

ㄷ. $f(f(1))=f(0)=1$

$f(x)=t$로 놓으면 $x \to 1+$일 때 $t \to 0+$이고, $x \to 1-$일 때 $t=1$이므로

$\lim_{x \to 1+} f(f(x))=\lim_{t \to 0+} f(t)=1$

$\lim_{x \to 1-} f(f(x))=f(1)=0$

$\therefore \lim_{x \to 1+} f(f(x)) \neq \lim_{x \to 1-} f(f(x))$

즉, $\lim_{x \to 1} f(f(x))$의 값이 존재하지 않으므로 함수 $f(f(x))$는 $x=1$에서 불연속이다.

따라서 보기에서 옳은 것은 ㄴ이다.

9 ㄱ. $f(0)-g(0)=1-0=1$

$\lim_{x \to 0+} \{f(x)-g(x)\}=\lim_{x \to 0+} f(x)-\lim_{x \to 0+} g(x)$
$\qquad\qquad\qquad\quad =0-2=-2$

$\lim_{x \to 0-} \{f(x)-g(x)\}=\lim_{x \to 0-} f(x)-\lim_{x \to 0-} g(x)$
$\qquad\qquad\qquad\quad =0-(-2)=2$

$\therefore \lim_{x \to 0+} \{f(x)-g(x)\} \neq \lim_{x \to 0-} \{f(x)-g(x)\}$

즉, $\lim_{x \to 0} \{f(x)-g(x)\}$의 값이 존재하지 않으므로 함수 $f(x)-g(x)$는 $x=0$에서 불연속이다.

ㄴ. $f(0)g(0)=1 \times 0=0$,

$\lim_{x \to 0+} f(x)g(x)=0 \times 2=0$,

$\lim_{x \to 0-} f(x)g(x)=0 \times (-2)=0$이므로

$\lim_{x \to 0} f(x)g(x)=f(0)g(0)$

즉, 함수 $f(x)g(x)$는 $x=0$에서 연속이다.

ㄷ. $f(g(0))=f(0)=1$

$g(x)=t$로 놓으면 $x \to 0+$일 때 $t \to 2-$이고, $x \to 0-$일 때 $t \to -2+$이므로

$\lim_{x \to 0+} f(g(x))=\lim_{t \to 2-} f(t)=1$

$\lim_{x \to 0-} f(g(x))=\lim_{t \to -2+} f(t)=1$

$\therefore \lim_{x \to 0} f(g(x))=1$

즉, $\lim_{x \to 0} f(g(x))=f(g(0))$이므로 함수 $f(g(x))$는 $x=0$에서 연속이다.

ㄹ. $g(f(0))=g(1)=1$

$f(x)=t$로 놓으면 $x \to 0$일 때 $t \to 0+$이므로

$\lim_{x \to 0} g(f(x))=\lim_{t \to 0+} g(t)=2$

$\therefore \lim_{x \to 0} g(f(x)) \neq g(f(0))$

즉, 함수 $g(f(x))$는 $x=0$에서 불연속이다.

따라서 보기의 함수에서 $x=0$에서 연속인 것은 ㄴ, ㄷ이다.

10 함수 $f(x)$가 $x=1$에서 연속이므로 $\lim_{x \to 1} f(x)=f(1)$에서

$\lim_{x \to 1} \dfrac{\sqrt{x+3}+a}{x-1}=b$ ...... ㉠

$x \to 1$일 때 (분모)$\to 0$이고, 극한값이 존재하므로 (분자)$\to 0$에서 $\lim_{x \to 1}(\sqrt{x+3}+a)=0$

$2+a=0$ $\therefore a=-2$

이를 ㉠의 좌변에 대입하면

$\lim_{x \to 1} \dfrac{\sqrt{x+3}-2}{x-1}=\lim_{x \to 1} \dfrac{(\sqrt{x+3}-2)(\sqrt{x+3}+2)}{(x-1)(\sqrt{x+3}+2)}$

$\qquad\qquad\qquad =\lim_{x \to 1} \dfrac{x-1}{(x-1)(\sqrt{x+3}+2)}$

$\qquad\qquad\qquad =\lim_{x \to 1} \dfrac{1}{\sqrt{x+3}+2}=\dfrac{1}{4}$

$\therefore b=\dfrac{1}{4}$ $\therefore 4ab=4 \times (-2) \times \dfrac{1}{4}=-2$

11 함수 $(x^2+ax+b)f(x)$가 $x=1$에서 연속이므로

$\lim_{x \to 1+} (x^2+ax+b)f(x)=\lim_{x \to 1-} (x^2+ax+b)f(x)$
$\qquad\qquad\qquad\qquad =(1+a+b)f(1)$

이때

$\lim_{x \to 1+} (x^2+ax+b)f(x)=(1+a+b) \times 3$
$\qquad\qquad\qquad\qquad =3a+3b+3$

$\lim_{x \to 1-} (x^2+ax+b)f(x)=(1+a+b) \times 1$
$\qquad\qquad\qquad\qquad =a+b+1$

$(1+a+b)f(1)=a+b+1$이므로

$3a+3b+3=a+b+1$ $\therefore a+b=-1$

12 $f(x)=f(x+3)$의 양변에 $x=0$을 대입하면

$f(0)=f(3)$

$a(-2)^2+b=-2 \times 3+4$

$\therefore 4a+b=-2$ ...... ㉠

함수 $f(x)$가 모든 실수 x에서 연속이면 $x=2$에서 연속이므로 $\lim_{x \to 2+} f(x)=\lim_{x \to 2-} f(x)=f(2)$에서

$\lim_{x \to 2+} f(x)=\lim_{x \to 2+} (-2x+4)=0$

$\lim_{x \to 2-} f(x)=\lim_{x \to 2-} \{a(x-2)^2+b\}=b$

$$f(2)=b$$
$$\therefore b=0$$

이를 ㉠에 대입하면 $4a=-2$ $\quad\therefore a=-\dfrac{1}{2}$

$$\therefore f(x)=\begin{cases}-\dfrac{1}{2}(x-2)^2 & (0\le x\le 2)\\ -2x+4 & (2<x\le 3)\end{cases}$$

$$\therefore f(19)=f(16)=\cdots=f(4)=f(1)$$
$$=-\dfrac{1}{2}(1-2)^2=-\dfrac{1}{2}$$

13 $x\ne 1$일 때, $f(x)=\dfrac{\sqrt{x^2+3}+k}{x-1}$

함수 $f(x)$가 모든 실수 x에서 연속이면 $x=1$에서 연속이므로 $f(1)=\lim\limits_{x\to 1}f(x)$에서

$$f(1)=\lim\limits_{x\to 1}\dfrac{\sqrt{x^2+3}+k}{x-1} \quad\cdots\cdots ㉠$$

$x\to 1$일 때 (분모)$\to 0$이고, 극한값이 존재하므로 (분자)$\to 0$에서 $\lim\limits_{x\to 1}(\sqrt{x^2+3}+k)=0$

$2+k=0$ $\quad\therefore k=-2$

이를 ㉠에 대입하면

$$f(1)=\lim\limits_{x\to 1}\dfrac{\sqrt{x^2+3}-2}{x-1}$$
$$=\lim\limits_{x\to 1}\dfrac{(\sqrt{x^2+3}-2)(\sqrt{x^2+3}+2)}{(x-1)(\sqrt{x^2+3}+2)}$$
$$=\lim\limits_{x\to 1}\dfrac{x^2-1}{(x-1)(\sqrt{x^2+3}+2)}$$
$$=\lim\limits_{x\to 1}\dfrac{(x+1)(x-1)}{(x-1)(\sqrt{x^2+3}+2)}$$
$$=\lim\limits_{x\to 1}\dfrac{x+1}{\sqrt{x^2+3}+2}=\dfrac{1}{2}$$

$$\therefore kf(1)=-2\times\dfrac{1}{2}=-1$$

14 $x\ne -1$, $x\ne 1$일 때,

$$f(x)=\dfrac{x^3+3x^2-x-3}{x^2-1}$$
$$=\dfrac{(x+3)(x+1)(x-1)}{(x+1)(x-1)}=x+3$$

함수 $f(x)$가 모든 실수 x에서 연속이면 $x=-1$, $x=1$에서 연속이므로

(i) $f(-1)=\lim\limits_{x\to -1}f(x)$에서 $f(-1)=\lim\limits_{x\to -1}(x+3)=2$

(ii) $f(1)=\lim\limits_{x\to 1}f(x)$에서 $f(1)=\lim\limits_{x\to 1}(x+3)=4$

$$\therefore f(-1)+f(1)=2+4=6$$

15 $x\ne -3$, $x\ne 2$일 때,

$$f(x)=\dfrac{x^3+ax+b}{x^2+x-6}=\dfrac{x^3+ax+b}{(x+3)(x-2)}$$

함수 $f(x)$가 모든 실수 x에서 연속이면 $x=-3$, $x=2$에서 연속이므로

(i) $f(-3)=\lim\limits_{x\to -3}f(x)$에서

$$f(-3)=\lim\limits_{x\to -3}\dfrac{x^3+ax+b}{(x+3)(x-2)}$$

$x\to -3$일 때 (분모)$\to 0$이고, 극한값이 존재하므로 (분자)$\to 0$에서 $\lim\limits_{x\to -3}(x^3+ax+b)=0$

$-27-3a+b=0$ $\quad\therefore 3a-b=-27 \quad\cdots\cdots ㉠$

(ii) $f(2)=\lim\limits_{x\to 2}f(x)$에서 $f(2)=\lim\limits_{x\to 2}\dfrac{x^3+ax+b}{(x+3)(x-2)}$

$x\to 2$일 때 (분모)$\to 0$이고, 극한값이 존재하므로 (분자)$\to 0$에서 $\lim\limits_{x\to 2}(x^3+ax+b)=0$

$8+2a+b=0$ $\quad\therefore 2a+b=-8 \quad\cdots\cdots ㉡$

㉠, ㉡을 연립하여 풀면 $a=-7$, $b=6$

$$\therefore f(2)=\lim\limits_{x\to 2}\dfrac{x^3-7x+6}{(x+3)(x-2)}$$
$$=\lim\limits_{x\to 2}\dfrac{(x+3)(x-1)(x-2)}{(x+3)(x-2)}$$
$$=\lim\limits_{x\to 2}(x-1)=1$$

16 $\dfrac{f(x)}{g(x)}=\dfrac{x+1}{x^2-2x-3}=\dfrac{x+1}{(x+1)(x-3)}$ 은 $x=-1$, $x=3$

에서 정의되지 않으므로 함수 $\dfrac{f(x)}{g(x)}$가 연속인 구간은

④ $(-\infty,\ -1)$, $(-1,\ 3)$, $(3,\ \infty)$이다.

17 두 함수 $f(x)=x$, $g(x)=x^2-4$는 다항함수이므로 모든 실수 x에서 연속이다.

① 두 함수 $f(x)$, $2g(x)$는 모든 실수 x에서 연속이므로 함수 $f(x)+2g(x)$도 모든 실수 x에서 연속이다.

② 두 함수 $f(x)$, $g(x)$는 모든 실수 x에서 연속이므로 함수 $f(x)g(x)$도 모든 실수 x에서 연속이다.

③ $g(f(x))=x^2-4$이므로 함수 $g(f(x))$는 모든 실수 x에서 연속이다.

④ $f(g(x))=x^2-4$이므로 함수 $f(g(x))$는 모든 실수 x에서 연속이다.

⑤ $\dfrac{f(x)}{g(x)}=\dfrac{x}{x^2-4}=\dfrac{x}{(x+2)(x-2)}$는 $x=-2$, $x=2$에서 정의되지 않으므로 함수 $\dfrac{f(x)}{g(x)}$는 $x=-2$, $x=2$에서 불연속이다.

따라서 모든 실수 x에서 연속인 함수가 아닌 것은 ⑤이다.

18 ㄱ. $f(a)=b$ (b는 상수)라 하면 함수 $f(x)$가 $x=a$에서 연속이므로 $\lim\limits_{x\to a}f(x)=b$

$|f(a)|=|b|$이고, $f(x)=t$로 놓으면 $x \to a$일 때
$t \to b$이므로

$$\lim_{x \to a}|f(x)|=\lim_{t \to b}|t|=|b|$$

$$\therefore \lim_{x \to a}|f(x)|=|f(a)|$$

즉, 함수 $|f(x)|$는 $x=a$에서 연속이다.

ㄴ. [반례] $f(x)=\begin{cases} -1 & (x \geq 0) \\ 1 & (x < 0) \end{cases}$ 이면 $\{f(x)\}^2=1$이므로

함수 $\{f(x)\}^2$은 $x=0$에서 연속이지만 함수 $f(x)$는
$x=0$에서 불연속이다.

ㄷ. $f(x)+g(x)=h(x)$, $f(x)-g(x)=k(x)$라 하면

$$g(x)=\frac{h(x)-k(x)}{2}$$

이때 두 함수 $h(x)$, $k(x)$가 $x=a$에서 연속이면 함수
$g(x)$도 $x=a$에서 연속이다.

따라서 보기에서 옳은 것은 ㄱ, ㄷ이다.

19 함수 $f(x)$는 $x \neq a$인 실수 전체의 집합에서 연속이므로
함수 $\{f(x)\}^2$이 실수 전체의 집합에서 연속이려면 $x=a$
에서 연속이어야 하므로

$$\{f(a)\}^2=\lim_{x \to a+}\{f(x)\}^2=\lim_{x \to a-}\{f(x)\}^2$$

이때 $\{f(a)\}^2=a^2$, $\lim_{x \to a+}\{f(x)\}^2=\lim_{x \to a+}(2x-a)^2=a^2$,

$\lim_{x \to a-}\{f(x)\}^2=\lim_{x \to a-}(-2x+6)^2=(-2a+6)^2$이므로

$a^2=(-2a+6)^2$, $a^2-8a+12=0$

$(a-2)(a-6)=0$ $\therefore a=2$ 또는 $a=6$

따라서 구하는 a의 값의 합은 $2+6=8$

20 모든 실수 x에서 $f(x)>0$이고 $\lim_{x \to 2+}f(x) \neq \lim_{x \to 2-}f(x)$이
므로 함수 $f(x)$는 $x=2$에서 불연속이다.

이때 함수 $g(x)$는 모든 실수 x에서 연속이므로 함수
$\dfrac{g(x)}{f(x)}$가 모든 실수 x에서 연속이면 $x=2$에서 연속이다.

$$\frac{g(2)}{f(2)}=\lim_{x \to 2+}\frac{g(x)}{f(x)}=\lim_{x \to 2-}\frac{g(x)}{f(x)}$$에서

$\dfrac{g(2)}{f(2)}=\dfrac{2a+2}{3}$, $\lim_{x \to 2+}\dfrac{g(x)}{f(x)}=\lim_{x \to 2+}\dfrac{ax+2}{3}=\dfrac{2a+2}{3}$,

$\lim_{x \to 2-}\dfrac{g(x)}{f(x)}=\lim_{x \to 2-}\dfrac{ax+2}{x^2-4x+6}=a+1$

따라서 $\dfrac{2a+2}{3}=a+1$이므로 $a=-1$

21 ㈎의 양변에 $x=0$을 대입하면 $f(0)g(0)=0$

이때 ㈏에서 $g(0)=1$이므로 $f(0)=0$

삼차함수 $f(x)$의 최고차항의 계수가 1이므로

$f(x)=x(x^2+ax+b)$ (a, b는 상수)라 하면

㈎에서 $x(x^2+ax+b)g(x)=x(x+3)$

$x \neq 0$, $x^2+ax+b \neq 0$일 때,

$$g(x)=\frac{x(x+3)}{x(x^2+ax+b)}=\frac{x+3}{x^2+ax+b} \quad \cdots\cdots \ ㉠$$

함수 $g(x)$가 실수 전체의 집합에서 연속이면 $x=0$에서 연
속이므로

$\lim_{x \to 0}g(x)=g(0)$에서 $\lim_{x \to 0}g(x)=1$

㉠에서 $\lim_{x \to 0}\dfrac{x+3}{x^2+ax+b}=1$, $\dfrac{3}{b}=1$ $\therefore b=3$

한편 ㉠에서 함수 $g(x)$가 실수 전체의 집합에서 연속이면
$x^2+ax+3 \neq 0$

즉, 모든 실수 x에서 $x^2+ax+3>0$이므로 이차방정식
$x^2+ax+3=0$의 판별식을 D라 하면

$D=a^2-12<0$ $\therefore -2\sqrt{3}<a<2\sqrt{3}$ $\cdots\cdots \ ㉡$

또 $f(x)=x(x^2+ax+3)$에서 $f(1)$은 자연수이므로

$f(1)=a+4>0$ $\therefore a>-4$

즉, a는 -4보다 큰 정수이다. $\cdots\cdots \ ㉢$

㉡, ㉢에서 a의 값은 -3, -2, -1, 0, 1, 2, 3이다.

따라서 $g(2)=\dfrac{2+3}{4+2a+3}=\dfrac{5}{2a+7}$이므로 $a=3$에서 최

솟값 $\dfrac{5}{13}$를 갖는다.

22 닫힌구간 $[1, 3]$에서 두 함수 $f(x)=\sqrt{-2x+11}$,
$g(x)=x^2-4x$의 그래프는 다음 그림과 같다.

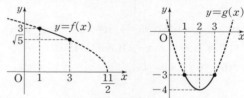

따라서 $M=3$, $m=-4$이므로 $M+m=-1$

23 함수 $f(x)=\dfrac{2-x}{x-1}$의 그래프는 오
른쪽 그림과 같다.

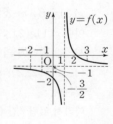

ㄱ, ㅁ. 함수 $f(x)$는 닫힌구간
$[-2, -1]$, $[2, 3]$에서 연속
이므로 각 구간에서 최댓값과
최솟값을 갖는다.

ㄴ. 반열린구간 $[-1, 0)$에서 최댓값은 $-\dfrac{3}{2}$, 최솟값은
없다.

ㄷ. 반열린구간 $(0, 1]$에서 최댓값과 최솟값은 없다.

ㄹ. 닫힌구간 $[1, 2]$에서 최댓값은 없고, 최솟값은 0이다.

따라서 보기의 구간에서 최댓값과 최솟값이 모두 존재하
는 것은 ㄱ, ㅁ이다.

24 함수 $f(x)=\dfrac{2x}{2-x}$의 그래프는 오른쪽 그림과 같다.

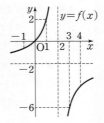

①, ②, ⑤ 함수 $f(x)$는 닫힌구간 $[-1,\ 0]$, $[0,\ 1]$, $[3,\ 4]$에서 연속이므로 각 구간에서 최댓값과 최솟값을 갖는다.

③ 닫힌구간 $[1,\ 2]$에서 최댓값은 없고, 최솟값은 2이다.

④ 닫힌구간 $[2,\ 3]$에서 최댓값은 -6, 최솟값은 없다.

따라서 최솟값이 존재하지 않는 구간은 ④이다.

25 $f(x)=x^3+2x-8$이라 하면 함수 $f(x)$는 닫힌구간 $[-2,\ 3]$에서 연속이고

$f(-2)=-20,\ f(-1)=-11,\ f(0)=-8,$
$f(1)=-5,\ f(2)=4,\ f(3)=25$

따라서 $f(1)f(2)<0$이므로 사잇값 정리에 의하여 주어진 방정식의 실근이 존재하는 구간은 ④이다.

26 함수 $f(x)$는 다항함수이므로 모든 실수 x에서 연속이고, $f(1)f(3)<0$, $f(3)f(5)<0$이므로 사잇값 정리에 의하여 방정식 $f(x)=0$은 열린구간 $(1,\ 3)$, $(3,\ 5)$에서 각각 적어도 하나의 실근을 갖는다.

이때 방정식 $f(x)=0$, 즉 $x(x-m)(x-n)=0$의 실근은 $x=0$ 또는 $x=m$ 또는 $x=n$이고, m, n은 자연수이므로

$m=2,\ n=4$ 또는 $m=4,\ n=2$

따라서 $f(x)=x(x-2)(x-4)$이므로

$f(6)=6\times4\times2=48$

27 $g(x)=f(x)-x^2$이라 하면 함수 $g(x)$는 닫힌구간 $[1,\ 4]$에서 연속이고

$g(1)=f(1)-1^2=3,\ g(2)=f(2)-2^2=-3,$
$g(3)=f(3)-3^2=2,\ g(4)=f(4)-4^2=-1$

이때 $g(1)g(2)<0$, $g(2)g(3)<0$, $g(3)g(4)<0$이므로 사잇값 정리에 의하여 방정식 $g(x)=0$은 열린구간 $(1,\ 2)$, $(2,\ 3)$, $(3,\ 4)$에서 각각 적어도 하나의 실근을 갖는다.

따라서 열린구간 $(1,\ 4)$에서 적어도 3개의 실근을 갖는다.

28 $f(x)=x^2-3x+a$라 하면 함수 $f(x)$는 닫힌구간 $[-1,\ 1]$에서 연속이고

$f(-1)=1+3+a=a+4,\ f(1)=1-3+a=a-2$

이때 방정식 $f(x)=0$이 열린구간 $(-1,\ 1)$에서 적어도 하나의 실근을 가지려면 $f(-1)f(1)<0$이어야 하므로

$(a+4)(a-2)<0$ ∴ $-4<a<2$

II-1. 미분계수와 도함수

01 미분계수   20~23쪽

1 -3	**2** 1	**3** ①	**4** 3	**5** ③
6 ①	**7** 12	**8** -5	**9** ④	**10** $\dfrac{1}{6}$
11 1	**12** ③	**13** 10	**14** ③	**15** ⑤
16 ④	**17** 2	**18** ㄱ, ㄴ		
19 $f'(b)<\dfrac{f(b)-f(a)}{b-a}<f'(a)$		**20** ㄴ, ㄷ	**21** ㄱ, ㄴ	
22 ④	**23** 3	**24** ⑤		

1 함수 $f(x)$에서 x의 값이 -1에서 1까지 변할 때의 평균변화율은

$$\dfrac{\Delta y}{\Delta x}=\dfrac{f(1)-f(-1)}{1-(-1)}=\dfrac{a+3-(-a+3)}{2}=\dfrac{2a}{2}=a$$

∴ $a=-3$

2 함수 $f(x)$에서 x의 값이 a에서 $a+2$까지 변할 때의 평균변화율은

$$\dfrac{\Delta y}{\Delta x}=\dfrac{f(a+2)-f(a)}{a+2-a}$$
$$=\dfrac{\{(a+2)^2+(a+2)\}-(a^2+a)}{2}$$
$$=\dfrac{4a+6}{2}=2a+3$$

따라서 $2a+3=5$이므로 $a=1$

3 함수 $f(x)$에서 x의 값이 0에서 2까지 변할 때의 평균변화율은

$$\dfrac{\Delta y}{\Delta x}=\dfrac{f(2)-f(0)}{2-0}=\dfrac{2-0}{2}=1 \qquad ∴ a=1$$

함수 $f(x)$의 $x=1$에서의 미분계수는

$$f'(1)=\lim_{\Delta x\to 0}\dfrac{f(1+\Delta x)-f(1)}{\Delta x}$$
$$=\lim_{\Delta x\to 0}\dfrac{\{-(1+\Delta x)^2+3(1+\Delta x)\}-2}{\Delta x}$$
$$=\lim_{\Delta x\to 0}\dfrac{-(\Delta x)^2+\Delta x}{\Delta x}$$
$$=\lim_{\Delta x\to 0}(-\Delta x+1)=1$$

∴ $b=1$

∴ $a+b=1+1=2$

4 함수 $f(x)$에서 x의 값이 1에서 5까지 변할 때의 평균변화율은

$$\dfrac{\Delta y}{\Delta x}=\dfrac{f(5)-f(1)}{5-1}=\dfrac{4-0}{4}=1$$

함수 $f(x)$의 $x=a$에서의 미분계수는

$$f'(a)=\lim_{\Delta x\to 0}\frac{f(a+\Delta x)-f(a)}{\Delta x}$$

$$=\lim_{\Delta x\to 0}\frac{\{(a+\Delta x)^2-5(a+\Delta x)+4\}-(a^2-5a+4)}{\Delta x}$$

$$=\lim_{\Delta x\to 0}\frac{(\Delta x)^2+(2a-5)\Delta x}{\Delta x}$$

$$=\lim_{\Delta x\to 0}(\Delta x+2a-5)$$

$$=2a-5$$

따라서 $1=2a-5$이므로 $a=3$

5 $f(a)=-2$, $f(b)=4$에서 $g(-2)=a$, $g(4)=b$

함수 $f(x)$에서 x의 값이 a에서 b까지 변할 때의 평균변화율은

$$\frac{\Delta y}{\Delta x}=\frac{f(b)-f(a)}{b-a}=\frac{4-(-2)}{b-a}=\frac{6}{b-a}$$

즉, $\dfrac{6}{b-a}=\dfrac{1}{2}$이므로 $b-a=12$

따라서 함수 $g(x)$에서 x의 값이 -2에서 4까지 변할 때의 평균변화율은

$$\frac{\Delta y}{\Delta x}=\frac{g(4)-g(-2)}{4-(-2)}=\frac{b-a}{6}=\frac{12}{6}=2$$

6 $f(x)=x^2+ax+b$ (a, b는 상수)라 하면 x의 값이 0에서 6까지 변할 때의 평균변화율은

$$\frac{\Delta y}{\Delta x}=\frac{f(6)-f(0)}{6-0}=\frac{36+6a+b-b}{6}=\frac{6a+36}{6}=a+6$$

즉, $a+6=0$이므로 $a=-6$

따라서 $f(x)=x^2-6x+b$이므로

$$f'(4)=\lim_{\Delta x\to 0}\frac{f(4+\Delta x)-f(4)}{\Delta x}$$

$$=\lim_{\Delta x\to 0}\frac{\{(4+\Delta x)^2-6(4+\Delta x)+b\}-(b-8)}{\Delta x}$$

$$=\lim_{\Delta x\to 0}\frac{(\Delta x)^2+2\Delta x}{\Delta x}$$

$$=\lim_{\Delta x\to 0}(\Delta x+2)=2$$

7 $$\lim_{h\to 0}\frac{f(1+2h)-f(1-4h)}{h}$$

$$=\lim_{h\to 0}\frac{f(1+2h)-f(1)+f(1)-f(1-4h)}{h}$$

$$=\lim_{h\to 0}\frac{f(1+2h)-f(1)}{2h}\times 2$$

$$\qquad -\lim_{h\to 0}\frac{f(1-4h)-f(1)}{-4h}\times(-4)$$

$$=2f'(1)+4f'(1)=6f'(1)$$

$$=6\times 2=12$$

8 $$\lim_{h\to 0}\frac{f(3+h)-f(3+h^2)}{h}$$

$$=\lim_{h\to 0}\frac{f(3+h)-f(3)+f(3)-f(3+h^2)}{h}$$

$$=\lim_{h\to 0}\frac{f(3+h)-f(3)}{h}-\lim_{h\to 0}\frac{f(3+h^2)-f(3)}{h^2}\times h$$

$$=f'(3)-f'(3)\times 0$$

$$=f'(3)=-5$$

9 $$\lim_{h\to 0}\frac{f(2+kh)-f(2)}{h}=\lim_{h\to 0}\frac{f(2+kh)-f(2)}{kh}\times k$$

$$=kf'(2)=3k$$

따라서 $3k=9$이므로 $k=3$

10 $\dfrac{3}{t}=h$로 놓으면 $t\to\infty$일 때 $h\to 0$이므로

$$\lim_{t\to\infty}t\left\{f\left(\frac{2t+3}{t}\right)-6\right\}=3\lim_{h\to 0}\frac{f(2+h)-6}{h}=\frac{1}{2}$$

$3\lim\limits_{h\to 0}\dfrac{f(2+h)-6}{h}=\dfrac{1}{2}$에서 $h\to 0$일 때 (분모)$\to 0$이고,

극한값이 존재하므로 (분자)$\to 0$에서

$$\lim_{h\to 0}\{f(2+h)-6\}=0$$

$$f(2)-6=0\qquad\therefore f(2)=6$$

$$\therefore 3\lim_{h\to 0}\frac{f(2+h)-6}{h}=3\lim_{h\to 0}\frac{f(2+h)-f(2)}{h}$$

$$=3f'(2)$$

따라서 $3f'(2)=\dfrac{1}{2}$이므로 $f'(2)=\dfrac{1}{6}$

11 $$\lim_{x\to 2}\frac{f(x^2)-f(4)}{x^3-8}$$

$$=\lim_{x\to 2}\left\{\frac{f(x^2)-f(4)}{x^2-4}\times\frac{x^2-4}{x^3-8}\right\}$$

$$=\lim_{x\to 2}\frac{f(x^2)-f(4)}{x^2-4}\times\lim_{x\to 2}\frac{(x+2)(x-2)}{(x-2)(x^2+2x+4)}$$

$$=f'(4)\times\frac{4}{12}=3\times\frac{1}{3}=1$$

12 $$\lim_{x\to 1}\frac{f(x^2)-x^2f(1)}{x-1}$$

$$=\lim_{x\to 1}\frac{f(x^2)-f(1)+f(1)-x^2f(1)}{x-1}$$

$$=\lim_{x\to 1}\left\{\frac{f(x^2)-f(1)}{x^2-1}\times(x+1)\right\}$$

$$\qquad -\lim_{x\to 1}\frac{(x+1)(x-1)f(1)}{x-1}$$

$$=2f'(1)-2f(1)$$

$$=2\times 2-2\times(-1)=6$$

13 $\displaystyle\lim_{x\to3}\frac{x^2-9f(x)}{x^2-9}=\lim_{x\to3}\frac{x^2-9f(3)+9f(3)-9f(x)}{x^2-9}$

$\qquad\qquad\qquad=\displaystyle\lim_{x\to3}\frac{x^2-9}{x^2-9}-9\lim_{x\to3}\frac{f(x)-f(3)}{x^2-9}$

$\qquad\qquad\qquad=1-9\displaystyle\lim_{x\to3}\left\{\frac{f(x)-f(3)}{x-3}\times\frac{1}{x+3}\right\}$

$\qquad\qquad\qquad=1-9\left\{\displaystyle\lim_{x\to3}\frac{f(x)-f(3)}{x-3}\times\lim_{x\to3}\frac{1}{x+3}\right\}$

$\qquad\qquad\qquad=1-9\times f'(3)\times\dfrac{1}{6}$

$\qquad\qquad\qquad=1+9=10$

14 (가)에서 $x\to1$일 때 (분모)$\to0$이고, 극한값이 존재하므로
(분자)$\to0$에서

$\displaystyle\lim_{x\to1}\{f(x)-g(x)\}=0$

$f(1)-g(1)=0\qquad\therefore f(1)=g(1)\qquad\cdots\cdots\ \ominus$

$\displaystyle\lim_{x\to1}\frac{f(x)-g(x)}{x-1}$

$=\displaystyle\lim_{x\to1}\frac{f(x)-f(1)+g(1)-g(x)}{x-1}\ (\because\ \ominus)$

$=\displaystyle\lim_{x\to1}\frac{f(x)-f(1)}{x-1}-\lim_{x\to1}\frac{g(x)-g(1)}{x-1}$

$=f'(1)-g'(1)$

$\therefore f'(1)-g'(1)=5\qquad\cdots\cdots\ \bigcirc$

(나)에서

$\displaystyle\lim_{x\to1}\frac{f(x)+g(x)-2f(1)}{x-1}$

$=\displaystyle\lim_{x\to1}\frac{\{f(x)-f(1)\}+\{g(x)-g(1)\}}{x-1}\ (\because\ \ominus)$

$=\displaystyle\lim_{x\to1}\frac{f(x)-f(1)}{x-1}+\lim_{x\to1}\frac{g(x)-g(1)}{x-1}$

$=f'(1)+g'(1)$

$\therefore f'(1)+g'(1)=7\qquad\cdots\cdots\ \copyright$

$\bigcirc$, $\copyright$을 연립하여 풀면 $f'(1)=6$, $g'(1)=1$

이때 $\displaystyle\lim_{x\to1}\frac{f(x)-a}{x-1}=b\times g(1)$에서 $b\times g(1)$은 실수이므

로 $\displaystyle\lim_{x\to1}\frac{f(x)-a}{x-1}$의 값은 존재한다.

즉, $\displaystyle\lim_{x\to1}\frac{f(x)-a}{x-1}=b\times g(1)$에서 $x\to1$일 때 (분모)$\to0$

이고, 극한값이 존재하므로 (분자)$\to0$에서

$\displaystyle\lim_{x\to1}\{f(x)-a\}=0$

$f(1)-a=0\qquad\therefore a=f(1)$

$\therefore \displaystyle\lim_{x\to1}\frac{f(x)-a}{x-1}=\lim_{x\to1}\frac{f(x)-f(1)}{x-1}=f'(1)$

$\ominus$에 의하여

$f'(1)=b\times g(1)=b\times f(1)=ab$

$\therefore ab=6$

15 $f(x+y)=f(x)+f(y)$의 양변에 $x=0$, $y=0$을 대입하면
$f(0)=f(0)+f(0)\qquad\therefore f(0)=0$
미분계수의 정의에 의하여

$f'(3)=\displaystyle\lim_{h\to0}\frac{f(3+h)-f(3)}{h}$

$\qquad=\displaystyle\lim_{h\to0}\frac{f(3)+f(h)-f(3)}{h}=\lim_{h\to0}\frac{f(h)}{h}$

$\qquad=\displaystyle\lim_{h\to0}\frac{f(h)-f(0)}{h}=f'(0)=3$

16 $f(x+y)=f(x)+f(y)+2xy+1$의 양변에 $x=0$, $y=0$
을 대입하면
$f(0)=f(0)+f(0)+1\qquad\therefore f(0)=-1$
미분계수의 정의에 의하여

$f'(1)=\displaystyle\lim_{h\to0}\frac{f(1+h)-f(1)}{h}$

$\qquad=\displaystyle\lim_{h\to0}\frac{f(1)+f(h)+2h+1-f(1)}{h}$

$\qquad=\displaystyle\lim_{h\to0}\frac{f(h)+2h+1}{h}$

$\qquad=\displaystyle\lim_{h\to0}\frac{f(h)-f(0)}{h}+\lim_{h\to0}2$

$\qquad=f'(0)+2$

따라서 $f'(0)+2=4$이므로 $f'(0)=2$

17 $f(x+y)=f(x)+f(y)+3xy(x+y)-1$의 양변에
$x=0$, $y=0$을 대입하면
$f(0)=f(0)+f(0)-1\qquad\therefore f(0)=1$
미분계수의 정의에 의하여

$f'(2)=\displaystyle\lim_{h\to0}\frac{f(2+h)-f(2)}{h}$

$\qquad=\displaystyle\lim_{h\to0}\frac{f(2)+f(h)+6h(2+h)-1-f(2)}{h}$

$\qquad=\displaystyle\lim_{h\to0}\frac{f(h)+6h(2+h)-1}{h}$

$\qquad=\displaystyle\lim_{h\to0}\frac{f(h)-f(0)}{h}+\lim_{h\to0}6(2+h)$

$\qquad=f'(0)+12$

즉, $f'(0)+12=11$이므로 $f'(0)=-1$

$\therefore f'(1)=\displaystyle\lim_{h\to0}\frac{f(1+h)-f(1)}{h}$

$\qquad=\displaystyle\lim_{h\to0}\frac{f(1)+f(h)+3h(1+h)-1-f(1)}{h}$

$\qquad=\displaystyle\lim_{h\to0}\frac{f(h)+3h(1+h)-1}{h}$

$\qquad=\displaystyle\lim_{h\to0}\frac{f(h)-f(0)}{h}+\lim_{h\to0}3(1+h)$

$\qquad=f'(0)+3=-1+3=2$

18 함수 $y=f(x)$의 그래프 위의 $x=a$인 점을 A$(a, f(a))$, $x=b$인 점을 B$(b, f(b))$라 하자.

ㄱ. 오른쪽 그림에서 직선 OA의 기울기는 직선 OB의 기울기보다 작으므로

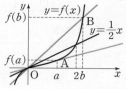

$$\frac{f(a)}{a} < \frac{f(b)}{b}$$

ㄴ. 두 점 A$(a, f(a))$, B$(b, f(b))$에서의 접선의 기울기는 각각 $f'(a)$, $f'(b)$이다.

오른쪽 그림에서 점 A에서의 접선의 기울기는 점 B에서의 접선의 기울기보다 작으므로

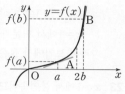

$$f'(a) < f'(b)$$

ㄷ. 직선 AB의 기울기는

$$\frac{f(b)-f(a)}{b-a}$$

오른쪽 그림에서 직선 AB의 기울기는 직선 $y=\frac{1}{2}x$의 기울기보다 크므로

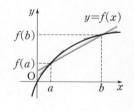

$$\frac{f(b)-f(a)}{b-a} > \frac{1}{2}$$

이때 $0<a<2<b$에서 $b-a>0$이므로

$$f(b)-f(a) > \frac{b-a}{2}$$

따라서 보기에서 옳은 것은 ㄱ, ㄴ이다.

19 두 점 $(a, f(a))$, $(b, f(b))$를 지나는 직선의 기울기는 점 $(a, f(a))$에서의 접선의 기울기보다 작고 점 $(b, f(b))$에서의 접선의 기울기보다 크므로

$$f'(b) < \frac{f(b)-f(a)}{b-a} < f'(a)$$

20 ㄱ. 오른쪽 그림과 같이 이차함수 $y=f(x)$의 그래프가 직선 $y=x$와 점 $(1, 1)$에서 접하므로 $f'(1)=1$

$a>0$일 때, 두 점 $(0, 0)$, $(a, f(a))$를 지나는 직선의 기울기는 1보다 작거나 같으므로

$$\frac{f(a)}{a} \leq 1$$

ㄴ. $0<a<1$일 때, 오른쪽 그림에서 점 $(a, f(a))$에서의 접선의 기울기는 직선 $y=x$의 기울기보다 크므로

$$f'(a)>1$$

ㄷ. $f(a)>af'(a)$에서 $\frac{f(a)}{a}>f'(a)$ ($\because a>0$)

오른쪽 그림에서 원점과 점 $(a, f(a))$를 지나는 직선의 기울기 $\frac{f(a)}{a}$가 점 $(a, f(a))$에서의 접선의 기울기 $f'(a)$보다 큰 a의 값의 범위는

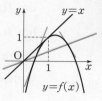

$$a>1$$

따라서 보기에서 옳은 것은 ㄴ, ㄷ이다.

21 ㄱ. (i) $f(0)=0$

$$\lim_{x \to 0+} f(x) = \lim_{x \to 0+} 2x = 0$$
$$\lim_{x \to 0-} f(x) = \lim_{x \to 0-} 0 = 0$$

즉, $\lim_{x \to 0} f(x) = f(0)$이므로 함수 $f(x)$는 $x=0$에서 연속이다.

(ii) $$\lim_{h \to 0+} \frac{f(h)-f(0)}{h} = \lim_{h \to 0+} \frac{2h}{h} = 2$$
$$\lim_{h \to 0-} \frac{f(h)-f(0)}{h} = \lim_{h \to 0-} \frac{0}{h} = 0$$

즉, $f'(0)$의 값이 존재하지 않으므로 함수 $f(x)$는 $x=0$에서 미분가능하지 않다.

ㄴ. (i) $f(0)=0$

$$\lim_{x \to 0+} f(x) = \lim_{x \to 0+} (x^2-2x) = 0$$
$$\lim_{x \to 0-} f(x) = \lim_{x \to 0-} (x^2+2x) = 0$$

즉, $\lim_{x \to 0} f(x) = f(0)$이므로 함수 $f(x)$는 $x=0$에서 연속이다.

(ii) $$\lim_{h \to 0+} \frac{f(h)-f(0)}{h} = \lim_{h \to 0+} \frac{h^2-2h}{h} = -2$$
$$\lim_{h \to 0-} \frac{f(h)-f(0)}{h} = \lim_{h \to 0-} \frac{h^2+2h}{h} = 2$$

즉, $f'(0)$의 값이 존재하지 않으므로 함수 $f(x)$는 $x=0$에서 미분가능하지 않다.

ㄷ. (i) $f(0)=0$

$$\lim_{x \to 0+} f(x) = \lim_{x \to 0+} x^2 = 0$$
$$\lim_{x \to 0-} f(x) = \lim_{x \to 0-} x^2 = 0$$

즉, $\lim_{x \to 0} f(x) = f(0)$이므로 함수 $f(x)$는 $x=0$에서 연속이다.

(ii) $\displaystyle\lim_{h\to 0+}\frac{f(h)-f(0)}{h}=\lim_{h\to 0+}\frac{h^2}{h}=0$

$\displaystyle\lim_{h\to 0-}\frac{f(h)-f(0)}{h}=\lim_{h\to 0-}\frac{h^2}{h}=0$

즉, $f'(0)$의 값이 존재하므로 함수 $f(x)$는 $x=0$에서 미분가능하다.

ㄹ. (i) $f(0)=0$

$\displaystyle\lim_{x\to 0+}f(x)=\lim_{x\to 0+}(-x^2+x)=0$

$\displaystyle\lim_{x\to 0-}f(x)=\lim_{x\to 0-}(-x^2+x)=0$

즉, $\displaystyle\lim_{x\to 0}f(x)=f(0)$이므로 함수 $f(x)$는 $x=0$에서 연속이다.

(ii) $\displaystyle\lim_{h\to 0+}\frac{f(h)-f(0)}{h}=\lim_{h\to 0+}\frac{-h^2+h}{h}=1$

$\displaystyle\lim_{h\to 0-}\frac{f(h)-f(0)}{h}=\lim_{h\to 0-}\frac{-h^2+h}{h}=1$

즉, $f'(0)$의 값이 존재하므로 함수 $f(x)$는 $x=0$에서 미분가능하다.

따라서 보기의 함수에서 $x=0$에서 연속이지만 미분가능하지 않은 것은 ㄱ, ㄴ이다.

22 $f(x)=\begin{cases}-1 & (x\geq 1)\\ 2x^2-1 & (-1<x<0 \text{ 또는 } 0<x<1)\\ 0 & (x=0)\\ 1 & (x\leq -1)\end{cases}$,

$g(x)=\begin{cases}1 & (x\geq 1)\\ -x & (-1<x<0 \text{ 또는 } 0<x<1)\\ -1 & (x=0)\\ -1 & (x\leq -1)\end{cases}$ 로 놓고

$k(x)=f(x)g(x)=\begin{cases}-1 & (x\geq 1)\\ -x(2x^2-1) & (-1<x<1)\\ -1 & (x\leq -1)\end{cases}$ 이라

하자.

ㄱ. $\displaystyle\lim_{x\to -1+}k(x)=\lim_{x\to -1+}\{-x(2x^2-1)\}=1$

$\displaystyle\lim_{x\to -1-}k(x)=\lim_{x\to -1-}(-1)=-1$

즉, $\displaystyle\lim_{x\to -1+}k(x)\neq\lim_{x\to -1-}k(x)$이므로 함수 $k(x)$는 $x=-1$에서 불연속이다.

ㄴ. $\displaystyle\lim_{h\to 0}\frac{k(h)-k(0)}{h}=\lim_{h\to 0}\frac{-h(2h^2-1)-0}{h}$

$=\lim_{h\to 0}(1-2h^2)$

$=1$

즉, $k'(0)$의 값이 존재하므로 함수 $k(x)$는 $x=0$에서 미분가능하다.

ㄷ. $\displaystyle\lim_{h\to 0+}\frac{k(1+h)-k(1)}{h}=\lim_{h\to 0+}\frac{-1-(-1)}{h}=0$

$\displaystyle\lim_{h\to 0-}\frac{k(1+h)-k(1)}{h}$

$=\lim_{h\to 0-}\frac{-(1+h)\{2(1+h)^2-1\}-(-1)}{h}$

$=\lim_{h\to 0-}\frac{-2h^3-6h^2-5h}{h}$

$=\lim_{h\to 0-}(-2h^2-6h-5)$

$=-5$

즉, $k'(1)$의 값이 존재하지 않으므로 함수 $k(x)$는 $x=1$에서 미분가능하지 않다.

따라서 보기에서 옳은 것은 ㄴ, ㄷ이다.

23 $x=1$에서 불연속이므로 $a=1$

$x=0$, $x=1$에서 미분가능하지 않으므로 $b=2$

$\therefore a+b=3$

24 ① $\displaystyle\lim_{x\to 2+}f(x)=\lim_{x\to 2-}f(x)$이므로 $\displaystyle\lim_{x\to 2}f(x)$의 값이 존재한다.

② 점 $(3, f(3))$에서의 접선의 기울기가 0보다 크므로 $f'(3)>0$이다.

③ 불연속인 x의 값은 2, 6의 2개이다.

④ $f'(x)=0$, 즉 접선의 기울기가 0인 x의 값은 5의 1개이다.

⑤ 미분가능하지 않은 x의 값은 2, 4, 6의 3개이다.

따라서 옳지 않은 것은 ⑤이다.

---

02 도함수 24~26쪽

1 ③	2 78	3 ②	4 10	5 6
6 2	7 7	8 ①	9 −4	10 13
11 ①	12 10	13 ④	14 1	15 ⑤
16 ⑤	17 1	18 ①	19 ③	20 7

1 $f'(x)=3x^2+k$이므로

$f'(0)=-2$에서 $k=-2$

따라서 $f(x)=x^3-2x-3$이므로

$f(2)=8-4-3=1$

2 $f'(x)=3(x-1)(x^2+1)+(3x+1)(x^2+1)$
$$\qquad\qquad\qquad\qquad +(3x+1)(x-1)\times 2x$$
$$\therefore f'(2)=3\times 1\times 5+7\times 5+7\times 1\times 4=78$$

3 $g'(x)=(2x-2)f(x)+(x^2-2x)f'(x)$이므로
$g'(0)=-2f(0),\ g'(2)=2f(2)$
$g'(0)+g'(2)=16$에서
$-2f(0)+2f(2)=2\{f(2)-f(0)\}=16$
$\therefore f(2)-f(0)=8$

4 $(x^2-1)f(x)=\{g(x)\}^2-25$의 양변을 x에 대하여 미분하면
$2xf(x)+(x^2-1)f'(x)=2g(x)g'(x)$
양변에 $x=1$을 대입하면
$2f(1)=2g(1)g'(1)$
$\therefore f(1)=g(1)g'(1)=5\times 2=10$

5 $\dfrac{1}{t}=h$로 놓으면 $t\to\infty$일 때 $h\to 0$이므로
$\displaystyle\lim_{t\to\infty}t\left\{f\left(1+\frac{2}{t}\right)-f\left(1-\frac{1}{t}\right)\right\}$
$\displaystyle=\lim_{h\to 0}\frac{f(1+2h)-f(1-h)}{h}$
$\displaystyle=\lim_{h\to 0}\frac{f(1+2h)-f(1)+f(1)-f(1-h)}{h}$
$\displaystyle=\lim_{h\to 0}\frac{f(1+2h)-f(1)}{2h}\times 2$
$\displaystyle\qquad\qquad -\lim_{h\to 0}\frac{f(1-h)-f(1)}{-h}\times(-1)$
$=2f'(1)+f'(1)$
$=3f'(1)$
이때 $f'(x)=3x^2-2x+1$이므로
$3f'(1)=3\times(3-2+1)=6$

6 $\displaystyle\lim_{h\to 0}\frac{f(1+3h)-f(1-2h)}{h}$
$\displaystyle=\lim_{h\to 0}\frac{f(1+3h)-f(1)+f(1)-f(1-2h)}{h}$
$\displaystyle=\lim_{h\to 0}\frac{f(1+3h)-f(1)}{3h}\times 3$
$\displaystyle\qquad\qquad -\lim_{h\to 0}\frac{f(1-2h)-f(1)}{-2h}\times(-2)$
$=3f'(1)+2f'(1)=5f'(1)$
즉, $5f'(1)=35$이므로 $f'(1)=7$
$f'(x)=3x^2+2ax$이므로 $f'(1)=7$에서
$3+2a=7$ $\therefore a=2$

7 $f(x)=x^n+3x$라 하면 $f(1)=4$이므로
$\displaystyle\lim_{x\to 1}\frac{x^n+3x-4}{x^2-1}=\lim_{x\to 1}\left\{\frac{f(x)-f(1)}{x-1}\times\frac{1}{x+1}\right\}$
$$\qquad\qquad\qquad\qquad =\frac{1}{2}f'(1)$$
즉, $\dfrac{1}{2}f'(1)=5$이므로 $f'(1)=10$
$f'(x)=nx^{n-1}+3$이므로 $f'(1)=10$에서
$n+3=10$ $\therefore n=7$

8 $\displaystyle\lim_{x\to 0}\frac{f(x)+g(x)}{x}=3$에서 $x\to 0$일 때 (분모)$\to 0$이고,
극한값이 존재하므로 (분자)$\to 0$에서
$\displaystyle\lim_{x\to 0}\{f(x)+g(x)\}=0$
$\therefore f(0)+g(0)=0$ $\qquad\cdots\cdots$ ㉠
$\displaystyle\therefore \lim_{x\to 0}\frac{f(x)+g(x)}{x}$
$\displaystyle\quad=\lim_{x\to 0}\frac{f(x)-f(0)-g(0)+g(x)}{x}\ (\because\ ㉠)$
$\displaystyle\quad=\lim_{x\to 0}\frac{f(x)-f(0)}{x}+\lim_{x\to 0}\frac{g(x)-g(0)}{x}$
$\quad=f'(0)+g'(0)=3$ $\qquad\cdots\cdots$ ㉡
$\displaystyle\lim_{x\to 0}\frac{f(x)+3}{xg(x)}=2$에서 $x\to 0$일 때 (분모)$\to 0$이고,
극한값이 존재하므로 (분자)$\to 0$에서
$\displaystyle\lim_{x\to 0}\{f(x)+3\}=0$ $\therefore f(0)=-3$
이를 ㉠에 대입하면
$-3+g(0)=0$ $\therefore g(0)=3$
$\displaystyle\therefore \lim_{x\to 0}\frac{f(x)+3}{xg(x)}=\lim_{x\to 0}\left\{\frac{f(x)-f(0)}{x}\times\frac{1}{g(x)}\right\}$
$$\qquad\qquad\qquad =\frac{1}{3}f'(0)\ (\because\ g(0)=3)$$
즉, $\dfrac{1}{3}f'(0)=2$이므로 $f'(0)=6$
이를 ㉡에 대입하면
$6+g'(0)=3$ $\therefore g'(0)=-3$
$h(x)=f(x)g(x)$에서
$h'(x)=f'(x)g(x)+f(x)g'(x)$
$\therefore h'(0)=f'(0)g(0)+f(0)g'(0)$
$$\qquad\qquad =6\times 3+(-3)\times(-3)=27$$

9 $\displaystyle\lim_{x\to 1}\frac{f(x)-f(1)}{x^2-1}=\lim_{x\to 1}\left\{\frac{f(x)-f(1)}{x-1}\times\frac{1}{x+1}\right\}$
$$\qquad\qquad\qquad =\frac{1}{2}f'(1)$$
즉, $\dfrac{1}{2}f'(1)=1$이므로 $f'(1)=2$

$f(x)=x^4+ax+b$에서 $f'(x)=4x^3+a$

$f'(1)=2$에서 $4+a=2$ $\therefore a=-2$

$f(x)=x^4-2x+b$이므로 $f(-1)=5$에서

$1+2+b=5$ $\therefore b=2$

$\therefore ab=-2\times 2=-4$

10 ㈎에서 $f(x)$는 최고차항의 계수가 3인 삼차함수이므로

$f(x)=3x^3+ax^2+bx+c\,(a,\ b,\ c$는 상수)라 하면

$f'(x)=9x^2+2ax+b$

㈏에서 $x\to 0$일 때 (분모)$\to 0$이고, 극한값이 존재하므로

(분자)$\to 0$에서

$\displaystyle\lim_{x\to 0}f'(x)=0$ $\therefore f'(0)=0$

$f'(0)=0$에서 $b=0$이므로 $f'(x)=9x^2+2ax$

$\therefore \displaystyle\lim_{x\to 0}\frac{f'(x)}{x}=\lim_{x\to 0}\frac{9x^2+2ax}{x}=\lim_{x\to 0}(9x+2a)=2a$

즉, $2a=4$이므로 $a=2$

따라서 $f'(x)=9x^2+4x$이므로

$f'(1)=9+4=13$

11 ㈎에서 $x\to 1$일 때 (분모)$\to 0$이고, 극한값이 존재하므로

(분자)$\to 0$에서

$\displaystyle\lim_{x\to 1}\{f(x)g(x)+4\}=0$ $\therefore f(1)g(1)=-4$

이때 $f(1)=-2$이므로 $g(1)=2$

$g(x)=ax+b\,(a,\ b$는 상수, $a\neq 0)$라 하면 $g'(x)=a$

㈏에서 $b=a$이고, $g(1)=2$에서 $a+b=2$이므로

두 식을 연립하여 풀면 $a=1,\ b=1$

$\therefore \displaystyle\lim_{x\to 1}\frac{f(x)g(x)+4}{x-1}$

$=\displaystyle\lim_{x\to 1}\frac{(x+1)f(x)-2f(1)}{x-1}$

$=\displaystyle\lim_{x\to 1}\frac{(x-1)f(x)+2f(x)-2f(1)}{x-1}$

$=\displaystyle\lim_{x\to 1}\left\{f(x)+2\times\frac{f(x)-f(1)}{x-1}\right\}$

$=f(1)+2f'(1)=8$

따라서 $-2+2f'(1)=8$이므로 $f'(1)=5$

12 $f'(1)=a\,(a$는 상수)라 하면 $f(x)=x^3-2ax$이므로

$f'(x)=3x^2-2a$ $\therefore f'(1)=3-2a$

즉, $a=3-2a$이므로 $a=1$

따라서 $f'(x)=3x^2-2$이므로 $f'(2)=12-2=10$

13 $f(x)=ax^2+bx+c\,(a,\ b,\ c$는 상수, $a\neq 0)$라 하면

$f'(x)=2ax+b$

$(x+1)f'(x)-2f(x)+6=0$에서

$(x+1)(2ax+b)-2(ax^2+bx+c)+6=0$

$(2a-b)x+b-2c+6=0$

위의 등식이 모든 실수 x에 대하여 성립하므로

$2a-b=0,\ b-2c+6=0$ ······ ㉠

이때 $f(0)=2$에서 $c=2$

이를 ㉠에 대입하여 풀면 $a=-1,\ b=-2$

따라서 $f'(x)=-2x-2$이므로

$f'(1)=-2-2=-4$

14 $f(x)$를 n차함수라 하면 $f'(x)$는 $(n-1)$차함수이므로

$2(n-1)=n$ $\therefore n=2$

$f(x)=ax^2+bx+c\,(a,\ b,\ c$는 상수, $a\neq 0)$라 하면

$f'(x)=2ax+b$

$\{f'(x)\}^2=4f(x)-3$에서

$(2ax+b)^2=4(ax^2+bx+c)-3$

$4a^2x^2+4abx+b^2=4ax^2+4bx+4c-3$

위의 등식이 모든 실수 x에 대하여 성립하므로

$4a^2=4a,\ 4ab=4b,\ b^2=4c-3$

$4a^2=4a$에서 $4a(a-1)=0$ $\therefore a=1\,(\because a\neq 0)$

또 $f'(1)=5$에서 $2+b=5$ $\therefore b=3$

이를 $b^2=4c-3$에 대입하여 풀면 $c=3$

따라서 $f(x)=x^2+3x+3$이므로

$f(-1)=1-3+3=1$

15 함수 $f(x)$가 $x=1$에서 미분가능하면 $x=1$에서 연속이고 미분계수 $f'(1)$이 존재한다.

(ⅰ) $x=1$에서 연속이므로 $\displaystyle\lim_{x\to 1-}f(x)=f(1)$에서

$b+2=1+a$ $\therefore a-b=1$ ······ ㉠

(ⅱ) 미분계수 $f'(1)$이 존재하므로

$\displaystyle\lim_{h\to 0+}\frac{f(1+h)-f(1)}{h}$

$=\displaystyle\lim_{h\to 0+}\frac{\{(1+h)^3+a(1+h)^2\}-(1+a)}{h}$

$=\displaystyle\lim_{h\to 0+}\frac{h^3+(a+3)h^2+(2a+3)h}{h}$

$=\displaystyle\lim_{h\to 0+}\{h^2+(a+3)h+2a+3\}$

$=2a+3$

$\displaystyle\lim_{h\to 0-}\frac{f(1+h)-f(1)}{h}$

$=\displaystyle\lim_{h\to 0-}\frac{\{b(1+h)+2\}-(1+a)}{h}$

$=\displaystyle\lim_{h\to 0-}\frac{bh}{h}\,(\because ㉠)$

$=b$

$\therefore 2a+3=b$ ······ ㉡

$\bigcirc$, $\bigcirc$을 연립하여 풀면

$a=-4$, $b=-5$

$\therefore ab=20$

다른 풀이

$g(x)=x^3+ax^2$, $h(x)=bx+2$라 하면

$g'(x)=3x^2+2ax$, $h'(x)=b$

(i) $x=1$에서 연속이므로 $g(1)=h(1)$에서

　$1+a=b+2$　　$\therefore a-b=1$　　…… $\bigcirc$

(ii) $x=1$에서의 미분계수가 존재하므로

　$g'(1)=h'(1)$에서 $3+2a=b$　　…… $\bigcirc$

$\bigcirc$, $\bigcirc$을 연립하여 풀면

$a=-4$, $b=-5$

$\therefore ab=20$

16 $f(x)=\begin{cases}(x+1)(x^2+ax+1) & (x\geq-1) \\ -(x+1)(x^2+ax+1) & (x<-1)\end{cases}$

함수 $f(x)$가 모든 실수 x에서 미분가능하면 $x=-1$에서 미분가능하므로 미분계수 $f'(-1)$이 존재한다.

$\displaystyle\lim_{h\to0+}\frac{f(-1+h)-f(-1)}{h}$

$\displaystyle=\lim_{h\to0+}\frac{h\{(-1+h)^2+a(-1+h)+1\}-0}{h}$

$\displaystyle=\lim_{h\to0+}\{h^2+(a-2)h-a+2\}$

$=-a+2$

$\displaystyle\lim_{h\to0-}\frac{f(-1+h)-f(-1)}{h}$

$\displaystyle=\lim_{h\to0-}\frac{-h\{(-1+h)^2+a(-1+h)+1\}-0}{h}$

$\displaystyle=\lim_{h\to0-}\{-h^2-(a-2)h+a-2\}$

$=a-2$

즉, $-a+2=a-2$이므로 $a=2$

따라서 $f(x)=|x+1|(x^2+2x+1)$이므로

$f(1)=2\times4=8$

다른 풀이

$g(x)=(x+1)(x^2+ax+1)$,

$h(x)=-(x+1)(x^2+ax+1)$이라 하면

$g'(x)=x^2+ax+1+(x+1)(2x+a)$,

$h'(x)=-(x^2+ax+1)-(x+1)(2x+a)$

$x=-1$에서의 미분계수가 존재하므로

$g'(-1)=h'(-1)$에서

$2-a=a-2$

$\therefore a=2$

따라서 $f(x)=|x+1|(x^2+2x+1)$이므로

$f(1)=2\times4=8$

17 $k(x)=f(x)g(x)=\begin{cases}(x+2)(x^2+ax+b) & (x\geq2) \\ (-x+4)(x^2+ax+b) & (x<2)\end{cases}$라 하자.

함수 $k(x)$가 $x=2$에서 미분가능하면 $x=2$에서 연속이고 미분계수 $k'(2)$가 존재한다.

(i) $x=2$에서 연속이므로 $\displaystyle\lim_{x\to2-}k(x)=k(2)$에서

　$8+4a+2b=16+8a+4b$

　$\therefore 2a+b=-4$　　…… $\bigcirc$

(ii) 미분계수 $k'(2)$가 존재하므로

$\displaystyle\lim_{h\to0+}\frac{k(2+h)-k(2)}{h}$

$\displaystyle=\lim_{h\to0+}\frac{(4+h)\{(2+h)^2+a(2+h)+b\}-(16+8a+4b)}{h}$

$\displaystyle=\lim_{h\to0+}\{h^2+(a+8)h+6a+b+20\}$

$=6a+b+20$

$\displaystyle\lim_{h\to0-}\frac{k(2+h)-k(2)}{h}$

$\displaystyle=\lim_{h\to0-}\frac{(2-h)\{(2+h)^2+a(2+h)+b\}-(16+8a+4b)}{h}$

$\displaystyle=\lim_{h\to0-}\{-h^2-(a+2)h-b+4\}\ (\because \bigcirc)$

$=-b+4$

즉, $6a+b+20=-b+4$이므로

$3a+b=-8$　　…… $\bigcirc$

$\bigcirc$, $\bigcirc$을 연립하여 풀면

$a=-4$, $b=4$

따라서 $g(x)=x^2-4x+4$이므로

$g(1)=1-4+4=1$

다른 풀이

$k(x)=(x+2)(x^2+ax+b)$,

$h(x)=(-x+4)(x^2+ax+b)$라 하면

$k'(x)=x^2+ax+b+(x+2)(2x+a)$,

$h'(x)=-(x^2+ax+b)+(-x+4)(2x+a)$

(i) $x=2$에서 연속이므로

　$k(2)=h(2)$에서

　$16+8a+4b=8+4a+2b$

　$\therefore 2a+b=-4$　　…… $\bigcirc$

(ii) $x=2$에서의 미분계수가 존재하므로

　$k'(2)=h'(2)$에서

　$6a+b+20=-b+4$

　$\therefore 3a+b=-8$　　…… $\bigcirc$

$\bigcirc$, $\bigcirc$을 연립하여 풀면

$a=-4$, $b=4$

따라서 $g(x)=x^2-4x+4$이므로

$g(1)=1-4+4=1$

18 $x^{10}-2x^9+ax+b$를 $(x-1)^2$으로 나누었을 때의 몫을 $Q(x)$라 하면 나머지가 0이므로

$x^{10}-2x^9+ax+b=(x-1)^2Q(x)$ ...... ㉠

양변에 $x=1$을 대입하면

$1-2+a+b=0$

$\therefore a+b=1$ ...... ㉡

㉠의 양변을 x에 대하여 미분하면

$10x^9-18x^8+a=2(x-1)Q(x)+(x-1)^2Q'(x)$

양변에 $x=1$을 대입하면

$10-18+a=0$ $\therefore a=8$

이를 ㉡에 대입하면

$8+b=1$ $\therefore b=-7$

$\therefore a-b=8-(-7)=15$

19 $x^{12}-x+1$을 $(x+1)^2$으로 나누었을 때의 몫을 $Q(x)$, 나머지를 $R(x)=ax+b(a, b$는 상수$)$라 하면

$x^{12}-x+1=(x+1)^2Q(x)+ax+b$ ...... ㉠

양변에 $x=-1$을 대입하면

$1+1+1=-a+b$

$\therefore a-b=-3$ ...... ㉡

㉠의 양변을 x에 대하여 미분하면

$12x^{11}-1=2(x+1)Q(x)+(x+1)^2Q'(x)+a$

양변에 $x=-1$을 대입하면

$-12-1=a$ $\therefore a=-13$

이를 ㉡에 대입하면

$-13-b=-3$ $\therefore b=-10$

따라서 $R(x)=-13x-10$이므로

$R(-2)=26-10=16$

20 $x^{20}+ax^9+b$를 $(x+1)^2$으로 나누었을 때의 몫을 $Q(x)$라 하면 나머지가 $-2x+1$이므로

$x^{20}+ax^9+b=(x+1)^2Q(x)-2x+1$ ...... ㉠

양변에 $x=-1$을 대입하면

$1-a+b=2+1$

$\therefore a-b=-2$ ...... ㉡

㉠의 양변을 x에 대하여 미분하면

$20x^{19}+9ax^8=2(x+1)Q(x)+(x+1)^2Q'(x)-2$

양변에 $x=-1$을 대입하면

$-20+9a=-2$ $\therefore a=2$

이를 ㉡에 대입하면

$2-b=-2$ $\therefore b=4$

따라서 다항식 $x^{20}+2x^9+4$를 $x-1$로 나누었을 때의 나머지는 나머지 정리에 의하여

$1+2+4=7$

Ⅱ-2. 도함수의 활용

01 접선의 방정식과 평균값 정리

28~33쪽

1 -4	**2** -3	**3** ⑤	**4** $\frac{2}{3}$	**5** ③
6 ③	**7** ②	**8** ③	**9** 5	**10** ①
11 11	**12** -4	**13** ⑤	**14** -3	**15** ④
16 $\frac{1}{4}$	**17** 26	**18** $y=12x-2$	**19** ④	
20 ⑤	**21** $8\sqrt{2}$	**22** $-\frac{1}{4}$	**23** ③	**24** 0
25 ②	**26** ①	**27** -2	**28** ②	**29** $\frac{1}{8}$
30 6	**31** ④	**32** ②	**33** ④	**34** ⑤
35 3	**36** ㄴ, ㄷ	**37** ③	**38** 2	**39** 11

1 $f(x)=-2x^3+x^2-4$라 하면 $f'(x)=-6x^2+2x$

따라서 점 $(1, -5)$에서의 접선의 기울기는

$f'(1)=-6+2=-4$

2 $f(x)=x^3+ax^2+bx$라 하면 $f'(x)=3x^2+2ax+b$

곡선 $y=f(x)$가 점 $(-2, 4)$를 지나므로

$f(-2)=4$에서 $-8+4a-2b=4$

$\therefore 2a-b=6$ ...... ㉠

$x=1$인 점에서의 접선의 기울기가 1이므로

$f'(1)=1$에서 $3+2a+b=1$

$\therefore 2a+b=-2$ ...... ㉡

㉠, ㉡을 연립하여 풀면 $a=1, b=-4$

$\therefore a+b=-3$

3 x의 값이 1에서 4까지 변할 때의 평균변화율은

$\dfrac{f(4)-f(1)}{4-1}=\dfrac{52-(-2)}{3}=18$

$f(x)=x^3-3x$에서 $f'(x)=3x^2-3$이므로

점 $(k, f(k))$에서의 접선의 기울기는

$f'(k)=3k^2-3$

따라서 $3k^2-3=18$이므로

$k^2=7$ $\therefore k=\sqrt{7}$ $(\because k>0)$

4 $f(x)=(x-a)(x-b)(x-c)$라 하면

$f'(x)=(x-b)(x-c)+(x-a)(x-c)+(x-a)(x-b)$

점 $(2, 3)$에서의 접선의 기울기가 2이므로 $f'(2)=2$에서

$(2-b)(2-c)+(2-a)(2-c)+(2-a)(2-b)=2$

점 $(2, 3)$은 곡선 $y=(x-a)(x-b)(x-c)$ 위의 점이므로

$3=(2-a)(2-b)(2-c)$

$$\therefore \frac{1}{2-a}+\frac{1}{2-b}+\frac{1}{2-c}$$
$$=\frac{(2-b)(2-c)+(2-a)(2-c)+(2-a)(2-b)}{(2-a)(2-b)(2-c)}$$
$$=\frac{2}{3}$$

5 곡선 $y=x^2-4x+3$이 x축과 만나는 점의 x좌표를 구하면
$x^2-4x+3=0$, $(x-1)(x-3)=0$
$\therefore x=1$ 또는 $x=3$
즉, 곡선이 x축과 만나는 두 점의 좌표는 $(1,0)$, $(3,0)$
$f(x)=x^2-4x+3$이라 하면 $f'(x)=2x-4$
점 $(1,0)$에서의 접선의 기울기는 $f'(1)=-2$이므로 접선의 방정식은
$y=-2(x-1)$ $\therefore y=-2x+2$ ······ ㉠
점 $(3,0)$에서의 접선의 기울기는 $f'(3)=2$이므로 접선의 방정식은
$y=2(x-3)$ $\therefore y=2x-6$ ······ ㉡
㉠, ㉡을 연립하여 풀면 $x=2$, $y=-2$
따라서 교점의 좌표는 $(2,-2)$이므로
$a=2$, $b=-2$ $\therefore a+b=0$

6 $f(x)=-x^3+2x+5$라 하면 $f'(x)=-3x^2+2$
곡선 $y=f(x)$가 점 $(-1, a)$를 지나므로
$f(-1)=a$에서 $1-2+5=a$ $\therefore a=4$
점 $(-1, 4)$에서의 접선의 기울기는 $f'(-1)=-1$이므로 접선의 방정식은
$y-4=-(x+1)$ $\therefore y=-x+3$
이 접선이 점 $(b, 1)$을 지나므로
$1=-b+3$ $\therefore b=2$
$\therefore a-b=4-2=2$

7 $f(x)=x^3-4x^2+x-1$이라 하면 $f'(x)=3x^2-8x+1$
점 $(1, -3)$에서의 접선의 기울기는 $f'(1)=-4$이므로 접선의 방정식은
$y+3=-4(x-1)$ $\therefore y=-4x+1$
곡선 $y=x^3-4x^2+x-1$과 직선 $y=-4x+1$의 교점의 x좌표를 구하면
$x^3-4x^2+x-1=-4x+1$, $x^3-4x^2+5x-2=0$
$(x-1)^2(x-2)=0$ $\therefore x=1$ 또는 $x=2$
따라서 교점 중 접점이 아닌 점의 좌표는 $(2, -7)$이므로
$a=2$, $b=-7$ $\therefore 2a+b=4-7=-3$

8 곡선 $y=f(x)$ 위의 점 $(1, 2)$에서의 접선의 기울기가 -2이므로 $f(1)=2$, $f'(1)=-2$

$g(x)=(2x^3-5x)f(x)$라 하면
$g'(x)=(6x^2-5)f(x)+(2x^3-5x)f'(x)$
곡선 $y=g(x)$ 위의 $x=1$인 점에서의 접선의 기울기는
$g'(1)=f(1)-3f'(1)=2+6=8$
곡선 $y=g(x)$ 위의 $x=1$인 점의 y좌표는
$g(1)=-3f(1)=-6$
곡선 $y=g(x)$ 위의 점 $(1, -6)$에서의 접선의 방정식은
$y+6=8(x-1)$ $\therefore y=8x-14$
따라서 $m=8$, $n=-14$이므로 $m-n=22$

9 $f(x)=x^3-2x^2+3x$라 하면 $f'(x)=3x^2-4x+3$
점 $(1, 2)$에서의 접선의 기울기는 $f'(1)=2$이므로 접선의 방정식은
$y-2=2(x-1)$ $\therefore y=2x$
점 $(1, 2)$에서의 접선에 수직인 직선의 기울기는 $-\frac{1}{2}$이므로 이 직선의 방정식은
$y-2=-\frac{1}{2}(x-1)$ $\therefore y=-\frac{1}{2}x+\frac{5}{2}$
따라서 두 직선 $y=2x$,
$y=-\frac{1}{2}x+\frac{5}{2}$ 및 x축으로 둘러싸인 삼각형의 넓이는
$\frac{1}{2}\times5\times2=5$

10 ㈏에서 $x \longrightarrow 1$일 때 (분모) $\longrightarrow 0$이고, 극한값이 존재하므로 (분자) $\longrightarrow 0$에서
$\lim_{x\to1}\{f(x)-g(x)\}=0$ $\therefore f(1)=g(1)$ ······ ㉠
$\lim_{x\to1}\frac{f(x)-g(x)}{x-1}$
$=\lim_{x\to1}\frac{f(x)-f(1)+g(1)-g(x)}{x-1}$ ($\because$ ㉠)
$=\lim_{x\to1}\frac{f(x)-f(1)}{x-1}-\lim_{x\to1}\frac{g(x)-g(1)}{x-1}$
$=f'(1)-g'(1)=-18$
$\therefore f'(1)=g'(1)-18$ ······ ㉡
㈎의 양변에 $x=1$을 대입하면 $g(1)=2f(1)-5$이므로
$f(1)=2f(1)-5$ ($\because$ ㉠) $\therefore f(1)=g(1)=5$
이때 $g'(x)=6x^2f(x)+2x^3f'(x)$이므로
$g'(1)=6f(1)+2f'(1)$
$g'(1)=6\times5+2\times\{g'(1)-18\}$ ($\because$ ㉡)
$\therefore g'(1)=6$
즉, 곡선 $y=g(x)$ 위의 점 $(1, 5)$에서의 접선의 방정식은
$y-5=6(x-1)$ $\therefore y=6x-1$
따라서 $a=6$, $b=-1$이므로 $a+b=5$

11 $f(x)=2x^4-4x+k$라 하면 $f'(x)=8x^3-4$

접점의 좌표를 $(t, 4t+5)$라 하면 이 점에서의 접선의 기울기는 4이므로 $f'(t)=4$에서

$8t^3-4=4$, $t^3=1$ $\therefore t=1$ ($\because t$는 실수)

즉, 접점의 좌표는 $(1, 9)$이고 이 점이 곡선 $y=f(x)$ 위의 점이므로 $f(1)=9$에서

$2-4+k=9$ $\therefore k=11$

12 $f(x)=x^3-x+3$이라 하면 $f'(x)=3x^2-1$

접점의 좌표를 (t, t^3-t+3)이라 하면 직선 $y=x+2$에 수직인 접선의 기울기는 -1이므로 $f'(t)=-1$에서

$3t^2-1=-1$ $\therefore t=0$

즉, 접점의 좌표는 $(0, 3)$이므로 접선의 방정식은

$y-3=-x$ $\therefore y=-x+3$

따라서 $a=-1$, $b=3$이므로 $a-b=-4$

13 $f(x)=-x^3+3x^2+10x+1$이라 하면

$f'(x)=-3x^2+6x+10$

접점의 좌표를 $(t, -t^3+3t^2+10t+1)$이라 하면 이 점에서의 접선의 기울기는 $\tan 45°=1$이므로 $f'(t)=1$에서

$-3t^2+6t+10=1$, $t^2-2t-3=0$

$(t+1)(t-3)=0$ $\therefore t=-1$ 또는 $t=3$

즉, 접점의 좌표는 $(-1, -5)$ 또는 $(3, 31)$이므로 접선의 방정식은

$y+5=x+1$ 또는 $y-31=x-3$

$\therefore y=x-4$ 또는 $y=x+28$

따라서 두 접선이 x축과 만나는 점의 좌표는 각각 $(4, 0)$, $(-28, 0)$이므로 $\overline{AB}=4-(-28)=32$

14 $f(x)=-2x^3+6x^2+5x-1$이라 하면

$f'(x)=-6x^2+12x+5=-6(x-1)^2+11$

즉, 접선의 기울기는 $x=1$에서 최댓값 11을 갖는다.

이때 접점의 좌표는 $(1, 8)$이므로 접선의 방정식은

$y-8=11(x-1)$ $\therefore y=11x-3$

따라서 구하는 y절편은 -3이다.

15 $f(x)=x^3-3x^2-2x$라 하면 $f'(x)=3x^2-6x-2$

접점의 좌표를 (t, t^3-3t^2-2t)라 하면 직선 $2x+y+3=0$, 즉 $y=-2x-3$에 평행한 접선의 기울기는 -2이므로 $f'(t)=-2$에서

$3t^2-6t-2=-2$, $3t(t-2)=0$ $\therefore t=0$ 또는 $t=2$

즉, 접점의 좌표는 $(0, 0)$ 또는 $(2, -8)$이므로 접선의 방정식은

$y=-2x$ 또는 $y+8=-2(x-2)$

$\therefore 2x+y=0$ 또는 $2x+y+4=0$

따라서 구하는 두 직선 사이의 거리는 직선 $2x+y=0$ 위의 점 $(0, 0)$과 직선 $2x+y+4=0$ 사이의 거리와 같으므로

$\dfrac{|4|}{\sqrt{2^2+1^2}}=\dfrac{4\sqrt{5}}{5}$

16 $f(x)=-x^2+3x$라 하면 $f'(x)=-2x+3$

점 $A(1, 2)$에서의 접선의 기울기는 $f'(1)=1$이므로 접선 l의 방정식은

$y-2=x-1$ $\therefore y=x+1$ ……㉠

이 접선에 수직인 직선의 기울기는 -1이므로

$B(t, -t^2+3t)$라 하면 $f'(t)=-1$에서

$-2t+3=-1$ $\therefore t=2$

$\therefore B(2, 2)$

점 $B(2, 2)$에서의 접선 m의 방정식은

$y-2=-(x-2)$ $\therefore y=-x+4$ ……㉡

㉠, ㉡을 연립하여 풀면

$x=\dfrac{3}{2}$, $y=\dfrac{5}{2}$ $\therefore C\left(\dfrac{3}{2}, \dfrac{5}{2}\right)$

따라서 삼각형 ABC의 넓이는

$\dfrac{1}{2}\times 1\times \dfrac{1}{2}=\dfrac{1}{4}$

17 두 접점 P, Q의 x좌표를 각각 α, β ($\alpha\neq\beta$)라 하자.

$f(x)=x^3+6x^2-x$라 하면 $f'(x)=3x^2+12x-1$

이때 접선의 기울기가 m이므로 α, β는 이차방정식

$3x^2+12x-1=m$, 즉 $3x^2+12x-m-1=0$의 서로 다른 두 근이다.

따라서 근과 계수의 관계에 의하여

$\alpha+\beta=-4$, $\alpha\beta=-\dfrac{m+1}{3}$ ……㉠

기울기가 m으로 같은 두 접선은 서로 평행하므로 두 접선 사이의 거리와 $\overline{PQ}$가 같으려면 두 접점 P, Q를 지나는 직선과 접선이 서로 수직이어야 한다.

직선 PQ의 기울기를 구하면

$\dfrac{f(\beta)-f(\alpha)}{\beta-\alpha}$

$=\dfrac{\beta^3+6\beta^2-\beta-(\alpha^3+6\alpha^2-\alpha)}{\beta-\alpha}$

$=\dfrac{\beta^3-\alpha^3+6(\beta^2-\alpha^2)-(\beta-\alpha)}{\beta-\alpha}$

$=\beta^2+\alpha\beta+\alpha^2+6(\beta+\alpha)-1$

$=(\alpha+\beta)^2-\alpha\beta+6(\alpha+\beta)-1$

$=(-4)^2-\left(-\dfrac{m+1}{3}\right)+6\times(-4)-1$ ($\because$ ㉠)

$=\dfrac{m+1}{3}-9$

즉, $m \times \left(\dfrac{m+1}{3} - 9 \right) = -1$이므로

$m^2 - 26m + 3 = 0$

따라서 근과 계수의 관계에 의하여 조건을 만족시키는 모든 실수 m의 값의 합은 26이다.

18 $f(x) = x^4 + 4x^2 + 5$라 하면 $f'(x) = 4x^3 + 8x$
접점의 좌표를 $(t,\ t^4 + 4t^2 + 5)$라 하면 이 점에서의 접선의 기울기는 $f'(t) = 4t^3 + 8t$이므로 접선의 방정식은

$y - (t^4 + 4t^2 + 5) = (4t^3 + 8t)(x - t)$

$\therefore y = (4t^3 + 8t)x - 3t^4 - 4t^2 + 5$ ······ ㉠

이 직선이 점 $(0,\ -2)$를 지나므로

$-2 = -3t^4 - 4t^2 + 5,\ 3t^4 + 4t^2 - 7 = 0$

$(t+1)(t-1)(3t^2 + 7) = 0$

$\therefore t = -1$ 또는 $t = 1$ ($\because t$는 실수)

이를 ㉠에 대입하면 접선의 방정식은

$y = -12x - 2$ 또는 $y = 12x - 2$

따라서 구하는 접선의 방정식은 $y = 12x - 2$이다.

19 $f(x) = x^3 - x + 2$라 하면 $f'(x) = 3x^2 - 1$
접점의 좌표를 $(t,\ t^3 - t + 2)$라 하면 이 점에서의 접선의 기울기는 $f'(t) = 3t^2 - 1$이므로 접선의 방정식은

$y - (t^3 - t + 2) = (3t^2 - 1)(x - t)$

$\therefore y = (3t^2 - 1)x - 2t^3 + 2$ ······ ㉠

이 직선이 점 $(0,\ 4)$를 지나므로

$4 = -2t^3 + 2,\ t^3 = -1$ $\therefore t = -1$ ($\because t$는 실수)

이를 ㉠에 대입하면 접선의 방정식은

$y = 2x + 4$

이 식에 $y = 0$을 대입하면

$0 = 2x + 4$ $\therefore x = -2$

따라서 구하는 x절편은 -2이다.

20 $f(x) = x^3 - 6x^2 + 9x - 2$라 하면

$f'(x) = 3x^2 - 12x + 9$

접점의 좌표를 $(t,\ t^3 - 6t^2 + 9t - 2)$라 하면 이 점에서의 접선의 기울기는 $f'(t) = 3t^2 - 12t + 9$이므로 접선의 방정식은

$y - (t^3 - 6t^2 + 9t - 2) = (3t^2 - 12t + 9)(x - t)$

$\therefore y = (3t^2 - 12t + 9)x - 2t^3 + 6t^2 - 2$

이 직선이 점 $(0,\ 0)$을 지나므로

$0 = -2t^3 + 6t^2 - 2$ $\therefore t^3 - 3t^2 + 1 = 0$ ······ ㉠

이때 $x_1,\ x_2,\ x_3$은 삼차방정식 ㉠의 세 실근이므로 근과 계수의 관계에 의하여

$x_1 + x_2 + x_3 = 3$

21 $f(x) = x^4 - 2x^2 + 8$이라 하면 $f'(x) = 4x^3 - 4x$
접점의 좌표를 $(t,\ t^4 - 2t^2 + 8)$이라 하면 이 점에서의 접선의 기울기는 $f'(t) = 4t^3 - 4t$이므로 접선의 방정식은

$y - (t^4 - 2t^2 + 8) = (4t^3 - 4t)(x - t)$

$\therefore y = (4t^3 - 4t)x - 3t^4 + 2t^2 + 8$

이 직선이 점 $(0,\ 0)$을 지나므로

$0 = -3t^4 + 2t^2 + 8,\ (t + \sqrt{2})(t - \sqrt{2})(3t^2 + 4) = 0$

$\therefore t = -\sqrt{2}$ 또는 $t = \sqrt{2}$ ($\because t$는 실수)

따라서 접점의 좌표는 $(-\sqrt{2},\ 8)$ 또는 $(\sqrt{2},\ 8)$이므로 삼각형 OAB의 넓이는 $\dfrac{1}{2} \times 2\sqrt{2} \times 8 = 8\sqrt{2}$

22 $f(x) = -x^2 + 2x + a$라 하면 $f'(x) = -2x + 2$
접점의 좌표를 $(t,\ -t^2 + 2t + a)$라 하면 이 점에서의 접선의 기울기는 $f'(t) = -2t + 2$이므로 접선의 방정식은

$y - (-t^2 + 2t + a) = (-2t + 2)(x - t)$

$\therefore y = (-2t + 2)x + t^2 + a$

이 직선이 점 $(-2,\ 1)$을 지나므로

$1 = 4t - 4 + t^2 + a$ $\therefore t^2 + 4t + a - 5 = 0$ ······ ㉠

이차방정식 ㉠의 두 근을 $\alpha,\ \beta$라 하면 $\alpha,\ \beta$는 두 접점의 x좌표이므로 그 점에서의 접선의 기울기는 각각

$f'(\alpha) = -2\alpha + 2,\ f'(\beta) = -2\beta + 2$

이때 두 접선이 서로 수직이므로 $f'(\alpha)f'(\beta) = -1$에서

$(-2\alpha + 2)(-2\beta + 2) = -1$

$4\alpha\beta - 4(\alpha + \beta) + 4 = -1$

㉠에서 근과 계수의 관계에 의하여

$\alpha + \beta = -4,\ \alpha\beta = a - 5$이므로

$4(a - 5) + 16 + 4 = -1$ $\therefore a = -\dfrac{1}{4}$

23 $f(x) = x^3 - 3x^2 + 1$이라 하면 $f'(x) = 3x^2 - 6x$
접점의 좌표를 $(t,\ t^3 - 3t^2 + 1)$이라 하면 이 점에서의 접선의 기울기는 $f'(t) = 3t^2 - 6t$이므로 접선의 방정식은

$y - (t^3 - 3t^2 + 1) = (3t^2 - 6t)(x - t)$

$\therefore y = (3t^2 - 6t)x - 2t^3 + 3t^2 + 1$

이 직선이 점 $(a,\ 1)$을 지나므로

$1 = (3t^2 - 6t)a - 2t^3 + 3t^2 + 1$

$t\{2t^2 - 3(a + 1)t + 6a\} = 0$

$\therefore t = 0$ 또는 $2t^2 - 3(a + 1)t + 6a = 0$

접선이 오직 한 개만 존재하려면 이차방정식 $2t^2 - 3(a + 1)t + 6a = 0$이 $t = 0$을 중근으로 갖거나 허근을 가져야 한다.

(i) 이차방정식 $2t^2 - 3(a + 1)t + 6a = 0$이 $t = 0$을 중근으로 갖는 경우
  이를 만족시키는 a의 값이 존재하지 않는다.

(ii) 이차방정식 $2t^2-3(a+1)t+6a=0$이 허근을 갖는 경우
이 이차방정식의 판별식을 D라 하면 $D<0$이어야 하므로
$$D=\{-3(a+1)\}^2-4\times 2\times 6a<0$$
$$9a^2-30a+9<0,\ 3(3a-1)(a-3)<0$$
$$\therefore\ \frac{1}{3}<a<3$$
(i), (ii)에서 $\frac{1}{3}<a<3$

24 $f(x)=ax^3-5x-1$, $g(x)=2x^2+bx+3$이라 하면
$$f'(x)=3ax^2-5,\ g'(x)=4x+b$$
$x=-1$인 점에서 두 곡선이 만나므로 $f(-1)=g(-1)$
에서
$$-a+5-1=2-b+3\qquad \therefore\ a-b=-1\qquad \cdots\cdots\ \text{㉠}$$
$x=-1$인 점에서의 두 곡선의 접선의 기울기가 같으므로
$f'(-1)=g'(-1)$에서
$$3a-5=-4+b\qquad \therefore\ 3a-b=1\qquad \cdots\cdots\ \text{㉡}$$
㉠, ㉡을 연립하여 풀면 $a=1$, $b=2$
이때 접점의 좌표는 $(-1,\ 3)$이고 접선의 기울기는 -2
이므로 공통인 접선의 방정식은
$$y-3=-2(x+1)\qquad \therefore\ y=-2x+1$$
따라서 $m=-2$, $n=1$이므로
$$ab+mn=1\times 2+(-2)\times 1=0$$

25 $f(x)=x^3+ax+1$, $g(x)=bx^2+c$라 하면
$$f'(x)=3x^2+a,\ g'(x)=2bx$$
두 곡선이 점 $(1,\ 5)$를 지나므로 $f(1)=5$에서
$$1+a+1=5\qquad \therefore\ a=3$$
$g(1)=5$에서 $b+c=5\qquad \cdots\cdots\ \text{㉠}$
점 $(1,\ 5)$에서의 두 곡선의 접선의 기울기가 같으므로
$f'(1)=g'(1)$에서
$$3+a=2b,\ 6=2b\qquad \therefore\ b=3$$
이를 ㉠에 대입하면
$$3+c=5\qquad \therefore\ c=2$$
$$\therefore\ abc=3\times 3\times 2=18$$

26 $f(x)=x^3+2$, $g(x)=3x^2-2$라 하면
$$f'(x)=3x^2,\ g'(x)=6x$$
두 곡선이 $x=t$인 점에서 공통인 접선을 갖는다고 하자.
$x=t$인 점에서 두 곡선이 만나므로
$f(t)=g(t)$에서
$$t^3+2=3t^2-2,\ t^3-3t^2+4=0$$
$$(t+1)(t-2)^2=0\qquad \therefore\ t=-1\ \text{또는}\ t=2\quad \cdots\cdots\ \text{㉠}$$

$x=t$인 점에서의 두 곡선의 접선의 기울기가 같으므로
$f'(t)=g'(t)$에서
$$3t^2=6t,\ 3t(t-2)=0\qquad \therefore\ t=0\ \text{또는}\ t=2\quad \cdots\cdots\ \text{㉡}$$
㉠, ㉡에서 $t=2$
이때 접점의 좌표는 $(2,\ 10)$이고 접선의 기울기는 12이
므로 공통인 접선의 방정식은
$$y-10=12(x-2)\qquad \therefore\ y=12x-14$$
따라서 $a=12$, $b=-14$이므로 $a+b=-2$

27 $f(x)=x^3+3$, $g(x)=2x^3+x^2+ax+2$라 하면
$$f'(x)=3x^2,\ g'(x)=6x^2+2x+a$$
$x=t$인 점에서 두 곡선이 만나므로 $f(t)=g(t)$에서
$$t^3+3=2t^3+t^2+at+2$$
$$\therefore\ t^3+t^2+at-1=0\qquad \cdots\cdots\ \text{㉠}$$
$x=t$인 점에서의 두 곡선의 접선의 기울기가 같으므로
$f'(t)=g'(t)$에서
$$3t^2=6t^2+2t+a\qquad \therefore\ a=-3t^2-2t\qquad \cdots\cdots\ \text{㉡}$$
㉡을 ㉠에 대입하면
$$t^3+t^2+(-3t^2-2t)t-1=0$$
$$2t^3+t^2+1=0,\ (t+1)(2t^2-t+1)=0$$
$$\therefore\ t=-1\ (\because\ t\text{는 실수})$$
이를 ㉡에 대입하면 $a=-3+2=-1$
$$\therefore\ a+t=-1+(-1)=-2$$

28 곡선 $y=x^2-1$에 접하고 직선
$y=2x-4$와 기울기가 같은 접선의
접점을 P라 하면 구하는 거리의 최
솟값은 점 P와 직선 $y=2x-4$ 사
이의 거리와 같다.
$f(x)=x^2-1$이라 하면 $f'(x)=2x$
기울기가 2인 접선의 접점의 좌표를 $(t,\ t^2-1)$이라 하면
$f'(t)=2$에서 $2t=2\qquad \therefore\ t=1$
$$\therefore\ \text{P}(1,\ 0)$$
따라서 점 $\text{P}(1,\ 0)$과 직선 $y=2x-4$, 즉 $2x-y-4=0$
사이의 거리는 $\dfrac{|2-4|}{\sqrt{2^2+(-1)^2}}=\dfrac{2\sqrt{5}}{5}$

29 곡선에 접하고 직선 AB에 평행
한 접선의 접점이 P일 때 삼각
형 PAB의 넓이가 최대이다.
$f(x)=-x^2+1$이라 하면
$$f'(x)=-2x$$

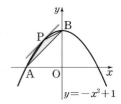

직선 AB의 기울기는 $\dfrac{1-0}{0-(-1)}=1$이므로 직선 AB의

방정식은

$y=x+1$ $\qquad \therefore x-y+1=0$

기울기가 1인 접선의 접점의 좌표를 $(t, -t^2+1)$이라 하면

$f'(t)=1$에서

$-2t=1$ $\qquad \therefore t=-\dfrac{1}{2}$

즉, 삼각형 PAB의 넓이가 최대일 때의 점 P의 좌표는

$\left(-\dfrac{1}{2}, \dfrac{3}{4}\right)$이므로 이 점과 직선 $x-y+1=0$ 사이의 거리는

$\dfrac{\left|-\dfrac{1}{2}-\dfrac{3}{4}+1\right|}{\sqrt{1^2+(-1)^2}}=\dfrac{\sqrt{2}}{8}$

따라서 $\overline{AB}=\sqrt{1^2+1^2}=\sqrt{2}$이므로 삼각형 PAB의 넓이의

최댓값은

$\dfrac{1}{2}\times\sqrt{2}\times\dfrac{\sqrt{2}}{8}=\dfrac{1}{8}$

30 $f(x)=-x^3+3x^2-x-3$이라 하면

$f'(x)=-3x^2+6x-1$

점 A$(2, -1)$에서의 접선의 기울기는 $f'(2)=-1$이므로

접선의 방정식은

$y+1=-(x-2)$ $\qquad \therefore y=-x+1$

곡선 $y=-x^3+3x^2-x-3$과 직선 $y=-x+1$의 교점의

x좌표를 구하면

$-x^3+3x^2-x-3=-x+1,\ x^3-3x^2+4=0$

$(x+1)(x-2)^2=0$ $\qquad \therefore x=-1$ 또는 $x=2$

$\therefore$ B$(-1, 2)$

곡선에 접하고 직선 AB, 즉
$y=-x+1$에 평행한 직선의 접
점이 P일 때 삼각형 ABP의 넓
이가 최대이다.
기울기가 -1인 접선의 접점의
좌표를 $(t, -t^3+3t^2-t-3)$이
라 하면 $f'(t)=-1$에서

$-3t^2+6t-1=-1,\ 3t(t-2)=0$

$\therefore t=0$ 또는 $t=2$

즉, 접점의 좌표는 $(0, -3)$ 또는 $(2, -1)$이므로 삼각형

ABP의 넓이가 최대일 때의 점 P의 좌표는 $(0, -3)$이다.

점 $(0, -3)$과 직선 $y=-x+1$, 즉 $x+y-1=0$ 사이의

거리는 $\dfrac{|-3-1|}{\sqrt{1^2+1^2}}=2\sqrt{2}$

따라서 $\overline{AB}=\sqrt{(-1-2)^2+(2+1)^2}=3\sqrt{2}$이므로 삼각형

ABP의 넓이의 최댓값은

$\dfrac{1}{2}\times3\sqrt{2}\times2\sqrt{2}=6$

31 함수 $f(x)=x^4-2x^2$은 닫힌구간 $[-2, 2]$에서 연속이고
열린구간 $(-2, 2)$에서 미분가능하며 $f(-2)=f(2)=8$
이므로 롤의 정리에 의하여 $f'(c)=0$인 c가 열린구간
$(-2, 2)$에 적어도 하나 존재한다.

$f'(x)=4x^3-4x$이므로 $f'(c)=0$에서

$4c^3-4c=0,\ 4c(c+1)(c-1)=0$

$\therefore c=-1$ 또는 $c=0$ 또는 $c=1$

따라서 롤의 정리를 만족시키는 실수 c는 3개이다.

32 함수 $f(x)=-x^3+ax^2-2$는 닫힌구간 $[0, 2]$에서 연속
이고 열린구간 $(0, 2)$에서 미분가능하다.

이때 롤의 정리를 만족시키면 $f(0)=f(2)$이므로

$-2=-8+4a-2$ $\qquad \therefore a=2$

즉, $f(x)=-x^3+2x^2-2$이므로 $f'(x)=-3x^2+4x$

$f'(c)=0$에서 $-3c^2+4c=0$

$-3c\left(c-\dfrac{4}{3}\right)=0$ $\qquad \therefore c=\dfrac{4}{3}\ (\because 0<c<2)$

$\therefore a-c=2-\dfrac{4}{3}=\dfrac{2}{3}$

33 함수 $f(x)=x^3-ax^2+2$는 닫힌구간 $[0, a]$에서 연속이
고 열린구간 $(0, a)$에서 미분가능하며 $f(0)=f(a)=2$이
므로 롤의 정리에 의하여 $f'(c)=0$인 c가 열린구간
$(0, a)$에 적어도 하나 존재한다.

이때 롤의 정리를 만족시키는 실수 c의 값이 2이고
$f'(x)=3x^2-2ax$이므로 $f'(2)=0$에서

$12-4a=0$ $\qquad \therefore a=3$

34 함수 $f(x)=x^3-4x+1$은 닫힌구간 $[-1, 2]$에서 연속
이고 열린구간 $(-1, 2)$에서 미분가능하므로 평균값 정
리에 의하여 $\dfrac{f(2)-f(-1)}{2-(-1)}=f'(c)$인 c가 열린구간
$(-1, 2)$에 적어도 하나 존재한다.

이때 $f'(x)=3x^2-4$이므로

$\dfrac{1-4}{3}=3c^2-4,\ c^2=1$ $\qquad \therefore c=1\ (\because -1<c<2)$

35 함수 $f(x)=x^2+x$는 닫힌구간 $[-3, 2k]$에서 연속이고
열린구간 $(-3, 2k)$에서 미분가능하며 평균값 정리를 만
족시키는 실수 c의 값이 $\dfrac{k}{2}$이므로

$\dfrac{f(2k)-f(-3)}{2k-(-3)}=f'\left(\dfrac{k}{2}\right)$

이때 $f'(x)=2x+1$이므로 $\dfrac{4k^2+2k-6}{2k+3}=k+1$

$2k^2-3k-9=0,\ (2k+3)(k-3)=0$

$\therefore k=3\left(\because -3<2k,\ 즉\ k>-\dfrac{3}{2}\right)$

36 ㄱ. $f'(0)<0$, $f'(2)>0$이므로 $f'(0)<f'(2)$

ㄴ. 함수 $f(x)$는 닫힌구간 $[-1, 2]$에서 연속이고 열린구간 $(-1, 2)$에서 미분가능하므로 평균값 정리에 의하여 $\dfrac{f(2)-f(-1)}{2-(-1)}=f'(c)$, 즉 $f(2)-f(-1)=3f'(c)$인 c가 열린구간 $(-1, 2)$에 적어도 하나 존재한다.

ㄷ. $\displaystyle\lim_{h\to0}\dfrac{f(c+h)-f(c)}{h}=0$에서 $f'(c)=0$
함수 $f(x)$는 닫힌구간 $[0, 2]$에서 연속이고 열린구간 $(0, 2)$에서 미분가능하며 $f(0)=f(2)=0$이므로 롤의 정리에 의하여 $f'(c)=0$인 c가 열린구간 $(0, 2)$에 적어도 하나 존재한다.

따라서 보기에서 옳은 것은 ㄴ, ㄷ이다.

37 함수 $f(x)$는 닫힌구간 $[1, 5]$에서 연속이고 열린구간 $(1, 5)$에서 미분가능하므로 평균값 정리에 의하여 $\dfrac{f(5)-f(1)}{5-1}=f'(c)$, 즉 $f'(c)=\dfrac{f(5)-3}{4}$인 c가 열린구간 $(1, 5)$에 적어도 하나 존재한다.
이때 ㈏에서 $1<c<5$인 c에 대하여 $f'(c)\geq5$이므로
$\dfrac{f(5)-3}{4}\geq5$ $\therefore f(5)\geq23$
따라서 $f(5)$의 최솟값은 23이다.

38 함수 $f(x)$는 닫힌구간 $[-2, 2]$에서 연속이고 열린구간 $(-2, 2)$에서 미분가능하며 함수 $y=f(x)$의 그래프는 오른쪽 그림과 같다.
닫힌구간 $[-2, 2]$에서 평균값 정리를 만족시키는 실수 c의 개수는 두 점 $(-2, -2)$, $(2, 2)$를 지나는 직선과 기울기가 같은 접선의 개수와 같으므로 실수 c는 2개이다.

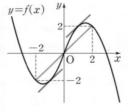

39 함수 $f(x)=x^3-3x^2+3x+1$은 닫힌구간 $[a, b]$에서 연속이고 열린구간 (a, b)에서 미분가능하므로 평균값 정리에 의하여 $\dfrac{f(b)-f(a)}{b-a}=f'(c)$인 c가 열린구간 (a, b)에 적어도 하나 존재한다.
$f'(x)=3x^2-6x+3$이므로
$k=f'(c)=3c^2-6c+3=3(c-1)^2$
이때 $0<c<3$이고 $k\neq0$이므로
$0<k<12$
따라서 정수 k는 $1, 2, 3, \cdots, 11$의 11개이다.

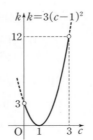

---

1 2		**2** ④		**3** 12		**4** 6		**5** 0	
6 ③		**7** 3		**8** 5		**9** 6		**10** 11	
11 ④		**12** 11		**13** -22		**14** ①		**15** 0	
16 12		**17** ㄴ, ㄷ		**18** 1		**19** ④		**20** $\dfrac{2}{3}$	
21 9									

1 $f(x)=-x^3+3x^2+24x-7$에서
$f'(x)=-3x^2+6x+24=-3(x+2)(x-4)$
$f'(x)=0$인 x의 값은 $x=-2$ 또는 $x=4$
함수 $f(x)$의 증가와 감소를 표로 나타내면 다음과 같다.

x	$\cdots$	-2	$\cdots$	4	$\cdots$
$f'(x)$	$-$	0	$+$	0	$-$
$f(x)$	$\searrow$	-35	$\nearrow$	73	$\searrow$

따라서 함수 $f(x)$는 구간 $[-2, 4]$에서 증가하므로
$\alpha=-2$, $\beta=4$ $\therefore \alpha+\beta=2$

2 오른쪽 그림과 같이 도함수 $y=f'(x)$의 그래프가 x축과 만나는 점의 x좌표를 a, $b(a<b)$라 하면
함수 $f(x)$는 구간 $(-\infty, a)$, (b, ∞)에서 $f'(x)>0$이므로 구간 $(-\infty, a]$, $[b, \infty)$에서 증가하고, 구간 (a, b)에서 $f'(x)<0$이므로 구간 $[a, b]$에서 감소한다.
따라서 옳은 것은 ④이다.

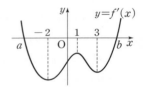

3 $f(x)=2x^3+ax^2+bx+1$에서 $f'(x)=6x^2+2ax+b$
함수 $f(x)$가 $x\leq-1$, $x\geq3$에서 증가하고, $-1\leq x\leq3$에서 감소하므로 이차방정식 $f'(x)=0$, 즉 $6x^2+2ax+b=0$의 두 근이 -1, 3이다.
이차방정식의 근과 계수의 관계에 의하여
$-1+3=-\dfrac{2a}{6}$, $-1\times3=\dfrac{b}{6}$
$\therefore a=-6$, $b=-18$
$\therefore a-b=12$

4 $f(x)=x^3+ax^2-(a^2-8a)x+3$에서
$f'(x)=3x^2+2ax-(a^2-8a)$
함수 $f(x)$가 실수 전체의 집합에서 증가하려면 모든 실수 x에서 $f'(x)\geq0$이어야 한다.

이차방정식 $f'(x)=0$의 판별식을 D라 하면 $D \leq 0$이어야 하므로

$\dfrac{D}{4}=a^2+3(a^2-8a) \leq 0$

$4a(a-6) \leq 0$ $\quad \therefore 0 \leq a \leq 6$

따라서 실수 a의 최댓값은 6이다.

5 $f(x)=-x^3+ax^2+5x-1$에서

$f'(x)=-3x^2+2ax+5$

함수 $f(x)$가 구간 $[-1, 1]$에서

증가하려면 $-1 \leq x \leq 1$에서

$f'(x) \geq 0$이어야 하므로

$f'(-1) \geq 0$, $f'(1) \geq 0$

$f'(-1) \geq 0$에서

$-3-2a+5 \geq 0$ $\quad \therefore a \leq 1$ $\quad \cdots\cdots$ ㉠

$f'(1) \geq 0$에서

$-3+2a+5 \geq 0$ $\quad \therefore a \geq -1$ $\quad \cdots\cdots$ ㉡

㉠, ㉡에서 $-1 \leq a \leq 1$

따라서 정수 a는 -1, 0, 1이므로 구하는 합은 0이다.

6 $f(x)=-3x^3-ax^2-ax+2$에서

$f'(x)=-9x^2-2ax-a$

함수 $f(x)$의 역함수가 존재하려면 일대일대응이어야 하고 $f(x)$의 최고차항의 계수가 음수이므로 함수 $f(x)$는 실수 전체의 집합에서 감소해야 한다.

즉, 모든 실수 x에서 $f'(x) \leq 0$이어야 한다.

이차방정식 $f'(x)=0$의 판별식을 D라 하면 $D \leq 0$이어야 하므로

$\dfrac{D}{4}=a^2-9a \leq 0$, $a(a-9) \leq 0$ $\quad \therefore 0 \leq a \leq 9$

따라서 정수 a는 0, 1, 2, 3, 4, 5, 6, 7, 8, 9의 10개이다.

7 $f(x)=\dfrac{1}{3}x^3+kx^2-(k-2)x+3$에서

$f'(x)=x^2+2kx-(k-2)$

함수 $f(x)$가 임의의 두 실수 x_1, x_2에 대하여 $x_1 \neq x_2$일 때, $f(x_1) \neq f(x_2)$를 만족시키려면 일대일대응이어야 하고 $f(x)$의 최고차항의 계수가 양수이므로 함수 $f(x)$는 실수 전체의 집합에서 증가해야 한다.

즉, 모든 실수 x에서 $f'(x) \geq 0$이어야 한다.

이차방정식 $f'(x)=0$의 판별식을 D라 하면 $D \leq 0$이어야 하므로

$\dfrac{D}{4}=k^2+k-2 \leq 0$

$(k+2)(k-1) \leq 0$ $\quad \therefore -2 \leq k \leq 1$

따라서 $M=1$, $m=-2$이므로 $M-m=3$

8 $f(x)=-x^3+3x^2+9x-27$에서

$f'(x)=-3x^2+6x+9=-3(x+1)(x-3)$

$f'(x)=0$인 x의 값은 $x=-1$ 또는 $x=3$

함수 $f(x)$의 증가와 감소를 표로 나타내면 다음과 같다.

x	$\cdots$	-1	$\cdots$	3	$\cdots$
$f'(x)$	$-$	0	$+$	0	$-$
$f(x)$	$\searrow$	극소	$\nearrow$	극대	$\searrow$

따라서 함수 $f(x)$는 $x=3$에서 극대이고 $x=-1$에서 극소이므로

$a=3$, $b=-1$ $\quad \therefore 2a+b=6-1=5$

9 $f(x)=x^3-6x^2+9x+1$에서

$f'(x)=3x^2-12x+9=3(x-1)(x-3)$

$f'(x)=0$인 x의 값은 $x=1$ 또는 $x=3$

함수 $f(x)$의 증가와 감소를 표로 나타내면 다음과 같다.

x	$\cdots$	1	$\cdots$	3	$\cdots$
$f'(x)$	$+$	0	$-$	0	$+$
$f(x)$	$\nearrow$	5 극대	$\searrow$	1 극소	$\nearrow$

따라서 함수 $f(x)$는 $x=1$에서 극댓값 5, $x=3$에서 극솟값 1을 가지므로

$M=5$, $m=1$ $\quad \therefore M+m=6$

10 $f(x)=x^3-3x+12$에서

$f'(x)=3x^2-3=3(x+1)(x-1)$

$f'(x)=0$인 x의 값은 $x=-1$ 또는 $x=1$

함수 $f(x)$의 증가와 감소를 표로 나타내면 다음과 같다.

x	$\cdots$	-1	$\cdots$	1	$\cdots$
$f'(x)$	$+$	0	$-$	0	$+$
$f(x)$	$\nearrow$	14 극대	$\searrow$	10 극소	$\nearrow$

따라서 함수 $f(x)$는 $x=1$에서 극소이므로 $a=1$

$\therefore a+f(a)=1+f(1)=1+10=11$

11 $f(x)=x^4-8x^2+5$에서

$f'(x)=4x^3-16x=4x(x+2)(x-2)$

$f'(x)=0$인 x의 값은 $x=-2$ 또는 $x=0$ 또는 $x=2$

함수 $f(x)$의 증가와 감소를 표로 나타내면 다음과 같다.

x	$\cdots$	-2	$\cdots$	0	$\cdots$	2	$\cdots$
$f'(x)$	$-$	0	$+$	0	$-$	0	$+$
$f(x)$	$\searrow$	-11 극소	$\nearrow$	5 극대	$\searrow$	-11 극소	$\nearrow$

함수 $f(x)$는 $x=0$에서 극대이고 극댓값 5를 가지므로
점 A의 좌표는 $(0, 5)$
또 함수 $f(x)$는 $x=-2$와 $x=2$에서 극소이고 극솟값
-11을 가지므로 두 점 B, C의 좌표는
$(-2, -11)$, $(2, -11)$
따라서 삼각형 ABC의 넓이는
$\dfrac{1}{2} \times 4 \times 16 = 32$

12 $f(x) = -x^3 - 3x^2 + 9x + k$에서
$f'(x) = -3x^2 - 6x + 9 = -3(x+3)(x-1)$
$f'(x) = 0$인 x의 값은 $x=-3$ 또는 $x=1$
함수 $f(x)$의 증가와 감소를 표로 나타내면 다음과 같다.

x	$\cdots$	-3	$\cdots$	1	$\cdots$
$f'(x)$	$-$	0	$+$	0	$-$
$f(x)$	↘	$k-27$ 극소	↗	$k+5$ 극대	↘

함수 $f(x)$는 $x=1$에서 극댓값 $k+5$, $x=-3$에서 극솟값
$k-27$을 갖는다.
이때 극댓값과 극솟값이 절댓값은 같고 부호가 서로 다르
므로
$k+5 + (k-27) = 0$　∴ $k=11$

13 $f(x) = 2x^3 - 3x^2 + ax + b$에서
$f'(x) = 6x^2 - 6x + a$
$x=-1$에서 극댓값 5를 가지므로
$f'(-1) = 0$, $f(-1) = 5$에서
$6+6+a=0$, $-2-3-a+b=5$
∴ $a=-12$, $b=-2$
즉, $f(x) = 2x^3 - 3x^2 - 12x - 2$이므로
$f'(x) = 6x^2 - 6x - 12 = 6(x+1)(x-2)$
$f'(x) = 0$인 x의 값은 $x=-1$ 또는 $x=2$
함수 $f(x)$의 증가와 감소를 표로 나타내면 다음과 같다.

x	$\cdots$	-1	$\cdots$	2	$\cdots$
$f'(x)$	$+$	0	$-$	0	$+$
$f(x)$	↗	5 극대	↘	-22 극소	↗

따라서 함수 $f(x)$는 $x=2$에서 극솟값 -22를 갖는다.

14 $f(x) = -x^4 + 8a^2x^2 - 1$에서
$f'(x) = -4x^3 + 16a^2x$
$\qquad = -4x(x+2a)(x-2a)$
$f'(x) = 0$인 x의 값은
$x=-2a$ 또는 $x=0$ 또는 $x=2a$

$a>0$이므로 함수 $f(x)$의 증가와 감소를 표로 나타내면
다음과 같다.

x	$\cdots$	$-2a$	$\cdots$	0	$\cdots$	$2a$	$\cdots$
$f'(x)$	$+$	0	$-$	0	$+$	0	$-$
$f(x)$	↗	극대	↘	극소	↗	극대	↘

함수 $f(x)$는 $x=-2a$와 $x=2a$에서 극대이다.
한편 $b>1$에서 $-2b<-2$
∴ $2-2b<0$
즉, $2-2b<b$이므로
$-2a=2-2b$, $2a=b$
∴ $a-b=-1$, $2a-b=0$
두 식을 연립하여 풀면
$a=1$, $b=2$
∴ $a+b=3$

15 $f(x) = x^3 + ax^2 + bx + c$ (a, b, c는 상수)라 하면
$f'(x) = 3x^2 + 2ax + b$
㈏에서 $f'(0) = 0$이므로 $b=0$
㈎에서 $x \to 1$일 때 (분모) $\to 0$이고, 극한값이 존재하므
로 (분자) $\to 0$에서
$\lim_{x \to 1} f(x) = 0$　∴ $f(1) = 0$
∴ $\lim_{x \to 1} \dfrac{f(x)}{x-1} = \lim_{x \to 1} \dfrac{f(x) - f(1)}{x-1} = f'(1) = 9$
$f(1) = 0$, $f'(1) = 9$에서
$1+a+b+c=0$, $3+2a+b=9$
이때 $b=0$이므로
$a+c=-1$, $a=3$　∴ $c=-4$
즉, $f(x) = x^3 + 3x^2 - 4$이므로
$f'(x) = 3x^2 + 6x = 3x(x+2)$
$f'(x) = 0$인 x의 값은 $x=-2$ 또는 $x=0$
함수 $f(x)$의 증가와 감소를 표로 나타내면 다음과 같다.

x	$\cdots$	-2	$\cdots$	0	$\cdots$
$f'(x)$	$+$	0	$-$	0	$+$
$f(x)$	↗	0 극대	↘	-4 극소	↗

따라서 함수 $f(x)$는 $x=-2$에서 극댓값 0을 갖는다.

16 구간 $[0, 9]$에서 도함수 $y=f'(x)$의 그래프가 x축과 만
나는 점의 x좌표는 $0, 2, 4, 6, 8$
$x=4$, $x=8$의 좌우에서 $f'(x)$의 부호가 양에서 음으로
바뀌므로 함수 $f(x)$는 $x=4$, $x=8$에서 극대이다.
따라서 모든 x의 값의 합은
$4+8=12$

17 ㄱ. $4<x<5$에서 $f'(x)<0$이므로 함수 $f(x)$는 $4<x<5$에서는 감소한다.

ㄴ. $f'(-2)=0$이고, $x=-2$의 좌우에서 $f'(x)$의 부호가 음에서 양으로 바뀌므로 함수 $f(x)$는 $x=-2$에서 극소이다.

ㄷ. 구간 $[-1, 4]$에서 도함수 $y=f'(x)$의 그래프가 x축과 만나는 점의 x좌표는 $0, 3$
$x=0$의 좌우에서 $f'(x)$의 부호가 바뀌지 않으므로 함수 $f(x)$는 $x=0$에서 극값을 갖지 않는다.
$x=3$의 좌우에서 $f'(x)$의 부호가 양에서 음으로 바뀌므로 함수 $f(x)$는 $x=3$에서 극대이다.
즉, 구간 $[-1, 4]$에서 함수 $f(x)$의 극댓값은 1개이다.

따라서 보기에서 옳은 것은 ㄴ, ㄷ이다.

18 도함수 $y=f'(x)$의 그래프가 x축과 만나는 점의 x좌표는 $-1, 1$
$x=-1$의 좌우에서 $f'(x)$의 부호가 양에서 음으로 바뀌므로 함수 $f(x)$는 $x=-1$에서 극대이고,
$x=1$의 좌우에서 $f'(x)$의 부호가 음에서 양으로 바뀌므로 함수 $f(x)$는 $x=1$에서 극소이다.
삼차함수 $f(x)$의 최고차항의 계수가 1이므로
$f(x)=x^3+ax^2+bx+c\,(a, b, c$는 상수$)$라 하면
$f'(x)=3x^2+2ax+b$
$f'(-1)=0, f'(1)=0$이므로
$3-2a+b=0, 3+2a+b=0$
$\therefore 2a-b=3, 2a+b=-3$
두 식을 연립하여 풀면
$a=0, b=-3$
또 함수 $f(x)=x^3-3x+c$는 $x=-1$에서 극대이고 극댓값 5를 가지므로 $f(-1)=5$에서
$-1+3+c=5$　　$\therefore c=3$
따라서 함수 $f(x)=x^3-3x+3$은 $x=1$에서 극소이므로 극솟값은
$f(1)=1-3+3=1$

19 ①, ③ 도함수 $y=f'(x)$의 그래프가 x축과 만나는 점의 x좌표는 a, c
$x=a$의 좌우에서 $f'(x)$의 부호가 바뀌지 않으므로 함수 $f(x)$는 $x=a$에서 극값을 갖지 않는다.
$x=c$의 좌우에서 $f'(x)$의 부호가 음에서 양으로 바뀌므로 함수 $f(x)$는 $x=c$에서 극소이다.
즉, 함수 $f(x)$의 극값은 1개이다.

② $f'(b)\ne0$이므로 함수 $f(x)$는 $x=b$에서 극값을 갖지 않는다.
④ 구간 (a, c)에서 $f'(x)<0$이므로 함수 $f(x)$는 감소한다.
$\therefore f(a)>f(b)>f(c)$
⑤ 구간 (b, c)에서 $f'(x)<0$이므로 함수 $f(x)$는 감소한다.
따라서 옳은 것은 ④이다.

20 $h(x)=f(x)-g(x)$에서 $h'(x)=f'(x)-g'(x)$
$h'(x)=0$, 즉 $f'(x)-g'(x)=0$인 x의 값은 두 도함수 $y=f'(x), y=g'(x)$의 그래프의 교점의 x좌표와 같으므로
$x=-1$ 또는 $x=\dfrac{2}{3}$ 또는 $x=5$
$x=-1, x=5$의 좌우에서 $h'(x)$의 부호가 양에서 음으로 바뀌므로 함수 $h(x)$는 $x=-1, x=5$에서 극대이고,
$x=\dfrac{2}{3}$의 좌우에서 $h'(x)$의 부호가 음에서 양으로 바뀌므로 함수 $h(x)$는 $x=\dfrac{2}{3}$에서 극소이다.
따라서 구하는 x의 값은 $\dfrac{2}{3}$이다.

21 도함수 $y=f'(x)$의 그래프가 x축과 만나는 점의 x좌표는 $0, 2$
$x=0$의 좌우에서 $f'(x)$의 부호가 음에서 양으로 바뀌므로 함수 $f(x)$는 $x=0$에서 극소이고,
$x=2$의 좌우에서 $f'(x)$의 부호가 양에서 음으로 바뀌므로 함수 $f(x)$는 $x=2$에서 극대이다.
$f(x)=ax^3+bx^2+cx+d\,(a, b, c, d$는 상수, $a<0)$라 하면
$f'(x)=3ax^2+2bx+c$
$f'(0)=0, f'(2)=0$이므로
$c=0, 12a+4b+c=0$
$\therefore b=-3a$
즉, $f(x)=ax^3-3ax^2+d$이므로 $f(3)=3$에서
$27a-27a+d=3$
$\therefore d=3$
이때 함수 $f(x)=ax^3-3ax^2+3$의 극댓값은
$f(2)=-4a+3$, 극솟값은 $f(0)=3$이고 극댓값과 극솟값의 차가 12이므로
$(-4a+3)-3=12$
$\therefore a=-3$
따라서 $f(x)=-3x^3+9x^2+3$이므로
$f(1)=-3+9+3=9$

유형편

1 ④	**2** ③	**3** ①	**4** ㄷ	**5** ⑤
6 ②	**7** ③	**8** ②	**9** ⑤	**10** ①
11 ④	**12** 4	**13** ②	**14** ③	**15** 2
16 3	**17** 23	**18** ⑤	**19** 19	**20** 11
21 $\dfrac{7}{2}$	**22** ⑤	**23** 32	**24** 1	**25** $\dfrac{27}{16}$
26 $\dfrac{28}{3}\pi$	**27** $\dfrac{16}{3}\pi$	**28** $\dfrac{16\sqrt{2}}{27}$		

1 $f(x)=\dfrac{1}{4}x^4-x^3+1$에서

$f'(x)=x^3-3x^2=x^2(x-3)$

$f'(x)=0$인 x의 값은 $x=0$ 또는 $x=3$

함수 $f(x)$의 증가와 감소를 표로 나타내면 다음과 같다.

x	$\cdots$	0	$\cdots$	3	$\cdots$
$f'(x)$	$-$	0	$-$	0	$+$
$f(x)$	↘	1	↘	$-\dfrac{23}{4}$ 극소	↗

따라서 함수 $y=f(x)$의 그래프의 개형이 될 수 있는 것은 ④이다.

2 $f(x)=-x^3+ax^2+bx+c$에서

$f'(x)=-3x^2+2ax+b$

함수 $f(x)$는 $x=x_1$에서 극소, $x=x_2$에서 극대이므로

$f'(x_1)=f'(x_2)=0$

즉, 이차방정식 $f'(x)=0$의 두 근은 x_1, x_2이고, $x_1>0$, $x_2>0$이므로 근과 계수의 관계에 의하여

$x_1+x_2=-\dfrac{2a}{-3}=\dfrac{2a}{3}>0$, $x_1x_2=\dfrac{b}{-3}>0$

$\therefore a>0,\ b<0$

또 함수 $y=f(x)$의 그래프가 $x=0$일 때 y축의 양의 부분과 만나므로

$f(0)=c>0$

$\therefore \dfrac{|a|}{a}+\dfrac{|b|}{b}+\dfrac{|c|}{c}=\dfrac{a}{a}+\dfrac{-b}{b}+\dfrac{c}{c}=1-1+1=1$

3 도함수 $y=f'(x)$의 그래프와 x축의 교점의 x좌표는 -1, 1, 2이므로 $f'(x)$의 부호를 조사하여 함수 $f(x)$의 증가와 감소를 표로 나타내면 다음과 같다.

x	$\cdots$	-1	$\cdots$	1	$\cdots$	2	$\cdots$
$f'(x)$	$+$	0	$+$	0	$-$	0	$+$
$f(x)$	↗		↗	극대	↘	극소	↗

따라서 함수 $y=f(x)$의 그래프의 개형이 될 수 있는 것은 ①이다.

4 도함수 $y=f'(x)$의 그래프와 x축의 교점의 x좌표는 0, 2이므로 $f'(x)$의 부호를 조사하여 함수 $f(x)$의 증가와 감소를 표로 나타내면 다음과 같다.

x	$\cdots$	0	$\cdots$	2	$\cdots$
$f'(x)$	$+$	0	$+$	0	$-$
$f(x)$	↗		↗	극대	↘

이때 $f(0)<0<f(2)$이므로 함수 $y=f(x)$의 그래프의 개형은 오른쪽 그림과 같다.

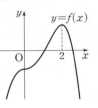

ㄱ. 함수 $f(x)$는 구간 $(-\infty,\ 0)$에서 증가하고, $f(0)<0$이므로 $f(-1)<0$

ㄴ. 함수 $f(x)$는 $x=0$에서 극값을 갖지 않는다.

ㄷ. 함수 $y=f(x)$의 그래프는 x축과 서로 다른 두 점에서 만난다.

따라서 보기에서 옳은 것은 ㄷ이다.

5 $f(x)=x^3+ax^2+(a^2-4a)x+1$에서

$f'(x)=3x^2+2ax+a^2-4a$

함수 $f(x)$가 극값을 가지려면 이차방정식 $f'(x)=0$이 서로 다른 두 실근을 가져야 하므로 이차방정식 $f'(x)=0$의 판별식을 D라 하면 $D>0$에서

$\dfrac{D}{4}=a^2-3(a^2-4a)>0$

$a(a-6)<0$

$\therefore 0<a<6$

따라서 정수 a는 1, 2, 3, 4, 5의 5개이다.

6 $f(x)=x^3+3x^2-3(a^2-9)x+6$에서

$f'(x)=3x^2+6x-3(a^2-9)$

함수 $f(x)$가 극값을 갖지 않으려면 이차방정식 $f'(x)=0$이 중근 또는 허근을 가져야 하므로 이차방정식 $f'(x)=0$의 판별식을 D라 하면 $D\leq0$에서

$\dfrac{D}{4}=9+9(a^2-9)\leq0$

$a^2\leq8$

$\therefore -2\sqrt{2}\leq a\leq2\sqrt{2}$

따라서 $m=-2\sqrt{2}$, $n=2\sqrt{2}$이므로

$n-m=4\sqrt{2}$

7 $f(x)$는 삼차함수이므로 $a \neq 0$ ...... ㉠

$f(x) = ax^3 + 3x^2 + (a-2)x - 1$에서

$f'(x) = 3ax^2 + 6x + a - 2$

함수 $f(x)$가 극댓값과 극솟값을 모두 가지려면 이차방정식 $f'(x) = 0$이 서로 다른 두 실근을 가져야 하므로 이차방정식 $f'(x) = 0$의 판별식을 D라 하면 $D > 0$에서

$\dfrac{D}{4} = 9 - 3a(a-2) > 0$

$(a+1)(a-3) < 0$ ∴ $-1 < a < 3$ ...... ㉡

㉠, ㉡에서 $-1 < a < 0$ 또는 $0 < a < 3$

따라서 정수 a는 1, 2이므로 그 합은 $1 + 2 = 3$

8 $f(x) = -x^3 - kx^2 + (k+8)x + 1$에서

$f'(x) = -3x^2 - 2kx + k + 8$

함수 $f(x)$가 $x < 1$에서 극솟값을 갖고, $x > 1$에서 극댓값을 가지려면 이차방정식 $f'(x) = 0$이 $x < 1$에서 한 실근을 갖고, $x > 1$에서 다른 한 실근을 가져야 한다.

즉, $f'(1) > 0$이어야 하므로

$-3 - 2k + k + 8 > 0$ ∴ $k < 5$

따라서 자연수 k는 1, 2, 3, 4의 4개이다.

9 $f(x) = x^3 - 3ax^2 + 3x + 1$에서 $f'(x) = 3x^2 - 6ax + 3$

함수 $f(x)$가 구간 $(-2, 2)$에서 극댓값과 극솟값을 모두 가지려면 이차방정식 $f'(x) = 0$이 $-2 < x < 2$에서 서로 다른 두 실근을 가져야 한다.

(i) 이차방정식 $f'(x) = 0$의 판별식을 D라 하면 $D > 0$이어야 하므로

$\dfrac{D}{4} = 9a^2 - 9 > 0$, $(a+1)(a-1) > 0$

∴ $a < -1$ 또는 $a > 1$ ...... ㉠

(ii) $f'(-2) > 0$이어야 하므로

$12 + 12a + 3 > 0$ ∴ $a > -\dfrac{5}{4}$ ...... ㉡

$f'(2) > 0$이어야 하므로

$12 - 12a + 3 > 0$ ∴ $a < \dfrac{5}{4}$ ...... ㉢

(iii) 이차함수 $y = f'(x)$의 그래프의 축의 방정식이 $x = a$이므로 $-2 < a < 2$ ...... ㉣

㉠~㉣에서 $-\dfrac{5}{4} < a < -1$ 또는 $1 < a < \dfrac{5}{4}$

따라서 실수 a의 값이 될 수 있는 것은 ⑤이다.

10 $f(x) = x^3 + 3(a-1)x^2 - 3(a-3)x + 5$에서

$f'(x) = 3x^2 + 6(a-1)x - 3(a-3)$

함수 $f(x)$가 $x > 0$에서 극댓값과 극솟값을 모두 가지려면 이차방정식 $f'(x) = 0$이 서로 다른 두 양의 실근을 가져야 한다.

이차방정식 $f'(x) = 0$의 판별식을 D라 하면 $D > 0$이어야 하므로

$\dfrac{D}{4} = 9(a-1)^2 + 9(a-3) > 0$

$(a+1)(a-2) > 0$

∴ $a < -1$ 또는 $a > 2$ ...... ㉠

(두 근의 합) > 0이어야 하므로

$-2(a-1) > 0$ ∴ $a < 1$ ...... ㉡

(두 근의 곱) > 0이어야 하므로

$-(a-3) > 0$ ∴ $a < 3$ ...... ㉢

㉠~㉢에서 $a < -1$

따라서 정수 a의 최댓값은 -2이다.

11 $f(x) = \dfrac{1}{2}x^4 - x^3 + kx^2 + 1$에서

$f'(x) = 2x^3 - 3x^2 + 2kx = x(2x^2 - 3x + 2k)$

함수 $f(x)$가 극댓값과 극솟값을 모두 가지려면 삼차방정식 $f'(x) = 0$이 서로 다른 세 실근을 가져야 하므로 이차방정식 $2x^2 - 3x + 2k = 0$은 0이 아닌 서로 다른 두 실근을 가져야 한다.

$x = 0$이 이차방정식 $2x^2 - 3x + 2k = 0$의 근이 아니어야 하므로

$2k \neq 0$ ∴ $k \neq 0$ ...... ㉠

이차방정식 $2x^2 - 3x + 2k = 0$의 판별식을 D라 하면 $D > 0$이어야 하므로

$D = 9 - 16k > 0$ ∴ $k < \dfrac{9}{16}$ ...... ㉡

㉠, ㉡에서 $k < 0$ 또는 $0 < k < \dfrac{9}{16}$

따라서 $\alpha = 0$, $\beta = 0$, $\gamma = \dfrac{9}{16}$이므로

$\alpha + \beta + \gamma = \dfrac{9}{16}$

12 $f(x) = 3x^4 - 4x^3 - (a-3)x^2$에서

$f'(x) = 12x^3 - 12x^2 - 2(a-3)x$

$= 2x(6x^2 - 6x - a + 3)$

함수 $f(x)$가 극값을 하나만 가지려면 삼차방정식 $f'(x) = 0$이 중근 또는 허근을 가져야 하므로 이차방정식 $6x^2 - 6x - a + 3 = 0$의 한 근이 0이거나 중근 또는 허근을 가져야 한다.

(ⅰ) 이차방정식 $6x^2-6x-a+3=0$의 한 근이 0이면

　　$-a+3=0$　　$\therefore a=3$

(ⅱ) 이차방정식 $6x^2-6x-a+3=0$이 중근 또는 허근을

　　가지려면 판별식을 D라 할 때, $D\leq0$이어야 하므로

　　$\dfrac{D}{4}=9-6(-a+3)\leq0$　　$\therefore a\leq\dfrac{3}{2}$

(ⅰ), (ⅱ)에서 $a\leq\dfrac{3}{2}$ 또는 $a=3$

따라서 자연수 a는 1, 3이므로 그 합은 $1+3=4$

13 $f(x)=-3x^4+4x^3-6(a-2)x^2-12ax-2$에서

　　$f'(x)=-12x^3+12x^2-12(a-2)x-12a$

　　　　　$=-12(x+1)(x^2-2x+a)$

함수 $f(x)$가 극솟값을 갖지 않으려면 삼차방정식

$f'(x)=0$이 중근 또는 허근을 가져야 하므로 이차방정식

$x^2-2x+a=0$의 한 근이 -1이거나 중근 또는 허근을

가져야 한다.

(ⅰ) 이차방정식 $x^2-2x+a=0$의 한 근이 -1이면

　　$1+2+a=0$　　$\therefore a=-3$

(ⅱ) 이차방정식 $x^2-2x+a=0$이 중근 또는 허근을 가지

　　려면 판별식을 D라 할 때, $D\leq0$이어야 하므로

　　$\dfrac{D}{4}=1-a\leq0$　　$\therefore a\geq1$

(ⅰ), (ⅱ)에서 $a=-3$ 또는 $a\geq1$

14 $f(x)=x^3-3x^2-9x-1$에서

　　$f'(x)=3x^2-6x-9=3(x+1)(x-3)$

$f'(x)=0$인 x의 값은 $x=-1$ 또는 $x=3$

구간 $[-2, 4]$에서 함수 $f(x)$의 증가와 감소를 표로 나

타내면 다음과 같다.

x	-2	$\cdots$	-1	$\cdots$	3	$\cdots$	4
$f'(x)$		$+$	0	$-$	0	$+$	
$f(x)$	-3	$\nearrow$	4 극대	$\searrow$	-28 극소	$\nearrow$	-21

따라서 함수 $f(x)$의 최댓값은 4, 최솟값은 -28이므로

$M=4$, $m=-28$　　$\therefore M-m=32$

15 도함수 $y=f'(x)$의 그래프와 x축의 교점의 x좌표는 -1,

0, 2이므로 $f'(x)$의 부호를 조사하여 구간 $[0, 5]$에서 함

수 $f(x)$의 증가와 감소를 표로 나타내면 다음과 같다.

x	0	$\cdots$	2	$\cdots$	5
$f'(x)$	0	$-$	0	$+$	
$f(x)$		$\searrow$	극소	$\nearrow$	

따라서 함수 $f(x)$는 $x=2$에서 최소이다.

16 $x^2+y^2=1$에서 $y^2=1-x^2$이므로

　　$x^4+2y^2=x^4+2(1-x^2)=x^4-2x^2+2$

$y^2=1-x^2\geq0$이므로

$(x+1)(x-1)\leq0$　　$\therefore -1\leq x\leq1$

$f(x)=x^4-2x^2+2$라 하면

　　$f'(x)=4x^3-4x=4x(x+1)(x-1)$

$f'(x)=0$인 x의 값은

$x=-1$ 또는 $x=0$ 또는 $x=1$

$-1\leq x\leq1$에서 함수 $f(x)$의 증가와 감소를 표로 나타내

면 다음과 같다.

x	-1	$\cdots$	0	$\cdots$	1
$f'(x)$		$+$	0	$-$	
$f(x)$	1	$\nearrow$	2 극대	$\searrow$	1

따라서 함수 $f(x)$의 최댓값은 2, 최솟값은 1이므로 그 합은

$2+1=3$

17 $f(x)=-x^3+6x^2$에서

　　$f'(x)=-3x^2+12x=-3x(x-4)$

$f'(x)=0$인 x의 값은

$x=0$ 또는 $x=4$

함수 $f(x)$의 증가와 감소를 표로 나타내면 다음과 같다.

x	$\cdots$	0	$\cdots$	4	$\cdots$
$f'(x)$	$-$	0	$+$	0	$-$
$f(x)$	$\searrow$	0 극소	$\nearrow$	32 극대	$\searrow$

즉, 함수 $y=f(x)$의 그래프는

오른쪽 그림과 같다.

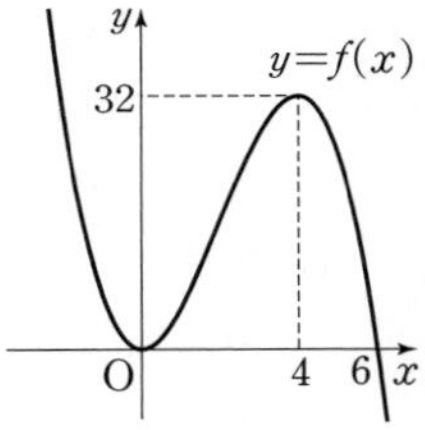

(ⅰ) $a=-2$일 때,

　　구간 $[-2, -1]$에서 함수

　　$f(x)$의 최솟값은 $f(-1)$이

　　므로

　　$g(-2)=f(-1)=1+6=7$

(ⅱ) $a=-\dfrac{1}{2}$일 때,

　　구간 $\left[-\dfrac{1}{2}, \dfrac{1}{2}\right]$에서 함수 $f(x)$의 최솟값은 $f(0)$이

　　므로

　　$g\left(-\dfrac{1}{2}\right)=f(0)=0$

(ⅲ) $a=2$일 때,

　　구간 $[2, 3]$에서 함수 $f(x)$의 최솟값은 $f(2)$이므로

　　$g(2)=f(2)=-8+24=16$

$\therefore g(-2)+g\left(-\dfrac{1}{2}\right)+g(2)=7+0+16=23$

18 $f(x)=-2x^3+3ax^2-a^2$에서

$f'(x)=-6x^2+6ax$
$\quad\quad=-6x(x-a)$

$f'(x)=0$인 x의 값은

$x=0$ 또는 $x=a$

구간 $[0,\ 2]$에서 함수 $f(x)$의 증가와 감소를 표로 나타내면 다음과 같다.

x	0	$\cdots$	a	$\cdots$	2
$f'(x)$	0	$+$	0	$-$	
$f(x)$	$-a^2$	↗	a^3-a^2 극대	↘	$-a^2+12a-16$

함수 $f(x)$의 최댓값은 a^3-a^2이므로

$g(a)=a^3-a^2$

$\therefore\ g'(a)=3a^2-2a=a(3a-2)$

$g'(a)=0$인 a의 값은

$a=\dfrac{2}{3}\ (\because\ 0<a<2)$

$0<a<2$에서 함수 $g(a)$의 증가와 감소를 표로 나타내면 다음과 같다.

a	0	$\cdots$	$\dfrac{2}{3}$	$\cdots$	2
$g'(a)$		$-$	0	$+$	
$g(a)$		↘	$-\dfrac{4}{27}$ 극소	↗	

따라서 함수 $g(a)$의 최솟값은 $-\dfrac{4}{27}$이다.

19 $x-2=t$로 놓으면 $1\le x\le 6$에서

$-1\le t\le 4$

$g(t)=t^3-3t^2-3$이라 하면

$g'(t)=3t^2-6t$
$\quad\quad=3t(t-2)$

$g'(t)=0$인 t의 값은

$t=0$ 또는 $t=2$

$-1\le t\le 4$에서 함수 $g(t)$의 증가와 감소를 표로 나타내면 다음과 같다.

t	-1	$\cdots$	0	$\cdots$	2	$\cdots$	4
$g'(t)$		$+$	0	$-$	0	$+$	
$g(t)$	-7	↗	-3 극대	↘	-7 극소	↗	13

즉, 함수 $g(t)$는 $t=4$에서 최댓값 13을 가지므로 함수 $f(x)$는 $x=6$에서 최댓값 13을 갖는다.

따라서 $a=6,\ M=13$이므로

$a+M=19$

20 $f(x)=x^3-6x^2+9x+k$에서

$f'(x)=3x^2-12x+9$
$\quad\quad=3(x-1)(x-3)$

$f'(x)=0$인 x의 값은 $x=1$ 또는 $x=3$

구간 $[-1,\ 4]$에서 함수 $f(x)$의 증가와 감소를 표로 나타내면 다음과 같다.

x	-1	$\cdots$	1	$\cdots$	3	$\cdots$	4
$f'(x)$		$+$	0	$-$	0	$+$	
$f(x)$	$k-16$	↗	$k+4$ 극대	↘	k 극소	↗	$k+4$

따라서 함수 $f(x)$의 최댓값은 $k+4$, 최솟값은 $k-16$이므로

$k+4+k-16=10$

$\therefore\ k=11$

21 $f(x)=-x^3+ax^2+bx+c$에서

$f'(x)=-3x^2+2ax+b$

도함수 $y=f'(x)$의 그래프와 x축의 교점의 x좌표는 $0,\ 1$이므로

$f'(0)=0,\ f'(1)=0$

$b=0,\ -3+2a+b=0$

$\therefore\ a=\dfrac{3}{2}$

즉, $f(x)=-x^3+\dfrac{3}{2}x^2+c$이므로

$f'(x)=-3x^2+3x$
$\quad\quad=-3x(x-1)$

$f'(x)=0$인 x의 값은 $x=0$ 또는 $x=1$

구간 $[0,\ 2]$에서 함수 $f(x)$의 증가와 감소를 표로 나타내면 다음과 같다.

x	0	$\cdots$	1	$\cdots$	2
$f'(x)$	0	$+$	0	$-$	
$f(x)$	c	↗	$c+\dfrac{1}{2}$ 극대	↘	$c-2$

즉, 함수 $f(x)$의 최솟값은 $c-2$이므로

$c-2=1$ $\quad\therefore\ c=3$

따라서 함수 $f(x)$의 최댓값은

$c+\dfrac{1}{2}=3+\dfrac{1}{2}=\dfrac{7}{2}$

22 $f(x)=t$로 놓으면

$t=x^2+2x+k=(x+1)^2+k-1$이므로

모든 실수 x에서 $t\ge k-1$

$(g \circ f)(x) = g(f(x)) = g(t) = 2t^3 - 9t^2 + 12t - 2$

$\therefore g'(t) = 6t^2 - 18t + 12 = 6(t-1)(t-2)$

$g'(t) = 0$인 t의 값은 $t=1$ 또는 $t=2$

함수 $g(t)$의 증가와 감소를 표로 나타내면 다음과 같다.

t	$\cdots$	1	$\cdots$	2	$\cdots$
$g'(t)$		$+$	0	$-$	0	$+$
$g(t)$	$\nearrow$	3 극대	$\searrow$	2 극소	$\nearrow$

주어진 조건에서 함수 $g(t)$의 최솟값은 2이므로 $g(t)=2$인 t의 값을 구하면

$2t^3 - 9t^2 + 12t - 2 = 2$, $(2t-1)(t-2)^2 = 0$

$\therefore t = \dfrac{1}{2}$ 또는 $t=2$

즉, 함수 $y=g(t)$의 그래프와 직선 $y=2$는 오른쪽 그림과 같으므로 $t \geq k-1$에서 함수 $g(t)$의 최솟값이 2가 되려면

$\dfrac{1}{2} \leq k-1 \leq 2$

$\therefore \dfrac{3}{2} \leq k \leq 3$

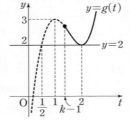

따라서 실수 k의 최솟값은 $\dfrac{3}{2}$이다.

23 곡선 $y=-x^2+6x$와 x축의 교점의 x좌표를 구하면

$-x^2+6x=0$, $x(x-6)=0$

$\therefore x=0$ 또는 $x=6$

즉, $A(6, 0)$이므로 $\overline{OA}=6$

점 B의 좌표를 $(a, -a^2+6a)(3 < a < 6)$라 하면

$C(6-a, -a^2+6a)$이므로

$\overline{BC} = 2a-6$

사다리꼴 OABC의 넓이를 $S(a)$라 하면

$S(a) = \dfrac{1}{2}(2a-6+6)(-a^2+6a)$

$\qquad = -a^3 + 6a^2$

$\therefore S'(a) = -3a^2 + 12a$

$\qquad = -3a(a-4)$

$S'(a)=0$인 a의 값은

$a=4$ $(\because 3 < a < 6)$

$3 < a < 6$에서 함수 $S(a)$의 증가와 감소를 표로 나타내면 다음과 같다.

a	3	$\cdots$	4	$\cdots$	6
$S'(a)$		$+$	0	$-$	
$S(a)$		$\nearrow$	32 극대	$\searrow$	

따라서 넓이 $S(a)$의 최댓값은 32이다.

24 점 P의 좌표를 $(a, a(a-2)^2)(0 < a < 2)$라 하고 직사각형 OHPQ의 넓이를 $S(a)$라 하면

$S(a) = a \times a(a-2)^2$

$\qquad = a^4 - 4a^3 + 4a^2$

$\therefore S'(a) = 4a^3 - 12a^2 + 8a$

$\qquad = 4a(a-1)(a-2)$

$S'(a)=0$인 a의 값은

$a=1$ $(\because 0 < a < 2)$

$0 < a < 2$에서 함수 $S(a)$의 증가와 감소를 표로 나타내면 다음과 같다.

a	0	$\cdots$	1	$\cdots$	2
$S'(a)$		$+$	0	$-$	
$S(a)$		$\nearrow$	1 극대	$\searrow$	

따라서 넓이 $S(a)$의 최댓값은 1이다.

25 $f(x) = 2x^3 - 4x^2 + 1$에서

$f'(x) = 6x^2 - 8x$

점 $A(0, 1)$에서의 접선의 기울기는 $f'(0)=0$이므로 접선의 방정식은 $y=1$

곡선 $y = 2x^3 - 4x^2 + 1$과 직선 $y=1$의 교점의 x좌표를 구하면

$2x^3 - 4x^2 + 1 = 1$, $2x^2(x-2) = 0$

$\therefore x=0$ 또는 $x=2$

$\therefore B(2, 1)$

곡선 $y=f(x)$ 위의 점 P의 x좌표를 $a(0 < a < 2)$라 하면

$P(a, 2a^3 - 4a^2 + 1)$, $H(a, 1)$

삼각형 APH의 넓이를 $S(a)$라 하면

$S(a) = \dfrac{1}{2}a\{1 - (2a^3 - 4a^2 + 1)\}$

$\qquad = -a^4 + 2a^3$

$\therefore S'(a) = -4a^3 + 6a^2$

$\qquad = -2a^2(2a-3)$

$S'(a)=0$인 a의 값은

$a = \dfrac{3}{2}$ $(\because 0 < a < 2)$

$0 < a < 2$에서 함수 $S(a)$의 증가와 감소를 표로 나타내면 다음과 같다.

a	0	$\cdots$	$\dfrac{3}{2}$	$\cdots$	2
$S'(a)$		$+$	0	$-$	
$S(a)$		$\nearrow$	$\dfrac{27}{16}$ 극대	$\searrow$	

따라서 넓이 $S(a)$의 최댓값은 $\dfrac{27}{16}$이다.

26 원기둥의 밑면의 반지름의 길이를 r, 높이를 h라 하면
$$r+h=3 \qquad \therefore h=3-r$$
이때 $r>0$, $3-r>0$이므로
$$0<r<3$$
원기둥의 부피를 $V(r)$라 하면
$$V(r)=\pi r^2 h=\pi r^2(3-r)=\pi(3r^2-r^3)$$
$$\therefore V'(r)=\pi(6r-3r^2)$$
$$\qquad\qquad =-3\pi r(r-2)$$
$V'(r)=0$인 r의 값은
$$r=2 \ (\because 0<r<3)$$
$0<r<3$에서 함수 $V(r)$의 증가와 감소를 표로 나타내면
다음과 같다.

r	0	$\cdots$	2	$\cdots$	3
$V'(r)$		$+$	0	$-$	
$V(r)$		$\nearrow$	4π 극대	$\searrow$	

즉, 원기둥의 부피는 $r=2$에서 최댓값 4π를 가지므로
$r=2$일 때 반구의 부피는
$$\frac{1}{2}\times\frac{4}{3}\pi r^3=\frac{16}{3}\pi$$
따라서 구하는 전체 입체도형의 부피는
$$4\pi+\frac{16}{3}\pi=\frac{28}{3}\pi$$

27 모선의 길이가 $2\sqrt{3}$인 원뿔의 밑면의
반지름의 길이를 r, 높이를 h라 하면

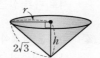

$$r^2+h^2=12$$
$$\therefore r^2=12-h^2$$
이때 $h>0$, $12-h^2>0$이므로
$$0<h<2\sqrt{3}$$
원뿔의 부피를 $V(h)$라 하면
$$V(h)=\frac{1}{3}\pi r^2 h=\frac{\pi}{3}(12-h^2)h=\frac{\pi}{3}(12h-h^3)$$
$$\therefore V'(h)=\frac{\pi}{3}(12-3h^2)=-\pi(h+2)(h-2)$$
$V'(h)=0$인 h의 값은
$$h=2 \ (\because 0<h<2\sqrt{3})$$
$0<h<2\sqrt{3}$에서 함수 $V(h)$의 증가와 감소를 표로 나타
내면 다음과 같다.

h	0	$\cdots$	2	$\cdots$	$2\sqrt{3}$
$V'(h)$		$+$	0	$-$	
$V(h)$		$\nearrow$	$\frac{16}{3}\pi$ 극대	$\searrow$	

따라서 부피 $V(h)$의 최댓값은 $\frac{16}{3}\pi$이다.

28 다음 그림과 같이 정사각뿔에 내접하는 직육면체의 밑면
은 정사각형이므로 직육면체의 밑면의 한 변의 길이를 x,
높이를 h라 하자.

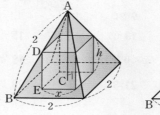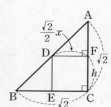

정사각뿔의 밑면의 대각선의 길이는 $2\sqrt{2}$이므로
$$\overline{BC}=\sqrt{2}$$
직육면체의 밑면의 대각선의 길이는 $\sqrt{2}x$이므로
$$\overline{DF}=\frac{\sqrt{2}}{2}x$$
삼각형 ABC에서
$$\overline{AC}=\sqrt{\overline{AB}^2-\overline{BC}^2}=\sqrt{4-2}=\sqrt{2}$$
$\triangle ABC \backsim \triangle ADF$ (AA 닮음)이므로
$\overline{AC}:\overline{BC}=\overline{AF}:\overline{DF}$에서
$$\sqrt{2}:\sqrt{2}=(\sqrt{2}-h):\frac{\sqrt{2}}{2}x$$
$$\sqrt{2}-h=\frac{\sqrt{2}}{2}x$$
$$\therefore h=\sqrt{2}-\frac{\sqrt{2}}{2}x$$
이때 $x>0$, $h>0$이므로
$$0<x<2$$
직육면체의 부피를 $V(x)$라 하면
$$V(x)=x^2 h=x^2\left(\sqrt{2}-\frac{\sqrt{2}}{2}x\right)=-\frac{\sqrt{2}}{2}x^3+\sqrt{2}x^2$$
$$\therefore V'(x)=-\frac{3\sqrt{2}}{2}x^2+2\sqrt{2}x$$
$$\qquad\qquad =-\frac{\sqrt{2}}{2}x(3x-4)$$
$V'(x)=0$인 x의 값은
$$x=\frac{4}{3} \ (\because 0<x<2)$$
$0<x<2$에서 함수 $V(x)$의 증가와 감소를 표로 나타내
면 다음과 같다.

x	0	$\cdots$	$\frac{4}{3}$	$\cdots$	2
$V'(x)$		$+$	0	$-$	
$V(x)$		$\nearrow$	$\frac{16\sqrt{2}}{27}$ 극대	$\searrow$	

따라서 부피 $V(x)$의 최댓값은 $\frac{16\sqrt{2}}{27}$이다.

유형편

1 2	**2** ③	**3** 2
4 $k<-4\sqrt{2}$ 또는 $k>4\sqrt{2}$		**5** ④　**6** 1, 2
7 ①	**8** 1, 7　**9** 21	**10** $k<-4$ 또는 $k>0$
11 13	**12** ③　**13** ②	**14** 26　**15** ⑤
16 ②	**17** $-1<a<0$ 또는 $a>0$	**18** $a>\dfrac{9}{32}$
19 ④	**20** ⑤　**21** 3	**22** -4　**23** ⑤
24 3	**25** $k\geq-1$	

1 $f(x)=x^4-2x^2-5$라 하면
$$f'(x)=4x^3-4x$$
$$=4x(x+1)(x-1)$$
$f'(x)=0$인 x의 값은
$x=-1$ 또는 $x=0$ 또는 $x=1$
함수 $f(x)$의 증가와 감소를 표로 나타내면 다음과 같다.

x	$\cdots$	-1	$\cdots$	0	$\cdots$	1	$\cdots$
$f'(x)$	$-$	0	$+$	0	$-$	0	$+$
$f(x)$	$\searrow$	-6 극소	$\nearrow$	-5 극대	$\searrow$	-6 극소	$\nearrow$

따라서 함수 $y=f(x)$의 그래프는 오른쪽 그림과 같이 x축과 서로 다른 두 점에서 만나므로 주어진 방정식의 서로 다른 실근의 개수는 2이다.

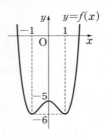

2 $f(x)=x^3+3x^2+1$이라 하면
$$f'(x)=3x^2+6x=3x(x+2)$$
$f'(x)=0$인 x의 값은 $x=-2$ 또는 $x=0$
함수 $f(x)$의 증가와 감소를 표로 나타내면 다음과 같다.

x	$\cdots$	-2	$\cdots$	0	$\cdots$
$f'(x)$	$+$	0	$-$	0	$+$
$f(x)$	$\nearrow$	5 극대	$\searrow$	1 극소	$\nearrow$

함수 $y=f(x)$의 그래프는 오른쪽 그림과 같이 x축과 한 점에서 만나므로 방정식 $f(x)=0$의 서로 다른 실근의 개수는 1이다.
$\therefore a=1$
$g(x)=2x^3-6x+1$이라 하면
$$g'(x)=6x^2-6=6(x+1)(x-1)$$
$g'(x)=0$인 x의 값은 $x=-1$ 또는 $x=1$

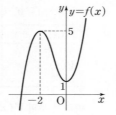

함수 $g(x)$의 증가와 감소를 표로 나타내면 다음과 같다.

x	$\cdots$	-1	$\cdots$	1	$\cdots$
$g'(x)$	$+$	0	$-$	0	$+$
$g(x)$	$\nearrow$	5 극대	$\searrow$	-3 극소	$\nearrow$

또 $g(0)=1$이므로 함수 $y=g(x)$의 그래프는 오른쪽 그림과 같이 x축과 서로 다른 세 점에서 만난다. 즉, 방정식 $g(x)=0$의 서로 다른 실근의 개수는 3이다.
$\therefore b=3$
$\therefore a+b=1+3=4$

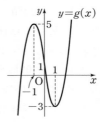

3 함수 $f(x)$의 증가와 감소를 표로 나타내면 다음과 같다.

x	$\cdots$	0	$\cdots$	3	$\cdots$
$f'(x)$	$-$	0	$-$	0	$+$
$f(x)$	$\searrow$	$+$	$\searrow$	$-$ 극소	$\nearrow$

$f(0)>0$, $f(3)<0$이므로 함수 $y=f(x)$의 그래프의 개형은 오른쪽 그림과 같다.
따라서 함수 $y=f(x)$의 그래프는 x축과 서로 다른 두 점에서 만나므로 방정식 $f(x)=0$의 서로 다른 실근의 개수는 2이다.

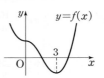

4 주어진 방정식에서 $x^3-6x=k$이므로 이 방정식의 서로 다른 실근의 개수는 함수 $y=x^3-6x$의 그래프와 직선 $y=k$의 교점의 개수와 같다.
$f(x)=x^3-6x$라 하면
$$f'(x)=3x^2-6=3(x+\sqrt{2})(x-\sqrt{2})$$
$f'(x)=0$인 x의 값은 $x=-\sqrt{2}$ 또는 $x=\sqrt{2}$
함수 $f(x)$의 증가와 감소를 표로 나타내면 다음과 같다.

x	$\cdots$	$-\sqrt{2}$	$\cdots$	$\sqrt{2}$	$\cdots$
$f'(x)$	$+$	0	$-$	0	$+$
$f(x)$	$\nearrow$	$4\sqrt{2}$ 극대	$\searrow$	$-4\sqrt{2}$ 극소	$\nearrow$

또 $f(0)=0$이므로 함수 $y=f(x)$의 그래프는 오른쪽 그림과 같다.
따라서 함수 $y=f(x)$의 그래프가 직선 $y=k$와 만나는 점이 1개가 되도록 하는 k의 값의 범위는
$k<-4\sqrt{2}$ 또는 $k>4\sqrt{2}$

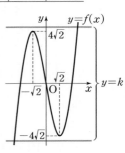

5 주어진 방정식에서 $3x^4-8x^3-6x^2+24x=k$이므로 이 방정식의 서로 다른 실근의 개수는 함수 $y=3x^4-8x^3-6x^2+24x$와 직선 $y=k$의 교점의 개수와 같다.

$f(x)=3x^4-8x^3-6x^2+24x$라 하면

$f'(x)=12x^3-24x^2-12x+24$

$\quad\quad=12(x+1)(x-1)(x-2)$

$f'(x)=0$인 x의 값은

$x=-1$ 또는 $x=1$ 또는 $x=2$

함수 $f(x)$의 증가와 감소를 표로 나타내면 다음과 같다.

x	$\cdots$	-1	$\cdots$	1	$\cdots$	2	$\cdots$
$f'(x)$	$-$	0	$+$	0	$-$	0	$+$
$f(x)$	$\searrow$	-19 극소	$\nearrow$	13 극대	$\searrow$	8 극소	$\nearrow$

또 $f(0)=0$이므로 함수 $y=f(x)$의 그래프는 오른쪽 그림과 같다.

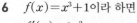

즉, 함수 $y=f(x)$의 그래프가 직선 $y=k$와 만나는 점이 3개가 되도록 하는 k의 값은

$k=8$ 또는 $k=13$

따라서 모든 실수 k의 값의 합은

$8+13=21$

6 $f(x)=x^3+1$이라 하면

$f'(x)=3x^2$

접점의 좌표를 $(t,\ t^3+1)$이라 하면 이 점에서의 접선의 기울기는 $f'(t)=3t^2$이므로 접선의 방정식은

$y-(t^3+1)=3t^2(x-t)$

$\therefore y=3t^2x-2t^3+1$

이 직선이 점 $(1,\ a)$를 지나므로

$a=-2t^3+3t^2+1 \quad\cdots\cdots$ ㉠

서로 다른 두 접선을 그을 수 있으려면 방정식 ㉠이 서로 다른 두 실근을 가져야 한다.

$g(t)=-2t^3+3t^2+1$이라 하면

$g'(t)=-6t^2+6t=-6t(t-1)$

$g'(t)=0$인 t의 값은

$t=0$ 또는 $t=1$

함수 $g(t)$의 증가와 감소를 표로 나타내면 다음과 같다.

t	$\cdots$	0	$\cdots$	1	$\cdots$
$g'(t)$	$-$	0	$+$	0	$-$
$g(t)$	$\searrow$	1 극소	$\nearrow$	2 극대	$\searrow$

따라서 함수 $y=g(t)$의 그래프는 오른쪽 그림과 같으므로 직선 $y=a$와 만나는 점이 2개가 되도록 하는 a의 값은

$a=1$ 또는 $a=2$

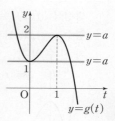

7 방정식 $x^3-6x^2+15=k$의 서로 다른 실근의 개수는 함수 $y=x^3-6x^2+15$의 그래프와 직선 $y=k$의 교점의 개수와 같다.

$g(x)=x^3-6x^2+15$라 하면

$g'(x)=3x^2-12x=3x(x-4)$

$g'(x)=0$인 x의 값은

$x=0$ 또는 $x=4$

함수 $g(x)$의 증가와 감소를 표로 나타내면 다음과 같다.

x	$\cdots$	0	$\cdots$	4	$\cdots$
$g'(x)$	$+$	0	$-$	0	$+$
$g(x)$	$\nearrow$	15 극대	$\searrow$	-17 극소	$\nearrow$

함수 $y=g(x)$의 그래프는 오른쪽 그림과 같으므로 k의 값에 따른 서로 다른 실근의 개수 $f(k)$는

$f(k)=\begin{cases}1\ (k<-17 \text{ 또는 } k>15)\\ 2\ (k=-17 \text{ 또는 } k=15)\\ 3\ (-17<k<15)\end{cases}$

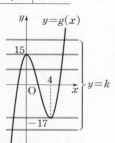

따라서 함수 $f(k)$는 $k=-17$, $k=15$에서 불연속이므로 모든 실수 a의 값의 합은

$-17+15=-2$

8 $f(x)=ax^3+bx^2+cx+d\ (a,\ b,\ c,\ d$는 상수, $a\neq0)$라 하면

$f'(x)=3ax^2+2bx+c$

주어진 함수 $y=f'(x)$의 그래프에서

$f'(0)=0,\ f'(1)=-6,\ f'(2)=0$이므로

$c=0,\ 3a+2b+c=-6,\ 12a+4b+c=0$

$\therefore 3a+2b=-6,\ 3a+b=0$

두 식을 연립하여 풀면

$a=2,\ b=-6$

함수 $f(x)$의 증가와 감소를 표로 나타내면 다음과 같다.

x	$\cdots$	0	$\cdots$	2	$\cdots$
$f'(x)$	$+$	0	$-$	0	$+$
$f(x)$	$\nearrow$	d 극대	$\searrow$	$d-8$ 극소	$\nearrow$

유형편

방정식 $|f(x)|=1$이 서로 다른 5개의 실근을 가질 때, 함수 $y=|f(x)|$의 그래프의 개형은 다음과 같이 2가지가 될 수 있다.

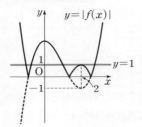 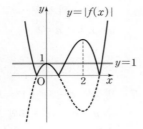

(i) $f(2)=-1$, $f(0)>1$인 경우
$\quad$ $d-8=-1$, $d>1$ $\quad \therefore$ $d=7$

(ii) $f(0)=1$, $f(2)<-1$인 경우
$\quad$ $d=1$, $d-8<-1$ $\quad \therefore$ $d=1$

(i), (ii)에서 $d=1$ 또는 $d=7$

따라서 $f(0)=d$이므로 모든 $f(0)$의 값은 1, 7이다.

9 주어진 방정식에서 $f(x)+|f(x)+x|-6x=k$이므로 이 방정식의 서로 다른 실근의 개수는 함수 $y=f(x)+|f(x)+x|-6x$의 그래프와 직선 $y=k$의 교점의 개수와 같다.

$g(x)=f(x)+|f(x)+x|-6x$라 하자.

$f(x)+x=\dfrac{1}{2}x^3-\dfrac{9}{2}x^2+11x$

$\qquad\qquad =\dfrac{1}{2}x(x^2-9x+22)$

이때 $x^2-9x+22=\left(x-\dfrac{9}{2}\right)^2+\dfrac{7}{4}>0$이므로

(i) $x\geq0$일 때, $f(x)+x\geq0$

(ii) $x<0$일 때, $f(x)+x<0$

(i), (ii)에서

$g(x)=f(x)+|f(x)+x|-6x$

$\qquad =\begin{cases} 2f(x)-5x & (x\geq0) \\ -7x & (x<0) \end{cases}$

$\qquad =\begin{cases} x^3-9x^2+15x & (x\geq0) \\ -7x & (x<0) \end{cases}$

$h(x)=x^3-9x^2+15x(x\geq0)$라 하면

$h'(x)=3x^2-18x+15=3(x-1)(x-5)$

$h'(x)=0$인 x의 값은 $x=1$ 또는 $x=5$

$x\geq0$에서 함수 $h(x)$의 증가와 감소를 표로 나타내면 다음과 같다.

x	0	$\cdots$	1	$\cdots$	5	$\cdots$
$h'(x)$		$+$	0	$-$	0	$+$
$h(x)$	0	↗	7 극대	↘	-25 극소	↗

함수 $y=g(x)$의 그래프는 오른쪽 그림과 같으므로 직선 $y=k$와 만나는 점이 4개가 되도록 하는 k의 값의 범위는 $0<k<7$

따라서 모든 정수 k의 값의 합은

$1+2+3+\cdots+6=21$

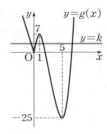

10 주어진 곡선과 직선이 오직 한 점에서 만나려면 방정식 $-x^3+6x^2=9x+k$, 즉 $-x^3+6x^2-9x=k$가 한 개의 실근을 가져야 한다.

$f(x)=-x^3+6x^2-9x$라 하면

$f'(x)=-3x^2+12x-9=-3(x-1)(x-3)$

$f'(x)=0$인 x의 값은 $x=1$ 또는 $x=3$

함수 $f(x)$의 증가와 감소를 표로 나타내면 다음과 같다.

x	$\cdots$	1	$\cdots$	3	$\cdots$
$f'(x)$	$-$	0	$+$	0	$-$
$f(x)$	↘	-4 극소	↗	0 극대	↘

또 $f(0)=0$이므로 함수 $y=f(x)$의 그래프는 오른쪽 그림과 같다. 따라서 함수 $y=f(x)$의 그래프가 직선 $y=k$와 만나는 점이 1개가 되도록 하는 k의 값의 범위는 $k<-4$ 또는 $k>0$

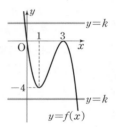

다른 풀이

$-x^3+6x^2=9x+k$에서 $x^3-6x^2+9x+k=0$

$f(x)=x^3-6x^2+9x+k$라 하면

$f'(x)=3x^2-12x+9=3(x-1)(x-3)$

$f'(x)=0$인 x의 값은 $x=1$ 또는 $x=3$

함수 $f(x)$의 극댓값은 $f(1)=k+4$, 극솟값은 $f(3)=k$이므로 방정식 $f(x)=0$이 한 개의 실근을 가지려면 (극댓값)$\times$(극솟값)>0이어야 한다.

$k(k+4)>0$ $\quad \therefore$ $k<-4$ 또는 $k>0$

11 $f(x)=g(x)$에서 $2x^3-2x^2-a=x^2-1$

$\therefore$ $2x^3-3x^2+1=a$

$h(x)=2x^3-3x^2+1$이라 하면

$h'(x)=6x^2-6x=6x(x-1)$

$h'(x)=0$인 x의 값은 $x=0$ 또는 $x=1$

함수 $h(x)$의 증가와 감소를 표로 나타내면 다음과 같다.

x	$\cdots$	0	$\cdots$	1	$\cdots$
$h'(x)$	$+$	0	$-$	0	$+$
$h(x)$	↗	1 극대	↘	0 극소	↗

함수 $y=h(x)$의 그래프는
오른쪽 그림과 같으므로 직선
$y=a$와 만나는 점의 개수는
$n(0)=2$, $n(1)=2$,
$n(2)=\cdots=n(10)=1$
$\therefore n(0)+n(1)+n(2)$
$\qquad +\cdots+n(10)$
$\quad =2\times 2+1\times 9=13$

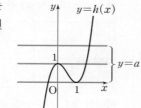

12 $h(x)=f(x)-g(x)$에서 $h'(x)=f'(x)-g'(x)$
주어진 그래프에서 $h'(x)=0$, 즉 $f'(x)=g'(x)$인 x의
값은 $x=0$ 또는 $x=2$
함수 $h(x)$의 증가와 감소를 표로 나타내면 다음과 같다.

x	$\cdots$	0	$\cdots$	2	$\cdots$
$h'(x)$	+	0	−	0	+
$h(x)$	↗	극대	↘	극소	↗

ㄱ. $0<x<2$에서 $f'(x)<g'(x)$이므로 $h'(x)<0$
  즉, 함수 $h(x)$는 감소한다.

ㄴ. 함수 $h(x)$는 $x=2$에서 극솟값을 갖는다.

ㄷ. $f(0)=g(0)$이므로 $h(0)=f(0)-g(0)=0$
  즉, 함수 $h(x)$의 극댓값은 0
  이므로 함수 $y=h(x)$의 그래
  프는 오른쪽 그림과 같다.
  함수 $y=h(x)$의 그래프가 x축
  과 서로 다른 두 점에서 만나
  므로 방정식 $h(x)=0$은 서로 다른 두 실근을 갖는다.

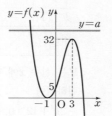

따라서 보기에서 옳은 것은 ㄱ, ㄴ이다.

13 주어진 방정식에서 $-x^3+3x^2+9x+5=a$
$f(x)=-x^3+3x^2+9x+5$라 하면
$f'(x)=-3x^2+6x+9=-3(x+1)(x-3)$
$f'(x)=0$인 x의 값은 $x=-1$ 또는 $x=3$
함수 $f(x)$의 증가와 감소를 표로 나타내면 다음과 같다.

x	$\cdots$	-1	$\cdots$	3	$\cdots$
$f'(x)$	−	0	+	0	−
$f(x)$	↘	0 극소	↗	32 극대	↘

또 $f(0)=5$이므로 함수 $y=f(x)$
의 그래프는 오른쪽 그림과 같다.
즉, 주어진 근의 조건을 만족시키
는 a의 값의 범위는
$a>32$
따라서 정수 a의 최솟값은 33이다.

14 주어진 방정식에서 $x^3-6x^2+12=k$
$f(x)=x^3-6x^2+12$라 하면
$f'(x)=3x^2-12x=3x(x-4)$
$f'(x)=0$인 x의 값은 $x=0$ 또는 $x=4$
함수 $f(x)$의 증가와 감소를 표로 나타내면 다음과 같다.

x	$\cdots$	0	$\cdots$	4	$\cdots$
$f'(x)$	+	0	−	0	+
$f(x)$	↗	12 극대	↘	-20 극소	↗

$f(3)=27-54+12=-15$이
므로 함수 $y=f(x)$의 그래프는
오른쪽 그림과 같다.
즉, 주어진 근의 조건을 만족시
키는 k의 값의 범위는
$-15<k<12$
따라서 정수 k는 -14, -13,
-12, $\cdots$, 11의 26개이다.

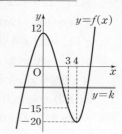

15 주어진 방정식에서
$x^4+4x^3-2x^2-12x=k$
$f(x)=x^4+4x^3-2x^2-12x$라 하면
$f'(x)=4x^3+12x^2-4x-12$
$\quad =4(x+3)(x+1)(x-1)$
$f'(x)=0$인 x의 값은
$x=-3$ 또는 $x=-1$ 또는 $x=1$
함수 $f(x)$의 증가와 감소를 표로 나타내면 다음과 같다.

x	$\cdots$	-3	$\cdots$	-1	$\cdots$	1	$\cdots$
$f'(x)$	−	0	+	0	−	0	+
$f(x)$	↘	-9 극소	↗	7 극대	↘	-9 극소	↗

또 $f(0)=0$이므로 함수
$y=f(x)$의 그래프는 오른
쪽 그림과 같다.
즉, 주어진 근의 조건을 만
족시키는 k의 값의 범위는
$0<k<7$
따라서 $\alpha=0$, $\beta=7$이므로
$\alpha+\beta=7$

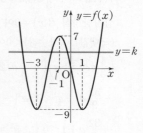

16 $f(x)=2x^3-6x^2-18x+6+a$라 하면
$f'(x)=6x^2-12x-18=6(x+1)(x-3)$
$f'(x)=0$인 x의 값은 $x=-1$ 또는 $x=3$
$f(-1)=a+16$, $f(3)=a-48$

삼차방정식 $f(x)=0$이 서로 다른 두 실근을 가지려면
(극댓값)×(극솟값)$=0$이어야 하므로
$(a+16)(a-48)=0$ $\therefore a=-16$ 또는 $a=48$
따라서 모든 실수 a의 값의 합은
$-16+48=32$

17 방정식 $f(x)=8$, 즉 $2x^3-6ax^2=8$에서
$2x^3-6ax^2-8=0$
$g(x)=2x^3-6ax^2-8$이라 하면
$g'(x)=6x^2-12ax=6x(x-2a)$
$g'(x)=0$인 x의 값은 $x=0$ 또는 $x=2a$
$g(0)=-8$, $g(2a)=-8a^3-8$
삼차방정식 $g(x)=0$이 오직 한 개의 실근을 가지려면
(극댓값)×(극솟값)>0이어야 하므로
$-8(-8a^3-8)>0$, $a^3+1>0$
$(a+1)(a^2-a+1)>0$
이때 $a^2-a+1=\left(a-\dfrac{1}{2}\right)^2+\dfrac{3}{4}>0$이므로
$a+1>0$
$\therefore -1<a<0$ 또는 $a>0$ $(\because a\neq 0)$

18 $f(x)=\dfrac{1}{3}x^3-2ax+a$에서 $f'(x)=x^2-2a$
함수 $f(x)$가 극값을 가지려면 이차방정식 $f'(x)=0$의
판별식을 D라 할 때, $D>0$이어야 하므로
$8a>0$ $\therefore a>0$
$f'(x)=x^2-2a=(x+\sqrt{2a})(x-\sqrt{2a})$
$f'(x)=0$인 x의 값은 $x=-\sqrt{2a}$ 또는 $x=\sqrt{2a}$
$f(-\sqrt{2a})=\dfrac{4}{3}a\sqrt{2a}+a$
$f(\sqrt{2a})=-\dfrac{4}{3}a\sqrt{2a}+a$
삼차방정식 $f(x)=0$이 서로 다른 세 실근을 가지려면
(극댓값)×(극솟값)<0이어야 하므로
$\left(\dfrac{4}{3}a\sqrt{2a}+a\right)\left(-\dfrac{4}{3}a\sqrt{2a}+a\right)<0$
$-\dfrac{32}{9}a^3+a^2<0$, $a^2\left(-\dfrac{32}{9}a+1\right)<0$
$-\dfrac{32}{9}a+1<0$ $(\because a^2>0)$
$\therefore a>\dfrac{9}{32}$

19 $f(x)=x^4-4x-k^2+4k$라 하면
$f'(x)=4x^3-4=4(x-1)(x^2+x+1)$
$f'(x)=0$인 x의 값은 $x=1$ $(\because x$는 실수$)$

함수 $f(x)$의 증가와 감소를 표로 나타내면 다음과 같다.

x	$\cdots$	1	$\cdots$
$f'(x)$	$-$	0	$+$
$f(x)$	$\searrow$	$-k^2+4k-3$ 극소	$\nearrow$

따라서 모든 실수 x에 대하여 $f(x)>0$이 성립하려면
$-k^2+4k-3>0$, $k^2-4k+3<0$
$(k-1)(k-3)<0$ $\therefore 1<k<3$

20 모든 실수 x에 대하여 $f(x)\leq g(x)$가 성립하려면
$f(x)-g(x)\leq 0$이어야 한다.
$F(x)=f(x)-g(x)$라 하면
$F(x)=-x^4-x^3+2x^2-\left(\dfrac{1}{3}x^3-2x^2+a\right)$
$=-x^4-\dfrac{4}{3}x^3+4x^2-a$
$\therefore F'(x)=-4x^3-4x^2+8x=-4x(x+2)(x-1)$
$F'(x)=0$인 x의 값은 $x=-2$ 또는 $x=0$ 또는 $x=1$
함수 $F(x)$의 증가와 감소를 표로 나타내면 다음과 같다.

x	$\cdots$	-2	$\cdots$	0	$\cdots$	1	$\cdots$
$F'(x)$	$+$	0	$-$	0	$+$	0	$-$
$F(x)$	$\nearrow$	$-a+\dfrac{32}{3}$ 극대	$\searrow$	$-a$ 극소	$\nearrow$	$-a+\dfrac{5}{3}$ 극대	$\searrow$

모든 실수 x에 대하여 $f(x)-g(x)\leq 0$, 즉 $F(x)\leq 0$이
성립하려면
$-a+\dfrac{32}{3}\leq 0$ $\therefore a\geq \dfrac{32}{3}$

따라서 실수 a의 최솟값은 $\dfrac{32}{3}$이다.

21 함수 $y=f(x)$의 그래프가 함수 $y=g(x)$의 그래프보다
항상 위쪽에 있으려면 모든 실수 x에 대하여
$f(x)>g(x)$, 즉 $f(x)-g(x)>0$이어야 한다.
$F(x)=f(x)-g(x)$라 하면
$F(x)=x^4+12-4k^3x=x^4-4k^3x+12$
$F'(x)=4x^3-4k^3=4(x-k)(x^2+kx+k^2)$
$F'(x)=0$인 x의 값은 $x=k$ $(\because x$는 실수$)$
함수 $F(x)$의 증가와 감소를 표로 나타내면 다음과 같다.

x	$\cdots$	k	$\cdots$
$F'(x)$	$-$	0	$+$
$F(x)$	$\searrow$	$-3k^4+12$ 극소	$\nearrow$

모든 실수 x에 대하여 $f(x)>g(x)$, 즉 $F(x)>0$이 성
립하려면
$-3k^4+12>0$, $k^4-4<0$

$(k^2+2)(k+\sqrt{2})(k-\sqrt{2})<0$

$(k+\sqrt{2})(k-\sqrt{2})<0 \; (\because \; k^2+2>0)$

$\therefore \; -\sqrt{2}<k<\sqrt{2}$

따라서 정수 k는 -1, 0, 1의 3개이다.

22 $f(x)=x^3-6x^2+9x-k-4$라 하면

$f'(x)=3x^2-12x+9=3(x-1)(x-3)$

$f'(x)=0$인 x의 값은 $x=1$ 또는 $x=3$

$x\geq0$에서 함수 $f(x)$의 증가와 감소를 표로 나타내면 다음과 같다.

x	0	$\cdots$	1	$\cdots$	3	$\cdots$
$f'(x)$		$+$	0	$-$	0	$+$
$f(x)$	$-k-4$	$\nearrow$	$-k$ 극대	$\searrow$	$-k-4$ 극소	$\nearrow$

$x\geq0$일 때, 함수 $f(x)$의 최솟값은 $-k-4$이므로 $f(x)\geq0$이 성립하려면

$-k-4\geq0 \qquad \therefore \; k\leq-4$

따라서 실수 k의 최댓값은 -4이다.

23 $f(x)=4x^3-3x^2-6x+a$라 하면

$f'(x)=12x^2-6x-6=6(2x+1)(x-1)$

$f'(x)=0$인 x의 값은 $x=1 \; (\because \; 0\leq x\leq2)$

구간 $[0, 2]$에서 함수 $f(x)$의 증가와 감소를 표로 나타내면 다음과 같다.

x	0	$\cdots$	1	$\cdots$	2
$f'(x)$		$-$	0	$+$	
$f(x)$	a	$\searrow$	$a-5$ 극소	$\nearrow$	$a+8$

따라서 구간 $[0, 2]$에서 함수 $f(x)$의 최솟값이 $a-5$이므로 $f(x)>0$이 성립하려면

$a-5>0 \qquad \therefore \; a>5$

24 닫힌구간 $[-1, 4]$에서 $f(x)\geq3g(x)$가 성립하려면 $f(x)-3g(x)\geq0$이어야 한다.

$F(x)=f(x)-3g(x)$라 하면

$F(x)=x^3+3x^2-k-3(2x^2+3x-10)$

$\quad\;\; =x^3-3x^2-9x+30-k$

$F'(x)=3x^2-6x-9=3(x+1)(x-3)$

$F'(x)=0$인 x의 값은 $x=-1$ 또는 $x=3$

닫힌구간 $[-1, 4]$에서 함수 $F(x)$의 증가와 감소를 표로 나타내면 다음과 같다.

x	-1	$\cdots$	3	$\cdots$	4
$F'(x)$	0	$-$	0	$+$	
$F(x)$	$-k+35$	$\searrow$	$-k+3$ 극소	$\nearrow$	$-k+10$

닫힌구간 $[-1, 4]$에서 함수 $F(x)$의 최솟값은 $-k+3$이므로 $f(x)\geq3g(x)$, 즉 $F(x)\geq0$이 성립하려면

$-k+3\geq0 \qquad \therefore \; k\leq3$

따라서 실수 k의 최댓값은 3이다.

25 $f(x)=x^3+3kx^2+4$라 하면

$f'(x)=3x^2+6kx=3x(x+2k)$

$f'(x)=0$인 x의 값은 $x=0$ 또는 $x=-2k$

(i) $k>0$인 경우

$x\geq k$에서 $f'(x)>0$이므로 함수 $f(x)$는 증가한다.

$x\geq k$일 때, $f(x)\geq0$이 성립하려면 $f(k)\geq0$이어야 하므로

$k^3+3k^3+4\geq0$, $k^3+1\geq0$

$(k+1)(k^2-k+1)\geq0$

$k+1\geq0 \; (\because \; k^2-k+1>0)$

$\therefore \; k\geq-1$

그런데 $k>0$이므로 부등식 $f(x)\geq0$이 성립하도록 하는 k의 값의 범위는

$k>0$

(ii) $k=0$인 경우

$x>0$에서 $f'(x)>0$이고 $f'(0)=0$이므로 함수 $f(x)$는 증가한다.

$x\geq0$일 때, $f(x)\geq0$이 성립하려면 $f(0)\geq0$이어야 하므로

$4\geq0$

즉, 부등식 $f(x)\geq0$이 성립하도록 하는 k의 값은

$k=0$

(iii) $k<0$인 경우

$x\geq k$에서 함수 $f(x)$의 증가와 감소를 표로 나타내면 다음과 같다.

x	k	$\cdots$	0	$\cdots$	$-2k$	$\cdots$
$f'(x)$		$+$	0	$-$	0	$+$
$f(x)$	$4k^3+4$	$\nearrow$	4 극대	$\searrow$	$4k^3+4$ 극소	$\nearrow$

$x\geq k$일 때, 함수 $f(x)$의 최솟값은 $4k^3+4$이므로

$f(x)\geq0$이려면 $4k^3+4\geq0$, $k^3+1\geq0$

$(k+1)(k^2-k+1)\geq0$

$k+1\geq0 \; (\because \; k^2-k+1>0)$

$\therefore \; k\geq-1$

그런데 $k<0$이므로 부등식 $f(x)\geq0$이 성립하도록 하는 k의 값의 범위는

$-1\leq k<0$

(i)~(iii)에서 부등식 $f(x)\geq0$이 성립하도록 하는 k의 값의 범위는 $k\geq-1$

1 7	2 2	3 ③	4 15	5 −6
6 ①	7 $\frac{27}{2}$	8 ②		9 −20 m/s
10 ④	11 ㄱ, ㄴ	12 ㄱ, ㄹ	13 ③	14 ④
15 34	16 192	17 ④	18 $\frac{81}{2}\pi$	

1 시각 t에서의 점 P의 가속도는 $a(t)=v'(t)=-2t+14$
가속도가 0이면 $a(t)=0$에서
$-2t+14=0$ ∴ $t=7$

2 시각 t에서의 점 P의 속도를 v, 가속도를 a라 하면
$v=\frac{dx}{dt}=3t^2-10t+6,\ a=\frac{dv}{dt}=6t-10$
점 P가 원점을 지나면 위치가 0이므로 $x=0$에서
$t^3-5t^2+6t=0,\ t(t-2)(t-3)=0$
∴ $t=2$ 또는 $t=3\ (∵\ t>0)$
따라서 점 P가 출발 후 처음으로 원점을 지나는 시각은 2
이므로 $t=2$에서의 가속도는 $a=12-10=2$

3 시각 t에서의 점 P의 속도를 v, 가속도를 a라 하면
$v=\frac{dx}{dt}=2t^2+2kt,\ a=\frac{dv}{dt}=4t+2k$
$t=2$에서의 점 P의 속도가 20이므로 $v=20$에서
$8+4k=20$ ∴ $k=3$
따라서 $t=2$에서의 가속도는 $a=8+2k=8+6=14$

4 시각 t에서의 두 점 P, Q의 속도는 각각
$f'(t)=4t^3-6t^2+24t,\ g'(t)=18t^2-12t+k$
두 점 P, Q의 속도가 같아지는 순간이 3번이려면 방정식
$f'(t)=g'(t)$, 즉 $f'(t)-g'(t)=0$이 서로 다른 세 개의
양의 실근을 가져야 한다.
$f'(t)-g'(t)=4t^3-6t^2+24t-(18t^2-12t+k)$
$\qquad\qquad\qquad=4t^3-24t^2+36t-k$
∴ $4t^3-24t^2+36t=k$
$h(t)=4t^3-24t^2+36t$라 하면
$h'(t)=12t^2-48t+36=12(t-1)(t-3)$
$h'(t)=0$인 t의 값은 $t=1$ 또는 $t=3$
$t>0$에서 함수 $h(t)$의 증가와 감소를 표로 나타내면 다
음과 같다.

t	0	⋯	1	⋯	3	⋯
$h'(t)$		+	0	−	0	+
$h(t)$		↗	16 극대	↘	0 극소	↗

함수 $y=h(t)$의 그래프가 오른
쪽 그림과 같으므로 직선 $y=k$
와 만나는 점이 3개가 되도록 하
는 k의 값의 범위는 $0<k<16$
따라서 정수 k는 1, 2, ⋯, 15
의 15개이다.

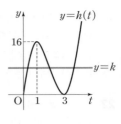

5 시각 t에서의 점 P의 속도를 v, 가속도를 a라 하면
$v=\frac{dx}{dt}=-3t^2+12t-9,\ a=\frac{dv}{dt}=-6t+12$
점 P가 운동 방향을 바꾸는 순간의 속도는 0이므로
$v=0$에서 $-3t^2+12t-9=0$
$t^2-4t+3=0,\ (t-1)(t-3)=0$ ∴ $t=1$ 또는 $t=3$
따라서 점 P가 출발 후 두 번째로 운동 방향을 바꾸는 시
각은 3이므로 $t=3$에서의 가속도는
$a=-18+12=-6$

6 시각 t에서의 점 P의 속도를 v라 하면
$v=\frac{dx}{dt}=3t^2+2at+b$
시각 t에서의 점 P의 가속도는 $\frac{dv}{dt}=6t+2a$
점 P가 $t=1$에서 운동 방향을 바꾸므로 $t=1$에서의 속도
는 0이다.
즉, $v=0$에서 $3+2a+b=0$ ⋯⋯ ㉠
$t=2$에서의 가속도는 0이므로
$12+2a=0$ ∴ $a=-6$
이를 ㉠에 대입하면
$3-12+b=0$ ∴ $b=9$
∴ $a+b=-6+9=3$

7 시각 t에서의 두 점 P, Q의 속도를 각각 v_1, v_2라 하면
$v_1=\frac{dx_1}{dt}=2t^2-8t,\ v_2=\frac{dx_2}{dt}=-t^2+t$
두 점 P, Q가 서로 같은 방향으로 움직이면 속도의 부호
가 서로 같으므로 $v_1 v_2>0$에서
$(2t^2-8t)(-t^2+t)>0$
$2t^2(t-1)(t-4)<0$
이때 $t^2>0$이므로 $(t-1)(t-4)<0$
∴ $1<t<4$
한편 두 점 P, Q 사이의 거리는
$|x_1-x_2|=\left|\left(\frac{2}{3}t^3-4t^2\right)-\left(-\frac{1}{3}t^3+\frac{1}{2}t^2\right)\right|=\left|t^3-\frac{9}{2}t^2\right|$
이때 $f(t)=t^3-\frac{9}{2}t^2$이라 하면
$f'(t)=3t^2-9t=3t(t-3)$
$f'(t)=0$인 t의 값은 $t=0$ 또는 $t=3$

$t>0$에서 함수 $f(t)$의 증가와 감소를 표로 나타내면 다음과 같다.

t	0	$\cdots$	3	$\cdots$
$f'(t)$		$-$	0	$+$
$f(t)$		$\searrow$	$-\dfrac{27}{2}$ 극소	$\nearrow$

또 $f(t)=t^2\left(t-\dfrac{9}{2}\right)=0$인 t의

값은 $t=0$ 또는 $t=\dfrac{9}{2}$이므로 함

수 $y=|f(t)|$의 그래프는 오른쪽 그림과 같다.

따라서 $1<t<4$에서 함수

$|f(t)|$의 최댓값은 $\dfrac{27}{2}$이므로

두 점 P, Q 사이의 거리의 최

댓값은 $\dfrac{27}{2}$이다.

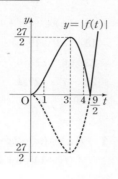

8 물체의 t초 후의 속도를 v m/s라 하면

$$v=\frac{dx}{dt}=30-10t$$

최고 높이에 도달할 때의 속도는 0이므로 $v=0$에서

$30-10t=0$ $\qquad \therefore t=3$

9 물체의 t초 후의 속도를 v m/s라 하면

$$v=\frac{dx}{dt}=20-10t$$

지면에 떨어질 때의 높이는 0이므로 $x=0$에서

$20t-5t^2=0$, $-5t(t-4)=0$ $\qquad \therefore t=4$ ($\because t>0$)

따라서 $t=4$에서의 속도는 $v=20-40=-20$(m/s)

10 물체의 t초 후의 속도를 v m/s라 하면

$$v=\frac{dx}{dt}=a+2bt$$

최고 높이에 도달할 때, 즉 $t=5$에서의 속도는 0이므로

$v=0$에서 $a+10b=0$ $\qquad\cdots\cdots$ ㉠

$t=5$에서의 높이가 140 m이므로 $x=140$에서

$15+5a+25b=140$ $\qquad \therefore a+5b=25$ $\qquad\cdots\cdots$ ㉡

㉠, ㉡을 연립하여 풀면 $a=50$, $b=-5$

즉, $x=15+50t-5t^2$이므로 높이가 60 m 이상이려면

$15+50t-5t^2\geq60$, $t^2-10t+9\leq0$

$(t-1)(t-9)\leq0$ $\qquad \therefore 1\leq t\leq9$

따라서 높이가 60 m 이상인 시간은 8초 동안이다.

11 ㄱ. $t=1$인 점에서의 접선의 기울기는 0이므로 속도와 속력은 0이다.

즉, $t=1$일 때의 점 P의 속력이 최소이다.

ㄴ. $t=1$, $t=3$, $t=4$, $t=5$인 점에서의 접선의 기울기는 0이고 좌우에서 접선의 기울기의 부호가 바뀌므로 점 P는 운동 방향을 4번 바꾼다.

ㄷ. 점 P는 출발할 때 양의 방향으로 움직이고 $2<t<3$에서 음의 방향, $3<t<4$에서 양의 방향으로 움직인다.

따라서 보기에서 옳은 것은 ㄱ, ㄴ이다.

12 ㄱ. $t=a$인 점에서의 접선의 기울기는 0이므로 $t=a$에서의 점 P의 가속도는 0이다.

ㄴ. $v(a)<0$, $v(c)>0$이므로 $t=a$일 때와 $t=c$일 때 점 P의 운동 방향이 서로 반대이다.

ㄷ. $v(b)=0$이고 $t=b$의 좌우에서 $v(t)$의 부호가 바뀌므로 $t=b$에서 점 P는 운동 방향을 바꾼다.

즉, $0<t<d$에서 점 P는 운동 방향을 한 번 바꾼다.

ㄹ. $b<t<c$에서 점 P의 속도는 증가한다.

따라서 보기에서 옳은 것은 ㄱ, ㄹ이다.

13 $\dfrac{dl}{dt}=4t+3$

고무줄의 길이가 2배이면 10 cm이므로 $l=10$에서

$2t^2+3t+5=10$, $2t^2+3t-5=0$

$(2t+5)(t-1)=0$ $\qquad \therefore t=1$ ($\because t>0$)

따라서 $t=1$에서의 고무줄의 길이의 변화율은

$4+3=7$(cm/s)

14 이 사람이 t초 동안 움직이는 거리는 $1.1t$ m

그림자의 길이를 l m라 하면

오른쪽 그림에서

$\triangle ABC\backsim\triangle DEC$(AA 닮음)

이므로

$4:(1.1t+l)=1.8:l$

$1.98t+1.8l=4l$, $2.2l=1.98t$ $\qquad \therefore l=0.9t$

따라서 그림자의 길이의 변화율은 $\dfrac{dl}{dt}=0.9$(m/s)

15 t초 후의 점 P의 좌표는 $(t,0)$,

점 Q의 좌표는 $(0,2(t-2))$ (단, $t>2$)

$\overline{\text{PQ}}^2=l$이라 하면

$l=t^2+4(t-2)^2=5t^2-16t+16$

$\therefore \dfrac{dl}{dt}=10t-16$

따라서 $t=5$에서의 $\overline{\text{PQ}}^2$의 변화율은 $50-16=34$

16 t초 후의 정육면체의 한 모서리의 길이는 $5+t$

t초 후의 정육면체의 부피를 V라 하면

$V=(t+5)^3$ $\qquad \therefore \dfrac{dV}{dt}=3(t+5)^2$

정육면체의 부피가 512가 될 때의 시각은 $v=512$에서

$(t+5)^3=512$, $(t+5)^3=8^3$ ∴ $t=3$ (∵ t는 실수)

따라서 $t=3$에서의 부피의 변화율은 $3\times64=192$

17 t초 후의 원뿔의 밑면의 반지름의 길이는 $10+t$, 높이는 $20-t$이므로 $0<t<20$

t초 후의 원뿔의 부피를 V라 하면

$$V=\frac{\pi}{3}(10+t)^2(20-t)$$

$$\therefore \frac{dV}{dt}=\frac{\pi}{3}\times2(10+t)(20-t)+\frac{\pi}{3}(10+t)^2\times(-1)$$

$$=\frac{\pi}{3}(10+t)(30-3t)=-\pi(t+10)(t-10)$$

이때 원뿔의 부피가 증가에서 감소로 바뀌는 순간은 $\dfrac{dV}{dt}$의 부호가 양에서 음으로 바뀌는 순간이므로 $t=10$

따라서 $t=10$에서의 원뿔의 부피는

$$\frac{\pi}{3}\times400\times10=\frac{4000}{3}\pi$$

18 t초 후의 정삼각형의 한 변의 길이는
$12\sqrt{3}+3\sqrt{3}t=3\sqrt{3}(4+t)$

정삼각형의 세 꼭짓점을 각각 A, B, C라 하고, 내접하는 원의 중심을 O, 반지름의 길이를 r라 하면

$\triangle ABC$
$=\triangle ABO+\triangle BCO+\triangle CAO$
이므로

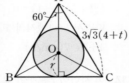

$$\frac{1}{2}\times\{3\sqrt{3}(4+t)\}^2\times\sin60°=\frac{1}{2}\times3\sqrt{3}(4+t)\times r\times3$$

$$\frac{27\sqrt{3}}{4}(4+t)^2=\frac{9\sqrt{3}}{2}(4+t)r \qquad \therefore r=\frac{3}{2}(4+t)$$

t초 후의 정삼각형에 내접하는 원의 넓이를 S라 하면

$$S=\pi r^2=\pi\times\left\{\frac{3}{2}(4+t)\right\}^2=\frac{9}{4}\pi(4+t)^2$$

$$\therefore \frac{dS}{dt}=\frac{9}{2}\pi(4+t)$$

정삼각형의 한 변의 길이가 $27\sqrt{3}$이 될 때의 시각은
$3\sqrt{3}(4+t)=27\sqrt{3}$에서 $4+t=9$ ∴ $t=5$

따라서 $t=5$에서의 원의 넓이의 변화율은

$$\frac{9}{2}\pi\times9=\frac{81}{2}\pi$$

참고 삼각형의 넓이

두 변의 길이와 그 끼인각의 크기가 주어진 삼각형 ABC의 넓이 S는

$$S=\frac{1}{2}bc\sin A=\frac{1}{2}ca\sin B$$
$$=\frac{1}{2}ab\sin C$$

Ⅲ-1. 부정적분과 정적분

01 부정적분

50~54쪽

1	10	2	④	3	-3	4	③	5	③
6	8	7	④	8	-1	9	29	10	①
11	$\frac{1}{2}$	12	-3	13	③	14	20		
15	$f(x)=-2x^2+4x+3$					16	8	17	③
18	-12	19	①	20	9	21	-3	22	③
23	-6	24	3	25	6	26	9	27	3
28	-7	29	1	30	③	31	-3	32	6
33	0								

1 $f(x)=(x^3-2x^2+3x+C)'=3x^2-4x+3$
∴ $f(-1)=3+4+3=10$

2 $f(x)=F'(x)=x^2+a$
이때 $f(1)=2$에서
$1+a=2$ ∴ $a=1$
따라서 $f(x)=x^2+1$이므로
$f(2)=4+1=5$

3 $F'(x)=f(x)$이므로
$3x^2+2ax+2=3x^2-6x+2$
따라서 $2a=-6$이므로
$a=-3$

4 $h(x)=\{f(x)g(x)\}'$
$=f'(x)g(x)+f(x)g'(x)$
$=2x(3x^2+x)+(x^2-1)(6x+1)$
$=12x^3+3x^2-6x-1$
∴ $h'(x)=36x^2+6x-6$
∴ $h(1)+h'(1)=(12+3-6-1)+(36+6-6)$
$=44$

5 $f(x)=\dfrac{d}{dx}\left\{\displaystyle\int(x^3-x^2+1)\,dx\right\}$
$=x^3-x^2+1$
∴ $f(2)=8-4+1=5$

6 $\dfrac{d}{dx}\left\{\displaystyle\int(2x^2+3x+a)\,dx\right\}=2x^2+3x+a$이므로
$2x^2+3x+a=bx^2+cx+3$
따라서 $a=3$, $b=2$, $c=3$이므로
$a+b+c=8$

7 $\dfrac{d}{dx}\displaystyle\int\{f(x)-x^2+4\}\,dx=f(x)-x^2+4,$

$\displaystyle\int\dfrac{d}{dx}\{2f(x)-3x+1\}\,dx=2f(x)-3x+1+C$

이므로

$f(x)-x^2+4=2f(x)-3x+1+C$

$\therefore f(x)=-x^2+3x+3-C$

이때 $f(1)=3$에서

$-1+3+3-C=3 \qquad \therefore C=2$

따라서 $f(x)=-x^2+3x+1$이므로

$f(0)=1$

8 $f(x)=\displaystyle\int\left\{\dfrac{d}{dx}(x^2+4x-1)\right\}dx$

$=x^2+4x-1+C$

이때 $f(-1)=-4$에서

$1-4-1+C=-4 \qquad \therefore C=0$

$\therefore f(x)=x^2+4x-1$

따라서 방정식 $f(x)=0$에서 이차방정식의 근과 계수의 관계에 의하여 모든 근의 곱은 -1이다.

9 $f(x)=\displaystyle\int(4x^3+3x^2+2x+1)\,dx$

$=x^4+x^3+x^2+x+C$

이때 $f(-1)=-1$에서

$1-1+1-1+C=-1 \qquad \therefore C=-1$

따라서 $f(x)=x^4+x^3+x^2+x-1$이므로

$f(2)=16+8+4+2-1=29$

10 $f(x)=\displaystyle\int\left(\dfrac{1}{3}x^2+3x+2\right)dx-\int\left(\dfrac{1}{3}x^2+x\right)dx$

$=\displaystyle\int(2x+2)\,dx=x^2+2x+C$

이때 $f(1)=6$에서 $1+2+C=6 \qquad \therefore C=3$

따라서 $f(x)=x^2+2x+3$이므로

$f(-3)=9-6+3=6$

11 ㈎에서 $f(x)=\displaystyle\int(4x-2)\,dx=2x^2-2x+C$

㈏에서 모든 실수 x에 대하여 $2x^2-2x+C\geq0$이므로 이차방정식 $2x^2-2x+C=0$의 판별식을 D라 하면 $D\leq0$이다.

$\dfrac{D}{4}=1-2C\leq0 \qquad \therefore C\geq\dfrac{1}{2}$

이때 $f(1)=C$이므로 $f(1)\geq\dfrac{1}{2}$

따라서 $f(1)$의 최솟값은 $\dfrac{1}{2}$이다.

12 $f(x)=\displaystyle\int f'(x)\,dx=\int(-4x+3)\,dx$

$=-2x^2+3x+C$

이때 $f(2)=0$에서 $-8+6+C=0$

$\therefore C=2$

따라서 $f(x)=-2x^2+3x+2$이므로

$f(-1)=-2-3+2=-3$

13 $f'(x)=6x^2-4x+3$이므로

$f(x)=\displaystyle\int f'(x)\,dx=\int(6x^2-4x+3)\,dx$

$=2x^3-2x^2+3x+C_1$

이때 $f(0)=2$에서 $C_1=2$

따라서 $f(x)=2x^3-2x^2+3x+2$이므로 $f(x)$를 적분하면

$\displaystyle\int(2x^3-2x^2+3x+2)\,dx$

$=\dfrac{1}{2}x^4-\dfrac{2}{3}x^3+\dfrac{3}{2}x^2+2x+C$

14 ㈏에서 $x\to1$일 때 (분모)$\to0$이고, 극한값이 존재하므로 (분자)$\to0$에서

$\displaystyle\lim_{x\to1}f(x)=0 \qquad \therefore f(1)=0$

$\displaystyle\lim_{x\to1}\dfrac{f(x)}{x-1}=\lim_{x\to1}\dfrac{f(x)-f(1)}{x-1}=f'(1)$이므로

$f'(1)=2a-1$

㈎에서 $f'(1)=3+a$이므로

$2a-1=3+a \qquad \therefore a=4$

즉, $f'(x)=3x+4$이므로

$f(x)=\displaystyle\int f'(x)\,dx=\int(3x+4)\,dx$

$=\dfrac{3}{2}x^2+4x+C$

이때 $f(1)=0$에서 $\dfrac{3}{2}+4+C=0$

$\therefore C=-\dfrac{11}{2}$

따라서 $f(x)=\dfrac{3}{2}x^2+4x-\dfrac{11}{2}$이므로

$f(3)=\dfrac{27}{2}+12-\dfrac{11}{2}=20$

15 $f'(x)=-4x+4$이므로

$f(x)=\displaystyle\int f'(x)\,dx=\int(-4x+4)\,dx$

$=-2x^2+4x+C$

이때 곡선 $y=f(x)$가 점 $(-1,-3)$을 지나므로

$f(-1)=-3$에서 $-2-4+C=-3 \qquad \therefore C=3$

$\therefore f(x)=-2x^2+4x+3$

16 $f'(x)=3x^2-6x+12$이므로

$$f(x)=\int f'(x)\,dx=\int(3x^2-6x+12)\,dx$$
$$=x^3-3x^2+12x+C$$

이때 곡선 $y=f(x)$가 점 $(1,\,-2)$를 지나므로

$f(1)=-2$에서

$1-3+12+C=-2$ ∴ $C=-12$

∴ $f(x)=x^3-3x^2+12x-12$

따라서 곡선 $y=f(x)$가 점 $(2,\,k)$를 지나므로

$f(2)=k$에서

$8-12+24-12=k$ ∴ $k=8$

17 $f(x)=\int(3ax-4)\,dx$에서

$f'(x)=3ax-4$

곡선 $y=f(x)$ 위의 점 $(1,\,-2)$에서의 접선의 기울기가

2이므로 $f'(1)=2$에서

$3a-4=2$ ∴ $a=2$

즉, $f'(x)=6x-4$이므로

$$f(x)=\int f'(x)\,dx=\int(6x-4)\,dx$$
$$=3x^2-4x+C$$

곡선 $y=f(x)$가 점 $(1,\,-2)$를 지나므로 $f(1)=-2$에서

$3-4+C=-2$ ∴ $C=-1$

따라서 $f(x)=3x^2-4x-1$이므로

$f(3)=27-12-1=14$

18 ㈎에서

$$f(x)=\int f'(x)\,dx=\int(6x^2-x)\,dx$$
$$=2x^3-\frac{1}{2}x^2+C$$

$f(1)=2-\dfrac{1}{2}+C=\dfrac{3}{2}+C$, $f'(1)=6-1=5$이므로

곡선 $y=f(x)$ 위의 점 $(1,\,f(1))$에서의 접선의 방정식은

$$y-\left(\frac{3}{2}+C\right)=5(x-1)$$

∴ $y=5x-\dfrac{7}{2}+C$ ······ ㉠

㈏에서 이 접선의 x절편이 $-\dfrac{1}{2}$이므로

㉠에 $x=-\dfrac{1}{2}$, $y=0$을 대입하면

$0=-\dfrac{5}{2}-\dfrac{7}{2}+C$ ∴ $C=6$

따라서 $f(x)=2x^3-\dfrac{1}{2}x^2+6$이므로

$f(-2)=-16-2+6=-12$

19 $F(x)=xf(x)+3x^4-4x^2+1$의 양변을 x에 대하여 미분하면

$f(x)=f(x)+xf'(x)+12x^3-8x$

$xf'(x)=-12x^3+8x=x(-12x^2+8)$

∴ $f'(x)=-12x^2+8$

∴ $f(x)=\int f'(x)\,dx=\int(-12x^2+8)\,dx$

$\qquad =-4x^3+8x+C$

이때 $f(1)=4$에서 $-4+8+C=4$ ∴ $C=0$

따라서 $f(x)=-4x^3+8x$이므로 $f(-1)=4-8=-4$

20 $F(x)=(x+2)f(x)-x^3+12x$의 양변을 x에 대하여 미분하면

$f(x)=f(x)+(x+2)f'(x)-3x^2+12$

$(x+2)f'(x)=3x^2-12=(x+2)(3x-6)$

∴ $f'(x)=3x-6$

∴ $f(x)=\int f'(x)\,dx=\int(3x-6)\,dx$

$\qquad =\dfrac{3}{2}x^2-6x+C$

$F(x)=(x+2)f(x)-x^3+12x$의 양변에 $x=0$을 대입하면

$F(0)=2f(0)$

이때 $F(0)=30$이므로 $f(0)=15$ ∴ $C=15$

따라서 $f(x)=\dfrac{3}{2}x^2-6x+15$이므로

$f(2)=6-12+15=9$

21 $g(x)=\int xf(x)\,dx$의 양변을 x에 대하여 미분하면

$g'(x)=xf(x)$

$f(x)$를 n차함수라 하면 $g(x)$는 $(n+2)$차함수이므로

$f(x)+g(x)=-x^3+2x^2-3x+1$에서 $g(x)$는 삼차함수, $f(x)$는 일차함수이다.

$f(x)=ax+b$ ($a,\,b$는 상수, $a\neq0$)라 하면

$$g(x)=\int xf(x)\,dx=\int x(ax+b)\,dx$$
$$=\int(ax^2+bx)\,dx=\frac{a}{3}x^3+\frac{b}{2}x^2+C$$

$f(x)+g(x)=-x^3+2x^2-3x+1$에서

$ax+b+\dfrac{a}{3}x^3+\dfrac{b}{2}x^2+C=-x^3+2x^2-3x+1$

즉, $\dfrac{a}{3}=-1$, $\dfrac{b}{2}=2$, $a=-3$, $b+C=1$이므로

$a=-3$, $b=4$, $C=-3$

따라서 $g(x)=-x^3+2x^2-3$이므로

$g(2)=-8+8-3=-3$

22 $\dfrac{d}{dx}\{f(x)g(x)\}=2x$에서

$$\int\left[\dfrac{d}{dx}\{f(x)g(x)\}\right]dx=\int 2x\,dx$$

$f(x)g(x)=x^2+C$

이때 $f(3)=2$, $g(3)=4$이므로

$f(3)g(3)=9+C$에서

$8=9+C$ ∴ $C=-1$

∴ $f(x)g(x)=x^2-1=(x+1)(x-1)$

따라서 $f(x)=x-1$, $g(x)=x+1$이므로

$f(-1)+g(1)=(-1-1)+(1+1)=0$

---

23 $\dfrac{d}{dx}\{f(x)+g(x)\}=2x+1$에서

$$\int\left[\dfrac{d}{dx}\{f(x)+g(x)\}\right]dx=\int(2x+1)\,dx$$

$f(x)+g(x)=x^2+x+C_1$

$\dfrac{d}{dx}\{f(x)g(x)\}=3x^2-4x+2$에서

$$\int\left[\dfrac{d}{dx}\{f(x)g(x)\}\right]dx=\int(3x^2-4x+2)\,dx$$

$f(x)g(x)=x^3-2x^2+2x+C_2$

이때 $f(0)=-2$, $g(0)=2$이므로

$f(0)+g(0)=C_1$ ∴ $C_1=0$

$f(0)g(0)=C_2$ ∴ $C_2=-4$

∴ $f(x)+g(x)=x^2+x$,

　　$f(x)g(x)=x^3-2x^2+2x-4=(x-2)(x^2+2)$

따라서 $f(x)=x-2$, $g(x)=x^2+2$이므로

$f(2)-g(-2)=(2-2)-(4+2)=-6$

---

24 $g(x)=\displaystyle\int\{2x-f'(x)\}\,dx$에서

$g(x)=x^2-f(x)+C_1$

∴ $f(x)+g(x)=x^2+C_1$

$\dfrac{d}{dx}\{f(x)g(x)\}=6x^2-6x-2$에서

$$\int\left[\dfrac{d}{dx}\{f(x)g(x)\}\right]dx=\int(6x^2-6x-2)\,dx$$

$f(x)g(x)=2x^3-3x^2-2x+C_2$

이때 $f(0)=1$, $g(0)=0$이므로

$f(0)+g(0)=C_1$ ∴ $C_1=1$

$f(0)g(0)=C_2$ ∴ $C_2=0$

∴ $f(x)+g(x)=x^2+1$,

　　$f(x)g(x)=2x^3-3x^2-2x$

　　　　　　$=(2x+1)(x^2-2x)$

따라서 $f(x)=2x+1$, $g(x)=x^2-2x$이므로

$f(1)+g(2)=(2+1)+(4-4)=3$

---

25 (i) $x\geq 1$일 때,

$$f(x)=\int x\,dx=\dfrac{1}{2}x^2+C_1$$

(ii) $x<1$일 때,

$$f(x)=\int(3x^2-2x)\,dx=x^3-x^2+C_2$$

(i), (ii)에서 $f(x)=\begin{cases}\dfrac{1}{2}x^2+C_1 & (x\geq 1)\\ x^3-x^2+C_2 & (x<1)\end{cases}$

이때 $f(0)=2$에서 $C_2=2$

함수 $f(x)$는 $x=1$에서 연속이므로 $\displaystyle\lim_{x\to 1-}f(x)=f(1)$에서

$1-1+C_2=\dfrac{1}{2}+C_1$

$2=\dfrac{1}{2}+C_1$ ∴ $C_1=\dfrac{3}{2}$

따라서 $f(x)=\begin{cases}\dfrac{1}{2}x^2+\dfrac{3}{2} & (x\geq 1)\\ x^3-x^2+2 & (x<1)\end{cases}$이므로

$f(3)=\dfrac{9}{2}+\dfrac{3}{2}=6$

---

26 (i) $x<0$일 때,

$$F(x)=\int(-2x)\,dx=-x^2+C_1$$

(ii) $x\geq 0$일 때,

$$F(x)=\int k(2x-x^2)\,dx=\int(-kx^2+2kx)\,dx$$
$$=-\dfrac{k}{3}x^3+kx^2+C_2$$

(i), (ii)에서 $F(x)=\begin{cases}-x^2+C_1 & (x<0)\\ -\dfrac{k}{3}x^3+kx^2+C_2 & (x\geq 0)\end{cases}$

함수 $F(x)$가 실수 전체의 집합에서 미분가능하면 실수 전체의 집합에서 연속이므로 $x=0$에서 연속이다.

$\displaystyle\lim_{x\to 0-}F(x)=F(0)$에서 $C_1=C_2$

이때 $F(2)-F(-3)=21$에서

$-\dfrac{8}{3}k+4k+C_2-(-9+C_1)=21$

$\dfrac{4}{3}k+9=21$ $(\because C_1=C_2)$

∴ $k=9$

---

27 함수 $y=f'(x)$의 그래프에서 $f'(x)=\begin{cases}x-1 & (x\geq 0)\\ -1 & (x<0)\end{cases}$

(i) $x\geq 0$일 때,

$$f(x)=\int(x-1)\,dx=\dfrac{1}{2}x^2-x+C_1$$

(ii) $x<0$일 때,

$$f(x)=\int(-1)\,dx=-x+C_2$$

유형편

(i), (ii)에서 $f(x) = \begin{cases} \dfrac{1}{2}x^2 - x + C_1 & (x \geq 0) \\ -x + C_2 & (x < 0) \end{cases}$

함수 $y = f(x)$의 그래프가 원점을 지나므로 $f(0) = 0$에서 $C_1 = 0$

함수 $f(x)$가 $x = 0$에서 연속이므로 $\lim\limits_{x \to 0-} f(x) = f(0)$에서

$C_2 = C_1$ ∴ $C_2 = 0$

따라서 $f(x) = \begin{cases} \dfrac{1}{2}x^2 - x & (x \geq 0) \\ -x & (x < 0) \end{cases}$ 이므로

$f(2) + f(-3) = (2-2) + 3 = 3$

28 $f(x) = \displaystyle\int f'(x)\,dx = \int (2x^2 - 6x)\,dx$

$\qquad = \dfrac{2}{3}x^3 - 3x^2 + C$

$f'(x) = 2x^2 - 6x = 2x(x-3)$이므로

$f'(x) = 0$인 x의 값은 $x = 0$ 또는 $x = 3$

함수 $f(x)$의 증가와 감소를 표로 나타내면 다음과 같다.

x	$\cdots$	0	$\cdots$	3	$\cdots$
$f'(x)$	+	0	−	0	+
$f(x)$	↗	극대	↘	극소	↗

즉, 함수 $f(x)$는 $x = 0$에서 극대이므로

$f(0) = 2$에서 $C = 2$ ∴ $f(x) = \dfrac{2}{3}x^3 - 3x^2 + 2$

따라서 함수 $f(x)$는 $x = 3$에서 극소이므로 극솟값은

$f(3) = 18 - 27 + 2 = -7$

29 도함수 $y = f'(x)$의 그래프가 x축과 만나는 점의 x좌표는 0, 2

$x = 0$의 좌우에서 $f'(x)$의 부호가 음에서 양으로 바뀌므로 함수 $f(x)$는 $x = 0$에서 극소이고,

$x = 2$의 좌우에서 $f'(x)$의 부호가 양에서 음으로 바뀌므로 함수 $f(x)$는 $x = 2$에서 극대이다.

$f'(x) = ax(x-2)\ (a < 0)$라 하면

$f(x) = \displaystyle\int f'(x)\,dx = \int ax(x-2)\,dx$

$\qquad = \displaystyle\int (ax^2 - 2ax)\,dx = \dfrac{a}{3}x^3 - ax^2 + C$

함수 $f(x)$는 $x = 0$에서 극소, $x = 2$에서 극대이므로

$f(0) = -1$에서 $C = -1$

$f(2) = 3$에서 $\dfrac{8}{3}a - 4a + C = 3$

$-\dfrac{4}{3}a - 1 = 3$ ∴ $a = -3$

따라서 $f(x) = -x^3 + 3x^2 - 1$이므로

$f(1) = -1 + 3 - 1 = 1$

30 $f(x)$의 최고차항이 x^3이므로 $f'(x)$의 최고차항은 $3x^2$이다.

㈎, ㈏에서 $f'(-2) = f'(2) = 0$

즉, $f'(x) = 3(x+2)(x-2) = 3x^2 - 12$이므로

$f(x) = \displaystyle\int f'(x)\,dx = \int (3x^2 - 12)\,dx$

$\qquad = x^3 - 12x + C$

또 ㈏에서 $f(2) = -3$이므로

$8 - 24 + C = -3$ ∴ $C = 13$

따라서 $f(x) = x^3 - 12x + 13$이므로

$f(-3) = -27 + 36 + 13 = 22$

31 $f(x+y) = f(x) + f(y) + 1$의 양변에 $x = 0$, $y = 0$을 대입하면

$f(0) = f(0) + f(0) + 1$

∴ $f(0) = -1$ ……… ㉠

도함수의 정의에 의하여

$f'(x) = \lim\limits_{h \to 0} \dfrac{f(x+h) - f(x)}{h}$

$\qquad = \lim\limits_{h \to 0} \dfrac{f(x) + f(h) + 1 - f(x)}{h}$

$\qquad = \lim\limits_{h \to 0} \dfrac{f(h) + 1}{h}$

$\qquad = \lim\limits_{h \to 0} \dfrac{f(h) - f(0)}{h}$ (∵ ㉠)

$\qquad = f'(0) = 2$

∴ $f(x) = \displaystyle\int f'(x)\,dx = \int 2\,dx$

$\qquad = 2x + C$

이때 ㉠에서 $C = -1$

따라서 $f(x) = 2x - 1$이므로

$f(-1) = -2 - 1 = -3$

32 $f(x+y) = f(x) + f(y) + xy(x+y)$의 양변에 $x = 0$, $y = 0$을 대입하면

$f(0) = f(0) + f(0)$ ∴ $f(0) = 0$ ……… ㉠

미분계수의 정의에 의하여

$f'(2) = \lim\limits_{h \to 0} \dfrac{f(2+h) - f(2)}{h}$

$\qquad = \lim\limits_{h \to 0} \dfrac{f(2) + f(h) + 2h(2+h) - f(2)}{h}$

$\qquad = \lim\limits_{h \to 0} \left\{ \dfrac{f(h)}{h} + 2(2+h) \right\}$

$\qquad = \lim\limits_{h \to 0} \left\{ \dfrac{f(h) - f(0)}{h} + 2(2+h) \right\}$ (∵ ㉠)

$\qquad = f'(0) + 4$

즉, $f'(0) + 4 = 3$이므로 $f'(0) = -1$

도함수의 정의에 의하여

$$f'(x)=\lim_{h\to 0}\frac{f(x+h)-f(x)}{h}$$
$$=\lim_{h\to 0}\frac{f(x)+f(h)+xh(x+h)-f(x)}{h}$$
$$=\lim_{h\to 0}\left\{\frac{f(h)}{h}+x(x+h)\right\}$$
$$=\lim_{h\to 0}\left\{\frac{f(h)-f(0)}{h}+x(x+h)\right\}\ (\because \text{㉠})$$
$$=f'(0)+x^2$$
$$=x^2-1$$

$$\therefore f(x)=\int f'(x)\,dx=\int (x^2-1)\,dx=\frac{1}{3}x^3-x+C$$

이때 ㉠에서 $C=0$

따라서 $f(x)=\frac{1}{3}x^3-x$이므로

$$f(3)=9-3=6$$

33 $f(x+y)=f(x)+f(y)+2xy$의 양변에 $x=0$, $y=0$을 대입하면

$$f(0)=f(0)+f(0) \qquad \therefore f(0)=0 \qquad \cdots\cdots \text{㉠}$$

도함수의 정의에 의하여

$$f'(x)=\lim_{h\to 0}\frac{f(x+h)-f(x)}{h}$$
$$=\lim_{h\to 0}\frac{f(x)+f(h)+2xh-f(x)}{h}$$
$$=\lim_{h\to 0}\frac{f(h)+2xh}{h}$$
$$=2x+\lim_{h\to 0}\frac{f(h)}{h}$$
$$=2x+\lim_{h\to 0}\frac{f(h)-f(0)}{h}\ (\because \text{㉠})$$
$$=2x+f'(0)$$

이때 $f'(0)=k$ (k는 상수)로 놓으면 $f'(x)=2x+k$이므로

$$F(x)=\int (x-2)(2x+k)\,dx$$

$$\therefore F'(x)=(x-2)(2x+k)=2x^2+(k-4)x-2k$$

이때 함수 $F(x)$의 극값이 존재하지 않으려면 방정식 $F'(x)=0$은 중근 또는 허근을 가져야 한다.

즉, 이차방정식 $2x^2+(k-4)x-2k=0$의 판별식을 D라 하면 $D\leq 0$이어야 하므로

$$D=(k-4)^2+16k\leq 0,\ k^2+8k+16\leq 0$$
$$(k+4)^2\leq 0 \qquad \therefore k=-4$$

즉, $f'(x)=2x-4$이므로

$$f(x)=\int f'(x)\,dx=\int (2x-4)\,dx=x^2-4x+C$$

이때 $f(0)=0$에서 $C=0$

따라서 $f(x)=x^2-4x$이므로

$$f(4)=16-16=0$$

1 ④	**2** 2	**3** 4	**4** 30	**5** 12
6 ②	**7** ①	**8** ③	**9** ⑤	**10** ②
11 ①	**12** 20	**13** 12	**14** 44	**15** 2
16 -2	**17** ①	**18** 4	**19** ④	**20** $\frac{28}{3}$
21 ②	**22** 24	**23** $2\sqrt{2}$	**24** ⑤	**25** 2
26 9	**27** ②	**28** -20	**29** ①	**30** 4
31 -2	**32** ②			

1
$$\int_3^1 (x-1)(-3x+1)\,dx+\int_2^2 (5y-2)(y+4)\,dy$$
$$=\int_3^1 (-3x^2+4x-1)\,dx+0$$
$$=\Big[-x^3+2x^2-x\Big]_3^1$$
$$=(-1+2-1)-(-27+18-3)=12$$

2
$$\int_0^a (-2x^3+8x)\,dx=\Big[-\frac{1}{2}x^4+4x^2\Big]_0^a=-\frac{1}{2}a^4+4a^2$$

즉, $-\frac{1}{2}a^4+4a^2=8$이므로

$$a^4-8a^2+16=0,\ (a^2-4)^2=0$$
$$a^2=4 \qquad \therefore a=2\ (\because a>0)$$

3 $f(x)=4x^3-9x^2+k$이므로

$$\int_{-1}^2 f(x)\,dx=\int_{-1}^2 (4x^3-9x^2+k)\,dx$$
$$=\Big[x^4-3x^3+kx\Big]_{-1}^2$$
$$=(16-24+2k)-(1+3-k)$$
$$=3k-12$$

따라서 $3k-12=0$이므로 $k=4$

4 이차방정식의 근과 계수의 관계에 의하여

$$\alpha+\beta=2,\ \alpha\beta=-4$$
$$\therefore \int_{-\alpha}^{\beta}(3x^2-1)\,dx=\Big[x^3-x\Big]_{-\alpha}^{\beta}$$
$$=(\beta^3-\beta)-(-\alpha^3+\alpha)$$
$$=\alpha^3+\beta^3-\alpha-\beta$$
$$=(\alpha+\beta)^3-3\alpha\beta(\alpha+\beta)-(\alpha+\beta)$$
$$=8+24-2=30$$

5 두 함수 $F(x)$, $G(x)$가 모두 함수 $f(x)$의 부정적분이므로 $F(x)=G(x)+C$ (C는 상수)라 하면

㈎에서 $C=1$ 　　 $\therefore F(x)=G(x)+1$

㈏에서 $G(5)=15$이므로 $F(5)=G(5)+1=16$

$$\therefore \int_3^5 f(x)\,dx=F(5)-F(3)=16-4=12$$

유형편

6 $f(x)=x^3+ax^2+bx$ (a, b는 상수)라 하면

$f'(x)=3x^2+2ax+b$

㉮에서 $f(2)=f(5)$이므로

$8+4a+2b=125+25a+5b$

$\therefore 7a+b=-39$ ...... ㉠

㉯에서 삼차방정식

$f(x)-p=0$, 즉 $f(x)=p$의 서

로 다른 실근의 개수가 2가 되려

면 오른쪽 그림과 같이 함수

$y=f(x)$의 그래프와 직선 $y=p$

가 서로 다른 두 점에서 만나야

한다.

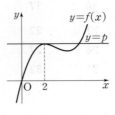

이때 실수 p의 최댓값이 $f(2)$이므로 함수 $f(x)$는 $x=2$

에서 극값을 갖는다.

즉, $f'(2)=0$이므로 $12+4a+b=0$

$\therefore 4a+b=-12$ ...... ㉡

㉠, ㉡을 연립하여 풀면

$a=-9$, $b=24$

따라서 $f(x)=x^3-9x^2+24x$이므로

$\int_0^2 f(x)\,dx=\int_0^2 (x^3-9x^2+24x)\,dx$

$=\left[\dfrac{1}{4}x^4-3x^3+12x^2\right]_0^2$

$=4-24+48=28$

7 $\displaystyle\int_{-1}^2 (3x^2+x)\,dx-3\int_{-1}^2 (x^2-x)\,dx$

$=\int_{-1}^2 (3x^2+x)\,dx-\int_{-1}^2 (3x^2-3x)\,dx$

$=\int_{-1}^2 \{(3x^2+x)-(3x^2-3x)\}\,dx$

$=\int_{-1}^2 4x\,dx=\left[2x^2\right]_{-1}^2$

$=8-2=6$

8 $\displaystyle\int_2^3 \dfrac{x^3}{x-1}\,dx+\int_3^2 \dfrac{1}{t-1}\,dt$

$=\int_2^3 \dfrac{x^3}{x-1}\,dx-\int_2^3 \dfrac{1}{x-1}\,dx$

$=\int_2^3 \dfrac{x^3-1}{x-1}\,dx$

$=\int_2^3 \dfrac{(x-1)(x^2+x+1)}{x-1}\,dx$

$=\int_2^3 (x^2+x+1)\,dx$

$=\left[\dfrac{1}{3}x^3+\dfrac{1}{2}x^2+x\right]_2^3$

$=\left(9+\dfrac{9}{2}+3\right)-\left(\dfrac{8}{3}+2+2\right)=\dfrac{59}{6}$

9 $\displaystyle\int_0^2 (x^2+2x+k)\,dx-2\int_2^0 (x^2-2x)\,dx$

$=\int_0^2 (x^2+2x+k)\,dx+\int_0^2 (2x^2-4x)\,dx$

$=\int_0^2 (3x^2-2x+k)\,dx=\left[x^3-x^2+kx\right]_0^2$

$=8-4+2k=2k+4$

따라서 $2k+4=20$이므로 $k=8$

10 $2\displaystyle\int_1^k (x-1)\,dx-\int_1^k 4\,dx$

$=\int_1^k (2x-2)\,dx-\int_1^k 4\,dx=\int_1^k (2x-6)\,dx$

$=\left[x^2-6x\right]_1^k=(k^2-6k)-(1-6)$

$=k^2-6k+5=(k-3)^2-4$

따라서 주어진 정적분의 값은 $k=3$일 때 최소이다.

11 $\displaystyle\int_{-1}^2 \{2f(x)-3g(x)\}\,dx=5$ ...... ㉠

$\displaystyle\int_{-1}^2 \{2f(x)-g(x)\}\,dx=-1$ ...... ㉡

㉡$-$㉠을 하면

$\displaystyle\int_{-1}^2 \{2f(x)-g(x)\}\,dx-\int_{-1}^2 \{2f(x)-3g(x)\}\,dx$

$=-6$

$\displaystyle\int_{-1}^2 [\{2f(x)-g(x)\}-\{2f(x)-3g(x)\}]\,dx=-6$

$2\displaystyle\int_{-1}^2 g(x)\,dx=-6$

$\therefore \displaystyle\int_{-1}^2 g(x)\,dx=-3$

이 식을 ㉠에 대입하여 정리하면 $\displaystyle\int_{-1}^2 f(x)\,dx=-2$

$\therefore \displaystyle\int_{-1}^2 \{f(x)-g(x)\}\,dx$

$=\int_{-1}^2 f(x)\,dx-\int_{-1}^2 g(x)\,dx$

$=-2-(-3)=1$

12 $\displaystyle\int_0^1 x\,dx+\dfrac{1}{2}\int_0^1 x^2\,dx+\dfrac{1}{3}\int_0^1 x^3\,dx+\cdots+\dfrac{1}{n}\int_0^1 x^n\,dx$

$=\int_0^1 \left(x+\dfrac{1}{2}x^2+\dfrac{1}{3}x^3+\cdots+\dfrac{1}{n}x^n\right)dx$

$=\left[\dfrac{1}{2}x^2+\dfrac{1}{2}\times\dfrac{1}{3}x^3+\dfrac{1}{3}\times\dfrac{1}{4}x^4+\cdots+\dfrac{1}{n}\times\dfrac{1}{n+1}x^{n+1}\right]_0^1$

$=\dfrac{1}{1\times2}+\dfrac{1}{2\times3}+\dfrac{1}{3\times4}+\cdots+\dfrac{1}{n(n+1)}$

$=\left(1-\dfrac{1}{2}\right)+\left(\dfrac{1}{2}-\dfrac{1}{3}\right)+\left(\dfrac{1}{3}-\dfrac{1}{4}\right)+\cdots+\left(\dfrac{1}{n}-\dfrac{1}{n+1}\right)$

$=1-\dfrac{1}{n+1}$

즉, $1-\dfrac{1}{n+1}=\dfrac{20}{21}$이므로 $\dfrac{1}{n+1}=\dfrac{1}{21}$

$n+1=21$ $\therefore n=20$

13 $\displaystyle\int_0^2 (3x^2-4x+1)\,dx+\int_2^3 (3t^2-4t+1)\,dt$

$\quad =\displaystyle\int_0^2 (3x^2-4x+1)\,dx+\int_2^3 (3x^2-4x+1)\,dx$

$\quad =\displaystyle\int_0^3 (3x^2-4x+1)\,dx=\Big[x^3-2x^2+x\Big]_0^3$

$\quad =27-18+3=12$

14 $\displaystyle\int_2^3 (\sqrt{x}-3)^2\,dx-\int_2^1 (\sqrt{x}-3)^2\,dx+\int_1^3 (\sqrt{x}+3)^2\,dx$

$\quad =\displaystyle\int_2^3 (\sqrt{x}-3)^2\,dx+\int_1^2 (\sqrt{x}-3)^2\,dx+\int_1^3 (\sqrt{x}+3)^2\,dx$

$\quad =\displaystyle\int_1^3 (\sqrt{x}-3)^2\,dx+\int_1^3 (\sqrt{x}+3)^2\,dx$

$\quad =\displaystyle\int_1^3 (2x+18)\,dx=\Big[x^2+18x\Big]_1^3$

$\quad =(9+54)-(1+18)=44$

15 $\displaystyle\int_3^4 f(x)\,dx$

$\quad =\displaystyle\int_3^{-2} f(x)\,dx+\int_{-2}^4 f(x)\,dx$

$\quad =\displaystyle-\int_{-2}^3 f(x)\,dx+\int_{-2}^{-1} f(x)\,dx+\int_{-1}^4 f(x)\,dx$

$\quad =-6+3+5=2$

16 $\displaystyle\int_{-2}^2 f(x)\,dx=\int_0^2 f(x)\,dx$에서

$\quad \displaystyle\int_{-2}^0 f(x)\,dx+\int_0^2 f(x)\,dx=\int_0^2 f(x)\,dx$

$\quad \therefore \displaystyle\int_{-2}^0 f(x)\,dx=0$

$\quad \therefore \displaystyle\int_0^2 f(x)\,dx=\int_{-2}^0 f(x)\,dx=0$

$\quad f(x)=ax^2+bx+c\,(a,\ b,\ c$는 상수, $a\neq0)$라 하면

$\quad f(0)=1$에서 $c=1$

$\quad f(x)=ax^2+bx+1$이므로 $\displaystyle\int_0^2 f(x)\,dx=0$에서

$\quad \displaystyle\int_0^2 f(x)\,dx=\int_0^2 (ax^2+bx+1)\,dx$

$\qquad\qquad\qquad =\Big[\dfrac{a}{3}x^3+\dfrac{b}{2}x^2+x\Big]_0^2$

$\qquad\qquad\qquad =\dfrac{8}{3}a+2b+2$

즉, $\dfrac{8}{3}a+2b+2=0$이므로

$4a+3b=-3$ $\cdots\cdots$ ㉠

$\displaystyle\int_{-2}^0 f(x)\,dx=0$에서

$\quad \displaystyle\int_{-2}^0 f(x)\,dx=\int_{-2}^0 (ax^2+bx+1)\,dx$

$\qquad\qquad\qquad =\Big[\dfrac{a}{3}x^3+\dfrac{b}{2}x^2+x\Big]_{-2}^0$

$\qquad\qquad\qquad =-\Big(-\dfrac{8}{3}a+2b-2\Big)$

$\qquad\qquad\qquad =\dfrac{8}{3}a-2b+2$

즉, $\dfrac{8}{3}a-2b+2=0$이므로

$4a-3b=-3$ $\cdots\cdots$ ㉡

㉠, ㉡을 연립하여 풀면 $a=-\dfrac{3}{4},\ b=0$

따라서 $f(x)=-\dfrac{3}{4}x^2+1$이므로

$f(2)=-3+1=-2$

17 $\displaystyle\int_0^3 f(x)\,dx=\int_0^1 (x^2+1)\,dx+\int_1^3 2x\,dx$

$\qquad\qquad\quad =\Big[\dfrac{1}{3}x^3+x\Big]_0^1+\Big[x^2\Big]_1^3$

$\qquad\qquad\quad =\Big(\dfrac{1}{3}+1\Big)+(9-1)=\dfrac{28}{3}$

18 $a>1$이므로

$\quad \displaystyle\int_{-a}^a f(x)\,dx$

$\quad =\displaystyle\int_{-a}^1 (2x-1)\,dx+\int_1^a (-x^2+2x)\,dx$

$\quad =\Big[x^2-x\Big]_{-a}^1+\Big[-\dfrac{1}{3}x^3+x^2\Big]_1^a$

$\quad =(1-1)-(a^2+a)+\Big(-\dfrac{1}{3}a^3+a^2\Big)-\Big(-\dfrac{1}{3}+1\Big)$

$\quad =-\dfrac{1}{3}a^3-a-\dfrac{2}{3}$

즉, $-\dfrac{1}{3}a^3-a-\dfrac{2}{3}=-26$이므로

$a^3+3a-76=0,\ (a-4)(a^2+4a+19)=0$

$\therefore a=4\ (\because a>1)$

19 $f(x)=x^3-3x$에서

$\quad f'(x)=3x^2-3=3(x+1)(x-1)$

$\quad f'(x)=0$인 x의 값은 $x=-1$ 또는 $x=1$

함수 $f(x)$의 증가와 감소를 표로 나타내면 다음과 같다.

x	$\cdots$	-1	$\cdots$	1	$\cdots$
$f'(x)$	$+$	0	$-$	0	$+$
$f(x)$	↗	2 극대	↘	-2 극소	↗

즉, 함수 $y=|f(x)|$의 그래프는 다음 그림과 같다.

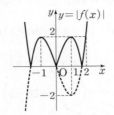

(i) $-1 \leq t \leq 2$일 때, $-1 \leq x \leq t$에서 함수 $|f(x)|$의 최댓
값은 2이므로
$$g(t)=2$$

(ii) $t \geq 2$일 때, $-1 \leq x \leq t$에서 함수 $|f(x)|$의 최댓값은
$f(t)$이므로 $g(t)=t^3-3t$

(i), (ii)에서 $g(t)=\begin{cases} t^3-3t & (t \geq 2) \\ 2 & (-1 \leq t \leq 2) \end{cases}$

$$\therefore \int_{-1}^{4} g(t)\,dt = \int_{-1}^{2} 2\,dt + \int_{2}^{4} (t^3-3t)\,dt$$
$$= \Big[\, 2t \,\Big]_{-1}^{2} + \Big[\, \frac{1}{4}t^4 - \frac{3}{2}t^2 \,\Big]_{2}^{4}$$
$$= 4-(-2)+(64-24)-(4-6)=48$$

20 $|x^2-2x| = \begin{cases} x^2-2x & (x \leq 0 \text{ 또는 } x \geq 2) \\ -x^2+2x & (0 \leq x \leq 2) \end{cases}$ 이므로

$$\int_{-2}^{3} |x^2-2x|\,dx$$
$$= \int_{-2}^{0} (x^2-2x)\,dx + \int_{0}^{2} (-x^2+2x)\,dx$$
$$\qquad\qquad\qquad\qquad + \int_{2}^{3} (x^2-2x)\,dx$$
$$= \Big[\, \frac{1}{3}x^3 - x^2 \,\Big]_{-2}^{0} + \Big[\, -\frac{1}{3}x^3 + x^2 \,\Big]_{0}^{2} + \Big[\, \frac{1}{3}x^3 - x^2 \,\Big]_{2}^{3}$$
$$= -\Big(-\frac{8}{3}-4\Big) + \Big(-\frac{8}{3}+4\Big) + (9-9) - \Big(\frac{8}{3}-4\Big) = \frac{28}{3}$$

21 $|x-1| = \begin{cases} x-1 & (x \geq 1) \\ -x+1 & (x \leq 1) \end{cases}$ 이므로

$$\int_{0}^{a} |x-1|\,dx$$
$$= \int_{0}^{1} (-x+1)\,dx + \int_{1}^{a} (x-1)\,dx$$
$$= \Big[\, -\frac{1}{2}x^2+x \,\Big]_{0}^{1} + \Big[\, \frac{1}{2}x^2-x \,\Big]_{1}^{a}$$
$$= \Big(-\frac{1}{2}+1\Big) + \Big(\frac{1}{2}a^2-a\Big) - \Big(\frac{1}{2}-1\Big)$$
$$= \frac{1}{2}a^2-a+1$$

즉, $\frac{1}{2}a^2-a+1=5$이므로 $a^2-2a-8=0$
$(a+2)(a-4)=0$ $\qquad \therefore a=4 \ (\because a>1)$

22 $2x^3+6|x| = \begin{cases} 2x^3+6x & (x \geq 0) \\ 2x^3-6x & (x \leq 0) \end{cases}$ 이므로

$$\int_{-3}^{2} (2x^3+6|x|)\,dx - \int_{-3}^{-2} (2x^3-6x)\,dx$$
$$= \int_{-3}^{0} (2x^3-6x)\,dx + \int_{0}^{2} (2x^3+6x)\,dx$$
$$\qquad\qquad\qquad\qquad\qquad - \int_{-3}^{-2} (2x^3-6x)\,dx$$
$$= \int_{-3}^{0} (2x^3-6x)\,dx + \int_{-2}^{-3} (2x^3-6x)\,dx$$
$$\qquad\qquad\qquad\qquad\qquad + \int_{0}^{2} (2x^3+6x)\,dx$$
$$= \int_{-2}^{0} (2x^3-6x)\,dx + \int_{0}^{2} (2x^3+6x)\,dx \quad \cdots\cdots \text{㉠}$$
$$= \Big[\, \frac{1}{2}x^4-3x^2 \,\Big]_{-2}^{0} + \Big[\, \frac{1}{2}x^4+3x^2 \,\Big]_{0}^{2}$$
$$= -(8-12)+(8+12)$$
$$= 24$$

다른 풀이

㉠에서

n이 홀수일 때, $\displaystyle\int_{-a}^{0} x^n\,dx = -\int_{0}^{a} x^n\,dx$이므로

$$\int_{-2}^{0} (2x^3-6x)\,dx + \int_{0}^{2} (2x^3+6x)\,dx$$
$$= \int_{0}^{2} (-2x^3+6x)\,dx + \int_{0}^{2} (2x^3+6x)\,dx$$
$$= \int_{0}^{2} 12x\,dx$$
$$= \Big[\, 6x^2 \,\Big]_{0}^{2}$$
$$= 24$$

23 $x|x-a| = \begin{cases} x^2-ax & (x \geq a) \\ -x^2+ax & (x \leq a) \end{cases}$ 이므로

$$\int_{0}^{4} x|x-a|\,dx$$
$$= \int_{0}^{a} (-x^2+ax)\,dx + \int_{a}^{4} (x^2-ax)\,dx$$
$$= \Big[\, -\frac{1}{3}x^3+\frac{a}{2}x^2 \,\Big]_{0}^{a} + \Big[\, \frac{1}{3}x^3-\frac{a}{2}x^2 \,\Big]_{a}^{4}$$
$$= \Big(-\frac{1}{3}a^3+\frac{1}{2}a^3\Big) + \Big(\frac{64}{3}-8a\Big) - \Big(\frac{1}{3}a^3-\frac{1}{2}a^3\Big)$$
$$= \frac{1}{3}a^3-8a+\frac{64}{3}$$

$f(a)=\frac{1}{3}a^3-8a+\frac{64}{3}$라 하면

$f'(a)=a^2-8$
$\qquad = (a+2\sqrt{2})(a-2\sqrt{2})$

$f'(a)=0$인 a의 값은

$a=2\sqrt{2} \ (\because 0<a<4)$

0<a<4에서 함수 $f(a)$의 증가와 감소를 표로 나타내면 다음과 같다.

a	0	$\cdots$	$2\sqrt{2}$	$\cdots$	4
$f'(a)$		$-$	0	$+$	
$f(a)$		↘	극소	↗	

따라서 함수 $f(a)$는 $a=2\sqrt{2}$일 때 최소이다.

24
$$\int_{-2}^{2}(4x^3+3x^2-2x+1)\,dx$$
$$=\int_{-2}^{2}(4x^3-2x)\,dx+\int_{-2}^{2}(3x^2+1)\,dx$$
$$=0+2\int_{0}^{2}(3x^2+1)\,dx$$
$$=2\Big[x^3+x\Big]_{0}^{2}=2(8+2)=20$$

25
$$\int_{-a}^{a}(4x^7+5x^5+3x^2+x-2)\,dx$$
$$=\int_{-a}^{a}(4x^7+5x^5+x)\,dx+\int_{-a}^{a}(3x^2-2)\,dx$$
$$=0+2\int_{0}^{a}(3x^2-2)\,dx$$
$$=2\Big[x^3-2x\Big]_{0}^{a}=2(a^3-2a)$$
즉, $2(a^3-2a)=8$이므로
$$a^3-2a-4=0,\ (a-2)(a^2+2a+2)=0$$
$$\therefore a=2\ (\because a는\ 실수)$$

26
$$\int_{-1}^{7}f(x)\,dx=\int_{-1}^{5}f(x)\,dx+\int_{5}^{7}f(x)\,dx$$
$$=\int_{-1}^{5}f(x)\,dx-\int_{7}^{5}f(x)\,dx$$
$$=7-(-2)=9$$
한편 $f(-x)=-f(x)$이면 $\int_{-1}^{1}f(x)\,dx=0$
$$\therefore \int_{1}^{7}f(x)\,dx=\int_{1}^{-1}f(x)\,dx+\int_{-1}^{7}f(x)\,dx$$
$$=-\int_{-1}^{1}f(x)\,dx+\int_{-1}^{7}f(x)\,dx$$
$$=0+9=9$$

27
$$\int_{-1}^{1}\{f(x)\}^2\,dx=\int_{-1}^{1}(x-2)^2\,dx$$
$$=\int_{-1}^{1}(x^2-4x+4)\,dx$$
$$=\int_{-1}^{1}(x^2+4)\,dx+\int_{-1}^{1}(-4x)\,dx$$
$$=2\int_{0}^{1}(x^2+4)\,dx+0$$
$$=2\Big[\frac{1}{3}x^3+4x\Big]_{0}^{1}=2\Big(\frac{1}{3}+4\Big)=\frac{26}{3}$$

$$\int_{-1}^{1}f(x)\,dx=\int_{-1}^{1}(x-2)\,dx$$
$$=\int_{-1}^{1}x\,dx+\int_{-1}^{1}(-2)\,dx$$
$$=0+2\int_{0}^{1}(-2)\,dx$$
$$=2\Big[-2x\Big]_{0}^{1}$$
$$=2\times(-2)$$
$$=-4$$
따라서 $\int_{-1}^{1}\{f(x)\}^2\,dx=k\Big\{\int_{-1}^{1}f(x)\,dx\Big\}^2-2$에서
$$\frac{26}{3}=k(-4)^2-2$$
$$16k=\frac{32}{3}\qquad \therefore k=\frac{2}{3}$$

28 $f(-x)+f(x)=0$에서 $f(-x)=-f(x)$이므로
$$(-x)^2f(-x)=-x^2f(x)$$
$$-xf(-x)=xf(x)$$
$$\therefore \int_{-1}^{1}(3x^2-2x+4)f(x)\,dx$$
$$=3\int_{-1}^{1}x^2f(x)\,dx-2\int_{-1}^{1}xf(x)\,dx+4\int_{-1}^{1}f(x)\,dx$$
$$=0-2\times2\int_{0}^{1}xf(x)\,dx+0$$
$$=-4\int_{0}^{1}xf(x)\,dx$$
$$=-4\times5$$
$$=-20$$

29 모든 실수 x에 대하여
$$h(-x)=f(-x)g(-x)=-f(x)g(x)=-h(x)$$
즉, 함수 $h(x)$는 홀수 차수의 항만 있으므로 함수 $h'(x)$는 짝수 차수의 항 또는 상수항만 있고 $xh'(x)$는 홀수 차수의 항만 있다.
$$\therefore \int_{-3}^{3}(x+5)h'(x)\,dx$$
$$=\int_{-3}^{3}xh'(x)\,dx+5\int_{-3}^{3}h'(x)\,dx$$
$$=0+5\times2\int_{0}^{3}h'(x)\,dx$$
$$=10\Big[h(x)\Big]_{0}^{3}$$
$$=10\{h(3)-h(0)\}\qquad\cdots\cdots\ \bigcirc$$
이때 $f(0)=-f(0)$에서 $f(0)=0$이므로
$$h(0)=f(0)g(0)=0$$
따라서 $\bigcirc$에서 $10h(3)=10$이므로
$$h(3)=1$$

유형편

30 $f(x+3)=f(x)$이므로

$$\int_0^3 f(x)\,dx=\int_3^6 f(x)\,dx=\int_6^9 f(x)\,dx=\int_9^{12} f(x)\,dx$$

$$\therefore \int_0^{12} f(x)\,dx=\int_0^3 f(x)\,dx+\int_3^6 f(x)\,dx$$
$$+\int_6^9 f(x)\,dx+\int_9^{12} f(x)\,dx$$
$$=4\int_0^3 f(x)\,dx=4\times 1=4$$

31 $f(x+2)=f(x)$이므로

$$\int_{-1}^1 f(x)\,dx=\int_1^3 f(x)\,dx=\int_3^5 f(x)\,dx$$

$$\therefore \int_{-1}^5 f(x)\,dx$$
$$=\int_{-1}^1 f(x)\,dx+\int_1^3 f(x)\,dx+\int_3^5 f(x)\,dx$$
$$=3\int_{-1}^1 f(x)\,dx$$
$$=3\int_{-1}^1 (-x^2)\,dx=3\times 2\int_0^1 (-x^2)\,dx$$
$$=6\left[-\frac{1}{3}x^3\right]_0^1$$
$$=6\times\left(-\frac{1}{3}\right)=-2$$

32 (가)에서

$$\int_0^1 g(x)\,dx=\int_0^1 f(x)\,dx=\frac{1}{6}$$

$$\int_{-1}^0 g(x)\,dx=\int_{-1}^0 \{-f(x+1)+1\}\,dx$$
$$=-\int_{-1}^0 f(x+1)\,dx+\int_{-1}^0 dx$$
$$=-\underline{\int_0^1 f(x)\,dx}+\left[x\right]_{-1}^0$$
$$=-\frac{1}{6}-(-1)=\frac{5}{6}$$

적분 구간과 함수를 모두 x축의 방향으로 1만큼 평행이동한 것이다.

$$\therefore \int_{-1}^1 g(x)\,dx=\int_{-1}^0 g(x)\,dx+\int_0^1 g(x)\,dx$$
$$=\frac{5}{6}+\frac{1}{6}=1$$

(나)에서

$$\int_{-3}^{-1} g(x)\,dx=\int_{-1}^1 g(x)\,dx,$$

$$\int_1^2 g(x)\,dx=\int_{-1}^0 g(x)\,dx$$이므로

$$\int_{-3}^2 g(x)\,dx$$
$$=\int_{-3}^{-1} g(x)\,dx+\int_{-1}^1 g(x)\,dx+\int_1^2 g(x)\,dx$$
$$=2\int_{-1}^1 g(x)\,dx+\int_{-1}^0 g(x)\,dx$$
$$=2\times 1+\frac{5}{6}=\frac{17}{6}$$

---

1 ①	**2** 9	**3** ②	**4** 8	**5** 18
6 ⑤	**7** -6	**8** -4	**9** ③	**10** -2
11 $\frac{45}{2}$	**12** 0	**13** $\frac{1}{2}$	**14** 16	**15** 8
16 ②	**17** 0	**18** $-\frac{1}{3}$	**19** ④	**20** 3
21 ⑤				

1 $\displaystyle\int_{-1}^1 f(t)\,dt=k$ (k는 상수)로 놓으면

$f(x)=3x^2-2x+k$

이를 $\displaystyle\int_{-1}^1 f(t)\,dt=k$에 대입하면

$$\int_{-1}^1 (3t^2-2t+k)\,dt=k$$
$$2\int_0^1 (3t^2+k)\,dt=k$$
$$2\left[t^3+kt\right]_0^1=k,\ 2(1+k)=k \qquad \therefore k=-2$$

따라서 $f(x)=3x^2-2x-2$이므로

$f(-2)=12+4-2=14$

2 $\displaystyle\int_0^3 tf'(t)\,dt=k$ (k는 상수)로 놓으면

$f(x)=6x+k \qquad \therefore f'(x)=6$

이를 $\displaystyle\int_0^3 tf'(t)\,dt=k$에 대입하면

$$\int_0^3 6t\,dt=k,\ \left[3t^2\right]_0^3=k \qquad \therefore k=27$$

따라서 $f(x)=6x+27$이므로

$f(-3)=-18+27=9$

3 $\displaystyle\int_0^1 |f(t)|\,dt=k$ (k는 상수)로 놓으면

$f(x)=x^3-4kx$

$f(1)>0$에서 $1-4k>0 \qquad \therefore k<\frac{1}{4}$

이때 $k>0$이므로 $0<k<\frac{1}{4}$ …… ㉠

곡선 $y=f(x)$와 x축의 교점의 x좌표를 구하면

$x^3-4kx=0,\ x(x+2\sqrt{k})(x-2\sqrt{k})=0$

$\therefore x=-2\sqrt{k}$ 또는 $x=0$ 또는 $x=2\sqrt{k}$

즉, 함수 $y=f(x)$의 그래프의 개형은 다음 그림과 같다.

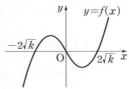

$0<x<2\sqrt{k}$일 때, $f(x)<0$

$x\geq2\sqrt{k}$일 때, $f(x)\geq0$

이때 ㉠에서 $2\sqrt{k}<1$이므로

$\displaystyle\int_0^1 |f(t)|\,dt$

$\displaystyle=\int_0^{2\sqrt{k}}\{-f(t)\}\,dt+\int_{2\sqrt{k}}^1 f(t)\,dt$

$\displaystyle=\int_0^{2\sqrt{k}}(-t^3+4kt)\,dt+\int_{2\sqrt{k}}^1 (t^3-4kt)\,dt$

$\displaystyle=\left[-\frac{1}{4}t^4+2kt^2\right]_0^{2\sqrt{k}}+\left[\frac{1}{4}t^4-2kt^2\right]_{2\sqrt{k}}^1$

$\displaystyle=(-4k^2+8k^2)+\left(\frac{1}{4}-2k\right)-(4k^2-8k^2)$

$\displaystyle=8k^2-2k+\frac{1}{4}$

즉, $8k^2-2k+\dfrac{1}{4}=k$이므로

$32k^2-12k+1=0$, $(8k-1)(4k-1)=0$

$\therefore k=\dfrac{1}{8}\ (\because ㉠)$

따라서 $f(x)=x^3-\dfrac{1}{2}x$이므로

$f(2)=8-1=7$

4 주어진 등식의 양변을 x에 대하여 미분하면

$f(x)=3x^2+2ax+3$

주어진 등식의 양변에 $x=a$를 대입하면

$0=a^3+a^3+3a-5$

$2a^3+3a-5=0$

$(a-1)(2a^2+2a+5)=0$

$\therefore a=1\ (\because a는 실수)$

따라서 $f(x)=3x^2+2x+3$이므로

$f(a)=f(1)=3+2+3=8$

5 주어진 함수 $f(x)$를 x에 대하여 미분하면

$f'(x)=\{(x+1)^3+(x+1)\}-(x^3+x)$

$\quad\quad=3x^2+3x+2$

$\displaystyle\therefore \int_0^2 f'(x)\,dx=\int_0^2 (3x^2+3x+2)\,dx$

$\displaystyle\quad\quad=\left[x^3+\frac{3}{2}x^2+2x\right]_0^2$

$\quad\quad=8+6+4$

$\quad\quad=18$

6 주어진 등식의 양변을 x에 대하여 미분하면

$3f(x)+3xf'(x)=9f(x)+2$

$\therefore f(x)=\dfrac{1}{2}xf'(x)-\dfrac{1}{3}$ ...... ㉠

주어진 등식의 양변에 $x=1$을 대입하면

$3f(1)=0+2$ $\quad\therefore f(1)=\dfrac{2}{3}$

㉠의 양변에 $x=1$을 대입하면

$f(1)=\dfrac{1}{2}f'(1)-\dfrac{1}{3}$

$\dfrac{2}{3}=\dfrac{1}{2}f'(1)-\dfrac{1}{3}$

$\therefore f'(1)=2$

7 함수 $f(x)$의 양변에 $x=1$을 대입하면

$f(1)=0$ ...... ㉠

$\displaystyle\lim_{x\to1}\frac{x^2-1}{f(x)}=\lim_{x\to1}\left\{\frac{x-1}{f(x)-f(1)}\times(x+1)\right\}\ (\because ㉠)$

$\displaystyle\quad\quad\quad\quad=\frac{2}{f'(1)}$

즉, $\dfrac{2}{f'(1)}=\dfrac{1}{3}$이므로 $f'(1)=6$

주어진 함수 $f(x)$를 x에 대하여 미분하면

$f'(x)=3x^2+ax+2$

이 식의 양변에 $x=1$을 대입하면

$f'(1)=3+a+2=a+5$

즉, $f'(1)=6$이므로 $a+5=6$ $\quad\therefore a=1$

$\displaystyle\therefore f(x)=\int_1^x (3t^2+t+2)\,dt=\left[t^3+\frac{1}{2}t^2+2t\right]_1^x$

$\displaystyle\quad\quad=x^3+\frac{1}{2}x^2+2x-\frac{7}{2}$

$\therefore f(-1)=-1+\dfrac{1}{2}-2-\dfrac{7}{2}=-6$

8 주어진 등식에서

$\displaystyle x\int_1^x f(t)\,dt-\int_1^x tf(t)\,dt=x^3-2x^2+x$

양변을 x에 대하여 미분하면

$\displaystyle\int_1^x f(t)\,dt+xf(x)-xf(x)=3x^2-4x+1$

$\displaystyle\therefore \int_1^x f(t)\,dt=3x^2-4x+1$

양변을 다시 x에 대하여 미분하면

$f(x)=6x-4$

$\therefore f(0)=-4$

9 주어진 등식에서

$\displaystyle x\int_{-1}^x f(t)\,dt-\int_{-1}^x tf(t)\,dt=ax^3+x^2+bx-3$

양변을 x에 대하여 미분하면

$\displaystyle\int_{-1}^x f(t)\,dt+xf(x)-xf(x)=3ax^2+2x+b$

$\displaystyle\therefore \int_{-1}^x f(t)\,dt=3ax^2+2x+b$ ...... ㉠

주어진 등식의 양변에 $x=-1$을 대입하면

$0=-a+1-b-3$

$\therefore a+b=-2$ ...... ㉡

㉠의 양변에 $x=-1$을 대입하면

$0=3a-2+b$

$\therefore 3a+b=2$ ...... ㉢

㉡, ㉢을 연립하여 풀면

$a=2,\ b=-4$

$\therefore \int_{-1}^{x} f(t)\,dt = 6x^2+2x-4$

$\therefore \int_{-1}^{2} f(x)\,dx = 24+4-4=24$

10 주어진 등식에서

$3xf(x)=7x\int_{1}^{x} f(t)\,dt - 7\int_{1}^{x} tf(t)\,dt - 6x^2$

양변을 x에 대하여 미분하면

$3f(x)+3xf'(x)$

$=7\int_{1}^{x} f(t)\,dt + 7xf(x) - 7xf(x) - 12x$

$\therefore 3f(x)+3xf'(x)=7\int_{1}^{x} f(t)\,dt - 12x$ ...... ㉠

주어진 등식의 양변에 $x=1$을 대입하면

$3f(1)=0-6 \qquad \therefore f(1)=-2$ ...... ㉡

㉠의 양변에 $x=1$을 대입하면

$3f(1)+3f'(1)=0-12$

$\therefore f(1)+f'(1)=-4$

㉡을 대입하면

$-2+f'(1)=-4$

$\therefore f'(1)=-2$

11 주어진 함수 $f(x)$를 x에 대하여 미분하면

$f'(x)=x^2-5x-6=(x+1)(x-6)$

$f'(x)=0$인 x의 값은

$x=-1$ 또는 $x=6$

함수 $f(x)$의 증가와 감소를 표로 나타내면 다음과 같다.

x	$\cdots$	-1	$\cdots$	6	$\cdots$
$f'(x)$	$+$	0	$-$	0	$+$
$f(x)$	↗	극대	↘	극소	↗

따라서 함수 $f(x)$는 $x=-1$에서 극대이므로 극댓값은

$f(-1)=\int_{2}^{-1} (t^2-5t-6)\,dt$

$=\left[\dfrac{1}{3}t^3-\dfrac{5}{2}t^2-6t\right]_{2}^{-1}$

$=\left(-\dfrac{1}{3}-\dfrac{5}{2}+6\right)-\left(\dfrac{8}{3}-10-12\right)=\dfrac{45}{2}$

12 주어진 함수 $f(x)$를 x에 대하여 미분하면

$f'(x)=x^2+ax+b$

이때 함수 $f(x)$가 $x=1$에서 극댓값 $\dfrac{4}{3}$를 가지므로

$f'(1)=0$에서

$1+a+b=0 \qquad \therefore a+b=-1$ ...... ㉠

$f(1)=\dfrac{4}{3}$에서

$f(1)=\int_{0}^{1} (t^2+at+b)\,dt = \left[\dfrac{1}{3}t^3+\dfrac{a}{2}t^2+bt\right]_{0}^{1}$

$=\dfrac{1}{3}+\dfrac{a}{2}+b$

즉, $\dfrac{1}{3}+\dfrac{a}{2}+b=\dfrac{4}{3}$이므로 $a+2b=2$ ...... ㉡

㉠, ㉡을 연립하여 풀면

$a=-4,\ b=3$

$\therefore f'(x)=x^2-4x+3=(x-1)(x-3)$

따라서 함수 $f(x)$는 $x=3$에서 극소이므로 극솟값은

$f(3)=\int_{0}^{3} (t^2-4t+3)\,dt = \left[\dfrac{1}{3}t^3-2t^2+3t\right]_{0}^{3}$

$=9-18+9=0$

13 함수 $y=f(x)$의 그래프에서

$f(x)=\begin{cases} -x+3 & (x\geq 2) \\ x-1 & (x\leq 2) \end{cases}$

$F(x)=\int_{0}^{x} f(t)\,dt$에서 $F'(x)=f(x)$

함수 $y=f(x)$의 그래프와 x축의 교점의 x좌표는 1, 3이므로 $f(x)$, 즉 $F'(x)$의 부호를 조사하여 함수 $F(x)$의 증가와 감소를 표로 나타내면 다음과 같다.

x	$\cdots$	1	$\cdots$	3	$\cdots$
$F'(x)$	$-$	0	$+$	0	$-$
$F(x)$	↘	극소	↗	극대	↘

따라서 함수 $F(x)$는 $x=3$에서 극대이므로 극댓값은

$F(3)=\int_{0}^{3} f(t)\,dt$

$=\int_{0}^{2} (t-1)\,dt + \int_{2}^{3} (-t+3)\,dt$

$=\left[\dfrac{1}{2}t^2-t\right]_{0}^{2} + \left[-\dfrac{1}{2}t^2+3t\right]_{2}^{3}$

$=(2-2)+\left(-\dfrac{9}{2}+9\right)-(-2+6)=\dfrac{1}{2}$

14 $F(x)=\int_{0}^{x} f(t)\,dt$에서 $F'(x)=f(x)$

함수 $F(x)$가 오직 하나의 극값을 가지려면 방정식 $F'(x)=0$, 즉 $f(x)=0$이 중근 또는 허근을 가져야 한다.

함수 $f(x)=x^3-12x+a$에서
$f'(x)=3x^2-12=3(x+2)(x-2)$
$f'(x)=0$인 x의 값은 $x=-2$ 또는 $x=2$
함수 $f(x)$의 극값이 $f(-2)$, $f(2)$이므로 방정식
$f(x)=0$이 중근 또는 허근을 가지려면
$f(-2)f(2)\geq0$에서
$(a+16)(a-16)\geq0$
$\therefore a\leq-16$ 또는 $a\geq16$
그런데 $a>0$이므로 $a\geq16$
따라서 양수 a의 최솟값은 16이다.

15 주어진 함수 $f(x)$를 x에 대하여 미분하면
$f'(x)=\{(x+2)^2-2(x+2)\}-(x^2-2x)=4x$
$f'(x)=0$인 x의 값은 $x=0$
$-2\leq x\leq1$에서 함수 $f(x)$의 증가와 감소를 표로 나타내면 다음과 같다.

x	-2	$\cdots$	0	$\cdots$	1
$f'(x)$		$-$	0	$+$	
$f(x)$		$\searrow$	극소	$\nearrow$	

이때 $f(-2)$, $f(0)$, $f(1)$의 값을 각각 구하면
$f(-2)=\int_{-2}^{0}(t^2-2t)\,dt=\left[\dfrac{1}{3}t^3-t^2\right]_{-2}^{0}$
$\qquad=-\left(-\dfrac{8}{3}-4\right)=\dfrac{20}{3}$
$f(0)=\int_{0}^{2}(t^2-2t)\,dt=\left[\dfrac{1}{3}t^3-t^2\right]_{0}^{2}$
$\qquad=\dfrac{8}{3}-4=-\dfrac{4}{3}$
$f(1)=\int_{1}^{3}(t^2-2t)\,dt=\left[\dfrac{1}{3}t^3-t^2\right]_{1}^{3}$
$\qquad=(9-9)-\left(\dfrac{1}{3}-1\right)=\dfrac{2}{3}$
따라서 함수 $f(x)$의 최댓값은 $\dfrac{20}{3}$, 최솟값은 $-\dfrac{4}{3}$이므로
$M=\dfrac{20}{3}$, $m=-\dfrac{4}{3}$
$\therefore M-m=8$

16 주어진 등식에서
$\int_{0}^{x}tf(t)\,dt-x\int_{0}^{x}f(t)\,dt=x^4-2x^3+2x^2$
양변을 x에 대하여 미분하면
$xf(x)-\int_{0}^{x}f(t)\,dt-xf(x)=4x^3-6x^2+4x$
$\therefore \int_{0}^{x}f(t)\,dt=-4x^3+6x^2-4x$

양변을 다시 x에 대하여 미분하면
$f(x)=-12x^2+12x-4=-12\left(x-\dfrac{1}{2}\right)^2-1$
따라서 함수 $f(x)$는 $x=\dfrac{1}{2}$에서 최댓값 -1을 갖는다.

17 $F(x)=\int_{1}^{x}f(t)\,dt$에서 $F'(x)=f(x)$
함수 $y=f(x)$의 그래프와 x축의 교점의 x좌표는 1, 4이므로 $f(x)$, 즉 $F'(x)$의 부호를 조사하여 구간 $[0,\,4]$에서 함수 $F(x)$의 증가와 감소를 표로 나타내면 다음과 같다.

x	0	$\cdots$	1	$\cdots$	4
$F'(x)$		$+$	0	$-$	0
$F(x)$		$\nearrow$	극대	$\searrow$	

따라서 함수 $F(x)$의 최댓값은
$F(1)=\int_{1}^{1}f(t)\,dt=0$

18 $f(x)=\int_{0}^{x}2t(x-t)\,dt$에서
$f(x)=2x\int_{0}^{x}t\,dt-2\int_{0}^{x}t^2\,dt$
양변을 x에 대하여 미분하면
$f'(x)=2\int_{0}^{x}t\,dt+2x^2-2x^2$
$\therefore f'(x)=2\int_{0}^{x}t\,dt=2\left[\dfrac{1}{2}t^2\right]_{0}^{x}=2\times\dfrac{1}{2}x^2=x^2$
모든 실수 x에 대하여 $f'(x)\geq0$이므로 함수 $f(x)$는 $-1\leq x\leq3$에서 증가한다.
따라서 함수 $f(x)$는 $x=-1$에서 최솟값을 가지므로 최솟값은
$f(-1)=\int_{0}^{-1}2t(-1-t)\,dt=\int_{0}^{-1}(-2t^2-2t)\,dt$
$\qquad=\left[-\dfrac{2}{3}t^3-t^2\right]_{0}^{-1}=\dfrac{2}{3}-1=-\dfrac{1}{3}$

19 함수 $f(x)$의 한 부정적분을 $F(x)$라 하면
$\displaystyle\lim_{x\to1}\dfrac{1}{x-1}\int_{1}^{x^2}f(t)\,dt$
$=\displaystyle\lim_{x\to1}\dfrac{1}{x-1}\left[F(t)\right]_{1}^{x^2}$
$=\displaystyle\lim_{x\to1}\dfrac{F(x^2)-F(1)}{x-1}$
$=\displaystyle\lim_{x\to1}\left\{\dfrac{F(x^2)-F(1)}{(x-1)(x+1)}\times(x+1)\right\}$
$=\displaystyle\lim_{x\to1}\dfrac{F(x^2)-F(1)}{x^2-1}\times\lim_{x\to1}(x+1)$
$=2F'(1)=2f(1)=2(3-2+1)=4$

20 함수 $f(x)$의 한 부정적분을 $F(x)$라 하면

$$\lim_{h \to 0} \frac{1}{h} \int_{1-3h}^{1+h} f(x)\,dx$$

$$=\lim_{h \to 0} \frac{1}{h} \Big[F(x) \Big]_{1-3h}^{1+h}$$

$$=\lim_{h \to 0} \frac{F(1+h)-F(1-3h)}{h}$$

$$=\lim_{h \to 0} \frac{F(1+h)-F(1)+F(1)-F(1-3h)}{h}$$

$$=\lim_{h \to 0} \frac{F(1+h)-F(1)}{h}$$

$$\qquad\qquad -\lim_{h \to 0} \frac{F(1-3h)-F(1)}{-3h} \times (-3)$$

$$=F'(1)+3F'(1)$$

$$=4F'(1)=4f(1)$$

즉, $4f(1)=8$이므로 $f(1)=2$

$2-3+a=2$

$\therefore a=3$

21 $g(x)=\displaystyle\int_{1}^{x} (x-t)f(t)\,dt$라 하면

$$\lim_{x \to 2} \frac{g(x)}{x-2}=3$$

$x \to 2$일 때 (분모) $\to 0$이고, 극한값이 존재하므로

(분자) $\to 0$에서

$$\lim_{x \to 2} g(x)=0 \quad \therefore g(2)=0$$

$$\lim_{x \to 2} \frac{g(x)}{x-2}=\lim_{x \to 2} \frac{g(x)-g(2)}{x-2}=g'(2)$$

$$\therefore g'(2)=3$$

$g(x)=\displaystyle\int_{1}^{x} (x-t)f(t)\,dt$에서

$$g(x)=x\int_{1}^{x} f(t)\,dt - \int_{1}^{x} tf(t)\,dt \quad \cdots\cdots \text{⊙}$$

양변을 x에 대하여 미분하면

$$g'(x)=\int_{1}^{x} f(t)\,dt + xf(x) - xf(x)$$

$$\therefore g'(x)=\int_{1}^{x} f(t)\,dt$$

양변에 $x=2$를 대입하면

$$g'(2)=\int_{1}^{2} f(t)\,dt \quad \therefore \int_{1}^{2} f(t)\,dt=3$$

⊙의 양변에 $x=2$를 대입하면

$$g(2)=2\int_{1}^{2} f(t)\,dt - \int_{1}^{2} tf(t)\,dt$$

$$0=2\times 3 - \int_{1}^{2} tf(t)\,dt \quad \therefore \int_{1}^{2} tf(t)\,dt=6$$

$$\therefore \int_{1}^{2} (4x+1)f(x)\,dx$$

$$=4\int_{1}^{2} xf(x)\,dx + \int_{1}^{2} f(x)\,dx$$

$$=4\times 6+3=27$$

Ⅲ-2. 정적분의 활용

01 정적분의 활용   64~70쪽

1 3	**2** ③	**3** 3	**4** $\dfrac{71}{6}$	**5** ③
6 ④	**7** 14	**8** ①	**9** 9	**10** 24
11 $\dfrac{3}{4}$	**12** ②	**13** ④	**14** $\dfrac{4}{3}$	**15** ④
16 $\dfrac{\sqrt{6}}{9}$	**17** $\dfrac{1}{2}$	**18** -16	**19** 4	**20** $\dfrac{4}{3}$
21 8	**22** $\dfrac{9}{4}$	**23** 2	**24** 1	**25** $\dfrac{1}{3}$
26 $\dfrac{11}{2}$	**27** ③	**28** 10	**29** ③	**30** 2
31 ㄱ, ㄷ	**32** ③	**33** 100 m	**34** $\dfrac{26}{3}$	**35** $\dfrac{7}{2}$
36 ⑤	**37** 144 m	**38** ③	**39** ④	**40** ②
41 4	**42** ㄴ, ㄷ	**43** ㄱ, ㄹ	**44** ③	

1 곡선 $y=ax-x^2$과 x축의 교점
의 x좌표를 구하면
$ax-x^2=0$, $x(x-a)=0$
$\therefore x=0$ 또는 $x=a$

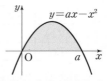

$a>0$이므로 곡선과 x축으로 둘러싸인 도형의 넓이를 S
라 하면

$$S=\int_{0}^{a} (ax-x^2)\,dx=\left[\frac{a}{2}x^2 - \frac{1}{3}x^3\right]_{0}^{a}=\frac{a^3}{6}$$

따라서 $\dfrac{a^3}{6}=\dfrac{9}{2}$이므로 $a^3=27$ $\therefore a=3$ ($\because a>0$)

2 $0 \le x \le 2$에서 $x^2-2x \le 0$이므로
$y=|x^2-2x|+1=-(x^2-2x)+1=-x^2+2x+1$
따라서 구하는 넓이를 S라 하면

$$S=\int_{0}^{2} (-x^2+2x+1)\,dx$$

$$=\left[-\frac{1}{3}x^3+x^2+x\right]_{0}^{2}=\frac{10}{3}$$

3 $S_2=\displaystyle\int_{0}^{1} x^3\,dx=\left[\dfrac{1}{4}x^4\right]_{0}^{1}=\dfrac{1}{4}$

$S_1+S_2=1\times 1=1$이므로

$S_1=1-S_2=1-\dfrac{1}{4}=\dfrac{3}{4}$

$$\therefore \frac{S_1}{S_2}=\frac{\dfrac{3}{4}}{\dfrac{1}{4}}=3$$

4 $f(x)=\displaystyle\int (3x^2-2x-4)\,dx=x^3-x^2-4x+C$

$f(1)=0$에서 $C=4$ $\therefore f(x)=x^3-x^2-4x+4$

곡선 $y=f(x)$와 x축의 교점의
x좌표를 구하면

$x^3-x^2-4x+4=0$

$(x+2)(x-1)(x-2)=0$

$\therefore x=-2$ 또는 $x=1$

또는 $x=2$

따라서 구하는 넓이를 S라 하면

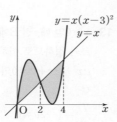

$S=\displaystyle\int_{-2}^{1}(x^3-x^2-4x+4)\,dx$

$\qquad+\displaystyle\int_{1}^{2}(-x^3+x^2+4x-4)\,dx$

$=\left[\dfrac{1}{4}x^4-\dfrac{1}{3}x^3-2x^2+4x\right]_{-2}^{1}$

$\qquad+\left[-\dfrac{1}{4}x^4+\dfrac{1}{3}x^3+2x^2-4x\right]_{1}^{2}$

$=\dfrac{71}{6}$

5 곡선 $y=x(x-3)^2$과 직선
$y=x$의 교점의 x좌표를 구하면

$x(x-3)^2=x$

$x(x-2)(x-4)=0$

$\therefore x=0$ 또는 $x=2$ 또는 $x=4$

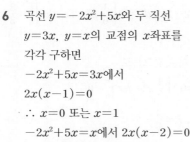

따라서 구하는 넓이를 S라 하면

$S=\displaystyle\int_{0}^{2}\{x(x-3)^2-x\}\,dx+\int_{2}^{4}\{x-x(x-3)^2\}\,dx$

$=\displaystyle\int_{0}^{2}(x^3-6x^2+8x)\,dx+\int_{2}^{4}(-x^3+6x^2-8x)\,dx$

$=\left[\dfrac{1}{4}x^4-2x^3+4x^2\right]_{0}^{2}+\left[-\dfrac{1}{4}x^4+2x^3-4x^2\right]_{2}^{4}$

$=8$

6 곡선 $y=-2x^2+5x$와 두 직선
$y=3x$, $y=x$의 교점의 x좌표를
각각 구하면

$-2x^2+5x=3x$에서

$2x(x-1)=0$

$\therefore x=0$ 또는 $x=1$

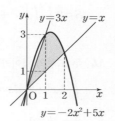

$-2x^2+5x=x$에서 $2x(x-2)=0$

$\therefore x=0$ 또는 $x=2$

따라서 구하는 넓이를 S라 하면

$S=\dfrac{1}{2}\times2\times1+\displaystyle\int_{1}^{2}\{(-2x^2+5x)-x\}\,dx$

$=1+\displaystyle\int_{1}^{2}(-2x^2+4x)\,dx$

$=1+\left[-\dfrac{2}{3}x^3+2x^2\right]_{1}^{2}$

$=1+\dfrac{4}{3}=\dfrac{7}{3}$

7 $g(x)=\begin{cases}x-2 & (x\geq1)\\ -x & (x\leq1)\end{cases}$

(ⅰ) $x\geq1$일 때, 곡선
$y=\dfrac{1}{3}x(4-x)$와 직선
$y=x-2$의 교점의 x좌표
를 구하면

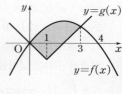

$\dfrac{1}{3}x(4-x)=x-2$

$x^2-x-6=0,\ (x+2)(x-3)=0$

$\therefore x=3\ (\because x\geq1)$

(ⅱ) $x\leq1$일 때, 곡선 $y=\dfrac{1}{3}x(4-x)$와 직선 $y=-x$의

교점의 x좌표를 구하면

$\dfrac{1}{3}x(4-x)=-x$

$x^2-7x=0,\ x(x-7)=0$

$\therefore x=0\ (\because x\leq1)$

$\therefore S=\displaystyle\int_{0}^{1}\left\{\dfrac{1}{3}x(4-x)-(-x)\right\}dx$

$\qquad+\displaystyle\int_{1}^{3}\left\{\dfrac{1}{3}x(4-x)-(x-2)\right\}dx$

$=\displaystyle\int_{0}^{1}\left(-\dfrac{1}{3}x^2+\dfrac{7}{3}x\right)dx+\int_{1}^{3}\left(-\dfrac{1}{3}x^2+\dfrac{1}{3}x+2\right)dx$

$=\left[-\dfrac{1}{9}x^3+\dfrac{7}{6}x^2\right]_{0}^{1}+\left[-\dfrac{1}{9}x^3+\dfrac{1}{6}x^2+2x\right]_{1}^{3}$

$=\dfrac{7}{2}$

$\therefore 4S=4\times\dfrac{7}{2}=14$

8 구하는 넓이를 S라 하면

$S=\displaystyle\int_{0}^{2}\{-x^2+2x-(x^2-4x)\}\,dx$

$\qquad+\displaystyle\int_{2}^{4}\{-x^2+6x-8-(x^2-4x)\}\,dx$

$=\displaystyle\int_{0}^{2}(-2x^2+6x)\,dx+\int_{2}^{4}(-2x^2+10x-8)\,dx$

$=\left[-\dfrac{2}{3}x^3+3x^2\right]_{0}^{2}+\left[-\dfrac{2}{3}x^3+5x^2-8x\right]_{2}^{4}$

$=\dfrac{40}{3}$

9 곡선 $y=x^2$을 x축에 대하여 대칭이동하면

$y=-x^2$

이 곡선을 x축의 방향으로 1만큼, y축의 방향으로 5만큼
평행이동하면

$y-5=-(x-1)^2$

$\therefore y=-x^2+2x+4$

$\therefore g(x)=-x^2+2x+4$

두 곡선 $y=f(x)$, $y=g(x)$의
교점의 x좌표를 구하면

$x^2=-x^2+2x+4$

$2(x+1)(x-2)=0$

$\therefore x=-1$ 또는 $x=2$

따라서 구하는 넓이를 S라 하면

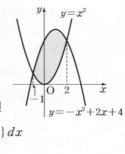

$$S=\int_{-1}^{2}\{(-x^2+2x+4)-x^2\}\,dx$$

$$=\int_{-1}^{2}(-2x^2+2x+4)\,dx$$

$$=\left[-\frac{2}{3}x^3+x^2+4x\right]_{-1}^{2}=9$$

10 두 삼차함수 $y=f(x)$, $y=g(x)$의 그래프의 교점의 x좌표가 -1, 0, 1이므로 $f(x)-g(x)=ax(x+1)(x-1)$ $(a\neq0)$이라 하자.

$-1\leq x\leq0$에서 두 곡선 $y=f(x)$, $y=g(x)$로 둘러싸인 도형의 넓이를 S라 하면

$$S=\int_{-1}^{0}\{f(x)-g(x)\}\,dx=\int_{-1}^{0}ax(x+1)(x-1)\,dx$$

$$=\int_{-1}^{0}(ax^3-ax)\,dx=\left[\frac{a}{4}x^4-\frac{a}{2}x^2\right]_{-1}^{0}=\frac{a}{4}$$

즉, $\frac{a}{4}=1$이므로 $a=4$

따라서 $f(x)-g(x)=4x(x+1)(x-1)$이므로

$f(2)-g(2)=4\times2\times3\times1=24$

11 $f(x)=ax^2$이라 하면 $f'(x)=2ax$

점 $(1, a)$에서의 접선의 기울기는 $f'(1)=2a$이므로 접선의 방정식은

$y-a=2a(x-1)$ $\quad\therefore y=2ax-a$

곡선 $y=ax^2$과 접선 $y=2ax-a$ 및 두 직선 $x=-2$, $x=2$로 둘러싸인 도형의 넓이를 S라 하면

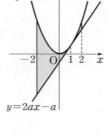

$$S=\int_{-2}^{2}\{ax^2-(2ax-a)\}\,dx$$

$$=2\int_{0}^{2}(ax^2+a)\,dx$$

$$=2\left[\frac{a}{3}x^3+ax\right]_{0}^{2}=\frac{28}{3}a$$

따라서 $\frac{28}{3}a=7$이므로 $a=\frac{3}{4}$

12 $f(x)=x^2+1$이라 하면 $f'(x)=2x$

접점의 좌표를 (t, t^2+1)이라 하면 이 점에서의 접선의 기울기는 $f'(t)=2t$이므로 접선의 방정식은

$y-(t^2+1)=2t(x-t)$ $\quad\therefore y=2tx-t^2+1$

이 직선이 점 $(-1, -2)$를 지나므로

$-2=-2t-t^2+1$

$t^2+2t-3=0$

$(t+3)(t-1)=0$

$\therefore t=-3$ 또는 $t=1$

즉, 접선의 방정식은

$y=-6x-8$ 또는 $y=2x$

따라서 구하는 넓이를 S라 하면

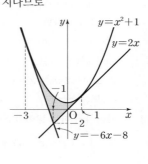

$$S=\int_{-3}^{-1}\{(x^2+1)-(-6x-8)\}\,dx$$

$$+\int_{-1}^{1}\{(x^2+1)-2x\}\,dx$$

$$=\int_{-3}^{-1}(x^2+6x+9)\,dx+2\int_{0}^{1}(x^2+1)\,dx$$

$$=\left[\frac{1}{3}x^3+3x^2+9x\right]_{-3}^{-1}+2\left[\frac{1}{3}x^3+x\right]_{0}^{1}=\frac{16}{3}$$

13 $x>0$일 때, 점 B에서 두 함수 $y=ax^2+2$, $y=2x$의 그래프가 접하므로 이차방정식 $ax^2+2=2x$, 즉 $ax^2-2x+2=0$의 판별식을 D라 하면 $D=0$이어야 한다.

$\frac{D}{4}=1-2a=0$ $\quad\therefore a=\frac{1}{2}$

점 B의 x좌표를 구하면

$\frac{1}{2}x^2+2=2x$, $\frac{1}{2}x^2-2x+2=0$

$x^2-4x+4=0$, $(x-2)^2=0$ $\quad\therefore x=2$

두 함수 $y=\frac{1}{2}x^2+2$, $y=2|x|$의 그래프로 둘러싸인 부분이 y축에 대하여 대칭이므로 구하는 넓이를 S라 하면

$$S=2\int_{0}^{2}\left(\frac{1}{2}x^2+2-2x\right)dx=2\left[\frac{1}{6}x^3+2x-x^2\right]_{0}^{2}=\frac{8}{3}$$

14 두 도형의 넓이가 서로 같으므로

$$\int_{0}^{2}(x^2-k)\,dx=0, \quad \left[\frac{1}{3}x^3-kx\right]_{0}^{2}=0$$

$\frac{8}{3}-2k=0$ $\quad\therefore k=\frac{4}{3}$

15 두 도형 A, B의 넓이가 서로 같으므로

$$\int_{0}^{2}\{(-x^2+k)-(x^3+x^2)\}\,dx=0$$

$$\int_{0}^{2}(-x^3-2x^2+k)\,dx=0$$

$$\left[-\frac{1}{4}x^4-\frac{2}{3}x^3+kx\right]_{0}^{2}=0$$

$-4-\frac{16}{3}+2k=0$ $\quad\therefore k=\frac{14}{3}$

16 $x^3-x+k=0$의 근 중에서 가장 큰 값을 $\alpha\,(\alpha>0)$라 하면

$\alpha^3-\alpha+k=0$ $\therefore k=-\alpha^3+\alpha$ …… ㉠

이때 두 도형 A, B의 넓이가 서로 같으므로

$$\int_0^\alpha (x^3-x+k)\,dx=0$$

$$\left[\frac{1}{4}x^4-\frac{1}{2}x^2+kx\right]_0^\alpha=0$$

$$\frac{1}{4}\alpha^4-\frac{1}{2}\alpha^2+k\alpha=0$$

$$\alpha^4-2\alpha^2+4k\alpha=0$$

㉠을 대입하여 정리하면

$3\alpha^4-2\alpha^2=0$, $\alpha^2(3\alpha^2-2)=0$

$\therefore \alpha=\sqrt{\dfrac{2}{3}}=\dfrac{\sqrt{6}}{3}\ (\because \alpha>0)$

이를 ㉠에 대입하면 $k=-\dfrac{6\sqrt{6}}{27}+\dfrac{\sqrt{6}}{3}=\dfrac{\sqrt{6}}{9}$

17 곡선 $y=x^2-2x-1$과 직선 $y=-x+1$의 교점의 x좌표를 구하면

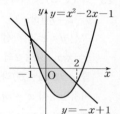

$x^2-2x-1=-x+1$

$x^2-x-2=0$

$(x+1)(x-2)=0$

$\therefore x=-1$ 또는 $x=2$

곡선 $y=x^2-2x-1$과 직선 $y=-x+1$로 둘러싸인 도형의 넓이를 S_1이라 하면

$$S_1=\int_{-1}^{2}\{(-x+1)-(x^2-2x-1)\}\,dx$$

$$=\int_{-1}^{2}(-x^2+x+2)\,dx$$

$$=\left[-\frac{1}{3}x^3+\frac{1}{2}x^2+2x\right]_{-1}^{2}=\frac{9}{2}$$

곡선 $y=x^2-2x-1$과 두 직선 $y=-x+1$, $x=k$로 둘러싸인 도형의 넓이를 S_2라 하면

$$S_2=\int_{-1}^{k}\{(-x+1)-(x^2-2x-1)\}\,dx$$

$$=\int_{-1}^{k}(-x^2+x+2)\,dx$$

$$=\left[-\frac{1}{3}x^3+\frac{1}{2}x^2+2x\right]_{-1}^{k}$$

$$=-\frac{k^3}{3}+\frac{k^2}{2}+2k+\frac{7}{6}$$

주어진 조건에서 $S_1=2S_2$이므로

$$\frac{9}{2}=2\left(-\frac{k^3}{3}+\frac{k^2}{2}+2k+\frac{7}{6}\right)$$

$4k^3-6k^2-24k+13=0$

$(2k-1)(2k^2-2k-13)=0$

$\therefore k=\dfrac{1}{2}\ (\because -1<k<2)$

18 곡선 $y=x^2+2x$와 x축의 교점의 x좌표를 구하면

$x^2+2x=0$, $x(x+2)=0$ $\therefore x=-2$ 또는 $x=0$

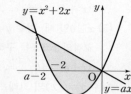

곡선 $y=x^2+2x$와 직선 $y=ax$의 교점의 x좌표를 구하면

$x^2+2x=ax$

$x\{x-(a-2)\}=0$

$\therefore x=a-2$ 또는 $x=0$

곡선 $y=x^2+2x$와 직선 $y=ax$로 둘러싸인 도형의 넓이를 S_1이라 하면

$$S_1=\int_{a-2}^{0}\{ax-(x^2+2x)\}\,dx$$

$$=\int_{a-2}^{0}\{-x^2+(a-2)x\}\,dx$$

$$=\left[-\frac{1}{3}x^3+\frac{a-2}{2}x^2\right]_{a-2}^{0}$$

$$=-\frac{(a-2)^3}{6}$$

곡선 $y=x^2+2x$와 x축으로 둘러싸인 도형의 넓이를 S_2라 하면

$$S_2=\int_{-2}^{0}(-x^2-2x)\,dx=\left[-\frac{1}{3}x^3-x^2\right]_{-2}^{0}=\frac{4}{3}$$

주어진 조건에서 $S_1=2S_2$이므로

$$-\frac{(a-2)^3}{6}=2\times\frac{4}{3}$$

$$\therefore (a-2)^3=-16$$

19 곡선 $y=x^2$과 직선 $y=1$의 교점의 x좌표를 구하면

$x^2=1$ $\therefore x=1\ (\because x\geq0)$

곡선 $y=ax^2$과 직선 $y=1$의 교점의 x좌표를 구하면

$ax^2=1$ $\therefore x=\dfrac{1}{\sqrt{a}}\ (\because x\geq0)$

곡선 $y=x^2$과 y축 및 직선 $y=1$로 둘러싸인 도형의 넓이를 S_1이라 하면

$$S_1=\int_0^1 (1-x^2)\,dx$$

$$=\left[x-\frac{1}{3}x^3\right]_0^1=\frac{2}{3}$$

곡선 $y=ax^2$과 y축 및 직선 $y=1$로 둘러싸인 도형의 넓이를 S_2라 하면

$$S_2=\int_0^{\frac{1}{\sqrt{a}}} (1-ax^2)\,dx$$

$$=\left[x-\frac{a}{3}x^3\right]_0^{\frac{1}{\sqrt{a}}}=\frac{2}{3\sqrt{a}}$$

주어진 조건에서 $S_1=2S_2$이므로

$$\frac{2}{3}=2\times\frac{2}{3\sqrt{a}},\ \sqrt{a}=2$$

$$\therefore a=4$$

20 (i) $x<0$일 때, 함수 $y=f(x)$의 그래프와 직선 $y=4k^2$의
교점의 x좌표를 구하면
$$3x^2+k^2=4k^2 \qquad \therefore x=-k\ (\because x<0)$$

(ii) $x\geq0$일 때, 함수 $y=f(x)$의 그래프와 직선 $y=4k^2$의
교점의 x좌표를 구하면
$$3x+k^2=4k^2 \qquad \therefore x=k^2$$

함수 $y=f(x)$의 그래프와 직선
$y=4k^2$으로 둘러싸인 도형의
넓이가 y축에 의하여 이등분되
므로 오른쪽 그림에서 $A=B$이
다.

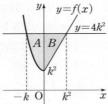

$$\int_{-k}^{0}\{4k^2-(3x^2+k^2)\}\,dx$$
$$=\int_{0}^{k^2}\{4k^2-(3x+k^2)\}\,dx$$
$$\int_{-k}^{0}(-3x^2+3k^2)\,dx=\int_{0}^{k^2}(-3x+3k^2)\,dx$$
$$\left[-x^3+3k^2x\right]_{-k}^{0}=\left[-\frac{3}{2}x^2+3k^2x\right]_{0}^{k^2}$$
$$2k^3=\frac{3}{2}k^4$$
$$\frac{3}{2}k^4-2k^3=0,\ \frac{3}{2}k^3\left(k-\frac{4}{3}\right)=0$$
$$\therefore k=\frac{4}{3}\ (\because k>0)$$

21 두 곡선 $y=\dfrac{1}{k}x^3,\ y=-kx^3$과
직선 $x=2$로 둘러싸인 도형의
넓이를 S라 하면
$$S=\int_{0}^{2}\left\{\frac{1}{k}x^3-(-kx^3)\right\}dx$$
$$=\left(k+\frac{1}{k}\right)\int_{0}^{2}x^3\,dx$$
$$=\left(k+\frac{1}{k}\right)\left[\frac{1}{4}x^4\right]_{0}^{2}$$
$$=4\left(k+\frac{1}{k}\right)$$

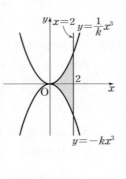

이때 $k>0,\ \dfrac{1}{k}>0$이므로 산술평균과 기하평균의 관계에
의하여
$$k+\frac{1}{k}\geq2\sqrt{k\times\frac{1}{k}}=2\ (단,\ 등호는\ k=1일\ 때\ 성립)$$
따라서 구하는 최솟값은 $4\times2=8$

22 $f(x)=-x^2+1$이라 하면 $f'(x)=-2x$
점 $(t,\ -t^2+1)$에서의 접선의 기울기는 $f'(t)=-2t$이
므로 접선의 방정식은
$$y-(-t^2+1)=-2t(x-t) \qquad \therefore y=-2tx+t^2+1$$

이때 $0<t<3$이므로 곡선
$y=-x^2+1$과 직선
$y=-2tx+t^2+1$ 및 두 직
선 $x=0,\ x=3$으로 둘러싸
인 도형의 넓이를 S라 하면

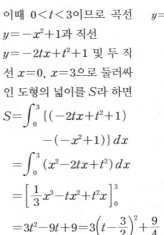
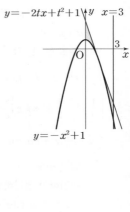

$$S=\int_{0}^{3}\{(-2tx+t^2+1)$$
$$\qquad-(-x^2+1)\}\,dx$$
$$=\int_{0}^{3}(x^2-2tx+t^2)\,dx$$
$$=\left[\frac{1}{3}x^3-tx^2+t^2x\right]_{0}^{3}$$
$$=3t^2-9t+9=3\left(t-\frac{3}{2}\right)^2+\frac{9}{4}$$

따라서 $0<t<3$에서 구하는 최솟값은 $\dfrac{9}{4}$이다.

23 점 $(1,\ 2)$를 지나는 직선의 기울기를 m이라 하면
$$y-2=m(x-1) \qquad \therefore y=mx-m+2$$
곡선 $y=x^2$과 직선
$y=mx-m+2$의 교점의 x좌표
를 $\alpha,\ \beta\ (\alpha<\beta)$라 하면 $\alpha,\ \beta$는
이차방정식 $x^2=mx-m+2$, 즉
$x^2-mx+m-2=0$의 두 실근
이다.

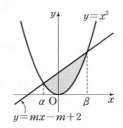

이차방정식의 근과 계수의 관계
에 의하여
$$\alpha+\beta=m,\ \alpha\beta=m-2 \qquad \cdots\cdots\ \bigcirc$$
곡선 $y=x^2$과 직선 $y=mx-m+2$로 둘러싸인 도형의
넓이를 S라 하면
$$S=\int_{\alpha}^{\beta}\{(mx-m+2)-x^2\}\,dx$$
$$=\int_{\alpha}^{\beta}(-x^2+mx-m+2)\,dx$$
$$=\left[-\frac{1}{3}x^3+\frac{m}{2}x^2-(m-2)x\right]_{\alpha}^{\beta}$$
$$=-\frac{1}{3}(\beta^3-\alpha^3)+\frac{m}{2}(\beta^2-\alpha^2)-(m-2)(\beta-\alpha)$$
$$=-\frac{1}{3}(\beta^3-\alpha^3)+\frac{\alpha+\beta}{2}(\beta^2-\alpha^2)-\alpha\beta(\beta-\alpha)$$
$$=\frac{1}{6}(\beta-\alpha)^3$$

이때 $\bigcirc$에서 $\beta-\alpha=\sqrt{(\alpha+\beta)^2-4\alpha\beta}=\sqrt{m^2-4m+8}$
$$\therefore S=\frac{1}{6}(\sqrt{m^2-4m+8})^3$$
$$=\frac{1}{6}\{\sqrt{(m-2)^2+4}\}^3$$

따라서 도형의 넓이는 $m=2$일 때, 즉 직선의 기울기가 2
일 때 최소이다.

참고 곡선 $y=ax^2+bx+c$와 직선 $y=mx+n$의 교점의 x좌표를 α, $\beta\,(\alpha<\beta)$라 하면 곡선과 직선으로 둘러싸인 도형의 넓이 S는

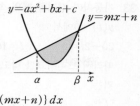

$$S=\int_\alpha^\beta \{(ax^2+bx+c)-(mx+n)\}\,dx$$
$$=\frac{|a|}{6}(\beta-\alpha)^3$$

24 오른쪽 그림에서 빗금 친 부분의 넓이는

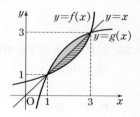

$$\frac{1}{2}\times(1+3)\times2$$
$$-\int_1^3 f(x)\,dx$$
$$=4-\frac{7}{2}=\frac{1}{2}$$

따라서 두 곡선 $y=f(x)$, $y=g(x)$로 둘러싸인 도형의 넓이는 빗금 친 부분의 넓이의 2배와 같으므로 구하는 넓이는

$$2\times\frac{1}{2}=1$$

25 두 곡선 $y=f(x)$, $y=g(x)$는 직선 $y=x$에 대하여 대칭이므로 두 곡선으로 둘러싸인 도형의 넓이는 다음 그림에서 빗금 친 부분의 넓이의 2배와 같다.

곡선 $y=f(x)$와 직선 $y=x$의 교점의 x좌표를 구하면

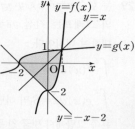

$$x^2-2x+2=x$$
$$x^2-3x+2=0$$
$$(x-1)(x-2)=0$$
$$\therefore x=1 \text{ 또는 } x=2$$

따라서 구하는 넓이를 S라 하면

$$S=2\int_1^2 \{x-(x^2-2x+2)\}\,dx$$
$$=2\int_1^2 (-x^2+3x-2)\,dx$$
$$=2\left[-\frac{1}{3}x^3+\frac{3}{2}x^2-2x\right]_1^2$$
$$=\frac{1}{3}$$

26 두 곡선 $y=f(x)$, $y=g(x)$는 직선 $y=x$에 대하여 대칭이므로 곡선 $y=f(x)$와 직선 $y=x$ 및 y축으로 둘러싸인 도형의 넓이는 곡선 $y=g(x)$와 직선 $y=x$ 및 x축으로 둘러싸인 도형의 넓이와 같다.

곡선 $y=f(x)$와 직선 $y=x$의 교점의 x좌표를 구하면

$$3x^3-2=x$$
$$(x-1)(3x^2+3x+2)=0$$
$$\therefore x=1$$

곡선 $y=f(x)$와 직선 $y=x$ 및 y축으로 둘러싸인 도형의 넓이를 S라 하면

$$S=\int_0^1 \{x-(3x^3-2)\}\,dx$$
$$=\int_0^1 (-3x^3+x+2)\,dx$$
$$=\left[-\frac{3}{4}x^4+\frac{1}{2}x^2+2x\right]_0^1$$
$$=\frac{7}{4}$$

따라서 구하는 넓이는

$$\frac{1}{2}\times2\times2+2\times\frac{7}{4}=\frac{11}{2}$$

27 두 함수 $y=f(x)$, $y=g(x)$의 그래프는 직선 $y=x$에 대하여 대칭이다.

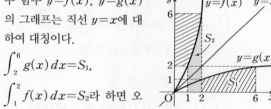

$$\int_2^6 g(x)\,dx=S_1,$$
$$\int_1^2 f(x)\,dx=S_2 라 하면 오$$

른쪽 그림에서 빗금 친 두 부분의 넓이가 서로 같으므로

$$S_1+S_2=2\times6-1\times2=10$$
$$\therefore \int_2^6 g(x)\,dx=S_1=10-S_2=10-\int_1^2 (x^2+x)\,dx$$
$$=10-\left[\frac{1}{3}x^3+\frac{1}{2}x^2\right]_1^2=\frac{37}{6}$$

28 두 함수 $y=f(x)$, $y=g(x)$의 그래프는 직선 $y=x$에 대하여 대칭이다.

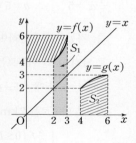

$$\int_2^3 f(x)\,dx=S_1,$$
$$\int_4^6 g(x)\,dx=S_2 라 하면 오$$

른쪽 그림에서 빗금 친 두 부분의 넓이가 서로 같으므로

$$\int_2^3 f(x)\,dx+\int_4^6 g(x)\,dx=S_1+S_2$$
$$=3\times6-2\times4=10$$

29 두 함수 $y=f(x)$, $y=g(x)$의 그래프는 직선 $y=x$에 대하여 대칭이다.

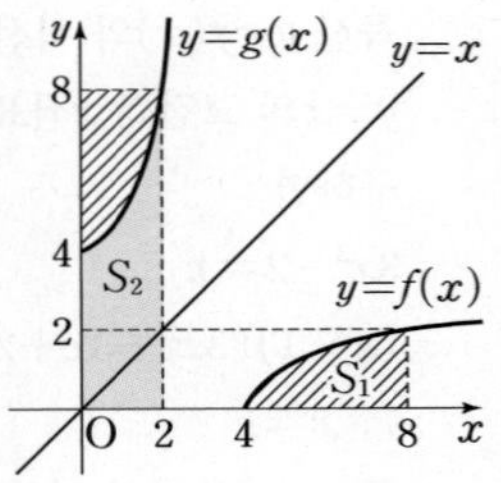

$\int_4^8 f(x)\,dx=S_1$,

$\int_0^2 g(x)\,dx=S_2$라 하면 오른쪽 그림에서 빗금 친 두 부분의 넓이가 서로 같으므로

$\int_4^8 f(x)\,dx+\int_0^2 g(x)\,dx=S_1+S_2=2\times 8=16$

30 $\int_1^3 |2t-t^2|\,dt=\int_1^2 (2t-t^2)\,dt+\int_2^3 (-2t+t^2)\,dt$

$\qquad =\left[t^2-\dfrac{1}{3}t^3\right]_1^2+\left[-t^2+\dfrac{1}{3}t^3\right]_2^3$

$\qquad =2$

31 ㄱ. $t=1$에서의 위치는

$\qquad 2+\int_0^1 (12-3t^2)\,dt=2+\left[12t-t^3\right]_0^1=13$

ㄴ. $t=0$에서 $t=3$까지 위치의 변화량은

$\qquad \int_0^3 (12-3t^2)\,dt=\left[12t-t^3\right]_0^3=9$

ㄷ. $t=1$에서 $t=3$까지 움직인 거리는

$\qquad \int_1^3 |12-3t^2|\,dt$

$\qquad =\int_1^2 (12-3t^2)\,dt+\int_2^3 (-12+3t^2)\,dt$

$\qquad =\left[12t-t^3\right]_1^2+\left[-12t+t^3\right]_2^3=12$

따라서 보기에서 옳은 것은 ㄱ, ㄷ이다.

32 자동차가 $5\,\text{km}$를 달리는 데 걸린 시간을 a분이라 하면

$\int_0^a \dfrac{2}{5}t\,dt=5$, $\left[\dfrac{1}{5}t^2\right]_0^a=5$

$\dfrac{1}{5}a^2=5$ $\quad\therefore a=5\ (\because a>0)$

즉, 자동차가 출발하여 5분 동안은 $\dfrac{2}{5}t(\text{km/m})$의 속도로 달리고, 그 이후로는 일정한 속도로 달린다.

이때 $t=5$일 때 속도는 $\dfrac{2}{5}\times 5=2(\text{km/m})$이므로 출발한 지 5분 이후로는 $2\,\text{km/m}$의 일정한 속도로 달린다.

$\therefore v(t)=\begin{cases} \dfrac{2}{5}t & (0\le t\le 5) \\ 2 & (5<t\le 10) \end{cases}$

따라서 이 자동차가 출발한 후 10분 동안 달린 거리는

$\int_0^5 \dfrac{2}{5}t\,dt+\int_5^{10} 2\,dt=\left[\dfrac{1}{5}t^2\right]_0^5+\left[2t\right]_5^{10}=15(\text{km})$

33 자동차가 정지할 때의 속도는 0이므로

$v(t)=0$에서

$20-2t=0$ $\quad\therefore t=10$

따라서 브레이크를 밟고 10초 후까지 자동차가 움직인 거리는

$\int_0^{10} |20-2t|\,dt=\int_0^{10} (20-2t)\,dt$

$\qquad =\left[20t-t^2\right]_0^{10}$

$\qquad =100(\text{m})$

34 점 P가 운동 방향을 바꿀 때의 속도는 0이므로

$v(t)=0$에서

$-t^2+7t-10=0$

$t^2-7t+10=0$

$(t-2)(t-5)=0$

$\therefore t=2$ 또는 $t=5$

따라서 $t=0$에서 $t=2$까지 점 P가 움직인 거리는

$\int_0^2 |-t^2+7t-10|\,dt=\int_0^2 (t^2-7t+10)\,dt$

$\qquad =\left[\dfrac{1}{3}t^3-\dfrac{7}{2}t^2+10t\right]_0^2$

$\qquad =\dfrac{26}{3}$

35 두 점 P, Q의 $t=a$에서의 위치를 각각 $x_P(a)$, $x_Q(a)$라 하면

$x_P(a)=0+\int_0^a (3t^2-4t-4)\,dt$

$\qquad =\left[t^3-2t^2-4t\right]_0^a$

$\qquad =a^3-2a^2-4a$

$x_Q(a)=0+\int_0^a (3-t)\,dt$

$\qquad =\left[3t-\dfrac{1}{2}t^2\right]_0^a$

$\qquad =3a-\dfrac{1}{2}a^2$

이때 두 점 P, Q가 만날 때는 $x_P(a)=x_Q(a)$이므로

$a^3-2a^2-4a=3a-\dfrac{1}{2}a^2$

$2a^3-3a^2-14a=0$

$a(a+2)(2a-7)=0$

$\therefore a=\dfrac{7}{2}\ (\because a>0)$

따라서 출발 후 두 점 P, Q가 만나는 시각은

$t=\dfrac{7}{2}$

36 점 P가 원점을 출발하여 다시 원점으로 돌아오는 시각을 $t=a$라 하면 $t=0$에서 $t=a$까지의 점 P의 위치의 변화량은 0이다.

즉, $\int_0^a v_1(t)\,dt=0$에서

$\int_0^a (2-t)\,dt=0$

$\left[2t-\dfrac{1}{2}t^2\right]_0^a=0,\ 2a-\dfrac{1}{2}a^2=0$

$a^2-4a=0,\ a(a-4)=0$

$\therefore a=4\ (\because a>0)$

따라서 $t=0$에서 $t=4$까지 점 Q가 움직인 거리는

$\int_0^4 |v_2(t)|\,dt=\int_0^4 3t\,dt=\left[\dfrac{3}{2}t^2\right]_0^4=24$

37 $\int_0^4 7t\,dt+\int_4^8 (40-3t)\,dt=\left[\dfrac{7}{2}t^2\right]_0^4+\left[40t-\dfrac{3}{2}t^2\right]_4^8$

$\qquad\qquad\qquad\qquad\qquad =144(\text{m})$

38 물체가 최고 지점에 도달할 때의 속도는 0이므로

$v(t)=0$에서

$20-10t=0\qquad\therefore t=2$

따라서 $t=2$일 때 최고 지점에 도달하므로 물체의 높이는

$10+\int_0^2 (20-10t)\,dt=10+\left[20t-5t^2\right]_0^2=30(\text{m})$

39 공이 최고 높이에 도달할 때의 속도는 0이므로

$v(t)=0$에서

$5a-10t=0\qquad\therefore t=\dfrac{a}{2}$

따라서 $t=\dfrac{a}{2}$일 때 공의 높이가 80 m이므로

$\int_0^{\frac{a}{2}} (5a-10t)\,dt=80$

$\left[5at-5t^2\right]_0^{\frac{a}{2}}=80$

$\dfrac{5}{2}a^2-\dfrac{5}{4}a^2=80,\ a^2=64$

$\therefore a=8\ (\because a>0)$

40 공이 처음 쏘아 올린 위치로 다시 돌아오는 것은 4초 후이므로

$\int_0^4 (a-10t)\,dt=0$

$\left[at-5t^2\right]_0^4=0$

$4a-80=0\qquad\therefore a=20$

공이 지면에 떨어지는 시각을 $t=k$라 하면 공이 지면에 떨어질 때의 높이는 0이므로

$60+\int_0^k (20-10t)\,dt=0$

$60+\left[20t-5t^2\right]_0^k=0$

$60+20k-5k^2=0$

$k^2-4k-12=0,\ (k+2)(k-6)=0$

$\therefore k=6\ (\because k>0)$

따라서 공이 지면에 떨어질 때까지 걸리는 시간은 6초이다.

41 $v(t)=0$인 t의 값은

$t=1$ 또는 $t=4$

따라서 움직인 거리는

$\int_1^4 |v(t)|\,dt=\dfrac{1}{2}\times(1+3)\times2=4$

42 ㄱ. $|v(t)|$의 값은 $t=3$일 때 최대이다.

ㄴ. $v(t)=0$인 t의 값은 $t=2$

즉, $t=2$일 때 운동 방향을 바꾼다.

ㄷ. $\int_0^2 v(t)\,dt=\int_2^3 |v(t)|\,dt$에서

$\int_0^2 v(t)\,dt=-\int_2^3 v(t)\,dt$

$t=3$에서의 점 P의 위치는

$0+\int_0^3 v(t)\,dt=\int_0^2 v(t)\,dt+\int_2^3 v(t)\,dt$

$\qquad\qquad\quad =-\int_2^3 v(t)\,dt+\int_2^3 v(t)\,dt$

$\qquad\qquad\quad =0$

즉, $t=3$일 때 점 P는 원점에 있다.

따라서 보기에서 옳은 것은 ㄴ, ㄷ이다.

43 다음 그림에서 속도 $v(t)$의 그래프와 t축이 이루는 각 부분의 넓이를 $S_1,\ S_2,\ S_3,\ S_4,\ S_5,\ S_6,\ S_7$이라 하면

$S_1=1,\ S_2=1,\ S_3=2,\ S_4=2,\ S_5=1,\ S_6=1,\ S_7=2$

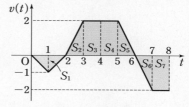

ㄱ. $v(t)=0$인 t의 값은 $t=2$ 또는 $t=6$

즉, $0<t<8$에서 운동 방향을 두 번 바꾼다.

ㄴ. $t=0$에서 $t=4$까지 움직인 거리는

$\int_0^4 |v(t)|\,dt=S_1+S_2+S_3=1+1+2=4$

ㄷ. $t=3$에서의 위치는

$$0+\int_0^3 v(t)\,dt=-S_1+S_2$$
$$=-1+1=0$$

즉, $t=3$일 때 원점에 있다.

ㄹ. $t=4$에서의 위치는

$$0+\int_0^4 v(t)\,dt=-S_1+S_2+S_3$$
$$=-1+1+2=2$$

$t=8$에서의 위치는

$$0+\int_0^8 v(t)\,dt$$
$$=-S_1+S_2+S_3+S_4+S_5-S_6-S_7$$
$$=-1+1+2+2+1-1-2=2$$

즉, $t=4$일 때와 $t=8$일 때의 위치는 같다.

따라서 보기에서 옳은 것은 ㄱ, ㄹ이다.

44 점 P가 운동 방향을 바꿀 때의 속도는 0이므로 출발 후 시각 $t=a$에서 처음으로 운동 방향을 바꾼다.

즉, 시각 $t=a$에서의 점 P의 위치는 -8이므로

$$0+\int_0^a v(t)\,dt=-8$$
$$\therefore \int_0^a v(t)\,dt=-8$$

시각 $t=c$에서의 점 P의 위치는 -6이므로

$$0+\int_0^c v(t)\,dt=-6$$
$$\therefore \int_0^c v(t)\,dt=-6$$

$\int_0^b v(t)\,dt=\int_b^c v(t)\,dt$에서

$$\int_0^b v(t)\,dt=\int_b^0 v(t)\,dt+\int_0^c v(t)\,dt$$
$$\int_0^b v(t)\,dt=-\int_0^b v(t)\,dt+\int_0^c v(t)\,dt$$
$$2\int_0^b v(t)\,dt=\int_0^c v(t)\,dt$$
$$\therefore \int_0^b v(t)\,dt=\frac{1}{2}\int_0^c v(t)\,dt$$
$$=\frac{1}{2}\times(-6)=-3$$

$a\leq t\leq b$에서 $v(t)\geq0$이므로 $t=a$부터 $t=b$까지 점 P가 움직인 거리는

$$\int_a^b |v(t)|\,dt=\int_a^b v(t)\,dt$$
$$=\int_a^0 v(t)\,dt+\int_0^b v(t)\,dt$$
$$=-\int_0^a v(t)\,dt+\int_0^b v(t)\,dt$$
$$=-(-8)+(-3)$$
$$=5$$

MEMO